面向21世纪课程教材
Textbook Series for 21st Century

现代生物技术概论

程备久　主编

中国农业出版社

主　编　程备久（安徽农业大学）
副主编　李景鹏（东北农业大学）
　　　　　涂国全（江西农业大学）
　　　　　张立军（沈阳农业大学）
参　编　（按姓氏笔画排序）
　　　　　于品华（甘肃农业大学）
　　　　　朱苏文（安徽农业大学）
　　　　　汤浩茹（四川农业大学）
　　　　　吴永尧（湖南农业大学）
　　　　　陈　宏（西北农林科技大学）
　　　　　侯红萍（山西农业大学）
主　审　王学德（浙江大学）

前　　言

现代生物技术已被世界各国视为一种高新技术。它是解决人类所面临的食品、健康、环境和资源等问题的关键技术，与理、工、农、医等科技的发展及伦理、道德、法律等社会问题都有着密切的关系，对国计民生将产生重大的影响。

现代生物技术发展迅速，特别是人类基因组计划的实施，使得基因组学、生物信息学、生物芯片、组织工程、基因组工程等新学科、新技术不断涌现，生物技术在农业上的应用正不断向产前、产中和产后延伸。因此，让高等院校学生了解现代生物技术的基本知识和国内外生物技术各领域发展的来龙去脉、研究现状、发展方向和相应对策，对拓展学生知识面、提高现代科技素质具有重要意义。为此，本书在编写过程中力求向以下几方面努力。

1. 建立新的课程体系　全书分为基础篇、专题篇和应用篇三部分。基础篇包括绪论、基因工程、细胞工程、发酵工程和酶工程，涵盖了现代生物技术的基本原理和方法。专题篇包括基因克隆策略与转基因技术、转基因生物外源基因表达及其安全性、基因组学与基因组工程、生物信息学和生物反应器技术，相对展开地介绍各领域相关学科的理论、方法和进展。应用篇包括生物技术与农业、生物技术与食品、生物技术与环境、生物技术与人类及生物技术与能源，具体介绍生物技术在各领域中的应用。

2. 开辟通往学科前沿的窗口　作为大学教材，本书重视开阔学生视野、为学生开辟通往学科前沿的多个窗口，通过相关的章节深入浅出地介绍现代生物技术研究和应用的热点和最新进展，如：基因组学、蛋白质组学、生物信息学、生物芯片、基因组工程、组织工程、基因治疗、分子标记育种、RNA 干涉、转基因食品安全与评价等。

3．通用性和灵活性　本书内容适用于农林院校各专业，同时也适用于其他院校的生物类专业。教师可根据不同授课对象和不同的学时数，灵活地选择和组合不同的教学内容，以基础篇作为基本讲授内容，从专题篇和应用篇选讲所需章节，其余内容可供学生自学。

本书由九所院校十位教学、科研经验丰富的中青年骨干教师编写而成。第一章和第九章由程备久编写；第六章和第十四章由李景鹏编写；第四章和第十章由涂国全编写；第五章和第十三章由张立军编写；第七章由吴永尧编写；第三章由汤浩茹和于品华编写；第十一章由陈宏、于品华和汤浩茹编写；第二章和第八章由朱苏文编写；第十二章和第十五章由侯红萍编写。全书由程备久统稿。

本书从编写到出版，得到各有关院校和中国农业出版社的大力支持。在编写过程中，方志友、连超群、江海洋参与了插图编排和文字核校工作。并承蒙浙江大学王学德教授主审。全体编者在此一并致以衷心的感谢。

由于编者水平所限及时间仓促，本书可能有不少错漏之处，敬请读者提出修正意见。

程备久

2003年6月

目　录

专　题　篇

应　用　篇

基础篇

第一章 绪论

学习要求 概要了解生物技术的含义、特点及其发展简史。了解现代生物技术的各项技术及其与其他学科的相互关系。了解现代生物技术的主要应用及其对人类社会发展的影响。

生物技术是当今世界发展最快、潜力最大和影响最深远的一项高新技术，被视为21世纪人类彻底解决人口、资源、环境三大危机，实现可持续发展的有效途径之一。所以，世界各国都将生物技术确定为增强国力和经济实力的关键技术之一。我国政府同样十分重视生物技术，并组织力量追踪和攻关。现代生物技术为什么会引起世界各国如此普遍的关注和重视？它同国民经济和理、工、农、医等科技与生产实践有何关系？首先，生物技术是解决全球经济问题的关键技术，在迎接人口、资源、能源、食物和环境五大危机的挑战中将大显身手。其次，生物技术将广泛地应用于医药卫生、农林牧渔、轻工、食品、化工、能源和环境等领域，促使传统产业的技术改造和新兴产业的形成，对人类社会生活将产生深远的革命性的影响。所以，生物技术是现实生产力，也是具有巨大经济效益的潜在生产力。生物技术是21世纪高新技术的核心内容，生物技术产业是21世纪的支柱产业。

第一节 现代生物技术的概念

一、生物技术的含义

生物技术（biotechnology），有时也称为生物工程（bioengineering），是指

人们以现代生命科学为基础，结合先进的工程技术手段和其他基础学科的科学原理，利用生物体或其体系或它们的衍生物来制造人类所需要的各种产品或达到某种目的的一门新兴的、综合性的学科。

先进的生物工程技术一般是指基因工程、细胞工程、酶工程、发酵工程及生化工程（后处理工序）等中的新技术。生物体是指经改造而获得优良特性的动物、植物或微生物品系。生物原料则指生物体的某一部分或其生长过程产生的能利用的物质，如蛋白质、淀粉、脂肪、纤维素等有机物或无机物。为人类生产所需要的产品包括医药、食品、化工原料、能源、金属等各种产品。达到某种目的则包括疾病的预防、诊断与治疗、环境污染的检测和治理等。

二、生物技术的内容

生物技术是一门综合性的新兴学科。根据其操作的对象及操作技术的不同，生物技术主要包括基因工程、细胞工程、酶工程、发酵工程和生化工程5项工程技术。

（一）基因工程

基因工程（gene engineering）是20世纪70年代初随着DNA重组技术的发展应运而生的一门新技术，是指在基因水平上的操作并改变生物遗传特性的技术。即按照人们的需要，用类似工程设计的方法将不同来源的基因（DNA分子）在体外构建成杂种DNA分子，然后导入受体细胞，并在受体细胞内复制、转录和表达的操作，也称DNA重组技术。因此，由该技术构建的且具有新遗传性状的生物称为基因工程生物或转基因生物。

（二）细胞工程

一般认为，细胞工程（cell engineering）是指以细胞为基本单位，在体外条件下进行培养、繁殖或人为地使细胞某些生物学特性按人们的意愿发生改变，从而达到改良生物品种和创造新品种的目的，加速繁育动植物个体，或获得某种有用物质的技术。细胞工程主要包括动植物细胞的体外培养技术、细胞融合技术（也称细胞杂交技术）、细胞器移植技术等。

（三）酶工程

酶工程（enzyme engineering）是利用酶、细胞器或细胞所具有的特异催化功能或对酶进行修饰改造，并借助生物反应器和工艺过程来生产人类所需产品的技术。主要包括酶的固定化技术、细胞固定化技术、酶的修饰改造技术及酶反应器的设计技术等。

（四）发酵工程

发酵工程（fermentation engineering）是指利用包括工程微生物在内的某些微生物或动、植物细胞及其特定功能，通过现代工程技术手段（主要是发酵罐或生物反应器的自动化、高效化、功能多样化、大型化）生产各种特定的有用物质；或者把微生物直接用于某些工业化生产的一种技术。由于发酵多与微生物密切联系在一起，所以又有微生物工程或微生物发酵工程之称。

（五）生化工程

生化工程（biochemical engineering）是生物化学工程的简称。它是利用化学工程原理和方法对实验室所取得的生物技术成果加以开发，使之成为生物反应过程的技术。

应该指出，上述5项技术并不是各自独立的，它们彼此之间是互相联系、互相渗透的（图1-1）。其中的基因工程技术是核心技术，它能带动其他技术的发展。如通过基因工程对细菌或细胞改造后获得的工程菌或细胞，都必须分别通过发酵工程或细胞工程来生产有用的物质；同样可通过基因工程技术对酶进行改造以增加酶的产量、提高酶的稳定性以及酶的催化效率等。而生化工程则是上述各项技术产业化的下游关键技术。

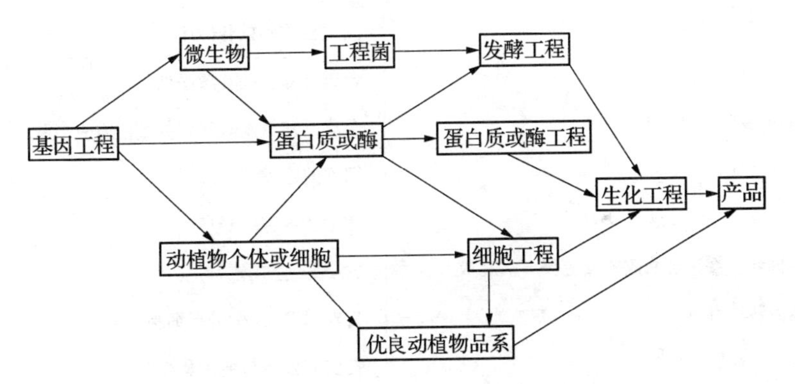

图1-1 现代生物技术五大工程之间的相互关系

三、现代生物技术涉及的学科

现代生物技术是自然科学领域中涵盖范围最广的学科之一。它们以包括分子生物学、细胞生物学、微生物学、免疫学、生理学、生物化学、生物物理学、遗传学等几乎所有的生物学科的次级学科为支撑，又结合诸如化学、化学工程学、数学、物理、微电子技术、计算机科学等生物学领域之外的基础学科，从而形成了一门多学科互相渗透的综合性学科（图1-2）。其中以生命科学领域的重大理论和技术的突破为基础。例如：没有 DNA 双螺旋结构及 DNA 半保留复制模式的阐明，没有遗传密码的破译及 DNA 与蛋白质关系等理论上的突破，没有 DNA 限制性内切酶、DNA 连接酶等工具酶的发现，就没有基因工程高技术的出现；没有动、植物细胞培养的方法以及细胞融合方法的建立，就不可能有细胞工程的出现；没有蛋白质结晶技术及蛋白质三维结构的深入研究以及化工技术的进步，就不可能有酶工程和蛋白质工程的产生；没有生物反应器及传感器以及自动化控制技术的应用，就不可能有现代发酵工程的出现；没有计算机信息技术等发展，就不可能有基因组学、蛋白质组学和生物信息学的建立。此外，所有生物技术领域还使用了大量的高精密的仪器设备(表 1-1)。没有这些仪器设备的使用和技术的结合渗透，生物技术的研究就不可能深入到分子水平，也就不可能有现代生物技术。

表 1-1 重要的现代生物技术仪器和设备

名 称	用 途
1. DNA 自动测序仪	自动测定核酸的核苷酸序列
2. 蛋白/多肽自动测序仪	测定蛋白质、多肽的氨基酸序列
3. 半自动 DNA 测序仪	测定核酸的核苷酸序列
4. DNA 自动合成仪	合成已知寡核苷酸序列
5. 蛋白/多肽自动合成仪	合成已知氨基酸序列的蛋白质或多肽
6. 生物反应器	细胞的连续培养
7. 发酵罐	微生物细胞培养
8. 热循环仪（聚合酶链式反应仪、PCR 仪）	DNA 快速扩增
9. 基因转移设备	将外源 DNA 引进靶细胞
10. 高效液相色谱仪	物质的分离与纯化及纯度鉴定
11. 电泳设备	物质的分离与纯化及纯度鉴定
12. 凝胶电泳设备	蛋白质和核酸的分离与分析
13. 毛细管电泳仪	质量控制与组分分析
14. 超速、高速离心机	分离生物大分子物质
15. 电子显微镜	观察细胞及组织的超微结构

人类已进入知识经济时代，知识经济的基本特征就是知识不断创新，高新技术迅速产业化。生物技术具有的先进性、优越性和不可替代性以及与其他高

新技术的交叉渗透和集成，特别是人类基因组研究的进展、生物芯片、组织工程等技术的兴起，使得生物技术也迅速产业化。生物技术产业涉足的领域非常广泛，它包括医药、农业、畜牧业、食品、化工、林业、海洋、环境、采矿冶金、材料、能源等领域（图1-2）。

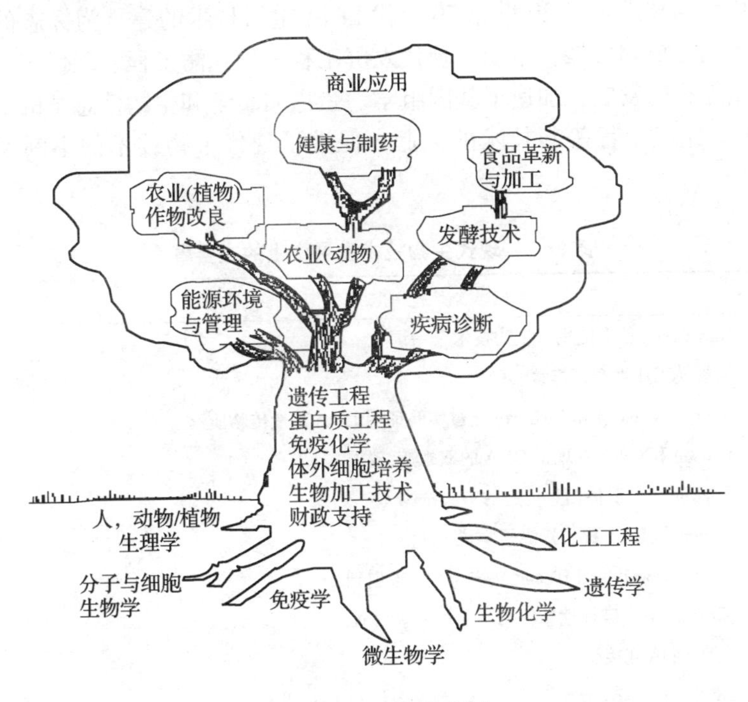

图1-2　生物技术树

第二节　生物技术的发展简史

生物技术的发展经历了三个阶段：①以制酒、食品加工、农业、畜牧业为主的作坊式的生物技术；②以抗生素为代表，发酵工程为主要技术的工业化的生物技术；③现代生物技术。现代生物技术是以基因工程为源头，基因工程和基因组工程为主导技术，是与其他高技术相互交叉、渗透的一项高新技术。

生物技术可追溯到史前时代，在石器时代后期，我国人民就利用谷物造酒，这是最早的发酵技术。在公元前221年，周代后期，我国人民就开始制作豆腐、酱和醋。公元10世纪我国就有了预防天花的活疫苗。公元前6000年苏美尔人和巴比伦人就已开始啤酒发酵。埃及人则在公元前4000年就开始制作面包。随着显微镜的制作，到19世纪60年代法国科学家L.Pasteur（1822—

1895）首先证实发酵是由微生物引起的，并首先建立了微生物的纯种培养技术，从而为发酵技术的发展提供了理论基础，使发酵技术纳入科学的轨道。发酵技术被广泛地应用于食品、抗生素和化工原料的生产，极大地推动了传统生物技术的发展。

现代生物技术是以20世纪70年代DNA重组技术的建立为标志的。基因工程技术的形成和发展，带动了现代发酵工程、现代酶工程、现代细胞工程以及蛋白质工程的发展，加速了基因组学、蛋白质组学和生物信息学的产生以及生物芯片、组织工程等新技术的兴起，促进了现代生物技术的不断发展（表1-2）。

表1-2 现代生物技术发展史上的主要事件

年代	事 件
1917	Karl Ereky首次使用“生物技术”一词
1943	大规模工业生产青霉素
1944	Avery、Macleod和McCarty通过实验证明DNA是遗传物质
1953	Watson和Crick发现了DNA的双螺旋结构
1958	Crick提出了遗传信息传递的中心法则
1961	Monod和Jacob提出操纵子学说
1961	《Biotechnology and Bioengineering》杂志创刊
1966	Nireberg等人破译遗传密码
1967	发现DNA连接酶
1970	Smith和Wilcox分离出第一个限制性内切酶*Hin*dⅡ
1970	Baltimore和Temin等人发现逆转录酶，打破了中心法则，使真核基因的制备成为可能
1971	Crick对中心法则做了补充，提出了三角形中心法则
1972	Khorana等人合成了完整的tRNA基因
1973	Boyer和Cohen建立了DNA重组技术
1975	Kohler和Milstein建立了单克隆抗体技术
1976	第一个DNA重组技术规则问世
1976	DNA测序技术诞生
1977	Itakura实现了真核基因在原核细胞中的表达
1978	Genentech公司在大肠杆菌中表达出胰岛素
1980	美国最高法院对经基因工程操作的微生物授予专利
1981	第一台商业化生产的DNA自动测序仪诞生
1981	第一个单克隆抗体诊断试剂盒在美国被批准使用
1982	用DNA重组技术生产的第一个动物疫苗在欧洲获得批准

（续）

年代	事 件
1983	基因工程 Ti 质粒用于植物转化
1988	美国对肿瘤敏感的基因工程鼠授予专利
1988	PCR 技术问世
1990	美国批准第一个体细胞基因治疗方案
1997	英国培养出第一只克隆羊多莉
1998	美国批准艾滋病疫苗进行人体试验
1998	日本培养出克隆牛，英美等国培养出克隆鼠
2000	人类基因组草图正式发表
2001	德国科学家首次报道了 RNA 干涉技术
2002	中国科学家率先绘制成水稻基因组“精细图”
2002	中国科学家率先开发出癌症检测生物芯片

第三节 现代生物技术的主要应用

现代生物技术与电子信息技术和新材料技术一样，是当今极重要的三大高新技术之一。它的发展已深刻影响到人类的生活及工农业生产、医学卫生、食品、能源、环保等各个领域，给人类带来了大量有价和无价的效益。

一、农业生产上的应用

“民以食为天”，粮食问题是一个国家经济健康发展的基础。世界人口已超过 50 亿，2010 年将达到 60 亿，而耕地面积不但不会增加，反而有减少的趋势。所以，在今后几十年的发展中如何满足人们对食品增加的需求，将是各国政府首先要解决的问题。现代生物技术提供了一条有效的途径。

（一）提高农作物产量和品质

1．培育抗逆的作物优良品系 通过基因工程技术可对生物进行基因转移，使生物体获得新的优良品性，即转基因技术。通过转基因技术获得的生物体称为转基因生物，例如转基因植物，就是对植物进行基因转移，其目的是培育出具有抗寒、抗旱、抗盐、抗病虫害等抗逆特性及品质优良的作物新品系。至 1994 年，全世界批准进行田间实验的转基因植物已达 1 467 例，转基因作物包括马铃薯、油菜、烟草、玉米、番茄、甜菜、棉花、大豆、苜蓿等。转基因性能包括抗除草剂、抗病毒、抗盐碱、抗旱、抗虫、抗病以及作物品质改良等。2001 年全世界转基因作物的种植面积已达到 $44.2\times10^6 hm^2$。

我国是人口大国，人多地少，粮食问题更是我国经济发展、社会稳定的关键。我国政府对农业生物技术极为重视，投入了大量人力、物力，并取得了举世瞩目的成就，已培育了包括水稻、棉花、小麦、油菜、甘蔗、橡胶等一大批作物新品系。例如，我国首创的两系法水稻杂交优势利用，已先后培育出了具有实用价值的粳型光敏核不育系 N5047S、7001S 等新品系，一般增产达 10%以上，高产可增产 40%。国家杂交水稻工程技术中心袁隆平教授，1997 年试种其培育的“超级杂交稻”0.24 hm^2（3.6 亩），平均产量高达 13 260 kg/hm^2（亩产 884 kg）。超级杂交水稻的大面积生产产量已达 10 500～12 000 kg/hm^2。1998 年总理特批基金 1 000 万元，用于支持该项研究的深化与推广。我国学者还将苏云金杆菌的 *Bt* 杀虫蛋白基因转入棉花，培育抗虫棉，对棉铃虫杀虫率高达 80%以上。

2．植物种苗的工厂化生产 利用细胞工程技术可对优良品种进行大量的快速无性繁殖，实现工业化生产。该项技术又称植物的微繁殖技术。植物细胞具有全能性，一个植物细胞有如一株潜在的植物。利用植物的这种特性，可以从植物的根、茎、叶、果、穗、胚珠、花药或花粉等植物器官或组织取得一定量的细胞，在试管中培养这些细胞，使之生长成为所谓的愈伤组织。愈伤组织具有很强的繁殖能力，可在试管内大量繁殖。在一定的植物激素作用下，愈伤组织又可分化出根、茎、叶，成为一株小苗。利用这种无性繁殖技术，可在短时间内得到大量遗传稳定的小苗（这种小苗称为试管苗，以区别于种子萌发的实生苗），并可实现工厂化生产。一个 10 m^2 的恒温室内，可繁殖 1 万～50 万株小苗。所以，该项技术可使有价值的、自然繁殖慢的植物在很短的时间内和有限的空间内得到大量的繁殖。

利用植物微繁殖技术还可培育出不带病毒的脱毒苗。由于植物的根尖或茎尖分生组织常常是不带病毒的，用这种细胞在试管中进行无菌培养而繁育的小苗也是不带毒的，减少了病毒感染的可能性。

植物的微繁殖技术已广泛地应用于花卉、果树、蔬菜、药用植物和农作物的快速繁殖，实现商品化生产。我国已建立了多种植物试管苗的生产线，如葡萄、苹果、香蕉、柑橘、花卉等。

3．提高粮食品质 生物技术除了可培育高产、抗逆、抗病害的新品系外，还可培育品质好、营养价值高的作物新品系。例如，美国威斯康星大学的学者用菜豆贮藏蛋白基因转移到向日葵中，使向日葵种子含有菜豆贮藏蛋白。利用转基因技术培育番茄可延缓其成熟变软，从而避免运输中的破损。大米是我们的主要粮食，含有人体自身不能合成的 8 种必需氨基酸，但其蛋白质含量很低。人们正试图将大豆贮藏蛋白基因转移到水稻中，培育高蛋白质的水稻新品系。利用反义 RNA 技术抑制玉米、水稻等作物中淀粉合成途径的关键酶可改变淀粉的含量和直链与支链淀粉的比例。

4．生物固氮，减少化肥使用量 现代农业均以化肥做肥料，如尿素、硫酸铵作为氮肥的主要来源。化肥的使用不可避免地造成了土地板结，导致土壤肥力下降；化肥的生产又导致环境污染。科学家们正努力将具有固氮能力的细菌的固氮基因转移到作物根际周围的微生物体内，希望这些微生物进行生物固氮，减少化肥的使用量。例如，日本学者将固氮基因转移到水稻根际微生物中，这些微生物提供了水稻需氮量的 1/5。我国已成功地构建了 12 株水稻粪产碱菌耐铵工程菌，使用这种细菌可节约化肥 1/5，平均增产 5%～12.5%。

(二) 发展畜牧业生产

1．动物的大量快速无性繁殖 植物细胞有全能性，所以可采用微培养技术大量快速无性繁殖，达到工厂化生产的目的。那么，动物细胞是否可能呢?这在 1997 年之前，还只能证实高等动物的胚胎 2 细胞到 64 细胞团具有全能性，可进行分割培养，即所谓的胚胎分割技术。1997 年 2 月英国 Roslin 研究所在世界著名的权威刊物《自然》杂志上刊登了用绵羊乳腺细胞培育出一只小羊——多莉。这意味着动物体细胞也具有全能性，同样有可能进行动物的大量快速无性繁殖。

2．培育动物的优良品系 利用转基因技术，可将与动物优良品质有关的基因转移到动物体内，使动物获得新的品质。第一例转基因动物是 1983 年美国学者将大鼠的生长激素基因导入小鼠的受精卵里，再把受精卵转移到借腹怀胎的雌鼠内。生下来的小鼠因带有大鼠的生长激素基因而使其生长速度比普通小鼠快 50%，并可遗传给下一代。除了小鼠外，科学家们已成功地培育了转基因羊、转基因兔、转基因猪、转基因鱼等多种动物新品系。

我国在转基因动物研究方面，同样做了大量的工作，有的已达到了国际领先水平。先后培育了生长激素转基因猪、抗猪瘟病转基因猪、生长激素转基因鱼（包括红鲤、泥鳅、鲫鱼）等。

二、医药产业上的应用

医药生物技术是生物技术领域中最活跃，产业发展最迅速，效益最显著的领域。其投资比例（图 1－3）及产品市场（表 1－3）均占生物技术领域的首位。这是因为生物技术为探索妨碍人类健康的因素和提高生命质量提供了最有效的手段。生物技术在医药领域的应用上涉及新药开发、新诊断技术、预防措施及新的治疗技术。

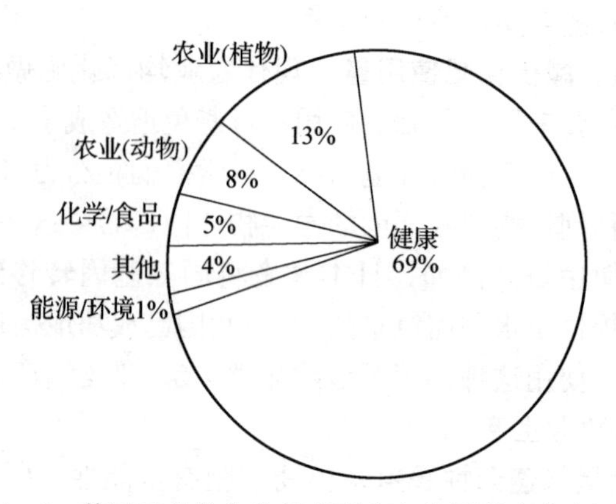

图 1－3　美国工业化生物技术研究与发展基金分布图

表 1－3　美国生物技术产品销售预测（百万美元）

领　　域	1998 年	2003 年	2008 年	年增长率（%）
人类疾病治疗	9 120	16 100	27 000	11
人类疾病诊断	2 100	3 100	4 300	7
农业	420	1 000	2 300	19
特制品	390	900	2 000	18
非医疗检验	270	400	600	8
合计	12 300	21 500	36 200	11

（一）开发制造奇特而又贵重的新型药品

抗生素是人们最为熟悉、应用最广泛的生物技术药物。已分离到 6 000 多种不同的抗生素，其中约 100 种被广泛使用。抗生素的每年销售额约 100 亿美元。

1997 年，美国首先采用大肠杆菌生产了人类第一个基因工程药物——人生长激素释放抑制激素，开辟了药物生产的新纪元。该激素可抑制生长激素、胰岛素和胰高血糖素的分泌，用来治疗肢端肥大症和急性胰腺炎。如果用常规方法生产该激素，50 万头羊的下丘脑才能生产 5 mg，而用大肠杆菌生产，生产 5 mg 的该激素只需 9 L 细菌发酵液。

由于细菌与人体在遗传体制上的差异较大，许多人类所需的蛋白质类药物用细菌生产往往是没有生物活性的。人们不得不放弃用细菌生产这种最简单的方法而另找其他方法，利用细胞培养技术或转基因动物来生产这些蛋白质药物是近几年发展起来的另一种生产技术。如转基因羊生产人凝血因子Ⅸ；转基因牛生产人促红细胞生成素；转基因猪生产人体球蛋白等。

用基因工程生产的药物，除了人生长激素释放抑制激素外，还有人胰岛素、人生长激素、人心钠素、人干扰素、肿瘤坏死因子、集落刺激因子等。全世界已有20多种基因工程药物面市。另外，还有约400多种生物制剂正在进行临床实验，2 000多种处于前期的实验室研究阶段。1987年所有上市的基因工程药品价值约5.4亿美元，到了1993年，10种主要基因工程药品的经销额已达到77亿美元。20世纪末已达到100亿美元，预计到2004年将达到140亿美元。这清楚地表明，基因工程药物的产业前景十分光明，本世纪整个医药工业将进行更新换代。

（二）疾病的预防和诊断

前面提到，我国人民早在公元10世纪就已开始种痘预防天花。这是利用生物技术手段达到疾病预防的最早例子。但由于传统的疫苗生产方法对某些疫苗的生产和使用，存在着免疫效果不够理想、被免疫者有被感染的风险等不足，科学家们一直在寻找新的生产手段和工艺，而用基因工程生产重组疫苗可以达到安全、高效的目的，如已经上市或已进入临床实验的病毒性肝炎疫苗(包括甲型和乙型肝炎等)、肠道传染病疫苗（包括霍乱、痢疾等)、寄生虫疫苗（包括血吸虫、疟疾等)、流行性出血热疫苗、EB病毒疫苗等。

1998年初，美国食品和药物管理局（FDA）批准了首个艾滋病疫苗进入人体实验。这预示着艾滋病或许可以像乙型肝炎、脊髓灰质炎等病毒性疾病那样得到有效的预防。

利用细胞工程技术可以生产单克隆抗体，既可用于疾病治疗，又可用于疾病的诊断。如用于肿瘤治疗的“生物导弹”，就是将治疗肿瘤的药物与抗肿瘤细胞的抗体连接在一起，利用抗体与抗原的亲和性，使药物集中于肿瘤部位以杀死肿瘤细胞，减少药物对正常细胞的毒副作用。单克隆抗体更多的是用于疾病全部诊断和治疗效果的评价。目前单克隆抗体用于免疫检测大约占全部诊断试剂的30%。

用基因工程技术还可以生产诊断用的DNA试剂，称为DNA探针，主要用来诊断遗传性疾病和传染性疾病。

（三）基因治疗

导入正常的基因来治疗由于基因缺陷而引起的疾病，一直是人们长期以来追求的目标。但由于其技术难度很大，困难重重，一直到1990年9月，美国FDA才批准用ADA（腺苷脱氨酶）基因治疗严重联合型免疫缺陷症（一种单基因遗传病)，并取得了较满意的结果。这标志着人类疾病基因治疗的开始。

已有涉及恶性肿瘤、遗传病、代谢性疾病、传染病等的 90 个基因治疗方案通过了 FDA 的审查，其中 60 个方案正在实施中。我国则有包括血友病、地中海贫血、恶性肿瘤等多个基因治疗方案正在实施中。

（四）人类基因组计划

1986 年美国生物学家诺贝尔奖获得者 Dulbecco 首先倡议，全世界的科学家联合起来，从整体上研究人类的基因组，分析人类基因组的全部序列以获得人类基因所携带的全部遗传信息。毫无疑问，该项工作的完成，将使人们深入认识许多困扰人类的重大疾病的发病机理；阐明种族和民族的起源与演化，进一步揭示生命的奥秘。1990 年春，美国国立卫生研究院（NIH）和能源部（DOE）联合发表了美国的人类基因组计划，1990 年 10 月 1 日正式启动，历时 3 个五年计划（1990—2005），耗资 30 亿美元。

20 世纪 90 年代的人类基因组计划的科学意义如同 60 年代的登月计划。所以继美国之后，欧盟国家、日本、俄罗斯、加拿大、澳大利亚和我国也相继启动了人类基因组计划。无疑，人类基因组计划的实施和完成将会对生命科学产生重大影响。

三、能源开发和环境保护方面的应用

（一）开发清新能源

我们日常生活中的每一个方面（包括衣、食、住、行）都离不开能源。目前，石油和煤炭是我们生活中的主要能源。然而，地球上的这些化石能源是不可再生的，也终将枯竭。开发新型、清洁、再生能源将是人类面临的一个重大课题。生物能源将是最有希望的新能源之一，而其中又以乙醇最有希望成为新型、清洁的替代能源。

远古时代，人们就已经开始了乙醇的发酵生产。但由于它使用谷物作为原料，且发酵效率较低，成本较高，不适合于能源生产。科学家们希望找到一种特殊的微生物，这种微生物可以利用大量的农业废弃物（如杂草、木屑、植物的秸秆等纤维素或木质素物质）或其他工业废弃物作为原料生产乙醇。同时改进生产工艺以提高乙醇得率，降低生产成本。

通过微生物发酵或固定化酶技术，将农业或工业的废弃物变成沼气或氢气，也是一种取之不尽，用之不竭的能源。

生物技术还可用来提高石油的开采率。目前石油的一次采油，仅能开采储量的 30%。二次采油需加压、注水，也只能获得储量的 20%。深层石油由于吸附在岩石空隙间，难以开采。加入能分解蜡质的微生物后，利用微生物分解蜡质使石油流动性增加而获取石油，称为三次采油。

(二) 环境保护

传统的化学生产过程大多在高温高压下进行，呈现在人们面前的几乎都是大烟囱冒浓烟的景象。这是一个典型的耗能过程并带来环境的严重恶化。如果改用生物技术方法来生产，不仅可以节约能源，而且还可以避免环境污染。例如，用化学方法生产农药，不仅耗能而且严重污染环境，如改用苏云金杆菌生产毒性蛋白，既可节约能源，又对人体无毒。

现代农业及石油、化工等现代工业的发展，开发了一大批天然或合成的有机化合物，如农药、石油及其化工产品、塑料燃料等工业产品，这些物质连同生产过程中大量排放的工业废水、废气、废物已给我们赖以生存的地球带来了严重的污染。已发现的有致癌活性的污染物达 1 100 多种，严重威胁着人类的健康。但是小小的微生物有着惊人的降解这些有害物质的能力。人们可以利用这些微生物净化有毒的化合物、降解石油污染、清除有毒气体和恶臭物质、综合利用废水和废渣、处理有毒金属等，达到净化环境、保护环境、废物利用并获得新的产品的目的。

四、工业生产上的应用

(一) 制造工业原料

利用微生物在生长过程中积累的代谢产物，生产食品工业原料，种类繁多。概括起来，主要有以下几个大类：①氨基酸类，目前能够工业化生产的氨基酸有 20 多种，大部分为发酵技术生产的产品，主要的有谷氨酸、赖氨酸、异亮氨酸、丙氨酸、天冬氨酸、缬氨酸等；②酸味剂，主要有柠檬酸、乳酸、苹果酸、维生素 C 等；③甜味剂，主要有高果糖浆、天冬甜精（甜度是砂糖的 2 400 倍、氯化砂糖的 600 倍）。

发酵技术还可用来生产化学工业原料。主要生产传统的通用型化工原料(如乙醇、丙酮、丁醇等产品)、特殊用途的化工原料（如制造尼龙、香料的原料癸二酸，石油开采使用的原料丙烯酰胺，制造电子材料的粘康酸，制造合成树脂、纤维、塑料等制品的主要原料衣康酸，制造工程塑料、树脂、尼龙的重要原料长链二羧酸，合成橡胶的原料 2，3-丁二醇，合成化纤、涤纶的主要原料乙烯等)。

(二) 生产贵重金属

在冶金工业方面，高品位富矿不断耗尽。面对数量庞大的废渣矿、贫矿、尾矿、废矿，采用一般的采矿技术已无能为力，惟有利用细菌的浸矿技术才能对这类矿石进行提炼。可浸提的金属包括金、银、铜、铀、锰、钼、锌、钴、镍、钡、铊等10多种贵重金属和稀有金属。

生物技术正以巨大的活力改变着传统的社会生产方式和产业结构，给国民经济带来极为深远的影响。当今人类社会面临的人口剧增、能源和资源日渐枯竭、环境污染严重等重大问题的解决，在很大程度上将依赖于现代生物技术的发展。

小 结

生物技术是指人们以现代生命科学为基础，结合先进的工程技术手段和其他基础学科的科学原理，利用生物体或其体系或它们的衍生物来制造人类所需要的各种产品或达到某种目的的一门新兴的、综合的学科。它主要包括基因工程、细胞工程、酶工程、发酵工程及生化工程五项新技术。这五项技术是互相联系、互相渗透的，其中以基因工程为核心。

现代生物技术是以20世纪70年代DNA重组技术的建立为标志的。基因工程技术的形成和发展带动了现代发酵工程、现代酶工程、现代细胞工程以及蛋白质工程的发展，促进了基因组学、蛋白质组学和生物信息学的产生以及生物芯片、组织工程等新技术的兴起，形成了现代生物技术的体系。

现代生物技术的应用领域非常广泛，涉及农业、工业、医学、药物学、能源、环保、冶金、化工原料等。这些领域的应用必将对人类社会的政治、经济等方面产生巨大影响。

复习思考题

1. 什么是现代生物技术？它包括哪些主要内容？
2. 为什么说现代生物技术是一门综合学科？它与其他学科有什么关系？
3. 简要说明生物技术发展史。
4. 简述现代生物技术的主要应用领域。

主要参考文献

[1] 宋思杨，楼士林主编. 生物技术概论. 北京：科学出版社，2000
[2] 中国科学院. 高技术发展报告. 北京：科学出版社，2001
[3] 李亚一等. 生物技术——跨世纪技术革命的主角. 北京：中国科学技术出版社，1994
[4] 朱圣庚等. 生物技术. 上海：上海科学技术出版社，1995
[5] 莽克强主编. 农业生物工程. 北京：化学工业出版社，1998
[6] 冉秉利，魏林学主编. 生物工程与应用. 北京：中国科学技术出版社，1996

第二章 基因工程

学习要求 学习基因工程的概念、主要步骤和相关的分子生物学基础知识。了解基因工程中常用工具酶的催化反应机制及主要用途，三种基因克隆载体的一般生物学特性、结构及其应用，目的基因的制备，重组体的构建及导入受体细胞的方法，重组子的筛选与鉴定技术。

在漫长的生物进化过程中，基因重组从来没有停止过。在自然力量作用下，通过基因突变、基因转移和基因重组等途径，推动生物界不断进化，使物种趋向完善，出现了今天各具特性的繁多物种。有的能忍耐高温，有的不怕严寒，有的能适应干旱的沙漠，有的可在高盐度的海滩上或海水中生长繁殖，有的能固定大气中的氮素等等。但是地球上没有一种完美无缺的生物，这促使科技工作者不断寻求新的技术和方法对生物加以改造。而基因工程技术的诞生使人们能按照自己的愿望，打破物种界限，通过体外 DNA 重组和转移等技术，有目的地改造生物种性，创造出新的生物类型。

第一节 基因工程基础

一、概 述

基因工程是一门以分子遗传学为理论基础、以分子生物学和微生物学的现代技术方法为手段的新兴交叉学科，它诞生于 1973 年，其发展十分迅速，新知识、新概念、新技术不断涌现，并广泛渗透到生命科学的各个领域，带动了整个生命科学的发展，是现代生物技术中的核心技术。

二、基因工程的定义

基因工程，是指按人们的需要，用类似工程设计的方法将不同来源的基因（DNA 分子），在体外构建成杂种 DNA 分子，然后导入受体细胞，并在受体细胞内复制、转录、表达的操作。因此，人类利用基因工程技术，就有可能根据需要，通过体外重组，跨越生物种属间的屏障，改变生物原有的遗传特性，定向培养或创造新的生物品种。

基因工程又称DNA重组技术，其最大特点是分子水平上的操作，细胞水平上的表达。基因工程的实施包括四个必要条件：工具酶、基因、载体和受体细胞。

三、基因工程的内容和方法

基因工程的主要内容包括：①分离制取带有目的基因的DNA片段；②在体外，将目的基因连接到适当的载体上；③将重组DNA分子导入受体细胞，并扩增繁殖；④从大量的细胞繁殖群体中，筛选出获得了重组DNA分子的重组体克隆；⑤外源基因的表达和产物的分离纯化。

现代分子生物学实验方法的进步，为基因工程的创立和发展奠定了强有力的技术基础。基因工程的基本实验技术，除了较早出现的密度梯度超速离心和电子显微镜技术之外，还包括DNA分子的切割与连接、核酸分子杂交、凝胶电泳、细胞转化、DNA序列结构分析以及基因的人工合成、基因定点突变和PCR扩增等多种新技术、新方法。

四、基因工程的分子生物学基础

（一）脱氧核糖核酸

生物的遗传物质是DNA（脱氧核糖核酸，deoxyribonucleic acid）。DNA是由大量的脱氧核糖核苷酸组成的线状或环状大分子。脱氧核糖核苷酸由碱基、脱氧核糖和磷酸基组成。磷酸基团连接在脱氧核糖的5′位上，而碱基则共价结合于脱氧核糖的1′位上。在DNA分子中，脱氧核糖核苷酸5′位上的磷酸基团与其相邻核苷酸的3′羟基之间结合形成磷酸二酯键，从而把一个个核苷酸连接成多聚核苷酸。DNA含有4种杂环碱基，即腺嘌呤（A）、鸟嘌呤（G）、胞嘧啶（C）与胸腺嘧啶（T）。由于DNA分子中的核苷酸是重复单体，因此通常以核苷酸上的碱基字母A、T、G、C来表示DNA分子的核苷酸序列，并且从5′端向3′端的方向书写核苷酸的碱基顺序。在两条DNA链之间，其碱基序列A与T、G与C是互补的，且GC碱基对间有三对氢键连接，AT碱基对间有两对氢键连接。DNA携带着决定生物遗传、细胞分裂、分化、生长以及蛋白质生物合成等生命过程的控制信息。

（二）DNA变性、复性与杂交

在高温及强碱条件下，双链DNA分子氢键断裂，两条链完全分离，形成单链DNA分子，这种情况称为DNA变性（denaturation）。

变性DNA经处理又可重新形成天然DNA，这个过程称为复性（renaturation）或退火（annealing）。降低温度、pH及增加盐浓度均可促进DNA的复性（退火）。当复性DNA分子由不同的两条链分子形成时，这种复性称为杂交（hybridization）。

（三）DNA的复制

DNA的复制过程非常复杂。首先在复制起点处DNA解旋酶将双链DNA解旋，形成复制叉，子链DNA总是按5′→3′的方向进行合成，复制后每一个新的双链DNA分子都是由一条亲链和一条新合成的子链组成（半保留复制）。两条新合成的链中，一条是连续合成，叫前导链。另一条链是在模板DNA的指导下，通过DNA引发酶识别模板链上一个短的引发序列并合成一短的RNA引物（大约10个核苷酸组成），为DNA聚合酶Ⅲ提供3′-OH，然后合成一个冈崎片段，然后DNA聚合酶Ⅰ识别（先前）引物的5′游离末端并利用其外切核酸酶活性去除RNA引物，同时利用它的聚合酶活性以相应的DNA填补缺口，再经DNA连接酶通过3′，5′-磷酸二酯键将其连接，完成此子链的合成，这条链叫后随链。DNA的复制过程中，随着两条子链的延长，复制叉不断前移。

DNA复制的特点：①DNA分子的复制是从特定的位点开始并按特定的方向进行的；②DNA分子的复制是半保留复制；③DNA分子的复制是半不连续复制；④DNA分子复制是通过DNA聚合酶及各种相关酶蛋白、蛋白因子的协同有序的工作完成的；⑤DNA分子复制具有高度的精确性和准确性。DNA分子复制速度：在细菌中为10^4～10^5核苷酸/min，而在真核细胞中（如哺乳动物细胞）为500～5 000核苷酸/min。

由于DNA的半保留复制是严格地按照碱基配对原理进行的，因此新合成的子代DNA分子忠实地保存了亲代DNA分子所携带的全部遗传信息。通过这样的复制，基因便能够代代相传，准确地保留下去。同时DNA在生物体中为适应环境或遭受刺激时会稍稍改变其结构，使物种适应新环境而生存。因此遗传是相对的，变异是绝对的，这是生物进化过程中的必然现象。

（四）DNA的修复

DNA复制时可能由DNA聚合酶引发偶然错误，或者由于环境因素（如辐射、致突变的化学物质诱发）致使DNA产生序列上的错误，此时生物体内存在着的修复系统就会对DNA的变异起保护修复作用。但DNA的损伤或突变也不可能全部被修复，否则就不存在变异，生物也就不可能进化了。DNA 修复主要包括 3 个步骤：①DNA 修复核酸酶对 DNA 链上不正常碱基的识别与切除；②DNA 聚合酶对已切除区域的重新合成；③DNA 连接酶对剩下切口的修补。

（五）生物的基因重组

遗传的稳定性对于维持生物的生存是很重要的，但生物体的生存必须适应环境的变化，因此生物体的 DNA 就会发生一些变异来适应新的环境，这是生物进化的原动力。生物遗传的变化来自 DNA 的重新排列，即基因的重组。

基因重组具有重要的生物学意义。正是由于 DNA 的变异，基因重组产生新的生物性状甚至形成新的物种，促使人类希望能够人为地改变生物的遗传特性,从而获得符合人类要求的生物新特性和生物新个体，这就是基因工程。

（六）基因

基因是编码蛋白质或 RNA 分子遗传信息的基本遗传单位，是一段具有特定功能和结构的连续的脱氧核糖核苷酸序列，是构成巨大遗传单位染色体的重要组成部分。例如，大肠杆菌染色体是一个裸露的 DNA 分子，据估计大约由 500 万个核苷酸组成，它包含着 7 500 个基因，每个基因可能由 600～700 个核苷酸构成的一段 DNA。2001 年 2 月 12 日人类基因组图谱公布：初步分析表明，人类基因组由 31.647 亿个碱基对组成，共有 3 万～3.5 万个基因，比线虫仅多 1 万个，比果蝇多 2 万个，远小于原先 10 万个基因的估计。

现代研究表明：基因是一个功能单位，但不是一个不可分割的最小的重组单位和突变单位，它包含若干个突变子和重组子，同时基因的概念得到进一步拓展。

1. 移动基因 移动基因（movable gene）可以从染色体基因组上的一个位置转移到另一个位置，甚至在不同的染色体之间跃迁，故亦称为跳跃基因。但这种移动只是移动一个拷贝，在原来的位置仍保留一份拷贝。

2. 断裂基因 人们通过对真核类基因结构的分析发现，基因编码序列中有与氨基酸编码无关的 DNA 间隔序列，使一个基因分隔成不连续的若干区段。这种编码序列不连续的间断基因称为断裂基因（split gene，interrupted gene）。

断裂基因的表达程序是：先转录成初级转录物，又叫前体 mRNA；然后经过删除和连接，除去无关的 DNA 间隔序列的转录物，便形成了成熟的 mRNA分子；它从细胞核中输送到细胞质，再转译成相应的多肽链。其中被剪除的 DNA 部分叫间隔序列或内含子（intron），被保留下来的 DNA 部分叫编码序列或外显子（exon）。这种内含子的删除和外显子的连接，最后形成成熟的 mRNA 的过程，称为 RNA 剪辑。

3. 假基因 假基因（pseudo gene）在真核生物中普遍存在。这是一类在基因组中稳定存在，核苷酸序列同其相应的正常功能基因基本相同、但却不能合成出功能蛋白质的失活基因，它是相应的正常基因突变而丧失活性的结果。科学家发现，人类基因中与蛋白质合成有关的基因只占整个人类基因组的 2%。

4. 重复序列 重复序列（repeated sequence）是指在一个 DNA 分子中出现不止一次的序列。几乎所有的真核生物（除单细胞的酵母以外）的基因组 DNA 中都有重复序列。在人类基因组计划中发现，35.3%的基因组包含重复序列。

5. 重叠基因 重叠基因（overlapping gene）是指一个基因的序列中，含有另一基因的部分或全部序列，即其核苷酸序列是彼此重叠的。基因重叠现象仅发现于一些噬菌体和病毒基因组中。

（七）遗传信息的传递方向——中心法则

生命界除了某些病毒是以 RNA 分子作为其遗传信息载体外，绝大多数生物将其遗传信息储存在 DNA 分子中，而其功能的实现则是通过蛋白质分子。

1958 年，Crick 提出遗传信息传递的中心法则（图 2-1）。

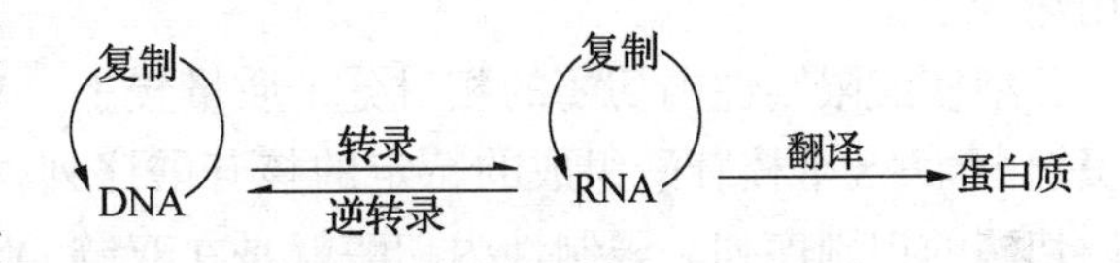

图 2-1 遗传学中心法则

图 2-1 表明，储藏在基因中的遗传信息分转录和翻译两步进行表达。以特定单链 DNA 为模板，在 RNA 聚合酶的催化之下合成 RNA 的过程叫转录；在 mRNA 分子指导下通过核糖体（rRNA）合成蛋白质的过程叫翻译；而将以 RNA 为模板在逆转录酶的催化下合成 DNA 的过程称为逆转录。这种遗传信息从 DNA 到 RNA 再到蛋白质的流向，在所有的细胞类型中都是受到高度调节的，同时在有些情况下也是严格协同的。

第二节 工 具 酶

基因的重组与分离，涉及一系列相关的酶促反应。核酸限制性内切酶和 DNA 连接酶的发现和应用，使 DNA 分子的体外切割与连接成为可能，而有时为了便于DNA片段之间的连接，还需对DNA片段进行修饰，所有这些酶促反应使用的酶都称为工具酶。基因工程涉及的工具酶一般分为三大类：即限制性内切酶、连接酶和修饰酶。

一、限制性内切酶

（一）分类

限制性内切酶（又称内切限制酶或限制酶）是一类能够识别和切割双链DNA分子中的某种特定核苷酸序列的酶。目前已鉴定出有三种不同类型的核酸限制性内切酶，即Ⅰ、Ⅱ和Ⅲ型酶。其中Ⅰ型酶（如*Eco*K和*Eco*B）虽能识别DNA分子中特定的核苷酸序列，但其切割作用却是在距识别序列一端约1 000 bp以外随机进行的。Ⅲ型酶也可识别特定的DNA序列，但它在距识别序列约25 bp处往往有多个切割DNA的位点，故没有特异性。这两种酶都既具有内切酶的活性，又具有甲基化酶的活性，作用时除了需要Mg^{2+}作辅助因子外，还要求ATP（腺苷三磷酸）和SAM（S-腺苷甲硫氨酸）的存在。它们的相对分子质量均在30万以上，在基因工程中的用处都不大。而Ⅱ型酶由于其仅有内切核酸酶活性，甲基化酶活性由另外一种酶提供，而且核酸内切作用又具有序列特异性，故在基因克隆中有特别广泛的用途。

Ⅱ型核酸限制性内切酶的相对分子质量较小，一般在$2\times10^4\sim4\times10^4$，它能识别由4～8个核苷酸组成的特定的核苷酸序列，这样的序列称为核酸限制性内切酶的识别序列。限制性内切酶就是在双链DNA分子的识别序列内切割磷酸二酯键，因此识别序列又称为核酸限制性内切酶的切割位点或靶子序列。这些序列大多呈回文结构，即有对称轴，且两条链的5′→3′方向的序列组成相同。例如：

它们都是围绕着一个对称轴，在两条链上对称地交错断裂，*Pst* Ⅰ切割后形成3′-OH的单链黏性末端，*Eco*RⅠ切割后形成5′-P的单链黏性末端，如果两条链在对称轴位置上同时断裂，这种形式的断裂形成具有平末端的DNA

片段。例如：

对称轴

5′-CCC┆GGG-3′
3′-GGG┆CCC-5′

Sma Ⅰ切割位点

黏性末端是指DNA分子在限制性内切酶的作用下形成的具有互补碱基的单链延伸末端结构，它们能够通过互补碱基间的配对而重新连接起来。具平末端的DNA片段则不易于连接。由于黏性末端能与另一个相同的黏性末端相连接，所以在进行DNA重组时，应用限制性内切酶同时切割目的基因和载体DNA，使之产生相对的黏性末端，就可将二者连接成重组DNA分子。平末端之间的连接效率较黏性末端之间要低，但平末端连接具有普遍的适应性，故在重组DNA分子中极其有用。

有一些来源不同的限制性内切酶识别的是同样的核苷酸靶子序列，这类酶称为同裂酶，如*Bam*HⅠ和*Bst* Ⅰ。经同裂酶切割的DNA可以形成同样的末端。而同尾酶是又一类限制性内切酶，它们虽然来源各异，识别的靶子序列也各不相同，但却产生相同的黏性末端。显然，由同尾酶产生的DNA片段通过黏性末端间的互补作用也可以彼此连接起来，但一般不能再被原来的任一种同尾酶所切割，例如，*Sau*3AⅠ（↓GATC）和*Bam*HⅠ（G↓GATCC）。

（二）命名

限制性内切酶的命名法要点：属名+种名+株名。即限制性内切酶的名称由三个字母组成。第一个字母采用细菌属名的第一个大写字母，第二和第三个字母采用细菌种名的前两个字母。如大肠杆菌（*Escherichia coli*）用*Eco*表示，流感嗜血菌（*Haemophilus influenzae*）用*Hin*表示。第四个字母是表示菌株的类型，如*Hin*d中的d代表流感嗜血菌d株。如果一个菌株中有几种限制性内切酶，则在代表菌株的字母后用罗马数字表示。如流感嗜血菌d株有几种限制酶，则分别表示为*Hin*dⅠ、*Hin*dⅡ、*Hin*dⅢ等。

（三）切割频率

切割频率是指限制性内切核酸酶在DNA分子中的预测切点数。由于DNA是由4种类型的单核苷酸组成，假定DNA中的4种碱基都具有同等的频率，而限制性内切酶的识别位点是随机分布的，那么对于任何一种限制酶的切割频率，理论上应为$1/4^n$，n为该限制酶识别的碱基数。如识别4个碱基的限制酶，其切割频率应为每4^4（=256）个碱基有一个识别序列和切点，识别6个碱基的限制酶，其切割频率应为每4^6（=4 096）个碱基有一个识别序列和切点。因此靶子序列长度不一样的限制酶，对DNA分子的随机切割频率不同，切割DNA后产生的DNA限制性片段的长度也不相同。因为大多数限制性内切酶都只识别惟一的序列，因此由一种特定的限制性内切酶切割某种DNA分子，其预测的切点数目是有一定限度的（$1/4^n$）。

（四）影响核酸限制性内切酶活性的因素

1. DNA纯度 核酸限制性内切酶消化DNA底物的反应效率，在很大程度上取决于DNA样品本身的纯度。DNA样品中所含的某些物质，如蛋白质、酚、氯仿、酒精、乙二胺四乙酸（EDTA）、十二烷基硫酸钠（SDS）及高浓度的盐离子等，都有可能抑制核酸限制性内切酶的活性。应用微量碱法制备的DNA制剂，常常含这类杂质。为了提高限制性内切酶对低纯度DNA制剂的反应效率，一般采用的有如下三种方法：①增加限制酶的用量，平均每微克底物DNA可高达10单位甚至更多。②扩大酶催化反应体积，以相应地稀释潜在的抑制因素。③延长酶催化反应的保温时间。

2. 酶切消化反应温度 DNA消化反应的温度，是影响酶活性的另一个重要因素。不同的酶，具有不同的最适反应温度，但大多是37 ℃。消化反应的温度低于或高于最适温度，都会影响酶的活性，甚至最终导致酶失活。

3. 酶切反应体系 酶活性的正常发挥，还需要正确的Mg^{2+}浓度，否则不仅会降低限制性内切酶的活性，而且还可能导致识别序列特异性的改变。缓冲液Tris－HCl保持整个反应体系pH，一般pH7.4的条件下，酶活性最佳。另外，酶切反应体系中，内切酶的体积不能超过反应总体积的10％，否则甘油终浓度达到5％将会抑制酶在该体系中的活性。因为限制性内切酶通常保存在50％浓度的甘油溶液中。

（五）限制酶的星活性

Ⅱ类限制酶虽然识别和切割的序列都具有特异性，但却是在一定的环境条件下表现的特异性。在非最适的反应条件下，有些酶的识别特异性会降低（松动），识别的序列和切割都有一些改变，这就是所谓的星活性（star activity）。将这种因条件改变而出现第二活性的酶在其右上角加一个星号表示。一般实验中，我们都应尽量避免限制性内切酶出现星活性。

诱发星活性的因素有如下几种：①高甘油含量（>5％，V/V）；②限制性内切核酸酶用量过高（>100 U/μg DNA）；③低离子强度（<25 mmol/L）；④高pH（8.0以上）；⑤含有有机溶剂，如DMSO、乙醇等；⑥有非Mg^{2+}的二价阳离子存在（如Mn^{2+}、Cu^{2+}、Co^{2+}、Zn^{2+}等）。

二、连接酶

在体外构建重组 DNA 分子的过程中，限制性核酸内切酶如同一把“剪刀”，可以将 DNA 分子切割成不同大小的片段，然而要将不同来源的 DNA 片段组成新的杂种 DNA 分子，还必须有“黏合剂”将它们彼此连接起来，DNA 连接酶就可以用来在体外连接 DNA 片段。

DNA 连接酶的作用是将双螺旋 DNA 分子的某一条链上两个相邻核苷酸之间失去一个磷酸二酯键所出现的单链缺口封闭起来，即催化 3′-OH 和 5′-P 之间形成磷酸二酯键，从而将具黏性末端的双链 DNA、平末端双链 DNA 以及带缺口的双链 DNA 连接起来。

原核生物主要有两种类型的 DNA 连接酶：*E.coli* DNA 连接酶和 T_4DNA 连接酶。基因工程中使用的主要是 T_4DNA 连接酶，它是从 T_4 噬菌体感染的 *E.coli* 中分离的一种单链多酞酶，相对分子质量为 68×10^3，由 T_4 噬菌体基因 30 编码。*E.coli* DNA 连接酶由大肠杆菌基因 51 编码，也是一条多肽链的单体，相对分子质量为 74×10^3。这两种酶有两个重要差异：第一是它们在催化反应中所用的能量来源不同，T_4DNA 连接酶用 ATP，而 *E.coli* DNA 连接酶则用 NAD 作为能源；第二是它们催化平末端连接的能力不同，在正常情况下只有 T_4DNA 连接酶能够连接两条平末端的双螺旋的 DNA 片段，*E.coli* DNA 连接酶则不能。即使是调整反应条件，*E.coli* DNA 连接酶催化平末端的连接效率也只有 T_4DNA 连接酶的 1%。

三、修饰酶

（一）DNA 聚合酶

DNA 聚合酶的作用是催化 DNA 的体外合成反应，它能够把脱氧核糖核苷酸连续地加到双链 DNA 分子引物链的 3′-OH 末端，合成出与模板序列互补的产物。基因工程中常用的聚合酶有大肠杆菌 DNA 聚合酶、大肠杆菌 DNA 聚合酶Ⅰ的 Klenow 大片段酶（Klenow 酶）、T_4DNA 聚合酶、T_7DNA 聚合酶、修饰的 T_7DNA 聚合酶、反转录酶及耐热 DNA 聚合酶（Taq DNA 聚合酶）。

1．DNA 聚合酶Ⅰ DNA 聚合酶Ⅰ（DNA PolⅠ）是一种单链多肽蛋白质，相对分子质量为 109×10^3，含 Zn 原子，具有三种不同的酶催活性，即 5′→3′的聚合酶活性、5′→3′的核酸外切酶活性和 3′→5′的核酸外切酶活性。不过在具有

dNTP的条件下，DNA聚合酶Ⅰ的3′→5′的核酸外切酶活性则会被5′→3′方向的聚合酶活性所抑制。

DNA聚合酶Ⅰ在分子克隆中的主要用途是通过DNA缺口平移，制备供核酸分子杂交用的带放射性标记的DNA探针(图2-2)。在由DNaseⅠ产生的DNA分子单链缺口上，DNA聚合酶Ⅰ的5′→3′核酸外切酶活性和聚合作用可以同时发生。即当外切酶活性从缺口的5′一侧移去一个5′核苷酸之后，聚合作用就会在缺口的3′一侧补上一个^{32}P标记的核苷酸，但由于DNA聚合酶Ⅰ不能够在3′-OH和5′-P之间形成一个键，因此随着反应的进行，5′一侧的核苷酸不断地被移去，3′一侧的核苷酸又按序地增补，于是缺口便沿着DNA分子按合成的方向移动，这样已标记的核苷酸便逐渐取代了未标记的核苷酸。这就是利用缺口平移方法标记DNA，制备DNA分子杂交探针的过程。

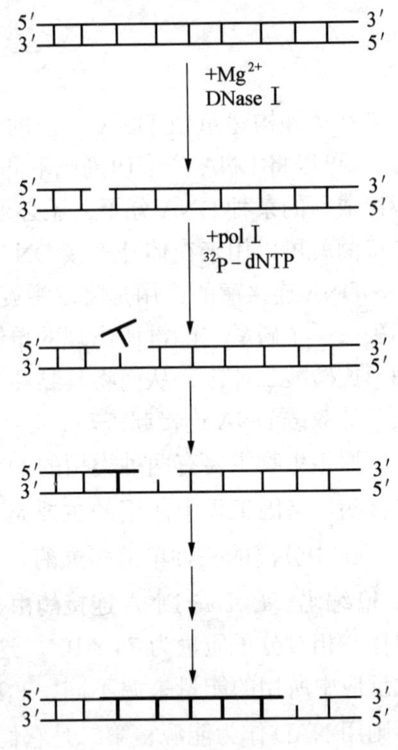

图2-2 缺口平移法制备^{32}P标记的DNA分子杂交探针

2. 大肠杆菌DNA聚合酶Ⅰ的Klenow片段 这是由大肠杆菌DNA聚合酶Ⅰ全酶，经枯草杆菌蛋白酶处理（切割）之后，产生出来的分子量为76×10^{3}的大片段分子。Klenow酶仍具有5′→3′的聚合酶活性和3′→5′的核酸外切酶活性，但失去了全酶的5′→3′的核酸外切酶活性。

在DNA分子克隆中，Klenow酶的主要用途有：①修补经限制性内切酶消化或其他方法所形成的5′或3′突出末端，制备平末端。这样可以使原来具有不相容的黏性末端的DNA片段通过平末端重组。Klenow酶修复5′突出末端的反应是利用该酶的DNA聚合酶活性，是填补反应；而修复3′突出末端则是利用Klenow酶3′→5′核酸外切酶的活性，是切割反应。这一反应用T_4DNA聚合酶效果会更好，因为它的3′→5′核酸外切酶活性更强。②对具有3′隐蔽末端的DNA片段作放射性末端标记。③cDNA克隆中的第二链cDNA的合成。④DNA序列测定。

3. T_4DNA聚合酶 这是由T_4噬菌体感染的大肠杆菌培养物纯化而来，

相对分子质量为114×10^3，具有两种酶催活性，即5′→3′的聚合酶活性和3′→5′的核酸外切酶活性。

T_4DNA聚合酶类似于Klenow酶，其主要用途有：①可将任何形式的双链DNA制备成平末端的双链DNA。虽然Klenow酶能够进行这种反应，但是T_4DNA聚合酶是更好的选择，因为在没有dNTP存在的条件下，T_4DNA聚合酶的3′→5′核酸外切酶的活性比Klenow酶强200倍，并且在高浓度的dNTP存在时，降解作用即会停止。根据这样一种特征，可以调整反应条件，用T_4DNA聚合酶的3′→5′核酸外切酶的活性将具有3′突出末端的双链DNA切割成平末端；而用T_4DNA聚合酶的5′→3′合成酶的活性将具有5′突出末端的双链DNA填补成具有平末端的双链DNA。②进行双链DNA的3′末端标记。首先利用T_4DNA聚合酶的3′→5′核酸外切酶的活性在缺乏dNTP的条件下切割双链DNA，产生突出的5′末端，然后加入放射性标记的dNTP，利用T_4DNA聚合酶的5′→3′合成酶的活性进行填补反应，得到两链的3′端都是标记的双链DNA分子。如果被标记的双链DNA中有核酸限制性内切酶的切割位点，则可以得到两段放射性标记的探针。应用这种方法可以给平末端的DNA片段或具有3′隐蔽末端和3′突出末端的DNA片段作末端标记。

4．T_7DNA聚合酶及修饰的T_7DNA聚合酶　T_7DNA聚合酶来源于T_7噬菌体感染的大肠杆菌，是基因5蛋白质-硫氧还（原）蛋白的复合物，具有5′→3′的聚合酶活性和3′→5′的核酸外切酶活性，是所有已知DNA聚合酶中持续合成能力最强的一个，并具有很高的单链及双链的3′→5′核酸外切酶活性。其主要用途：①用于拷贝大分子量模板的引物延伸反应；②如同T_4DNA聚合酶一样，可通过单纯的延伸或取代合成的途径，标记DNA的3′末端，也可用来将双链DNA的5′或3′突出端转变成平末端的结构。

应用化学方法，对天然的T_7DNA聚合酶进行修饰，使之完全失去3′→5′的核酸外切酶活性，由于失去了这一活性，使得修饰的T_7DNA聚合酶的加工能力以及在单链模板上的聚合作用的速率增加了3～9倍，这种修饰的T_7DNA聚合酶在物理特性、聚合酶性质以及加工能力等方面都同天然的T_7DNA聚合酶完全一样，测序时常用此酶，故亦称测序酶。

5．Taq DNA聚合酶　Taq DNA聚合酶分子量为65×10^3，在补加有四种脱氧核苷三磷酸的反应体系中，能以高温变性的靶DNA分离出来的单链DNA为模板，按5′→3′的方向合成新生的互补链DNA。这种DNA聚合酶具有耐高温的特性，其最适的活性温度是72℃，连续保温30 min仍具有相当的活性，而且在比较宽的温度范围内都保持着催化DNA合成的能力，目前广泛用于聚合酶链式反应（polymerase chain reaction，PCR）及 DNA 测序。

（二）末端转移酶

末端转移酶相对分子质量为 32×10^3，系从小牛胸腺中纯化出来的一种碱性蛋白质。它能够催化脱氧核苷三磷酸逐个地加到 DNA 分子的 3′-OH 末端，反应中不需要模板的存在。而且它还是一种非特异性的酶，4 种 dNTP 中的任何一种都可以作为它的前体物。因此，当反应混合物中只有一种 dNTP 时，就可以形成仅由一种核苷酸组成的 3′尾巴，称为同聚物尾巴。

末端转移酶催化作用的底物，可以是具 3′-OH 末端的单链 DNA，也可以是具 3′-OH 突出末端的双链 DNA，若用 Co^{2+} 代替 Mn^{2+}/Mg^{2+} 作为辅助因子，可以催化任何形式的末端（突出的、隐含的、平齐的）加接单核苷酸，但突出的 3′端效率最高。

末端转移酶的主要用途之一是，分别给外源 DNA 片段及载体分子加上互补的同聚物尾巴。这样两条 DNA 分子便可通过同聚物尾巴的碱基配对作用而彼此连接起来，形成重组 DNA 分子。

（三）碱性磷酸酶

有两种不同来源的碱性磷酸酶，即大肠杆菌碱性磷酸酶（BAP）和小牛肠碱性磷酸酶（CIP）。它们共同的特性是催化核酸分子脱掉 5′-P 基团，从而使 DNA（或 RNA）片段转变成 5′-OH 末端。碱性磷酸酶的主要用途如下。

①DNA 或 RNA 分子脱磷酸，然后在 $[\gamma-^{32}P]$ ATP 和 T_4 多核苷酸激酶的作用下，用于 DNA 或 RNA 的 5′末端标记（图 2-3）。

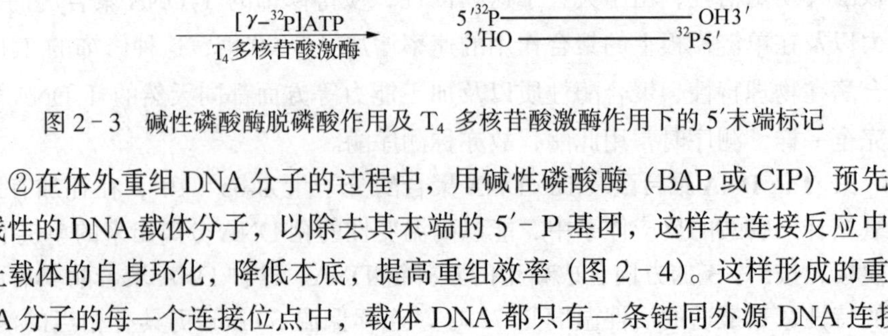

5′突出末端　　5′隐蔽末端

5′P ———— OH3′
3′HO ———— P5′
ss或ds
DNA或RNA

—CIP 或BAP→

5′HO ———— OH3′
3′HO ———— OH5′

—$[\gamma-^{32}P]$ATP / T_4多核苷酸激酶→

5′^{32}P ———— OH3′
3′HO ———— ^{32}P5′

图 2-3　碱性磷酸酶脱磷酸作用及 T_4 多核苷酸激酶作用下的 5′末端标记

②在体外重组 DNA 分子的过程中，用碱性磷酸酶（BAP 或 CIP）预先处理线性的 DNA 载体分子，以除去其末端的 5′-P 基团，这样在连接反应中可防止载体的自身环化，降低本底，提高重组效率（图 2-4）。这样形成的重组 DNA 分子的每一个连接位点中，载体 DNA 都只有一条链同外源 DNA 连接，而另一条链由于失去了 5′-P 基团不能进行此连接，故重组分子上留有两

个 3′-OH和 5′-OH 的缺口，转化以后这样的缺口在寄主细胞内完成其修复工作。

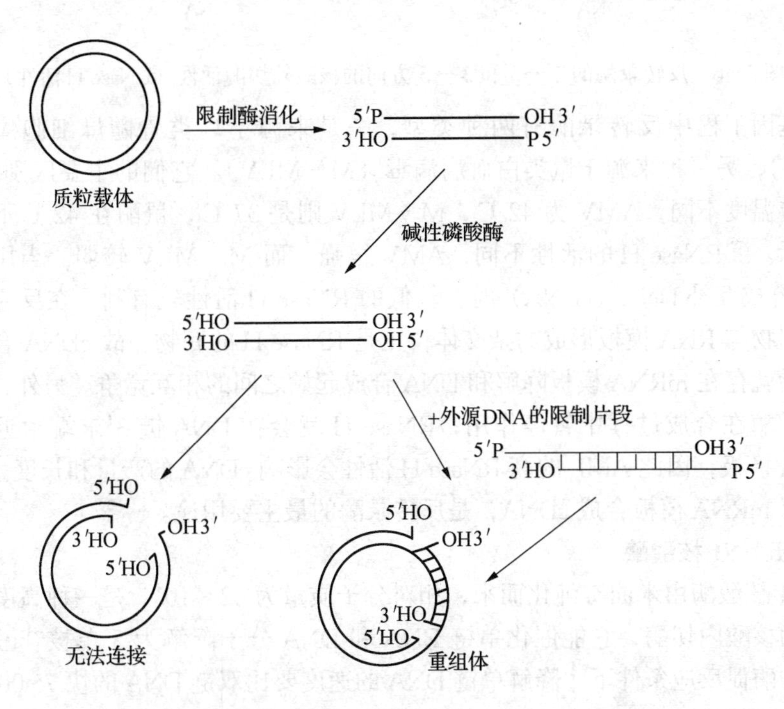

图 2-4 碱性磷酸酶防止线性质粒 DNA 分子自身环化

CIP 的活性比 BAP 的高出 10～20 倍，且 CIP 加热到 68 ℃就可完全失活，而 BAP 却是耐热酶，耐酚抽提，故大多情况下选用 CIP 酶。

（四）逆转录酶

逆转录酶即依赖于 RNA 的 DNA 聚合酶，具有反转录酶活性和 RNase H 活性。反转录酶是分子生物学中最重要的核酸酶之一，它的 5′→3′方向的聚合活性，取决于有一段引物和一条模板分子的存在（图 2-5）。但其缺少 *E . coli* DNA 聚合酶中起校正作用的 3′→5′核酸外切酶活性，在高浓度 dNTP 和 Mg^{2+} 下，每 500 个碱基中有可能一个错配。RNase H 活性是一种核糖核酸外切酶，它以 5′→3′或 3′→5′的方向特异地降解 RNA-DNA 杂交分子中的 RNA 链（图 2-6）。

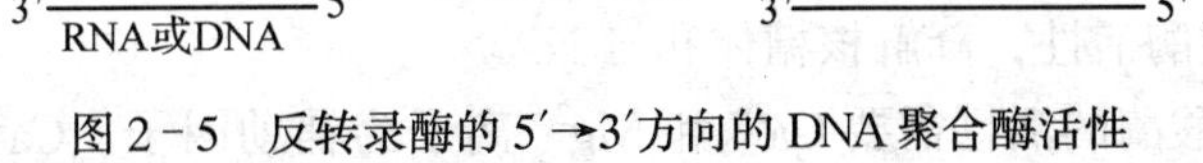

5′——3′　　　　　　　4dNTP　　　5′————————3′
3′————————5′　　→　　　3′————————5′
RNA或DNA

图 2-5 反转录酶的 5′→3′方向的 DNA 聚合酶活性

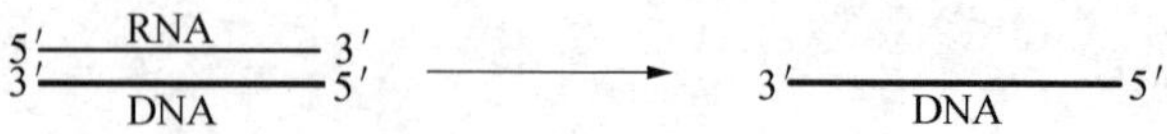

5′ RNA 3′
3′ DNA 5′ ⟶ 3′ DNA 5′

图 2-6 反转录酶的 5′→3′和 3′→5′方向的核酸外切酶活性（RNase H 活性）

基因工程中反转录酶有两种类型，一是来源于鸟类骨髓母细胞瘤病毒（AMV），另一种来源于鼠类白血病病毒（M-MLV）。它们的主要区别在于：①反应温度不同，AMV 为 42 ℃，M-MLV 则是 37 ℃，鼠酶在 42 ℃下会迅速失活。②RNase H 的活性不同，AMV 很强，而 M-MLV 较弱。当用长的 RNA 合成互补 DNA（cDNA）时，较低的 RNase H 活性较有利。在反应开始时，引物与 RNA 模板形成的杂交体，正是 RNase H 的底物，故 cDNA 合成的一开始就存在 mRNA 模板降解和 DNA 合成起始之间的相互竞争。另外，如果反转录酶在合成过程中暂停作用，RNase H 就会在 DNA 链 3′末端附近切割 mRNA 模板，因此 AML 的高 RNase H 活性会影响 cDNA 的产量和长度。

以 mRNA 模板合成 cDNA，是反转录酶的最主要用途。

（五）S1 核酸酶

S1 核酸酶由米曲霉纯化而来，相对分子质量为 32×10^3，是一种高度单链特异的核酸内切酶，它能催化单链 RNA 和 DNA 分子降解为 5′单核苷酸。在最适的酶促反应条件下，降解单链 DNA 的速度要比双链 DNA 的快 75 000 倍。酶反应需要低浓度的 Zn^{2+} 离子存在，最适 pH 范围为 4.0～4.3，而当 pH 上升到 4.9 时，降解速度便会下降 50%。NaCl 浓度在 10～300 mmol/L 范围内对酶活性无影响。该酶可被 EDTA 和柠檬酸盐等螯合剂所抑制，但在尿素及甲酰胺等试剂中稳定。

S1 核酸酶的主要功能是：①去除 DNA 片段的单链突出端，使之成为平末端；②去除 cDNA 合成时形成的发夹结构。

（六）Bal 31 核酸酶

Bal 31 核酸酶是由海生菌（*Alteromonas espeliana*）提取的，它既具有单链特异的核酸内切酶活性，同时也具有双链特异的核酸外切酶活性。当底物是双链环型的 DNA 时，Bal 31 的单链特异的核酸内切酶活性，通过对单链缺口或瞬时单链区的降解作用，将超螺旋的 DNA 切割成开环结构，进而成为线性双链 DNA 分子。而当底物是线性双链 DNA 分子时，Bal 31 的双链特异的核酸外切酶活性，又可从 3′和 5′两末端渐进地降解双链线性 DNA。此外，该酶还具有核糖核酸酶活性，降解核糖体和 tRNA。

Bal31 核酸酶的活性需要 Ca^{2+} 和 Mg^{2+} 离子为辅助因子。Ca^{2+} 的特异螯合剂 EGTA［乙二醇双（β-氨基乙醚）四乙酸］可终止该酶的活性。

Bal31 核酸酶的主要用途：①诱发 DNA 发生缺失突变；②定位测定 DNA 片段中限制位点的分布；③研究超螺旋 DNA 分子的二级结构及因诱变剂引起的双链 DNA 螺旋结构变化。

第三节　基因工程载体

体外获得的任一 DNA 片段，必须插入到可以自我复制的载体内，再转入宿主细胞，才能得到复制和进行表达。把一个有用的目的 DNA 片段通过重组 DNA 技术，送进受体细胞中去进行繁殖和表达的工具叫载体。基因工程中有 3 种主要类型的载体：质粒 DNA、病毒 DNA、质粒和病毒 DNA 杂合体。其中，大肠杆菌质粒 DNA 分子是重组 DNA 技术中最常用的载体。

一、质粒载体

（一）质粒的概念

质粒（plasmid）是一种染色体外的稳定遗传因子，大小为 1～200 kb，为双链闭环的 DNA 分子，并以超螺旋状态存在于宿主细胞中，质粒具有自主复制和转录能力，能在子代细胞中保持恒定的拷贝数，并表达所携带的遗传信息。质粒的复制和转录要依赖于宿主细胞编码的某些酶和蛋白质，如离开宿主细胞则不能存活，而宿主即使没有它们也可以正常存活。

（二）质粒 DNA 的一般特性

环形双链的质粒 DNA 在提取过程中通常出现三种不同的构型：当其两条多核苷酸链均保持着完整的环形结构时，称为共价闭合环形 DNA（cccDNA），这样的 DNA 通常呈现超螺旋的 SC 构型（scDNA）；如果两条多核苷酸链中只有一条保持着完整的环形结构，另一条链出现有一至数个缺口时，称为开环 DNA（ocDNA），此即 OC 构型；若质粒 DNA 发生双链断裂而形成线性分子（LDNA），通称 L 构型。

在琼脂糖凝胶电泳中，不同构型的同一质粒 DNA，尽管分子量相同，仍具有不同的电泳迁移率。其中走在最前沿的是 scDNA，其后是 LDNA 和 ocDNA。

根据寄主细胞所含的拷贝数的多少，质粒分成两种不同的复制型：一种是低拷贝数的“严紧型”质粒，每个寄主细胞中仅含有 1～3 份的拷贝；另一类是高拷贝数的“松弛型”质粒，每个寄主细胞中可高达 10～60 份拷贝。

松弛型质粒的复制不受宿主细胞蛋白质合成的控制，因此，当用蛋白质合成抑制剂氯霉素或壮观霉素处理寄主细胞，使大肠杆菌染色体DNA复制受阻时，松弛型质粒DNA仍可继续扩增。而严紧型质粒的复制受到宿主细胞蛋白质合成的严格限制，其拷贝数不能通过用氯霉素来增加。

大多数的质粒载体都是使用抗生素抗性记号，而且主要集中在四环素（Tet）抗性、氨苄青霉素（Amp）抗性、链霉素（Sm）抗性以及卡那霉素（Kan）抗性等少数几种抗菌素记号上。抗菌素抗性记号具有便于操作，易于选择等优点。

天然质粒往往不能满足作为基因工程的载体的全部要求，故常需对其进行改造。例如某些质粒分子量较大，可削减其分子量，使载体具有更大的容纳外源片段的能力。而某些质粒有着对同一限制性内切酶的许多切点，因此需要对多酶切点加以改造，使其只留下该酶的一个酶切位点，便于外源基因插入到载体中的特定位置；还有些质粒仅有一个抗菌素抗性基因，这时可以通过改造，增加选择或检测的标记。除此之外，还可对天然质粒进行其他修饰改造、安全性改造等。凡经改建而适于作为基因克隆载体的所有质粒DNA分子，都必须包括三种共同的组成部分：复制基因、选择性记号和克隆位点。

（三）质粒载体的条件

一般说来，一种理想的用作克隆载体的质粒必须满足如下几方面的条件。

1. 具有复制起点 这是质粒自我增殖所必不可少的基本条件，并可协助维持使每个细胞含有10～20个左右的质粒拷贝。一般情况下，一个质粒只含有一个复制起点，构成一个独立的复制子。

2. 具有抗菌素抗性基因 一种理想的质粒克隆载体应具有两种抗菌素抗性基因，且抗性基因内有单一的酶切位点，那么在该位点插入外源DNA就会导致此种抗性基因失活，从而便于筛选重组体。

3. 具有若干限制酶单一识别位点 这样可以满足基因克隆的需要，而且在其中插入适当大小的外源基因后，不影响质粒DNA的复制功能。常用载体上的多克隆位点（MCS）即具有该功能。

4. 具有较小的分子量和较高的拷贝数 小分子量的质粒易于操作，更能抵抗机械剪切力的切割，可容纳外源DNA片段也更长（一般不超过15 kb），且可有效地转化给受体细胞；小分子量的质粒往往属于松弛型质粒，在细胞中有较高的拷贝数，扩增后回收率高。

（四）常用的质粒载体

1. pBR322质粒 这是一种改造型的质粒（图2-7），由三个不同来源的部分组成：它的复制子来源于pMB1，它的四环素抗性基因来自于pSC101，它的氨苄青霉素抗性基因来自于 pSF2124（R 质粒）。该质粒的优点是：

①分子量小，4 363 bp，易于 DNA 纯化，即便克隆一段大小达 6 kb 的 DNA 之后，其重组体分子在纯化过程中也不易发生链的断裂。因为经验表明，为避免 DNA 链的断裂，克隆载体的分子大小最好不超过10 kb。

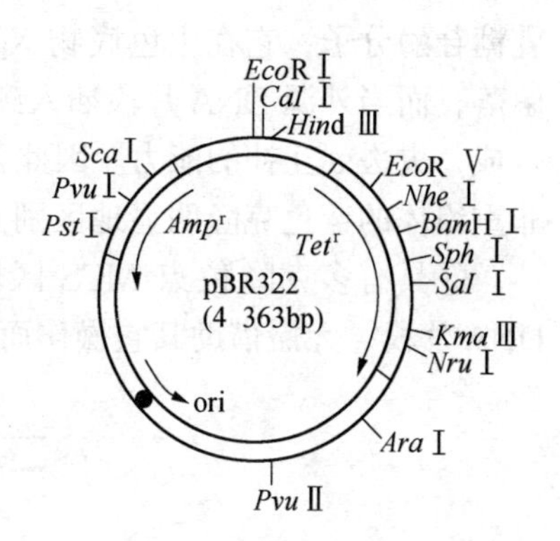

图 2－7 pBR322 质粒的结构图谱

②具有两种抗菌素抗性基因（Amp^r、Tet^r）可作为转化子的选择记号。已知共有 24 种核酸限制性内切酶对 pBR322 质粒具有单一的识别位点，其中有 7 种限制性内切酶（即 *Eco*RⅤ、*Nhe* Ⅰ、*Bam*H Ⅰ、*Sph* Ⅰ、*Sal* Ⅰ、*Xma* Ⅲ和 *Nru* Ⅰ）的识别位点位于四环素抗性基因内部，另外两种限制酶（*Cal* Ⅰ、*Hin*d Ⅲ）的识别位点存在于这个基因的启动区内，故在这 9 个限制位点上插入外源 DNA 都会导致 Tet^r 基因的失活；还有 3 种限制酶（*Sca* Ⅰ、*Pvu* Ⅰ和 *Pst* Ⅰ）在 Amp^r 基因内具有单一的识别位点，故在这个位点上插入外源 DNA 则会出现插入失活效应。

③具有较高的拷贝数（约 20），而且经过氯霉素（Cm）扩增之后，每个细胞中可积累 1 000～3 000 拷贝，这为重组体 DNA 的制备提供了极大的方便。

2. pUC 质粒载体 pUC 系列的载体是通过 pBR322 和 M13 两种质粒改造而来，它的复制子来自 pMB1，Amp^r 抗性基因则是来自 R 质粒的转座子。与 pBR322 质粒载体相比，pUC 系列的优点有如下三方面。

①具有更小的分子量和更高的拷贝数。在 pBR322 基础上构建 pUC 质粒载体时，仅保留其中的氨苄青霉素抗性基因及复制起点，使分子量缩小了许多，如 pUC8 为 2 750 bp，pUC18 为 2 686 bp，拷贝数不经过氯霉素扩增，平均每个细胞即可达 500～700 拷贝。所以由 pUC 质粒重组体转化的大肠杆菌细胞，可获得高产量的克隆 DNA 分子。

②适用于组织化学方法检测重组体。pUC 质粒结构中具有来自大肠杆菌 lac 操纵子的 *lacZ′*基因，所编码的 α 肽链可参与 α 互补作用。因此在应用 pUC 质粒为载体的重组实验中，可用 Xgal 显色的组织化学方法一步实现对重组体转化子克隆的鉴定。显然，这比用 pBR322 质粒载体进行基因克隆要节省时间。*lacZ′*基因编码的 α 肽链是 β 半乳糖苷酶的氨基末端的短片段，它同失去了正常氨基末端的 β 半乳糖苷酶突变体互补时，便会产生出有功能活性的 β 半

乳糖苷酶分子，它在生色底物 Xgal 存在下的培养基上被 IPTG 诱导形成蓝色菌落，而当外源 DNA 片段插入到 *lacZ′* 基因中的 MCS 时，就会阻断 α 肽链的合成，失去 α 互补的能力。因此含有重组质粒载体的克隆是无色的，它可以与非重组体的蓝色克隆明显地区别开来。

③具有多克隆位点 MCS 区段　MCS 可以使两种不同黏性末端的外源 DNA 片段，无需借助其它操作而直接克隆到 pUC 质粒载体上。

二、噬菌体载体

（一）噬菌体的一般特性

噬菌体是一类细菌病毒的总称，如同质粒分子一样，噬菌体也可用于克隆和扩增特定的 DNA 片段，可插入长 10～20 kb 的外源 DNA 片段，是一种良好的基因克隆载体。最常见的噬菌体是双链线性 DNA 分子，其感染效率极高。

作为细菌寄生物的噬菌体，它可以在脱离寄主细胞的状态下保持自己的生命，但一旦脱离了寄主细胞就既不能生长也不能复制。

（二）λ 噬菌体

λ 噬菌体是迄今为止研究得最为详尽的一种大肠杆菌双链 DNA 噬菌体，它的基因组 DNA 为 48.5 kb，有 60 多个基因，是一种中等大小的温和噬菌体。其中 λ 噬菌体左右两侧的基因参与了噬菌体生命周期的活动，是 λ 噬菌体的必要基因；而中央的一部分基因，不影响噬菌体的生命功能，是 λ 噬菌体的非必要基因。若由外源基因取代非必要基因，所形成的重组噬菌体 DNA，可以随寄主大肠杆菌细胞一道复制和增殖，而且在其溶原周期中，它们的 DNA 整合在大肠杆菌的染色体 DNA 上，成为后者的一个组成部分。这是 λ 噬菌体作为基因克隆载体的一个重要特性。

λ 噬菌体的 DNA 既可以以线性存在又可以以环状形式存在，并且能够自然成环。其主要原因是在 λ 噬菌体线性 DNA 分子的两端各有一个 12 个碱基组成的天然黏性末端，线性 DNA 分子注入到感染寄主细胞内，会迅速地通过黏性末端之间的互补作用，形成环状双链 DNA 分子。并随后在 DNA 连接酶的作用下，将相邻的 5′－$\dot{P}$ 和 3′－OH 基团封闭起来。而由黏性末端结合形成的双链区段叫做 cos 位点。

野生型的 λ 噬菌体 DNA，分子量大，对常用的核酸限制性内切酶都具有过多的酶切位点，没有选择标记，而且具有感染性，显然它本不适于用做基因克隆的载体，因此有必要将 λ 噬菌体的非必要区段和多余的酶切位点进行删除，以便改造成适用的克隆载体。

（三）λ噬菌体载体的类型

1. 插入型载体 这是含有核酸限制性内切酶单切割位点的载体，可插入长度为 10 kb 的外源 DNA。外源 DNA 插入到λ载体分子上，会使噬菌体的某种生物功能丧失效力，即插入失活效应。根据插入失活效应的特异性，插入型的λ载体又分免疫功能失活和大肠杆菌β半乳糖苷酶失活两种亚型。

①当外源 DNA 片段插入到λ载体基因组中的免疫区位点上时，就会使载体所具有的合成活性阻遏物的功能遭受破坏，cI 基因失活，而不能进入溶原周期。因此，凡有外源 DNA 插入的λ重组体都能形成清晰的噬菌斑，而无外源 DNA 插入的亲本噬菌体可以变成溶原状态，形成浑浊的噬菌斑。这种形态学上的差异，为分离重组体分子提供了方便的标志。

②当外源 DNA 插入到λ载体基因组中的大肠杆菌 *lac*5 区段上时，就会阻断β半乳糖苷酶基因 *lac*Z 的编码序列，那么由这种λ重组体感染的大肠杆菌 lac^-（lac^+）指示菌，由于不能合成β半乳糖苷酶，涂布在补加有 IPTG 和 Xgal 的培养基平板上，只能形成无色（浅蓝色）的噬菌斑，而无插入片段的λ载体 *lac*5 区段保持完整，感染的结果会形成蓝色（深蓝色）的菌斑。据此可将重组体分子方便地鉴别出来。

2. 置换型载体 在λ载体非必要区的两侧含有核酸限制性内切酶两个切点，两个切点间的片段被取代后不影响噬菌体生活力。可插入长度约为 20 kb 的外源 DNA。在可取代的区段中带有 *lac*Z 基因的相应序列时，λ重组体亦可用β半乳糖苷酶失活法进行筛选。

（四）λ噬菌体的包装限制

λ噬菌体的包装能力在野生型λDNA 长度的 75%～105%之间（36～51 kb),这样才能形成噬菌斑。包装限制这一特性，保证了体外重组所形成的有活性的λ重组体分子，一般都应带有外源 DNA 的插入片段，或是具有重新插入的非必要区段。这等于是对λ重组体的一种正选择。

三、柯斯质粒载体

柯斯（cosmid）质粒是一类由人工构建的质粒-噬菌体杂合载体，它的复制子来自质粒、cos 位点序列来自λ噬菌体，其克隆能力为 31～45 kb，而且能够被包装成为具有感染性能的噬菌体颗粒。柯斯质粒的特点大体上可归纳成如下 4 个方面。

1. 具有λ噬菌体的特性 柯斯质粒载体在克隆了合适长度的外源 DNA，并在体外被包装成噬菌体颗粒之后，可以高效地转导对其敏感的大肠杆菌寄主细胞。进入寄主细胞之后的柯斯质粒DNA分子，便按照λ噬菌体DNA同样的方式环化起来。但由于柯斯质粒载体并不含有λ噬菌体的全部必要基因，因此它不能够通过溶原周期，无法形成子代噬菌体颗粒。

2．具有质粒载体的特性 柯斯质粒载体具有质粒复制子，因此在寄主细胞内能够像质粒DNA一样进行复制，并且在氯霉素作用下，同样也会获得进一步的扩增。此外，柯斯质粒载体通常也都具有抗菌素抗性基因，可作重组体分子表型选择标记。其中有一些还带上基因插入失活的克隆位点。

3．具有高容量的克隆能力 柯斯质粒载体的分子仅具有一个复制起点、一两个选择记号和cos位点等三个组成部分，其分子量较小，一般只有5～7 kb左右。因此，柯斯质粒载体的克隆极限可达45 kb左右。此外，由于包装限制的缘故，柯斯质粒载体的克隆能力还存在着一个最低极限值。如果用作克隆载体的柯斯质粒的分子为5 kb，那么插入的外源DNA片段至少得有30 kb长，才能包装形成具感染性的λ噬菌体颗粒。所以，柯斯质粒克隆体系用于克隆大片段的DNA分子特别有效。

第四节 目的基因的制备

一、目的基因

基因工程的主要工作是在体外将感兴趣的DNA片段（目的基因）与载体DNA连接起来，形成重组DNA分子，再导入适当的表达体系进行表达，产生特定的基因产物。所以，如何分离获取目的基因，是基因工程的第一步工作。

基因工程中常用的目的基因，如乙肝病毒表面抗原基因、生长激素基因、干扰素基因等，都是仅有几千个或几百个甚至更少的碱基对的DNA片段。由于单个基因仅占染色体DNA分子总量的极微小的比例，要分离到特定的含目的基因的DNA片段，通常得首先构建基因文库。

二、基因文库

将大分子量的染色体基因组DNA分子，用核酸限制性内切酶消化成适于克隆的DNA片段群体，或是经过反转录合成出具有不同分子大小的适于基因克隆的cDNA分子群体，这些DNA片段群体在体外同载体重组后，被导入到大肠杆菌感受态细胞群体中复制繁殖，并涂布到含特定抗生素的培养基平板上生长。由于载体分子具有抗生素抗性基因，所以只有那些获得了载体分子的转化子细胞才能生长存活，而且每一个抗性细胞均生长成一个菌落，即克隆。如此在细菌中增殖形成的克隆DNA片段之集合体，便叫做基因文库。在理想的情况下，一个完整的基因文库应含有染色体基因组DNA的全部序列的各种片段，或是来自所有不同的mRNA的每一种cDNA分子。

基因组DNA文库是含有某一生物中全部DNA序列随机克隆的克隆群，而cDNA文库只含有选择用于构建文库的细胞类型中所有表达基因的cDNA随机克隆的克隆群。

由于细胞内的基因在表达的时间上并非统一，具有发育的阶段性和时间性，有些则需要特殊的环境条件，所以cDNA文库不可能构建得十分完全，也就是说任何一个cDNA文库都不可能包含某一生物全部编码基因。

由于cDNA技术合成的是不含内含子的功能基因，因此是克隆真核生物基因的一种通用方法。

cDNA文库与基因组文库的主要差别是：①基因组文库克隆的是任何基因，包括未知功能的DNA序列；cDNA文库克隆的是具有蛋白质产物的结构基因，包括调节基因。②基因组文库克隆的是全部遗传信息，不受时空影响；cDNA文库克隆的是不完全的编码DNA序列，因它受发育和调控因子的影响。③基因组文库中的编码基因是真实基因，含有内含子和外显子，而cDNA文库克隆的是不含内含子的功能基因。

构建了基因文库，仅实现了基因克隆，并不等于完成了目的基因的分离。要获得感兴趣的目的基因，还必须到cDNA文库或是基因组文库这样的“基因图书馆”查询。因此，目的基因的分离，也可以从基因文库中筛选出所需的基因序列。

三、目的基因的获取

（一）鸟枪法

鸟枪法是一种由生物基因组提取目的基因的方法。实际上是从基因组DNA文库中筛选出目的基因。这个方法最明显的缺点是，所形成的重组体分子，是一群带有大小不同的插入片段的重组体的混合群体。我们知道，高等真核生物的基因组是相当庞大的，以人的基因组为例，按一般载体承受外源DNA插入的能力（为1 000～3 000 bp）计算，可以被切割成几十万个大小不同的DNA片段。如果每个片段都分别插入到一个载体分子上，这样经过扩增之后，就会形成由几十万个大小不同的重组体分子组成的克隆群体，要想从如此巨大数量的群体（基因组文库）中，选出带有目的基因的克隆，显然十分费事，而且还会造成不必要的人力和物力上的浪费。

（二）化学合成法

自从发明了DNA合成仪，化学合成DNA已成为一种常规技术。如果已知某种基因的核苷酸序列，或者根据该基因产物的氨基酸序列，推导出该多肽编码基因的核苷酸序列，就都可以用化学方法合成该基因的核苷酸片段。但如果基因较大，则先合成若干个短DNA片段，再连接成一个长的完整基因。

人工化学合成的基因可以是生物体内已经存在的，也可以是按照人类的愿望和特殊需要重新设计的。因此，它为人类操纵遗传信息、校正遗传疾病、创造新的优良的生物新类型，提供了强有力的手段，是基因研究的一个富有成效的重大飞跃。

（三）酶促逆转录合成法

酶促逆转录合成法即先构建cDNA文库，再选用适当方法从文库中筛选出目的基因。

（四）聚合酶链式反应

聚合酶链式反应，即PCR技术，是一项极其重要的酶促合成DNA技术，是美国科学家于1983年发明的一种在体外快速扩增特定基因或DNA序列的方法，故又称为基因的体外扩增法。PCR技术是人类发明的在试管中模拟发生于细胞内的DNA复制过程，该反应只需数小时，就能将极微量的目的基因或某一特定的DNA片段扩增数十万倍，乃至千百万倍，而无需通过烦琐费时的基因克隆程序，便可获得足够数量的精确的DNA拷贝。PCR技术操作简单，容易掌握，结果也较为可靠，为基因的分析和研究提供了一种强有力的手段，是现代分子生物学研究中的一项富有革新性的创举，对整个生命科学的研究与发展，都有着深刻的影响。PCR技术不仅可以用来扩增与分离目的基因，而且在临床医疗诊断、基因突变与检测、分子进化研究以及法医学等诸多领域都有着重要的用途。

PCR反应实际上是在模板DNA、引物和4种脱氧核糖核苷酸存在的条件下依赖于DNA聚合酶的酶促合成反应。对于有部分了解或完全清楚的目的基因，可以通过PCR反应，直接从染色体DNA或cDNA上高效快速地扩增出目的基因片段，然后进行克隆操作。惟一的要求是，对目的基因片段两侧的序列了解清楚。通过针对这两个已知区域的DNA引物，在TaqDNA聚合酶的催化下，进行2^n指数递增方式的扩增，获得大量的DNA片段，这种方法使得不同细胞中相同基因的克隆，变得快速、简单。PCR技术的特异性取决于引物和模板DNA结合的特异性。引物是根据已知的DNA核苷酸序列从两条5′端合成16～24 bp两个引物，模板可以是cDNA的第一条链，也可以是总DNA。

PCR反应分为三步（图2-8）：①变性。加热到95 ℃，使双螺旋DNA分子的氢键断裂，双链DNA解离成单链DNA。②退火。变性后，温度急剧降低，此时，由于模板分子结构较引物要复杂得多，而且反应体系中引物DNA量大大多于模板DNA，使引物和其互补的模板在局部形成杂交链，而模板DNA双链之间互补的机会较少。一般退火温度为50 ℃左右。③延伸。在DNA聚合酶和4种dNTP底物及Mg^{2+}存在的条件下，5′→3′的聚合酶催化以引物为起始点的DNA链延伸反应，一般为72 ℃。以上三步为一循环，每一循环的产物可以作为下一步循环的模板，数小时后，介于两个引物之间的特异性DNA片段得到大量复制，数量可达2×10^6～2×10^7拷贝。

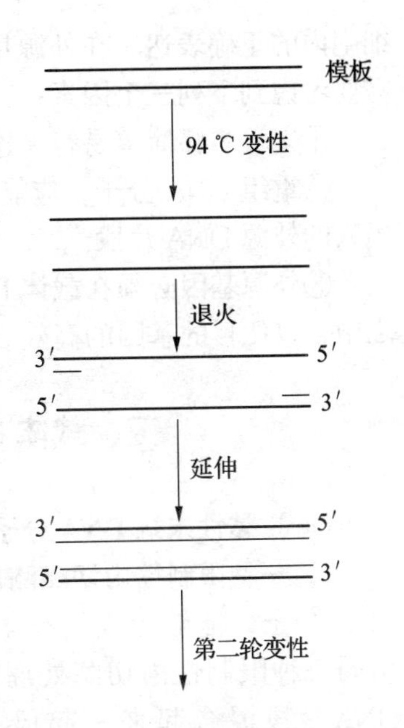

图2-8　PCR基本原理示意图

Clark发现用TaqDNA聚合酶得到的PCR反应产物不是平末端，而是带有一个突出碱基（A）末端的双链DNA分子。根据这一发现设计了克隆PCR产物的T载体。

目的基因的制取一般公认的最有效的方法是应用基因克隆的技术和PCR技术，可直接从基因组中分离个别的目的基因。有关基因分离与克隆的更多方法可参见本书第六章。

第五节　基因与载体连接

一、重组DNA的概念

通过各种分离、纯化、扩增等方法，获取了目的基因，再根据欲使目的基因有效表达的受体细胞，选择适当的基因载体之后，基因工程的下一步工作是将目的基因与载体在体外连接起来，即DNA分子的体外重组。

基因重组是依赖于核酸限制性内切酶、DNA连接酶和其他修饰酶的作用，分别对外源目的基因的片段和载体DNA进行适当切割和修饰后，将外源基因片段与载体DNA巧妙地连接在一起，再转入受体细胞，实现目的基因在受体细胞内的正确表达。在外源目的基因同载体分子连接的基因重组过程中，一般需要考虑到下列三个因素：

①实验步骤简单易行，连接效率较高，易于重组子筛选。

②重组DNA分子，应能被一定的核酸限制性内切酶重新切割，以便回收插入的外源DNA片段。

③外源基因必须在载体DNA的启动子控制之下，并置于正确的阅读框架之中，以便目的基因的高效表达。

二、载体DNA与外源基因片段的连接

（一）黏性末端DNA分子间的连接

1．一种限制性内切酶酶切位点的连接 大多数的核酸限制性内切酶切割DNA分子，能够形成具有4～6个核苷酸的黏性末端。当载体和外源DNA用同一种限制性内切酶处理时，就会产生相同的黏性末端，将这样的两个DNA片段混合起来一起退火，黏性末端单链间便进行碱基配对，并被T_4DNA连接酶共价地连接起来，形成重组体分子。当然，所选用的核酸限制性内切酶对克隆载体DNA分子应只具有一个识别位点，而且还是位于非必要的区段内。例如pBR322质粒用*Bam*HⅠ切割后，形成具有*Bam*HⅠ黏性末端的线性DNA分子，如果外源基因的DNA片段也用*Bam*HⅠ限制酶消化，二者再混合起来，那么，在连接酶的作用下，由于它们的黏性末端互补，因此能够彼此退火形成环状的重组质粒。当需要回收外源片段时，可以再用*Bam*HⅠ限制性内切酶消化重组体分子，将外源DNA片段切割下来。

采用该方法使得外源DNA片段与载体DNA的连接有两种完全相反的方向，为使外源DNA片段按一定的方向插入到载体分子上，可以采用下面的方法进行定向克隆。

2．不同限制性内切酶酶切位点的连接 根据核酸限制性内切酶作用的性质，用两种识别序列完全不同的限制性内切酶同时消化一种特定的DNA分子，将会产生出具有两种不同黏性末端的DNA片段。显然，如果载体分子和外源DNA分子，都是用同一对核酸限制性内切酶切割，然后混合起来，那么在DNA连接酶作用下，载体分子和外源DNA片段就只能按一种方向退火形成重组DNA分子。例如，pBR322质粒和外源DNA片段分别都用*Bam*HⅠ、*Sal*Ⅰ这两种限制酶作双酶切消化，那么当二者混合后，质粒分子的*Bam*HⅠ黏性末端就会和外源DNA分子的*Bam*HⅠ黏性末端碱基配对，而质粒分子的

另一个 *Sal* Ⅰ黏性末端就会和外源 DNA 分子的另一个 *Sal* Ⅰ黏性末端碱基配对，最后在 DNA 连接酶的作用下，形成外源 DNA 片段定向插入载体分子的重组体。

为了获得更好的重组效率，我们还可以应用同尾酶产生的黏性末端进行连接。同尾酶是一类识别序列不完全相同，但产生的黏性末端至少有四个碱基相同的核酸限制性内切酶。常用的 *Bam*HⅠ、*Bcl* Ⅰ、*Bgl* Ⅱ、*Sau*3AⅠ和 *Xho* Ⅱ就是一组同尾酶，它们切割 DNA 后都形成 GATC 的黏性末端。用这些核酸限制性内切酶处理载体和外源 DNA 得到的黏性末端可以像完全亲和的黏性末端那样进行连接，但是它与完全亲和的黏性末端连接不同的是，连接后的产物往往失去原有的核酸限制性内切酶的切点，却又能够被另外一种同尾酶识别。这样，用同尾酶进行体外重组时，在核酸限制性内切酶切割反应之后不必将原有的内切酶失活，而可以直接进行重组连接。由于连接体系中有原有的核酸限制性内切酶的存在，载体自连就不会发生，从而保证了载体同外源 DNA 的连接。所以，在这种连接反应中不必用碱性磷酸酶进行载体的脱磷反应而得到最高的连接效率。

反应中通常要涉及三种不同的核酸限制性内切酶，其中两种是识别六碱基的酶，另一种是识别四碱基的酶。例如，核酸限制性内切酶 *Bgl* Ⅱ识别的序列为 A↓GATCT，*Bam*HⅠ识别的序列为 G↓GATCC，用它们分别切割载体 DNA 和外源 DNA，不必使酶失活，就可以直接通过黏性末端连接法进行连接。当需要重新回收外源 DNA 片段时，就可用 *Sau*3AⅠ（↓GATC）消化回收。

（二）平末端 DNA 分子间的连接

在许多情况下，我们选择不到合适的限制酶，使载体和外源 DNA 片段产生出互补的黏性末端，而只能形成非互补的黏性末端或平末端。这时，通过调整反应条件，我们可以用 T_4DNA 连接酶将平末端的 DNA 片段有效地连接起来，而具有非互补黏性末端的两种 DNA 片段之间，在经过 Klenow 酶、T_4DNA 聚合酶或专门作用于单链 DNA 的 S1 核酸酶的填补、切割等反应处理变成平末端之后，一样也可以使用 T_4DNA 连接酶进行有效的连接。由于平末端 DNA 片段间的连接效率比黏性末端要低得多，故在其连接反应中，T_4DNA 连接酶的浓度要比黏性末端连接时高 10～100 倍，外源 DNA 及载体 DNA 浓度也要求较高。通常还需加入低浓度的聚乙二醇（PEG8000），以促进 DNA 分子凝聚而提高转化效率。一般情况下，该法重组之后外源 DNA 片段便不能原位删除下来。

（三）同聚物加尾法

同聚物加尾法就是利用末端转移酶分别在载体分子及外源双链 DNA 片段的 3′端各加上一段寡聚核苷酸，人工制成黏性末端。外源 DNA 片段和载体 DNA 分子要分别加上不同的寡聚核苷酸，如 dA（dG）和 dT（dC），然后在 DNA 连接酶的作用下，两条 DNA 分子便可通过互补的同聚物尾巴的碱基配对作用而彼此连接起来，成为重组的 DNA 分子（图 2－9）。

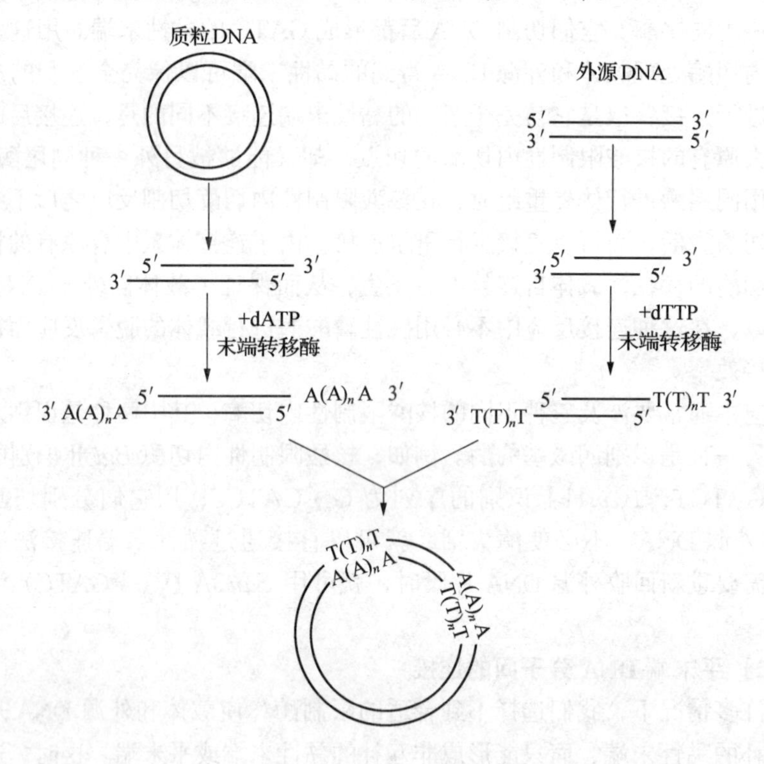

图 2－9 同聚物加尾法重组 DNA 分子

同聚物加尾法实际上是一种人工黏性末端连接法，很明显，它的优点在于：①不易自身环化，这是因为同一种 DNA 分子两端的尾巴是相同的，所以不存在自身环化。②因为载体和外源片段的末端是互补的黏性末端，所以连接效率较高。③用任何一种方法制备的 DNA 片段都可以用这种方法进行连接。

同聚物加尾法的不足之处：①方法烦琐；②外源片段难以回收。另外，由于添加了许多同聚物的尾巴，可能会影响外源基因的表达。还要注意的是，同聚物加尾法同平末端连接法一样，重组连接后往往会重新产生某种核酸限制性内切酶的切点。

（四）人工接头连接法

人工接头（linker）连接法就是用人工方法先合成一段长度为8～12个核苷酸的DNA短片段，在这个短片段上，具有一个或数个在其要连接的受体DNA上并不存在的限制酶识别位点（如*Eco*RⅠ、*Bam*HⅠ、*Hin*dⅢ等）。对平末端的DNA片段，可直接在两端加上人工接头。如果要连接的是与载体分子非互补的黏性末端DNA片段，可先用DNA聚合酶Ⅰ的Klenow片段、T_4DNA聚合酶或S1核酸酶除去外源DNA的黏性末端，形成平末端，再按平末端连接法通过T_4DNA连接酶给它的两端加上人工接头。这样外源DNA片段就会形成新的、只在人工接头中具有的惟一限制性内切酶识别位点，随后用相应的限制性内切酶切割之，结果就会产生出能够与载体彼此互补的黏性末端。这样便可以按照常规的黏性末端连接法，将外源DNA片段同载体分子连接起来（图2－10）。

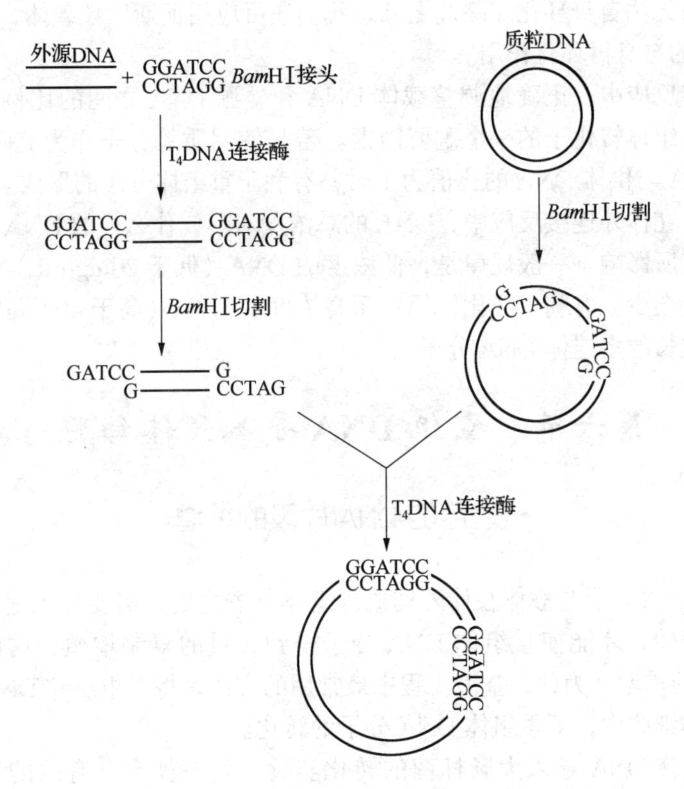

图2－10　人工接头法重组DNA分子

利用人工接头法连接形成的重组体DNA分子，在需要的时候只要用原来的限制性内切酶进行酶切消化，插入的外源DNA就可以很容易地被重新删除下来。

三、最佳连接反应

在实际进行重组DNA的连接反应中，无论采用上述那一种方法，其目的都是尽可能地提高DNA片段的插入效率，增加重组DNA克隆对非重组体克隆的比例，以减少后期筛选重组体克隆的工作量。为此，防止载体分子经限制性内切酶切割后又重新自身环化是问题的关键所在。而防止自身环化的方法，前面已提到有：①利用碱性磷酸酶处理线性载体分子。碱性磷酸酶可以除去线性载体DNA分子的5′-P末端，而形成5′-OH基团。这样只有插入了外源DNA片段，载体DNA分子才能够重新环化导入受体细胞。②使用同尾酶产生的黏性末端连接方法，可以自动地防止线性载体DNA分子的自身环化。③采用同聚物加尾连接技术，使线性DNA分子的两个3′-OH末端，因具有同样的碱基结构而无法自身环化。除此之外，我们还可应用柯斯质粒载体，防止质粒DNA分子的自身再环化作用。

在连接反应中，正确地调整载体DNA和外源DNA之间的比例，是获得高产量的重组体转化子的一个重要因素。若是使用质粒分子作为克隆的载体，其载体DNA与供体DNA的比值为1时，有利于重组体分子的形成。

此外，在体外连接反应中，DNA的总浓度对形成什么样的DNA分子类型同样也会有所影响。一般规律是，低浓度的DNA（低于20 μg/mL）分子间的相互作用机会少，有利于环化作用；而高浓度的DNA（高于400 μg/mL），则有利于形成长的多连体DNA分子。

第六节　重组DNA导入受体细胞

一、目的DNA片段的扩增

外源DNA片段与载体在体外构成重组体分子之后，需要导入适当的受体细胞进行繁殖，才能使重组体DNA分子得到大量的复制增殖，这就是目的DNA片段的扩增。为此，基因工程中最常用的方法是将重组质粒DNA导入大肠杆菌受体细胞中，即重组体DNA分子的转化。

将重组体DNA导入大肠杆菌的转化实验，是一种十分有效的导入外源DNA的手段，因为大肠杆菌首先具有使外源DNA进行复制的能力，经过一定的方法处理后可成为能够容忍外源DNA进入的感受态细胞。其次，基因工程中使用的大肠杆菌是限制性内切酶缺失型菌株，故未经甲基化修饰的外源

DNA进入受体细胞不会发生降解作用。第三，这类大肠杆菌不适于在人体内生存，不适于在非培养条件下生存，没有从实验室逃逸的危险。第四，此类大肠杆菌还能够表达由导入的重组体分子所提供的某种表型特征，从而有利于转化菌的筛选和鉴定。

二、感受态细胞的制备

转化实验包括制备感受态细胞和转化处理。在自然条件下，很多质粒都可通过细菌结合作用转移到新的宿主内，但在人工构建的质粒载体中，一般缺乏此种转移所必需的 *mob* 基因，因此不能自行完成从一个细胞到另一个细胞的接合转移。如需将质粒载体转移进受体细菌，需诱导受体细菌产生一种短暂的感受态以摄取外源 DNA。

转化是将外源DNA分子引入受体细胞，使之获得新的遗传性状的一种手段。受体细胞经过一些特殊方法（如电击法、$CaCl_2$ 法）处理后，细胞膜的通透性发生了暂时性改变，成为能允许外源 DNA 分子进入体内的感受态细胞。进入受体细胞的 DNA 分子通过复制、表达，实现遗传信息的转移，使受体细胞出现新的遗传性状并稳定地遗传给后代。将经过转化后的细胞在筛选培养基中培养，即可筛选出转化子，即带有重组 DNA 分子的转化菌。

大肠杆菌感受态细胞的 $CaCl_2$ 制备方法如下：

①取 5～10 mL SOB 液体培养基（不含 Amp），加入新活化的宿主单菌落，37 ℃振荡培养过夜，直至对数生长后期，再将该菌悬液以 1:（50～100）的比例接种于 100 mL SOB 液体培养基中，37 ℃振荡培养至 $OD_{600}=0.5$ 左右。

②将培养物于冰上放置 10 min后，分装成 20 mL/管，4 ℃下5 000 r/min,离心10 min。

③弃上清液，加约 10 mL 预冷的 100 mmol/L 的 $CaCl_2$，悬浮沉淀，置于冰上 15 min 后，在 4 ℃下，5 000 r/min 离心 10 min。

④弃上清液，加约 1 mL 预冷的 100 mmol/L 的 $CaCl_2$，轻轻悬浮，即为感受态细胞。

三、重组体导入受体细胞

转化原核细胞大肠杆菌的过程就是一种重组体向受体细胞的导入过程。一般分为化学法和电击法。

（一）化学法转化

将重组质粒 DNA 分子同经过 $CaCl_2$ 处理的大肠杆菌感受态细胞混合，置冰浴中培养一段时间，再转移到 42 ℃下做短暂（约 90 s）的热刺激后，迅速置于冰上，向其中加入非选择性的肉汤（SOC）培养基，保温振荡培养一段时间（1～2 h），使细菌恢复正常生长状态，以促使在转化过程中获得的新的抗生素抗性基因（Amp^r 或 Tet^r）得到充分的表达。然后将此细菌培养物涂布在含有氨苄青霉素或四环素的选择性平板上。由于质粒 DNA 上编码着抗菌素抗性基因，因此在相应的选择性平板上，适当的转化菌浓度便会生长成一个个单菌落，通常又称为克隆。该法转化效率一般可达 10^5～10^6 个转化子/μg DNA。

重组体 DNA 分子的转化通常还包括以噬菌体、病毒或以它们作为载体构建的重组 DNA 分子导入细胞的过程（即转染过程）。具体操作比质粒 DNA 的转化要简单，即将重组的噬菌体 DNA 分子同预先培养好的大肠杆菌细胞混合，37 ℃保温约 20 min，直接涂布在琼脂平板上，经过一段时间之后，重组噬菌体 DNA 就在大肠杆菌细胞中复制增殖，最终在平板上形成噬菌斑。

（二）电击法转化

电击法也称高压电穿孔法，最初用于将 DNA 导入真核细胞，1988 年起 Dower 等人用于转化大肠杆菌。其基本原理是将受体细胞置于一个适当的外加电场中，利用高压脉冲对细菌细胞的作用，使细胞表面形成暂时性的微孔，质粒 DNA 得以进入细胞质内，但细胞不会受到致命伤害，一旦脱离脉冲电场，被击穿的微孔即可复原。然后置于丰富培养基中生长数小时后，细胞增殖，质粒复制。

电击法有专门的仪器，但影响导入效率的因素较多，故需优化操作参数。电压太低，不能形成微孔，DNA 无法进入细胞膜；电压太高，易导致细胞的不可逆损伤，故电压多在 300～600 V/cm。脉冲时间一般为 20～100 ms，温度 0～4 ℃为宜，使穿孔修复迟缓，增加 DNA 的进入机会。

电穿孔法的特点是操作简单，不需制备感受态细胞，适用于任何菌株。其转化效率一般可达 10^9～10^{10} 个转化子/μg DNA。

在微生物领域中，除了大肠杆菌受体系统外，还有酵母系统、枯草杆菌系统。将重组体导入动植物受体细胞的方法，可参见本书第六章。

第七节　重组子的筛选与鉴定

通过 DNA 体外重组技术，得到所需要的重组 DNA 克隆是基因工程的目的所在。所谓转化子就是导入外源 DNA 后获得了新的遗传标志的细菌细胞或其他受体细胞。虽然体外重组时，目的基因的自连体由于没有启动子而在转化时被淘汰，但获得的转化子仍是多种类型的DNA分子，其中包括：无外源DNA插入片段的线性载体自身环化DNA分子、由一个载体分子和一个或数个串联外源DNA插入片段构成的重组体DNA分子。因此，在成千上万的转化子中，真正含有期望的重组DNA分子的比例很少，这就需要设计出最易于筛选重组子的方案并加以验证。筛选方法的选择与设计主要依据载体、受体细胞和外源基因三者的不同遗传与分子生物学特性来进行，一般分为遗传学直接筛选方法与分子生物学的间接筛选方法两大类。遗传学直接筛选方法多利用可选择的遗传表型和功能，如：抗药性、营养缺陷型、显色反应、噬菌斑形成能力等，方法简便快速，可以在大量群体中进行筛选。但对于插入重组DNA分子的方向，由于存在多聚体、假阳性等情况而不宜采用遗传学直接筛选方法。分子生物学的间接筛选方法的依据是基因的大小、核苷酸序列、基因表达产物的分子生物学特性，如：酶切分子量大小、分子杂交、核苷酸序列分析、免疫反应等，此法要求高，灵敏度好，结果准确。通常可根据实验的具体情况，在初筛后确定是否进一步细筛，以保证鉴定结果的可靠性。

一、遗传检测法

（一）根据载体表型特征的筛选

根据载体分子所提供的表型特征，选择重组体DNA分子的遗传选择法，可适用于大量群体的筛选，因此是一种比较简单而又十分有效的方法。在基因工程中使用的所有载体分子，都至少含有一个选择性记号。质粒以及柯斯质粒载体具有抗药性记号或营养记号，而对于噬菌体来说，噬菌斑的形成则是它们的自我选择特征。根据载体分子所提供的选择性记号进行筛选，是获得重组体DNA分子必不可少的条件之一。实际操作中，最典型的方法是使用抗药性记号的插入失活作用，或是β半乳糖苷酶基因的显色反应，将重组体DNA分子的转化子同非重组的载体转化子区别开来。由于这些方法都是直接从平板上筛选，所以又称为平板筛选法。

1. 抗药性记号插入失活筛选法 检测外源DNA插入作用的一种通用方法是插入失活效应。例如，在pBR322质粒上有两个抗生素抗性基因，Amp^r 基因内有一个 *Pst* Ⅰ限制性内切酶的惟一识别位点，Tet^r 基因内有 *Bam*HⅠ和 *Sal*Ⅰ 两种限制性内切酶的单一识别位点。在 Amp^r 和 Tet^r 这二个基因内的任一插入作用，都会导致 Amp^r 基因或 Tet^r 基因出现功能性失活，于是所形成的重组质粒都将具有 $Amp^s Tet^r$ 或 $Amp^r Tet^s$ 的表型（图2-11），当外源

DNA限制片段插入pBR322质粒DNA的*Bam*HⅠ或*Sal*Ⅰ位点时，抗四环素基因失活，重组体转化子必定具有$Amp^r Tet^s$表型。因此，将转化菌先涂布在含有Amp的琼脂平板上，并将存活的Amp^r菌落原位影印到另一个含有Tet的琼脂平板上，那么凡是在Amp平板上生长，而不在Tet平板上生长的菌落，就必定是已经插入了外源DNA限制片段的重组质粒转化子克隆。

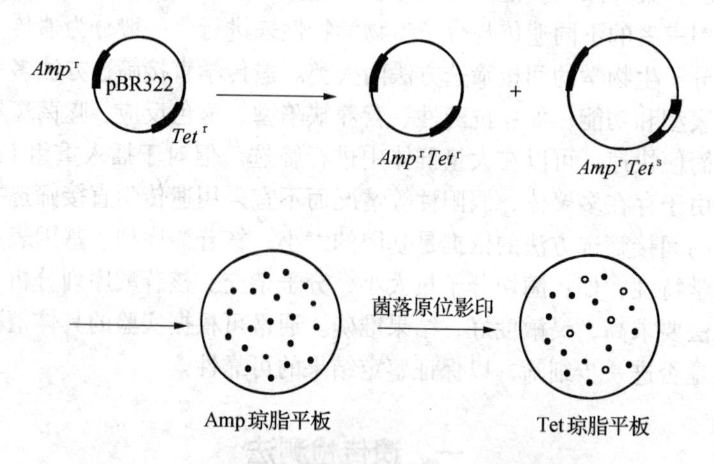

图2-11　应用抗生素抗性基因插入失活筛选重组子

也可以将转化菌先接种在含有环丝氨酸和四环素的培养基中生长，由于环丝氨酸使生长的细胞致死，而四环素仅仅是抑制Tet^s细胞的生长，不会杀死细菌，因此在这种生长培养基中的Tet^r细胞由于能够生长，所以便被周围培养基中的环丝氨酸所杀死；Tet^s细胞由于生长受到抑制，反而避免了环丝氨酸的致死作用。将经过环丝氨酸处理富集的Tet^s细胞，通过离心洗涤去除四环素，涂布在含有氨苄青霉素的琼脂平板上，受到抑制的Tet^s细胞便可重新生长，所形成的菌落都具有$Amp^r Tet^s$的表型，即已经插入了外源DNA片段的pBR322质粒克隆。显然，这样仅在一种平板上就实现了重组体的筛选，简化了插入失活的检测程序。

同样，在pBR322质粒的Amp^r基因序列中，利用*Pst*Ⅰ限制性内切酶的识别位点，插入外源DNA片段，也能应用插入失活作用来检测重组质粒。当然，所挑选的菌落则应该是具有$Amp^s Tet^r$的表型。

2. β半乳糖苷酶显色反应筛选法　质粒载体除了可以应用抗生素抗性筛选之外，有许多质粒载体还具有β半乳糖苷酶显色反应的检测功能。应用这样的载体系列，当外源DNA插入到它的*lac*Z基因上，造成β半乳糖苷酶的失活效应，就可以通过大肠杆菌转化子菌落在添加有Xgal-IPTG培养基中的颜色变化鉴别出重组子和非重组子。例如，将 pUC 质粒转化的细胞，培养在补加有 Xgal - IPTG 的培养基中，在没有插入外源 DNA 片段时，由于基因内互补作用使菌落呈现出蓝色。但是，在 pUC 质粒载体 *lac*Z 序列中，含有一系列不同限制性内切酶的单一识别位点，如果其中任何一个位点插入了外源克隆 DNA 片段，就会阻断读码结构，使其编码的 α 肽失去活性，结果产生出白色菌落。因此，根据这种 β 半乳糖苷酶的显色反应，便可以检测出含有外源 DNA 插入序列的重组体克隆。

（二）根据插入基因遗传性状的筛选

重组体 DNA 分子转化到大肠杆菌受体细胞之后，如果插入到载体分子上的外源基因能够实现其功能性的表达，而且表达的产物能与大肠杆菌菌株的营养缺陷突变形成互补，那么就可以利用营养突变株进行筛选。例如，当外源目的基因为合成亮氨酸的基因时，将该基因重组后转入缺少亮氨酸合成酶基因的菌株中，在仅仅缺少亮氨酸的基本培养基上筛选，只有能利用表达产物亮氨酸的细菌才能生长，因此，获得的转化子都是重组子。

二、核酸分析法

用遗传检测法筛选的克隆子，难免得到一些假的克隆子。为进一步鉴定克隆子的真假，可采用核酸杂交、PCR 扩增和 DNA 测序等核酸分析方法。

（一）核酸杂交法

利用碱基配对的原理进行分子杂交是核酸分析的重要手段，也是鉴定基因重组体的常用方法。杂交的双方是待测的核酸序列和由插入片段基因制备的 DNA 或 RNA 探针。根据待测核酸的来源以及将其分子结合到固体支持物上的不同，核酸杂交主要有菌落印迹原位杂交、斑点印迹杂交和 Southern 印迹杂交。这些方法都是通过一定的物理方法将菌落（噬菌斑）或提取的 DNA 从平板或凝胶上转移到固体支持物上，然后同液体中的探针进行杂交。菌落（噬菌斑）或 DNA 从平板或凝胶向滤膜转移的过程称为印迹（blotting），故这些杂交又都称为印迹杂交。

1. 菌落印迹原位杂交　将被筛选的菌落或噬菌斑，从其生长的琼脂平板中通过影印方法，小心地原位转移到放在琼脂平板表面的硝酸纤维素滤膜上，并保存好原来的菌落或噬菌斑平板作为参照。将影印的硝酸纤维素滤膜，用碱液处理，促使细菌细胞壁原位裂解、释放出 DNA 并随之原位变性。然后 80 ℃下烘烤滤膜，使变性 DNA 原位同硝酸纤维素滤膜形成不可逆的结合。将这块固定有 DNA 印迹的滤膜干燥后，同放射性标记的特异性 DNA 或 RNA 探针杂交，漂洗除去多余的探针，最后经放射自显影检测杂交的结果。含有同探针序列同源的DNA的印迹，在X光底片上呈现黑色的斑点，将胶片同原先保存的参照平板进行对照，即可确定阳性菌落或噬菌斑的位置，从而获得含有目的基因插入片段的重组体克隆（图2-12）。

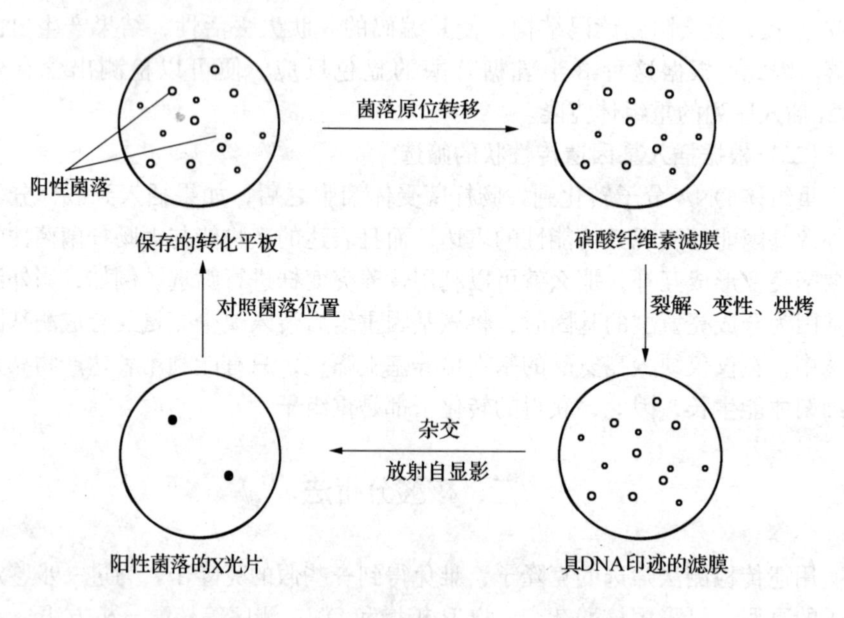

图2-12　菌落（或噬菌体）印迹原位杂交筛选重组子

这种方法的优点是适于高密度菌落的筛选，对于噬菌斑平板，它可以连续影印数张同样的硝酸纤维素滤膜，获得数张同样的DNA印迹。因此能够进行重复筛选，效率高，可靠性强，而且可以使用两种或数种探针筛选同一套重组体DNA，是一种最常规的检测手段。

2. 斑点印迹杂交　斑点印迹杂交法与菌落印迹原位杂交的原理一样，但方法更简单、迅速，可直接将噬菌体的上清液或是由转化子提取的DNA（RNA）样品直接点在硝酸纤维素滤膜等固体支持物上，然后同核酸探针进行分子杂交。通过放射自显影，从底片中找出黑点即为阳性斑点。此方法常用于病毒核酸的定量检测。

3. Southern印迹杂交　由E.M. Southern于1975年首创的Southern印迹杂交是进行基因组DNA特定序列定位的通用方法，常用于对上述原位杂交所得到的阳性克隆的进一步分析，检测重组DNA分子中插入的外源DNA是否是原来的目的基因，并验证插入片段的分子量大小。该法的主要特点是利用毛细现象将DNA转移到固相支持物上，称为Southern转移或Southern印迹

(Southern blotting)。它首先将初筛的重组DNA提取出来，用合适的核酸限制性内切酶将DNA切割，并进行凝胶电泳分离，然后经碱变性，利用干燥的吸水纸产生的毛细作用，让液体流经凝胶，使DNA片段由液流携带，从凝胶转移并结合在硝酸纤维素滤膜的表面，最后将此膜同标记的核酸探针进行分子杂交。如果被检测DNA片段与核酸探针具有互补序列，就能在被检测DNA的条带部位结合成双链的杂交分子，并通过放射自显影显示出黑色条带来。

Southern印迹杂交法与斑点印迹杂交法二者都可用于分析混合DNA样品中是否存在能与特定探针杂交的序列。但是斑点印迹杂交与Southern印迹杂交相比，被检测的DNA不需经限制性内切酶消化和琼脂糖凝胶电泳分离，操作步骤少，并可同时分析更多个样品。Southern印迹杂交由于滤膜是从凝胶上原位印迹而来，因而能够显示出与探针杂交的DNA片段的大小。因此，Southern杂交能测出基因重排而斑点杂交则不能。

（二）PCR法

根据含目的基因两端或两侧已知核苷酸序列，设计合成一对引物，以待鉴定的克隆子的总DNA为模板进行扩增，若获得特异性扩增DNA片段，表明待鉴定的克隆子含有目的基因。而采用DNA分子杂交的方法，在被杂交的DNA中存在目的基因的一部分DNA序列，就会出现杂交信号。

（三）DNA测序法

核酸杂交法和PCR法可断定克隆子含有目的基因，但并不能了解目的基因的核苷酸序列在一系列操作过程中是否发生了变化。为此还必须进行目的基因的核苷酸测序。如果待测序的目的基因比较大，测序有困难，也可用RFLP（限制性片段长度多态性）技术。用限制性内切酶对待克隆的目的基因和已克隆的目的基因进行切割，若凝胶电泳结果不一致，可断定克隆子中克隆的不是目的基因，或者克隆的目的基因的核苷酸序列已发生了变化。经多种限制性内切酶切割分析，若两种结果都一样，可认为克隆子中克隆的是原定的目的基因，其核苷酸序列没有变化。

三、物理检测法

（一）凝胶电泳检测法

利用凝胶电泳检测重组质粒DNA分子的大小，也可以初步证明外源目的基因片段是否已插入载体。因转化子数目众多，采用快速细胞破碎法快速检测质粒DNA，就不必对每一个转化子中的质粒DNA进行培养扩增、提取纯化，这样可以减少工作量，且操作简单方便，一次实验可同时检测数十个转化子。具体方法是：分别挑取单个转化菌悬浮于约 100 μL 的破碎细胞缓冲液（50mmol/L Tris - HCl、1% SDS、2mmol/L EDTA、400mmol/L 蔗糖、0.01% 溴酚蓝）中，37℃保温使细胞破裂，蛋白质沉淀，再高速离心，除去细胞碎片、蛋白质和大部分的染色体 DNA、RNA，将含有质粒 DNA 的上清液直接点样电泳分离，经 EB 染色，凝胶成像系统拍摄，可显示含有染色体 DNA、不同大小的质粒 DNA 以及 RNA 的电泳图谱。因为质粒 DNA 的电泳迁移率是与其分子量大小成比例的，所以那些带有外源 DNA 插入序列的重组体 DNA 电泳时的迁移较非重组质粒要慢，这样很容易就判断出哪些菌落是含有外源 DNA 插入序列的重组质粒。

除了用细胞破碎法鉴定转化子之外，还可以使用煮沸法（boiling）快速分析转化子 DNA。此法对于从大量转化子中制备少量部分纯化的质粒 DNA 十分有用，不仅快速简便，能同时处理大量试样，而且所得 DNA 有一定纯度，可满足限制性内切酶的切割、电泳分析的要求。其方法是：从琼脂平板上分别挑取单克隆接种培养过夜，取 1.5 mL 菌液离心，剩余培养液保存，等待结果出来选择重组子备用。将沉淀悬浮于 STET（0.1 mol/L NaCl、10 mmol/L Tris - HCl、10 mmol/L EDTA、5% Triton X - 100）中，破碎细胞壁与细胞膜后，立即在沸水中煮沸 40 s，让质粒 DNA 快速释放出来，离心，使变性的大分子染色体 DNA、蛋白质及大部分 RNA 与细胞碎片等一起沉淀而弃去。取上清质粒 DNA 点样电泳，根据分子量增大这一特性，即可判断出具有外源 DNA 插入序列的重组质粒。

上述根据分子量大小鉴定重组子的方法，适用于载体 DNA 与重组 DNA 分子量差别较大的比较，如果两种 DNA 分子量之间相差小于 1kb，加上各 DNA 之间还有三种构型的差异，DNA 的大小比较就有困难。在这种情况下，一般将快速抽提出的转化子 DNA 和原载体 DNA 用单一识别位点的限制性内切酶切割后，再进行琼脂糖或丙烯酰胺凝胶电泳比较。

利用电泳酶切图谱对照的方法，不仅可以判断出比非重组质粒 DNA 分子量大的重组质粒 DNA，而且当用适当的限制性内切酶消化重组质粒 DNA，使插入片段原位删除下来，并同时电泳原供体的插入 DNA 片段时，还可以确定插入片段的大小与供体片段的大小是否一致。即使有目的基因自连后与载体连接获得多聚体转化子，电泳图谱上出现的是类似正常酶切片段，但插入片段的亮度比正常的条带要强一倍以上，因此，也能够准确地辨别出来。

此外，从大量转化子中筛选到分子量已增大的重组子后，利用酶切电泳图谱分析，从中可以筛选到以正确方向插入的重组子。

（二）R 环检测法

这种方法是采用 mRNA 作探针，利用电子显微镜观察其核酸杂交结果。它的基本原理是，在临近双链 DNA 的变性温度下和高浓度（70%）的甲酰胺溶液中，双链的 DNA－RNA 分子要比双链的 DNA－DNA 分子更为稳定。因此，当 RNA 探针及待测 DNA 的混合物置于这种退火条件下，RNA 便会同它的双链 DNA 分子中的互补序列退火形成稳定的 DNA－RNA 杂交分子，而使被取代的 DNA 链处于单链状态。这种由单链 DNA 分支和双链 DNA－RNA 分支形成的“泡状”体，叫做 R 环结构。R 环结构一旦形成就十分稳定，而且可以在电子显微镜下观察到（图 2－13）。所以，应用 R 环检测法，可以鉴定出双链 DNA 中存在的与特定 RNA 分子同源的区域。

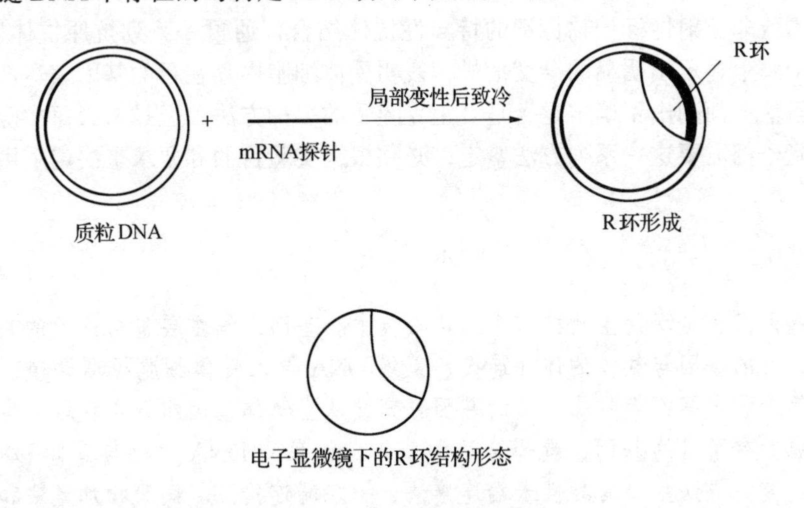

图 2－13　R 环结构的形成

根据这样的原理，在有利于形成 R 环的条件下，使待检测的纯化的质粒 DNA，在含有 mRNA 分子的缓冲液中局部地变性。如果质粒 DNA 分子上存在着与 mRNA 探针互补的序列，那么这种 mRNA 就将取代 DNA 分子中的相应的互补链，形成 R 环结构。然后放置在电子显微镜下观察，这样便可以检测出重组体质粒的 DNA 分子。

四、目的基因转录产物检测

通过克隆子筛选和鉴定，可以证实含目的基因的 DNA 片段已随克隆载体进入受体细胞，以不同方式进行复制。但必须进一步检测目的基因能否在受体细胞内进行有效的转录。为此，常用 RNA 印迹（Northern blotting）法检测。

根据转录的RNA在一定条件下可以同转录该种RNA的模板DNA链进行杂交的特性，制备目的基因DNA探针，变性后同克隆子总RNA杂交，若出现明显的杂交信号，可以认定进入受体细胞的目的基因转录出相应的mRNA。

五、目的基因翻译产物检测

基因工程的最终目的是获得目的基因的产物。基因的最终表达产物是蛋白质（酶），因此检测蛋白质的一些方法可用于检测目的基因的表达产物。最常用的是蛋白质印迹（Western blotting）法。提取克隆子总蛋白质，经SDS-聚丙烯酰胺凝胶电泳按分子大小分开后，转移到供杂交用的膜上，随后与放射性同位素或非放射性标记物标记的特异性抗体结合，通过一系列抗原抗体反应，在杂交膜上显示出明显的杂交信号，表明受体细胞中存在目的基因表达产物。

虽然上面列出了确定是否是真正克隆子的多种方法，但是未必每次确定真正克隆子都需要这一系列方法鉴定，必须根据实验目的和要求来决定采用哪些方法。

小 结

基因工程是现代生物技术中的核心技术。基因工程主要包括：目的基因的制取、目的基因与载体的体外连接、重组DNA导入受体细胞扩增繁殖、重组体的筛选鉴定等四大步骤。目的基因可直接从生物体基因组分离获取，也可人工合成。有了目的基因，选择合适的载体，将目的DNA片段与载体DNA在体外连接，方法主要有黏性末端连接法、平末端连接法、同聚物加尾法和人工接头连接法四种。将重组体DNA导入受体细胞，可根据所用载体的不同，选用转化、转染等不同途径。从大量携带重组体DNA分子的宿主细胞中分离筛选有目的基因的细胞，主要有遗传学方法、核酸分析法、物理检测法。可根据实际需要选择不同的筛选方法。同时，应进一步用RNA印迹法和蛋白质印迹法鉴定目的基因的转录和翻译。目的基因在受体细胞中的正确高效表达是基因工程的关键所在。

复 习 思 考 题

1. 基因工程的主要内容包括哪些？
2. 基因工程中有哪些主要工具酶？它们各自的主要作用是什么？
3. 质粒载体通常具备哪几个基本特性？
4. 为什么野生型的λ噬菌体DNA不宜作为基因工程载体？

5．PCR 的基本原理是什么？用 PCR 扩增某一基因，必须预先得到什么样的信息？

6．DNA 重组的连接方法主要有哪几种？它们各自有什么优点与不足？

7．重组子的筛选大致分为哪几种方法？

8．菌落印迹原位杂交、斑点印迹杂交和 Southern 印迹杂交各有何优点和缺点？

9．Southern 印迹杂交、Northern 印迹杂交和 Western 印迹杂交有何区别？

主要参考文献

[1] 吴乃虎．基因工程原理．第二版．北京：科学出版社，2000

[2] 贺淹才．简明基因工程原理．北京：科学出版社，1998

[3] 孙树汉．基因工程原理与方法．北京：人民军医出版社，2001

[4] 卢圣栋主编．现代分子生物学实验技术．北京：中国协和医科大学出版社，2001

[5] 王建华，文湘华．现代环境生物技术．北京：清华大学出版社，2001

[6] 彭秀玲，袁汉英，谢毅等．基因工程实验技术．第二版．长沙：湖南科学技术出版社，1997

第三章　细胞工程

学习要求　了解植物细胞及微生物细胞的原生质体制备和融合的基本方法；学习动植物细胞及组织的培养方法；认识单倍体植物诱导的基本要领；领会利用动物体细胞克隆哺乳动物的基本方法及意义。

上一章我们介绍了基因工程，它是在分子水平上对遗传物质DNA分子进行操作，而细胞工程（cell engineering）是在细胞水平上研究、开发、利用各类生物细胞的生物工程技术，它是现代生物技术的重要组成部分。

第一节　细胞工程基础

一、细胞工程的概念

以生物细胞为基本单位，按照人们需要和设计，在离体条件下进行培养、繁殖或人为的精细操作，使细胞的某些生物学特性按人们的意愿发展或改变，从而改良品种或创造新种、加速繁育生物个体、获得有用物质的过程统称为细胞工程。目前，细胞工程的主要工作领域包括：①动、植物细胞和组织培养；②体细胞杂交；③细胞代谢物的生产；④细胞拆合与克隆等。

细胞工程近年来之所以引人注目，不仅由于它在理论上有重要意义，而且在生产实践上也有巨大潜力。例如，可用植物组织培养技术快速繁殖优良种苗，生产“人工种子”；用茎尖分生组织培养结合热处理去除病毒；用花粉培养培育遗传上纯合的优良新品种；用植物试管受精或幼胚培养获得种间或属间远缘杂种；用液氮冷冻细胞或组织，保存种质资源；用细胞融合技术产生体细胞杂种和动植物病害检测用的单克隆抗体；用动、植物悬浮细胞或固定化细胞技术生产有用的次生代谢产物；用胚胎移植、分割技术加快繁殖高产畜群等。这些都必将会给工农业的技术革新和人类社会带来新的前景。

二、细胞工程基础知识

（一）生物细胞的基本结构与特性

细胞是生物体结构和生命活动的基本单位，是细胞工程操作的主要对象。生物界除了病毒这类最简单的生物（具前细胞形态）外，其余所有的动物和植物，无论是低等的还是高等的，都是由细胞构成的。对它们的结构和特性的了解是进行细胞工程操作的必备条件。

1. 生物细胞的基本结构 现在我们所能看到的细胞分为两大类，即原核细胞（prokaryotic cell）与真核细胞（eucaryotic cell)。蓝藻、细菌、放线菌等的细胞属于原核细胞，细胞体积小，结构简单，DNA未与蛋白质结合而裸露于细胞质中。细胞内无膜系构造细胞器，细胞外有肽聚糖构成的细胞壁（它是细胞杂交的一大障碍)。但原核细胞的生长速度快，裸露DNA易于进行遗传操作（图3-1)。

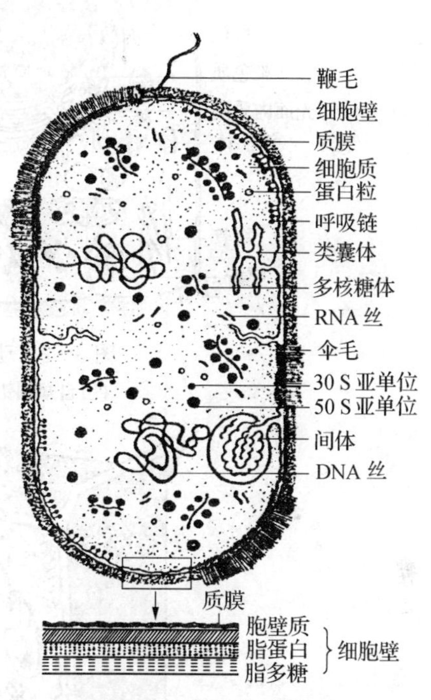

图3-1 细菌细胞模式图

动物、植物及酵母等的细胞属于真核细胞，细胞体积较大，内有细胞核和各种膜系构造细胞器。与动物细胞不同，植物细胞外还有以纤维素为主要成分的细胞壁，它也是细胞杂交时必须首先解决的障碍（图3-2和图3-3)。

2. 动植物细胞的生长与分化特性 生物的生长是以细胞的生长为基础的。细胞的生长过程则始于细胞分裂（数目增加)，再经过伸长和扩大（体积增加)，而后分化定型（形态建成)。所以，细胞的整个生长过程可分为分裂、伸长和分化三个时期，这三个时期各有其形态和生理特点。

(1) 分裂期 具有分裂能力的细胞（如植物的生长点、形成层和居间分生组织细胞，动物的小肠绒毛上皮腺窝细胞、表皮基底层细胞、部分骨髓造血细胞等）都是些体积小、细胞壁薄、细胞核大、原生质体浓稠、合成代谢旺盛的细胞。当原生质量增加到一定程度时，细胞便进行分裂（有丝分裂)，一个细胞变成两个细胞。通常把细胞一次分裂结束开始生长，到下一次分裂终止所经

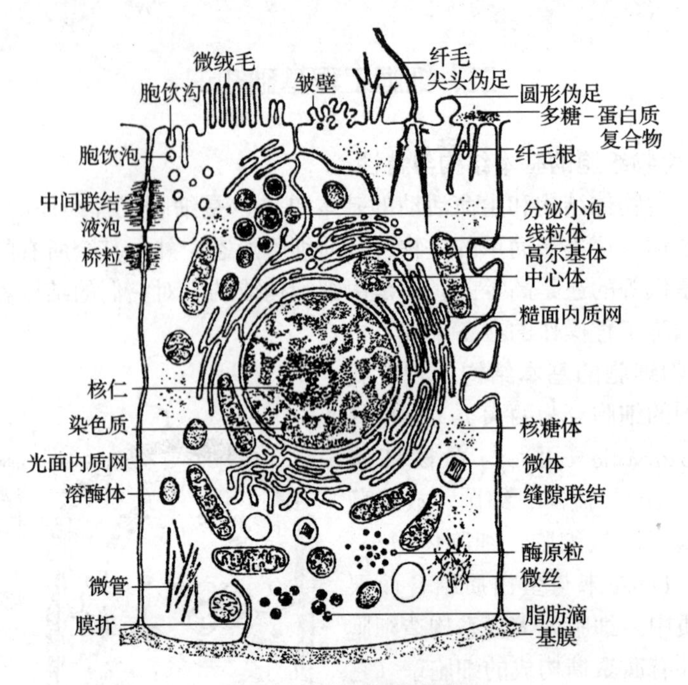

图 3-2 动物细胞模式图
（引自郑国锠，细胞生物学）

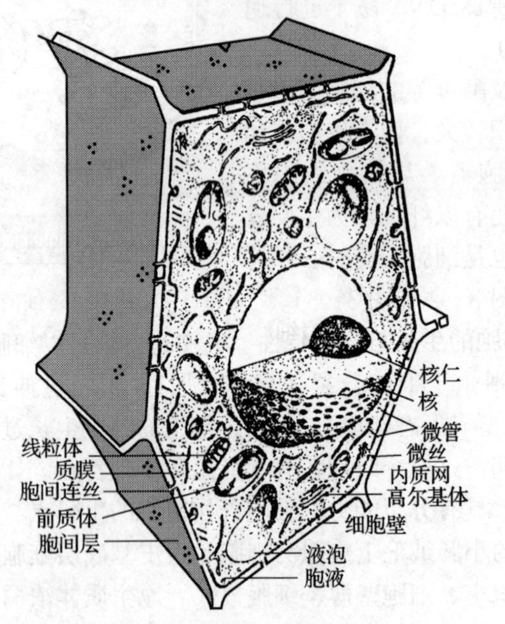

图 3-3 植物细胞模式图
（引自郑国锠，细胞生物学）

历的过程叫细胞周期（cell cycle），所需的时间叫细胞周期时间。细胞周期时间长短不一，有的只有数十分钟，如胚胎细胞，有的可长达数十小时甚至数月之久。高等植物的细胞周期时间一般为10～30 h。同一系统中的不同部位的细胞周期的长短也有差异。处于有丝分裂时期的细胞DNA呈高度螺旋紧缩状态，对基因工程操作非常不利。因此如何采取措施诱导真核细胞同步化生长，对于成功地进行细胞融合及细胞代谢产物的生产具有十分重要的意义。

(2) 伸长期（或称扩展期）　在植物中，具有分裂机能的根尖和茎端分生组织的细胞分裂形成的新细胞，其中除一部分仍保留强烈的分裂能力外，一部分转入静止状态（在一定条件的作用下，这些细胞可以重新进入细胞周期，也可以成为分化细胞），其余大多数新细胞则过渡到细胞伸长时期。在这个时期，细胞体积急剧增加，因此生长迅速。

伸长期除了需要水分参与合成碳水化合物以外，还需植物激素参与作用。除细胞分裂素外，其他四类激素也影响细胞伸长，其中赤霉素（GA）和生长素的促进作用最明显。生长素通过影响细胞壁的可塑性而使细胞松弛，从而促进细胞的伸长生长。而乙烯和脱落酸则抑制细胞的伸长生长。

动物细胞虽也有伸长期，但远不如植物细胞明显。

(3) 分化期　当细胞生长结束后就进入分化期。所谓细胞分化（cell differentiation）一般是指多细胞生物中形成彼此不同类型的细胞和组织的现象，或者说是细胞通过分裂产生结构和功能上的稳定性差异的过程。一个多细胞组成的生物体，绝不是由简单的细胞分裂产生若干同一种细胞的堆积，而是由一个受精卵形成各种不同类型的细胞，并把它们有组织地装配起来，使成千上万个细胞分工协作，彼此执行自己的功能，共同来完成生命活动。因此，细胞分化是生物进化的一种表现。细胞分化一般具有以下特点：①细胞类型的分化，从系统发育来看，最早是出现生殖细胞和营养细胞的分化。②在多细胞生物体中细胞的类型决定了组织的类型。③随着细胞分化过程的进行，细胞的可塑性逐渐减少或者消失。④已经分化的细胞其形态和功能渐趋稳定。

动物细胞分化一般是不可逆的。植物细胞则不同，只要具有一个完整的膜系统和一个有生命力的核，即使是已经高度成熟和分化的细胞也还保持着回复到分化状态的能力。

（二）体细胞杂交

体细胞杂交（somatic cell crossbreeding）又称细胞融合，它是指在一定的条件下，利用化学的或物理的方法，使不同来源的体细胞原生质体结合并增生或形成新生物体的过程。

体细胞杂交技术是细胞工程的一个重要方面，它可以避开生殖细胞的受精过程，在一定程度上克服有性杂交中的不亲和性的障碍，使基因在远缘物种之间转移，从而创造新类型或新品种，或大大丰富育种用的原始材料。现在，不仅动物、植物种内或种间可以杂交，而且动物和植物细胞之间也可以杂交。据不完全统计，通过原生质体融合技术已获得再生植株的种内体细胞杂种 30 多个，种间杂种超过 100 多个，属间杂种也有 60 多个，并有 2 个科间组合的胞质杂种分化出了植株。可以预见，体细胞杂交作为人类冲破自然界的禁锢的一种新手段，必将为社会做出巨大贡献。

（三）细胞核移植

细胞核移植是细胞工程中细胞拆合的重要内容之一，它通常是借助显微操作仪，在显微条件下用微吸管把一个细胞中的细胞核吸出直接移入到另一个去核的细胞中，培养发育成无性繁殖系。

核移植工作过去多是在鱼类和两栖类动物上进行的，这方面早期工作的杰出代表是中国的童弟周和美籍华人牛满江教授，他们取出鲤鱼胚胎囊胚期细胞的细胞核，放入鲫鱼的去核受精卵中，结果部分易核卵发育成核质杂种鱼。近年来，核移植研究在动物上的成绩尤为令人瞩目，科学家们不仅将此项工作扩展到了哺乳类动物，而且被移植的核也不再仅限于早期胚胎细胞的核，成年体细胞核也被成功移植，如美国、英国、新西兰、中国等国家的科学家通过核移植方法克隆成功猴、猪、绵羊、山羊、牛、兔等。这些登上世纪顶峰的成就，必将对生命科学、医学以及农业科学等诸多领域产生重大影响，如：① 克隆出的遗传素质完全一致的动物将更有利于开展对动物生长、发育、衰老和健康等机理的研究。②可以对优良家畜进行无性繁殖，扩大种群，如将高产（蛋、奶、肉）类型的体细胞核移入去核卵中，发育成无性繁殖系，完整地保存、扩大高产的基因型。③通过转基因的克隆哺乳动物，能为人类源源不断地提供廉价的药品、保健品以及较易被人体接受的移植器官。④科学家将很快从目前的同种克隆技术推进到异种克隆，即借腹怀胎的新领域，这将大大促进对濒临灭种的哺乳动物的保护工作。

（四）细胞器移植

细胞器移植也是细胞拆合的内容之一，不断成熟和发展起来的原生质体分离和离体培养技术，为细胞器的移植创造了成功的条件。细胞器的种类很多，分离纯合也较容易，但研究应用较多的是叶绿体和线粒体的移植。

1. 叶绿体移植 叶绿体是植物细胞所特有的能量转换细胞器，其主要功能是进行光合作用。如果把高光效作物（如玉米、高粱）的叶绿体移植到低光效作物（如小麦、水稻等）的原生质体中，就能提高其光合效率，从而达到增产的目的。

叶绿体移植的方法大致为：将分离纯合的叶绿体与受体原生质体一道培养，通过细胞的胞饮作用将叶绿体摄入受体原生质体中，再经过培养，原生质体就可再生成为完整的植株。

2. 线粒体移植 线粒体是动植物细胞中普遍存在的一种半自主的细胞器，是呼吸作用的中心，它在生物的能量转化中起重要的作用，同时也与某些性状的遗传有直接关系。线粒体的转移，可以传递遗传信息，改变受体细胞的某些遗传特征，如抗药性、雄性不育特性等。

线粒体移植的方法很多，常用的有微注射法、载体转移法以及胞饮摄等。已有人成功地将小鸡肝细胞的线粒体移植到人体成纤细胞中。

（五）植物组织培养

植物组织培养（tissue culture of plant）技术即把植物的细胞、组织或器官等在无菌条件下植入到培养基上，使其在人工控制条件下进行生长和发育的技术。所用的培养基中不仅有植物生长所需的各种营养，而且含有控制植物生长分化的植物激素或生长调节剂，在适宜的环境条件下，植物的一个细胞或很小的一块组织就可以长成一株幼苗。因为这些幼苗多在试管里形成，人们又常称它们为试管苗。培养出的幼苗还可以继续切割再次进行培养，这样一变十，十变百，就可以繁殖出大量的幼苗。植物组织培养不仅是研究细胞、组织的生长、分化和植物体器官形态建成规律的重要手段，而且已成为一种重要的生产手段。

组织培养不仅推动了生物学科（如植物学、生理学、遗传学及形态学等学科）的发展和相互渗透，促进了细胞生理和代谢、生物合成、基因重组等研究，在生产实践上，也表现了明显的优点和巨大的潜力：①在育种工作中，能加速有性或无性世代的繁殖，缩短育种年限，获得新基因型，克服远源杂交不亲和性障碍，促进幼胚发育和获得三倍体植株。②利用超低温保存器官和细胞，当需要时，又可使其恢复生长和分化，使珍、稀、危植物的种质资源得到保存和利用。③用于药用成分的生产和生物转化，发掘新的化合物。④使用的植物材料极少，往往只需要少量的茎尖、叶片、茎切段或其他器官就能在试管中建立起反复增殖的系统，不仅节省了常规无性繁殖所需要的大量母本植株和因栽培与保持这些母株所需的土地和人力，而且对于珍贵稀有的植物资源还能够做到不毁坏其植株。⑤不受气候和季节限制，繁殖周期短，扩繁速度快。一般1~2个月即可完成一个周期。每平方米培养面积一年约可生产几万株苗。⑥由于是在无菌的容器内操作，在繁殖中不受病虫害的侵害，既可防止病毒的传播又可以免去复杂的检疫手续，在远距离运输和国际交流中既安全又方便。⑦对一些园林植物，组织培养的植株株形美观，如波士顿蕨、非洲紫罗兰等的组培植株要比常规繁殖的植株长得健壮，观赏价值更高。⑧马铃薯、大蒜、甘薯、草莓及许多果树和花卉，由于多代营养繁殖，植株体内积累了大量的病毒，种性退化严重，表现为作物生长受到抑制，形态畸变，产量下降，品质变劣等等。而利用茎尖组织培养辅以化学或高温处理，可以使植株脱毒，培养出脱毒苗。大蒜经组培脱毒后，蒜头可增产 23.3%～114.3%，蒜薹增产 58.3%～175.0%。用脱毒草莓苗进行生产，可提高生产量 20.7%～45.5%，果实可溶性固形物含量增加 5.3%～15.3%。

自 20 世纪 60 年代以来，国内外植物快繁技术的发展突飞猛进，目前这项技术已完全成熟，广泛运用于花卉、果树的种苗培养，当前应用组织培养技术大规模繁殖的花卉有兰花、非洲菊、唐菖蒲、菊花、香石竹等数十种。我国的香蕉、柑橘、苹果、葡萄、马铃薯、甘薯、草莓等的无毒苗生产技术均得到大面积推广，取得了非常好的经济效益。

（六）细胞克隆技术

细胞克隆技术也是细胞工程的重要内容之一，自从 20 世纪末克隆羊多莉诞生后，这项技术更为人们所关注。

在生物学术语里，克隆是指从同一个细胞或个体以无性繁殖方式产生一群细胞或一群个体，在不发生突变的情况下，具有完全相同的遗传性状，常称无性繁殖（细胞）系；其动词指在生物体外用重组技术将特定基因插入载体分子中，即分子克隆技术。克隆的本质特征是生物个体在遗传组成上的完全一致性。

植物的体细胞具有分化发育的全能性，进行植物克隆技术程序比较简单。用植物组织培养和诱导分化的方法即可进行工厂化的大规模克隆生产。有很多植物甚至只要通过扦插的方法或嫁接即可产生大量遗传基础完全一致的克隆植株。例如葡萄的剪枝扦插、果树的嫁接等。高等动物的体细胞与植物的体细胞不同，它虽然具有个体的全部遗传基因，但却没有发育的全能性，不能单独发育成为一个完整的个体。因此，要想通过无性繁殖产生与母体在遗传上一致的克隆个体，就必须将母体体细胞的核与去核卵子人工重组，借助卵子发育的全能性分化发育成无性个体，克隆技术程序要比植物的复杂，其工作内容包括四个方面：①供体细胞的准备；②受体去核卵的准备；③细胞核移植或核质重组；④克隆动物胚胎的培养。

实际上，植物的克隆技术很早以前就已应用于优良品种或苗木的繁殖。例如在生产实践中，当人们看到一株葡萄树上结的葡萄很好，就取其枝条切段扦插繁殖，结果就会繁育出很多新的葡萄树，这些新的葡萄树与原来的那株葡萄树完全一样，结的葡萄也同样好。这些新葡萄树就是原来那株葡萄树的克隆。

苹果树的嫁接也是如此。很多果树优良品种都是以这种克隆技术进行繁殖的。今天，人们应用植物细胞和组织培养技术以及人工诱导分化技术，可以在工厂里大规模生产人类所需要的植物的克隆。植物克隆技术也是珍稀、濒危植物的保存和快速繁殖以及新育成的优良作物、果树等的优良性状的保存和快速推广应用的常用的有效手段，它必将在人们未来的生活中发挥越来越重要的作用。

动物克隆技术的飞速发展将为珍贵、濒危动物的保护提供有效的手段，也将在优良动物品种的快速繁殖和推广应用中发挥重要的作用。动物的体细胞克隆技术还可应用于人体器官克隆，推动人体组织和器官人工培育技术的发展，使人们能应用自己的体细胞培育和生产的移植器官，达到健康长寿的目的。

三、细胞工程基本操作技术

细胞工程是人们根据科学设计，运用一系列人工操作手段，改变细胞的遗传结构，大量培养细胞、组织乃至完整个体的技术。它的基本操作技术主要有以下几个方面。

（一）无菌操作技术

细胞工程的所有过程都必须在无菌条件下进行，稍有疏忽都可能导致操作失败。操作人员要有很强的无菌操作意识，操作应在无菌室内进行，进入无菌室前，必须先在缓冲室内换鞋、更衣、戴帽。一切操作都应在超净台上进行。另外，对供试的试验材料、所用的器械和器皿及药品都必须进行灭菌或除菌。只有把好了无菌关，才能谈及以后的操作程序。

（二）细胞培养技术

细胞培养（cell culture）是指微生物细胞或动物细胞、植物细胞在体外无菌条件下的保存和生长，即细胞或组织在体外人工条件下的无菌培养、生长增殖。细胞工程中无论哪一种内容的实施都必须经过这一过程。

细胞在体外培养成功的关键取决于两个因素：一是营养，包括糖、氨基酸和维生素等。培养不同的细胞需要不同的培养基组分。二是生长环境，如一定的温度、湿度、光照、氧气、二氧化碳及培养液的酸碱度等。

（三）细胞融合技术

细胞融合（cell fusion）是指在促融因子的作用下，将两个或多个细胞融合为一个细胞的过程。其主要过程为：①制备原生质体。对具细胞壁的微生物细胞和植物细胞，制备时一般用酶将细胞壁降解。动物细胞则无此障碍。②诱导细胞融合。将欲融合的两亲本的原生质体的悬浮液各调至一定细胞密度，按1∶1 比例混合后，用化学方法（PEG）或物理方法（电激）促进融合。③筛选杂合细胞。将上述混合液转移到特定的筛选培养基上培养，让融合细胞有选择地长出，就可获得具有双亲遗传性状的杂合细胞。

第二节 植物细胞工程

以植物细胞为基本单位在离体条件下进行培养、繁殖或人为的精细操作，使细胞的某些生物学特性按人们的意愿发生改变，从而改良品种或创造品种、加速繁育植物个体或获取有用物质的过程统称为植物细胞工程。它的研究内容主要包括细胞和组织培养、细胞融合及细胞拆合等方面。

一、植物体细胞胚胎发生

受精作用能激发卵细胞（受精之后称合子）进行分裂、发育成胚，这一胚的发育过程叫做胚胎发生（embryogenesis）。然而，受精作用并不是刺激卵细胞进入胚胎发生过程的惟一因素，例如在孤雌生殖情况下，仅是通过授粉或某些生长调节物质的刺激，也能诱导卵细胞进行胚胎发生。此外，卵细胞也不是能进行胚胎发生的惟一细胞。在自然状况下，雌配子体中的任何细胞，甚至配囊周围的珠心和珠被组织中的细胞都有可能发育成胚。现已发现，植物的每种器官都有成胚潜力，正如 Bell（1965）所指出的，“胚胎发生现象并不一定局限于生殖周期中，如果置于一种适当的培养基中，任何二倍体，只要其中不可逆的分化过程还没有进展得太久，都能以一种和胚相似的方式进行发育，并生长成一个完整的植株。因而，对于消除老化效应和重建胚胎特性来说，整个复杂的有性器官并非一个必要的前提。受精之后在胚珠中所发生的事件，只是提供了胚胎发生的一种特例”。

从体细胞形成胚的知识，主要来自植物的组织培养。自从 Reinert 等人在胡萝卜的组织培养中最先发现体细胞胚以来，在植物离体培养系统中，诱导体细胞胚胎发生的工作不断深化。现在已在细胞、组织和器官培养中积累了大量体细胞胚胎发生的资料。近些年来，从花药培养中的小孢子或花粉，甚至未受精的子房或胚珠培养中的大孢子或胚囊中的成员，都可以诱导胚胎发生，形成胚状结构，并进一步萌发形成小植株。不论在自然状况下还是在组织培养中，这种从体细胞或与生殖细胞有关的细胞所发生的胚状结构，统称为体细胞胚。

体细胞胚的研究不论在理论上还是实践上都有重要的意义。植物的胚胎发生除合子外，也可从体细胞和其他与生殖细胞有关的细胞发生，它本身就是一个十分有趣的问题，它扩大了对胚胎发生研究的对象。在植物组织培养中，诱导体细胞胚途径再生植株比其他方式有几个显著的优点。①数量多。在细胞、愈伤组织和器官的培养中，在一个培养物上诱导体细胞的数量比诱导芽的数量多得多。例如，一个培养的烟草花药，可以产生多达二百多个绿色的体细胞胚。在细胞悬浮培养中，这方面的优点更为突出。②速度快。体细胞胚是从单细胞直接分化成小植株的。而其他再生植株方式，一般要经过愈伤组织阶段，然后在愈伤组织上诱导器官的分化，在时间上要慢得多。例如，烟草花药培养中，从小孢子通过体细胞胚发育成小植株只需二十多天。③结构完整。体细胞胚一旦形成，一般都可直接萌发，形成小植株，因此成苗率高。由于体细胞胚具有这些优点，作为具特定优良遗传性状的个体的无性繁殖、快速育苗、无病毒种苗培养等的手段，在非常规育种工作及其他农业、林业和园艺工作中显然有特殊的价值。

（一）体细胞胚胎的形成

在组织培养中，体细胞胚可在各种培养方式和各种培养物中被诱导产生，它的形成都是从离体组织或细胞的脱分化开始的。

1. 从愈伤组织产生体细胞胚　这是组织培养中体细胞胚发生的最常见的方式。在胡萝卜根、石龙芮雄蕊、石刁柏的原生质体、甘蔗幼叶、马铃薯花药等材料诱导的愈伤组织上，都能产生体细胞胚。

2. 直接从器官上发生　许多离体培养的器官，在一定的培养条件下可以直接从器官上发生体细胞胚（图 3－4）。

3. 从悬浮培养的单细胞发生　单细胞悬浮培养中也能产生体细胞胚，但这种体细胞胚的起源并不是直接从游离悬浮的单细胞发生的，而是来自一个多细胞团块。这种多细胞团块结构紧密，原生质浓厚，含有淀粉和保

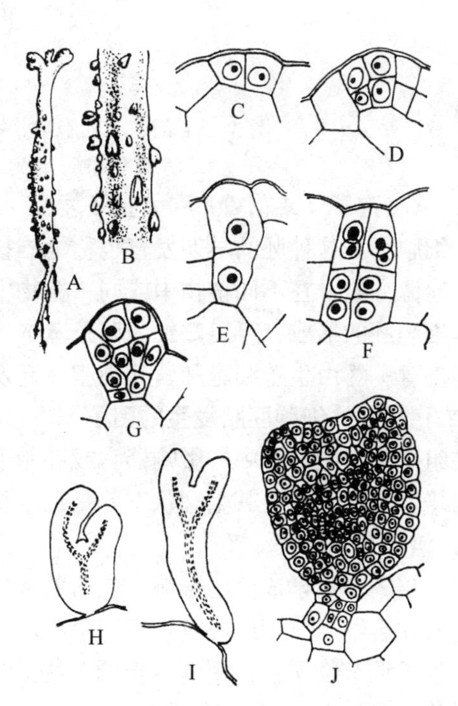

图 3－4　石龙芮幼苗下胚轴上产生胚状体的过程

A. 培养一个月的幼苗，下胚轴上产生许多胚状体　B. 下胚轴一部分放大　C. 两个表皮细胞，可由此产生胚状体　D~G. 原胚的发生过程　H、I. 已分化子叶、胚根及原维管束的胚状体　J. 心型胚状体

（引自胡适宜，被子植物胚胎学）

持活跃的细胞增殖能力。体细胞胚可能是由这种团块表面的个别细胞起源，或是由这种团块的大部分甚至全部细胞转化为体细胞胚。这种团块称为胚性细胞团（图3-5）。

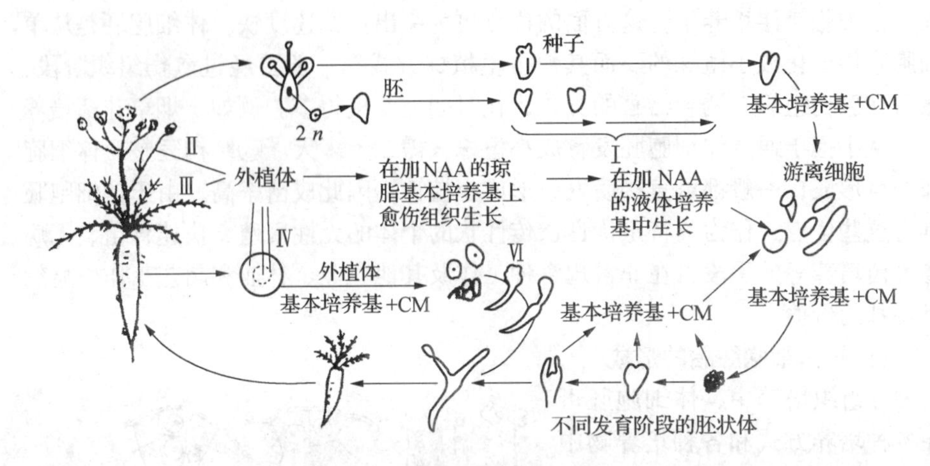

图3-5　胡萝卜细胞培养中的形态变化

（引自愈大新，细胞工程）

4. 从小孢子（或花粉）和大孢子发生　在花药培养中，从小孢子或花粉产生体细胞胚。这种胚的早期发育也称为雄核发育。从小孢子或花粉发生体细胞胚的起源方式，在不同植物中或同一植物中有多种多样的方式。

体细胞胚的形成，可以归纳为四条基本途径：①由营养细胞发育；②由生殖细胞发育；③由生殖细胞和营养细胞一起发育；④由小孢子发育。

（二）影响体细胞胚胎发生的因子

在组织和细胞培养中，影响器官或胚胎形成的所有条件中，培养基、培养条件及培养物的来源及其生理状态等是几个至关重要的影响因子。

1. 培养基

（1）培养基化学成分的影响　在培养基的诸多成分中，生长调节物质、氮源和有机化合物对体细胞胚发生特别重要。

①生长调节物质：常用的生长调节物质主要有两大类，一类是生长素类，如吲哚乙酸（IAA）、萘乙酸（NAA）、2，4-D等。另一类是分裂素，如激动素（KT）、苄氨基嘌呤（BAP）、玉米素等。使用时，根据需要有时单独使用，有时配比使用。例如，在离体培养条件下，胡萝卜体细胞胚的发育是一个包括两个步骤的过程，每个步骤需要不同的培养基。愈伤组织诱导和增殖所需的是一种含有生长素的诱导培养基，在这种培养基上，愈伤组织的若干部位分化形成分生细胞团（胚性细胞团）。在诱导培养基上反复继代，胚性细胞团的数量

不断增加，但并不出现成熟的胚。当把胚性细胞团转移到一种生长素含量很低（0.01～0.1 mg/L）或完全没有生长素的分化培养基上，它们就能分化发育为成熟的胚。在诱导培养基中生长素的存在，对于胚性细胞团后来在分化培养基上发育为体细胞胚是必不可少的。一直生长在无生长素的培养基中的愈伤组织是不能形成胚的。对于离体条件下体细胞胚胎发生来说，一个最低限度的内源或外源生长素是必不可少的。

②氮源：对培养物提供足够的还原性氮是诱导体细胞胚胎发生的另一先决条件。例如，在实验条件下，在以 KNO_3 为惟一氮源的培养基上建立起来的愈伤组织，去掉生长素以后不能形成胚。然而，若在含有 KNO_3 的培养基中加入少量 NH_4Cl 形态的氮，胚胎发育过程就会出现，这是还原性氮的作用。如果愈伤组织是在含有 KNO_3+NH_4Cl 的培养基上建立起来的，那么无论分化培养基上是否含有 NH_4Cl，愈伤组织都能形成胚。对于胚胎发生来说，其他形式的还原态氮都不如 NH_4^+ 有效，但水解酪蛋白、丙氨酸等也可用做可靠的替代品。

③有机化合物：常用的有机化合物有维生素、氨基酸、核酸碱基（嘌呤、嘧啶类化合物）、糖类等。维生素中常用的是硫胺素、肌醇、烟酸、吡哆素等。

（2）培养基物理状态的影响　对于培养基的物理状态的影响一般注意的较少，即在培养时是以固态培养还是液态培养，很多人未给予应有的重视。培养基的固态、液态和渗透压以及 pH 等，对体细胞胚的形成和发育都有明显的影响。一般情况下，为使离体的组织或细胞增殖并形成体细胞胚，不同时期可使用不同物理状态的培养基。在初期，由新分离的组织诱导形成愈伤组织，要在琼脂培养基上进行；接下来的细胞和胚胎的增殖在液体培养基中进行较好；最后的体细胞胚成苗发育又须在琼脂培养基上进行。

培养基的渗透压一般是通过其中的糖的浓度来实现的。低渗透压有利于体细胞胚的形成。培养基的 pH，一般情况下为 5.0～6.0 之间。

2. 培养的环境条件　在培养的环境条件中，影响较大的因素是光照和温度。

（1）光照的影响　培养物对光的敏感性在培养过程中是变化的，一般在前期对光不敏感，光合作用并不是其必需的代谢活动，因为在培养基中已提供了适当的糖类物质。虽然如此，仍需要光来调节一些形态发生过程。光在苗的形成、根的发生、叶状枝的分化以及体细胞胚的形成等过程中是不可缺少的。但究竟哪个培养阶段需要光、哪个阶段不需要光、光照时间及光照强度如何，都因培养物及培养方法而异。一般长日照植物组织培养时需要的光照时间长一些，短日照植物需要的光照应短一些。

(2) 温度的影响　培养温度因培养物而异。对大多数植物培养物来说，培养温度一般在 25～30 ℃之间，恒温培养。

3. 培养材料的生理状态　用于诱导形成器官的植物材料本身的生理状态，其中包括培养材料的组织类型及其相互的位置关系，器官、组织和细胞的生理或个体发育年龄等，都对体细胞胚胎的发生有影响。在用愈伤组织进行培养时，诱导愈伤组织形成的条件、愈伤组织的年龄以及继代培养的代数及时间，均对培养中器官或体细胞胚的形成有着明显的影响。

(1) 取材的器官或组织类型的影响　一般说来，由同一种植物的不同器官或组织所形成的愈伤组织在形态及生理上，差别并不大。然而，在一些植物中也见到取材的器官或组织的类型对随后分化成什么器官有密切的关系。如在莎草科的 *Pterotheca falconeri* 中由根、茎、叶器官诱导形成的愈伤组织虽然都能形成根、芽、叶和长成小植株，但分化过程明显地表现出一定的倾向性：由根获得的愈伤组织，分化出根组织的比例明显地比其他器官形成的要高；而由芽形成的愈伤组织则形成较多的芽。分离不同的组织可以使一些组织潜在的发育能力表现出来，不同的组织之间存在着差异。

由同一器官的不同部位取下的相同类型的组织，其再生器官的能力也不同，如从百合鳞茎鳞片的不同部位取下外植体进行培养，结果发现鳞片顶部的再生能力很差，而基部具有较强的再生能力。

另外，所取外植体的大小对器官的再生能力也有影响。如所取外植体太小，很难存活，一般取较大的外植体培养。

(2) 取材植株的个体发育年龄的影响　取材植株的发育阶段对培养结果影响也很大。在烟草的组织培养中，若用已处于开花阶段的植株，不管是取自茎上部的外植体还是取自茎下部的外植体，均能诱导形成花芽，而用处于营养生长阶段的植株，无论来自茎上部的外植体还是茎下部的外植体以及由其形成的愈伤组织，均不能被诱导形成花芽。

(三) 体细胞胚与合子胚的比较

体细胞胚是由愈伤组织或胚性细胞团的表面细胞起源的，所处的发育条件与合子胚很不相同，因此，它们的早期发育很可能并不遵循一个固定不变的方式。在自然界，不定胚早期分裂顺序与合子胚也不完全相同。即使是合子胚本身，它们的早期发育过程也常常偏离正常的方式。但是，不论早期的发育途径如何，合子胚和不定胚一般都能发育成正常的成熟胚。与合子胚相似，球形期的体细胞胚呈现一种固定的极性，根极指向愈伤组织或胚性细胞团的中央，茎芽极朝外。与合子胚相比，成熟体细胞胚的进一步发育过程及形态特征也是正常的。与合子胚不同的是，在培养中形成的体细胞胚常常具有两个以上的子叶。当脱落酸（ABA）存在时，特别是在黑暗条件下，成熟的体细胞胚与该物种的合子胚十分相似。

（四）诱导体细胞胎发生的试验程序

下面是以胡萝卜种子为外植体培养诱导体细胞胎发生的试验程序（引自Smith和Street，1974），可作为借鉴。

①种子以10%次氯酸钙溶液表面消毒15 min，用无菌蒸馏水洗3次，置于培养皿内无菌的湿润滤纸上，在25℃下于暗处萌发。

②由7日龄幼苗切取根段，长1 cm，单个地置于半固体培养基上培养。培养基中含有MS培养基的无机盐，White培养基的有机成分，100 mg/L肌－肌醇，0.2 mg/L激动素（不是必需成分），0.1 mg/L 2,4－D，2%蔗糖和1%琼脂。暗培养。

③6～8周之后，将根愈伤组织小块（鲜重0.2 g）转移到与原来成分相同的新鲜培养基上，于25℃下照光培养。若以类似方法每4周继代一次，可对组织进行繁殖。

④第一个培养周期之后，将大约0.2 g愈伤组织转移到一个200 mL的三角瓶中，瓶内装有20～25 mL液体培养基，成分与愈伤组织培养基相似（不加琼脂），以建立悬浮培养。将三角瓶置于摇床上，转速100 r/min，25℃下光照培养。

⑤每隔4周将悬浮培养物继代培养一次，方法是把5 mL培养物转移到65 mL新鲜培养基中（1∶13）。

⑥诱导体细胞胚胎发生：把愈伤组织块或部分悬浮培养物转移到不含2,4－D的培养基中培养，培养基的其他成分与前面的相同。

⑦3～4周后，将出现大量体细胞胚，各处在不同的发育阶段。

二、植物细胞培养

与动物细胞不同，植物细胞具有全能性。它的单个细胞，在体外特殊条件（模拟机体内的生理环境）下培养时，可以通过细胞分裂形成细胞团，再经过细胞分化形成根、芽等器官，或直接经过体细胞胚，最后长成一株完整植物。从技术上讲，植物细胞培养可以说是一种从单细胞到植株的无性繁殖（cloning）技术。常用的植物细胞培养有单细胞（包括花粉）培养和原生质体培养两大类。

在组织培养中，细胞之间在遗传、生理生化等特性上往往会发生种种变异，并由此形成部分有差异的植株，如由单细胞培养获得单细胞无性繁殖系，就可以对细胞系逐个进行研究，这无论在理论上还是在实践上均有很大的意义。植物生理学家及植物生物化学家都已经意识到，在进行细胞代谢的研究以及各种不同物质对细胞反应影响的研究时，使用单细胞系统比使用完整的器官或植株具有更大的优越性。使用游离细胞系统时，可以用单倍体、二倍体以至多倍体细胞，在比田间试验小得多的空间和较短的时间内，在人工控制的环境中操纵大量的基因组，在植株水平回收所发生的遗传修饰（性状）。可以让各种化学药品和放射性物质很快地作用于细胞，又很快地停止这种作用。通过单细胞的克隆化，可以把微生物遗传学技术用于高等植物以进行农作物改良。总体来讲，植物细胞培养的应用有两个方面，一是利用植物细胞培养材料的遗传保守性来建立种质库和生产有用化合物；二是利用其遗传的变异性来创造体细胞无性变异（somaclonal variation）。细胞培养也是进行体细胞杂交和基因工程的必备手段。

（一）原生质体的分离和培养

植物细胞原生质体是指那些已去除全部细胞壁的细胞。这时细胞外仅由细胞膜包裹，呈圆形，要在高渗液中才能维持细胞的相对稳定。此外，在酶解过程中残存少量细胞壁的原生质体叫原生质球或球状体。它们都是进行原生质体融合的好材料。

1. 原生质体的分离

（1）取材与除菌　原则上植物任何部位的外植体都可成为分离原生质体的材料。但在实践中人们往往对活跃生长的器官和组织更感兴趣，因为由此分离的原生质体生活力一般都较强，再生与分生比例也高。由于商品酶的出现，现在实际上已有可能从各种植物组织分离原生质体，只要该组织的细胞还没有木质化即可。目前常用的外植体有：种子根、子叶、下胚轴、胚细胞、花粉母细胞、悬浮培养细胞和嫩叶等。

外植体的除菌要因材而异。悬浮培养细胞一般无需除菌。对较脏的外植体要先用肥皂水清洗，再以清水洗 3～4 次，然后浸入 70%的酒精消毒后，再放入 3%次氯酸钠或 10%的“84”消毒液中处理。最后用无菌水漂洗数次，并用无菌滤纸吸干。

（2）酶解　原生质体分离的成败在很大程度上取决于所用酶的性质和活性。植物细胞的细胞壁含有纤维素、半纤维素、木质素以及果胶质等成分，所以现在使用的去壁酶多是含有多种成分的复合酶，如崩溃酶就同时具有纤维素酶、果胶酶、地衣多糖酶和木聚糖酶等几种酶的酶解活性，对于由培养细胞中分离原生质体特别有用。

现以叶片为例说明酶解去壁步骤：①配制酶解反应液：反应液是一种 pH 在 5.5～5.8 的缓冲液，内含纤维素酶以及渗透压稳定剂、细胞膜保护剂和表面活性剂等；②酶解：除菌后的叶片→撕去下表皮→切块放入反应液→不时轻摇（25～30 ℃，2～4 h）→反应液转绿。

反应液转绿是酶解成功的一项重要指标，说明已有不少原生质体游离在反应液中。经镜检确认后应及时中止反应，以免脆弱的原生质体受到更多的损害。

(3) 纯化　在反应液中除了大量的原生质体外，尚有一些残留的组织块和破碎的细胞，为了取得高纯度的原生质体就必须进行原生质体的分离。具体做法是选取 200～400 目的不锈钢筛或尼龙纱进行过滤除渣。也可采用低速离心法或比重漂浮法直接获取原生质体。

(4) 洗涤　刚分离得到的原生质体一般还含有残留酶及其他不利于原生质体培养、再生的试剂，所以要以新的渗透压稳定剂或原生质体培养液离心洗涤 2～4 次。

(5) 鉴定　只有经过鉴定确认已获得原生质体后才能进行下游的细胞培养或细胞融合工作。此时，由于已全部或大部除去了细胞壁，原生质体呈圆形。如果把它放入低渗溶液中，则很容易胀破。也可采用荧光增白剂染色后置紫外显微镜下观察鉴定，残留的细胞壁呈现明显荧光。通过以上观测，基本上可判别是否原生质体及其百分率。此外，还可通过测定光合作用、呼吸作用等参数定量检测原生质体的活力（图 3－6）。

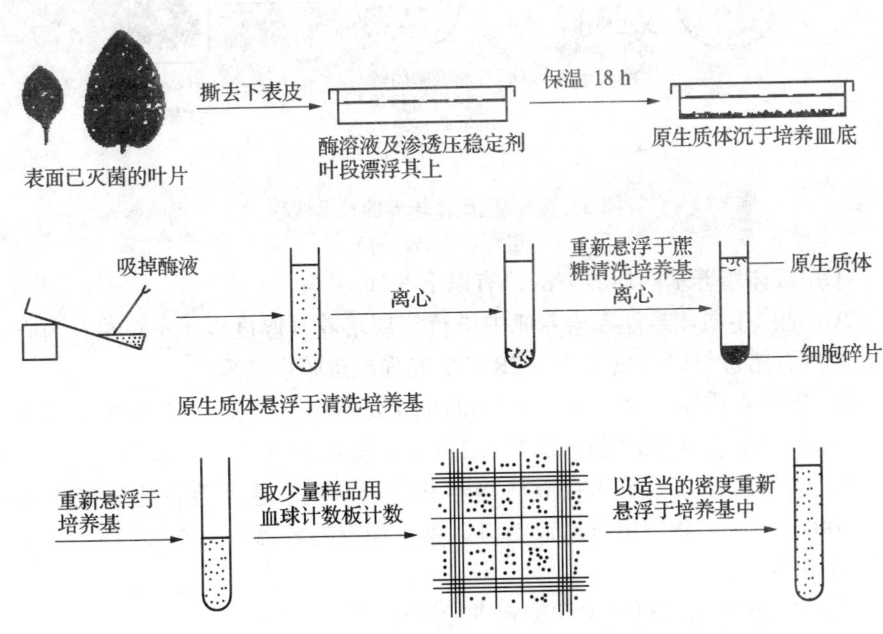

图 3－6　分离叶肉原生质体的技术流程
（引自 E.C.Cocking）

2. 原生质体培养　分离成功的原生质体，一般要先经含有渗透压稳定剂的原生质体培养基（液体或固体）培养，再生出细胞壁后再转移到合适的培养基中。待长出愈伤组织后按常规方法诱导其长芽、生根、成苗。

（1）培养方法　原生质体可用琼脂平板进行培养（图3－7）。使用这种半固体培养基的优点是原生质体的位置不变，为跟踪观察某一个体的发育过程提供了方便。虽然如此，最好还是使用液体培养基培养，这是由于当植板在琼脂培养基上时，某些物种的原生质体不能进行分裂。若采用液体培养基，经过几天培养之后，可用有效的方法把培养基的渗透压降低；如果原生质体群体中的蜕变组分产生了某些能杀死健康细胞的有毒物质，可以随时更换培养基；经过几天高密度培养之后，可把细胞密度降低，或把特别感兴趣的细胞分离出来。

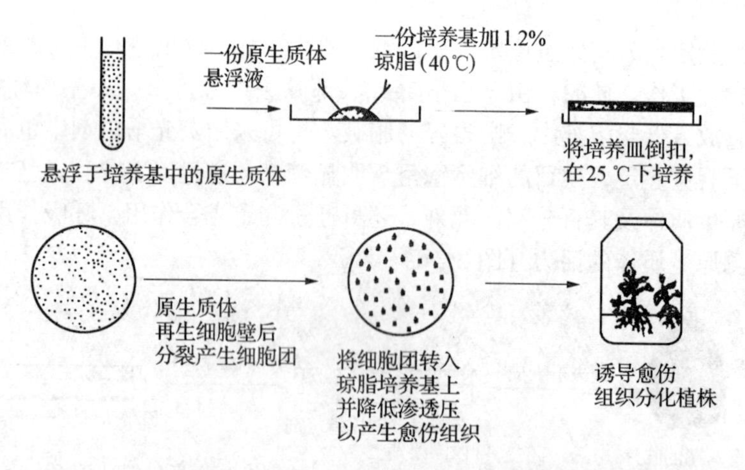

图3－7　原生质体培养的技术流程
（引自E.C.Cocking）

①用液体培养基的培养方法，有以下3种。

A. 把原生质体悬浮在培养皿中进行浅层培养（厚度以1 mm左右为宜），培养皿用石蜡带封口，放在25～28℃低光强或黑暗中培养。

B. 把原生质体培养在50～100 mL的锥形瓶中（内装5 mL原生质体悬浮液），这些锥形瓶静置保温在25℃，2 000 lx光强下。

C. 悬浮培养原生质体在液体培养基的液滴里，悬浮液在培养皿中做成50～100 μL小滴，然后用石蜡带封口，置于潮湿的容器中，在25℃，低光强或黑暗中培养。

用A法或B法时可用温和旋转进行摇动。

②用含有琼脂的培养基的培养方法，有两种。

A. 在液体培养基中产生细胞，然后移到琼脂培养基中使之继续发育。

B. 原生质体植板或埋藏在琼脂培养基中。

即使所制备的原生质体功能无恙，且培养在最合适的条件之下，在培养的最初 24 h 内某些原生质体也会发生破裂。而稳定的原生质体则可由去壁时所受的创伤中迅速恢复过来，其中细胞器的数目、胞质环流、呼吸作用以及RNA、蛋白质和多糖的合成等迅速增加，表明活跃的细胞代谢活动正在这些原生质体中进行。

(2) 培养基　原生质体的营养要求和培养的植物细胞的要求相似，供原生质体培养用的培养基通常是细胞培养基的改良配方。最常见的改良之一是降低培养基的强度。要求稀释是为了谋求在细胞水平合理摄入某些无机或有机化合物，如摄入量过高，会引起毒害。

(3) 细胞壁的形成　开始培养后 2～4 d 内，原生质体将失去它们所特有的球形外观。这种变化是再生新壁的象征。新形成的细胞壁是由排列松散的微纤丝组成的，由这些微纤丝后来组成了典型的细胞壁。

壁的形成与细胞分裂有直接关系，凡是不能再生细胞壁的原生质体也就不能进行正常的有丝分裂。细胞壁发育不全的原生质体常会出芽，或体积增大，相当于原来体积的若干倍。此外，由于在核分裂的同时不伴随发生细胞分裂，这些原生质体可能变成多核原生质体。所以会出现这些异常现象，除了其他原因之外，原生质体在培养之前清洗不彻底可能是一个重要原因。

(4) 细胞分裂和愈伤组织形成　虽然细胞壁的存在是进行规则有丝分裂的前提，但并非所有的原生质体再生细胞都能进行分裂。凡能分裂的原生质体，可在 2～7 d 之内进行第一次分裂。凡能继续分裂的细胞，经 2～3 周培养后可长出细胞团。再经 2 周之后，愈伤组织已明显可见。这时可把它们转移到不含渗压剂的培养基中，依一般的组织培养方法处理。

营养、渗压剂、植板密度、培养条件以及植物材料等因素都能影响原生质体培养中细胞的分裂（图 3－8）。

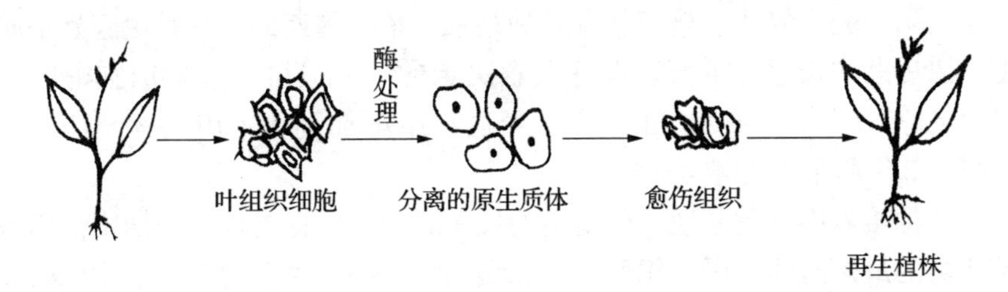

图 3－8　原生质体培养图解

（引自刘大均，生物技术）

（二）细胞悬浮培养技术

植物细胞悬浮培养（suspension culture of plant cells）是一种分散的植物细胞或小的细胞团块悬浮在液体培养基中进行生长、扩增的液体培养技术。

自从20世纪50年代以来，此项技术从试管的悬浮培养发展到大容积的发酵罐培养，直到现在最新的浊度恒定法和化学恒定法等自动控制的较大规模的连续培养，发展极其迅速。悬浮培养的特点是可以大量提供均匀的、形态上和生理上比较一致的细胞，而且增殖速度快，适合于大规模培养。通常以愈伤组织作为起始材料，使愈伤组织在动态的液体培养基中分散为单个细胞或小的细胞团块，也可选用无菌幼苗等材料经过匀浆后的细胞悬浮液进行培养。

在愈伤组织和悬浮细胞培养时，接种的细胞密度不能低于某一临界值，愈伤组织块以及高密度的悬浮细胞对于单个细胞有看护效应，培养的细胞间有某种相互有利的因子，即每一个细胞依靠于群体中的其他细胞。这种相互依赖的实质是什么，目前尚不清楚。研究单细胞生长的需要也是了解这一问题的途径之一。

1. 常用技术 悬浮培养基本上有两种培养系统类型：成批培养和连续培养。

（1）成批培养 成批培养是指把细胞材料分散在一定容积的液体培养基中培养，目的是建立单细胞培养物。在培养过程中，除了气体和挥发性代谢产物可以同外界空气交换外，一切都是密闭的，当培养基中的主要营养成分被耗尽或受其他因子影响（如有毒物质积累）时，细胞就停止增殖。成批培养所用的容器一般是25～100 mL的三角瓶。为了使成批培养的细胞能不断增殖，必须进行继代，方法是取出培养瓶中一小部分悬浮液，转移到成分相同的新培养基中（约稀释5倍）继续培养。在成批培养中，细胞数目增长的变化情况表现为一条S形曲线，其中一开始是滞后期，细胞很少分裂，接下来是对数生长期，细胞分裂活跃，数目迅速增加。经过3～4个细胞世代之后，由于培养基中某些营养物质已经耗尽，或是由于有毒代谢物的积累，增长逐渐缓慢，最后进入静止期，增长完全停止。培养从开始到结束，整个周期的长短是由起始细胞的密度、滞后期的长短、生长速率等因素决定的。一般讲，起始细胞密度应在0.5×10^5～2.5×10^5细胞/mL，在培养过程中增加到1×10^6～4×10^6细胞/mL。即全部细胞平均增殖4～6倍。

在成批培养中细胞繁殖一代所需的最短时间，即在对数生长期中细胞数目加倍所需的最短时间，因组织而异。如烟草为48 h，菜豆为24 h。这些时间都长于在整体植株上分生组织中细胞数目加倍所需的时间。

成批培养对于研究细胞的生长代谢并不是一个理想的培养方式。因为在成批培养中，细胞生长和代谢方式以及培养基的成分在不断改变，所以，相对于细胞数目的代谢产物和酶的浓度也就不能保持恒定。这些缺点在某中程度上可以通过连续培养方式解决。

(2) 连续培养　连续培养是利用特制的培养容器进行大规模细胞培养的一种培养方式。在培养过程中，培养液能够连续得到补充，故在恒定的培养物容积中，使细胞的生长率、密度、化学组成和代谢活动都能保持在恒定条件下。

连续培养又分封闭型和开放型两种方式。在封闭型中，排出的旧培养基由新加入的培养基补充，进出量保持平衡。悬浮在排出液中的细胞经机械方法收集起来后，被重新放回到培养系统中。因此，随着时间的延长，细胞数目不断增加。与此相反，在开放型连续培养中，注入的新鲜培养液的容积与流出的原有培养液及其中的细胞的容积相等，并通过调节流入与流出的速度，使培养物的生长速度永远保持在一个接近最高值的恒定水平上。开放型培养又可分为两种主要方式：一是化学恒定式，二是浊度恒定式。在化学恒定式培养中，以固定速度注入的新鲜培养基内的某种选定营养成分（如氮、磷或葡萄糖）的浓度被调节成为一种生长限制浓度，从而使细胞的增殖保持在一种稳定态之中。在这样一种培养基中，除生长限制成分以外的所有其他成分的浓度，皆高于维持所要求的细胞生长速率所需要的浓度，而生长限制因子则被调节在这样一种水平上：它的任何增减都可由相应的细胞增长速率的增减反映出来。在浊度恒定培养中，新鲜培养基是间断注入的，受由细胞密度增长所引起的培养液混浊度的增加所控制，可以预先选定一种细胞密度，当超过这个密度时使细胞随培养液一起排出，因此就能保持细胞密度的恒定。

连续培养是植物细胞培养技术中的一项重要技术，它对于植物细胞代谢调节的研究，对于确定各个生长限制因子对细胞生长的影响，以及对于次生物质的大量生产等都有一定的意义。

2．细胞悬浮培养的培养基　诱发愈伤组织的培养基可以作为细胞悬浮培养培养基的基础，不过要特别注意细胞生长素和分裂素的用量。B_5 和 ER 两种培养基是高等植物细胞悬浮培养常用的培养基。

常用的培养基缓冲能力较差，在悬浮培养时，pH 常有相当大的变动。如 pH4.8～5.4 的酸性培养基，在细胞培养时会迅速变得接近中性，故应加入 EDTA 使铁和其他金属离子长期处在可利用的状态，以稳定 pH。

3．最低有效密度的概念　使悬浮培养细胞能够增殖的最少的接种量称为最低有效密度或临界起始细胞密度。最低有效密度因培养材料、原种培养条件、原种保存时间及培养基的成分不同而有所不同。在固体培养时，如将单细胞和一块起着看护作用的组织块铺在培养基上，则可诱导此单细胞进行细胞分裂。这是由于多细胞的组织块，在培养过程中向培养基中释放了某种物质，而这种物质对单细胞的生长是必须的。这说明在培养过程中，细胞不但从培养基中吸取养料，还把它的合成产物释放了出来。因此，如果利用条件培养基（即在其中培养过一段时间植物组织的培养基）培养，就会降低最低有效密度。

4. 培养基的振荡 悬浮培养中，为了使培养基能不停地运动，可使用各种类型的振荡设施。旋转式摇床就是其中之一。摇床载物台上装有瓶夹，不同大小的瓶夹可以互相调换，以适应不同大小的培养瓶。摇床的转速是可控的，对于大多数植物组织来说，以转速30～150 r/min为宜（不能超过150 r/min），冲程范围应在2～3 cm左右。转速过高或冲程过大会造成细胞的破裂。

5. 悬浮培养细胞的同步化 同步培养是指在培养中大多数细胞都能同时通过细胞周期的各个阶段（G_1、S、G_2 和 M）。同步性程度以同步百分数表示。

在悬浮培养中，为了研究细胞分裂和细胞代谢，最好使用同步培养物或部分同步培养物，因为和非同步培养相比，在同步或部分同步培养中，细胞周期内的每个事件都表现的更为明显。在一般情况下，悬浮培养细胞都是不同步的。要使非同步培养物实现同步化，就要改变细胞周期中各个事件的频率分布。其方法有两种，即饥饿法和抑制法。

（1）饥饿法 这种方法是先对细胞断绝供应一种进行细胞分裂所必需的营养成分或激素，使细胞停止在 G_1 期或 G_2 期，经过一段时间的饥饿之后，当重新在培养基中加入这种限制因子时，静止细胞就会同步进入分裂。

（2）抑制法 使用DNA合成抑制剂，如5-氨基尿嘧啶、羟基脲和胸腺嘧啶脱氧核苷等，也可使培养细胞同步化。当细胞受到这些化学物药物的处理之后，细胞周期只能进行到 G_1 期为止，细胞都滞留在 G_1 期和S期的边界上。当把这些抑制剂去掉之后，细胞即进入同步分裂。

6. 细胞活力测定 细胞的活力测定，可以用相差显微技术法（亮视野显微镜下也可以）、四唑盐还原法、二乙酸荧光素（FDA）法和伊凡蓝染色法等进行测定。

三、植物体细胞杂交

完全不经过有性过程，只通过体细胞融合创造杂种的方法称做体细胞杂交。体细胞杂交不仅能克服远缘杂交的不亲和性障碍，产生新型植物，而且对那些有性生殖能力很低甚至不具备有性生殖能力的作物，如马铃薯、甘薯、木薯以及甘蔗等都具有特殊的意义。

植物体细胞杂交大致包括如下过程：细胞分离→原生质体制备→原生质体融合→杂种细胞筛选和培养，然后再通过愈伤组织诱导分化出根、茎、叶，最后长成完整的体细胞杂种植株（图 3-9）。

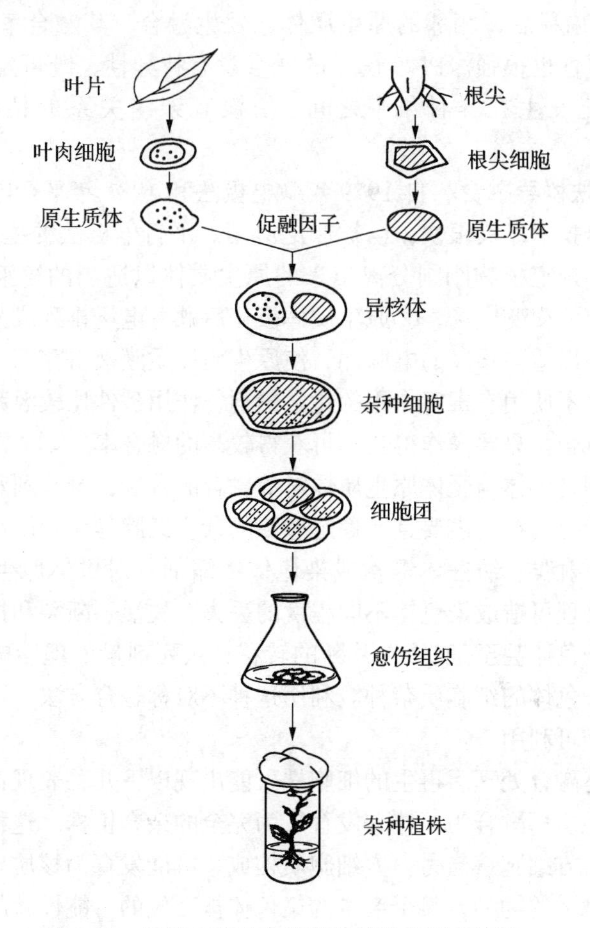

图 3-9 植物细胞融合及杂种植株的培育过程

（引自刘大均，生物技术）

体细胞杂交过程包括一系列相互依赖的过程，其中原生质体的分离和培养前面已做过详细介绍，以下只介绍体细胞杂交技术中的其他几个问题。

（一）原生质体的融合

1. 化学法诱导融合 化学法诱导融合无需贵重仪器，试剂简单易得，因此一直是细胞融合的主要方法。化学法诱导融合的具体方法很多，其中的聚乙二醇（PEG）结合高钙高 pH 诱导融合法已成为化学法诱导细胞融合的主流。

具体做法是：以适当比例混合刚分离出的双亲的原生质体→28%～50%的PEG溶液处理15～30 min→滴加高钙高pH溶液，摇匀，静置→用原生质体培养液洗涤数次→离心获得原生质体细胞团→筛选、再生杂合细胞。

一般情况下，在PEG处理阶段，原生质体间只发生凝集现象。当加入高钙高pH溶液稀释后，相邻的原生质体才发生融合，其融合率可达到10%～50%，可重复性也很强。PEG诱导的融合没有特异性，既可发生在同种细胞之间，也可能发生在异种细胞之间，使没有亲缘关系的植物原生质体融合。

2. 物理法诱导融合　自1979年微电极法和1981年平行电极法相继问世以来，电融合技术发展很快，已被广泛应用。平行电极法的主要操作过程为：①先将从两种选定植物刚刚分离出来的原生质体以适当的溶液混合，插入电极，接通一定的交变电场；②原生质体极化后顺着电场排列成紧密接触的串珠状；③瞬间施以适当强度的电脉冲，使原生质体质膜被击穿而导致融合。

电激融合不使用有毒害作用的化学试剂，作用条件比较温和，而且基本上是同步发生融合。只要操作得当，可获得较高的融合率。

上述处理是供体与受体原生质体对等融合的方法，牵涉到双方的数十对染色体，要筛选得到符合需要且能稳定遗传的杂合细胞是比较困难的。因此，可用X射线、γ射线、纺锤体毒素或染色体浓缩剂等对供体原生质体进行前处理。轻剂量处理可造成染色体不同程度的丢失、失活、断裂和损伤，融合后实现仅有少数染色体甚至是DNA片断的转移；致死剂量处理后融合，则可产生没有供体方染色体的细胞质杂种。利用这种不对称融合方法，可大大提高融合体的生存率和可利用率。

经过上述融合处理后再生的细胞株可能出现以下几种表现：①亲本双方的细胞核和细胞质都融合为一体，发育成为完全的杂合植株。这种几率很小。②融合细胞由一方细胞核与另一方细胞质构成，可能发育为核质异源的植株。一般亲缘关系越远的物种，某个亲本的染色体被丢失的可能性就越大。③融合细胞由双方的细胞质及一方核或再杂有少量他方染色体或DNA片段构成。④原生质体融合后，两个细胞核尚未融合就过早地被新出现的细胞壁分开，以后它们将各自分裂生长成嵌合植株。

（二）杂种细胞的鉴别选择

双亲的原生质体经融合处理后产生的杂合细胞，一般要在加有渗透压稳定剂的原生质体培养基上培养，再生出细胞壁后转移到合适的培养基中，待产生愈伤组织后，按组织培养的常规方法诱导其长芽、生根、成苗。在这一过程中，要对是否为杂合细胞（或植株）进行鉴别与选择。目前常用的鉴别选择方法有以下几种。

1. 借助显微设备鉴别 根据双亲细胞原生质体的物理性状（如大小、颜色等特征）在显微镜下直接识别杂合细胞。经鉴定发现杂合细胞后，可借助显微操作仪在显微镜下直接选出，移置到再生培养基上单独培养。

2. 互补法鉴别 显微鉴别法虽然准确，但工作进度慢且未知其能否存活与生长。遗传互补法则可弥补以上不足。遗传互补法包括叶绿素缺失互补、营养缺陷互补以及抗性互补等。前两种为隐性性状，后一种为显性性状，其互补的基本原理是一致的。

应用遗传互补法鉴别选择必须先获得各种遗传突变的细胞株系。如不同基因型的白化突变株 aB 或 Ab，如果 aB 与 Ab 融合，则可互补为绿色细胞株（AaBb），这叫做叶绿素缺失互补选择。甲细胞株缺外源激素 A 不能生长，乙细胞株需要提供外源激素 B 才能生长，如甲乙融合，杂合细胞在不含激素 A、B 的培养基中可以生长，这叫做营养缺陷互补选择。假如某个细胞株有某种抗性（如抗青霉素），另一个细胞株具有另一种抗性（如抗卡那霉素），那么它们的杂合细胞株可在含上述两种抗生素的培养基上生长，这叫做抗性互补选择。此外，根据碘代乙酰胺能抑制细胞代谢的特点，用它处理受体原生质体，只有融合后的供体细胞质才能使细胞活性得到恢复，这叫代谢互补选择。

3. 采用细胞与分子生物学方法鉴别 经细胞融合后长出的愈伤组织或植株，可进行染色体核型分析、染色体显带分析、同功酶分析以及更为精细的 DNA 分子杂交、限制性片段长度多态性（RFLP）和随机扩增多态性 DNA（RAPD）分析，从而鉴别选择出杂合细胞或植株。

四、单倍体植物的培养

单倍体植物的创造，无论在理论方面还是在实践中都有重要的意义。在遗传理论研究中，可以用单倍体研究基因的性质；在育种实践中，可以通过单倍体方法培育和改良自交系，以利用杂种优势；还可以通过培养 F_1 的花粉产生单倍体，然后经加倍育成综合了两亲本性状的不再分离的品系，进而育成品种，这样可以大大缩短育种年限，这是常规育种手段不可比拟的。目前，这项技术已在世界范围内得到推广应用，人工诱导的单倍体植株已达 34 科 88 属约 250 种，其中 1/5 是我国科学工作者创造的。这将为人类的社会经济发展产生巨大影响。

（一）单倍体的概念

所谓单倍体（haploid），是指具有配子染色体数的生物个体。单倍体在理论和实践中的重要意义早已为人们所知，然而，由于在自然界单倍体自然产生的频率极低（通常为0.001%～0.01%）不能满足需要，因此，人工诱导培养单倍体的技术应运而生。人工诱导产生单倍体的方法听起来很多，但实质上它们不外乎两大类，即孤雌生殖法和孤雄生殖法。前者是指利用各种物理的或化学的方法与手段，刺激子房单性结实成株，后者主要指花药或花粉培养。

（二）花药培养

花药培养（anther culture）是人工诱导产生单倍体工作中最常用的方法，它是指将一定发育时期的花药接种到人工培养基上，再给以特殊的培养条件而产生植株的过程。由于这种分化植株起源于花药中未成熟的花粉，所以人们常将其冠以花粉植株并把花药培养与花粉培养相提并论。然而，花粉培养和花药培养毕竟是分属不同范畴的，花药是植物体上的器官，花药培养应属于器官培养；而花粉在一定意义上则是一个单细胞，花粉培养应属于细胞培养的范畴。

1. 取材 选取成熟度适中的花蕾或幼穗。所谓适中，对于大多数植物来说，是指花蕾或幼穗中花粉正处于单核靠边期。过早或过迟的花粉的培养效果多不理想。不过，由于物种特性千差万别，准确的取材时期多需凭经验确定。

2. 消毒 花药培养时，植物材料的表面消毒通常比较方便，因为未开放的花蕾中的花药为花被所包裹，本身处于无菌状态之中。花蕾或幼穗的表面消毒一般用70%酒精在表面擦拭或浸一下后，在20%的次氯酸钠溶液中浸10～20 min，然后用无菌水洗3～5次即可。

3. 接种 取出花药应在无菌条件下进行。可用解剖刀或镊子剥开花蕾，以镊子夹住花丝，取出花药，平放于培养基上。

4. 培养基 花药培养的整个过程可分为两个阶段：诱导阶段和分化阶段。诱导阶段使用诱导培养基，分化阶段使用分化培养基。对大多数植物而言，在诱导愈伤组织的诱导培养基中应加适量的生长素，花药可以在这种培养基中脱分化而长成愈伤组织或胚状体。无论是长出愈伤组织还是单倍体胚，都应适时转移到分化培养基培养才能成苗。分化培养基中应加细胞分裂素，以利于植株生长。

5. 培养条件 花药培养一般是在28 ℃下光照（12～18 h，5 000～10 000 lx）和22 ℃下黑暗的周期性交替的条件下进行培养。此外，由于花药中含有至今成分不明的水溶性“花药因子”，只有当培养基中的“花药因子”积累到一定浓度，添加的外源激素才会起作用。因此，要适当加大花药的接种密度（图3-10）。

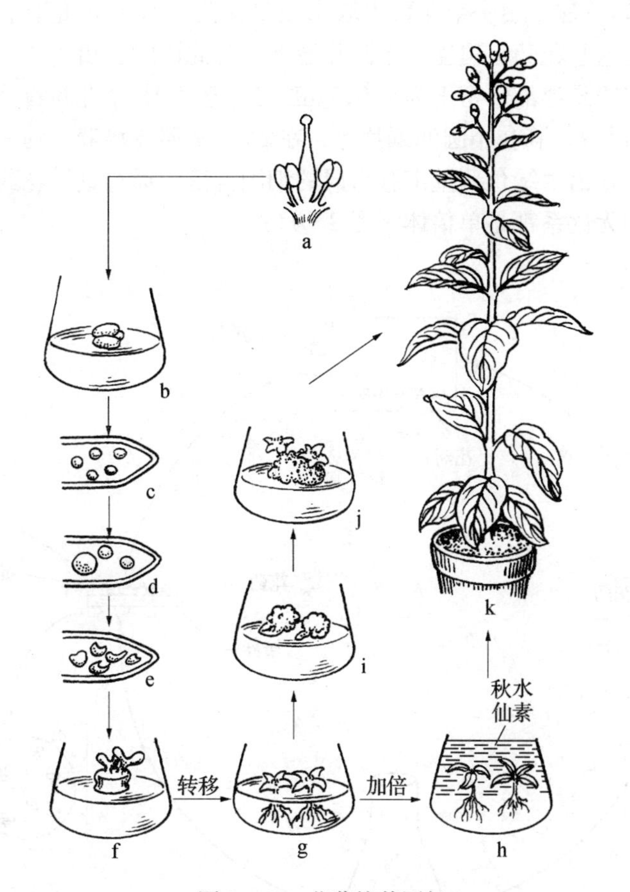

图 3-10 花药培养图解

a. 除去雄蕊和雌蕊 b. 接种花药 c、d、e. 花粉发育为胚状体植株 f. 单倍体花粉植株 g. 转移培养 h. 秋水仙素浸泡 i、j. 愈伤组织培养 k. 纯合二倍体植株

（引自中国农业百科全书·生物卷）

（三）花粉培养

虽然花药培养和花粉培养（pollen culture）都能获得单倍体植株，但在花药培养中，由于一个花药内的花粉粒在遗传上是异质的，因此，由一个花药所产生的植株，将构成一个异质的群体。如果单倍体植株是经由花粉愈伤组织的途径产生，由于从若干花粉起源的愈伤组织常常混在一起，因此由一个花药形成的愈伤组织将会是一个嵌合体，而且，如果在花粉愈伤组织化的同时，花药壁细胞也进行增殖，那么最终所得到的愈伤组织将会是混倍体，因此得到的植株仍是异质和混倍群体。解决这个问题的方法是培养离体小孢子或花粉粒，并诱导它们进行雄核发育。下面是两种常用的花粉培养方法。

1. 看护培养法 由一个花蕾中取出完整花药，水平地置于半固体培养基表面，然后在这些花药上覆盖一小圆片滤纸。与此同时，由另一个花蕾中取出花药，制成花粉悬浮液，密度为每0.5 mL培养基含10个花粉粒。用移液管吸取0.5 mL悬浮液，滴在小圆滤纸片上，在25℃下照光培养。约一个月后，在滤纸片上就会长出由绿色薄壁细胞组成的细胞群落。通过这种花药看护培养法得到的单细胞无性系都是单倍体（图3-11）。

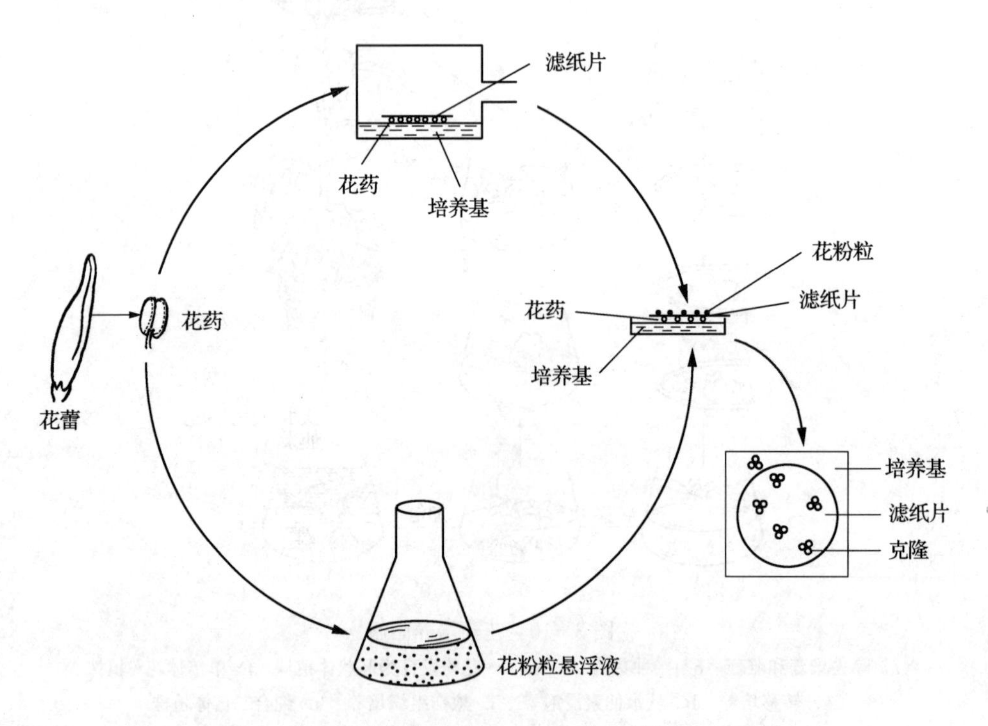

图3-11　由番茄离体花粉建立组织无性系的看护培养法
（引自Sharp，1972）

2. 悬浮培养 将尚未开放的花蕾用适当的无菌溶液进行表面消毒，然后用无菌蒸馏水彻底洗净，挤出小孢子进行悬浮培养。在某些作物上由于花粉粒需要在花药内通过一个诱导期，因此，首先要将花药在一种液体培养基（与进行花药培养所用的相同）中漂浮2～3 d，然后再挤出小孢子培养。具体操作方法是：将大约50个花药放在一个含有大约20 mL液体培养基的烧杯中，用一根玻璃棒或注射器活塞压挤花药，将花粉粒挤出，然后使整个溶液通过一个孔径大小合适的尼龙筛过滤。过滤后得到的悬浮液以500～800 r/min的转速离心约5 min。将沉淀下来的花粉粒重新悬浮在新鲜培养基中。重复以上过程2次。

最后，将花粉粒与适当的培养基混合，密度为$10^3 \sim 10^4$个花粉粒/mL。用吸管将悬浮液转入培养皿。每个培养皿中悬浮液的容积应根据培养皿的大小决定，以保证花粉粒不沉入培养基中太深为尺度。在25℃下散射光（500 lx）中培养。

五、合子胚培养

（一）合子胚培养的发展状况

胚培养（embryo culture）在植物育种中有着十分重要的作用。在所有不能形成有生活力种子的杂交中，若把胚剥离出来置于人工培养基上培养，就能收到起死回生的功效。因此，在由于胚的夭折不能形成有生活力种子的情况下，胚培养方法可广泛地用来生产杂种。

现在，对有关胚的形态发生的各种问题已经有了越来越多的了解，然而对于在胚珠内控制胚胎发育的因子还知之甚少。迄今为止，只有已分化出器官原始体的胚，才能在离体条件下培养成功。球形期以前的胚在离体培养中或是不能存活，或是只生长而不分化。

在胚珠以外的环境中进行胚培养的可能性为研究胚在各个发育时期的营养需要提供了一种很好的机会。利用这种方法，还能对整胚及各部分的再生潜力进行研究。

（二）合子胚培养方法

胚培养中最重要的两个问题是培养基的成分和胚的剥离方法。对于初次接触此项工作的人来说，植物材料的选择也很重要。

1．取材

（1）材料选择　取材是否合适与胚培养成败有着密切的关系。对用于胚培养的植物的选择，通常都是由所遇到的问题决定。一般大粒种子（如豆科和十字花科）的成熟胚易于剥离，小粒种子的胚较难剥离。此外，剥离的大量的胚在遗传上的一致性和发育上的同步性也应注意。一般来说，在控制条件下栽培的植物，能为每次实验提供较为均匀一致的材料。

（2）胚龄选择　杂种胚乳发育不全，早期败育，致使胚发育不良或畸形，多终止在梨形胚时期。因此，一般情况下，取授粉后14～18日龄，发育较大的胚进行培养，可以取得较好结果。

2．消毒方法　首先按照花药培养的消毒方法把整个胚珠进行消毒，然后在严格的无菌条件下把胚剥离出来。合子胚由于受到珠被和子房壁的双重保护，因此不需要再进行表面消毒，可直接置于培养基上培养。但在兰科植物中，由于它们的种子很小，缺少有功能的胚乳，种皮高度退化，所以只能把整个胚珠进行培养，处置方法则与胚培养相同。在这种情况下，须把整个蒴果进行表面消毒，然后在无菌条件下取出胚珠，用一根无菌针把它们铺在琼脂培养基表面，成一单层培养。

3. 胚的剥离 在进行胚的离体培养时，首先必须把胚从其周围的组织中剥离出来。成熟的胚只需剖开种子即可剥离，比较容易。对种皮很硬的种子，必须先在水中浸泡之后才能剖开。在剥这些小的胚的时候则必须借助解剖镜，并且在剥离出来后，要立即转入培养瓶中。一般根据肉眼观察种胚发育大小，采取不同的方法，在无菌条件下接种。

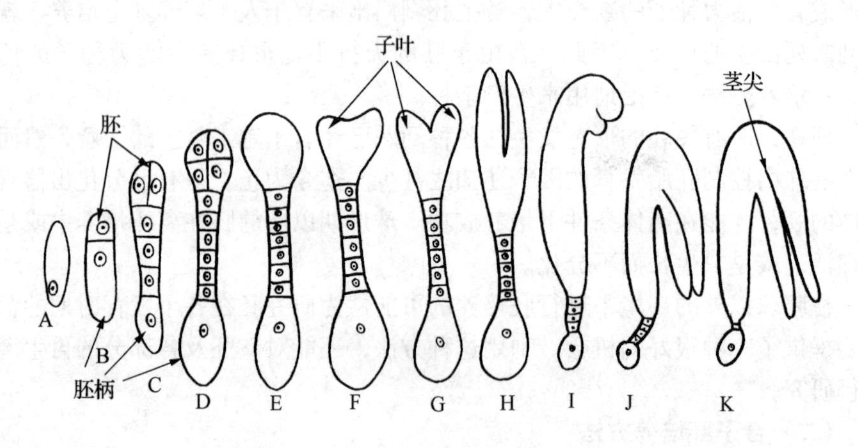

图 3-12 荠菜胚正常发育的各个时期

A. 合子 B. 双细胞原胚 C~E. 球形胚 F. 心形胚 G. 中间期 H. 鱼雷形胚 I. 拐杖形胚 J. 倒 U 形胚 K. 成熟胚

（引自 Raghavan，1966）

（1）剥胚法 胚较大或种胚发育较好时采用此法。剥离单子叶植物大麦未成熟胚的方法是：在解剖镜（20～50 倍）下，把颖果放在一张无菌载玻片上，用一把钟表镊子或尖头解剖针，即可很容易地把小至 0.2 mm 的胚剥离下来。也可采用下述方法剥离：左手拇指和食指捏住消过毒的种子（若为成熟种子，应先用酒精浸泡 3 min，再用无菌水浸泡 1 d，然后进行消毒），盾片部位向上并面向接种者，右手用尖头镊子或解剖针挑破盾片部位外皮，再剥去内皮，轻轻挤压出胚，用镊子尖粘住，盾片向下置于在培养基表面培养。

（2）切胚法 胚较小或种胚发育不良时采用此法。从芥菜胚珠中剥取发育时期不同的胚的具体方法是：先把消过毒的蒴果放在几滴无菌培养基中，然后切开胎座区域，用镊子将外壁的两半撑开，露出胚珠。鱼雷形胚或更幼龄的胚的位置都局限在纵向剖开的半个胚珠之中，由于它们带有绿色或透明的胚柄囊，因而透过合点清晰可见。在剥取这种未成熟胚的时候，将由胎座上取下的1个胚珠放在载玻片的凹穴中（内有1滴培养基），然后用一把锋利的有柄刀片将胚珠纵切成两半，留下有胚的一半，仔细地剔除胚珠组织，即可把连着胚柄的整个胚取出。在剥取较老的胚时，在胚珠上无胚的一侧切一小口，用1根钝头解剖针轻压珠被，即可把完整的胚挤出到周围的液体中（图3-13）。

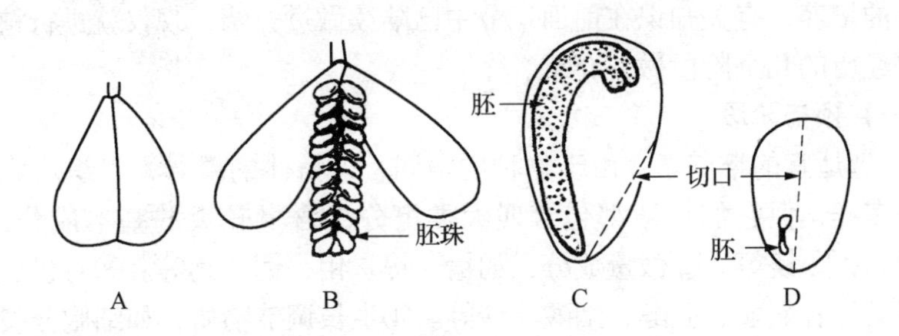

图3-13 剥取荠菜胚的方法

A. 蒴果 B. 蒴果已被剥开，胚珠外露 C. 一个含有拐杖形胚的胚珠

D. 一个含有球形胚的胚珠，沿虚线切开后，胚外露

（引自 Raghavan，1966）

4. 看护培养 在人工培养基上，幼龄胚通常是较难培养的，尤其是夭折发生在发育极早期的幼胚，拯救仍有很大困难。为此可以采用看护培养法进行培养。

看护培养的具体做法很多。可以把杂种未成熟的胚放在事先培养的同类作物的胚乳上培养；也可以把杂种离体幼胚嵌入到双亲之一或第三个作物正常发育的去了胚的胚乳中，然后把二者一起放在人工培养基上培养。

（三）培养基和培养条件

用于胚培养的培养基，已有很多成熟的经验培养基，可以选用。通常情况下，胚胎发育过程可分为两个时期：①异养期，在这一发育期，胚依赖于胚乳及周围的母体组织吸收养分；②自养期，在这个时期，胚在代谢上已能利用基本的无机盐和糖合成生长所需的物质，在营养上已相当独立。在自养期内，培养中的胚对外源营养的要求会随着胚龄的增加而渐趋简单。根据这一原则，对培养异养期胚的培养基的改良必须考虑无机盐、有机成分和生长调节物质三方面的因素。此外，对于原胚的培养来说，培养基的渗透压也是一个重要因素。胚柄在胚培养中也积极参与了幼胚的发育过程，因此，在胚培养时，应尽量连同胚柄一起剥出培养。

多数植物的胚在25～30 ℃之间生长良好。胚培养中胚的生长对光照是不敏感的。

六、植物组织培养

植物组织培养就是在无菌条件下利用人工培养基对植物组织、器官、原生质体等的培养，有关知识在前面章节中已陆续做过介绍，现仅就进行植物组织培养要经历的几个阶段做一介绍。

（一）预备阶段

1．选适宜的培养基 由于物种的不同，外植体的差异，组织培养的培养基多种多样，但它们一般都包含四大类组分①含量较大的基本成分，如氮、磷、钾、钙、镁等。②微量成分，如锰、锌、钼、铜、硼等。③有机成分，如维生素类、甘氨酸、肌醇、烟酸、糖等。④生长调节物质，如细胞分裂素、生长素等。各类培养基中，变化幅度最大的是生长调节物质，使用时要根据培养物的差异，精心选用。

2．选择合适的外植体 外植体即能被用来诱发产生无性增殖系的植物器官或组织切段，如一个芽、一节茎等。选择外植体要综合考虑以下因素：①大小要适宜。外植体的组织块要达到5～10 mg（2万个细胞）以上，才容易成活。②同一植物不同部位的外植体，其细胞的分化能力、分化条件及分化类型都有相当大的差别。③植物胚和幼龄器官比老器官、老组织更容易脱分化，产生大量愈伤组织。④不同物种相同部位的外植体，其细胞分化能力大不一样。总之，外植体的选择要以幼嫩的器官或组织为宜。

3．除菌消毒 选择健康的外植体，尽可能除净外植体表面的各种微生物。这是成功进行植物组织培养的前提。消毒剂的选择及处理时间的长短与外植体对所用试剂的敏感性密切相关。一般幼嫩材料处理时间比成熟材料的要短些。

对外植体除菌的一般程序是：外植体→自来水多次漂洗→消毒剂处理→无菌水反复冲洗→无菌滤纸吸干。这些都应在超净工作台上完成。

（二）诱导脱分化阶段

外植体是已分化成各种器官的组织切段。组织培养的第一步就是让这些组织切段的细胞脱分化，使各细胞重新处于有丝分裂的分生状态，诱导产生出愈伤组织。因此，培养基中一般都添加较高浓度的生长素类激素。外植体表面消毒后，切成小段插入或平放在培养基上即可。但这种培养方法使外植体的营养吸收不匀，气体及有害物质排换不畅，愈伤组织容易出现极化现象。如把外植体浸没在液态培养基中培养，上述问题便可得到克服，但这需要提供振荡设备，且要谨防污染。这一时期为植物细胞依赖培养基中的有机物等营养进行的异养生长阶段，原则上无须光照。

（三）继代增殖阶段

愈伤组织长出后，经过4～6周细胞的迅速分裂，原有培养基中的水分及营养成分已几近耗完，细胞的有害代谢物已在培养基中积累，已不适宜愈伤组织细胞生长，因此必须进行转移，即继代培养。通过转移，愈伤组织的细胞数将迅速扩增，有利于下一阶段产生更多的胚状体或小苗。

（四）器官分化阶段

愈伤组织只有经过重新分化才能形成胚状体或根、芽等器官，继而长成小苗。在这一阶段，分化出的根芽俱全的类似合子胚的结构（胚状体）一般是不多的，大量分化出现的是根或芽。所以，一般要将愈伤组织移植于含合适的细胞分裂素和生长素的分化培养基上，才能有更多的胚状体形成。光照是本阶段的必备条件。

（五）移栽成活阶段

在人工培养条件下长出的小苗，要适时移栽于户外以利于生长。此时的小苗十分幼嫩，移栽应在适度的光、温、湿条件下进行。为了提高移栽成活率，移栽前最好先打开培养瓶口使移栽苗锻炼一段时间后再移栽。

第三节　动物细胞工程

动物细胞工程是细胞工程的一个重要分支，它应用细胞生物学和分子生物学的方法，在细胞水平上对动物进行遗传操作，一方面深入探索、改造生物遗传种性，另一方面应用工程技术的手段，大量培养细胞或动物本身，以期收获细胞或其代谢产物以及可供利用的动物。

早在1885年，Wilhelm Roux就开创性地把鸡胚髓板在保温的生理盐水中保存了若干天，这是体外存活器官的首次记载。1887年，Arnold把桤木的木髓碎片接种到蛙的身上。当白细胞侵入这些木髓碎片后，他把这些白细胞收集在盛有盐水的小碟中进行培养，观察到了这些白细胞的运动。1903年，Jolly将蝾螈的白细胞在悬滴中保存了一个月。由于当时的条件的限制，实验难以重复，并也难以证明这些先驱者所培养的是否是真正存活的健康的组织和细胞。直到1907年，美国胚胎学家Ross Harrison的实验才被公认为动物组织培养的开始的标志。他培养的蛙胚神经细胞不仅存活数周之久，而且还长出了轴突。该实验不但提供了可重复的技术，而且证明了生物组织的功能可以在体外延续。在20世纪40年代，Carrel和Earle分别建立了鸡胚心肌细胞和小鼠结缔组织L细胞系，令人信服地证明了动物细胞体外培养的无限增殖力。至今，科学家们建立的各种连续的或有限的细胞系（株）已超过5 000种。1958年冈田善雄发现，已灭活的仙台病毒可以诱使艾氏腹水瘤细胞融合，从此开创了动物细胞融合的崭新领域。20世纪60年代，中国的童弟周教授及其合作者独辟蹊径，在鱼类和两栖类中进行了大量核移植实验，在探讨核质关系方面做出了重大贡献。1975年，Kohler & Milstein巧妙地创立了淋巴细胞杂交瘤技术，获得了珍贵的单克隆抗体。1997年，英国Wilmut领导的小组用体细胞核克隆出了“多莉”（Dolly）绵羊，把动物细胞工程推上世纪辉煌的顶峰。

一、动物细胞组织培养

在动物细胞工程中，细胞培养（cell culture）指的是离体细胞在无菌培养条件下的分裂、生长，在整个培养过程中细胞不出现分化，不再形成组织。组织培养（tissue culture）指动物的某类组织在体外条件下的保存或生长，此时可能有组织的分化，并保持该组织的结构和功能。器官培养（organ culture）是指器官或器官的一部分在体外条件下的保存或生长，此时有组织的分化，并保持该器官的立体结构和功能。

（一）细胞培养

组织块培养法是动物细胞培养中最常用的方法。一般可按以下步骤进行：无菌取出目的细胞所在组织，以培养液漂洗干净，以锋利无菌刀具割舍多余部分，切成小组织块（1～2 mm^3），用移液管将这些小组织块移至培养瓶，添加培养液后翻转培养瓶使组织块脱离培养液10～15 min，然后再翻转过来静置培养（37 ℃），迁移细胞生长到足够大时，用物理方法（如冲洗、刮取等）或化学方法（如用0.25%胰酶或1∶5 000螯合剂）将细胞取下移至另一培养瓶中以传代（继代培养）。

悬浮细胞培养法也是动物细胞培养中最常用的方法之一。将小组织块置无钙、镁离子但含有蛋白酶类的解离液中离散细胞，低速离心洗涤细胞后，将目的细胞吸移至培养瓶培养，待细胞增殖到一定数量后移至另一培养瓶中以传代。

由于绝大多数哺乳动物细胞趋向于贴壁生长，细胞长满瓶壁后生长速度显著减慢、乃至不生长。因此，哺乳动物细胞的大量培养需提供较大的支持面。以下三种方法是专为大量培养哺乳动物细胞设计的。

1. 微导管培养法 该法是由Richard Knazek在20世纪70年代创建，后经Amicon公司发展的动物细胞大量培养方法。将由硝酸纤维素或醋酸纤维素构成的外径不超过1mm的微导管平铺成层，由多层微导管构成培养系统的核心装置。整套微管床浸没于培养基中，管内的无菌空气经扩散可进入营养液中。动物细胞贴附生长于微管床表面，微导管表面的细胞密度可达每平方厘米100万个。

2．微载体培养法　该法是Wezel在1976年创立的。以葡萄糖聚合物或其他聚合物制成与培养基密度基本相等的直径从几十微米到几百微米的固体小珠——微载体。将这些微载体与培养基混合均匀，通入无菌空气，动物细胞则贴附在微载体表面旺盛地生长。每毫升培养基可达到1 000万个细胞的密度。

3．微胶囊培养法　本方法使美国Damon Biotech公司发明的。与前述植物人工种子类似，将一定量动物细胞与大约4%的褐藻酸钠混合后，滴到$CaCl_2$溶液中，彼此发生离子交换而逐渐硬化成半透性微胶囊。可通过控制离子交换的时间调控微胶囊的刚性。细胞在微胶囊内生长，既可吸收外界营养，又可排出自身代谢废物。该法最突出的优点是微胶囊内细胞及其产物可不受培养液中血清复杂成分的污染。

（二）组织培养

组织培养与细胞培养类似，主要区别在于省略了蛋白酶对组织的离析作用。其基本方法是：无菌操作取出目的组织，以培养液漂洗。以锋利无菌刀具割舍不健康和坏死部分，将该组织分切成1～2 mm^3小块，用无菌移液管将这些小组织块移入培养瓶。加入合适的培养基浸润组织。小心地翻转培养瓶使组织块脱离培养液，搁置15～30 min，以利组织块的贴壁生长。然后翻回培养瓶，平卧静置培养（37℃）。

（三）无血清培养

上述细胞和组织的体外培养一般都需添加一定量的血清，不仅价格昂贵、容易混进污染物（包括病毒和细菌），而且其成分不能完全确定，不同批次的血清之间难以保证实验结果的可重复性。因此无血清培养日益受到重视，并已取得了较大的进展。

无血清培养基由于必须包括血清中的主要有效成分，因此组成相当复杂，一般包括三大部分：①基础培养基。最常用的基础培养基有RPM1640、DME、Ham F_{12}等，其中又以DME与Ham F_{12}等量混合的培养基最为常用。②基质因子，包括纤黏素（fibronectin）、血清铺展因子、胎球蛋白、胶原和多聚赖氨酸等。③生长因子、激素和维生素等约30种有机和无机微量物质，其中包括哺乳动物的绝大多数内分泌激素。

培养基配制繁琐是无血清培养的最大缺点。国外已有专用无血清培养基商品供应，如 $SFRE_{199-1}$、$MCDB_{151}$ 和 $NCTC_{135}$ 等。

（四）培养物的传代

细胞或组织由一个培养瓶转移至另一个含有新鲜培养基的培养瓶，由于此时对培养物有所稀释，即称为一代。这种转移培养的过程叫培养物的传代。悬浮培养的细胞的传代比较方便，只需定期吸移原培养细胞到新鲜培养基即可。组织培养物的传代往往会遇到细胞贴壁生长的麻烦。在这种情况下可用物理法（培养液冲洗、刮刀刮取）或化学法（0.25%胰酶解析）剥离培养组织，视组织块大小进行适当切割后再漂洗、移置于新培养瓶。

原代培养物经首次传代成功后所形成的培养物叫细胞系（cell line）。通过选择法或克隆法在原代培养物或细胞系中获得的具有特殊性质或标志的培养物称为细胞株（cell strain）。

（五）培养物的长期保存

培养物的长期保存主要采用冷冻保存法。现以液氮冷冻保存法为例简单介绍其方法。首先将成熟培养物（细胞）与5%～10%的甘油或二甲亚砜（DMSO）混匀，封装于安瓿瓶中，然后以1～3 ℃/min 的速率缓慢降温至－30 ℃，再以15～30 ℃/min 的速率迅速降温至－150 ℃，立即转移至液氮（－196 ℃）中。

在不同温度下保存细胞的实验表明，若安瓿瓶置－70 ℃下，培养物通常只能保存几个月；若安瓿瓶置－90 ℃下，培养物可保存半年以上；若安瓿瓶置－196 ℃下，培养物几乎可无限期保存。

（六）细胞组织培养污染的防治

细菌、真菌、病毒，甚至细胞均可导致培养物的污染。在进行细胞与组织培养的各个环节，都应十分重视灭菌与无菌操作。一旦发生染菌或交叉污染，抢救工作相当麻烦，而且还不一定能成功。对一般性细菌污染可用200 μg/mL氨苄青霉素或链霉素除菌。若霉菌蔓延，除小心地铲除菌落（丝）外，还应在培养基中加制霉菌素（100 μg/mL）以抑杀散落的孢子、菌丝。支原体特别容易与细胞共生，卡那霉素（100 μg/mL）处理可抑制其繁衍，但不能根除。病毒浸染在正常情况下不大影响细胞的生理功能和实验结果。

在细胞组织培养中，细胞株系之间的交叉污染是一个非常严重的问题。为防止细胞株系的交叉污染，在一个工作区内不能同时放置两种及两种以上细胞株系。同时，两种细胞株系不能共用培养器具，即使器具消毒后也是如此。

总之，微生物污染与细胞株系间的交叉污染是细胞、组织培养工作者必须时刻关注的问题。预防为主，防治结合是实验室工作的指导方针。

二、动物细胞融合

(一) 细胞融合的方法

所谓细胞融合是指用自然或人工的方法使两个或更多个不同的细胞融合成一个细胞的过程。细胞融合的结果是一个细胞含有两个或多个细胞核，称为异核体；而少数异核体的来自不同细胞核的染色体在随后的有丝分裂中有可能合并到一个结合核内，成为合核体的杂种细胞。动物细胞融合的方法有以下三种。

1. 病毒诱导愈合 自从1958年冈田善雄偶然发现已灭活的仙台病毒(HVJ，副黏液病毒的一种）可诱发艾氏腹水瘤细胞相互融合形成多核体细胞以来，科学家已证实，其他的副黏液病毒、天花病毒和疱疹病毒也能诱导细胞融合。仙台病毒诱导细胞融合的方法如下：

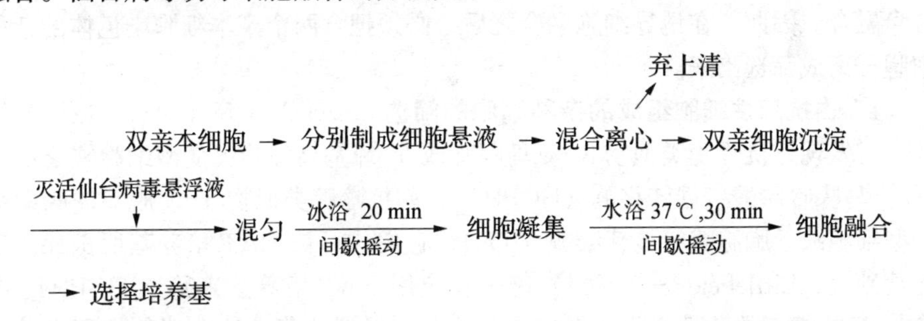

如果双亲本细胞都呈单层贴壁生长，则将它们混合培养后直接加入灭活的仙台病毒诱导融合即可。

病毒诱导愈合存在融合剂制备困难、融合率较低、不易重复的缺点。

2. 化学诱导融合 1974年高国楠用聚乙二醇（PEG）成功诱导植物细胞融合，次年，Pontecorvo即用该法成功融合动物细胞。随后，Davison（1976)、Fefter（1977）和Galfre（1977）等在方法上不断改进，PEG诱导融合便成为动物细胞融合的主要手段。

对动物细胞而言，由于它们不具刚硬的细胞壁，它们的融合更加简便。关键在于亲本双方要有较明显可识别的筛选标志（基因和/或性状）。动物细胞的PEG融合方法可参照前述植物细胞融合的PEG悬浮混合法进行。但由于动物细胞pH多为中性至弱碱性，PEG溶液的pH应调至7.4～8.0为宜。此外，尚可将细胞-PEG悬浮液进行适当离心处理，迫使细胞更紧密接触，提高融合率。不过此时PEG的分子量不宜过大，以1 000左右为宜；浓度不能过高，达30%～40%即可，否则细胞难以离心沉降。加入5%～15%的二甲亚砜效果更好。

3. 电击诱导融合 1979 年，Senda 等首先应用微电极，在显微镜下将 1～12 μA、1～5 μs 的电脉冲加至两相邻的植物原生质体使其发生融合。随后，Zimmermann 等又进一步采用加在平行电极板上的高压脉冲诱导植物原生质体、海胆卵、哺乳动物细胞及酵母菌等融合获得成功，从而为电融合技术发展奠定了基础。

电诱导融合技术具有融合率高（50%～80%），可以在显微镜下定向诱导细胞融合和直接挑选杂种细胞等优点，正日益受到人们的青睐。动物电诱导融合方法与植物原生质体电激融合法相同。

（二）杂种细胞的筛选

在上述融合条件下，并非所有的细胞都能融合。例如，在 PEG 诱导融合时，大约只有十万分之一的细胞最终能够形成会增殖的杂种细胞。同时，细胞融合本身又具有随机性，除不同亲本细胞间的融合外，还伴随着各亲本细胞的自身融合。因此，在诱导细胞融合之后，必须把含两个亲本细胞染色体的杂种细胞分离或筛选出来。

1. 由抗药性细胞组成的杂种细胞的筛选 Szybalski 等（1964）在研究抗药性时发现，抗嘌呤类似物 8-氮鸟嘌呤或 6-巯基鸟嘌呤突变型细胞缺乏次黄嘌呤-鸟嘌呤磷酸核糖转移酶（HGPRT），而抗嘧啶类似物 5-溴脱氧尿嘧啶突变型细胞缺乏胸腺嘧啶核苷激酶（TK），它们均可被 HAT 培养基所杀死。在此基础上，Littlefield 等（1964）进一步应用 HAT 培养基来筛选 $HGPRT^-$ 细胞与 TK^- 细胞的杂种细胞获得成功。从此，根据抗药性这一遗传标记设计选择系统日益增多，已成为使用最为普遍的筛选方法。

HAT 培养基是指在细胞培养基中加有次黄嘌呤（H）、氨基喋呤（A）或氮丝氨酸（A）和胸腺嘧啶核苷（T）的培养基。只有 $HGPRT^+$ 和 TK^+ 细胞才能利用次黄嘌呤（H）和胸腺嘧啶核苷（T）来合成 DNA 而成活。相反，$HGPRT^-$ 和 TK^- 细胞不能利用次黄嘌呤（H）和胸腺嘧啶核苷（T）来合成 DNA 而死亡。因此，在 $HGPRT^-$ 和 TK^- 细胞融合后，应用 HAT 培养基即可将通过基因互补而同时获得 HGPRT 和 TK 酶的杂种细胞筛选出来。

2. 由营养缺陷突变型细胞组成的杂种细胞的筛选 营养缺陷型是指在一些营养物如氨基酸、碳水化合物、嘌呤、嘧啶或其他代谢产物等的合成能力上出现缺陷而难以在缺乏这些营养物的培养基中存活的突变细胞。

由不同营养缺陷型细胞组成的杂种，像抗药性细胞杂种的筛选一样，用适当的选择性培养基来进行筛选。例如，在缺乏甘氨酸和脯氨酸的缺失培养基中，需甘氨酸营养缺陷型细胞和需脯氨酸营养缺陷型细胞都会死亡，而只有通过互补成为原养型杂种细胞才能成活。也可以按反选择法，在缺失培养基中加入氨甲喋呤去除原养型细胞之后，再补入所需的营养物使其增殖；或利用分裂细胞具有掺入5-溴脱氧尿嘧啶核苷（BUdR）的能力，在含有BUdR的缺失培养基中，使迅速增殖的原养型细胞因掺入DNA的BUdR具有光敏性而被光照杀死后，再移入含有所需营养物的完全培养基中培养。

3. 由温度敏感突变型细胞组成的杂种的筛选　培养的哺乳类细胞均可在32～40℃之间生长，其最适温度则为37℃。用筛选营养突变型细胞的类似方法，可分离到不能在38～39℃（非许可温度）生长的温度敏感突变型细胞。即在采用化学诱变剂诱发细胞突变之后，在正常条件下培养一段时间，使突变性状固定下来。再将培养物移至非许可温度，使温度敏感突变体得以表达。同时，借加入选择性作用物（如5-溴脱氧尿嘧啶核苷等）以杀死所有能在非许可温度繁殖的正常细胞，再回到许可温度进行培养，凡存活者即为温度敏感突变型细胞。

由于温度敏感突变型在由两个不同温度敏感突变细胞融合而成的杂种，或由温度敏感突变型细胞与抗药性细胞或营养缺陷型细胞形成的杂种细胞中均成隐性，故采用非许可温变进行培养，或根据需要结合使用适当的选择培养基，即可将由其组成的杂种细胞筛选出来。

（三）细胞融合的应用

细胞融合是研究细胞间遗传信息转移、基因在染色体上的定位以及创造新细胞株系的有效途径。

1. 基因定位　细胞融合技术应用最大成果之一便是为染色体上的基因定位提供了一个极具价值的工具。这是基于有不同细胞特别是不同种属的细胞融合时，常会出现一个亲本的染色体被优先排除，而另一个亲本的染色体却被选择性保留（即染色体分离）。由此即可根据杂种细胞某一表型特征出现与否来确定与此表型特征相对应的基因在特定染色体或其一定区段上的位置。例如，Migeon等（1968）通过$HGPRT^-$人细胞与TK^-小鼠细胞融合，用HAT培养基分离得到了一种仅含一条人E组（16～18号）染色体的杂种细胞。这种细胞经^3H-胸腺嘧啶核苷掺入试验证明具有TK活性，而且在移入含有BUdR的培养基进行反向选择时会随此染色体被排除。从而，Migeon等第一次揭示人的TK基因在一条E组染色体上。

2. 体细胞杂种的致瘤性分析　通过正常二倍体细胞与致瘤性或病毒转化细胞的融合来进行致瘤性分析，是最早应用细胞融合技术的又一重要方面。早在20世纪60年代，Barski等发现，通过混合两种不同的肿瘤细胞系N1（高变恶性）和N2（低变恶性）获得的杂种细胞在接种到同种的C3H小鼠体内时可以高频率产生肿瘤。Scaletta 和 Ephrussi（1965）又进一步观察到，N1 细胞与正常小鼠细胞自发融合形成的杂种仍为恶性细胞。Silagi（1967）将高变恶性的 C57BL 小鼠黑色素瘤细胞与低变恶性的 C3H 小鼠 A9 细胞所形成的杂种接入 C3H×C57BL 的 F_1 小鼠体内也产生了肿瘤。

近年来，随着癌基因研究的迅速发展，Craig 和 Sager（1985）已进一步采用癌基因 c－Ha－ras 转化的 CHEF/18 细胞与未转化的 CHEF/18 细胞融合证明，在正常的 CHEF/18 细胞中含有能够抑制转化表型表达和肿瘤形成能力的抑制基因。Stanbridge 等（1981）在研究 D98 与 HD 的杂种细胞时发现，致瘤性的重新表达总是伴随着二倍体亲本的 11 号和 14 号染色体的分离。Howell 等（1978）和 Giguere 等（1981）观察到，致瘤性细胞的肿瘤形成能力会因与去核的非肿瘤细胞融合而有所下降。所以，不能排除致瘤性的抑制有染色体外基因参与的可能。可以预料，对于这种抑制基因或因子的深入研究，必定会为癌变分子机理的阐明及癌症的基因治疗提供十分有价值的资料。

3．遗传缺陷的基因互补 体细胞遗传学和分子遗传学的迅速发展已愈来愈清楚地表明，人类遗传疾病均与基因的突变、缺失或异常表达有关。细胞融合技术为用正常基因取代突变基因、或补充缺失基因、或使异常基因不表达、或降低异常基因的表达水平等基因疗法开辟了崭新的途径。

杂种细胞的基因互补分为基因间互补和基因内互补两类。基因间互补是指两个不同亲本基因组间的互补。如前述的 $HGPRT^-$ 与 TK^+ 细胞、$HGPRT^+$ 与 TK^- 细胞融合所生成的杂种可以在 HAT 培养基中存活。Silagi（1969）发现，来自乳清酸尿毒症患者的缺失乳清酸核苷－5－单磷酸（OMP）脱羧酶和 OMP－焦磷酸化酶的细胞，与缺失 HGPRT 的 HeLa 细胞融合后，能合成上述三种酶，且酶活力居于两亲本之间。

基因内互补是指等位基因之间的互补。例如，半乳糖尿症与半乳糖－1－磷酸尿嘌呤核苷转移酶的缺失有关。Nabker 等（1970）发现，在用于融合的 7 个不同半乳糖尿症患者的细胞中，却有一个患者的细胞能互补另外 6 个患者的遗传缺陷。又如，着色性干皮症是由于产生 DNA 修饰酶的基因发生隐性突变引起的一种疾病，因而患者对紫外线极度敏感。Mastsukuma 等（1981）用不同来源的干皮病患者细胞融合发现，能够通过基因互补重新获得 DNA 损伤的修复能力。

4．分化功能表达调控的研究 通过细胞融合，可将不同分化状态或组织类型的细胞构建成为能够存活的种内或种间杂种，同时还可以对其中纳入的亲本细胞的基因组和细胞质进行观察和分析。例如，Petit（1986）将大鼠肝癌细胞与小鼠成纤细胞的微细胞融合形成的微细胞杂种用于白蛋白基因的组织特异性表达的研究表明，肝特异性白蛋白合成的熄灭同小鼠成纤细胞的一条等臂染色体（M1）的存在直接相关。而且，由此染色体上的特定位点编码的“白蛋白熄灭因子”对大鼠白蛋白基因的作用呈负控制方式。

5．淋巴细胞杂交瘤产生单克隆抗体　众所周知，当某些外源生物（细菌等）或生物大分子（蛋白质）即抗原，进入动物或人体后，会刺激后者形成相应的抗体，引起免疫应答，从而将前者分解或清除。随着免疫学的深入发展，科学家们已经知道，每种抗原的性质是由其表面的蛋白类物质（决定簇）决定的。遗憾的是，抗原表面往往有很多种决定簇，可以引发机体产生相当多种的特异性抗体，这种情况给临床医学的诊断与治疗带来诸多不便。

人和其他哺乳动物体内主要有两类淋巴细胞：T细胞和B细胞。前者能分泌淋巴因子（如干扰素），发挥细胞免疫的功能；后者能分泌抗体，具有体液免疫的作用。由于外环境纷繁复杂，千差万别的抗原诱导B淋巴细胞群产生的抗体高达数百万种。不过，每个B淋巴细胞都仅专一地产生、分泌一种针对某种抗原决定簇的特异性抗体。显然，要想获得大量专一性抗体，就得从某个特定B淋巴细胞培养繁殖出大量的细胞群体，即克隆。如此克隆出的细胞其遗传性质高度一致，由它们分泌出的抗体即单克隆抗体。令人遗憾的是，B淋巴细胞在体外不能无限分裂繁殖。为了攻克上述难关，充分利用单克隆抗体纯度高、专一性强的优点，1975年Kohler和Milstein利用肿瘤细胞无限增殖分生的特征，将B细胞与之融合，终于获得了既能产生单一抗体又能在体外无限生长的杂合细胞，在生物医学领域做出了重大贡献，由此荣获1984年诺贝尔生理学与医学奖。

三、动物细胞拆合

从不同的细胞中分离出细胞器及其组分，在体外将它们重新组装成具生物活性的细胞或细胞器的过程称为细胞拆合。细胞拆合的研究大多以动物细胞为材料，其中尤以核移植和染色体转移的工作令人瞩目。

（一）核移植

核移植是指将一种细胞的细胞核移植到另一种去掉了细胞核的细胞质内，然后通过观察由不同来源的细胞核和细胞质组成的细胞所出现的功能变化，探索异种核质之间遗传相互关系和已分化细胞核的遗传全能性。

1．异种核质关系研究　本项研究的杰出代表是中国的童弟周教授和美籍华人牛满江教授。他们早在20世纪60年代就开展了鱼类核移植工作。他们取出鲤鱼胚胎囊胚期细胞的细胞核，放入鲫鱼的去核受精卵中，结果有部分异核卵发育成鱼。这些杂种鱼的形态特征显示了既有来自鲤鱼（口须和咽区）又有来自鲫鱼（脊椎骨的数目）的性状，还有介于二者之间的中间类型（侧线鳞片数）。血清及血红蛋白的电泳分析表明，这些杂种鱼出现了不同于鲤鱼和鲫鱼的新特征。从而表明，细胞核和细胞质对杂种鱼的遗传性状具有综合的影响。这些杂种鱼成熟后，与鲤鱼和鲫鱼有性杂交后代雄性不育不同，它们可通过人工授精繁殖后代。此外，他们还进行了草鱼与团头鲂等组合的核移植试验，均得到杂种鱼。鱼类的核移植研究已为克服鱼远缘有性杂交的障碍，培育出种间、亚种间，甚至属间鱼类新品种提供了可能。

2．细胞核遗传全能性的研究　除了原核细胞以外，所有真核生物细胞都有细胞核（个别种类已分化的细胞如人红细胞除外）。探索处于个体发育各个时期（如胚胎期和成年期）的细胞和履行不同职责的细胞（如乳腺细胞和小肠上皮细胞）的细胞核的遗传潜能和遗传全能性，从而实现了解细胞、掌握细胞、利用细胞、改造并创造具有特定性状或功能的工程细胞的宏伟目标。

1952 年，Briggs 成了研究细胞核遗传全能性的第一人。他将豹纹蛙囊胚期细胞的细胞核取出，移入去核同种蛙卵中，部分卵发育成个体；而他从胚胎发育后期的蝌蚪、成蛙细胞中取出的细胞核进行类似的实验却都以失败告终。由此说明，胚胎早期（囊胚期）细胞是一些尚未分化的细胞，其核具有发育成完整个体的遗传全能性；而胚胎后期乃至成体的细胞已出现明显分化，其核已难以重演胚胎发育的过程。然而 1964 年南非科学家 Gurdon 的实验却取得了突破。他首次将非洲爪蟾体细胞（小肠上皮细胞）的胞核取出，植入到经紫外线辐射去核的同种卵中，竟然有 1.5%的卵发育至蝌蚪期。虽然实验没有取得完全的成功，但至少揭示了体细胞核仍具有遗传全能性。

最让生物学家和全世界震惊的是英国 PPL 生物技术公司 Roslin 研究所的 Wilmut 1997 年 2 月 27 日在世界著名权威杂志《Nature》宣布的用乳腺细胞的细胞核克隆出一只绵羊“多莉”（Dolly）的消息。其技术路线见图 3－14。

“多莉”的诞生，既说明了体细胞核的遗传全能性，也翻开了人类以体细胞核克隆哺乳动物的新篇章。1998 年 7 月 5 日，日本人用母牛输卵管细胞的细胞核成功克隆了“能都”和“加贺”的两头克隆牛犊。几乎与此同时，一组科学家在美国檀香山宣布，他们已用经卵泡细胞的细胞核克隆成功的小鼠“卡缪丽娜”再克隆出了下一代，祖孙三代 22 只克隆鼠组成的大家庭具有完全一致的遗传基础。随后，德国和韩国的科学家也相继宣布用体细胞成功克隆出哺乳动物。几个世纪以来人类梦寐以求的快速、大量繁殖纯种动物的夙愿正在变成现实。

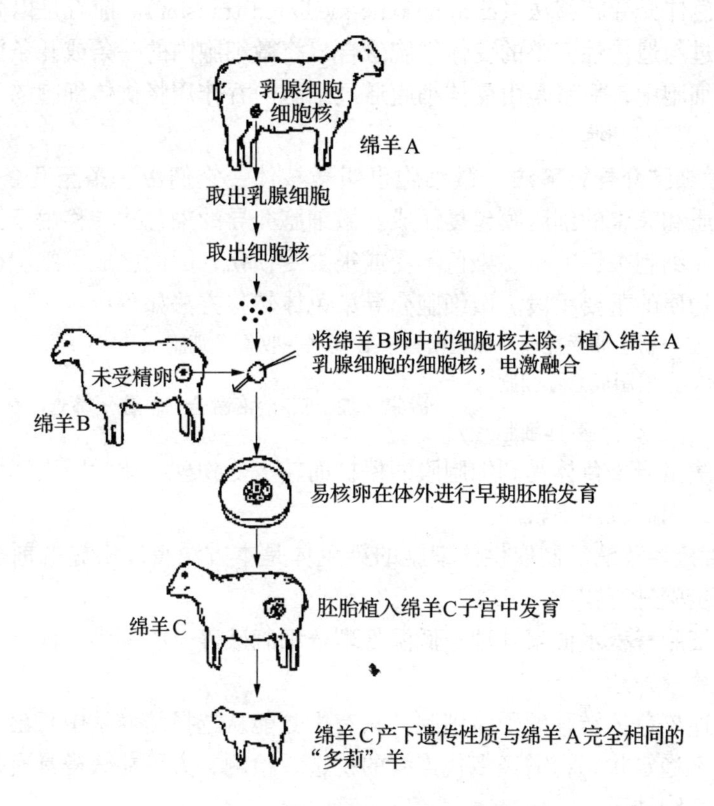

图3-14　克隆“多莉”示意图

哺乳动物体细胞克隆这项登上世纪顶峰的成就必将对21世纪生命科学、医学以及农学等诸多领域产生重大的影响，如：①遗传素质完全一致的克隆动物将更有利于开展对动物（包括人）的生长、发育、衰老和健康等机理的研究。②有利于大量培养品质优良的家畜。③经转基因的克隆哺乳动物，将能为人类提供源源不断的廉价的药品、保健品以及较易被人体接受的移植器官。④同种克隆到异种克隆（即借腹怀胎）将大大促进对濒危哺乳动物的保护工作。

（二）染色体转移

为了改变真核细胞的遗传性状和控制高等生物的生命活动，除可在细胞整体水平和胞质水平上转移整个核基因组外，还可以在染色体水平上把同特定基因表达有关的染色体或染色体片段转入受体细胞，使该基因在受体中表达。这种把同特定基因表达有关的染色体或染色体片段转入受体细胞的技术叫染色体转移。染色体转移有两种方法，一是Fournier和Ruddle（1977）建立的微细胞介导转移法（microcell-mediated transfer），另一种是McBride和Ozar（1973）

建立的染色体介导转移法（chromosome-mediated transfer）。前者是以微细胞作供体，通过与遗传性完整的受体细胞融合，将微细胞内的一条或几条染色体转移到受体细胞中；后者是由受体细胞通过细胞内吞作用将供体细胞的亚染色体或片段纳入受体细胞。

1. 微细胞介导转移法 微细胞也叫微核体，它们由一条至几条染色体、少量细胞质和完整的细胞膜包裹而成。微细胞介导的染色体转移由于供体信息简单、受体细胞被影响小、染色不受或很少受损伤，因而已成了细胞株系之间转移遗传物质的重要手段。微细胞介导染色体转移方法如下：

供体细胞→秋水仙素处理→细胞松弛素 B 处理→收集微细胞→

加植物凝集素制成悬浮细胞 ╲
　　　　　　　　　　　　　 〉→凝集→加 PEG 溶液融合→洗涤→筛选
受体细胞 ╱

本方法由于染色体受到细胞膜的保护而较少受物理、化学因素和胞内核酸酶的降解，因而成功率较高。

2. 直接转移法 制取供体细胞的染色体是本方法得以实施的前提。一般可按以下步骤进行：

供体细胞→秋水仙素处理→低温处理→细胞破碎→收集染色体→染色体与细胞共培养→筛选

经上述染色体转移的受体细胞，只有少数能从选择培养基中长出。此时细胞仍处于不稳定状态，需经多代连续的挑选、检测，方可能获得具有外来新特征的杂合细胞株系。

自 1973 年染色体转移技术创立以来，这项技术还在不断发展和完善。它不仅能将各种供选择的基因导入受体细胞，而且还可以用于确定基因在染色体上的连锁关系。由于目前对染色体转移的细胞生物学机制还不清楚，还不可能按人们的意愿把外源基因导入受体细胞特定的染色体位点上。

（三）DNA 介导的基因转移

DNA 介导的基因转移是指应用分子生物学和细胞生物学的手段将纯化的外源 DNA 导入受体细胞，并使外源 DNA 所包含的基因在受体细胞内表达的过程。

1943 年，微生物学家在研究光滑型和粗糙型肺炎球菌的相互转化中证实，导致细菌转化的物质是 DNA。1962 年，Szybalska 将人的次黄嘌呤磷酸核糖转移酶（HPRT）基因转移到人的 HPRT 基因缺陷的突变细胞株内，使受体细胞表达 HPRT，完成了第一例哺乳类动物细胞内 DNA 介导的基因转移。1973 年 Gnaham 首创的 DNA-磷酸钙沉淀法极大地提高了 DNA 对哺乳类动物细胞的转化效率。同时，随着利用不同载体携带外源 DNA 进行转移和显微注射技术的发展，以及对转化细胞的不同选择方法的建立，DNA介导的基因转移技术为基因分离、纯化、定位以及基因结构、功能等的研究开拓了一条新路。

1. 基因转移方法 DNA介导的基因转移方法主要有以下三种。

（1）DNA-磷酸钙沉淀法 当含有被转移基因的DNA溶液与适量的$CaCl_2$溶液混合后，逐滴加入一定量的磷酸盐溶液，不停地摇荡，DNA与磷酸钙逐步生成DNA-磷酸钙沉淀复合物。将DNA-磷酸钙沉淀复合物加入细胞培养液中培养一定时间，由于细胞的吞噬作用，DNA-磷酸钙沉淀复合物被内吞进入细胞。借助磷酸钙沉淀进入细胞的DNA从吞噬泡内释放出来进入细胞质，或是转移到细胞核内整合到受体细胞的染色体上进行表达，或是游离于细胞质中逐步被降解。

（2）载体携带法 利用天然的或人工制造的载体携带外源DNA分子以达到转移基因的目的也是DNA介导基因转移的常用手段。红细胞血影（ghost cell）和脂质体（liposome）是最为常用的两种载体。

哺乳类动物红细胞在低渗条件下迅速发生膨胀而在细胞膜上出现直径约50 nm的小孔，在等渗条件下红细胞膜又恢复其不通透性。如果在低渗溶液中混合适量的待转移的目的基因DNA，则DNA分子便进入红细胞，再用高渗溶液调节红细胞恢复等渗条件时，被吸入的外源DNA就被包裹在红细胞中。这样制得的红细胞血影可以通过显微注射或细胞融合而将外源DNA转移到受体细胞中。

脂质体是磷脂在水中形成的一种有脂类双分子层围成的囊状结构，其大小在1～5 μm之间。在脂质体囊状结构生成时，可以将存在于溶液中的DNA分子包裹其中。携带了外源DNA分子的脂质体可通过细胞内吞作用或融合过程进入受体细胞。

（3）显微注射法 借助显微注射仪将外源DNA溶液通过内径0.1～0.5 μm的玻璃显微注射针直接注入受体细胞是基因转移的又一有效手段。显微注射DNA转移基因的方法具有独特的优点，显微注射针被连接在微量推进器上，可以根据需要定量注入DNA。显微注射在显微镜直视下操作，可以将DNA从特定位置注射到细胞中。

2. 转化细胞的选择 通过不同方法将纯化的外源DNA引入受体细胞后，必须从大量细胞中筛选出已被外源DNA转化了的细胞。筛选方法的设计，取决于所转移基因的特性和受体细胞的遗传性状。DNA介导的基因转移中最有效和最常用的选择系统是HAT选择培养基法。Syzbalska（1962）利用HAT的选择作用，将人的次黄嘌呤磷酸核糖转移酶基因转入$HPRT^+$的细胞，并筛选出被转化了的$HPRT^+$细胞。Munyon等（1971）用单纯疱疹病毒（HSV）

的胸腺嘧啶核苷激酶基因转入该基因缺损的小鼠 L 细胞（Ltk^+）中，选择得到被转化的 Ltk^+ 细胞。因而，任何具有类似于上述选择特性的基因，通过 DNA 介导的基因转移转化该基因缺陷的受体细胞时，都可以借助对此选择性标记基因的筛选而找到转化细胞。

然而，被研究的基因极大多数缺乏这种专一的选择标记特性。对这类不具选择标记特性的基因可以采用共转化技术（co-transformation），即将不含选择标记的目的基因和一个选择标记基因（最常用的是 TK 基因）整合后进行转化。此外，在基因结构和功能的研究中，如果需要以不具有特殊遗传缺陷的某种特定细胞为受体细胞，也需要用另一类显性基因（常用的如 neo 显性基因）与目的基因整合后进行共转移。

第四节　微生物细胞工程

微生物是一个相当笼统的概念，既包括细菌、放线菌这样微小的原核生物，又涵盖菇类、霉菌等真核生物。由于微生物细胞结构简单、生长迅速、实验操作方便，有些微生物的遗传背景已经研究得相当深入，因此微生物已在国民经济的不少领域，如抗生素与发酵工业、防污染与环境保护、节约资源与能源再生、灭虫害与农林发展、深开采与利用贫矿、种菇蕈造福大众等方面发挥了非常重要作用。

微生物细胞工程是指应用微生物细胞进行细胞水平的研究和生产。具体内容包括各种微生物细胞的培养、遗传性状的改变、微生物细胞的直接利用以及获得微生物细胞代谢产物等。本节仅从细胞工程的角度，概述通过原生质体融合的手段改造微生物种性、创造新变种的途径与方法。

一、微生物细胞融合

早在 1958 年，冈田善雄发现，用紫外线灭活的仙台病毒（HVJ）可以诱发艾氏腹水瘤细胞融合产生多核体。微生物细胞壁是细胞融合的一道天然屏障。要使不同细胞遗传信息发生重组就需要除去细胞壁。因而，不少人尝试制备微生物原生质体。1972 年，匈牙利 Ferenczy 等首先报道在微生物中的原生质体融合，他们采用原生质体融合技术使白地霉（*Geotrichum candidum*）营养缺陷型形成强制性异核体。在 1976 年巨大芽孢杆菌（*Bacillum megaterium*）、枯草杆菌（*Bacillus subtilis*）、粟酒裂殖酵母（*Schizosaccharomyces pombe*）等原生质体融合取得成功后，构巢曲霉（*Aspergillus nidulans*）和烟曲霉（*Aspergillus fumigatus*）、娄地青霉（*Penicillium roquefortii*）和产黄青霉（*Penicillium chrysogenum*）等真菌种间原生质体融合也获得成功。

在微生物系统中，原生质体融合的基本过程是真菌、细菌、放线菌等微生物经过培养后获得大量菌体细胞，在高渗溶液（如SMM液、DP液等）中用脱壁酶（蜗牛酶、溶菌酶等）处理脱去细胞壁制成原生质体，然后通过高效促融合剂（如PEG）促使原生质体聚集、接触、融合，洗去促融合剂后，使融合的原生质体在适合的培养基中再生出细胞壁，并生长繁殖形成菌落，最后筛选出融合体。

微生物原生质体融合受下列因素的影响：①参与融合菌株的遗传性状。参与融合的菌株一般都需要有选择标记，标记主要通过诱变获得。在进行融合时，应先测定各个标记的自发回复突变率。若回复突变率过高，则不宜作为选择标记。②制备原生质体的菌龄。制备细菌原生质体应取对数生长中期菌龄的细胞，因为此时的细胞壁中肽聚糖的含量最低，对溶菌酶也最敏感。③培养基成分。细菌在不同的培养基中培养对溶菌酶的敏感程度不一。前培养用基本培养基比用完全培养基效果更好。④细胞的前处理。由于细胞壁结构的差异，同样是革兰氏阳性菌，对溶菌酶的敏感程度也不一样。芽孢杆菌对溶菌酶的敏感性大于棒状杆菌。在棒状杆菌制备原生质体前，菌体的前培养需要添加少量青霉素以阻止肽聚糖合成过程中的转肽作用，从而削弱细胞壁对溶菌酶的抗性。

二、原核细胞的原生质体融合

细菌是最典型的原核生物，它们都是单细胞生物。细菌细胞外有一层成分不同、结构各异的坚韧细胞壁形成抵抗不良环境因素的天然屏障。根据细胞壁的差异一般将细菌分成革兰氏阳性菌和革兰氏阴性菌两大类。前者肽聚糖约占细胞壁成分的90%，而后者的细胞壁上除了部分肽聚糖外还有大量的脂多糖等有机大分子。由此，革兰氏阴性菌与革兰氏阳性菌对溶菌酶的敏感性差异很大。

溶菌酶广泛存在于动物、植物和微生物细胞及其分泌物中。它能特异地切开肽聚糖中N-乙酰胞壁酸与N-乙酰葡萄糖胺之间的β-1,4-糖苷键，从而使革兰氏阳性菌的细胞壁溶解。但由于革兰氏阴性细菌细胞壁组成成分的差异，处理革兰氏阴性菌时，除了溶菌酶外，一般还要添加适量的EDTA（乙二胺四乙酸），才能除去它们的细胞壁，制得原生质体或原生质球。

革兰氏阳性菌细胞融合的主要过程如下：①分别培养带遗传标志的双亲本

菌株至对数生长中期，此时细胞壁最易被降解。②分别离心收集菌体，以高渗培养基制成菌悬液，以防止下阶段原生质体破裂。③混合双亲本，加入适量溶菌酶，作用20～30 min。④离心后得原生质体，用少量高渗培养基制成菌悬液。⑤加入10倍体积的聚乙二醇（PEG）（40%）促使原生质体凝集、融合。⑥数分钟后，加入适量高渗培养基稀释。⑦涂接于选择培养基上进行筛选。长出的菌落很可能已结合双方的遗传因子，要经数代筛选及鉴定才能确认已获得杂合菌株。

对革兰氏阴性菌而言，在加入溶菌酶数分钟后，应添加0.1 mol/L的$EDTANa_2$共同作用15～20 min，则可使90%以上的革兰氏阴性菌转变为可供细胞融合用的球状体。

尽管细菌间细胞融合的检出率仅在0.01%～1%之间，但由于菌数总量十分巨大，检出数仍是相当可观的。

三、真菌的原生质体融合

真菌主要有单细胞的酵母类和多细胞菌丝真菌类。同样，解去它们的细胞壁、制备原生质体是细胞融合的关键。

真菌的细胞壁成分比较复杂，主要由几丁质及各类葡聚糖构成纤维网状结构，其中夹杂着少量的甘露醇、蛋白质和脂类。因此可在含有渗透压稳定剂的反应介质中加入0.3 mg/mL消解酶（zymolase）进行酶解。也可用取自蜗牛消化道的蜗牛酶（复合酶）30 mg/mL进行处理。原生质体的得率都在90%以上。此外还可用纤维素酶、几丁质酶、新酶（novozyme）等消解细胞壁。

真菌原生质体融合的要点与前述细胞融合类似。一般都以PEG为融合剂，于特异的选择培养基上筛选融合子。但由于真菌一般都是单倍体，融合后，只有那些形成真正单倍重组体的融合子才能稳定传代。具有杂合双倍体和异核体的融合子遗传物性不稳定，尚需经过多代考证才能最后断定是否为真正的杂合细胞。国内外已成功地进行数十例真菌的种内、种间、属间的原生质体融合，大多是大型的食用真菌，如蘑菇、香菇、木耳、凤尾菇、平菇等，取得了相当可观的经济效益。

小　结

细胞工程是在细胞水平上研究、开发和利用细胞的生物工程技术，是现代生物技术的重要组成部分。它主要包括植物细胞工程、动物细胞工程和微生物细胞工程。

细胞工程工作主要包括动物和植物细胞与组织培养、体细胞杂交、细胞代谢物的生产和细胞融合与克隆等方面。植物细胞工程是以植物细胞为基本单位在离体条件下进行培养、繁殖，从而改良品种或创造品种或加速繁殖植物个体或获取有用物质的技术，它所研究内容主要包括细胞融合及细胞拆分等方面。动物细胞工程是细胞工程的一个重要分支，它包括动物细胞和组织的培养与融合以及细胞拆分。

细胞工程现已成为改良生物特性，创造新的符合人类意愿的动植物新细胞、新品种的重要手段。多莉（Dolly）绵羊的克隆成功，极大地促进了动物细胞工程的发展，将对21世纪生命科学、医学和农学诸多领域产生重大影响。

复习思考题

1. 何谓细胞工程？它包括哪些内容？
2. 何谓组织培养？包括哪些内容？如何从一片嫩叶经组织培养培养出一群完整的植株？
3. 何谓植物原生质体？怎样进行植物原生质体的融合？
4. 何谓植物细胞培养？它包括哪些内容？
5. 何谓克隆？克隆技术有哪些意义？
6. 单倍体植株一般生长弱小，很难结实，可为什么还有不少科学家热衷于诱发单倍体植株？
7. 简述利用杂交瘤细胞生产单克隆抗体的主要技术路线。
8. 如何利用体细胞克隆出一只哺乳动物？克隆动物有何意义？
9. 简述去除革兰氏阳性细菌、革兰氏阴性细菌和真菌的细胞壁的方法。

主要参考文献

[1] 郑国锠．细胞生物学．北京：高等教育出版社，1992
[2] 黄为一，周湘泉，谢福祥．生物技术．北京：农业出版社，1991
[3] 刘大均．生物技术．南京：江苏科学技术出版社，1992
[4] 范云六．农业生物工程技术．郑州：河南科学技术出版社，2000
[5] 胡适宜．被子植物胚胎学．北京：人民教育出版社，1983
[6] 瞿礼嘉，顾红雅，胡苹等．现代生物技术导论．北京：高等教育出版社，1999

第四章　发酵工程

学习要求　主要了解发酵工程的基本内容和基本原理，重点学习工业微生物资源，细菌、放线菌、酵母菌、霉菌、担子菌、藻类及生物工程菌发酵培养基组成及配制方法；发酵产物类型；发酵的一般过程；分批发酵、连续发酵、补料分批发酵、固体发酵四种发酵类型的操作及工艺控制；常用发酵设备以及发酵产物的分离提取和精制过程；简要了解典型产品的发酵工艺，如青霉素、谷氨酸和维生素C的生产。

发酵工程是生物技术的重要组成部分，是生物技术产业化的重要环节。它将微生物学、生物化学和化学工程的基本原理有机地结合起来，是一门利用微生物的生长和代谢活动来生产各种有用物质的工程技术。由于它以培养微生物为主，所以又称微生物工程。

发酵（fermentation）最初来自于拉丁语“发泡”（fervere），是指酵母作用于果汁或发芽谷物产生 CO_2 的现象。巴斯德研究了酒精发酵的生理意义，认为发酵是酵母在无氧状态下的呼吸过程。生物化学上定义发酵为“微生物在无氧时的代谢过程”。现在，人们把利用微生物在有氧或无氧条件下的生命活动来制备微生物菌体或其代谢产物的过程统称为发酵。

发酵技术有着悠久的历史，早在几千年前，人们就开始从事酿酒、制酱、制奶酪等生产。作为现代科学概念的微生物发酵工业，是在20世纪40年代随着抗生素工业的兴起而得到迅速发展的；而现代发酵技术又是在传统发酵的基础上，结合了现代的DNA重组、细胞融合、分子修饰和改造等新技术。由于微生物发酵工业具有投资省、见效快、污染小、外源目的基因易在微生物体中高效表达等特点，日益成为全球经济的重要组成部分。据有关资料统计，发酵工业与初期相比，产品的产量至少增加几十倍，通过发酵生产的抗生素品种高达200个，在有些发达国家中，发酵工业产值占国民生产总值的5%。在医药产品中，发酵产品也占有重要地位，其产值占20%。总之，发酵工业在与人们生活密切相关的许多领域中（医药、食品、化工、冶金、资源、能源、健康、环境等），都有着难以估量的社会和经济效益。

第一节　发酵工程基础

一、发酵工程的内容

发酵工程的内容是随着科学技术的发展而不断扩大和充实的。现代的发酵工程不仅包括菌体生产和代谢产物的发酵生产，还包括微生物机能的利用。其主要内容包括生产菌种的选育、发酵条件的优化与控制、反应器的设计及产物的分离、提取与精制等。

目前具有生产价值的发酵类型有微生物菌体发酵、微生物酶发酵、微生物代谢产物发酵、微生物的转化发酵和生物工程细胞的发酵五种。

（一）微生物菌体发酵

微生物菌体发酵是以获得具有某种用途菌体为目的的发酵。比较传统的菌体发酵工业主要包括用于面包制作的酵母发酵及用于人类或动物食品的微生物菌体蛋白发酵两种类型。新的菌体发酵可用来生产一些药用真菌，如香菇类、依赖虫蛹而生存的冬虫夏草菌、与天麻共生的密环菌以及从多孔菌科的茯苓菌获得的名贵中药茯苓和担子真菌的灵芝等药用菌。这些药用真菌可以通过发酵培养的手段来生产出与天然产品具有同等疗效的产物。有的微生物菌体还可用做生物防治剂，如苏云金杆菌、蜡样芽孢杆菌和侧孢芽孢杆菌，其细胞中的伴孢晶体可毒杀鳞翅目、双翅目的害虫。丝状真菌的白僵菌、绿僵菌可防治松毛虫等。所以，某些微生物的剂型产品，可制成新型的微生物杀虫剂，应用于农业生产中。因此，菌体发酵工业还包括微生物杀虫剂的发酵。

（二）微生物酶发酵

酶普遍存在于动物、植物和微生物中。最初，人们都是从动物、植物的组织中提取酶，但现在，工业应用的酶大多来自微生物发酵。微生物酶制剂有广泛的用途。食品和轻工业中常用到微生物酶制剂，如微生物生产的淀粉酶和糖化酶用于生产葡萄糖，氨基酰化酶拆分氨基酸等。酶也用于医药生产和医疗检测中，如青霉素酰化酶用来生产半合成青霉素所用的中间体 6 -氨基青霉烷酸，胆固醇氧化酶用于检查血清中胆固醇的含量，葡萄糖氧化酶用于检查血中葡萄糖的含量等，角蛋白酶（keratinase）有助于伤口去痂和上皮再生，角蛋白酶还用于皮革脱毛鞣制、配制润肤露、浴皂、洗发水和脱毛膏等美容品。因此角蛋白酶是外科手术后刀口缝合不留痂、烧伤病人上皮再生的特效药，也是皮革鞣制和美容美发的主要生化原材料等。

（三）微生物代谢产物发酵

微生物代谢产物的种类很多，已知的有37个大类（表4－1），其中16类属于药物。在菌体对数生长期所产生的产物，如氨基酸、核苷酸、蛋白质、核酸、糖类等，是菌体生长繁殖所必需的，这些产物叫做初级代谢产物。许多初级代谢产物在经济上有相当的重要性，分别形成了各种不同的发酵工业。在菌体生长稳定期，某些菌体能合成一些具有特定功能的产物，如抗生素、生物碱、细菌毒素、植物生长因子等。这些产物与菌体生长繁殖无明显关系，因而称为次级代谢产物。次级代谢产物多为低分子量化合物，但其化学结构类型多种多样，据不完全统计多达47类，其中抗生素的结构类型，按相似性来分，也有14类。由于抗生素不仅具有广泛的抗菌作用，而且还有抗病毒、抗癌和其他生理活性，因而得到了大力发展，已成为发酵工业的重要支柱。

表4－1 微生物代谢产物类型

1. 致酸剂	14. 酶	27. 灭害剂
2. 生物碱	15. 酶抑制剂	28. 药理活性物质
3. 氨基酸	16. 脂肪酸	29. 色素
4. 动物生长促进剂	17. 鲜味增强剂	30. 植物生长促进剂
5. 抗生素	18. 除草剂	31. 多糖类
6. 驱虫剂	19. 杀虫剂	32. 蛋白质
7. 抗代谢剂	20. 离子载体	33. 溶媒
8. 抗氧剂	21. 铁运载因子	34. 发酵剂
9. 抗肿瘤剂	22. 脂类	35. 糖
10. 抑制球虫剂	23. 核酸	36. 表面活性剂
11. 辅酶	24. 核苷	37. 维生素
12. 转化甾醇和甾体	25. 核苷酸	
13. 乳化剂	26. 有机酸	

（引自熊宗贵，1995）

（四）微生物的转化发酵

微生物转化是利用微生物细胞的一种或多种酶，把一种化合物转变成结构相关的更有经济价值的产物。可进行的转化反应包括：脱氢反应、氧化反应、脱水反应、缩合反应、脱羧反应、氨化反应、脱氨反应和异构化反应等。最古老的生物转化，就是利用菌体将乙醇转化成乙酸的醋酸发酵。生物转化还可用于把异丙醇转化成丙醇，甘油转化成二羟基丙酮，葡萄糖转化成葡萄糖酸，还可将葡萄糖酸进一步转化成2－酮基葡萄糖酸或5－酮基葡萄糖酸，将山梨醇转变成L－山梨糖。此外，微生物转化发酵还包括甾类转化和抗生素的生物转化等。

（五）生物工程细胞的发酵

生物工程细胞的发酵是指利用生物工程技术所获得的细胞，如DNA重组的工程菌（engineering strain）、细胞融合所得的杂交细胞等进行培养的新型发酵，其产物多种多样。如用基因工程菌生产胰岛素、干扰素、青霉素酰化酶等，用杂交瘤细胞生产用于治疗和诊断的各种单克隆抗体等。

二、发酵技术的特点及应用

（一）发酵技术特点

微生物种类繁多，繁殖速度快，代谢能力强，容易通过人工诱变获得有益的突变株，而且微生物酶的种类很多，能催化各种生物化学反应。同时，微生物能够利用有机物、无机物等各种营养源，不受气候、季节等自然条件的限制，可以用简易的设备来生产多种多样的产品。所以，在酒、酱、醋等酿造技术上发展起来的发酵技术发展非常迅速，且有其独有的特点：①发酵过程以生命体的自动调节方式进行，数十个反应过程能够像单一反应一样，在发酵设备中一次完成。②反应通常在常温常压下进行，条件温和，能耗少，设备较简单。③原料通常以糖蜜、淀粉等碳水化合物为主，可以是农副产品、工业废水或可再生资源（植物秸秆、木屑等），微生物本身能有选择地摄取所需物质。④容易生产复杂的高分子化合物，能高度选择地在复杂化合物的特定部位进行氧化、还原、官能团引入等反应。⑤发酵过程中需要防止杂菌污染，设备需要进行严格的冲洗、灭菌；空气需要过滤等。

（二）发酵技术应用

发酵过程的这些特征体现了发酵工程的种种优点。在目前能源、资源紧张，人口、粮食及污染问题日益严重的情况下，发酵工程作为现代生物技术的重要组成部分之一，得到越来越广泛的应用。

1. 医药工业 用于生产抗生素、维生素等常用药物和人胰岛素、乙型肝炎疫苗、干扰素、透明质酸等新药。

2. 食品工业 用于微生物蛋白、氨基酸、新糖原、饮料、酒类和一些食品添加剂（柠檬酸、乳酸、天然色素等）的生产。

3. 能源工业 通过微生物发酵，可将绿色植物的秸秆、木屑、工农业生产中的纤维素、半纤维素、木质素等废弃物转化为液体或气体燃料（酒精或沼气）。还可利用微生物采油、产氢、产石油以及制成微生物电池。

4. 化学工业 用于生产可降解的生物塑料、化工原料（乙醇、丙酮、丁醇、癸二酸等）和一些生物表面活性剂及生物凝集剂。

5．冶金工业 微生物可用于黄金开采和铜、铀等金属的浸提。

6．农业和畜牧业 用于生物肥料、生物农药和微生物饲料的生产等。

7．环境保护 可用微生物来净化有毒的高分子化合物，降解海上浮油，清除有毒气体和恶臭物质以及处理有机废水、废渣等等。

第二节 发酵过程与工艺控制

一、发酵常用微生物

微生物资源非常丰富，广布于土壤、水和空气中，尤以土壤中为最多。有的微生物从自然界中分离出来就能够直接被利用，有的需要对分离到的野生菌株进行人工诱变，得到突变株才能被利用。当前发酵工业所用菌种的总趋势是从野生菌转向变异菌，从自然选育转向代谢控制育种，从诱发基因突变转向基因重组的定向育种。工业生产上常用的微生物主要是细菌、放线菌、酵母菌和霉菌，由于发酵工程本身的发展以及遗传工程介入，藻类、病毒等也正在逐步地变为工业生产常用的微生物。

（一）细菌

细菌（bacterium）是自然界中分布最广、数量最多的一类微生物，属单细胞原核生物，以较典型的二分裂方式繁殖。细胞生长时，单环DNA染色质体被复制，细胞内的蛋白质等组成同时增加一倍，然后在细胞中部产生一横断间隔，染色质体分开，继而间隔分裂形成细胞壁，最后形成两个相同的子细胞。如果间隔不完全分裂就形成链状细胞。工业生产中常用的细菌有：枯草芽孢杆菌、乳酸杆菌、醋酸杆菌、棒状杆菌、短杆菌等，用于生产淀粉酶、乳酸、醋酸、氨基酸、肌苷酸等。

（二）放线菌

放线菌（actinomycete）因其菌落呈放射状而得名。它是一个原核生物类群，在自然界中分布很广，尤其在含有有机质丰富的微碱性土壤中较多。大多腐生，少数寄生。放线菌主要以无性孢子进行繁殖，也可借菌丝片段进行繁殖。后一种繁殖方式见于液体沉没培养之中。其生长方式是菌丝末端伸长和分支，彼此交错成网状结构，称为菌丝体（mycelium）。菌丝长度既受遗传性的控制，又与环境相关。在液体沉没培养中由于搅拌器的剪应力作用，常易形成短的分支和旺盛的菌丝体，或呈分散生长。它的最大经济价值在于能产生多种抗生素。从微生物中发现的抗生素，有90%以上是放线菌产生的，如链霉素、金霉素、红霉素、庆大霉素等。常用的放线菌主要来自以下几个属：链霉菌属（*Streptomyces*）、小单孢菌属（*Micromonospora*）和诺卡氏菌属（*Nocardia*）等。

（三）酵母菌

酵母菌（yeast）为单细胞真核生物，在自然界中普遍存在，主要分布于含糖质较多的偏酸性环境中，如水果、蔬菜、花蜜和植物叶子上，以及果园土壤中。石油酵母较多地分布在油田周围的土壤中。酵母菌大多为腐生，常以单个细胞存在，以发芽形式进行繁殖。母细胞体积长大到一定程度就开始发芽，芽长大的同时母细胞缩小，在母细胞与子细胞间形成隔膜，最后形成同样大小的母细胞与子细胞。如果子芽不与母细胞脱离就形成链状细胞，称为假菌丝（pseudomycelium）。工业上常用的酵母菌有：啤酒酵母、假丝酵母、类酵母等，用于酿酒、制造面包、制造低凝固点石油、生产脂肪酶，以及生产可食用、药用和饲料用的酵母菌体蛋白等。

（四）霉菌

凡生长在营养基质上形成绒毛状、网状或絮状菌丝的真菌统称为霉菌（mold）。霉菌在自然界分布很广，大量存在于土壤、空气、水和生物体内外。它喜欢偏酸性环境，大多数为好氧性，多腐生，少数寄生。霉菌的繁殖能力很强，它以无性孢子和有性孢子进行繁殖，大多数以无性孢子繁殖为主。其生长方式是菌丝末端的伸长和顶端分支，彼此交错呈网状。菌丝的长度既受遗传性的控制，又受环境的影响，其分支数量取决于环境条件。菌丝或呈分散生长，或呈菌丝团状生长。工业上常用的霉菌有：藻状菌纲的根霉、毛霉、犁头霉，子囊菌纲的红曲霉，半知菌类的曲霉、青霉。用于生产多种酶制剂、抗生素、有机酸及甾体激素等。

（五）其他微生物

1. 担子菌 所谓的担子菌（basidial germ）就是人们通常所说的菇类微生物。担子菌资源的利用正愈来愈引起人们的重视，如多糖、橡胶物质和抗癌药物的开发。近年来，日本、美国的一些科学家对香菇的抗癌作用进行了深入的研究，发现香菇中的1,2-β-葡萄糖苷酶及两种糖类物质具有抗癌作用。

2. 藻类 藻类（algae）是自然界分布极广的一大群自养微生物资源，许多国家已把它用做人类保健食品和饲料。培养螺旋藻，按干重计算可收获60 t/hm^2，而种植大豆才可获得4 t/hm^2；从蛋白质产率看，螺旋藻是大豆的28倍。培养珊列藻，从蛋白质产率计算，每公顷珊列藻所得蛋白质是小麦的20～35倍。此外，还可通过藻类将CO_2转变为石油，培养单胞藻或其他藻类而获得的石油，可占细胞干重的35%～50%，合成的油与重油相同，加工后可转变为汽油、煤油和其他产品。有的国家已建立培植单胞藻的农场，培植的单胞藻按35%干物质为碳氢化合物（石油）计算，每年可得石油燃料60 t/hm^2。此技术的应用，还可减轻因工业生产而大量排放CO_2造成的温室效应。国外还有从“藻类农场”获取氢能的报道，大量培养藻类，利用其光合放氢作用来取得氢能。

（六）生物工程菌

应用基因工程技术，按照人的设计对基因或基因的部分进行定向重组所构建的能够在特定的受体细胞中进行表达的重组微生物菌株，称为生物工程菌(bioengineering strain)。如用基因工程菌生产胰岛素、干扰素、青霉素酰化酶等，用杂交瘤细胞生产用于治疗和诊断的各种单克隆抗体等。

二、培养基

（一）培养基的种类

培养基（medium）是人们提供微生物生长繁殖和生物合成各种代谢产物需要的多种营养物质的混合物。培养基的成分和配比，对微生物的生长、发育、代谢及产物积累，甚至对发酵工业的生产工艺都有很大的影响。依据其在生产中的用途，可将培养基分成孢子培养基、种子培养基和发酵培养基。

1. 孢子培养基 孢子培养基（spore medium）是供制备孢子用的。要求此种培养基能形成大量的优质孢子，但不能引起菌种变异。一般孢子培养基中的基质浓度（特别是有机氮源）要低些，否则影响孢子的形成。无机盐的浓度要适量，否则影响孢子的数量和质量。孢子培养基的组成因菌种不同而异。生产中常用的孢子培养基有麸皮培养基，大（小）米培养基，由葡萄糖（或淀粉）、无机盐、蛋白胨等配制的琼脂斜面培养基。

2. 种子培养基 种子培养基（inoculum medium）是供孢子发芽和菌体生长繁殖用的。营养成分应是易被菌体吸收利用的，同时要比较丰富与完整。其中氮源和维生素的含量应略高些，但总浓度以略稀薄为宜，以利于菌体的生长繁殖。常用的原料有葡萄糖、糊精、蛋白胨、玉米浆、酵母粉、硫酸铵、尿素、硫酸镁、磷酸盐等。培养基的组成随菌种而改变。发酵中种子能较快适应培养基内的环境，在设计种子培养基时要考虑与发酵培养基组成的内在联系。

3. 发酵培养基 发酵培养基（fermentation medium）是供菌体生长繁殖和合成大量代谢产物用的。要求此培养基的组成丰富完整，营养成分浓度和黏度适中，利于菌体的生长，进而合成大量的代谢产物。发酵培养基的组成要考虑菌体在发酵过程中的各种生化代谢的协调，在产物合成期，使发酵液 pH 不出现大的波动。

（二）发酵培养基的组成

发酵培养基的组成和配比由于菌种的不同、设备和工艺不同以及原料来源和质量不同而有所差别。因此，需要根据不同要求考虑所用培养基的成分与配比。但是，所用培养基的营养成分，不外乎是碳源（包括用做消泡剂的油类）、氮源、无机盐类（包括微量元素）、生长因子等几类。

1. 碳源　碳源是构成菌体和产物的碳架及能量来源。常用的碳源包括各种能迅速利用的单糖（如葡萄糖、果糖）、双糖（如蔗糖、麦芽糖）和缓慢利用的淀粉、纤维素等多糖。多糖要经菌体分泌的水解酶分解成单糖后才能参与微生物的代谢。玉米淀粉及其水解液是抗生素、氨基酸、核苷酸、酶制剂等发酵中常用的碳源。马铃薯、小麦、燕麦淀粉等用于有机酸、醇等的生产中。霉菌和放线菌还可以利用油脂作碳源，在发酵过程中加入的油脂有消泡和补充碳源的双重作用。某些有机酸、醇在单细胞蛋白、氨基酸、维生素、麦角碱和某些抗生素的发酵生产中也可作为碳源使用（有的是作补充碳源）。此外，许多石油产品（碳氢化合物）作为微生物发酵的主要原材料正在深入研究和推广之中，如用正十六烷作碳源发酵生产谷氨酸。

2. 氮源　凡是构成微生物细胞物质或代谢产物中氮素来源的营养物质，称为氮源。它是微生物发酵中使用的主要原料之一。常用的氮源包括有机氮源和无机氮源两大类。黄豆饼粉、花生饼粉、棉子饼粉、玉米浆、蛋白胨、酵母粉、鱼粉等是有机氮源，无机氮源有氨水、硫酸铵、氯化铵、硝酸盐等。

3. 无机盐和微量元素　微生物的生长、繁殖和产物形成需要各种无机盐类（如磷酸盐、硫酸盐、氯化钠、氯化钾等）、微量元素（如镁、铁、钴、锌、锰等）。其生理功能包括构成菌体原生质的成分（磷、硫等），作为酶的组成成分或维持酶的活性（镁、铁、锰、锌、钴等），调节细胞的渗透压和影响细胞膜的透性（氯化钠、氯化钾等），参与产物的生物合成等。微生物对微量元素的需要是极微的，一般有 0.1mg/L 的浓度就可以满足要求。

4. 生长因子　生长因子是一类微生物维持正常生活不可缺少，但细胞自身不能合成的某些微量有机化合物，包括维生素、氨基酸、嘌呤和嘧啶的衍生物以及脂肪酸等。大多数维生素是辅酶的组成结构，没有它们，酶就无法发挥作用。其需要量甚微，一般 1～50 μg/L，甚至更低。各种微生物对外源氨基酸的需要是不相同的，取决于它们自身合成氨基酸的能力。凡是微生物自身不能合成的氨基酸，一般需以游离氨基酸或小分子肽的形式供应。而嘌呤、嘧啶及其衍生物的主要功能是构成核酸和辅酶。酵母膏、牛肉膏、蛋白胨和一些动植物组织的浸液，如心脏、肝、番茄和蔬菜的浸液，都是生长因子的丰富来源。

5．水 水是培养基的主要组成成分。它既是构成菌体细胞的主要成分，又是一切营养物质传递的介质；而且，它还直接参与许多代谢反应。由于水是许多化学物质的良好溶剂，不同的水，如深井水、自来水、地表水所溶解的物质可能不同，这些物质将对发酵产生影响，因此水的质和量对微生物的生长繁殖和产物合成有着很重要的作用。生产中使用的水有深井水、自来水和地表水。

6．产物形成的诱导物、前体和促进剂 许多胞外酶的合成需要适当的诱导物存在。而前体是指被菌体直接用于产物合成而自身结构无显著改变的物质，如合成青霉素G的苯乙酸、合成红霉素的丙酸等。当前体物质的合成是产物合成的限制因素时，添加前体能增加这些产物的产量，并在某种程度上控制生物合成的方向。在有些发酵过程中，添加某些促进剂能刺激菌株的生长，提高发酵产量，缩短发酵周期。如四环素发酵中加入溴化钠和M促进剂（2-巯基苯骈噻唑），能抑制金霉素的生物合成，同时增加四环素产量。

三、发酵的一般过程

生物发酵工艺多种多样，但基本上包括菌种制备、种子培养、发酵和提取精制等下游处理几个过程。典型的发酵过程如图4-1所示。以下以霉菌发酵为例加以说明。

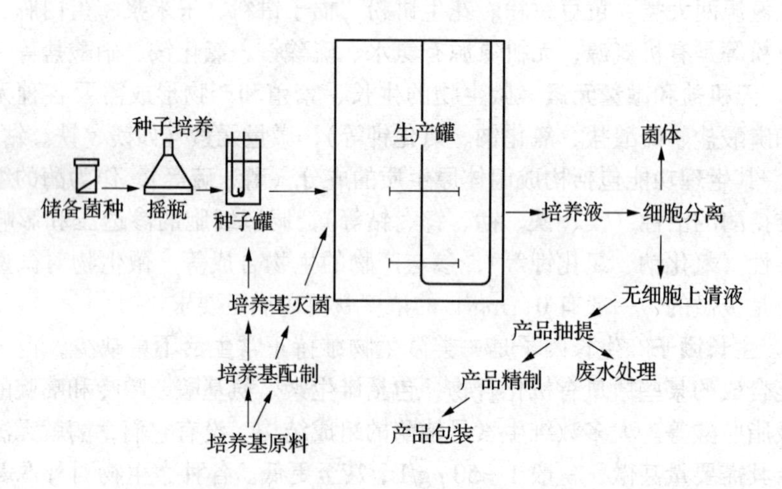

图4-1 典型发酵基本过程示意图

（引自熊宗贵，1995）

（一）菌种

在进行发酵生产之前，首先必须从自然界分离得到能产生所需产物的菌种，并经分离、纯化及选育后或是经基因工程改造后的工程菌，才能供给发酵使用。为了能保持和获得稳定的高产菌株，还需要定期进行菌种纯化和育种，筛选出高产量和高质量的优良菌株。

（二）种子扩大培养

种子扩大培养是指将保存在砂土管、冷冻干燥管或冰箱中处于休眠状态的生产菌种，接入试管斜面活化后，再经过茄子瓶或摇瓶及种子罐逐级扩大培养而获得一定数量和质量的纯种的过程。这些纯种培养物称为种子。

发酵产物的产量与成品的质量，与菌种性能以及孢子和种子的制备情况密切相关。先将贮存的菌种进行生长繁殖，以获得良好的孢子，再用所得的孢子制备足够量的菌丝体，供发酵罐发酵使用。种子制备有不同的方式，有的从摇瓶培养开始，将所得摇瓶种子液接入种子罐进行逐级扩大培养，称为菌丝进罐培养；有的将孢子直接接入种子罐进行扩大培养，称为孢子进罐培养。采用哪种方式和多少培养级数，取决于菌种的性质、生产规模的大小和生产工艺的特点。种子制备一般使用种子罐，扩大培养级数通常为二级。种子制备的工艺流程如图 4－2 所示。对于不产孢子的菌种，经试管培养直接得到菌体，再经摇瓶培养后即可作为种子罐种子。

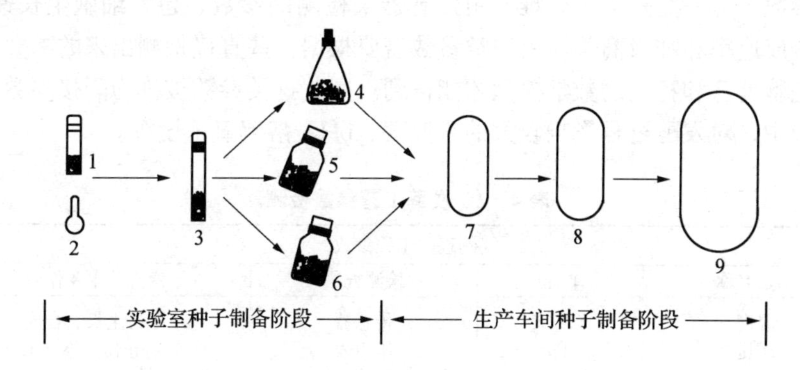

图 4－2　种子扩大培养流程图

1. 砂土孢子　2. 冷冻干燥孢子　3. 斜面孢子　4. 摇瓶液体培养（菌丝体）
5. 茄子瓶斜面培养　6. 固体培养基培养　7、8. 种子罐培养　9. 发酵罐
（引自刘如林，1995）

（三）发酵

发酵（fermentation）是微生物合成大量产物的过程，是整个发酵工程的中心环节。它是在无菌状态下进行纯种培养的过程。因此，所用的培养基和培养设备都必须经过灭菌，通入的空气或中途的补料都是无菌的，转移种子也要采用无菌接种技术。通常利用饱和蒸汽对培养基进行灭菌，灭菌条件是在

121 ℃（约 0.1 MPa 表压）维持 20～30 min。空气除菌则采用介质过滤的方法，可用定期灭菌的干燥介质来阻截流过的空气中所含的微生物，从而制得无菌空气。发酵罐内部的代谢变化（菌丝形态、菌含量、糖、氮含量、pH、溶氧浓度和产物浓度等）是比较复杂的，特别是次级代谢产物发酵就更为复杂，它受许多因素控制。

（四）下游处理

发酵结束后，要对发酵液或生物细胞进行分离和提取精制，将发酵产物制成合乎要求的成品。

四、发酵工艺控制

发酵过程中，为了能对生产过程进行必要的控制，需要对有关工艺参数进行定期取样测定或进行连续测量。有关的参数如表 4－2 所示。反映发酵过程变化的参数可以分为两类：一类是可以直接采用特定的传感器检测的参数，它们包括反映物理环境和化学环境变化的参数，如温度、压力、搅拌功率、转速、泡沫、发酵液黏度、浊度、pH、离子浓度、溶解氧、基质浓度等，称为直接参数。另一类是至今尚难于用传感器来检测的参数，包括细胞生长速率、产物合成速率和呼吸商等。后一类参数需要根据一些直接检测出来的参数，借助于电脑计算和特定的数学模型才能得到。因此这类参数被称为间接参数。上述参数中，对发酵过程影响较大的有温度、pH、溶解氧浓度等。

表 4－2 发酵工艺参数检测

物理、工程参数			
参数名称	单 位	检测方法	意义、主要作用
温度	℃；K	传感器	维持生长、合成
罐压	Pa	压力表	维持正压、增加 DO
空气流量	vvm；m^3/h	传感器	供氧、排泄废气、提高 KLa
搅拌转速	r/min	传感器	物料混合、提高 KLa
搅拌功率	kW	传感器	反映搅拌情况、KLa
黏度	Pa·s	黏度计	反映菌生长、KLa
密度	kg/m^3	传感器	反映发酵液性质
装量	m^3；L	传感器	反映发酵液数量
浊度	透光度％	传感器	反映菌生长情况
泡沫		传感器	反映发酵代谢情况
传质系数 KLa	l/h	间接计算；在线监测	反映供氧效率
加糖速率	kg/h	传感器	反映耗氧情况
加消泡剂速率	kg/h	传感器	反映泡沫情况
加中间体或前体速率	kg/h	传感器	反映前体、基质利用情况
加其他基质速率	kg/h	传感器	反映基质利用情况

（续）

生物、化学参数			
参数名称	单 位	检测方法	意义、主要作用
菌体浓度	g（DCW）1/L	取样	了解生长情况
菌体中RNA、DNA含量	mg（DCW）/g	取样	了解生长情况
菌体中ATP、ADP、AMP	mg（DCW）/g	取样	了解菌的能量代谢活力
菌体中NADH	mg（DCW）/g	在线荧光法	了解菌的合成能力
溶解氧浓度	饱和度%	传感器	反映氧供需情况
排气O_2浓度	%	传感器（热磁氧分析仪）	了解耗氧情况
菌摄氧率	g/（L·h）	间接计算	了解耗氧速率
呼吸强度	gO_2/（g菌·h）	间接计算	了解比耗氧速率
溶解CO_2浓度	饱和度%	测试方法	了解CO_2对发酵的影响
排气CO_2浓度	%	间接计算	了解菌的呼吸情况
呼吸商RQ	无因次	传感器	了解菌的代谢途径
酸碱度	pH	传感器	反映菌的代谢情况
氧化还原电位Rh	mV	取样（传感器）	反映菌的代谢情况
效价或产物浓度	μg/mL；g/L	取样	产物合成情况
前体或中间体浓度	mg/mL	取样	中间体或前体利用情况
氨基酸浓度	mg/100 mL	取样（离子选择电极）	了解氨基酸含量变化情况
矿物盐浓度（Fe^{2+}、Mg^{2+}、Ca^{2+}、Na^{+}、NH_4^{+}、PO_4^{3-}、SO_4^{2-}）	mol；%		了解这些离子对发酵的影响

注：DCW为细胞干重

（引自刘如林，1995）

（一）温度

温度对发酵过程的影响是多方面的，它会影响各种酶反应的速率，改变菌体代谢产物的合成方向，影响微生物的代谢调控机制。除这些直接影响外，温度还对发酵液的理化性质产生影响，如发酵液的黏度、基质和氧在发酵液中的溶解度和传递速率、某些基质的分解和吸收速率等，进而影响发酵的动力学特性和产物的生物合成。最适发酵温度是既适合菌体的生长，又适合代谢产物合成的温度，它随菌种、培养基成分、培养条件和菌体生长阶段不同而改变。理论上，整个发酵过程中不应只选一个培养温度，而应根据发酵的不同阶段，选择不同的培养温度。在生长阶段，应选择最适生长温度；在产物分泌阶段，应选择最适生产温度。但实际生产中，由于发酵液的体积很大，升降温度都比较困难，所以在整个发酵过程中，往往采用一个比较适合的培养温度，使得到的产物产量最高，或者在可能的条件下进行适当的培养调整。发酵温度可通过温度计或自动记录仪表进行检测，通过向发酵罐的夹套或蛇形管中通入冷水、热水或蒸汽进行调节。工业生产上，所用的大发酵罐在发酵过程中一般不需要加热，因为发酵中释放了大量的发酵热，在这种情况下通常还需要加以冷却，利用自动控制或手动调整的阀门，将冷却水通入夹套或蛇形管中，通过热交换来降温，保持恒温发酵。

（二）pH

pH对微生物的生长繁殖和产物合成的影响有以下几个方面：①影响酶的活性，当pH抑制菌体中某些酶的活性时，会阻碍菌体的新陈代谢。②影响微生物细胞膜所带电荷的状态，改变细胞膜的通透性，影响微生物对营养物质的吸收及代谢产物的排泄。③影响培养基中某些组分和中间代谢产物的离解，从而影响微生物对这些物质的利用。④pH不同，往往引起菌体代谢过程不同，使代谢产物的质量和比例发生改变。另外，pH还会影响某些霉菌的形态。发酵过程中，pH的变化取决于所用的菌种、培养基的成分和培养条件。培养基中的营养物质的代谢，是引起pH变化的重要原因，发酵液的pH变化乃是菌体产酸和产碱的代谢反应的综合结果。每一类微生物都有其最适的和能耐受的pH范围，大多数细菌生长的最适pH为6.3～7.5，霉菌和酵母菌为3～6，放线菌为7～8。而且，微生物生长阶段和产物合成阶段的最适pH往往不一样，需要根据实验结果来确定。为了确保发酵的顺利进行，必须使其各个阶段经常处于最适pH范围。这就需要在发酵过程中不断地调节和控制pH。首先需要考虑和试验发酵培养基的基础配方，使它们有个适当的配比，使发酵过程中的pH在合适的范围内。如果达不到要求，还可在发酵过程补加酸或碱。过去是直接加入酸（如H_2SO_4）或碱（如NaOH）来控制，现在常用的是以生理酸性物质$(NH_4)_2SO_4$和生理碱性物质氨水来控制，它们不仅可以调节pH，还可以补充氮源。当发酵液的pH和铵态氮含量都偏低时，补加氨水，就可以达到调节pH和补充氨氮的目的；反之，pH较高，铵态氮含量又低时，就补加$(NH_4)_2SO_4$。此外，用补料的方式来调节pH也比较有效。这种方法，既可以达到稳定pH的目的，又可以不断补充营养物质。最成功的例子就是青霉素发酵的补料工艺，利用控制葡萄糖速率和加酸或碱来控制pH。已试制成功适合于发酵过程监测pH的电极，能连续测定并记录pH的变化，将信号输入pH控制器来指令加糖、加酸或加碱，使发酵液的pH控制在预定的数值。

（三）溶解氧

对于好氧发酵，溶解氧浓度是最重要的参数之一。好氧性微生物深层培养时，需要适量的溶解氧以维持其呼吸代谢和某些产物的合成，氧的不足会造成代谢异常，产量降低。微生物发酵的最适氧浓度与临界氧浓度是不同的。前者是指溶解氧浓度对生长或合成有一最适的浓度范围，后者一般指不影响菌体呼吸所允许的最低氧浓度。为了避免生物合成处在氧限制的条件下，需要考察每一发酵过程的临界氧浓度和最适氧浓度，并使其保持在最适氧浓度范围。现在已可采用复膜氧电极来检测发酵液中的溶解氧浓度。要维持一定的溶氧水平，需从供氧和需氧两方面着手。在供氧方面，主要是设法提高氧传递的推动力和氧传递系数，可以通过调节搅拌转速或通气速率来控制。同时要有适当的工艺条件来控制需氧量，使菌体的生长和产物形成对氧的需求量不超过设备的供氧能力。已知发酵液的需氧量，受菌体浓度、基质的种类和浓度以及培养条件等因素的影响，其中以菌体浓度的影响最为明显。发酵液的摄氧率随菌体浓度增大而增大，但氧的传递速率与菌体浓度的对数关系减少。因此，可以控制菌的比生长速率比临界值略高一点，达到最适菌体浓度。这样既能保证产物的比生产速率维持在最大值，又不会使需氧大于供氧。这可以通过控制基质的浓度来实现，如控制补糖速率。除控制补料速度外，在工业上，还可采用调节温度(降低培养温度可提高溶氧浓度)、液化培养基、中间补水、添加表面活性剂等工艺措施，从而改善溶氧水平。

发酵过程中各参数的控制很重要，目前发酵工艺控制的方向是转向自动化控制，因而希望能开发出更多有效的传感器用于过程参数的检测。此外，对于发酵终点的判断也同样重要。合理的放罐时间是由实验来确定的，就是根据不同的发酵时间所得的产物产量计算出发酵罐的生产力和产品成本，采用生产力高而成本又低的时间，作为放罐时间。确定放罐的指标有：产物的产量、过滤速度、氨基氮的含量、菌丝形态、pH、发酵液的外观和黏度等。发酵终点的确定，需要综合考虑这些因素。

第三节　发酵设备与发酵类型

一、发酵设备

进行微生物深层培养的设备统称发酵罐（fermentation tank）。一个优良的发酵装置应具有严密的结构，良好的液体混合性能，较高的传质、传热速率，同时还应具有配套而可靠的检测及控制仪表。由于微生物有好氧与厌氧之分，所以其培养装置也相应地分为好氧发酵设备与厌氧发酵设备。对于好氧微生物，发酵罐通常采用通气和搅拌来增加氧的溶解，以满足其代谢需要。根据搅拌方式的不同，好氧发酵设备有可分为机械搅拌式发酵罐和通风搅拌式发酵罐。

（一）机械搅拌式发酵罐

机械搅拌式发酵罐是发酵工厂常用的发酵罐。它是利用机械搅拌器的作用，使空气和发酵液充分混合，促进氧的溶解，以保证供给微生物生长繁殖和代谢所需的溶解氧。比较典型的是通用式发酵罐和自吸式发酵罐。

1. 通用式发酵罐　通用式发酵罐是指既具有机械搅拌又有压缩空气分布装置的发酵罐（图 4－3）。由于这种型式的罐是目前大多数发酵工厂最常用的，所以称为通用式。其容积为 20 L～200 m^3，有的甚至可达 500 m^3。罐体各部有一定的比例，罐身的高度一般为罐直径的 1.5～4 倍。发酵罐为封闭式，一般都在一定罐压下操作，罐顶和罐底采用椭圆形或蝶形封头。为便于清洗和检修，发酵罐设有手孔或人孔，甚至爬梯，罐顶还装有窥镜和灯孔，以便观察罐内情况。此外，还有各式各样的接管。装于罐顶的接管有进料口、补料口、排气口、接种口和压力表等，装于罐身的接管有冷却水进出口、空气进口、温度和其他测控仪表的接口。取样口则视操作情况装于罐身或罐顶。现在很多工厂在不影响无菌操作的条件下将接管加以归并，如进料口、补料口和接种口用一个接管。放料可利用通风管压出也可在罐底另设放料口。

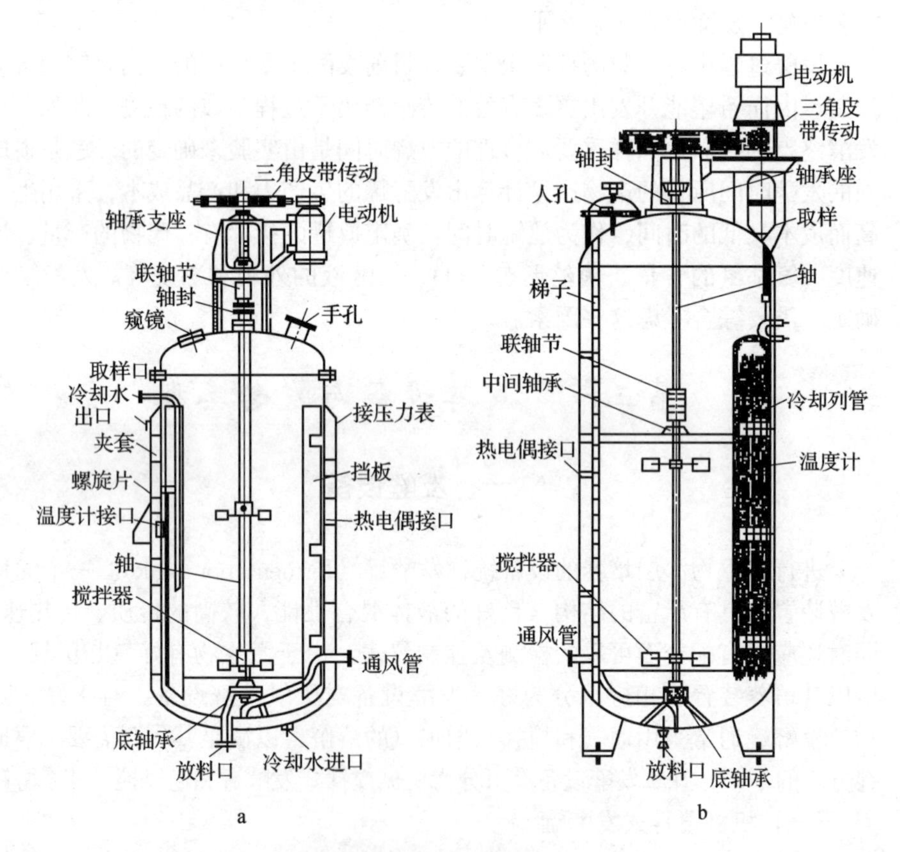

图 4－3　通用式发酵罐

a. 夹套传热　b. 蛇管传热

（引自刘如林，1995）

发酵罐的传热装置有夹套和蛇管两种。一般容积为 5 m^3 以下的发酵罐采用外夹套作为传热装置，而大于 5 m^3 的发酵罐采用立式蛇管作为传热装置。如果用 5～100 ℃的冷却水，发酵罐也可采用外蛇管作为传热装置。它是把半圆形钢或角钢制成螺旋形焊于发酵罐的外壁上而成的。

在通用式发酵罐内设置机械搅拌的首要作用是打碎空气气泡，增加气体与液体的接触面积，以提高气体与液体间的传质速率。其次是为了使发酵液充分混合，液体中的固形物料保持悬浮状态。通用式发酵罐大多采用涡轮式搅拌器。为了避免气泡在阻力较小的搅拌器中心部位沿着轴周边上升逸出，在搅拌器中央常带有圆盘。常用的圆盘涡轮式搅拌器有平叶式、弯叶式和箭叶式三种，叶片数量一般为 6 个，少的可至 3 个，多的可至 8 个。对于大型发酵罐，在同一搅拌轴上需配置多个搅拌器。搅拌轴一般从罐顶伸入罐内，但对容积 100 m^3 以上的大型发酵罐，也可采用下伸轴。为防止搅拌器运转时液体产生旋涡，在发酵罐内壁需安装挡板。挡板的长度自液面起至罐底部为止，其作用是加强搅拌，促使液体上下翻动和控制流型，消除涡流。立式冷却蛇管等装置也能起一定的挡板作用。

通用式发酵罐内的空气分布管是将无菌空气引入到发酵液中的装置。空气分布装置有单孔管及环形管等形式，装于最低一挡搅拌器的下面，喷孔向下，以利于罐底部分液体的搅动，使固形物不易沉积于罐底。空气由分布管喷出，上升时为转动的搅拌器打碎成小气泡并与液体混合，加强了气液的接触效果。

发酵液中含有大量的蛋白质等发泡物质，在强烈的通气搅拌下将会产生大量的泡沫，大量的泡沫将导致发酵液外溢和增加染菌机会。消除发酵液泡沫除了可加入消泡剂外，在泡沫量较少时，可采用机械消泡装置来破碎泡沫。简单的消泡装置为耙式消泡桨，装于搅拌轴上，齿面略高于液面。消泡桨的直径为罐径的 0.8～0.9，以不妨碍旋转为原则。由于泡沫的机械强度较小，当少量泡沫上升时，耙齿就可以把泡沫打碎。也可制成半封闭式涡轮消泡器，泡沫可直接被涡轮打碎或被涡轮抛出撞击到罐壁而破碎，常用于下伸轴发酵罐，消泡器装于罐顶。

2. 自吸式发酵罐 自吸式发酵罐罐体的结构大致上与通用式发酵罐相同，主要区别在于搅拌器的形状和结构不同。自吸式发酵罐使用的是带中央吸气口的搅拌器。搅拌器由从罐底向上伸入的主轴带动，叶轮旋转时叶片不断排开周围的液体使其背侧形成真空，于是将罐外空气通过搅拌器中心的吸气管而吸入罐内，吸入的空气与发酵液充分混合后在叶轮末端排出，并立即通过导轮向罐壁分散，经挡板折流涌向液面，均匀分布。空气吸入管通常用一端面轴封与叶轮连接，确保不漏气。

由于空气靠发酵液高速流动形成的真空自行吸入，气液接触良好，气泡分散较细，从而提高了氧在发酵液中的溶解速率。据报道，在相同空气流量的条件下，溶氧系数比通用式发酵罐高。可是，由于自吸式发酵罐的吸入压头和排出压头均较低，习惯用的空气过滤器因阻力较大已不适用，需采用其他结构型式的高效率、低阻力的空气除菌装置。另外，自吸式发酵罐的搅拌转速较通用式高，所以它消耗的功率比通用式大，但实际上由于节约了空气压缩机所消耗的大量动力，对于大风量的发酵，总的动力消耗还是减少了。

自吸式发酵罐的缺点是进罐空气处于负压，因而增加了染菌机会；其次是这类罐搅拌转速甚高，有可能使菌丝被搅拌器切断，影响菌的正常生长。所以，在抗生素发酵上较少采用，但在食醋发酵、酵母培养方面已有成功使用的实例。

（二）通风搅拌式发酵罐

在通风搅拌式发酵罐中，通风的目的不仅是供给微生物所需要的氧，同时还利用通入发酵罐的空气，代替搅拌器使发酵液均匀混合。常用的有循环式通风发酵罐和高位塔式发酵罐。

循环式通风发酵罐系利用空气的动力使液体在循环管中上升，并沿着一定路线进行循环，所以这种发酵罐也叫空气带升式发酵罐或简称带升式发酵罐。带升式发酵罐有内循环和外循环两种，循环管有单根的也有多根的。与通用式发酵罐相比，它具有以下优点：①发酵罐内没有搅拌装置，结构简单，清洗方便，加工容易；②由于取消了搅拌用的电机，而通风量与通用式发酵罐大致相等，所以动力消耗有很大降低。

高位塔式发酵罐是一种类似塔式反应器的发酵罐，其高径比约为7左右，罐内装有若干块筛板。压缩空气由罐底导入，经过筛板逐渐上升，气泡在上升过程中带动发酵液同时上升，上升后的发酵液又通过筛板上带有液封作用的降液管下降而形成循环。这种发酵罐的特点是省去了机械搅拌装置，如果培养基浓度适宜，而且操作得当的话，在不增加空气流量的情况下，基本上可达到通用式发酵罐的发酵水平。

（三）厌氧发酵设备

厌氧发酵也称静止培养，因其不需供氧，所以设备和工艺都较好氧发酵简单。严格的厌氧液体深层发酵的主要特色是排除发酵罐中的氧。罐内的发酵液应尽量装满，以便减少上层气相的影响，有时还需充入非氧气体。发酵罐的排气口要安装水封装置，培养基应预先还原。此外，厌氧发酵需使用大剂量接种（一般接种量为总操作体积的10%～20%），使菌体迅速生长，减少其对外部氧渗入的敏感性。酒精、丙酮、丁醇、乳酸和啤酒等都是采用液体厌氧发酵工艺生产的。具有代表性的厌氧发酵设备如酒精发酵罐（图 4－4）和用于啤酒生产的锥底立式发酵罐（图 4－5）。

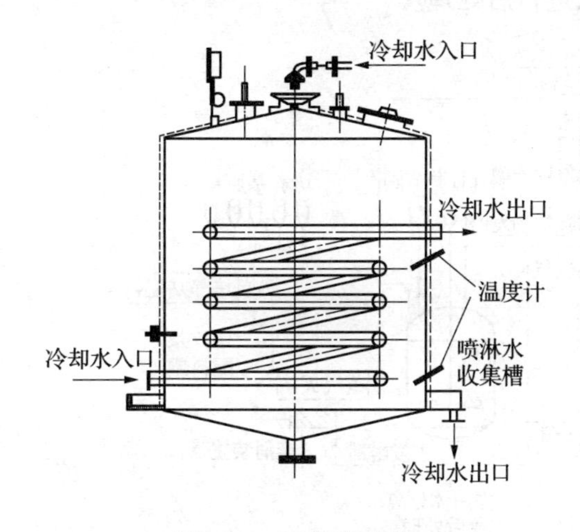

图 4－4　酒精发酵罐

（引自刘如林，1995）

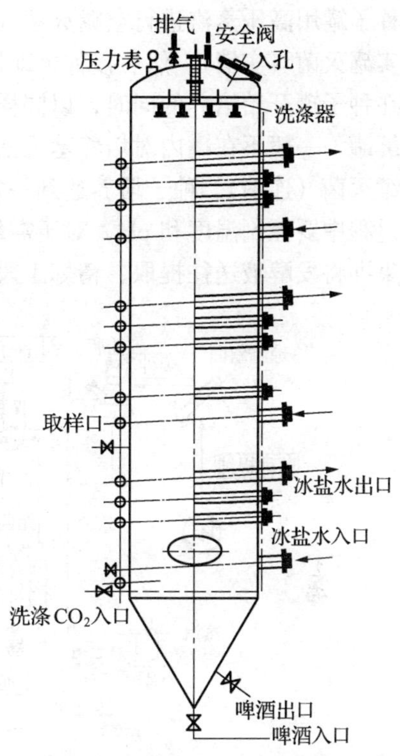

图 4－5　锥底立式发酵罐

（引自刘如林，1995）

二、发酵类型

根据操作方式的不同，发酵类型主要有分批发酵、连续发酵、补料分批发酵和固体发酵四种类型。

（一）分批发酵

在分批发酵（batch fermentation）中，营养物和菌种一次加入进行培养，直到结束放出，中间除了空气进入和尾气排出外，与外部没有物料交换。传统的生物产品发酵多用此种发酵方式，它除了控制温度和 pH 及通气以外，不进行任何其他控制，操作简单。但细胞所处的环境在发酵的过程中明显发生改变，发酵初期营养物过多可能抑制微生物的生长，而发酵的中后期可能又因为营养物质缺乏而降低培养效率；从细胞的增殖来说，初期细胞浓度低，增长慢；后期细胞浓度虽高，但营养物浓度过低也长不快，总的生产能力不是很高。

分批发酵的具体操作如下（图 4－6）：首先种子培养系统开始工作，即对种子罐用高压蒸汽进行空罐灭菌（空消），之后投入培养基再通高压蒸汽进行实罐灭菌（实消），然后接种，即接入用摇瓶等预先培养好的种子，进行培养。在种子罐开始培养的同时，以同样程序进行主培养罐的准备工作。对于大型发酵罐，一般不在罐内对培养基灭菌，而是利用专门的灭菌装置对培养基进行连续灭菌（连消）。种子培养达到一定菌体数量时，即转移到主发酵罐中。发酵过程中要控制温度和 pH，对于需氧微生物还要进行搅拌和通气。主罐发酵结束即将发酵液送往提取、精炼工段进行后处理。

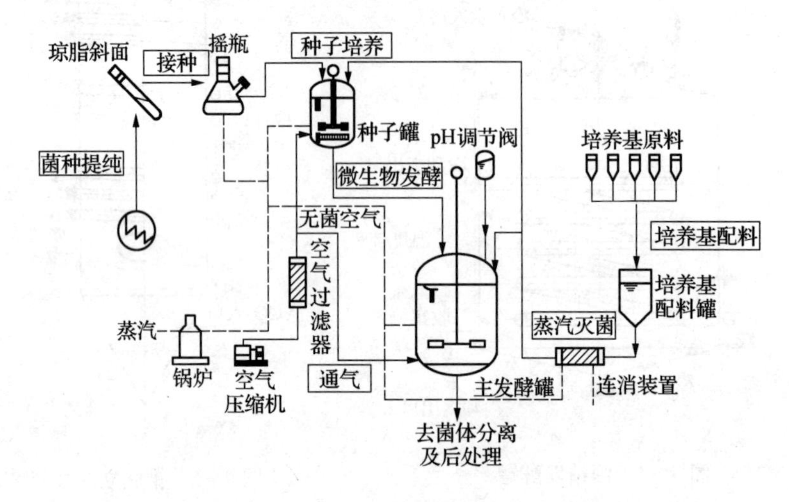

图 4－6　典型的分批发酵工艺流程图

（引自刘如林，1995）

根据不同发酵类型，每批发酵需要十几个小时到几周时间。其全过程包括空罐灭菌、加入灭过菌的培养基、接种、培养的诱导期、发酵过程、放罐和洗罐，所需时间的总和为一个发酵周期。

分批培养系统属于封闭系统，只能在一段时间内维持微生物的增殖，微生物处在限制性条件下的生长，表现出典型的生长周期（图 4－7）。培养基在接种后，在一段时间内细胞浓度的增加常不明显，这一阶段为延滞期（lag phase），延滞期是细胞在新的培养环境中表现出来的一个适应阶

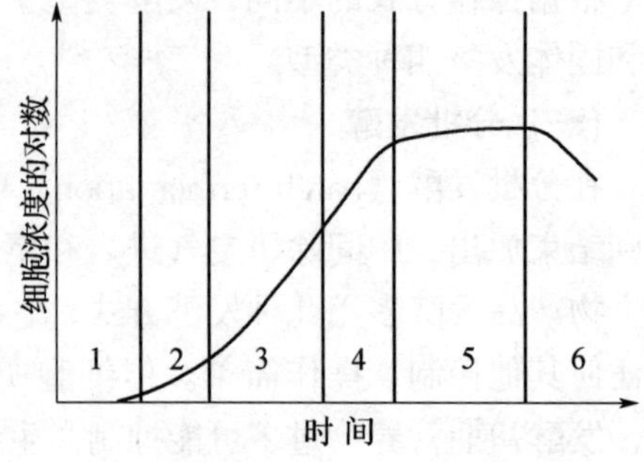

图 4－7　微生物分批培养的生长曲线

1. 延滞期　2. 加速生长期　3. 指数生长期
4. 减速期　5. 稳定期　6. 衰亡期

段。接着是一个短暂的加速期，细胞开始大量繁殖，很快到达指数生长期（exponential phase）。在指数生长期，由于培养基中的营养物质比较充足，有害代谢物很少，所以细胞的生长不受限制，细胞浓度随培养时间呈指数增长，也称对数生长期（logarithmic phase）。随着细胞的大量繁殖，培养基中的营养物质迅速消耗，加上有害代谢物的积累，细胞的生长速率逐渐下降，进入减速期。因营养物质耗尽或有害物质的大量积累，使细胞浓度不再增大，这一阶段为静止期或稳定期（stationary phase）。在静止期，细胞的浓度达到最大值。最后由于环境恶化，细胞开始死亡，活细胞浓度不断下降，这一阶段为衰亡期（decline phase）。大多数分批发酵在到达衰亡期前就结束了。迄今为止，分批培养是常用的培养方法，广泛用于多种发酵过程。

（二）连续发酵

所谓连续发酵（continuous fermentation），是指以一定的速度向发酵罐内添加新鲜培养基，同时以相同的速度流出培养液，从而使发酵罐内的液量维持恒定，微生物在稳定状态下生长。稳定状态可以有效地延长分批培养中的对数期。在稳定的状态下，微生物所处的环境条件，如营养物浓度、产物浓度、pH等都能保持恒定，微生物细胞的浓度及其比生长速率也可维持不变，甚至还可以根据需要来调节生长速度。

连续发酵使用的反应器可以是搅拌罐式反应器，也可以是管式反应器。在罐式反应器中，即使加入的物料中不含有菌体，只要反应器内含有一定量的菌体，在一定进料流量范围内，就可实现稳态操作。罐式连续发酵的设备与分批发酵设备无根本差别，一般可采用分批发酵罐改装。根据所用罐数，罐式连续发酵系统又可分单罐连续发酵和多罐连续发酵（图4－8）。如果在反应器中进行充分的搅拌，则培养液中各处的组成相同，且与流出液的组成一样，成为一个连续流动搅拌罐式反应器（CSTR）。连续发酵的控制方式有两种：一种为恒浊器（turbidostat）法，即利用浊度来检测细胞的浓度，通过自动仪表调节输入料液的流量，以控制培养液中的菌体浓度达到恒定值；另一种为恒化器（chemostat）法，它与前者相似之处是维持一定的体积，不同之处是菌体浓度不是直接控制的，而是通过恒定输入的养料中某一种生长限制基质的浓度来控制的。

在管式反应器中，培养液通过一个返混程度较低的管状反应器向前流动（返混，指反应器内停留时间不同的料液之间的混合），其理想型式为活塞流反应器（PFR，没有返混）。在反应器内沿流动方向的不同部位，营养物质浓度、细胞浓度、传氧和生产率等都不相同。在反应器的入口，微生物细胞必须和营养液一起加到反应器内。通常在反应器的出口，装一支路使细胞返回，或者来自另一个连续培养罐（图4－9）。这种微生物反应器的运转存在许多困难，故

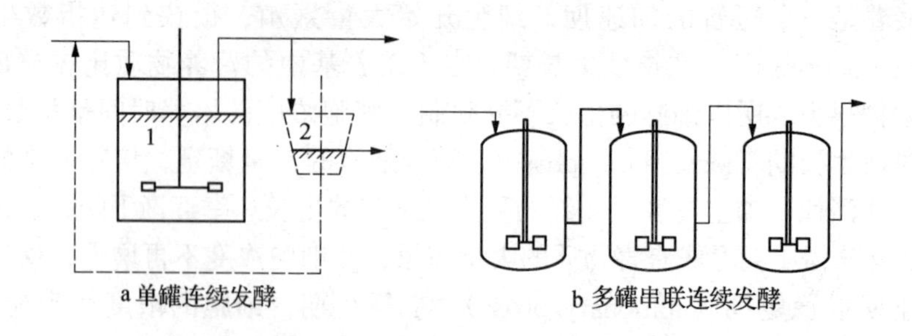

图 4-8 搅拌罐式连续发酵系统

图中虚线部分表示带循环系统的流程 1. 发酵罐 2. 细胞分离器

目前主要用于理论研究，基本上还未进行实际应用。

与分批发酵相比，连续发酵具有以下优点：①可以维持稳定的操作条件，有利于微生物的生长代谢，从而使产率和产品质量也相应保持稳定；②能够更有效地实现机械化和自动化，降低劳动强度，减少操作人员与病原微生物和毒性产物接触的机会；③减少设备清洗、准备和灭菌等非生产占用时间，提高设备利用率，节省劳动力和工时；④由于灭菌次数减少，使测量仪器探头的寿命得以延长；⑤容易对过程进行优化，有效地提高发酵产率。

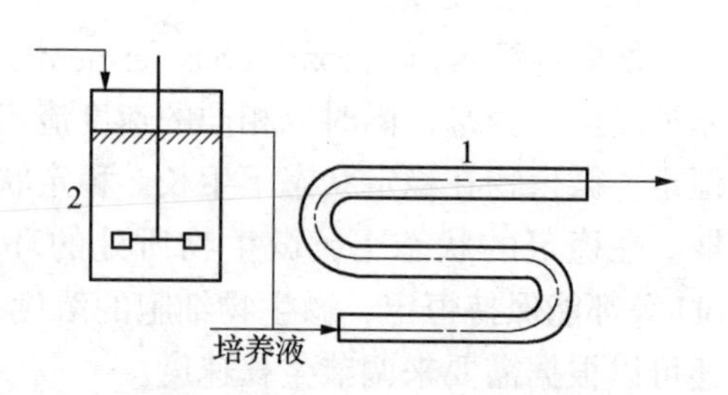

图 4-9 管式连续发酵罐

1. 管式反应器 2. 种子罐

当然，连续发酵也存在一些缺点：①由于是开放系统，加上发酵周期长，容易造成杂菌污染；②在长周期连续发酵中，微生物容易发生变异；③对设备、仪器及控制元器件的技术要求较高；④黏性丝状菌菌体容易附着在器壁上生长和发酵液内结团，给连续发酵操作带来困难。

由于上述情况，连续发酵目前主要用于研究工作中，如发酵动力学参数的测定、过程条件的优化试验等，而在工业生产中的应用还不多。连续培养方法可用于面包酵母和饲料酵母的生产，以及有机废水的活性污泥处理。另外，酒精连续发酵生产技术的应用在前苏联也已获得成功。而新近发展的一种培养方法则是把固定化细胞技术和连续培养方法结合起来，用于生产丙酮、丁醇、正丁醇、异丙醇等重要工业溶剂。

（三）补料分批发酵

补料分批发酵（supplement batch fermentation）又称半连续发酵（semicontinuous fermentation)，是介于分批发酵和连续发酵之间的一种发酵技术，是指在微生物分批发酵中，以某种方式向培养系统补加一定物料的培养技术。通过向培养系统中补充物料，可以使培养液中的营养物质浓度较长时间地保持在一定范围内，既保证微生物的生长需要，又不造成不利影响，从而达到提高生产率的目的。

补料在发酵过程中的应用，是发酵技术上一个划时代的进步。补料技术本身也由少次多量、少量多次，逐步改为流加，近年又实现了流加补料的电脑控制。但是，发酵过程中的补料量或补料率，目前在生产中还只是凭经验确定，或者根据一两个一次检测的静态参数（如基质残留量、pH、溶解氧浓度等）设定控制点，带有一定的盲目性，很难同步地满足微生物生长和产物合成的需要，也不可能完全避免基质的调控反应。因而现在的研究重点在于如何实现补料的优化控制。

补料分批发酵可以分为单一补料分批发酵和反复补料分批发酵两种类型。在开始时投入一定量的基础培养基，到发酵过程的适当时期，开始连续补加碳源或（和）氮源或（和）其他必需基质，直到发酵液体积到达发酵罐最大操作容积后，停止补料，最后将发酵液一次全部放出。这种操作方式称为单一补料分批发酵。该操作方式受发酵罐操作容积的限制，发酵周期只能控制在较短的范围内。反复补料分批发酵是在单一补料分批发酵的基础上，每隔一定时间按一定比例放出一部分发酵液，使发酵液体积始终不超过发酵罐的最大操作容积，从而在理论上可以延长发酵周期，直至发酵产率明显下降，才最终将发酵液全部放出。这种操作类型既保留了单一补料分批发酵的优点，又避免了它的缺点。

补料分批发酵作为分批发酵向连续发酵的过渡，兼有两者之优点，而且克服了两者之缺点。同传统的分批发酵相比，它的优越性是明显的。首先它可以解除营养物质的抑制、产物反馈抑制和葡萄糖分解阻遏效应（葡萄糖效应，指葡萄糖被快速分解代谢所积累的产物在抑制发酵所需产物合成的同时，也抑制其他一些碳源、氮源的分解利用）。对于好氧发酵，它可以避免在分批发酵中因一次性投入糖过多造成细胞大量生长，耗氧过多，以至通风搅拌设备不能匹配的状况，还可以在某些情况下减少菌体生成量，提高有用产物的转化率。在真菌培养中，菌丝的减少可以降低发酵液的黏度，便于物料输送及后处理。与连续发酵相比，它不会产生菌种老化和变异问题，其适用范围也比连续发酵广。

目前，运用补料分批发酵技术进行生产和研究的范围十分广泛，包括单细胞蛋白、氨基酸、生长激素、抗生素、维生素、酶制剂、有机溶剂、有机酸、核苷酸、高聚物等，几乎遍及整个发酵行业。它不仅被广泛用于液体发酵中，在固体发酵及混合培养中也有应用。随着研究工作的深入及电脑在发酵过程自动控制中的应用，补料分批发酵技术将日益发挥出其巨大的优势。

（四）固体发酵

某些微生物生长需水很少，可利用疏松而含有必需营养物的固体培养基进行发酵生产，称为固体发酵（solid fermentation）。我国传统的酿酒、制酱及天培（大豆发酵食品）的生产等均为固体发酵。另外，固体发酵还用于蘑菇的生产、奶酪和泡菜的制作以及动植物废料的堆肥等（表 4－3）。固体发酵所用原料一般为经济易得、富含营养物质的工农业生产中的副产品和废产品，如麸皮、薯粉、大豆饼粉、高粱、玉米粉等。根据需要，有的还对原料进行粉碎、蒸煮等预加工，以促进营养物吸收，改善发酵生产条件，有的需加入尿素、硫酸铵及一些无机酸、碱等辅料。

表 4－3 固体发酵实例

例 子	原 料	所用微生物
蘑菇生产	麦秆、粪肥	双孢蘑菇、埃杜香菇等
泡菜	结球甘蓝等	乳酸菌
酱油	大豆、小麦	米曲霉
大豆发酵食品	大豆	寡孢根霉
干酪	凝乳	娄格法尔特氏青霉
堆肥	混合有机材料	真菌、细菌、放线菌
花生饼素	花生饼	嗜食链孢霉
金属浸提	低级矿石	硫芽孢杆菌
有机酸	蔗糖、废糖蜜	黑曲霉
酶	麦麸等	黑曲霉
污水处理	污水成分	细菌、真菌和原生动物

（引自 Smith John E，1996）

固体发酵一般都是开放式，因而不是纯培养，无菌要求不高，它的一般过程为：将原料预加工后再经蒸煮灭菌，然后制成含一定水分的固体物料，接入预先培养好的菌种，进行发酵。发酵成熟后要适时出料，并进行适当处理，或进行产物的提取。根据培养基的厚薄可分为薄层发酵和厚层发酵，用到的设备有帘子、曲盘和曲箱等。薄层固体发酵是利用木盘或苇帘，在上面铺 1～2 cm 厚的物料，接种后在曲室内进行发酵；厚层固体发酵是利用深槽（或池），在其上部架设竹帘，帘上铺厚 30 cm 以上的物料，接种后在深槽下部给以通气进行发酵。

固体发酵所需设备简单，操作容易，并可因陋就简、因地制宜利用一些来源丰富的工农业副产品，因此至今仍在某些产品的生产上不同程度地沿用着。但是这种方法又有许多缺点，如劳动强度大、不便于机械操作、微生物品种少、生长慢、产品有限等。因此目前主要的发酵生产多为液体发酵。

第四节　发酵下游加工过程

从发酵液中分离、精制有关产品的过程称为发酵生产的下游加工过程。发酵液是含有细胞、代谢产物和剩余培养基等多组分的多相系统，黏度常很大，从中分离固体物质很困难；发酵产品在发酵液中浓度很低，且常常与代谢产物、营养物质等大量杂质共存于细胞内或细胞外，形成复杂的混合物；欲提取的产品通常很不稳定，遇热、极端 pH、有机溶剂会分解或失活。另外，由于发酵是分批操作，生物变异性大，各批发酵液不尽相同，这就要求下游加工有一定弹性，特别是对染菌的批号也要能处理。同时，发酵的最后产品纯度要求较高。上述种种原因使下游加工过程成为许多发酵生产中最重要、成本费用最高的环节，如抗生素、乙醇、柠檬酸等的分离和精制占整个工厂投资的60%左右，而且还有继续增加的趋势。发酵生产中因缺乏合适的、经济的下游处理方法而不能投入生产的例子很多的。因此下游加工技术愈来愈引起人们的重视。

一、发酵液预处理和固液分离

（一）发酵液预处理和固液分离

发酵液的预处理和固液分离是下游加工的第一步操作。预处理的目的是改善发酵液性质，以利于固液分离，常用酸化、加热、加絮凝剂等方法。固液分离则常用到过滤、离心等方法。如果欲提取的产物存在于细胞内，还需先对细胞进行破碎。细胞破碎方法有机械、生物和化学法，大规模生产中常用高压匀浆器和球磨机。细胞碎片的分离通常用离心、两水相萃取等方法。

（二）下游加工的工艺流程

下游加工过程由许多化工单元操作组成，一般可分为发酵液预处理和固液分离、提取、精制以及成品加工四个阶段。其一般流程如图 4－10 所示。

二、发酵产物的提取

（一）提取的目的物

由于代谢产物的多样性和每一种代谢产物的性质的多样性，因而提取与精

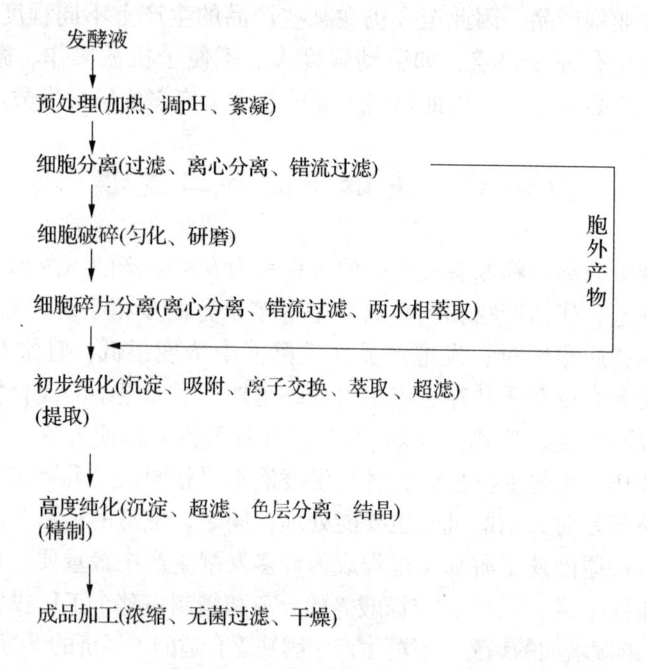

图 4-10 下游加工的工艺流程

制发酵产物的方法也是多种多样的。但是任何一种提取方法，都是利用目的物与杂质特性的差异，采用不同方法和工艺路线，使目的物和杂质移于不同的相中而得到分离、浓缩及纯化。通常目的物的分子量、结构、极性、两性电解质性质，在各种溶剂中的溶解性、沸点以及对 pH、温度和溶剂等化学药物敏感性等都是决定分离、提取与精制的基本因素。

（二）提取常用方法

1. 沉淀提取法 沉淀是溶液中的溶质由液相变成固相析出的过程。主要是为了通过沉淀达到浓缩的目的，或通过沉淀除去非必要的成分，其次将已纯化的产物转为固体便于保存。

沉淀法是根据发酵产物在等电点时，在一定浓度的有机溶剂、中性盐类中溶解度降低而析出，或发酵产物与一些酸、碱、盐类等形成不溶性盐类复合物而沉淀的原理，从而达到分离提取的目的。在广义范围内，结晶法也属此法。

（1）等电点沉淀法 有些发酵产物例如酶、氨基酸和某些抗菌素具有两性电离的性质，随着溶液 pH 的不同，酸碱极性基团（如氨基酸的氨基和羟基）进行着不同程度的解离，从而使整个分子带有正电荷或负电荷，只有当溶液的 pH 达到一定值时，整个分子所带的正负电荷相等，净电荷等于零，形成偶极离子，这时由于分子之间的相互撞击，通过静电引力的作用结合成较大的聚合体而沉淀析出，此时的pH称为该分子的等电点。因而在等电点时这些发酵产物的溶解度最小。用等电点法提取发酵产物就是根据这一性质。

(2) 不溶性盐沉淀法　某些代谢产物在一定的pH下，能与酸、碱或金属离子、表面活性剂等形成不溶性盐而沉淀析出，再用适当的方法使复合物溶解达到分离提取的目的，已用于工业生产的有丹宁沉淀提取酶、锌盐法提取谷氨酸、钙盐法提取柠檬酸和盐酸盐法提取四环素等等。

(3) 有机溶剂沉淀法　对于有机溶剂沉淀机理的认识至今还未十分明了，有的认为是有机溶剂的亲水性比蛋白质的亲水性大，由于对水的竞合作用，蛋白质的水膜被脱除，因而沉淀。

有机溶剂的选择首先是能和水混溶，常用的有机溶剂是乙醇、甲醇、丙酮和异丙醇等。只有选用合适的有机溶剂，注意调整样品的浓度、温度、pH和离子强度，使这些因子综合地发挥作用，才能获得较好的提取效果。

(4) 盐析法　盐析法又称中性盐沉淀法，是酶和蛋白质提纯工作中使用最早的方法之一。要使酶蛋白沉淀，就必须破坏其水膜，中和其电荷。由于中性盐（如硫酸铵、硫酸钠或氯化钠等）的亲水性大于酶蛋白的亲水性，当加入大量中性盐时，它们能夺去酶蛋白表面的电荷，从而使酶蛋白表面的电荷被中和，使酶蛋白沉淀析出。

盐析法常用的中性盐有$MgSO_4$、$(NH_4)_2SO_4$、Na_2SO_4、NaCl和NaH_2PO_4等。盐析时，在酶稳定的前提下，使pH尽可能接近等电点。温度方面，除考虑对热特别敏感的酶宜维持低温外，一般可以不降低温度。

有时为了纯化目的酶，还可以考虑采用分级盐析技术，分级盐析分离的可能性由各种酶的盐析曲线决定。

其他的沉淀提取法尚有非离子多聚物沉淀法（如聚乙二醇等）、选择性变性沉淀法（表面活性剂、热、酸碱等）。

2. 色谱分离法　色谱分离法按分离机制的不同，可分为吸附色谱法、分配色谱法、离子交换色谱法、凝胶过滤（或分子筛）色谱法和亲和色谱法等。

(1) 吸附色谱法　凡能够将其他物质聚集到自己表面上的物质，都称为吸附剂，聚集于吸附剂表面的物质就称为吸附物。常用的吸附剂有硅胶、氧化铝、活性炭、聚酰胺、聚苯乙烯、磷酸钙等。

吸附剂的选择是吸附分离的关键，选择不当，则达不到要求的分离效果。因此，必须对各种吸附剂的特性有一定的了解，如硅胶是一种极性吸附剂，易制备出不同孔径和表面积；氧化铝适于亲脂性成分的分离制备；活性炭有不同的颗粒大小，吸附极性基团多的化合物大于极性基团少的化合物，pH不同则吸附能力不同。

此外，需要考虑溶剂和洗脱剂。极性大的洗脱能力大，因此可先用极性小的作溶剂，使组分易被吸附，然后换用极性大的溶剂作洗脱剂，使组分易从吸附柱中洗出。

(2) 离子交换色谱法　离子交换法的原理是利用某些能够离子化的极性物质或两性电解质产物，能电离成阳离子或阴离子，这些离子可与阳离子或阴离子交换树脂的离子进行交换，从而把料液中的产物固定到离子交换树脂上去。然后再用另一种对树脂有重大亲和力的离子溶液把产物从树脂上洗脱下来，从而达到分离提取、浓缩和纯化的目的，亦可利用离子交换树脂去除金属离子、色素等杂质。

(3) 凝脂层析(凝胶分子筛、凝脂渗透层析)　凝胶有许多种，如葡萄糖凝胶（国外商品名（Sephadex)、聚丙烯酰胺凝胶和琼脂糖凝胶。目前以葡聚糖凝胶使用较多，它是一种具有多孔性三度空间网状结构的高分子化合物。由葡聚糖与环氧氯丙烷通过醚键（$—O—CH_2—CHOH—CH_2—O—$）相互交联聚合而成，其交联程度越大，网孔结构越紧密。这些网孔好像筛子洞，所以称为分子筛。葡聚糖凝胶的颗粒直径约为 50～150 um。发酵工业常用于酶制剂的脱盐，因盐类分子小，可以进入凝胶粒子的分子网络中；而酶蛋白分子大，被阻于粒子之外，随着溶液向下流动而与盐分离。同样也用于核酸、蛋白质与核苷酸的分离。氨基酸中芳香族氨基酸对凝胶颗粒具有较弱的吸附作用，碱性氨基酸具有强的吸附能力，酸性氨基酸则被凝胶颗粒排斥，据此原理，可用于氨基酸间的分离，常用的洗脱液，一般为单一缓冲液，可根据体积、重量或时间确定收集高峰浓度。

3. 萃取法提取　萃取常指制备物与细胞固体成分或其他结合成分的分离。如果被提取物质在细胞内呈固相或与固体结合存在，提取时由固相转入液相，常称为固—液萃取。如被提取物原来已呈液相存在，提取时由一液相转入另一互不相溶的液相，这种提取方法称之为液—液萃取。

(1) 固—液萃取中扩散作用的应用　固—液萃取的效率与物质扩散作用有关。扩散作用中各项因素关系可用下式表示：

$$G = DF(\Delta C/\Delta X)t$$

式中　G——已扩散的物质量；

D——扩散系数，物质分子量越大则扩散系数越小，温度升高则扩散系数增大，溶液黏度增加则扩散系数减小；

F——扩散面积；

ΔC——两相界面溶质的浓度差，ΔC 越大，扩散越快；

ΔX——溶质扩散的距离，ΔX越大，物质扩散到溶剂中的速度越慢；

t——扩散时间，时间越长，扩散的量越大。

从上式各因素的关系可知，为了增加扩散物质的量，也就是提高萃取速度，常采用的方法有：①提高材料的破碎程度，以增加扩散面积，缩短扩散距离。②进行搅拌，使已扩散的溶质迅速与溶剂混匀，以保持两相界面最大浓度差；或分次提取，不断更新鲜溶剂，以提高扩散速度。③延长提取时间，按其可能提高提取温度、降低溶液黏度等。

(2) 液—液萃取时分配定律的应用　液—液萃取选用的溶剂必须与被抽提的溶液互不混合，且对被抽提的溶质有选择性的溶解能力。萃取的过程是溶质在两相中经充分振荡平衡后，按一定比例分配的过程。溶质在两相中达到平衡后的分配，受分配定律的支配，分配定律可表示在恒温、恒压及比较稀的浓度下，溶液在两相中的浓度分配比是一个常数，即：

$$k = C_1/C_2$$

式中　k——分配常数；

C_1——分配达到平衡后，在上层液相中溶质的浓度；

C_2——分配达到平衡后，在下层液相中溶质的浓度。

不同溶质在不同溶剂中有不同的k值。分配系数与物质在的相系统中的溶解度有关，但分配系数不等于溶质在两个相溶剂中的溶解度的比例，因溶解度是指饱和状态而言，而一般萃取常限于稀的溶液。液—液萃取有简单一次提取和多次提取，多次萃取有多级错流萃取和多级逆流萃取。

4. 膜分离技术　膜分离的原理，主要是利用溶液中溶质分子的大小、形状、性质等差别，对于各种薄膜表现出不同的可透性而达到分离的目的。选择薄膜在膜分离法中很重要。薄膜的作用是有选择地让小分子通过，而把较大的分子挡除。分子透过膜，可由简单的扩散作用引起，或由膜两边外加的流体静压差或电场作用所推动。由上述原理衍生出的分离法有透析、超滤、电渗析、反渗透等。

(1) 超滤　超滤是加压膜分离技术之一，它使小分子能够通过具有一定孔径的特制薄膜，限额以上的大分子被阻留，使不同大小的分子得以分离。膜两边的压差，多以样液一边加正压为主，根据所加的操作压力和所用膜平均孔径的不同，可分为微孔过滤、超滤和反渗透三种。

微孔过滤所用操作压力在3.27×10^4 Pa(0.33 kg/cm^2)以下，膜的平均孔径为50 nm至14 μm，用于分离较大颗粒。

加压超滤所用的操作压力为$3.27\times10^4 \sim 65.70\times10^4$ Pa($0.33\sim6.7$ kg/cm^2)，膜的平均孔径为1～10 nm，用于分离较小分子溶质。

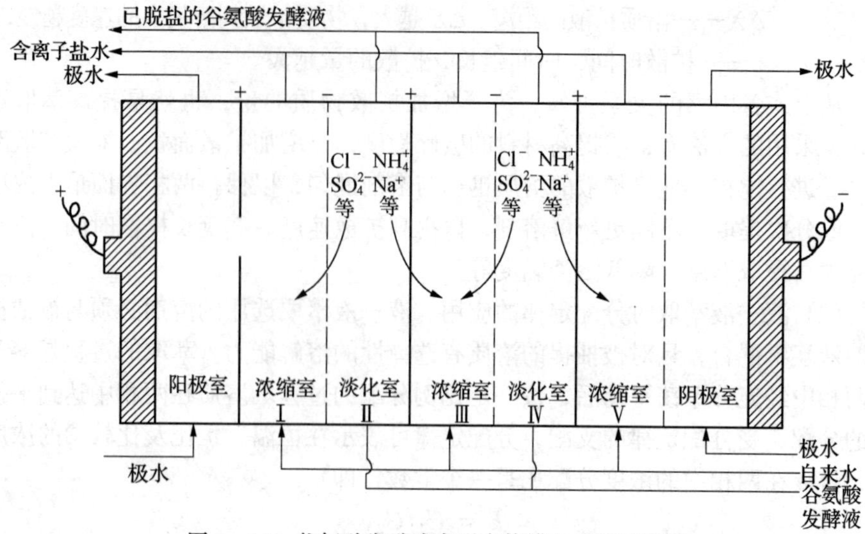

图 4-11　谷氨酸发酵液离子交换膜电渗析示意图

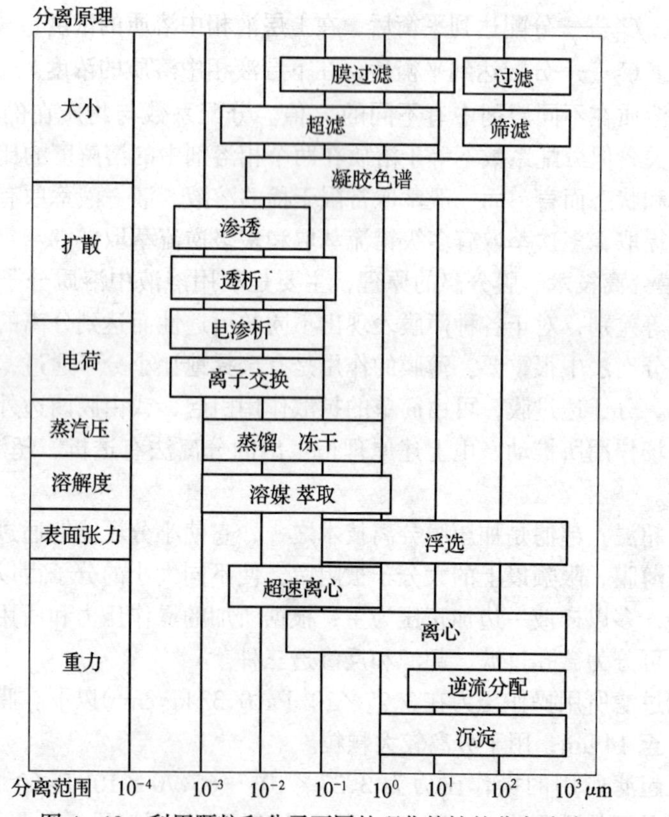

图 4-12　利用颗粒和分子不同的理化特性的分离浓缩

反渗透作用操作压力比超滤更大。通常达 $29.42\times10^5\sim127.49\times10^5$ Pa（30～130 kg/cm^2），膜的平均孔径为 1 nm 以下，用于分离大分子溶质。

反渗透过程和普通过滤一样，会出现所谓的浓度极化，即在过滤中，膜上堆积大分子层，堵塞微孔，逐渐丧失过滤能力。为了克服浓度极化，增加流速，提高选择分离效率，现有超滤装置一般都装有搅拌、浅道系统和中空纤维系统。中空纤维系统有很多根空心纤维丝成束地装配组成，每根纤维丝即成为一个微细管型膜；空心纤维管的内径一般为 0.2 mm，纤维丝横切面内壁的表层细密，向外逐渐疏松，形成各向异性微孔膜管结构，由于表面积与体积的比率极大，所以滤速很高。

超滤膜的选择和使用，应注意下列几点：①额定截留水平，即超滤膜所规定截留溶质分子量的范围；②流率，即每分钟通过单位面积膜的液体量；③操作温度；④膜的无菌措施；⑤可用的溶剂与禁用的溶剂和药物；⑥保存，暂时不用，可在1%甲醛或5%甘油溶液中保存。

(2) 电渗析和离子交换膜电渗析　电渗析是在半透膜两侧加电极，使可透过膜的带电物质彼此分开的方法，可用于大分子溶液脱盐纯化。通电常产生高热，需要冷却。产生的电渗透流（即外加电场使带电粒子与介质做相对移动），常对膜分离带来不良影响。

离子交换膜电渗析即以离子交换膜代替半透膜，如图 4－11 所示。它由离子交换膜隔板、电极及电渗析池和外接直流电源组成。离子交换膜的选择性，一方面决定于膜表面的孔隙度大小，另一方面也决定于组成膜的离子基团，对某种离子起吸附或排斥作用。

图 4－11 是谷氨基酸发酵液脱盐的电渗原理，Na^+、NH_4^+ 等趋向阳极并与阳膜上的 H^+ 交换而选择性地透过阳膜，Cl^-、SO_4^{2-} 等趋向阴极并与阴膜上的 OH^- 交换而选择性地透过阴膜，于是淡化室的 Na^+、NH_4^+、Cl^-、SO_4^{2-} 等减少，都被阻留于浓缩室中，使浓缩室中的盐类更为浓缩。它们分别从不同的管道排出。根据这一原理，在发酵工业中用于提纯抗生素、柠檬酸和氨基酸等。

综合起来，根据颗粒和分子的不同理化性，可以选择相应的方法进行分离浓缩，如图 4－12 所示。

三、精　　制

经提取过程初步纯化后，滤液体积大大缩小，但纯度提高不多，需要进一步精制。初步纯化中的某些操作，如沉淀、超滤等也可应用于精制中。大分子（如蛋白质）的精制依赖于层析分离。层析分离是利用物质在固定相和移动相间分配情况的不同，进而在层析柱中的运动速度不同，从而达到分离的目的。根据分配机理的不同，分为凝胶层析、离子交换层析、聚焦层析、疏水层析、亲和层析等几种类型。色层分离中的主要困难之一是层析介质的机械强度差，研究并生产出优质层析介质是下游加工的重要任务之一。小分子物质的精制常利用结晶操作。

四、成品加工

经提取和精制后，一般根据产品应用要求，最后还需要经过浓缩、无菌过滤和去热原、干燥、加稳定剂等步骤。随着膜质量的改进和膜装置性能的改善，下游加工过程的各个阶段，将会越来越多地使用膜技术。浓缩可采用升膜式和降膜式的薄膜蒸发，对热敏性物质可用离心薄膜蒸发，对大分子溶液的浓缩可用超滤膜，小分子溶液的浓缩可用反渗透膜。用截断分子量为10 000的超滤膜可除去分子量在1 000以内的产品中的热原，同时也达到了过滤除菌的目的。如果最后要求的是结晶性产品，则上述浓缩、无菌过滤等步骤应放于结晶之前，而干燥则通常是固体产品加工的最后一道工序。干燥方法根据物料性质、物料状况及生产具体条件而定，可选用真空干燥、红外线干燥、沸腾干燥、气流干燥、喷雾干燥和冷冻干燥等方法。

第五节　典型产品的发酵生产

一、抗生素发酵生产

抗生素是生物体在生命活动中产生的一种次级代谢产物。这类有机物质能在低浓度下抑制或杀灭活细胞，这种作用又有很强的选择性，例如医用的抗生素仅对造成人类疾病的细菌或肿瘤细胞有很强的抑制或杀灭作用，而对人体正常细胞损害很小，这是抗生素为什么能用于医药的道理。在生物体内已发现的6 000多种抗生素中，约60%来自放线菌。抗生素主要用微生物发酵法生产，少数抗生素也可用化学方法合成。人们还对天然得到的抗生素进行生化或化学改造，使其具有更优越的性能，这样得到的抗生素叫半合成抗生素，其数目已达到两万多种。抗生素不仅广泛用于临床医疗，而且已经用于农业、畜牧及环保等领域中。

青霉素（penicillin）是最早发现并用于临床的一种抗生素。1928 年为英国人 A. Fleming 所发现，20 世纪 40 年代投入工业生产。在二战期间立刻大显身手，它能有效控制伤口的细胞感染，挽救了数百万战争中受伤者的性命。我们就以青霉素为例简单介绍抗生素的发酵生产过程。

（一）青霉素发酵生产菌株

最初由弗莱明分离的点青酶，只能生产 2 IU/mL 的青霉素。目前全世界用于生产青霉素的高产菌株，大都由菌株 Wis Q176（一种产黄青霉）经不同改良途径得到；20 世纪 70 年代前育种采用诱变和随机筛选方法，后来由于原生质体融合技术、基因克隆技术等现代育种技术的应用，青霉素工业发酵生产水平已达85 000 IU/mL以上。青霉素生产菌株一般在真空冷冻干燥状态下保存其分生孢子，也可以用甘油或乳糖溶剂作悬浮剂，在 −70 ℃冰箱或液氮中保存孢子悬浮液和营养菌丝体。

（二）青霉素发酵生产培养

1．碳源　目前普遍采用淀粉经酶水解的葡萄糖化液进行分批投料。

2．氮源　可选用玉米浆、花生饼粉、精制棉子饼粉或麸质粉，并补加无机氮源。

3．前体　苯乙酸或苯乙酰胺为青霉素的前体，由于它们对青霉素有一定毒性，故一次加入量不能大于 0.1%，并采用多次加入方式。

4．无机盐　青霉素生产所用的无机盐包括硫、磷、钙、镁、钾等盐类，铁离子对青霉素有毒害作用，应严格控制发酵液中铁含量在30 μg/mL以下。

（三）青霉素发酵工艺

青霉素生产的发酵工艺流程如下：

冷冻管 —孢子培养→ 斜面母瓶 —孢子培养（25 ℃，6～7 d）→ 大米孢子 —孢子培养（25 ℃，6～7 d）→

一级种子罐 —种子培养（25 ℃，40～45 h，1∶2 vvm）→ 二级种子罐 —种子培养（25 ℃，13～15 h，1∶1.5 vvm）→

发酵罐 —发酵（22～26 ℃，1∶1～0.8 vvm，6～7 d）→ 放罐 —冷至 15 ℃→ 提炼

1．种子制备　种子制备阶段以生产丰富的孢子（斜面和米孢子培养）或大量健壮的菌丝体（种子罐）为目的。为达到这一目的，在培养基中加入比较丰富的容易代谢的碳源（如葡萄糖或蔗糖）、氮源（如玉米浆）、缓冲 pH 的碳酸钙以及生长所必需的无机盐，并保持最适生长温度（25～26 ℃）和充分通气、搅拌。在最适生长条件下，到达对数生长期时菌体量的倍增时间为 6～7 h。在工业生产中，种子制备的培养条件及原材料质量均应严格控制以保持种子质量的稳定性。

2．发酵培养　影响青霉素发酵产率的因素有环境因素（如 pH、温度、溶

氧饱和度、碳氮组分含量等，有生理变量因素（包括菌丝浓度、菌丝生长速度、菌丝形态等），对它们都要进行严格控制。发酵中 pH 一般控制在 6.4～6.6，发酵温度前期 25～26 ℃，后期 23 ℃，以减少后期发酵液中青霉素的降解破坏。此外，还要求发酵液中溶氧量不低于饱和溶解氧的 30%，通气比一般为 1∶0.8 vvm（单位培养液体积在单位时间内通入的空气量）。

3. 发酵后处理

（1）过滤　采用鼓式真空过滤器，过滤前加去乳化剂并降温。

（2）提炼　用溶媒萃取法。将发酵滤液酸化至 pH 2，加 1/3 体积的醋酸丁酯（BA），混合后以碟片式离心机分离，得一次 BA 提取液。然后以 1.3%～1.9%的 $NaHCO_3$ 在 pH 6.8～7.1 条件下将青霉素从 BA 中提取到缓冲液中。再调 pH 至 2.0，将青霉素从缓冲液再次转入到 BA 中，方法同上，得二次 BA 提取液。

（3）脱色　在二次 BA 提取液中加活性炭 150～300 g/10^9 IU，脱色、过滤。

（4）结晶　用丁醇共沸结晶法。将二次 BA 萃取液以 0.5 mol/L NaOH 液萃取，调 pH 至 6.4～6.8，得青霉素钠盐水浓缩液。加 3～4 倍体积的丁醇，在 16～26 ℃，666.61～1 333.22 Pa（5～10 mm Hg）下真空蒸馏，将水与丁醇共沸物蒸出，并随时补加丁醇。当浓缩到原来水浓缩液体积，蒸出馏分中含水达 2%～4%时，即停止蒸馏。青霉素钠盐结晶析出，过滤，将晶体洗涤后进行干燥得成品。可在 60 ℃，2 666.44 Pa（20 mm Hg）真空中烘16 h，然后磨粉、装桶。

二、氨基酸发酵生产

氨基酸（amino acid）是构成蛋白质的基本单位，是人体及动物的重要营养物质，氨基酸产品广泛应用于食品、饲料、医药、化学、农业等领域。以前氨基酸主要是用酸水解蛋白质来制得，现在氨基酸生产方法有发酵法、提取法、合成法、酶法等，其中最主要的是发酵法生产，用发酵法生产的氨基酸已有 20 多种。

谷氨酸是一种重要的氨基酸。我们吃的味精是以谷氨酸为原料生成的谷氨酸单钠，谷氨酸还可以制成对皮肤无刺激性的洗涤剂——十二烷酰基谷氨酸钠肥皂、能保持皮肤湿润的润肤剂——焦谷氨酸钠、质量接近天然皮革的聚谷氨酸人造革以及人造纤维和涂料等。谷氨酸是目前氨基酸生产中产量最大的一种，同时，谷氨酸发酵生产工艺也是氨基酸发酵生产中最典型、最成熟的。下面以谷氨酸的发酵生产为例简单介绍一下氨基酸的发酵生产。

（一）谷氨酸发酵生产的菌种

谷氨酸发酵生产菌种主要有棒状杆菌属、短杆菌属、小杆菌属及节杆菌属的细菌。除节杆菌外，其他三属中有许多菌种适用于糖质原料的谷氨酸发酵。这些细菌都是需氧微生物，都需要以生物素为生长因子。我国谷氨酸发酵生产所用菌种有北京棒状杆菌 AS1299、钝齿棒状杆菌 AS1542、HU7251 及 7338、B9 等。这些菌株的斜面培养一般采用由蛋白胨、牛肉膏、氯化钠等组成，pH 为 7.0～7.2 的琼脂培养基，32 ℃培养 24 h，冰箱保存备用。

（二）谷氨酸发酵生产的原料制备

谷氨酸发酵生产以淀粉水解糖为原料。淀粉水解糖的制备一般有酸水解法和酶水解法两种。国内常用的是淀粉酸水解工艺：干淀粉用水调成波美 10～11 度的淀粉乳，用盐酸调至 pH1.5 左右；然后直接用蒸汽加热，水解压力 30×10^{4} Pa，时间 25 min 左右；冷却糖化液至 80 ℃，用 NaOH 调节 pH 至 4.0～5.0 使糖化液中的蛋白质和其他胶体物质沉淀析出；然后用粉末状活性炭脱色，活性炭用量约为淀粉量的 0.6%～0.8%，70 ℃，酸性环境下搅拌；最后在 45～60 ℃下过滤得到淀粉水解液。

（三）菌种扩大培养

1．一级种子培养　采用液体培养基，由葡萄糖、玉米浆、尿素、磷酸氢二钾、硫酸镁、硫酸铁及硫酸锰等组成，pH 为 6.5～6.8；三角瓶内 32 ℃振荡培养 12 h，贮于 4 ℃冰箱备用。

2．二级种子培养　培养基除用水解糖代替葡萄糖外，其他与一级种子培养基相仿。种子罐内 32 ℃通气搅拌培养 7～10 h，即可移种或冷却至 10 ℃备用。

（四）谷氨酸发酵生产

发酵初期，菌体生产迟滞，约 2～4 h 后即进入对数生长期，代谢旺盛，糖耗快，这时必须流加尿素以供给氮源并调节培养液的 pH 至 7.5～8.0，同时保持温度为 30～32 ℃。本阶段主要是菌体生长，几乎不产酸，菌体内生物素含量由丰富转为贫乏，时间约 12 h。随后转入谷氨酸合成阶段，此时菌体浓度基本不变，糖与尿素分解后产生的 α-酮戊二酸和氨主要用来合成谷氨酸。这一阶段应及时流加尿素以提供氮源及维持谷氨酸合成最适 pH 7.2～7.4，需大量通气，并将温度提高到谷氨酸合成最适温度 34～37 ℃。发酵后期，菌体衰老，糖耗慢，残糖低，需减少流加尿素量。当营养物质耗尽、谷氨酸浓度不再增加时，及时放罐，发酵周期约为 30 h。

（五）谷氨酸提取

谷氨酸提取有等电点法、离子交换法、金属盐沉淀法、盐酸盐析法和电渗析法以及将上述方法结合使用的方法。国内多采用的是等电点-离子交换法。谷氨酸的等电点为 pH 3.22，这时它的溶解度最小，所以将发酵液用盐酸调节到 pH 3.22，谷氨酸就可结晶析出。晶核形成的温度一般为 25～30 ℃，为促进结晶，需加入 A 型晶种育晶 2 h。等电点搅拌之后静置沉降，再用离心法分离得到谷氨酸结晶。等电点法提取了发酵液中的大部分谷氨酸，剩余的谷氨酸可用离子交换法，进一步进行分离、提纯和浓缩回收。谷氨酸是两性电解质，故与阳性或阴性树脂均能交换。当溶液 pH 低于 3.2 时，谷氨酸带正电，能与阳离子树脂交换。目前国内多用国产 732 型强酸性阳离子交换树脂来提取谷氨酸，然后在65 ℃左右，用 6％ NaOH 溶液洗脱，pH 3～7 的洗脱液作为高流液，返回等电点法提取。

三、维生素发酵生产

维生素是人体生命活动必需的物质，主要以辅酶或辅基的形式参与生物体的各种生化反应。维生素在医疗中发挥了重要作用，如维生素 B 族用于治疗神经炎、角膜炎等多种炎症，维生素 D 是治疗佝偻病的重要药物等。维生素还应用于畜牧业及饲料工业中。

维生素的生产多采用化学合成法，后来人们发现某些微生物可以完成维生素合成中的某些重要步骤；在此基础上，化学合成与生物转化相结合的半合成法在维生素生产中得到了广泛应用。目前，可以用发酵法结合的半合成法生产的维生素有维生素 C、维生素 B_2、维生素 B_{12}、维生素 D 以及 β 胡萝卜素等。

维生素 C 又称抗坏血酸（ascorbic acid），能参与人体内多种代谢过程，使组织产生胶原质，影响毛细血管的渗透性及血浆的凝固，刺激人体造血功能，增强机体的免疫力。另外，由于它具有较强的还原能力，可作为抗氧化剂，已在医药、食品工业等方面获得广泛应用。维生素 C 的化学合成方法一般指莱氏法，后来人们改用微生物脱氢代替化学合成中 L-山梨糖中间产物的生成，使山梨糖的得率提高一倍；我国进一步利用另一种微生物将 L-山梨糖转化为 2-酮基-L-古龙酸，再经化学转化生产维生素 C，称为两步法发酵工艺。两步发酵法使产品产量得到了大幅度提高，其主要过程简述于下。

第一步发酵是生黑葡萄糖杆菌（或弱氧化醋杆菌）经过二级种子扩大培养，种子液质量达到转种液标准时，将其转移至含有山梨醇、玉米粉、磷酸盐、碳酸钙等组分的发酵培养基中，在 28～34 ℃下进行发酵，收率达 95％，培养基山梨醇浓度达到 25％时也能继续发酵。发酵结束，发酵液经低温灭菌，得到无菌的含有山梨糖的发酵液，作为第二步发酵的原料。

第二步发酵是氧化葡糖杆菌（或假单胞杆菌）经过二级种子扩大培养，种子液达到标准后，转移至含有第一步发酵液的发酵培养基中，在28～34 ℃下培养60～72 h。最后发酵液浓缩，经化学转化和精制获得维生素C。

小　结

发酵工程是将微生物学、生物化学和化学工程的基本原理有机结合起来，利用微生物的生长和代谢活动来生产各种有用物质的工程技术。目前，已知具有生产价值的发酵有微生物菌体发酵、微生物酶发酵、生物代谢产物发酵、微生物的转化发酵和生物工程细胞的发酵五种。

由于微生物种类繁多、繁殖速度快、代谢能力强等优点，因此，微生物在发酵工程被广泛应用。工业上常用的微生物主要是细菌、放线菌、酵母菌和霉菌。除此之外，藻类、病毒等也正逐步变为工业生产常用的微生物。

发酵工艺多种多样，但基本上包括菌种制备、种子培养、发酵和提取、精制等下游处理几个过程。发酵过程中，为了能对生产过程进行必要的控制，需对有关工艺参数进行定期取样测定或进行连续测量。其中，温度、pH、溶解氧浓度等对发酵过程影响较大。根据微生物的好氧厌氧之分，其培养装置也相应分为好氧发酵设备与厌氧发酵设备。此外，发酵类型可根据操作方式的不同分为分批发酵、连续发酵、补料分批发酵和固体发酵四种类型。

发酵生产的下游加工过程由于种种原因逐渐受到人们重视。一般可分为发酵液预处理和固液分离、提取、精制以及成品加工四个阶段。

复习思考题

1. 目前具有生产价值的发酵产物具有哪几种类？
2. 发酵常用微生物有哪些种类？
3. 发酵工业中的培养基可分为哪几种类型？发酵培养基由哪些成分组成？
4. 比较分批发酵、连续发酵和补料分批发酵的优缺点。
5. 下游过程分哪几个步骤？相应的分离方法有哪些？
6. 简述青霉素、谷氨酸和维生素C的生产工艺。

主要参考文献

[1] 宋思杨，楼士林．生物技术概论．北京：科学出版社，1999
[2] 瞿礼嘉，顾红雅，胡苹，陈章良．现代生物技术导论．北京：高等教育出版社，1999
[3] 毛忠贵主编．生物工程下游技术．北京：中国轻工业出版社，1999
[4] 梅乐和，姚善泛，林东强编著．生化生产工艺学．北京：科学出版社，1999

[5] 刘如林编著．微生物工程概论．天津：南开大学出版社，1995
[6] 熊宗贵主编．发酵工艺原理．北京：中国医药科技出版社，1995
[7] 姚汝华主编．微生物工程工艺原理．广州：华南理工大学出版社，1996
[8] 朱圣庚等．生物技术．上海：上海科学技术出版社，1996
[9] Smith John E. Biotechnology. 3rd ed. Cambridge University Press，1996

第五章 酶工程

学习要求 了解酶的基础知识和酶工程的概念。学习酶发酵生产的菌种选育、酶的发酵生产工艺、酶的分离提纯技术、酶的固定化技术、酶的修饰改造、酶反应器和生物传感器的原理及应用等。

酶是生活细胞所产生的一种具有特殊催化能力的蛋白质，由于酶来源于生物体，因此又称为生物催化剂。酶具有催化专一性强、效率高，容易调控，能在常温常压下起作用的特点，在生物体的新陈代谢中起着非常重要的作用。没有酶，就没有生物体的一切生命活动。

早在几千年前，人类就已开始应用酶的催化作用，例如，利用微生物酿酒，利用动物胃液凝固牛奶制造奶酪等。但是，对酶的存在及其催化作用的认识，却是从19世纪开始的。1833年Payen和Persoz用酒精从麦芽浸出液中沉淀出能使淀粉降解为可溶性糖的活性物质。巴斯德（Pasteur）在19世纪中期也指出酵母中存在一种能使葡萄糖转化为酒精的物质。1878年德国的Kunne把这类活性物质称为酶（enzyme）。

生活细胞产生的酶，从活体分离提取后仍可发挥催化作用，这种性质导致了酶的生产和应用。例如，1894年高峰让吉首创用米曲霉固体培养法生产淀粉酶作为消化剂；1917年法国的Boidin和Effront第一次用枯草杆菌生产淀粉酶作为棉布的退浆剂。1949年日本采用深层培养法生产细菌α淀粉酶，从此酶制剂生产进入大规模工业化阶段。到目前为止，工业上大量生产的酶已有几十种，广泛应用于医药、食品、日用化工、纺织、制革、能源和环境污染治理等方面。过去，人们一直认为酶的本质是蛋白质，但自20世纪80年代酶活性核糖核酸（ribozyme）发现以来，酶是蛋白质的经典概念被打破。酶活性核糖核酸可以特异性地识别和剪切某个RNA位点，因而极有可能成为病毒基因和生物有害基因表达的专一性抑制剂。

酶工程（enzyme engineering）是指酶的工业化生产和酶制剂的大规模应用技术，它是现代生物技术的重要组成部分。酶工程的主要内容有：酶的生产、酶的分离纯化、酶的固定化、酶的修饰与改造、酶的应用、酶反应器等。

然而，天然酶在工业化生产和大规模应用方面受到许多限制。因为大多数酶在脱离生理环境后极不稳定，而酶的工业化生产条件和应用条件往往与生理环境相差甚远；许多酶的分离纯化工艺复杂；为了创造适合的生产条件和应用条件，导致酶的生产和应用成本增加。为解决上述问题，酶工程又产生两个分支，即化学酶工程和生物酶工程。化学酶工程是酶学与化学工程技术相结合发展起来的，它包括酶的化学修饰、酶的固定化、酶的人工模拟技术及其应用，其主要目的是提高酶的稳定性，提高酶的催化效率以便适用于现代化生产和大规模应用。生物酶工程是酶学与以DNA重组技术为主的现代分子生物学技术相结合的产物。生物酶工程主要包括三个方面：用基因工程技术大量生产酶（工程酶或克隆酶）、修饰酶基因产生遗传修饰酶（突变酶）和设计新的酶基因合成自然界不曾有过的酶。

第一节 酶工程基础

一、酶的分类与命名

酶有许多种，习惯名称混乱，为了准确地识别某一种酶，以免发生误解，国际生物化学联合会酶学委员会（Enzyme Commission，EC）根据酶所催化的反应的性质将酶分为六大类并提出酶的系统命名法。这六类分别是氧化还原酶、转移酶、水解酶、裂合酶、异构酶、合成酶或连接酶。根据国际酶学委员会的建议，每种酶都有其推荐名和系统命名。

推荐名是在惯用名的基础上加以选择和修改而成的。酶的推荐名由底物名称和催化反应类型两部分组成。例如，葡萄糖氧化酶（glucose oxidase）表明该酶作用的底物是葡萄糖，催化反应类型属于氧化反应。

酶的系统命名更详细准确地反映出酶的种类和所催化的反应。在系统命名中，每种酶都有一个系统名称和一个由四组数字组成的分类编号。系统名称包括酶作用的底物、酶作用的基团及催化反应的类型。酶若有两种底物，它们的名称均列出，中间用冒号“:”隔开。例如L乳酸：NAD氧化还原酶，分类编号为EC1.1.1.27，其中EC为酶学委员会的英文缩写，前三组数字分别表示该酶所属的大类、亚类、亚亚类，第四组数字表明该酶在亚亚类中的序号。

酶的系统名、编号、习惯名、催化性质等可从《酶学手册》中查到。

二、酶的催化特性

(一) 反应条件温和

酶催化的反应与一般催化反应不同，不需要高温高压和强酸强碱环境，可在常温常压和温和的酸碱条件下进行。例如，淀粉酸解需要在 140～150 ℃的高压耐酸设备中进行，而用 α 淀粉酶水解只需 65 ℃的普通设备。这个特性是酶制剂在工业上被广泛应用的重要基础之一。

(二) 催化效率高

酶的催化效率比一般无机和有机催化剂高 10^6 ～10^{13} 倍。例如，过氧化氢（H_2O_2）裂解为水和氧的反应，用 Fe^{2+} 催化，效率为 6×10^{-4} mol/（mol·s），而用过氧化氢酶催化，效率高达 6×10^6 mol/（mol·s）。

(三) 反应专一性强

酶对所催化的底物有高度的专一性。一种酶只能催化一种或一类物质反应。例如，淀粉酶只能催化淀粉水解，蛋白酶只能催化蛋白质水解。而无机催化剂，例如酸和碱既可催化淀粉水解，又可催化蛋白质或其他物质水解，对底物没有特异选择性。所以，在利用酶对复杂原料的某一成分进行加工时，不影响其他成分。

(四) 反应可调节控制

生物体内的代谢活动是高度有序的。这种有序性受多方面因素的影响，但酶活性的调节控制是代谢调节的主要方式。在体外反应中，可通过改变酸碱度、调节温度、添加激活剂或抑制剂等办法来控制酶反应的方向和速度。

三、产酶菌种的选育和保藏

酶的发酵生产是指在人工控制条件下，利用微生物、动物、植物培养细胞生产酶的过程。其中，微生物是最重要的酶源。这是因为微生物的种类繁多，所合成的酶种类齐全；微生物适应性强，容易培养，发酵生产不受季节、气候和地域的限制；微生物生活周期短，生长繁殖快，产酶量高；所用培养原料来源丰富，价格低廉，生产效益高；微生物容易变异，可通过诱变方法培育出新的产酶量高，各种性能优良的菌种；用于酶发酵生产的微生物多是单细胞，容易利用细胞工程和基因工程的方法对其进行遗传改造。

(一) 常用产酶微生物

可用于生产酶的微生物有细菌、真菌和酵母菌。常用的产酶菌见表 5-1。

表 5-1 常用产酶微生物

类别	菌种名称	产酶种类
细菌	枯草芽孢杆菌 *Bacillus subtilis*	α淀粉酶、蛋白酶、β葡聚糖酶、碱性磷酸酶等
	大肠杆菌 *Escherichia coli*	谷氨酸脱羧酶、天冬氨酸酶、苄青霉素酰化酶、β半乳糖苷酶、核酸限制性内切酶、核酸外切酶、DNA聚合酶、DNA连接酶等
放线菌	链霉菌 *Streptomyces*	葡萄糖异构酶、纤维素酶、碱性蛋白酶、中性蛋白酶、几丁质酶等
真菌	米曲霉 *Aspergillus oryzae*	糖化酶、蛋白酶、氨基酰化酶、磷酸二酯酶、核酸酶P1、果胶酶等
	青霉 *Penicillium*	葡萄糖氧化酶、果胶酶、纤维素酶Cx、5-磷酸二酯酶、脂肪酶、凝乳蛋白酶、核酸酶P1等
	木霉 *Trichoderma*	纤维素酶C1、纤维素酶Cx、纤维二糖酶等
	根霉 *Rhizopus*	糖化酶、β淀粉酶、转化酶、酸性蛋白酶、核糖核酸酶、果胶酶、纤维素酶、半纤维素酶等
	毛霉 *Mucor*	蛋白酶、糖化酶、α淀粉酶、脂肪酶、果胶酶、凝乳酶等
	黑曲霉 *Aspergillus niger*	糖化酶、α淀粉酶、酸性蛋白酶、果胶酶、过氧化氢酶、葡萄糖氧化酶、核糖核酸酶、脂肪酶、纤维素酶、橙皮苷酶、柚皮苷酶等
酵母	啤酒酵母 *Saccharomyces cerevisiae*	转化酶、丙酮酸脱羧酶、醇脱氢酶等
	假丝酵母 *Candida*	脂肪酶、尿激酶、尿囊素酶、转化酶、醇脱氢酶等

（二）菌种的分离筛选

1. 优良菌种的特点 任何生物在一定条件下都能合成某些酶，但不是所有的生物细胞都能用于酶的发酵生产。筛选符合需要的菌种是酶发酵生产成败的关键。一个优良菌种应具备以下几个条件：①繁殖快，产酶量高，生产周期短；②适应性强，容易培养和控制，便于管理和降低生产成本；③产酶性能稳定，不易退化，不易受噬菌体侵袭；④产生的酶容易分离纯化；⑤菌种本身和代谢产物安全无毒，对生产人员、生产环境，酶的应用不会产生不良影响。

2. 菌种的分离

（1）含菌样品的收集 迄今为止，在工农业生产上使用的菌种，最初都是从自然界分离得到的。一般根据微生物的生态特点，从不同环境中取样，分离所需的菌种。例如，到堆积落叶和朽木的地方分离产纤维素酶的菌种，从果皮上分离酒精酵母，从油田附近土壤中得到分解石油的酵母，从污泥中得到甲烷产生菌，从海洋中可分离耐盐和耐低温生产菌等。土壤是微生物的大本营，如果预先不知道某种酶生产菌的具体来源，可以从土壤中分离。

(2) 富集培养 收集到的样品，如果含目标菌较多，可直接进行分离，若含菌量很少，就需要进行富集培养。所谓富集培养，就是通过控制温度、pH、营养成分，加入抑制剂或加入酶生产的底物，给混合菌群提供一些有利于目标菌株生长，而不利于其他菌株生长的条件，使目标菌大量生长，不需要的菌不繁殖或很少繁殖，从而有利于菌种的分离。例如，分离能分解硬脂酸的脂肪酶产生菌等好热性微生物时，可在50～60℃的温度下进行培养，以除去大量其他微生物的干扰；在筛选碱性脂肪酶产生菌时，将pH调至9，可抑制嗜酸性或嗜中性菌的生长，提高分离效率；选择可溶性糖、淀粉、纤维素或石油等作为惟一碳源的菌时，只加相应的惟一碳源，只有能利用这一碳源的微生物才能大量繁殖，其他微生物生长繁殖受到抑制或死亡，从而被淘汰；在分离放线菌时，在土壤悬液中加数滴10%的酚，可抑制霉菌和细菌的生长。

(3) 菌种的纯化 收集到的含菌样品是各种类型微生物的混合物，因此需要分离以获得纯种。一般采用稀释分离法。稀释分离是将所收集的样品用无菌水稀释至适当倍数，均匀涂布在平板培养基上，使每一株微生物都远离其他微生物，在适宜的培养条件下，独立生长繁殖形成菌落，从而获得纯种微生物。

3．菌种的筛选 在菌种分离过程中所获得的纯种微生物，用固体法或液体法培养一段时间，测定产酶能力，以选出较高产菌株，再进行复选。

菌种的筛选方法很多。一般先在培养基上添加目标酶的作用底物，观察或检测底物的变化来确认菌株是否产酶，以及初步判断菌株的产酶能力。例如，在筛选产α淀粉酶的菌种时，在培养基中加入1%的淀粉，再在培养基上涂布待测菌，经过一段时间培养后，在培养基上均匀喷洒稀 I_2－KI溶液，在产α淀粉酶菌的周围就会出现透明圈，活力越强，透明圈越大，无活力的菌周围呈蓝色。然后采用与生产相近的培养基和培养条件，通过三角瓶进行小型发酵试验。从而获得能用于工业生产的菌种。

（三）产酶微生物育种

从自然界分离筛选到的菌种或现有的保藏品种的性能不能完全符合生产的要求，因此需要用育种的方法加以改良，以培育出能产生新酶或产量更高，生长更快，适应性更强的优良菌株。微生物的育种方法主要有三类：诱变法、细胞融合法、基因工程法。

1．诱变育种 微生物在生活过程中不断发生可遗传的变异，即突变，但在自然条件下突变率很低，因此在育种实践中，经常需要人为地加快培养微生物的突变发生，也就是人工诱变。诱变育种的一般程序是：诱变处理微生物→增殖培养→稀释涂布分离→选择部分或全部单菌落测定酶活性，从中选出优良突变菌株。

人工诱变可用化学药剂或物理方法。常用的化学诱变剂有5-溴尿嘧啶、氮芥、亚硝基化合物、亚硝酸、羟胺、吖啶、烷化剂等。化学诱变剂进入微生物细胞后，能够特异地与某些基团起作用从而引起DNA的原发性损伤，导致变异。物理措施包括紫外线、X射线、γ射线、快中子、超声波和离子束等。其中，紫外线应用最广，而离子束有较好的诱变效果。

2. 原生质体融合育种　原生质体融合是通过人工方法，使遗传性状不同的微生物原生质体之间发生融合，进而发生基因重组以产生同时带有双亲性状、遗传稳定的杂种细胞的过程。原生质体融合的主要步骤是：先选择两个有特殊性状并带有选择遗传标记的菌株，在高渗透压溶液中，用适当的方法去除细胞壁（例如用溶菌酶处理细菌或放线菌，用蜗牛酶等处理真菌）；然后将去壁原生质体在高渗透压条件下混合，在聚乙二醇（PEG）和Ca^{2+}作用下，进行细胞膜的融合。PEG是一种助融剂，具有脱水作用，使原生质体集聚收缩，当相邻原生质体相遇时，质膜之间大面积紧密接触，从而发生融合。原生质体融合后，两个细胞的基因组将会发生交换，产生多种基因组合，可从中选择具有新性状的优良菌株。原生质体融合育种技术的应用，大大提高了人类改造微生物的能力。

3. 基因工程育种　基因工程技术在酶的生产和应用中有如下作用：将动物、植物特有的酶基因转入微生物，利用微生物来生产酶制剂；将不易培养的微生物酶基因转入易培养的微生物中进行生产，以提高生产效率；根据酶的生产和应用的需要，对酶基因进行修饰改造，产生遗传修饰酶；依照酶分子结构特征和催化原理，设计新酶基因，合成自然界不曾有过，但性能更加稳定，催化效率更高的新酶。

基因工程技术在酶工程领域有着广泛的应用。植酸酶（phytase）是催化肌醇六磷酸脱掉磷酸基团反应的一类酶的总称。植酸（phytic acid），即肌醇六磷酸，是植物体内磷的主要贮存形式，然而，单胃动物包括猪、鸡和水生生物对植酸磷的利用率却很低。向植物性饲料中添加植酸酶制剂是提高动物对植酸磷利用效率的重要途径之一。微生物含有植酸酶，然而野生型微生物植酸酶基因的表达水平还不够高，难以直接用来进行大规模生产，加之某些性质（例如热稳定性和酸稳定性等）不能完全适应饲料加工业和饲养业的要求，需要利用基因工程技术在分子水平上对其进行加工修饰，从而使酶的性质得到某种程度的改善和基因的表达效率得到提高。例如，我国1998年对来自 *Aspergillus niger* 963

的植酸酶基因 *phy* A 进行改造和修饰后，转入异源受体——毕赤酵母获得了高效表达。

有机体的免疫系统可以产生 $10^8 \sim 10^{10}$ 个不同的抗体分子。抗体是有机体免疫细胞被抗原激活后产生的一类能与相应抗原特异性结合的具有免疫功能的球蛋白。抗体分子的多样性赋予它几乎无限的识别能力，几乎能与任何天然的或人工合成的分子精确结合。将抗体的高度识别能力与酶的高效催化能力结合开发出具有特定用途的抗体酶（abenzyme）是非常有意义的。已成功地开发出天然酶所催化的 6 种酶促反应和数十种类型常规反应的抗体酶。

根据已知酶蛋白的氨基酸的排列顺序与空间结构以及与酶的催化能力和稳定性的关系，确定欲置换的氨基酸，进而确定需要改变的密码子及其在基因上的位置，利用点突变技术改变该密码子，获得所需的突变基因。然后将获得的突变基因插入到合适的基因载体中，转化或转导到宿主细胞之中，在适宜的条件下进行表达，就可产生出经过氨基酸置换的酶。例如，将 T_4 溶菌酶基因决定第 3 位异亮氨酸的密码子 TAA 或 TAG 置换成 ACA 或 ACG，所合成的酶的第三位氨基酸就由异亮氨酸转变为半胱氨酸。通过氨基酸置换修饰，可以提高酶活力或增加酶的稳定性，更有利于酶的生产和应用。例如，酪氨酰 tRNA 合成酶在 ATP 的参与下催化酪氨酸与其所对应 tRNA 形成酪氨酰 tRNA，若将该酶第 51 位的苏氨酸置换为脯氨酸，酶对 ATP 的亲和力提高约 100 倍，酶活力提高 25 倍；T_4 溶菌酶分子中第 3 位的异亮氨酸置换成半胱氨酸后，其活力保持不变，但对热的稳定性却大大提高。

（四）菌种的保藏

菌种保藏不仅要求保证菌种不死亡，不被杂菌污染，而且菌种不发生退化。菌种退化是指在微生物传代培养过程中，菌种生活能力和产酶能力的下降。菌种退化的原因十分复杂，基因突变是重要原因之一。

菌种保藏（preservation）主要是根据菌种的生理生化特点，人工创造条件，使孢子或菌体的生长代谢活动尽量降低，以减少其变异。一般可通过保持培养基营养成分在最低水平，并在缺氧、干燥、低温、避光条件下使菌种处于休眠状态，抑制其繁殖能力。

工业上常用的菌种保藏方法有五种。

1. 斜面冰箱保藏法 将已长好的斜面菌种置于 4 ℃左右的冰箱保存，保存期为 3～6 个月。该法是一种短期过渡的保藏方法。

2. 沙土管保藏法 沙土管保藏法适用于产孢子或产芽孢的微生物。首先准备无菌沙土，将洗净、烘干、过筛后的沙土分装在小试管内，经彻底灭菌后备用；然后将菌种制成悬浮液滴入沙土或将斜面孢子刮下与沙土混合，再置于干燥器中真空抽干，在冰箱内冷藏保存。保存期可达数年。

3. 石蜡油封保藏法 此法适用于不能以石蜡作为碳源的微生物。具体做法是向培养好的菌种斜面上，注入一层灭过菌的石蜡油，油层高于斜面 1 cm，然后封口保存。保存期可达数年。

4. 真空干燥冷冻保藏法 在较低温度下（-15 ℃），快速将细胞冻结，然后在真空中使水分升华。在此环境中，微生物的生长和代谢暂时停止，不易发生变异，因此，菌种保存期较长，一般在 5 年以上。该法适用于各种微生物，保藏效果好，在国内外得到广泛应用。

5. 液氮超低温保藏法 将菌种保存在 -196 ℃的液氮温度，细胞新陈代谢完全停止。此法保存期最长，适用微生物范围最广，但保藏费用高，目前仅应用于保存经济价值高，容易变异，或其他方法不能长期保存的菌种。

第二节 酶的微生物发酵生产

酶的发酵生产过程包括菌种活化、菌种扩大培养、培养基制备和发酵生产。

一、菌种的活化和扩大培养

（一）菌种活化

保藏菌种在用于发酵生产之前必须接种于新鲜的斜面培养基上或液体培养基中，在适合条件下培养，以恢复菌种的生命活力。

（二）菌种的扩大培养

发酵用的菌种要求纯度高、活性强、菌体均匀。为了保证发酵时有足够的优质菌种，活化的菌种一般要经过一级至数级的扩大培养。活化的菌种经过种子罐扩大培养后得到的菌种培养液是一级菌种，即可作为发酵罐大规模生产的菌种。如果生产规模非常大，还需要将菌种再扩大培养一次，称为二级菌种。菌种的扩大培养必须是纯菌培养，不允许有杂菌污染，否则危害严重。

菌种培养基一般需多加一些氮源，相对少加一些碳源，尽可能地提供适合的温度、pH、溶解氧，保证细胞又快又好地生长。菌种扩大培养时间不宜太长，一般至对数生长期，即可转入下一级扩大培养或接入发酵罐进行发酵生产。

二、发酵培养基的制备

培养基是指人工配制的用于细胞培养和发酵的各种营养物质的混合物。发酵培养基的作用是提供微生物在发酵过程中继续生长繁殖和微生物大量产酶所需的一切养分和其他物质，以及适当的酸碱环境和渗透压环境。酶是蛋白质，酶的形成也就是蛋白质的合成过程。因此微生物的发酵培养基要有利于蛋白质的合成。

不同用途培养基的配方差异很大，但一般都包括碳源、氮源、无机盐、生长因子等组分。

1. 碳源 碳源是指能向细胞提供碳素的含碳化合物。碳源是细胞能量的来源和酶合成的主要原料之一。大多数微生物酶的生物合成受底物诱导和分解代谢产物阻遏的双重调节。在配制发酵培养基时，除了从营养角度选择碳源外，还要考虑碳源对酶生物合成的调节作用，避免使用有分解代谢产物阻遏作用的碳源。一般采用淀粉及其水解产物，如糊精、麦芽糖等。

2. 氮源 能够向细胞提供氮素的化合物称为氮源。氮是构成细胞蛋白质（酶）和核酸的重要元素。氮源分为有机氮和无机氮。有机氮主要是各种蛋白质材料及蛋白质的水解产物，例如，酪蛋白、豆饼粉、花生粉、蛋白胨、酵母膏、牛肉膏、多肽、氨基酸等。无机氮包括各种铵盐和硝酸盐等，如硫酸铵、磷酸铵、硝酸铵、硝酸钾、硝酸钠。选用何种氮源，依微生物和所生产酶的种类不同而异。自养型微生物用无机氮；异养型微生物用有机氮。

3. 无机盐类 无机盐提供细胞生命活动必需的无机元素。有些金属离子是某些酶的组成成分，例如钙离子是淀粉酶的组分。有些无机盐还对培养基的pH、缓冲能力和渗透压起调节作用。无机元素分为大量元素和微量元素。大量元素包括氮、磷、钾、硫、钙、镁、铁，微量元素包括锰、铜、锌、钼、钴、碘等。一般低浓度的无机盐有利于提高酶的产量，而高浓度则容易抑制酶的产生，尤其是微量元素过量会导致严重的不良后果。

4. 生长因子 生长因子是指细胞生长繁殖所必需的微量有机物质，包括维生素、氨基酸、嘧啶、嘌呤等，它们是构成辅酶的必需物质。

三、酶合成的促进剂和阻遏物

（一）酶合成的促进剂

在培养基中少量添加就能显著增加酶产量的物质，统称为产酶促进剂，它们大多属于酶合成的诱导物、酶的稳定剂或表面活性剂。诱导物多为底物或底物类似物，如淀粉、蔗糖、纤维素分别是淀粉酶、蔗糖酶、纤维素酶的诱导物。近来的研究表明，酶合成的诱导物不仅是酶的底物或底物的类似物，能被微生物转化为诱导物的前体物质有时也能起到诱导物作用；对于某些酶，酶反应的产物可作为诱导物，例如果胶水解产物半乳糖醛酸诱导果胶酶的产生。

添加表面活性剂能显著提高某些酶产量。例如，在纤维素酶生产中加入吐温 80（Tween 80）可增产 20 倍，其作用机理可能是表面活性剂聚集在细胞膜上，增大细胞膜的通透性，有利于胞外酶向外分泌，降低胞内的酶浓度，防止反馈抑制，提高酶的产量。

（二）酶合成的阻遏物

微生物酶的生产受代谢途径末端产物和分解代谢产物的阻遏。例如，枯草杆菌碱性磷酸酶的合成受其催化产物无机磷酸的抑制，当培养基中无机磷酸含量在 1.0 μm/mL 以上时，该酶的合成完全受阻，为此，在发酵生产碱性磷酸酶时，需要限制培养基中无机磷酸的含量。在培养基中有分解代谢产物葡萄糖存在时，β半乳糖苷酶不能大量产生，为解除或降低分解代谢产物的抑制作用，可采用难于利用的碳源，或通过分次添加碳源来降低培养基中的分解代谢产物的浓度。

四、酶的发酵生产方法

微生物酶的发酵方式有固体发酵法、液体深层发酵法和固定化细胞发酵法。固体发酵法简单，但发酵条件难于控制。目前大多数酶是通过液体深层发酵生产的。固定化细胞发酵，是在 20 世纪 70 年代后期发展起来，它是指利用固定在载体上的活细胞进行发酵生产的技术。固定化细胞发酵的优点是：

①产酶效率高，细胞被固定化后，只能在一定的空间范围内生长繁殖，细胞密度增大，故可加快生化反应速度，提高产酶率。

②可进行连续发酵，固定化细胞固定在载体上，不易脱落，可反复使用多次。

③发酵稳定性好，细胞经固定化后，由于受到载体的保护作用，使细胞对 pH 和温度的适应范围增宽，能比较稳定地发酵产酶。

④缩短发酵周期，提高设备利用率，在利用固定化细胞发酵时，第二批次及以后批次的发酵周期缩短。

⑤酶容易分离纯化，固定化细胞颗粒很容易与发酵液分离，发酵液中游离细胞很少，因此有利于酶的分离纯化。

五、酶的发酵条件控制

（一）温度

温度是影响酶发酵生产的重要因素之一。不同的微生物生长有不同的最适温度，例如黑曲霉的最适温度为28～32 ℃，枯草杆菌最适温度是34～37 ℃。温度不仅影响微生物的生长和繁殖，同时也影响酶和其他代谢产物的分泌以及酶的稳定性。细胞发酵产酶的最适温度与生长繁殖的最适温度有所不同。一般情况下，产酶最适温度低于生长最适温度，而且不同酶的生产有不同的最适温度。

（二）pH

微生物需要在一定pH环境中生长繁殖，如果pH不适，不仅影响微生物菌体的正常生长繁殖，而且会改变微生物的代谢途径和代谢产物的性质。因此，在发酵过程中需要密切注意培养基的pH变化并加以调节控制。不同细胞的生长繁殖和产酶，对pH的要求存在差异。有些微生物可用来生产不同的酶，但所需要的最适pH不同。例如，黑曲霉既可产生α淀粉酶，又可产生糖化酶，当培养基的pH偏中性时，有利于淀粉酶的生产；而当pH偏酸性时，糖化酶产量提高，淀粉酶产量降低。

（三）溶解氧

微生物生长繁殖和酶的生物合成都需要大量的能量。这些能量来自培养基中碳源的需氧降解。为此，发酵过程必须供给足够的氧气。培养基中生长的微生物一般只利用培养基中的溶解氧，所以在发酵过程中应连续不断地供给无菌空气，同时进行搅拌以增加培养基中溶解氧的含量。但通气和搅拌要适当，否则会影响微生物的生长和发酵。

第三节 酶的分离纯化

酶的提取和分离纯化是指将酶从细胞及培养基中提取出来，从而获得具有一定纯度的酶产品的过程。

一、酶分离纯化的一般程序

①首先获得出发酶液。如果微生物发酵生产的是胞外酶，液体发酵的培养液或固体培养物的抽提液就是出发酶液；如果发酵生产的是胞内酶，先分离收集菌体，将其破碎，再利用提取液将酶抽提至液相，即获得出发酶液。②除去出发酶液中的悬浮固形物，获得澄清的酶液。③利用各种技术将酶沉淀分离。④将获得的沉淀干燥，研磨成粉，加入适当的稳定剂、填充剂等，做成粉末制剂。⑤当对酶产品的纯度要求很高时，还需要精制。

微生物发酵生产的酶种类很多，性质差异很大，因此分离纯化的方法也不尽相同。即使是同一种酶，由于来源不同，用途不同，分离纯化的方法也有所不同。

二、酶分离提取的条件控制

酶是蛋白质，在分离提取过程中容易变性失活，降低分离纯化效率，因此应严格控制分离提取条件。

1．温度　操作过程尽可能在低温（0～4℃）下进行，溶液中存在无机盐或有机溶剂时，更应如此，以防止蛋白质水解酶对目的酶的分解破坏。

2．pH　在提纯过程中通常采用一定 pH 的缓冲液，防止溶液过酸或过碱影响酶的稳定性和溶解度。

3．盐浓度　大多数蛋白质具有在适当的盐浓度下溶解度增大的性质，但当盐浓度过高时，酶蛋白易变性失活。

4．杂菌污染　含酶溶液是微生物生长的良好培养基，在提纯过程中要防止杂菌污染。

三、酶的工业分离纯化技术

在利用发酵法生产微生物酶时，首先需要对发酵液进行预处理，制备出发酶液。在制取胞外酶时，先在发酵液加入适当的提取溶液，使目的酶进入液相；当目的酶是胞内酶时，先用离心、过滤等方法将菌体从发酵液中分离出来，破碎细胞，再利用提取液将酶抽提到溶液中。通过上述过程获得的溶液就是出发酶液。

在出发酶液中加入适当的絮凝剂或凝固剂，并进行搅拌，然后利用离心沉降，或真空吸滤、板框过滤等方法去除菌体和培养基残渣，获得离心上清液或过滤液，然后采用各种分离纯化方法制取酶制剂。

（一）细胞破碎技术

微生物细胞的最外层是一层牢固的细胞壁，其内部是细胞膜，在提取胞内酶时，需要破碎细胞壁和破坏细胞膜。细胞的破碎方法有许多，归纳起来有机械法、物理法、化学法和酶法。在实际工作中，可依据具体情况选取一种或几种方法。

1．机械破碎　机械破碎是利用机械运动产生的剪切力，使细胞破碎。常用的方法有机械捣碎法、研磨法、匀浆法。

2．物理破碎　物理破碎是通过温度、压力和声波等物理因素使细胞破碎。

具体的方法有温度差破碎法、压力差破碎法、渗透压差破碎法、冻融法和超声波破碎法等。

3．化学破碎法 化学破碎是应用各种化学试剂使细胞膜的结构改变或破坏的方法。化学试剂包括有机溶剂和表面活性剂两大类。常用的有机溶剂有甲苯、丙酮、丁醇、氯仿等；表面活性剂常采用非离子型的Triton、Tween等。

4．酶法 酶法是利用外加的酶或细胞自身含有的酶在一定条件下使细胞壁溶解。例如，利用溶菌酶破坏革兰氏阳性菌的细胞壁。

（二）发酵液的絮凝与凝聚技术

要从出发酶液获得澄清酶液，就需要过滤或离心，但出发酶液在过滤之前，为了加快过滤速度，提高分离效果，经常需要利用凝聚和絮凝技术改变细胞、细胞碎片及溶解大分子物质的分散状态，使其聚结成较大的颗粒，使之达到工业规模过滤和离心的要求。

1．凝聚 凝聚是指在电解质作用下，溶液的胶粒之间双电层排斥作用降低，而使胶体体系不稳定，胶粒间相互凝聚的现象。

在生理pH下，出发酶液中的细胞、菌体或蛋白质等胶体粒子的表面，一般都带有负电荷，由于静电引力的作用，将溶液中带正电荷的阳离子吸附在其周围表面，形成双电层，使胶粒间相互排斥，胶体粒子分散，不易聚集，难于过滤。向胶体溶液中加入某种电解质，在电解质中相反离子的作用下，胶粒的双电层电位会降低，使胶体体系不稳定，胶体粒子间因相互碰撞而产生凝聚。外加电解质所带相反离子的价数越高，凝聚能力越强。常用的凝聚电解质有硫酸铝、氯化铝、三氯化铁、硫酸亚铁、石灰、硫酸锌、碳酸镁等。

采用凝聚方法得到的凝聚体，其颗粒常常是比较细小的，有时还不能有效地进行离心和过滤分离。

2．絮凝 絮凝是指在某些高分子絮凝剂的作用下，溶液中的较小胶粒聚合形成较大絮凝团的过程。采用絮凝法产生的絮凝团较粗大，容易过滤分离。

絮凝剂是一种能溶于水的高分子聚合物，分子量可高达数万至一千万以上，它们具有长的链状结构，其链节上含有许多活性基团，包括带正、负电荷的离子，如羧基（—COOH）、氨基（$—NH_2$）等，以及不带电荷的非离子型基团。胶粒通过静电引力、范德华引力或氢键的作用，吸附在絮凝剂分子上。一个絮聚剂分子的链节分别吸附许多不同的胶粒，就形成了较大的絮凝团。

根据来源的不同，工业上使用的絮凝剂可分为三类：①有机高分子聚合物，如聚丙烯酰胺类衍生物、聚苯乙烯类衍生物；②无机高分子聚合物，如聚合铝盐、聚合铁盐等；③天然有机高分子絮凝剂，如聚糖类胶黏物、海藻酸钠、明胶、骨胶、壳多糖、脱乙酰壳多糖等。

(三) 发酵液的过滤技术

过滤是借助过滤介质将不同大小、不同形状的物质分离的技术。

1. 过滤技术的分类 根据过滤介质截留的物质颗粒大小不同，过滤可分为粗滤、微滤、超滤和反渗透4大类。过滤介质有多种，常用的有滤纸、滤布、纤维、多孔陶瓷和各种高分子膜等。其中以各种高分子膜为过滤介质的过滤称为膜分离技术。微滤、超滤、反渗透、透析和电渗析等都属于膜分离技术。

借助于过滤介质截留悬浮液中直径大于2μm的大颗粒，使固液分离的技术称为粗滤。通常所说的过滤就是指粗滤。粗滤主要用于分离酵母、霉菌、动物细胞和植物细胞、培养基残渣及其他大颗粒的固形物。

粗滤所使用的过滤介质主要有滤纸、滤布、玻璃纤维、陶瓷滤板等。对过滤介质的要求是：孔径大小适宜，孔的数量较多又分布均匀，具有一定机械强度，化学稳定性好。

根据过滤机理的不同，过滤操作可分为澄清过滤和滤饼过滤两种。在澄清过滤中，或以硅藻土、沙、活性炭颗粒、玻璃珠、塑料颗粒等作为过滤介质，填充于过滤器内构成过滤层，或以烧结陶瓷、烧结金属、黏合塑料及用金属丝绕成的管子等构成的滤层。当悬浮液通过滤层时，固体颗粒被滤层阻拦或被吸附在滤层的颗粒上，使滤液得以澄清。在该过滤过程中，过滤介质起主要过滤作用。此种方法适合于固体颗粒含量少于0.1 g/100 mL、颗粒直径在5～100 μm的悬浮液的过滤分离。

在滤饼过滤中，过滤介质为滤布，包括天然纤维或合成纤维织布、金属织布及毡、石棉板、玻璃纤维纸、合成纤维等无纺布。当悬浮液通过滤布时，固体颗粒被滤布所阻拦，在滤布的一测滤渣逐渐堆积形成滤饼。当滤饼达到一定厚度就可起过滤作用。在滤饼过滤中，悬浮液固体颗粒形成的滤饼起主要过滤作用。所以这种方法称为滤饼过滤或滤渣过滤。该法适合于固体含量大于0.1 g/100 mL的悬浮液的过滤分离。

根据过滤对产生推动力的条件不同，粗滤可分为常压过滤、离心过滤、加压过滤、减压过滤等4种。

(1) 常压过滤 常压过滤也称为重力过滤，是以液位差为推动力的过滤。过滤装置垂直安装，悬浮液置于过滤介质的上方，在下方收集滤出液，由于上方与下方存在液位差，在重力的作用下，滤出液自上而下通过过滤介质，颗粒物质被截留在介质表面。实验室常用的滤纸过滤以及生产中使用的吊篮或吊袋都属于常压过滤。常压过滤设备简单，操作方便易行。但过滤速度较慢，分离效果较差，难以大规模连续使用。

（2）离心过滤　离心过滤是利用转鼓高速转动产生的离心力使液体通过转鼓上的过滤介质，从而实现固液分离的方法。离心过滤适用于固体颗粒较大，固体含量较高的悬浮液。离心过滤具有分离速率快、分离效率高、液相澄清度好等优点。缺点是设备投资大、能耗大等。

（3）加压过滤　加压过滤以压力泵或压缩空气为过滤的推动力。在生产中常用的各种压滤机属于此类。加压过滤设备比较简单，过滤速度较快，过滤效果较好，在生产中广泛使用。

（4）减压过滤　减压过滤又称真空过滤或抽滤，是通过在过滤介质的下方抽真空的方法，增加过滤介质上下方之间的压差，推动液体通过过滤介质，而把大颗粒截留的过滤方法。实验室使用的抽滤瓶和生产上使用的各种真空抽滤机均属此类。减压过滤压力差最高不超过0.1MPa，适用于黏性不大的悬浮液过滤。

2．常用的过滤设备

（1）板框过滤机　板框过滤机是一种传统的过滤设备，适合于固体含量1%～10%的悬浮液的分离。在发酵工业中广泛应用于培养基过滤及霉菌、放线菌、酵母菌和细菌等多种发酵液的固液分离。板框过滤机的优点是：结构简单，辅助设备少；过滤面积大；过滤的推动力能大幅度调整，适用于多种悬浮液；能耐受较高的压力差，因而固相含水分低；价格低廉，动力消耗少。

（2）真空转鼓过滤机　真空转鼓过滤机是大规模生物工业生产的常用过滤设备，特别适合于固体颗粒大、固体含量高（>10%）的悬浮液的分离。它的操作特点是自动化程度高、过滤连续、处理量大，广泛用于霉菌、放线菌、酵母菌发酵液及细胞悬浮液的过滤分离。真空转鼓过滤机由于受真空所产生的压力差的限制，一般不适用于菌体较小和黏度较大的细菌发酵液的过滤；此外，过滤所得的固相干度不如加压过滤。

（四）酶的提取技术

在一定条件下，用适当的溶剂处理含酶原料，使酶充分溶解到溶剂中的过程，称为酶的提取，也称做酶的抽提。

大多数酶蛋白都可以用清水、稀盐溶液、稀酸溶液、稀碱溶液溶解抽提；一些与脂质结合紧密或分子中含非极性基团较多的酶不溶或难溶于水、稀盐、稀酸、稀碱溶液，需用有机溶剂抽提。常用的有机溶剂是能够与水混合的乙醇、丙醇、丁醇等。不同酶的溶解特性不同，因此需要选用不同的抽提溶剂。

1．稀盐溶液抽提　稀盐溶液抽提是利用某些蛋白质溶解于稀盐溶液的特性来提取酶的。大多数酶溶于水，而且在一定浓度盐存在的条件下，溶解度增加，这称为盐溶现象。一般酶提取时盐浓度控制在0.05～0.2 mol/L的范围内。例如，用 0.1 mol/L 的氯化镁提取枯草杆菌碱性磷酸酶；用 0.5～0.6 mol/L的磷酸氢二钠溶液提取酵母醇脱氢酶；用 0.15 mol/L 的氯化钠溶液或 0.02～0.05 mol/L 的磷酸缓冲液提取麸曲中的 α 淀粉酶、糖化酶、蛋白酶等胞外酶；用 0.1mol/L 的碳酸钠提取 6-磷酸葡萄糖脱氢酶。

2. 稀酸溶液抽提 某些酶在酸性条件下溶解度较大，且稳定性较好，适宜用稀酸溶液提取。例如，利用 0.12 mol/L 硫酸溶液从胰脏中提取胰蛋白酶和胰凝乳蛋白酶。

3. 稀碱溶液抽提 某些酶在碱性条件下溶解度较大，而且稳定性好，适用于稀碱溶液提取。例如，用 pH 11～12.5 的碱溶液抽提细菌 L 天冬酰胺酶。

4. 有机溶剂抽提 某些酶与脂质结合比较牢固或分子中含非极性基团较多，不溶或难溶于极性溶剂，需用乙醇、丙酮、丁醇等有机溶剂提取。例如，用丁醇提取琥珀酸脱氢酶、细胞色素氧化酶、胆碱酯酶等。

5. 双水相体系萃取 双水相萃取是近年来发展起来的具有工业开发潜力的新型分离技术。它是利用两种不同水溶性聚合物的水溶液混合时，体系形成的互不兼容的两相，即双水相体系来提取酶。一般认为，聚合物水溶液的疏水性差异是产生相分离的主要推动力。所以只要两个聚合物的疏水程度有所差异，混合时就可发生相分离，且疏水程度相差越大，相应地相分离倾向也就越大。能构成双水相体系的聚合物和盐很多，最常用的是聚乙二醇（PEG）/葡聚糖（dextran）和 PEG/磷酸盐体系。

一般认为，双水相体系萃取技术是利用生物分子在双水相体系中的选择性分配来分离的。

（五）酶的离心分离技术

离心分离是酶提取纯化过程中最常用的方法，它是借助离心机旋转所产生的离心力，使酶与其他物质分离的技术。主要用于除去发酵液中的菌体残渣、培养基残渣以及抽提过程中生成的沉淀物。

（六）酶的沉淀分离技术

沉淀分离是通过改变某些条件，使溶液中某种溶质的溶解度降低，从而从溶液中沉淀析出，达到与其他溶质分离的目的。常用的方法有盐析沉淀法、等电点沉淀法、有机溶剂沉淀法和复合沉淀法。

1. 盐析沉淀法 盐析沉淀法又称为盐析法，该法利用蛋白质在一定浓度的盐溶液中沉淀的特性分离蛋白质。在盐浓度较高时，由于盐离子的水合作用，使水分子的活度降低，导致蛋白质的溶解度下降，蛋白质沉淀，这就是盐析现象。硫酸铵是常用的盐析剂，因为它在水中溶解度大（25 ℃时为 4.1 mol/L），盐析能力强，价格便宜，浓度高时也不会引起蛋白质活性的丧失。利用中性盐进行盐析的优点是操作简便；对易变性的蛋白质有一定的保护作用；使用范围广泛；具有去除杂质的作用。缺点是分辨能力差，纯化倍数低。

2. 有机溶剂法 在等电点附近，蛋白质分子主要以两性电解质的形式存在。如果这时添加有机溶剂，由于有机溶剂的存在使溶液的介电常数降低，两性电解质分子之间的静电引力增大，从而使分子凝聚沉淀。另一方面，有机溶剂本身的水合作用也会破坏蛋白质表面的水合层，导致蛋白质分子脱水而沉淀。在用有机溶剂沉淀蛋白质时，把溶液的 pH 调节到目的酶的等电点，有利于酶的分离。有机溶剂沉淀法分辨率高于盐析法。

3. 有机聚合物沉淀法 除了盐和有机溶剂能使蛋白质沉淀外，水溶性中性高聚物也能沉淀蛋白质。常用于蛋白质沉淀的有机聚合物有 PEG6000、PEG20000、聚丙烯酸、单宁等。

聚丙烯酸分子带有相当多的羧基，可与带正电荷的碱性蛋白质结合而形成大的颗粒沉淀下来。向沉淀中加入钙离子，聚丙烯酸转化为钙盐，蛋白质则游离出来，从而使蛋白质纯化。PEG 难于从蛋白质沉淀中除去，但少量的 PEG 对蛋白质无害。盐析、离子交换、亲和层析、凝胶过滤常可在不除去 PEG 的情况下进行。

4. 选择性变性沉淀法 有一些蛋白质的稳定相当好，可忍受极端环境条件。因此，可利用极端条件使非目的酶变性，并从溶液中沉淀出来，从而使目的酶得到分离。可供利用的变性条件有热变性、pH 变性和有机溶剂变性。

（七）酶的浓缩技术

由于发酵液或酶的抽提液中酶的浓度一般都比较低，一般用减压、超滤等方法进行适当浓度的浓缩。

（八）酶的干燥技术

酶的工业化制剂有液态和固体粉剂两种。固体酶制剂稳定性高，便于贮存、运输和应用。干燥是将固体、半固体或浓缩液中的水分除去一部分，以获得含水量较少的固体的过程。常用的干燥方法有真空干燥、冷冻干燥、喷雾干燥、气流干燥、吸附干燥等。

四、酶的精制技术

生物化学及分子生物学研究、分析测试和医药用酶要求达到非常高的纯度，达到接近单一蛋白的程度。这需要对酶进行进一步的纯化与精制。酶的精制技术有多种，可根据酶的特性选用。

（一）透析与超滤技术

1. 透析　在酶的提纯过程中，常常需要脱盐。例如，酶通过硫酸铵分级提纯后，若需进一步层析或电泳，就需要将硫酸铵除去，即将酶与小分子的盐分离，通常称之为脱盐。最普通的脱盐方法是透析和凝胶过滤。

透析是利用小分子盐离子的扩散作用，不断透过选择性通透膜（透析膜）到膜外，而大分子被截留，从而达到除盐的目的。分子量 15 000 以上的大分子物质不能透过透析膜。所以可利用透析方法将酶与盐分离。透析所需设备简单，操作容易，但透析时间长。

2. 超滤　近几十年来，膜分离已逐渐成为化学工业、食品加工、废水处理、医药生产等行业的重要分离技术。膜分离是利用不同物质通过膜的能力不同而将物质分离开的方法。膜分离技术有多种，其中能截留分子量 500 以上大分子的膜分离过程称为超滤。

超滤是利用有选择通透性的微孔膜，在液压作用下，小溶质分子随溶剂透过膜转移到膜的另一侧，而大溶质分子则阻留下来，因此大小溶质分子得以分离。这种技术广泛应用于酶分子的浓缩和纯化分离，特别适用于液体酶制剂的生产。它的优点在于所用设备简单，操作容易，分离过程中既不产生相态变化，也不产生离子状态变化和温度变化，工作条件温和，分离速度快。

构成超滤膜的材料主要有醋酸纤维、聚砜、芳香聚酰胺、聚丙烯、聚乙烯、聚碳酸酯和尼龙等高分子材料。其中，聚砜由于具有耐热、耐酸碱、耐生物腐蚀以及强度好和价格低廉等优点而受到重视。

（二）层析分离技术

层析分离是利用混合物中各组分的物理化学性质（分子的大小、形状、分子极性、吸附力、分子亲和力和分配系数等）的不同使各组分在两相中的分布程度不同而达到分离目的。层析分离中的一个相是固定的，称为固定相；另一相是流动的，称为流动相。当含有待分离物质的流动相流经固定相时，各组分的移动速度不同，从而使不同的组分被分离纯化。

常用的层析技术有吸附层析、离子交换层析、凝胶层析、亲和层析等。由于层析分离设备简单，操作容易，广泛应用于酶的分离纯化。

1. 吸附层析技术　吸附层析是利用吸附剂对不同物质的吸附力不同，而使混合液中的各组分分离的方法。通常用于酶分离纯化的吸附剂有硅藻土、氧化铝、磷酸钙、羟基磷灰石、纤维素磷酸钙凝胶、白土类纤维素、淀粉、活性炭等。

影响蛋白质吸附和洗脱的因素主要有 pH、离子强度、蛋白质浓度及吸附剂与蛋白的比例。由于用吸附法纯化酶蛋白，可供选择的吸附剂种类繁多，不同蛋白质的性质差异又很大，所以具体酶要选择不同的操作条件。

2. 离子交换层析技术 离子交换层析是利用离子交换剂与不同蛋白质分子的亲和力不同，而使蛋白质分离的方法。

离子交换剂是带有一定数量带电活性基团的、具有网状结构的高分子化合物。它是通过在不溶性高分子物质上引入可解离基团制成的。高分子化合物的网状结构提供不溶性骨架，其上的带电基团靠静电力吸引带相反电荷的离子。这部分被吸引的离子可以与溶液中其他带同样电荷的离子进行可逆交换。如果骨架带正电基团，吸引的离子为阴离子，这种交换剂就可以与阴离子进行交换，所以称为阴离子交换剂；反之，骨架上带负电基团，吸引的离子为阳离子，可以与阳离子交换，称为阳离子交换剂。

生物大分子（如蛋白质）是两性电解质，整个分子可以是正离子，也可以是负离子。因此可以与两种交换剂发生作用。又因为它们是多价电解质，所以它们对离子交换剂的亲和力取决于每个分子能够与交换剂形成的离子键的数目。数目愈多，亲和力愈大。

当提取液的 pH 大于酶的等电点时，酶分子带负电荷，可用阴离子交换剂进行层析分离；而当提取液 pH 小于等电点时，酶带正电荷，则需要用阳离子交换剂进行分离。

根据所用的高分子物质的不同，离子交换剂可分为离子交换纤维素、离子交换凝胶和离子交换树脂等。离子交换纤维素的亲水性能好，活性基团分布在纤维素表面，交换容量较大，目前广泛应用于酶的分离纯化，常用的有 DEAE 二乙氨乙基纤维素、AE 氨乙基纤维素、羧甲基纤维素（CMC）等。离子交换凝胶是以葡聚糖凝胶、聚丙烯酰胺凝胶等为基质制成的，它同时具有离子交换和分子筛的作用，交换容量大，分辨能力强，在酶的分离纯化方面具有广阔的应用前景，常用的有 DEAE 葡聚糖凝胶、DEAE 聚丙烯酰胺凝胶、DEAE 琼脂糖凝胶、CM（羟甲基）凝胶、SE（磺酸乙基）葡聚糖凝胶、SP（磺酸丙基）葡聚糖凝胶等。离子交换树脂主要用于分子量较小物质的分离纯化，其中只有某些大孔径的离子交换树脂可用于酶的分离纯化。

3. 凝胶层析技术 凝胶层析根据样品中各种物质分子量不同，将样品通过多孔胶床来达到分离的目的。这种方法有许多不同的名称如凝胶过滤、凝胶渗透层析、排阻层析、有限扩散色谱等。目前名称尚未完全统一。

在凝胶层析中，将凝胶物质制成颗粒状，经一定处理后装入凝胶层析柱。当含酶溶液在层析柱内流过时，各种物质分子在柱内同时进行向下的移动和不定向的分子扩散运动。大分子物质由于分子直径大，难于进入凝胶颗粒的微孔，只能在凝胶颗粒的间隙中随流动相快速向下移动；而小分子物质能够扩散进入凝胶颗粒的微孔中，因此在流动过程中不断地进出于胶粒的微孔，这样就使小分子物质向下移动的速度落后于大分子物质。从而使酶液中的各组分按分子量从大到小的顺序先后流出层析柱，达到酶的分离纯化的目的。

凝胶层析法从20世纪60年代初期开始应用，至今已发展成为生化实验室的常规方法。凝胶的种类很多，常用的有葡聚糖凝胶、聚丙烯酰胺凝胶和琼脂糖凝胶等。

4. 亲和层析　亲和层析是近年来发展起来的纯化酶和其他生物大分子的一种特殊的层析技术。一般的层析分离技术都是利用被分离物质的物理化学性质的不同，亲和层析则是利用被分离物质的生物学性能方面的差别。生物大分子有与某些相对应的分子专一地结合的特性，例如酶的活性中心能与专一的底物、抑制剂、辅因子和效应剂通过某些次级键相互结合形成络合物，这种能与蛋白质专一结合的分子称为配基。生物大分子与配基之间形成络合物的能力称为亲和力，亲和层析的名称就是由此而来的。亲和层析法与常用的分离纯化法比较，具有纯化效果好，得率高的特点。

亲和层析法纯化酶的过程是：首先选择一个固相支持物作为载体，再选择一个能与酶专一结合的化合物作为配基，将两者偶联制成亲和吸附剂，然后装入层析柱中，当含酶混合物通过层析柱的时候，只有与配基有专一亲和力的酶才能被结合于柱上，其余不亲和部分都从柱中流过，然后再用洗脱溶剂将专一结合的酶洗脱。

亲和层析常用的载体有交联葡聚糖（商品名Sephadex）、琼脂糖、聚丙烯酰胺凝胶（商品名Bio-Gel p）、多孔玻璃球等。

（三）电泳分离技术

带电粒子在电场中向着与其本身所带电荷相反的电极移动的过程称为电泳。颗粒在电场中的移动方向，决定于它们所带电荷的种类。带正电荷的颗粒向电场的阴极移动；带负电荷的颗粒则向电场的阳极移动；净电荷为零的颗粒在电场中不向电极移动。颗粒在电场中的移动速度主要决定于其本身所带的净电荷量，同时受颗粒形状和颗粒大小的影响。不同的物质，由于其带电性质及颗粒大小和形状不同，因在一定的电场强度下，它们在支持物上的移动方向和移动速度也不同，故此可使它们相互分离。

电泳方法有多种，按使用的支持体不同，可以分为纸电泳、薄层电泳、薄膜电泳、凝胶电泳和等电聚焦电泳等。

在酶工程领域，电泳技术主要用于酶的纯度鉴定、酶分子量测定、酶等电点测定以及小批量酶的分离纯化。主要采用的电泳技术有凝胶电泳、等电聚焦电泳等。

1. 凝胶电泳技术 凝胶电泳是以各种具有网状结构的多孔凝胶作为支持体的电泳技术。由于凝胶电泳同时具有电泳和分子筛的双重作用，故具有很高的分辨率。凝胶电泳所采用的支持体通常是聚丙烯酰胺凝胶。以它为支持体的电泳称为聚丙烯酰胺凝胶电泳（polyacrylamide gel electrophoresis，PAGE），按其电泳装置和凝胶的形状可分为垂直管型盘状电泳和垂直板型电泳。前者在圆玻璃管内将凝胶做成圆柱状，每一个圆管一次只能电泳一个样品；后者在两块平板之间将凝胶做成平板状，可以同时电泳多个样品，而且操作比前者更简单容易，应用更广泛。

聚丙烯酰胺凝胶是由丙烯酰胺单体和交联剂甲叉双丙烯酰胺（bis）在催化剂的作用下聚合而成的。通常所用的催化剂是过硫酸铵和四亚甲基双胺（TEMED）。

2. 等电聚焦电泳技术 蛋白质分子是带有电荷的两性生物大分子，其正、负电荷的数量随所在环境的 pH 而变化的。在电场中，在一定 pH 缓冲液中，蛋白质分子若带正电荷则向负极移动；若带负电荷则向正极移动。在某一 pH 下，蛋白质分子所带净电荷为零，因此在电场中不再移动，则此 pH 即为该蛋白质的等电点（pI）。

在普通电泳中，电场中的 pH 是均一的、相对稳定的，各种带电分子依其所带电荷性质和数量多少而以不同速度向不同方向移动。而等电聚焦电泳是在电泳槽加入多种具有不同等电点的小分子载体两性电解质，当通以直流电时，两性电解质即形成一个由阳极到阴极逐渐增加的 pH 梯度。在等电聚焦电泳槽中，当蛋白质分子所处位置 pH 低于其等电点，则带正电，向负极方向移动；反之则带负电荷，向正极方向移动；但最后都停留在相当其等电点 pH 的位置上，不再移动，并聚集成极窄的区带，所以这种电泳方法称为等电聚焦。测出各聚焦区带位置的 pH，便可知被分离蛋白质的等电点。等电聚焦的特点是：①分辨率高，蛋白质的等电点只要相差 0.02 pH 单位即可分开。②电泳过程中区带越聚越窄，克服了一般电泳的扩散作用。③聚焦作用与加样部位无关，可用浓度很低的样品。④一次便可准确测出蛋白质的等电点，其精确度和重复性可达 0.01 pH 单位。等电聚焦法不适合分离一些在等电点不溶或发生变性的蛋白质。

五、酶制剂的保藏条件

（一）合适的温度

酶的保存温度一般为 0～4 ℃，但是有些酶在低温下反而容易失活，因为在低温条件下亚基之间的疏水作用减弱会引起酶的解离。此外，0℃以下溶质的冰晶化还可引起盐分浓缩，导致溶液的pH发生改变，从而使酶的巯基连接成为二硫键，破坏酶的活性中心，并使酶变性失活。

（二）适当的pH

大多数酶在特定的pH范围内稳定，偏离这个范围便会失活，这个范围pH因酶而异，如溶菌酶在酸性区稳定，而固氮酶则在中性偏碱区稳定。

（三）抗氧化保护

由于巯基基团或Fe－S中心等容易为分子氧所氧化，故这类酶应加巯基保护剂或在氩气或氮气中保存。

（四）提高酶的浓度和纯度

一般地说，酶的浓度越高，杂蛋白越少，酶越稳定。将酶制备成晶体或干粉更有利于保存。此外，还可通过加入酶的各种稳定剂（如底物、辅酶、无机离子等）来加强酶稳定性，延长酶的保存时间。

第四节　酶分子的改造

天然存在的微生物所产生的酶，即使是通过一般遗传育种方式改造过的微生物所产生的酶，在提取、贮藏和应用方面都存在着局限性。例如，酶的稳定性差，不利于工业化大规模提取、分离和贮存；大多数酶作用的最适pH为中性，且不抗热，在偏离中性和高温的环境中难以充分发挥作用；酶对人体而言是外源蛋白质，具有免疫原性，能够引起过敏反应，限制了酶在医学上的应用。为弥补酶的缺陷，人们一般通过化学方法对已分离出来的酶进行分子修饰，或通过基因工程的方法改变酶的编码基因来改造酶。

一、酶分子化学修饰

酶分子化学修饰是指通过主链的剪接切割、侧链的化学修饰和活性中心离子置换等对酶分子进行改造。其目的在于改变酶的一些性质，创造出天然酶不具备的某些优良特性，从而扩大酶的应用，以获得更大的经济效益。化学修饰的方法有许多，依据不同的需要可选择不同的方法。

（一）大分子结合修饰

利用水溶性大分子与酶结合，使酶的空间结构发生某些细微的变化，从而改变酶的功能与特性的方法称为大分子结合修饰法，简称为大分子结合法。酶经过大分子结合修饰可显著提高酶活力，增加稳定性或降低抗原性。该法是目前应用最广泛的酶分子修饰方法。

通常使用的水溶性大分子修饰剂有右旋糖酐、聚乙二醇、肝素、蔗糖聚合物、聚氨基酸等。

从发酵产物中直接分离到的酶有时活力并不能满足实际应用的需要，因此需要对酶进行修饰以提高其活力。当每分子胰凝乳蛋白酶与11分子右旋糖酐结合时，酶的活力可提高5.1倍。

各种天然酶在生产、应用和保存过程中都会发生活力降低的现象。有些作为药物使用的酶，进入体内后往往稳定性差，半衰期短，影响疗效。例如，对治疗血栓有显著疗效的尿激酶，在人体内半衰期只有2～20 min。用可溶于水的大分子与酶结合进行酶分子修饰，可在酶的外围形成保护层，使酶的空间构象免受其他因素的影响，从而增加酶的稳定性。例如木瓜蛋白酶与右旋糖酐结合，显著增强其抗酸碱和抗氧化的能力。

当外源蛋白非经口进入人或动物体内后，体内血清中就可能出现与此外源蛋白特异结合的抗体。能引起体内产生抗体的外源蛋白称为抗原。当来自动物、植物或微生物中的酶作为药物，非经口（如注射）进入人体后，往往会成为一种抗原，诱导体内产生抗体，与作为抗原的酶特异地结合，从而使酶失去催化功能。所以，药用酶的抗原性问题是影响其应用的重要问题之一。抗体与抗原之间的特异结合是由于它们之间特定的分子结构所引起的。若抗原的特定结构改变，就会失去诱导抗体产生的作用。利用水溶性大分子对酶进行修饰，是降低甚至消除酶的抗原性的有效方法之一。例如，用聚乙二醇对色氨酸酶进行修饰，可完全消除其抗原性。

（二）金属离子置换修饰

通过改变酶分子中所含的金属离子，使酶的特性和功能发生改变的方法称为金属离子置换修饰法，简称为离子置换法。一些金属离子是酶活性中心的组成部分，例如，α淀粉酶含有的Ca^{2+}、谷氨酸脱氢酶含有的Zn^{2+}、过氧化氢酶中含有的Fe^{2+}等，将其除去，酶将失活。

用于酶分子修饰的金属离子，往往是二价金属离子，如Ca^{2+}、Mg^{2+}、Mn^{2+}、Zn^{2+}、Co^{2+}、Cu^{2+}、Fe^{2+}等。在进行离子置换修饰时，先在酶液中加入一定量的乙二胺四乙酸（EDTA）等金属螯合剂，将酶分子中的金属离子螯合，然后通过透析、超滤或分子筛层析等方法将EDTA金属螯合物从酶液中除去。再将其他的金属离子加到酶液中与酶蛋白结合。酶分子中加入不同的金属离子，则可使酶呈现不同的特性，如酶的活性提高或降低、酶的稳定性增强或减弱等。例如，用Ca^{2+}将锌型蛋白酶的Zn^{2+}置换，则酶活力可提高20%～30%；α淀粉酶是杂离子型，含有Ca^{2+}、Mg^{2+}、Zn^{2+}等多种离子，若把这些

离子全部置换成 Ca^{2+}，则可提高酶活力并增加稳定性。

金属离子置换法只适用于原来含有金属离子的酶。

（三）侧链水解修饰

有些酶的肽链经有限水解后其性质改变或催化活力提高。利用肽链的有限水解改变酶的特性和功能的方法，称为肽链有限水解修饰。例如，胰蛋白酶原没有催化活性，用蛋白酶将该酶原水解掉一个六肽，即可表现出胰蛋白酶的活性；用胰蛋白酶将天冬氨酸酶羧基末端的10多个氨基酸残基水解除去，可使天冬氨酸酶的活力提高4～5倍或以上。

酶具有的抗原性与其分子的结构和大小有关。大分子的外源酶蛋白往往表现较强的抗原性；而小分子的蛋白质或多肽，其抗原性较低或者无抗原性。所以，将酶分子有限水解，使其分子量减小，就会在保持其酶活力的前提下，使酶的抗原性显著降低，甚至消失。例如，将木瓜蛋白酶用亮氨酸氨肽酶进行有限水解，使其全部肽链的2/3被水解除去，该酶的酶活力保持不变，而其抗原性大大降低。

对酶进行有限水解，通常使用专一性较强的蛋白酶或肽酶为修饰剂，有时也可采用其他方法。

（四）侧链基团修饰

酶蛋白侧链基团就是指组成蛋白质的氨基酸残基上的功能基团。这些功能基团主要是氨基、羧基、巯基、咪唑基、吲哚基、酚羟基、羟基、胍基、甲硫基等。这些基团对于蛋白质空间结构的形成和稳定性起着重要作用。

酶蛋白侧链基团主要利用一些小分子物质进行修饰。这些小分子化合物称为侧链基团修饰剂。不同的侧链基团所使用的修饰剂各不相同，可根据需要加以选择。

1．氨基修饰剂 主要有二硝基氟苯、醋酸酐、琥珀酸酐、二硫化碳、亚硝酸、乙亚胺甲酯、O-甲基异脲、顺丁烯二酸酐等。它们可与氨基共价结合将氨基屏蔽起来，或导致脱氨基作用，从而改变酶蛋白的构象或性质。例如用O-甲基异脲与溶菌酶赖氨酸残基的ε-氨基结合，酶活力保持不变，但稳定性提高，而且很容易结晶析出；用亚硝酸修饰天冬酰胺酶，使其氨基末端的亮氨酸和肽链中的赖氨酸的氨基转变为羟基，使酶的稳定性提高，在体内的半衰期可延长2倍。

2．羧基修饰剂 羧基修饰剂可使羧基酯化、酰基化或结合上其他基团。最早用来修饰蛋白质侧链羧基的修饰剂是乙醇-盐酸试剂，它可使羧基产生酯化作用。

3．胍基修饰剂 精氨酸含有胍基。胍基可与二羰基化合物缩合生成稳定的杂环。所以二羰基化合物，如环己二酮、乙二醛、苯乙二醛等，都可以用做胍基修饰剂。

4．巯基修饰剂 巯基在维持亚基间的相互作用和在酶的催化过程中起重要的作用，然而巯基却容易发生变化，从而改变酶的性质和催化特性。常用的巯基修饰剂有：二硫苏糖醇、巯基乙醇、硫代硫酸盐、硼氢化钠等还原剂以及各种酰化剂、烷基化剂等。

5．酚基修饰剂 常用碘化法、硝化法和琥珀酰化法等修饰酶蛋白中的酚基。酚基经修饰剂修饰后，引入负电荷，因而增大酶对带正电荷的底物的结合力。

6．分子内交联剂 用含有双功能团的化合物，如二氨基丁烷、戊二醛、己二胺等，与酶分子内两个侧链基团反应，在分子内共价交联，可使酶分子空间构象更加稳定。

二、生物酶工程

生物酶工程主要包括三方面内容：①用基因工程技术大量生产酶；②修饰酶基因，产生遗传修饰；③设计出新酶基因，合成自然界中从未有过的酶。

重组DNA技术的建立，使人们在很大程度上摆脱了对自然酶的依赖，特别是当从天然材料获得酶蛋白特别困难时，重组DNA技术更显示出其独特的优越性。近十年来，基因工程的发展使的人们可以较容易地克隆出各种天然的酶基因，使其在微生物中高效表达，并通过发酵进行大量生产，已有100多种酶基因克隆成功，包括尿激酶基因、凝乳酶基因等。酶基因克隆及表达的大致步骤如图5-1所示。

克隆是酶基因工程的关键一步，是把编码目的酶的基因插入适当的载体，然后带入载体相容的宿主，并随宿主复制。酶基因插入载体后，在宿主中有两种表达方式，一种是利用自身携带的起始密码子，启动合成与天然酶完全相同的酶；另一种是利用载体所具有的密码子，合成相应的融合蛋白，融合蛋白经化学或酶法水解后形成天然酶。要构建一个具有良好产酶性能的菌株，必须具备良好的宿主-载体系统，一个理想的宿主应具备以下几个特性：①所希望的酶占细胞总蛋白量的比例要高，能以活性形式分泌；②菌体容易大规模培养，生长无特殊要求，且能利用廉价的原料；③载体与宿主相容，克隆酶基因的载体能在宿主中稳定维持；④宿主中的蛋白酶尽可能少，产生的外源酶不会被迅速降解；⑤宿主菌对人安全，不分泌毒素。

纤维蛋白溶酶原激活剂和凝乳酶是应用基因工程获得大量酶的最成功例

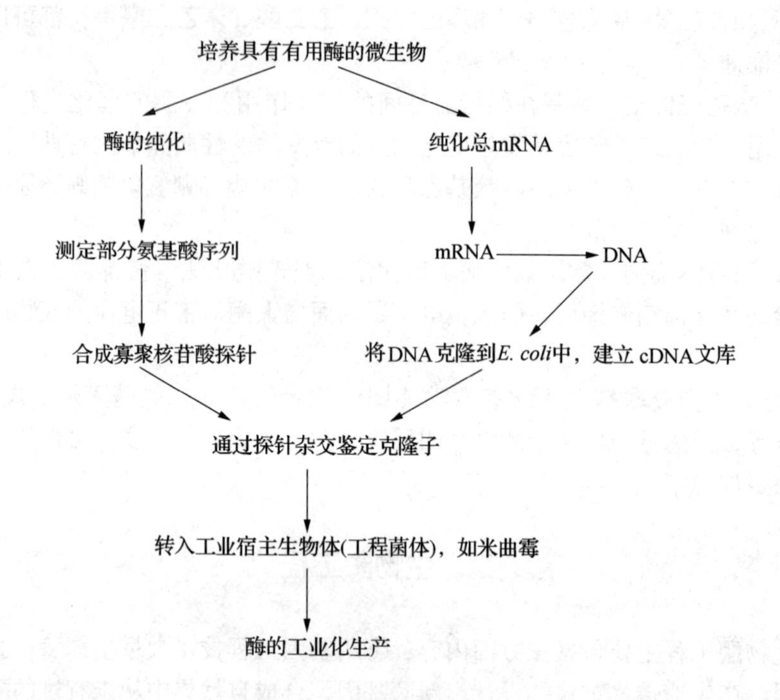

图 5-1 酶基因的克隆策略
（引自 Smith John E.，1996）

子。人纤维蛋白溶酶原激活剂是一类丝氨酸蛋白酶，能使纤维蛋白溶酶原水解产生有活性的纤维蛋白溶酶，溶解血块中的纤维蛋白，在临床上用于治疗血栓性疾病，促进体内血栓溶解。利用工程菌株生产的酶在疗效上与人体合成的酶完全一致，目前已用于临床实验。凝乳蛋白酶是生产乳酪的必须用酶，最早是从小牛第四胃的胃膜中提取出来的一种凝乳物质，由于它的需求量常受到动物供应的限制，而直接从微生物中提取的凝乳酶又常会引起乳酪苦味，因此克隆小牛凝乳酶基因在微生物中发酵生产，在食品工业上具有重要的商业意义，利用酵母系统做表达宿主产生的凝乳酶与从小牛胃中提取的天然酶性质完全一致。

酶的蛋白质工程是在基因工程的基础上发展起来的，而且仍需要应用基因工程的全套技术。所不同的是，酶的基因工程主要解决的是酶大量生产的问题，而蛋白质工程则致力于天然蛋白质的改造，制备各种定做的蛋白质，但也要用到基因工程的技术手段；酶蛋白质工程的工作程序见图 5-2。

根据蛋白质结构理论，有些蛋白质立体结构实际上是由一些结构元件组装起来的，而且它们的各种功能也与这些结构元件相对应。因此，如果想对这些

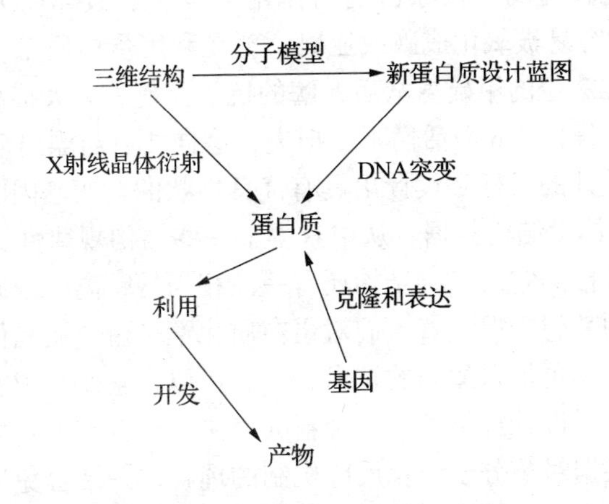

图 5-2 酶蛋白质工程的程序图
（引自杨开宇等，1990）

蛋白质功能元件进行分解或重组来获得具有单一或复合功能的新蛋白质，就可以通过分子剪裁的方法来实现。也就是对这些蛋白质的功能元件相应的一级结构进行分解或重组，而无须从空间结构的角度上考虑。同样，对于一些功能和特性仅仅由蛋白一级结构中某些氨基酸残基的化学特性所决定的酶，也可不经过以空间结构为基础的分子设计，直接改变或者消除这些侧链来改变它们的有关功能和特性。但是，当这些残基的改变从空间结构上影响其他有关功能时，就必须对取代残基仔细地选择或筛选。如枯草芽孢杆菌的蛋白酶，它具有氧化不稳定性，有一个容易被氧化的甲硫氨酸残基，位于活性中心 222 位。当甲硫氨酸被其他 19 种氨基酸替代后，大部分突变型酶的氧化稳定性得到了明显的提高，但它们的活力都有不同程度的下降。因此，对这类蛋白酶的改造往往要经仔细的分子设计，才能实施。

酶蛋白的另一种改造方法是对随机诱变的基因库进行定向的筛选和选择，使用这种方法的前提是必须有一个目的基因产物的高效检测筛选体系。如枯草芽孢杆菌蛋白酶是一种胞外碱性蛋白酶，在培养基中加入脱脂牛奶，就可通过观察培养皿中蛋白水解圈的有无或大小，来筛选蛋白酶基因阳性或表达强的菌落，然后选择所需的菌落，测定相应的 DNA 序列，找出突变位点。

目前酶蛋白质工程主要集中在工业用酶的改造，因为工业用酶有较好的酶学和晶体学研究基础，酶的发酵技术（如诱变技术和筛选）也比较成熟，而且其微生物的遗传工程发展较好，同时，工业酶无须进行医学鉴定，能很快地投入使用。如用做洗衣粉添加酶的枯草芽孢杆菌蛋白酶，是一种天然的丝氨酸蛋白酶，它能够分解一些蛋白质等物质，使衣服上的血迹和汗渍等很容易洗掉。

但这种酶一般比较脆弱，在漂白剂的作用下容易被破坏而失去活性，原因是222位甲硫氨酸容易被氧化成砜或亚砜。现在利用蛋白质工程技术，用丝氨酸或丙氨酸代替222位的甲硫氨酸后，酶的抗氧化能力大大提高，可在一定量的过氧化氢溶液中停留1 h而活性不受损失，这样便可与漂白剂混合使用。

酶的遗传设计的目标是设计出具有优良性状的新酶基因图案。虽然已有近300种蛋白质晶体学结构数据，从中获得了一些结构规律性，但直接从蛋白质的氨基酸顺序来推测它的三维结构还有一段相当的距离，因此酶的遗传设计还只是一个美好的梦想。但随着人们对蛋白质化学、蛋白质晶体学、酶催化本质等的进一步了解，再加以适当的技术，一定可以将它变为现实。近年来抗体酶的发展为酶的分子设计提供了一个全新的思路，它打破了化学酶工程和生物酶工程的界限，根据对酶分子催化反应机制的理解，并结合免疫球蛋白的分子识别特性，应用免疫学、细胞生物学、化学、分子生物学等技术，制备出具有高度底物专一性及特殊催化活力的新型催化抗体。可以预料，随着新生物工程技术和噬菌体抗体库技术的发展，将有更新的重组技术用来直接从抗体中筛选催化抗体。

不久的将来，基因工程和蛋白质工程将对酶产业产生引人注目的影响。基因工程可以降低酶产品的成本，同时也将使稀有酶的生产变得更加容易，而蛋白质工程则可生产出完全符合人们要求的酶。

第五节　酶的固定化与酶反应器

一、酶的固定化

酶制剂最简便的应用方法就是在液相中与底物混合，以达到对底物进行加工的目的。由于在这种方法中酶是游离的，缺点也非常明显：酶在溶液中不稳定，容易变性失活；酶在反应后难以回收，不能重复利用；生产不能以连续化方式进行；酶与产物混合在一起，增加产品分离纯化的难度，从而导致生产效率下降，成本上升。因此，人类很早就开始探索效率更高的酶制剂利用方法——固定化酶。

固定化酶是指固定在载体上并在一定的空间范围内进行催化反应的酶。固定化酶既保持了酶的催化特性，又克服了游离酶的缺点，应用前景非常广阔，它可用于产品的生产、产品的分离纯化、医疗检测等方面。

（一）酶的固定化方法

酶的固定化方法主要有载体结合法、包埋法和交联法，但是没有一种方法能够适用于所有的酶，在应用时要根据酶的特点和应用目的选择适当的方法。

1．载体结合法 载体结合法是一种将酶结合在非水溶性载体上的方法。载体结合法又分为物理吸附法、离子吸附法、共价结合法和螯合法。

（1）物理吸附法 物理吸附法是利用具有活泼表面的固相载体吸附酶分子。常用的载体有活性炭、高岭土、淀粉、氧化铝、硅胶、石英沙、多孔玻璃等。该法操作简单，反应条件温和，酶不易失活，载体廉价易得，而且可反复使用；但酶与载体结合力弱，易解吸脱落，容易导致产品污染和酶反应器总活力降低，因此应用受到限制。

（2）离子吸附法 该法利用离子键使酶与载体结合从而将酶固定。所用的载体是一些不溶于水的离子交换剂，例如DEAE纤维素、TEAE（三乙氨乙基）纤维素、DEAE葡聚糖凝胶、CM衍生物等。

用离子吸附法制备固定化酶，反应条件温和，操作简单，酶活性损失小。在一定的pH、温度和离子强度下，将酶液和载体混合搅拌几个小时，或将酶液缓慢流过处理好的离子交换柱，就可将酶固定在离子交换剂上。酶与载体的结合比物理吸附法牢固，但当反应体系条件发生较大变化时，酶仍容易脱落。故在使用时一定要严格控制好pH、离子强度、底物浓度和温度等条件。

（3）共价结合法 该法通过共价键将酶的非必需基团与载体表面的反应基团结合，从而将酶固定在载体上。酶分子中的氨基、羧基、巯基、羟基等可与载体共价结合。常用的载体有纤维素、琼脂糖凝胶、葡聚糖凝胶、氨基酸共聚物、甲基丙烯醇共聚物、甲壳质等。

载体与酶结合之前，首先需活化，即通过某种反应将某一活泼基团引到载体上。然后该活泼基团与酶分子上的某一非必需基团结合，形成共价键。

（4）螯合法 此法将酶螯合到载体表面的钛（二价或四价）、锆（四价）和钒（三价）等金属氢氧化物上。

2．包埋法 此法将酶包裹在高分子凝胶微孔中或高分子半透膜微囊内，酶被包埋后不会扩散到周围介质中，而底物和产物却能自由出入。用于酶包埋的凝胶高分子化合物有琼脂、海藻酸钠、明胶、淀粉等。

3．共价交联法 共价交联法又称架桥法，是借助于双功能或多功能试剂与酶分子中的氨基或羧基进行反应，使酶分子之间发生交联，结成网状结构从而制成固定化酶，最常用的交联试剂是戊二醛。

（二）固定化对酶性质的影响

酶被固定化后，由于载体和酶的相互作用以及载体对底物的影响，酶的作用性质会发生如下变化。

1．多数情况下酶的活性降低 其可能原因有：酶固定化改变酶的构象，从而导致酶与底物结合能力和酶催化活力的改变；载体的存在影响底物或其他效应物对酶调节部位的调节作用及调节效应；在固定化酶体系中，底物和产物的扩散受到限制。

2．酶的稳定性提高 酶被固定化后，酶的热稳定性、有机溶剂稳定性、pH稳定性、抗蛋白酶水解能力及贮存稳定性等都有提高。

3．最适 pH 变化 酶被固定化后，催化底物的最适 pH 和 pH 活性曲线常发生变化，其原因是微环境表面电荷的影响。例如，当载体带负电荷时，载体内的氢离子浓度要高于溶液主体的氢离子浓度，为了使载体的 pH 保持游离酶的最适 pH，载体外的 pH 要相应高些，因而表观上最适 pH 向碱性一侧偏移。

4．最适温度提高 在一般情况下，固定化后的酶失活速度下降，所以最适温度也随之提高。如色氨酸酶经共价结合后最适温度比固定前提高了5～15℃。

5．反应动力学常数发生变化 当酶固定于中性载体后，表观米氏常数往往比游离酶高，而最大反应速度变小；而当酶与带负电荷的载体结合后，表观米氏常数往往变小。

（三）固定化酶的评估指针

采用不同方法固定的酶的催化效果和固定化酶的实用性不同，因此人们常利用如下参数对其进行评价。

1．相对酶活力 酶蛋白量相同的固定化酶与游离酶活力的比值称为相对酶活力。该指针可用来评价酶固定化方法对酶活性的影响。相对酶活力低于75％的固定化酶，一般没有实际应用价值。

2．酶的活力回收率 固定化酶的总活力与用于固定化的酶总活力之百分比称为酶的活力回收率。该指针可用于评价酶固定化方法的固定效率。

3．酶的半衰期 酶的半衰期是指酶的活力下降到初始酶活力一半时所经历的时间，用 $t_{1/2}$ 表示。该指针用来衡量固定化酶的操作稳定性，半衰期愈长，酶的固定化效果越好。

二、细胞的固定化

酶的固定化技术也可用于以酶的应用为目的微生物菌体和动物细胞与植物细胞的固定。固定化细胞与固定化酶同被称为固定化生物催化剂。固定化细胞自20世纪70年代问世以来得到了迅速发展，应用范围不断扩大，广泛应用于工业、农业、医学、化学、环境保护、能源开发以及理论研究等方面。例如美国、欧洲和日本大规模生产果糖浆的工艺大多采用固定化菌体技术。

完整细胞的固定化与酶固定化相比有明显的优点：省去破碎细胞提取酶的

程序；酶在细胞内环境中的稳定性高，酶活力的损失少，固定后活性回收率高；可利用细胞中的复合酶系进行连续酶反应；一般固定化细胞成本低于固定化酶。

固定化细胞应用时，需注意的问题有：酶反应的底物和产物能否通过细胞膜、细胞内是否存在产物的分解系统和其他副反应。

三、酶反应器

以酶作为催化剂进行反应所需的设备称为酶反应器。这些设备包括游离酶、固定化酶和固定化细胞的容器及附加设备，如混合、取样、检测等设备。酶反应器的作用是以一定的速度由规定的反应物制备特定产物。

（一）酶反应器的类型

酶反应器有多种分类方式：例如，按进料与出料方式可粗分为分批反应器、半分批反应器、连续流动反应器；按功能结构可分为膜反应器、液固反应器及气液固三相反应器。

1．搅拌罐式反应器 搅拌罐式反应器是目前较常用的反应器。它由容器、搅拌器及保温装置所组成，具有结构简单、温度和 pH 容易控制、内容物混合均匀等特点。

搅拌罐式反应器可用于游离酶和固定化酶催化的反应。

有一些酶，特别是水解酶类的底物多数是带有黏性或是不溶于水的颗粒，难以用固定化酶来处理，仍需游离酶来处理。发酵食品工业就常用搅拌罐式反应器。

搅拌罐式反应器用于固定化酶反应，具有固定化酶更换容易等特点，但载体易被旋转搅拌桨叶的剪切力所破坏，搅拌动力消耗也大。此外，对于分批反应器，在用离心或过滤沉淀方法回收固定化酶时，易造成酶的失活和回收损失。

2．固定床型反应器 把催化剂填充在固定床（填充床）中的反应器称为固定床型反应器。在反应中，底物按一定方向以恒定速度通过反应床。该反应器具有结构简单、容易放大、剪切力小、单位体积催化剂负荷量高、催化效率高等特点，可降低底物的抑制作用。当前工业上多数采用此类反应器。但它有下列缺点：温度和 pH 难以控制；底物和产物存在轴向浓度梯度；清洗和更换部分催化剂麻烦；床内有自压缩倾向，易堵塞；床内压力大，底物需加压才能流入。

3．流化床型反应器 流化床型反应器是装有较小固定化酶颗粒的垂直塔式反应器。底物以一定速度自下而上流过，使固定化酶颗粒处于浮动状态下并进行反应。它的优点是：具有良好的传热传质性能；温度和 pH 控制容易和气体供给方便；不易堵塞，可适用于处理黏度高的液体等。它的缺点是：为保持固定化酶颗粒处于充分浮动状态，需维持一定的流速，运转成本高，难于放大；由于酶颗粒处于流动状态，易于机械磨损；由于流化床的空隙大，单位体积酶浓度不高。目前流化床反应器主要用于处理一些黏度高的液体和颗粒细小的底物。

4. 膜式反应器　膜式反应器利用膜的分离功能同时完成反应和分离过程。这类反应器包括由膜状固定化酶组成的平板型或螺旋卷型反应器、转盘型反应器以及空心酶管和中空纤维膜反应器等。平板型和螺旋卷型反应器与填充塔型相比，压力降小，放大容易，但反应器内单位体积催化剂的有效面积小。转盘型反应器主要利用包埋法，将酶制成圆盘状或叶片状的固定化凝胶薄片，然后把许多凝胶薄片装配在反应器的旋转轴上，在反应时，整个装置浸在底物溶液中。该反应器的特点是更换催化剂方便。它广泛应用于污水处理装置。空心酶管反应器的酶被固定于细管的内壁上，底物流经细管时，与管壁接触的部分进行反应。该反应器除应用于工业外，主要与自动化分析仪组装在一起，用于定量分析。在中空纤维膜反应器中，酶被固定在数千根中空纤维上。中空纤维由醋酸纤维构成，内层紧密、光滑，可截留大分子，允许小分子物质通过；外层为多孔的海绵状支持层，酶被固定在海绵状支持层中。当底物溶液流经反应器时，与酶发生反应。

（二）酶反应器性能的评价指针

酶反应器的性能评价尽可能在接近生产条件下进行，主要评价指针有以下几个。

1. 空时　空时是指底物在反应器中的停留时间，在数值上等于反应器体与底物体积流速之比，又常称为稀释率。当底物或产物不稳定或容易产生副产物时，应使用高活性酶，尽可能缩短反应物在反应器内的停留时间。

2. 转化率　转化率是指每克底物中有多少被转化为产物。

3. 生产强度　每小时每升反应器体积所生产的产品的克数。

好的酶反应器应该是空时少，转化率高，生产强度大。

（三）酶反应器的运转

利用酶反应器进行生产，首先需要根据生产目的、生产的规模、生产原料、产品的质量要求选择合适的酶反应器，以便充分利用酶的催化功能，生产出预期产品，同时降低反应过程的成本，即用最少量的酶，在最短时间内完成最大量的反应。此外，达到此目的还需要合理地配置、使用和操作反应器。

1. 防止微生物污染　酶反应器与发酵反应器不同，反应不需要在完全无菌条件下进行。但是，仍需严格控制微生物污染，因为它是降低酶反应器生产效率和降低产品质量的一个重要因素。微生物污染不仅会堵塞反应柱，甚至能使固定化酶活性载体降解，而且它们产生的酶和代谢物会使产物降解和增加反应的副产物，减少产物的产出，增大产物分离的难度。因此，应采取适当的方法对底物进行灭菌，酶反应器每次使用后也要选择合适的方法进行消毒。

2. 酶反应器中流动状态的控制　在酶反应器中的催化反应效率和反应器的寿命都与反应器中液体流动状态有关。在反应器的运转过程中，流动方式的改变会使酶与底物的接触不良，造成反应器生产力降低。此外，由于流动方式的改变，造成返混程度的变化，为所需产物发生进一步反应及副反应提供了机会。

影响填充式反应器流动状态的因子有：载体填充不规则；底物上柱不均匀；载体的自压缩；固体和胶体物质沉积造成的壅塞。解决自压缩和壅塞的方法有：选择体积较大、表面光滑、不可压缩的填充材料；采取间隔式填充；间歇通上行气流；对过浓的黏性材料进行预处理等。

对于搅拌型反应器，应严格控制搅拌速度，防止搅拌不均匀或搅拌速度过快造成固定化酶破碎和失活。

3. 反应器稳定性的控制　在酶反应器工作过程中，如果操作和维护不当会导致反应器催化能力的迅速下降。许多因素都影响酶反应器的稳定性：①温度过高、pH 过高或过低、离子强度过大会造成酶变性失活；②微生物及酶会对固定化酶造成破坏；③氧化剂存在会导致酶氧化分解；④重金属等有毒物质会对酶活性产生不可逆抑制；⑤剪切力会对酶结构造成破坏；⑥载体磨损会造成的酶损失；⑦长期在高浓度底物和盐浓度中，固定化酶会逐步解吸。因此，在酶反应器使用和维护过程中，必须采取有针对性的措施。

第六节　生物传感器

传感器是一种能够检测被测量信号（参量）并将其转换为一种可输出信号的装置，通常由感受器、换能器和电信号处理装置三部分组成。生物传感器是利用生物活性材料作为感受器，配以适当的换能器所构成的分析工具（或分析系统）。生物传感器可用来检测或计量化合物。

一、生物传感器的工作原理

生物传感器的关键部分是感受器。生物感受器所用的生物活性材料，一般是对被测分子具有高度选择能力的纯化酶、免疫系统、组织、细胞器或完整细胞，将这些材料制成固定化膜。膜的制备原理与固定化酶和固定化细胞相似，常用的方法有夹心法、包埋法、吸附法、共价结合法、交联法和微胶囊法。理想的固定化方法，不应破坏生物材料的活性并延长材料的活性。

在检测物质时，被测分子与感受器上的生物活性材料相互作用，瞬间发生能量转移，产生带电活性物质，或导致pH变化，或发光、发热，或导致压力变化等。这些变化由换能器接收并转化为电信号。例如，可用电极检测离子性物质并转换成电信号；用pH电极检测pH变化；量子计数器检测光量子数量的变化；热敏电阻感受反应所发出的热量；压力计测定压力反应所引起的压力变化。

换能器所产生的电信号经放大、数据处理，通过显示屏显示或其他装置输出。

生物传感器工作原理如图5-3所示。

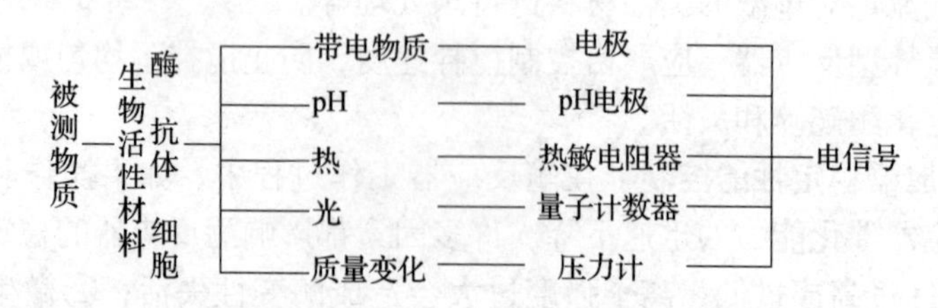

图5-3 生物传感器的工作原理

二、生物传感器的类型

生物传感器按检测器件的检测原理来分类，大致可分为热敏生物传感器、场效应管（FET）生物传感器、压电生物传感器、光学生物传感器及声波生物传感器；按感受器所选用的生物材料可分为酶传感器、微生物传感器、免疫传感器、组织传感器等。下面按后一分类分绍生物传感器。

（一）酶传感器

酶传感器是问世最早，技术最成型的一类生物传感器。它的感受器由纯化酶制成的酶膜构成。该类型的传感器能够在常温常压下检测待测液中的糖类、醇类、有机酸、氨基酸等生物分子的含量，其原理是传感器中的酶能将待测物质氧化或分解，然后经过换能器将反应所导致的化学物质变化转变为电信号并进行放大和处理，从而推算出被测物质的浓度。最典型的酶传感器是葡萄糖传感器，其感受器是由葡萄糖氧化酶制成的酶膜，它将扩散进入感受器的葡萄糖氧化转变为葡萄糖酸，同时消耗氧气，使反应体系中的氧浓度下降。氧浓度变化由换能器氧电极检测。

（二）免疫传感器

免疫传感器是利用抗体与抗原的特异性反应来检测物质的。已有几种免疫传感器获得了初步成功。例如，绒毛促性腺激素（HCG）传感器，该传感器是将HCG抗体固定在二氧化钛电极的表面制成工作电极，通过它与固定尿素的参比电极之间形成一定的电位差，当电解液中加入含HCG抗原时，工作电极的电位立即发生变化，从电位变化可求出HCG浓度。由HCG的浓度可以判断动物是否怀孕。

（三）微生物传感器

微生物传感器是应用细胞固定化技术，将各种微生物固定在膜上的生物传感器。它利用微生物的呼吸作用或微生物体内的酶。该种传感器寿命长，非常适用于发酵过程中物质变化的测定。

（四）组织传感器

组织传感器是利用动物和植物组织中多酶系统的催化作用来识别分子的。由于所用的酶存在于天然组织内，无须进行人工提取纯化，因而比较稳定，制备成的传感器寿命较长。例如，猪肾组织切片含有丰富的谷氨酰胺酶，将其与氨气敏电极结合可制成检测谷氨酰胺的传感器。

三、生物传感器的作用特点

生物传感器的研制是生化物质检测技术的一大创新，它结合了生物检测方法和物理化学检测方法的优点，具有专一性强、速度快、使用简便等特点。

（一）生物传感器检测的专一性

生物传感器与免疫分析和酶法分析等生物分析方法相同，都是利用生物产生的感应（sensing）分子，这些生物感应分子具有极强的识别能力，能将待测物从其相似物质中区分出来。因此，利用生物传感器能够对某种物质进行高精确度的测量。

（二）生物传感器检测的高速度

生物传感器与其他生物检测方法比较，一个重要特点是能够对待测物质进行现场直接分析，不需带回实验室，分析检测速度快。例如，血液样品中的葡萄糖可用葡萄糖氧化酶传感器直接测定。

（三）生物传感器使用的简便性

与其他生物分析方法相比，生物传感器将感受器和换能器整合为一体，因此测定时不需要利用各种试剂来处理样品，省去许多实验步骤。例如，将葡萄糖氧化酶传感器直接浸入血液中就可测出血液中葡萄糖的含量。

（四）生物传感器检测的连续性

生物传感器的另一个优于其他生物分析方法的特点是固定化的生物识别分子可以再生和再利用。所以生物传感器可用来进行连续测定和大量样品测定。例如，葡萄糖氧化酶生物传感器可被重复用于检测血液中葡萄糖含量多次。相反，免疫法，包括酶联免疫法，在检测过程中酶与待测物的结合是不可逆的，因此酶分子只能利用一次。

四、生物传感器的应用

生物传感器的应用范围非常广泛，包括农业、食品加工、制药、医疗诊断等。①医疗：疾病诊断。②农业：农场、果园、畜牧场相关生化分析。③加工控制：发酵过程控制和产品质量分析。④食品和饮料业：生产过程控制和产品质量检验。⑤微生物学：细菌和病毒检测。⑥制药：药物分析。⑦环境保护：有害物质的检测与控制。⑧采矿：工业和有毒气体检测。

小 结

酶工程是指酶的工业化生产和酶制剂的大规模应用技术，是现代生物技术的重要组成部分。酶工程技术包括酶的生产、酶的分离纯化、酶的固定化、酶的修饰与改造、酶的反应器和酶生物传感器等。酶工程还有两个重要分支，即化学酶工程和生物酶工程。化学酶工程是酶学与化学工程技术的有机结合，主要研究酶的化学修饰、酶的固定化、酶的人工模拟及其应用技术。生物酶工程是酶学与DNA重组技术相结合的产物，是基因工程技术在酶的生产、酶的遗传修饰及新酶的设计合成中的应用。固定化酶是指固定在载体上并在一定的空间范围内进行催化反应的酶。固定化酶既保持了酶的催化特性，又克服了游离酶的缺点，应用前景非常广阔。生物传感器是利用生物活性材料作为感受器的传感器。生物传感器可用来检测或计量化合物。

复习思考题

1. 何谓酶？酶有何特性？
2. 何谓酶工程？酶工程包含哪些内容？
3. 为什么进行酶的分子修饰？如何进行酶的分子修饰？
4. 如何提高酶的分离纯化效率？

5. 各种酶的固定化方法有何优缺点?

6. 何谓生物传感器? 有何应用?

主要参考文献

[1] 宋思扬，楼士林主编. 生物技术概论. 北京：科学出版社，1999
[2] 张树政主编. 酶制剂工业. 北京：科学出版社，1984
[3] 罗贵民主编. 酶工程. 北京：化学工业出版社，2002
[4] 郭勇主编. 酶工程. 北京：中国轻工业出版社，1994
[5] 李再资编. 生物化学工程基础. 北京：化学工业出版社，1999
[6] 毛忠贵主编. 生物工程下游技术. 北京：中国轻工业出版社，1999

专 题 篇

第六章 基因克隆策略与转基因技术

学习要求 进一步学习基因克隆的策略与方法，包括一般克隆方法、功能克隆法、表性克隆法、插入分离法、位置克隆法和分子间互相作用法等。更全面地了解动物、植物和微生物的主要转基因技术的原理、操作方法和优缺点。

基因克隆和转化技术是基因工程操作的主要组成部分，没有克隆化的基因就无法开展基因工程，没有简单有效的转化技术就难以实现外源基因在受体中的遗传重组。在第二章中我们简要介绍了基因克隆和转化的基本方法。随着分子生物学技术和相关学科的发展，基因克隆和转化的新技术、新方法不断涌现。因此，有必要进一步了解这些技术方法的原理、操作和优缺点及其对因材选法，提高基因克隆和转基因效率的意义。

第一节 基因克隆策略

一、一般克隆法

（一）化学合成法

一般方法是先将寡核苷酸激活，带上5′磷酸基团，然后再与相应的互补的寡核苷酸片段退火，形成带有黏性末端的双链寡核苷酸片段。把这些双链寡核苷酸片段混合在一个试管中，加上T_4DNA连接酶，使它们彼此连接组装成一个完整的基因或基因的一个片段。这些组装的产物被插入到适当的载体上，并转化大肠杆菌寄主细胞。最后DNA序列分析所组装的基因。应用这种基因组装法，已经克隆出了多种基因，其中包括分子量较大的α干扰素和组织纤溶酶原激活因子（tpA）等多个基因。

化学合成法关键是：①最好在基因两个末端设有不同酶切位点，以便与载体进行有方向性的连接。②合成的片段应该经过适当纯化，一般以PAGE或HPLC纯化较好，因为合成过程中有些片段不完整，必须除去。③片段5′端加磷酸要确实，最好合成同时由公司添加，成本还能降低。④设计的每个片段不宜过长，因为越长，成本越高，产量越低，而且出现错误的几率越大。⑤连接时，应每四个两两互补片段一同连接，然后每两组相连，最后和载体连接。⑥转化克隆后，必须分析序列，予以确证。

（二）cDNA基因文库

1．原理 通过一系列的酶促反应，使总ploy（A）mRNA转变成双链cDNA群体，并插入到适当的载体分子，然后再转化到大肠杆菌寄主菌株的细胞内，如此便构成了包含着所有基因编码序列的cDNA基因文库（complement DNA gene library）。广泛使用的一种方法是，先用逆转录酶合成一条cDNA链，经碱降解作用，再用大肠杆菌DNA聚合酶Ⅰ合成第二条链，最后用单链特性SI核酸酶消化掉cDNA单链部分，形成双链的cDNA，与载体连接后，转化宿主细胞，产生千万个克隆，即为cDNA文库。

2．不同丰度mRNA的cDNA克隆 在许多组织和细胞中，各种mRNA的含量都是极不相同的。其中，有些类型的mRNA含量十分丰富，每个细胞可拥有数千个拷贝，而有些类型的mRNA每个细胞只有少数几个拷贝。

对于稀少mRNA，可以通过蔗糖梯度离心及变性条件下的凝胶电泳，分离以后富集。也可以根据已知核酸序列，合成互补的核苷酸序列，在poly（A）RNA的逆转录反应中，这些寡核苷酸序列可以作为引物，合成cDNA并建成文库。如果合成的寡核苷酸有足够的长度（14～40个核苷酸），还可直接作为探针，从cDNA基因文库中筛选含有目的基因序列的克隆。

3．cDNA克隆特点

①cDNA克隆以mRNA为起始材料，这对于有些RNA病毒，例如流感病毒（influenza virus），cDNA克隆就成为一种惟一可行的方法。

②cDNA基因文库的筛选比较简单易行，一个完全的cDNA基因所含的克隆数，要比一个完全的基因组文库所含的克隆数少得多。理论所必需的最低克隆数，约为1.7×10^5个克隆。

③如果某一特定的基因克隆，目的在于获得一种特殊的真核蛋白质产物，涉及它的蛋白质的检测，则必须用cDNA文库法。

④在已知基因组DNA序列的情况下，通过同cDNA序列的比较，还可以确定出内含子和外显子之间的界线。另外，cDNA片段小，序列分析方便。

⑤在发育过程中时间调节基因（temporally regulated gene）表达特征的分析，以及组织特异性基因表达特性的分析，都要使用cDNA克隆。

⑥鉴定出在某种类型细胞中存在，而在同种类型细胞不同处理中又不存在的mRNA分子的cDNA克隆，如差异显示等。

⑦用cDNA文库制成表达芯片很容易进行基因表达分析。

（三）基因组文库

基因组文库（genomic library）是指由来自染色体DNA的全部DNA片段组成的基因文库。理论上，在一个完整的基因组文库中，生物体的每一个基因都有一个克隆。

构建基因组文库的第一步是，从目的生物体中制备基因组DNA，根据建库所用载体容量大小制备适宜的DNA片段。应注意的是，分离的DNA片段最小应为载体容量的2倍以上。

构建基因组文库的第二步是，在体外将这些DNA片段同适当的载体连接，形成重组体分子，转化大肠杆菌细胞，经过生长扩增之后，组成了一个重组体克隆库，此即是基因组文库。一个构建理想的文库，应该对任何一个已知基因均可从文库中筛选出来。可根据Carbon－Clerk公式计算出所需菌落数：

$$N = \ln(1-p)/\ln(1-f)$$

式中　N——所需菌落总数；

p——靶基因99%筛选到的几率；

f——载体容量与基因组大小之比。

关于基因组文库的几个要点：

①值得注意的是，使用任何一种扩增的基因文库时，同一重组体群体中所有的成员都不是等速地增殖。插入的外源DNA在大小及序列上的差异，将影响到重组载体的复制速率。这样，当一个基因文库经过扩增之后，某些特定的重组体的比例就可能增加，而有些重组体的比例则可能下降，甚至会丢失。

②用已知探针筛选出阳性克隆，并不一定是单一的完整的目的基因。由于DNA片段是随机的，可能酶切到基因的一部分；或者基因很大，载体容量不够，很可能被漏掉；或者靶基因两端有一些其他序列，尤其是大容量载体库，更容易产生此结果。

③如果需要得到基因完整的序列，必须用基因组文库方能达到，有利于研究内含子、启动子和调控序列结构和功能。

④理论上讲，除少数基因外，一个基因组含有不同基因数量相等，即获取

的机会相同。

⑤保留了基因组文库相当于保存了整个基因组，对于濒临灭绝的生物或许是延续物种的一种办法。

（四）PCR 技术

聚合酶链式反应（polymerase chain reaction），即 PCR 技术，是一种在体外快速扩增特定基因或 DNA 的方法，故又称为基因的体外扩增法。

1．PCR 技术的原理　双链 DNA 分子首先在高温下变性（denature）分离成两条单链 DNA 分子，然后 DNA 聚合酶以单链 DNA 为模板，利用反应混合物中的 4 种脱氧核苷三磷酸（dNTP），合成新生的 DNA 互补链。DNA 聚合酶需要有一小段 DNA 来启动引导新链的合成，它是由反应混合物中的一对寡核苷酸引物（primer）与模板 DNA 链两端的退火（annealing 或 renature）位点决定的。经过延伸（extention）完成聚合过程，使靶序列增加一倍。

当 PCR 反应体系中存在分别与两条链互补的一对引物时，两条单链 DNA 都可作为模板合成新生互补链。并且每一条新生链的合成都是从引物的退火结合位点开始，并沿着相反链延伸，这样在每一条新合成的 DNA 链上都具有新的引物结合位点。然后反应混合物经再次加热变性，使新、旧两条链分开，并进入下一轮的反应循环，即引物退火、DNA 延伸和链的变性分离。PCR 反应的最后结果是，经 n 次循环之后，反应混合物中所含有的双链 DNA 分子数，即两条引物结合位点之间的 DNA 区段的拷贝数，理论上的最高值应是 2^n 倍。理论上讲，经过 25 次的循环反应，便可使靶 DNA 得到 10^6 倍的扩增，由于扩增效率等因素影响，一般 30 个循环后，才能达到此数量。

2．技术要点　①为了使模板彻底变性，一般采用 97 ℃ 5～10 min。若变性不好，DNA 双链分离不彻底，影响扩增效果，甚至无扩增产物。②退火温度是 PCR 反应的关键，gene runner 等软件上可以给出模拟的退火温度，也可以通过引物 $Tm=4\ (G+C)\ +2\ (A+T)$ 算出 Tm 值，然后减去 5 ℃可作为近似值。不过每个理论值均必须经实践摸索才能最后确定。③一般要求靶序列在 10^4 个左右，尤其用重组质粒再扩增时，不宜过量。④PCR 克隆时，引物 5′端一般设计酶切位点，位点外增加 2～3 个保护性碱基。也可以用 T 载体直接连接。

3．克隆靶基因方案　①一般 PCR 技术，要求具有与靶序列互补的一对引物，扩增出引物所限定的中间部分片段。②如果模板是 RNA，可以通过逆转录（reverse transcript，RT）PCR 完成，只用总 RNA 即可，不需纯化出 mRNA。选用 oligodT 作逆转录引物，或用 PCR 下游引物启动逆转录。③需要扩增已知片段两侧序列时，选用反向 PCR（inversed PCR）。先修平 DNA 片段，然后用连接酶使其自连，根据已知序列酶切位点，使用内切酶切开，这时已知序列已位于待扩增片段两侧，最后设计引物，按常规方法予以扩增。④仅仅知道目的基因的5′端或是3′端序列，可以采用RACE（random amplification cDNA end）技术。已知5′端序列时，上游引物按序列设计，下游引物选用oligodT，首先做逆转录，然后再按常规方法扩增。当5′端未知时，用下游引物逆转录，上游引物用随机引物 N_9（任意9个碱基）扩增，克隆和测序后，仍未得到全序列时，可以根据新得的序列设计一个新的下游引物，再做一次5′RACE。⑤如果不知道基因靶列，可以根据生物性状不同，选用差异显示等技术。

二、功能克隆法

（一）双抗体法

早期人们克隆目的基因采用一种双抗体技术。由于抗体的特异性，它只对特种抗原产生反应，可以用已知蛋白质免疫制造特异性抗体。用此抗体与特定细胞的胞质进行反应。因为细胞中不断在核糖体与mRNA复合体上翻译出长短不一的靶蛋白，这些蛋白与复合体一起与特异性抗体产生反应，结合在一起。然后再用抗体与它们反应，生成更大的颗粒。通过超速离心即能使其从细胞质中分离出来。最后用蛋白酶降解蛋白质，可以得到特异的mRNA，以oligodT为引物，逆转录合成cDNA，经克隆即可得到目的基因。

（二）反向生物学法

1．原理　已知蛋白质序列可以根据它的密码组成，合成出寡聚核苷酸探针，再从cDNA文库中分离出目的基因克隆。另外，自然界中有一些蛋白质的核苷酸编码序列，在其进化的过程中保持着高度的保守性，这样就使核酸的种间杂交成为可能。用人（*Homo sapiens*）的β神经生长因子基因探针分离到了小鼠的同源基因，用水稻的 *psb*A 基因探针分离到了高粱的同源基因等。

2．寡核苷酸探针的人工合成

（1）对寡核苷酸探针的要求　所合成的寡核苷酸探针必须严格地只能同目的基因的cDNA序列互补，而不会同其他未知的cDNA序列互补。据推算，能够满足这种苛刻条件的寡核苷酸探针，其长度至少得有15～16个核苷酸。而且实际上为保证有足够的特异性，通常使用的寡核苷酸探针的长度是18～21个核苷酸。

（2）遗传密码的简并性与寡核苷酸探针　遗传密码具有简并特性（degeneracy），许多氨基酸都由多种密码子编码，例如，亮氨酸和精氨酸均可由6种不同的密码子编码。因此，一般是选择密码简并程度最低的一段由7个氨基酸组成的蛋白质序列，作为合成寡核苷酸探针的依据。但尽管如此，这段7个氨基酸组成的短肽，仍可由许多种组成不同、但长度相等的寡核苷酸序列编码。正是由于这个原因，根据蛋白质氨基酸组分合成的寡核苷酸探针，通常是混合物的形式。而在这种寡核苷酸探针库中，只有一种探针具有正确的核苷酸序列结构，能同cDNA文库中的目的基因完全杂交。

3．去除假阳性克隆

（1）猜测体探针　猜测体（guessmer）是一种人工合成的用于分离克隆基因的低简并性的寡核苷酸探针，其核苷酸序列是根据特定物种当中某些已知蛋白质的密码子使用频率，同时又采纳了根据猜测最可能在目的基因中出现的密码子资料，选择含有密码子简并程度最低的蛋白质区段进行合成。

（2）PCR猜测体　PCR扩增靶序列有其特异性，据此，可以根据已知蛋白质氨基酸序列，推导设计出两组上下游简并引物库。应用逆转录PCR技术，扩增出靶序列，然后连接载体转化大肠杆菌（*E. coli*），把扩增片段克隆。由于扩增片段可能不止一个，所以可以获得多个克隆。用一个特定探针分别与它们杂交，或者对它们逐一进行序列分析，就可以得到靶蛋白的部分核苷酸片段。最后，用它作为探针，筛选cDNA文库，即可获得目的基因。

（三）表达文库法

将cDNA克隆在表达载体上，再导入大肠杆菌构成cDNA表达文库。然后通过对蛋白质产物的鉴定，分离克隆真核目的基因。用于构建表达文库的载体，可以是质粒载体，也可以是从噬菌体载体发展而来的原核表达载体。表达的蛋白质以融合蛋白质形式合成，不易被原核细胞中的有关的蛋白酶消化降解，可以得到较高的表达水平。如同核酸杂交筛选一样，在表达文库的筛选中，也是先将平板中的菌落或噬菌斑原位复印到硝酸纤维素膜上。当培养平板上的噬菌体发育成斑之后，每个斑中都含有大量的由噬菌体产生的融合蛋白质，在转印过程中它们便被转移到滤膜上。然后用标记特异性抗体进行筛选。最后，挑取阳性克隆，并从中分离重组噬菌体DNA进行测序鉴定。还可以测定蛋白质的功能，用标记的、带有特定蛋白质结合位点的DNA片段（例如真核启动子中同转录因子结合的DNA元件）作探针筛选。

三、表性克隆法

如果不能得到有关蛋白质的任何信息，我们可以把mRNA作为起点分离目的基因，常用技术分述于下。

(一) 差异杂交

差异杂交(differential hybridization)又叫差异筛选(differential screening)。它特别适用于分离在特定组织中或发育的特定阶段表达的基因以及受生长因子调节的基因,亦可有效地分离经特殊处理诱导表达的基因。

1. 差异杂交原理 差异杂交的技术只需要拥有两种不同的细胞群体,在一个细胞群体中目的基因正常表达,在另一个细胞群体中目的基因不表达。这样两种不同细胞群体的 mRNA 提取物中,一个群体含有一定比例的目的基因 mRNA,另一个群体不含有。因此,以这两种总 mRNA(或是它们的 cDNA 拷贝)为探针,分别对由表达目的基因的细胞群体构建的 cDNA 文库进行筛选。当以目的基因表达的 mRNA 群体为探针时,所有包含着重组体的菌落都呈阳性反应;而以目的基因不表达的 mRNA 群体为探针时,除了含有目的基因的菌落外,其余的所有菌落都呈阳性反应。比较这两种结果并对照原平板,便可以挑选出含目的基因的菌落。

2. 差异杂交技术的局限性 差异杂交的灵敏度比较低,特别是对于那些低丰度的 mRNA。这是因为在差异杂交中所使用的杂交探针,仅有极少的一部分能与目的基因核苷酸序列完全互补,所以那些低丰度的 mRNA 很难用此法检测出来。另外,差异杂交需要筛选大量的杂交膜,鉴定大量的噬菌斑,因此十分耗时费力。况且两套平行转移的滤膜之间,DNA 的保有量往往是不均一的。这样所得的杂交信号的强度也就不会一致,需要重新进行点杂交,进行进一步的阳性克隆鉴定。

(二) 衰减杂交技术

mRNA 衰减杂交(subtractive hybridization)是通过构建衰减文库实现的。

1. 衰减杂交的原理 衰减杂交的本质是除去那些共同存在的 cDNA 序列,使欲分离的目的基因的序列得到有效的富集,提高分离的敏感性。从表达目的基因的组织(记作+)提取 mRNA 逆转录为 cDNA,然后与无目的基因表达的组织(记作-)提取的 mRNA 做过量杂交,在+组织与-组织中均表达的基因产物形成 cDNA/mRNA 双链杂交分子,而特异 mRNA 逆转录的 cDNA 仍保持单链状态,将此种杂交混合物通过羟基磷灰石柱(hydroxyapatite column),DNA-RNA 杂交分子便结合在柱上,而游离的单链 cDNA 则过柱流出。亦可由标记生物素的 cDNA 通过抗生素柱后,除去杂交双链分子回收到特异的 cDNA 并将其转变为双链 cDNA,与适当的载体重组并转化大肠杆菌,便得到特异基因。此技术要求同源生物组织,只是由于长期选育出现某个(些)特定基因改变,或者在外界环境影响出现特性改变,如在细胞培养中加入抗生素,一部分细胞出现抗性而存活,意味着有一个特定基因发生改变。

2. 衰减杂交技术的优缺点 由于杂交条件等的限制，分离出的单链中不可避免地仍有部分并非特异序列，但是用这些单链建立一个部分 cDNA 文库则富集了所要寻找的特异序列。对这样的文库进行差异筛选，不仅筛选的工作量会大大减少，而且灵敏度也得到了提高。

衰减杂交的缺点也很多。它需要有大量的起始材料，一般对照细胞用生物素标记的 mRNA 约 200 μg，而处理细胞 mRNA 经逆转录成单链 cDNA 也需 10 μg左右。由于 RNA 极易受到 RNA 酶作用，在杂交过程中易被降解，因而易产生假阳性，使重复性降低。

(三) 差异显示技术

差异显示技术（differential display）可以从一对细胞群体或一对基因型各自产生的约 1.5 万种 mRNA 中，有效地鉴定并分离出差异表达的基因。

1. 差异显示技术的原理 其原理是以一类与 mRNA 的 poly A 结合的寡核苷酸序列作为锚定引物，进行逆转录，形成 mRNA－cDNA 杂交分子。再加入另一短的随机序列 10 聚体作为引物，进行 PCR 反应，然后用聚丙烯酰胺凝胶显示扩增片段。

真核生物体中绝大多数 mRNA 均具有 3′poly A 尾结构，用含（dT）*n* 的寡核苷酸作为锚定引物，以 mRNA 为模板，在逆转录酶作用下，反转录出与之互补的 cDNA。Liang 等（1991）采用 5′（$dT)_{12}$MN（M＝G、A、T，N＝G、C、A、T）为引物，共有 12 种组合，刚好覆盖所有 mRNA，而且每一种组合均可有效地进行逆转录，采用 PCR 扩增放大后进行比较，可把它们从这庞大的群体中分离出来。mRNA－cDNA 杂交分子、$(dT)_{12}$MN 引物、10 寡聚核苷酸有很大的随机性，所以当随机引物的种类足够时，可以与所有 mRNA－cDNA 杂交分子结合，然后进行 PCR 扩增反应，大约反应 40 次循环后，进行变性聚丙烯酰胺凝胶电泳。利用一对引物进行 PCR 扩增后，在凝胶板上可显示 50～150 个条带，条带大小在 100～500 bp 范围，在同一胶板上进行不同样品间比较，就可显示出差异表达条带。由于选择 20 种随机引物，分别与此 12 种 oligodT 引物进行 PCR 扩增，分别电泳后，最多大约可获得到 2.4 万条带，基本包含了所有表达基因。将差异条带从胶上切割下来，回收 DNA，然后利用该片段作为探针对 cDNA 文库或基因组文库筛选，可以分离该差异片段互补的全长 cDNA 或基因。

2. 差异显示技术的优越性 差异显示技术具有简单、快速、灵敏、重复性好、用途广和所需起始材料少等优点。

3. 差异显示技术的缺点 典型的差异显示会产生大量的表面上为差异条带而实际为假阳性的片段。据估计，假阳性片段在差别条带中常常达到

50%～75%。造成这种高频率假阳性的主要原因，是几个大小相近的DNA片段可存在于同一条回收条带中。同时，由于序列胶上差别条带与邻近条带的间距很小，增加了特异条带切割的难度，致使假阳性频率大为增加。由于应用oligo dTMN作引物，扩增片段均集中在mRNA的3′端，约100～500 bp，而基因编码序列均在5′端，所以，此方法一般扩增不到完整的cDNA，甚至只有基因的极少一部分，增加了克隆的难度。

（四）代表性差异分析技术

1994年Huband等发展了一种cDNA代表性差异分析（representational difference analysis）技术，简称cDNA RDA，用于克隆差别表达的基因并获得了成功。此方法充分利用了PCR反应中双引物以指数形式扩增双链模板，而单引物仅以线性形式扩增单链模板这一特性，并通过降低cDNA群体复杂性和多次更换cDNA两端接头等方法，特异性地扩增目的基因片段。

1. 代表性差异分析技术原理　试验对象（tester，T）和供试探针（driver，D）在接受差异分析前，均用一种识别4碱基序列的限制性内切酶做切割处理，形成平均长度为256bp的DNA片段代表群，保证绝大多数遗传信息能被PCR扩增。第一次T与D杂交反应时两者总量比为1∶100，第二次增加到1∶400，第三次则为1∶80 000，T群体中非特异性序列几乎没有偶然逃脱的可能。另外，T减D反应后仅设置了72℃复性与延伸和95℃变性这两个参数，共20个循环，从而使PCR产物的特异性及所得的探针纯度均大为提高。

2. 代表性差异分析技术的优缺点　代表性差异分析重复性好。由于模板DNA的复性和扩增都在72℃进行，排除了cDNA的非特异性扩增，因此，用此方法得到的DNA差异片段作探针进行后续的工作成功率较高。但也存在着操作步骤繁琐、实验周期长以及费用昂贵等不足之处。此外，如果两处理之间存在较多的差异，或某些基因在试验对象中存在上游表达（up-regulated expression）时，用此法则达不到预期的目的。

（五）抑制性衰减杂交技术

1996年，Diatchenko等提出了抑制性衰减杂交（suppressive subtractive hybridization，SSH），这种方法能够有效地研究上调基因的表达。

四、插入分离法

此类技术多用于植物基因分离。当一段特定的DNA序列插入到植物基因组中目的基因的内部或其邻近位点时，便会诱发该基因发生突变，并最终导致表型变化，形成突变体植株。用此DNA作为杂交的分子探针，从突变体植株的基因组DNA文库中筛选到突变的基因。而后再利用此突变基因作探针，就能从野生型植株的基因组DNA文库中克隆到野生型的目的基因。这样插入的DNA序列相当于在植物基因上贴了一张标签，因此DNA插入突变分离基因的技术，又叫做DNA标签法（DNA - tagging）。这主要包括转座子标签法（transposon tagging）和T-DNA标签法（T-DNA tagging）两种类型。

（一）转座子标签法

1. 转座子标签法的一般概念 转座子最早是由McClintok在玉米中发现的。植物转座子可以在染色体上从一个位置，跳跃到另一个位置，或者在染色体之间跳跃。转座子的转位插入作用，使被插入的基因发生突变失去活性，而转座子的删除作用又使目的基因恢复活性。

2. 转座子标签法分离基因的程序 使带有转座子的亲本与野生型亲本杂交，从杂交后代中筛选突变体，提取突变体基因组DNA，并建立基因文库，以转座子为探针筛选阳性克隆，亚克隆转座子的两端序列，再以该亚克隆为探针筛选野生型植物基因库，最终可以分离到完整的目的基因。

概括地说，主要过程有如下3个步骤：使转座子插入到目的基因序列中；用已知的转座子序列作探针，分离因转座子插入而发生了突变的目的基因；最后以突变基因中包围转座子的侧翼序列为探针分离野生型的目的基因。

（二）T-DNA标签法

在根瘤农杆菌（*Agrobacterium tumefaciens*）中，存在着一种决定植物产生冠瘿病的Ti质粒，这种质粒的T-DNA能够发生高频的转移。根瘤农杆菌感染了寄主植物细胞之后，T-DNA便会从细菌细胞转移到植物细胞，并通过其两端的25 bp的同向重复序列，整合到植物的基因组上。研究表明，T-DNA在植物核基因组中的插入位置是随机的。同转座子克隆基因相似，用T-DNA（或其片段）作探针筛选大片段DNA库，然后用其侧翼片段作探针筛选野生型DNA库，最终可获阳性克隆。在拟南芥中，用T-DNA标签法可产生35%～40%的突变率，19%的突变体具有外观可觉察到的表型特征。

尽管DNA插入分离基因的方法有许多优点，但也有其局限性，主要表现在：①由于T-DNA的可移动性，使人们不易获得较稳定的突变遗传系；②要花大量的人力、物力筛选或繁殖很多的突变和转基因植株，实验周期长。

五、位置克隆法

（一）染色体步行法

1. 基本原理 染色体步行法（chromosome walking）理论上可以克隆任何

基因。其基本原理是，首先要寻找一个或两个与目的基因性状紧密连锁的已知基因或一段DNA序列，然后用已知基因或一段DNA序列作为探针分离目的基因，进一步进行亚克隆，最后鉴定目的基因。简言之，该技术是利用已知的基因或克隆片段来分离与其连锁的未知基因。

2. 基本操作程序　首先，构建目的生物的基因组文库，DNA片段在20 kb左右。然后，用已知的X基因为探针，从基因组文库中筛选出与其同源序列的A克隆，再用A克隆为探针从库中筛选出与A克隆重叠的B克隆，依次筛出C克隆、D克隆、E克隆、F克隆等，如同在染色体上散步，最终走向未知的Y基因并把它分离出来。

（二）表达序列标签法

1. 表达序列标签法　1991年，Adams应用表达序列标签法（expressed sequence tag，EST）寻找新基因。为了加快新基因的分离速度，研究者们通常不读出基因的全部序列，而是得到一部分序列称做表达序列标记（EST）。EST要有足够长以至于能特异地标记基因。通常它含有足够的结构信息显示出这个基因与其他基因的关系。

2. 基本程序　首先，从组织特异性或细胞特异性的cDNA文库中随机挑选克隆，并进行5′端和3′端部分序列（约400 bp）的测定。然后，通过GenBank/EMBL联机检索，可以检测测定序列及其对应的多肽氨基酸序列与基因库中已知的基因是否具有同源性。这样不仅能检测到许多已知基因，还可以发现许多新的未知基因。最后，可以通过基因文库的筛选或基因定位的方法分离目的基因。

（三）基因表达系列分析法

Victor等报道了基因表达系列分析法（serial analysis of gene expression，SAGE）。该方法的主要优点在于一次可以对大量的基因转录产物进行定量分析，找出新的基因。同时，此法可用来分离在不同发育阶段和不同生理状态下差异表达的基因。

1. 基因表达系列分析法的原理　该方法基于两个原理：①在转录物特定位点上一段9～10 bp寡核苷酸序列标签（sequence tag，ST）可代表此转录物的特异性。理论上，随机排列9 bp片段可区分262 144（4^9）种转录物。②多个序列标签（ST）以锚定酶（anchoring enzyme，AE，是识别位点为4碱基的内切酶）识别位点序列相隔相互连成双标签序列（ditag）的多联体，使能在单一的克隆中测定多联体的序列，通过计算机分析确定每一种序列（ST）代表转录产物的种类和出现频率，由此实现对转录物的高效、快速和大量分析。

2. 基本程序

①利用连有生物素的oligo（dT）作引物合成cDNA，将此cDNA连接在链霉素亲和素磁珠上，然后以锚定酶切割。理论上，一个4 bp位点出现的频率为4^4 bp一次，而绝大多数基因都长于4 bp，所以一次就可以对绝大多数转录产物进行切割，然后通过链霉素亲和素分离cDNA的3′端。

②将分离的3′端cDNA分成两等份，分别与接头A及接头B（含TE识别位点）连接，并以标签酶（tagging enzyme，TE，是ⅡS类内切酶，此类酶在距其识别序列5～20 bp位置上切割）切割，产生含TE、AE识别序列，并且都具有cDNA9～10 bp的转录产物序列（ST）的短片段。补平后，分别连上接头A和接头B。

③两等份混合，连接，以双引物A、B进行PCR扩增形成两端含有TE、AE位点的双标签序列（ditag），用AE酶切，分离，连接，形成以AE位点为界的ditag多联体，最后进行克隆测序。

④通过计算机与GenBank中序列比较，如果GenBank中存在此序列，则为已知基因，通过分析该序列在多联体中出现的频率，计算基因表达的丰度；如果GenBank中不存在此序列，则为未知序列。可通过与cDNA文库杂交找出新的基因。

由此可见，基因表达系列分析法是通过多个ST串联、测序，一次分析大量转录产物，确定基因表达的种类和丰度。比较不同发育时期、不同生理状态间的ST，对于新基因的探寻及已知基因表达的丰度的测定提供了有效途径。不同的AE、TE及ST的长度为该方法的运用提供了极大的灵活性，这是一种分离新基因及对已知基因表达进行定量分析的有效途径。

六、分子间互相作用法

（一）噬菌体显示法

噬菌体基因Ⅲ编码外壳小蛋白，表达产物可稳定地存在于噬菌体的外壳上。用含有多种外源基因的cDNA片段与基因Ⅲ连接，组成cDNA基因Ⅲ融合基因构建的cDNA表达文库，所有融合的cDNA表达产物均被基因Ⅲ编码产物“带到”噬菌体表面，并可在其表面稳定显示，每个噬菌体显示一种cDNA编码产物，这种方法称为噬菌体显示法（phage display）。采用该方法，可筛选出具有与目的蛋白质有高度亲和力的未知蛋白的编码基因cDNA。

此方法已被广泛应用于信号传导通路相关基因的筛选、抗原特异性抗体筛选、受体与配体等未知基因的筛选和克隆。由于在层析柱中的结合条件与在细胞内的结合条件有许多差别，筛选到的基因还不能完全正确反映体内生理状态下的状况，因此，该方法的应用有一定的局限性。

（二）酵母双杂交系统

自从1989年由Fields等最早提出酵母双杂交系统（yeast two－hybrid system）以来，在蛋白质相互作用乃至整个分子生物学领域都得到了广泛的应用和深入的发展。

1．酵母双杂交系统的原理　双杂交系统的基本原理是：生命活动过程中，转录过程有许多转录激活物的参与。大多数转录激活物由空间上分离的DNA结合结构域（binding domain，BD）和激活结构域（activating domain，AD）组成。这两种结构域并不一定位于同一蛋白质上，当二者接近时便具有了激活活性。DNA结合结构域可含有一段特定的DNA序列，如DNA上游激活序列（upstream activating sequence，UAS），激活结构域则含有激活转录必需的酸性区。DNA结合结构域与已知蛋白质X融合，构建出杂合蛋白BD－X，激活结构域与待筛选蛋白质Y融合，构建出杂合蛋白AD－Y。蛋白质X和蛋白质Y相互作用导致了BD与AD的接近，激活UAS调节的下游报告基因（如*lac*Z、*HIS*3、*LEU*2等）的表达，从而使转化体可在特定的缺陷培养基上生长或在X－gal存在下显蓝色。通过筛选阳性菌落可检测已知蛋白质的相互作用，确定蛋白质相互作用的结构域或重要残基，还可进一步分离与已知蛋白质X相互作用的蛋白质Y的编码序列等。这样，我们用X蛋白质作为诱饵，获得了Y蛋白质及其编码基因。实际操作中，往往将一cDNA文库或基因片段与编码AD的基因融合，将其转化入可表达BD－X融合蛋白的酵母体内。

2．酵母双杂交系统的优缺点　双杂交系统操作简单，便捷，高度敏感，不需要制备抗体或纯化蛋白质，即可快速地分离相关基因，成功的关键在于有高质量的基因文库和尽量减少假阳性的报告基因。

酵母双杂交系统缺点主要表现在以下几个方面：

①在酵母双杂交系统中，蛋白质的相互作用发生在细胞核内，表达的融合蛋白必须定向到核内来激活报告基因的转录，这就可能限制了大量不能定向到核内的蛋白（如膜受体蛋白、细胞外蛋白等）在此系统中的应用。

②对于细胞外蛋白间的相互作用，常发生在分泌过程中的许多释放后加工（如N端糖基化、二硫键形成等）过程，不可能在酵母细胞中发生，利用传统的双杂交系统仍难以对其进行研究。

③本身就有转录激活活性的蛋白质，如RNA聚合酶Ⅱ转录激活因子，会直接激活报告基因而不需要两种蛋白质相互作用，导致产生假阳性，因此不能用来作为诱饵蛋白（bait）。

④由于以酵母细胞作为相互作用的反应器，外源基因的转录、翻译、修饰及转运等过程是在酵母细胞中完成的，由此产生的偏差与错误很难预料；另外，外来分子的引入或配体小分子的渗入，如果以某种方式影响酵母细胞的生长、代谢乃至基因的表达调控，那么应有的结果也将不会被检出。

其他方法还有酵母单杂交系统、酵母三杂交系统、反向杂交系统、哺乳动物细胞双杂交系统和细菌双杂交系统等。

第二节 转基因技术

一、动物转基因技术

将外源DNA导入哺乳动物细胞的方法原则上可大致分为三类：生物方法、物理学方法和化学方法。在化学方法中最常用的有磷酸钙沉淀法、DEAE葡聚糖转化法和脂质体转化法。在物理方法中，有电穿孔法，还有其他用于较为特殊的情况下的方法，如基因枪轰击法、受体介导的基因导入法等。在生物方法中，目前主要是把病毒作为外源DNA导入的工具，通过病毒感染将外源DNA导入细胞中。这种方法的优点在于它具有较高的转化效率，并能在一定的条件下实现对特定细胞的靶向性，目前主要用于基因治疗的研究中。

根据不同的实验目的，外源DNA导入哺乳动物细胞又可分为瞬时转化和稳定转化。瞬时转化一般是外源DNA导入细胞1～4 d后收获转化细胞，对转化基因的转录和复制进行分析。而稳定转化则需要使外源基因整合于细胞染色体，从而得到稳定的转化细胞株。以下各种方法均可用于瞬时转化；除DEAE葡聚糖转化方法外，其他各种方法均可用于稳定转化。

1．磷酸钙沉淀法 如果核酸和磷酸钙以共沉淀物颗粒形式存在，细胞将显著增加其摄取核酸的能力（其机制不明），这一现象是磷酸钙转化方法的基础。磷酸钙转化中要用较高浓度的DNA（10～50 μg）。对于某些细胞系，加入的DNA多于10～15 μg时会导致细胞过多死亡及很少的DNA摄入。甘油或DMSO（二甲亚砜）可极大地提高某些细胞类型的转化率。利用HEPES缓冲系统使DNA和磷酸钙形成共沉淀物，然后直接吸附于细胞的表面，将外源DNA导入哺乳动物细胞。该方法的关键是2×HEPES缓冲盐溶液必须是新鲜配制的，其pH应很精确（7.05～7.12之间），同时2.5 mol/L的$CaCl_2$溶液也应该是新鲜配制的。利用该方法可以使大约10%的细胞能被导入外源DNA。

2．DEAE葡聚糖转化法 本方法简单，重复性好，适用于瞬时表达。在DEAE葡聚糖转化中，加入的细胞数量、DNA浓度及DEAE葡聚糖的浓度，对于优化转化效率是最为重要的。

3. 脂质体介导的转化　一般认为，DNA上带负电的磷酸基团与脂质体(liposome)上的正电荷结合，然后脂质体上剩余的正电荷与细胞膜上的唾液酸残基的负电荷结合，然后通过二者的融合将DNA导入细胞。

4. 电穿孔转化法　电穿孔方法是应用高压电场在细胞上穿孔，将DNA导入细胞，DNA通过所穿的孔而扩散进入细胞中，然后细胞恢复正常功能，从而使导入基因得到表达。这项技术不依赖细胞的特性，所以可用于几乎所有类型的细胞。

5. 基因枪轰击法　基因枪轰击法（particle gun bombardment, microprojectile bombardment)，是将外源基因DNA导入植物细胞及哺乳动物细胞的方法。基本的操作方法是：在真空状态下，利用粒子加速器将外面包裹了外源基因DNA的金颗粒打入完整的细胞中，使外源基因DNA得以在靶细胞中稳定转化并有可能获得表达。金颗粒直径的大小取决于靶细胞直径的大小。在通常情况下，颗粒直径为1.0 μm时可获得成功和稳定的转化。金颗粒的形状和直径的大小非常均匀，且毒性很低。其缺点主要就是价格相对昂贵，金颗粒DNA的包裹效率相对不稳定。0.1 mol/L亚精胺可增加包裹效率。另外，金颗粒在到达靶细胞之前所穿行的距离，也是重要因素之一。一般来说，10 mm的穿行距离通常可以获得很高的转化效率。在阻挡屏（stopping screen）与靶细胞之间放置一个100 μm厚的不锈钢网可以降低因冲击所造成的损伤，同时改善金颗粒的分散性。

哺乳动物细胞基因枪轰击法包括以下几个步骤：

①将在6孔板中培养的单层细胞中的培养液倒掉，仅留下液体5～10 μL。

②对于哺乳动物细胞来说可以参考以下参数：对于以电场作为动力的基因枪，如Accell系统来说，可选择5～8 kV电压；对于以气体脉冲作为动力的基因枪，如Biolistic系统，可选择气体压力为89.63×10^5 Pa(1 300 psi)。金颗粒的直径为0.95～3 μm。

③将细胞置于瞬时转化分析或用于稳定转化的选择培养基培养。

6. 受体介导的基因导入法　受体介导的基因导入法主要应用于基因治疗的研究。外源基因导入体内的方式可分成两类：间接体内（ex vivo）方式和直接体内（in vivo）方式。间接体内方式是从供体分离出细胞，在体外转染外源基因，经选择和培养后返输回供体内。

受体介导的基因导入法的基本原理，是基于人工合成的已知受体配基与多聚阳离子（一般是多聚赖氨酸或阳离子表面活性剂）偶联形成的连接物，既能通过电性作用结合并浓缩DNA分子成为可溶性颗粒状物质，又不失去与细胞膜受体结合的功能，因而能通过配体/受体介导的内吞作用，将此复合物导入细胞。其中很少一部分DNA从内吞小体逸出，并进入细胞核实现功能基因的表达。

7．显微注射技术 应用玻璃显微注射器，可以把重组DNA直接注射到哺乳动物细胞的细胞质或细胞核。通常根据DNA注射的不同方式，可以把显微注射区分为（真正的）显微注射（true microinjection）和穿刺（pricking）两种。真正的显微注射是由注射针直接将重组DNA注入细胞；而穿刺的重组DNA处在细胞周围培养基中，然后随穿刺形成的小孔进入细胞内部。

8．精子载体介导法 精子载体介导法是利用一定的方法先将外源基因附着在精子上，然后通过受精过程将外源基因带入卵子中。Lavitrano等人(1989）首次利用小鼠精子作载体，将外源基因导入卵母细胞中并得到30%的转基因个体。随后有人报道用脂质体处理有助于DNA与精子的结合，从而提高了导入效率。有报道在鱼类、禽类用此方法获得过转基因个体。目前由于对精子载体介导法的作用机制尚缺乏了解，对其可靠性仍有争议，限制了此方法的广泛使用。随着该方法的不断完善，将有可能成为一种简单有效的转基因技术。

9．胚胎干细胞介导法 胚胎干细胞介导法是利用转化技术，将外源基因导入未分化的全能性（totipotency）胚胎干细胞（embryonic stem cell，ES）中，外源基因通过同源重组整合到细胞染色体基因组特定的位点上，然后将其注入囊胚腔中，发育成携带有外源基因的动物个体。该方法的最大特点是外源基因能根据需要定位（targeting）整合到细胞染色体基因组的特定位置上，为研究某种基因在动物发育过程中的作用及定点突变提供了一个强有力的手段。该方法的另外一个特点是整合率高达50%，但所形成的转基因动物是嵌合体。这种动物体内一部分组织或器官含有外源基因，只有外源基因整合到生殖细胞中，下一代才可形成转基因动物。而且在大多数家畜和禽类极难建成具有多潜能性的ES细胞，为研发带来极大的困难。

10．哺乳动物细胞基因打靶 基因打靶（gene targeting）技术，通过在转染细胞中发生的外源打靶基因与核基因组目标基因之间的DNA同源重组(homologous recombination)，能够使外源基因定点地整合到核基因组的特定位置上，从而达到改变细胞遗传特性的目的。基因打靶的分子基础是，两条具有同样或类似核苷酸序列的同源DNA分子之间发生的遗传信息的重组事件。这也就是说，基因打靶的一个基本条件是，在外源打靶基因与内源核基因组目标基因之间，必须存在一段适当长度的同源的DNA序列。

现已知道有多方面的因素，诸如受体细胞的生理状态以及外源DNA的转染方式等，都会影响到基因打靶的效率。

11. 病毒载体介导的基因转移 病毒载体介导的基因转移可分为两种，一种是通过同源重组的方法将外源基因插入病毒基因组中得到重组病毒；另一种是通过特定的包装细胞系将带有外源基因的质粒包装成假病毒。

(1) 逆转录病毒系统 具有感染性的病毒液由细菌质粒为骨架的克隆载体制备而来，将逆转录病毒质粒转染到包装细胞系中（对于非复制活性的载体)，或者转染到能辅助复制的宿主细胞系中（对于有复制活性的载体)。一旦进入细胞系中，则由质粒编码的病毒的LTR启动子进行转录，产生一个RNA基因组。然后基因组被包装细胞表达的病毒结构蛋白包裹，通过从细胞表面出芽而产生有感染性病毒颗粒。当应用逆转录病毒载体时，必须认真考虑生物学上的安全性问题。对于各个给定的实验将有各不相同的问题，故详细的方案应与实验者所在研究机构的相应生物安全性委员会讨论。特别强调，使用双噬性的病毒时必须采用严格的预防及限制等级。

(2) 其他病毒载体 常用做载体的病毒有猿猴空泡病毒（SV40)、昆虫杆状病毒、痘病毒等。此外，用做载体的还有腺病毒、牛乳头瘤病毒、单纯疱疹病毒、腺病毒相关病毒等。

二、植物转基因技术

（一）植物基因转化受体系统

植物基因转化受体系统应具备如下条件：①再生能力。用于植物基因转化的外植体，必须易于再生，有很高的再生频率，并且具有良好的稳定性和重复性。②遗传稳定性。植物受体系统接受外源DNA后应不影响其分裂和分化，并能稳定地将外源基因遗传给后代，保持遗传的稳定性，尽量减少变异。③外植体来源。基因转化的频率很低，需要多次反复地实验，所以就需要大量的外植体材料。转化的外植体一般采用无菌实生苗的子叶、胚轴、幼叶等，或采用可进行快速繁殖的材料。④对选择条件敏感。通过转化细胞或植株对选择条件产生抗性来选择纯化，现在选择条件多用抗生素。⑤对农杆菌侵染有敏感性。

（二）转化方法

1. 农杆菌介导基因转化

(1) 概述 根瘤农杆菌（*Agrobacterium tumefaciens*）和发根农杆菌（*Agrobacterium rhizogense*)，是同属于根瘤菌科的革兰氏阴性菌。在根瘤农杆菌中，决定冠瘿病的质粒叫做Ti质粒，即诱发寄主植物产生肿瘤的质粒（tumor-inducing plasmid)；而发根农杆菌中，决定毛根症的质粒称为Ri质粒，即诱发寄主植物产生毛根的质粒（root-inducing plasmid）。Ti和Ri质粒可以将外源DNA转移到植物细胞，并再生出能够表达外源基因的转基因植物。Ti质粒能够进行高频率转移，转移的DNA以完整形式整合到植物的核基因组上，50 kb的外源DNA也能被顺利地包装与转移。

转移主要包括如下的基本过程：①把含有目的基因的外源DNA克隆到一种适当的Ti质粒载体上。②将重组质粒载体转化给大肠杆菌细胞。③通过细菌间的接合作用，使重组质粒从大肠杆菌转移到根瘤农杆菌，并在此与固有的Ti质粒发生同源重组，外源DNA便从重组质粒转移到固有的Ti质粒上；同时质粒或自发地丧失或被排斥出寄主细胞。④将根瘤农杆菌直接接种在植株的伤口部位，或是通过同植株细胞原生质体共培养的方法，转化植物细胞。⑤经过愈伤组织或原生质体培养，再生出转基因的植株。少数Ti质粒载体寄主范围主要局限于裸子植物和双子叶的被子植物。少数单子叶植物，如吊兰、石刁柏等也能被Ti质粒所转化。玉米、水稻转化时加二乙酰丁香酮已获成功。

(2) 农杆菌特点　农杆菌Ti质粒转化系统，具有许多突出的优点：①该转化系统是模仿天然的转化载体系统，成功率高，效果好。不管是用菌株接种整体植物的伤口，还是直接转染离体培养细胞，通常都可以获得满意的转化频率。②在所有的转化系统中，农杆菌Ti质粒转化系统是机理研究得最清楚、方法最成熟、应用也最广泛的系统。③Ti质粒的T-DNA区可以容纳相当大的DNA片段插入，已能把长达50 kb的异源DNA序列通过T-DNA完整地转移到植物细胞中。④T-DNA上含有引导DNA转移和整合的序列，以及能够被高等植物细胞转录系统识别的功能启动子和转录信号，使插入到T-DNA区的外源基因能够随同T-DNA一道在植物细胞中表达。⑤整合进植物基因组中的T-DNA及插入其间的外源基因不仅能在植物细胞中表达，而且可根据人们的需要连接不同的启动子，使外源基因能够在再生植株的各种组织器官中特异性表达，例如在果实中，在叶中，甚至仅在根中表达。⑥农杆菌Ti质粒转化系统转化的外源基因以单拷贝为多数，遗传稳定性好，并且符合孟德尔遗传规律，因此转基因植株能较好地为育种提供中间选育材料。

2. 病毒介导基因转化　病毒载体系统的基本条件：①作为载体的病毒本身必须是既能够正常地在植物细胞中复制增殖，又不至于过分地扰乱寄主的正常生理功能。②病毒接种的方法必须简便易行，以适合较大规模的实践应用。③病毒基因组能耐受修饰或改造以改变某些生物学特性，减弱或消除病毒的致病性，才能成为有用的基因载体。④病毒基因组能耐受插入报告基因、目的基因等，同时又不改变病毒的特性。

具备这样特性的病毒是花椰菜花叶病毒（caulimovirus，CaMV），为双链DNA病毒，缺点是只感染双子叶植物。另一类有可能具有应用价值的是具单链DNA的geminivirus。从其特性，包括广泛的单子叶和双子叶的寄生范围和具有多份独立的基因等来看，geminivirus的某些成员是很有潜力的载体。

目前已有许多不同来源的CaMV在不同载体中成功地实现了克隆，只有当这些病毒DNA从克隆载体上切割下来以后，才具有感染能力。它既能重新连接成环状分子形式，也可以线性分子形式感染植物，从被感染的植物中分离得到的病毒DNA分子，则具有正常的病毒基因组所具有的一切特点，包括具有断点等。

另一方面，CaMV19S和35S启动子研究，对单子叶植物和双子叶植物转化技术的发展起到重要作用。特别是35S启动子结构与功能的分析及其必备序列的确定，对转化的外来基因在植物细胞中的高效表达具有促进作用。35S启动子和其他植物启动子相比，具有高强度的表达能力，在大量的单子叶和双子叶植物中都发现有高水平的转录体，并且能有效地控制转化植株产生新性状，从而也已得到最普遍的使用。

3．化学诱导DNA转化　化学诱导DNA直接转化是以原生质作为受体，借助于特定的化学物质诱导DNA直接导入植物细胞的方法。目前主要有两种方法：聚乙二醇（PEG）等介导的基因转化和脂质体介导的基因转化。

（1）PEG等介导基因转化　聚乙二醇（PEG）、多聚-L-鸟氨酸（PLO）、磷酸钙及高pH条件下可诱导原生质体摄取外源DNA分子。PEG、聚乙烯醇（PVA）和PLO等都是细胞融合剂。PEG分子量为1 500～6 000，水溶性，pH 4.6～6.8，因多聚程度不同而异。它可以使细胞膜之间或使DNA与膜形成分子桥，促使相互间的接触和粘连。另有实验证明，PEG可通过引起膜表面电荷紊乱，干扰细胞间识别，而有利于细胞膜间融合和外源DNA进入原生质体。磷酸钙可与DNA结合成DNA-磷酸钙复合物，几乎可以被所有的原生质体摄取。此外，钙离子具有直接的诱导作用，亦称为磷酸钙共沉淀法。但是通常只有极少量的DNA可以在核中检出，表明核膜可能是外源DNA进入核内的天然屏障。因此，在进行转化时，若以处在M期的原生质体作为受体，可能有助于提高转化率，因为M期细胞处于无核膜阶段。

烟草的细胞融合实验证明，高pH可诱导原生质体的融合和摄取外源DNA，但pH高于10时则损伤原生质体。因此，高pH和高钙离子浓度也是诱导原生质体摄取外源DNA的方法之一。

（2）脂质体介导基因转化　脂质体是根据生物膜的结构功能特性合成的人工膜，然后把DNA包裹在人工膜内。脂质体是由磷脂酰胆碱或磷脂酰丝氨酸等脂质构成的双层膜囊，它可分三种结构类型：小型单一双层膜（SUV）型、大型单一双层囊（LUV）型和复合双层囊（MLV）型。脂质体制备的方法主要有 Ca^{2+} - EDTA 螯合法（Ca^{2+} - EDTA cochleate）和反相蒸发法（reverse - phase evaporation）。前者，脂质体的形成原理是先将 MLV 型的磷脂经超声波处理制成 SUV，当 Ca^{2+} 加入时可使各个 SUV 分子相互融合成卷曲状，再加入 DNA，最后加入 EDTA 螯合 Ca^{2+} 而使之除去，即可制成包埋了核酸的 LUV 脂质体。反相蒸发法制备脂质体的原理，是在溶于有机溶剂的磷脂中加入核酸水溶液，磷脂即以其亲水基团朝向水相，疏水的尾链伸向有机相而整齐地排列在两相界面上，经超声波处理后，在有机相中形成包有 DNA 水溶液的囊泡，通过减压蒸馏有机溶剂，并加入水溶液后即可形成包含有 DNA 的脂质体。将脂质体与原生质体在适当的培养基中混合，加入 PEG 或 PVA，再用高 pH、高 Ca^{2+} 溶液漂洗，通过原生质体的吞饮或融合可将外源 DNA 导入受体细胞。

为了避免在包裹 DNA 时超声波和有机溶剂对 DNA 的损伤，通常使用去垢剂透析法制备脂质体，也有人使用反相蒸发法。

4．物理法诱导 DNA 直接转化

（1）基因枪法介导基因转化　其基本原理已在前面的动物转基因技术的基因枪轰击法中介绍。

（2）电激法介导基因转化　电激法是利用高压电脉冲作用，在原生质体膜上电激穿孔（electroporation），形成可逆的瞬间通道，从而促进外源 DNA 的摄取。此法在动物细胞中应用较早并取得很好效果。现在这一方法已被广泛应用于各种单子叶、双子叶植物中，特别是在禾谷类作物中更有发展潜力。

（3）超声波介导基因转化　超声波介异基因转化的基本原理是利用低声强脉冲超声波的物理作用，击穿细胞膜造成通道，使外源 DNA 进入细胞。一般认为超声波的生物学效应主要是机械作用、热化作用及空化作用。生物组织在超声波机械能的作用下由于黏滞吸收，将一部分超声波的能量转化为热能，使生物组织的温度上升，称为超声波的热化作用。由于生物组织大多数属软组织，因而在超声波的机械力作用下，其细微结构发生形变。这种形变随着超声强度的增强而增大，当增加到一定强度时，细胞就要被击穿。在超声波的作用下，还会产生空化作用，表现出空泡湮灭过程。小泡内部产生高温高压，甚至产生电离效应及放电，推测这可能是导致空泡周围细胞壁和质膜破损或可逆性质膜透性改变的主要机理，从而使细胞内外发生物质交换。

（4）显微注射介导基因转化　显微注射（microinjection）的基本原理是利用显微注射仪将外源 DNA 直接注入受体的细胞质或细胞核中。植物细胞的显微注射必须首先建立固定细胞技术。目前有三种方法：①琼脂糖包埋法，把低熔点的琼脂糖熔化，冷却到一定温度后将制备的细胞悬浮液混合于琼脂糖中。在包埋时细胞约1/3～1/2暴露在琼脂糖表面，暴露的细胞部分可以进行微针注射。②多聚-L-赖氨酸粘连法，先用多聚-L-赖氨酸处理玻片表面，由于聚赖氨酸对细胞有粘连作用，因此当分离的细胞或原生质体与玻片接触时被固定在玻片上。③吸管支持法，用一个固定的毛细管将原生质体或细胞吸着在管口，起到固定作用，然后再用微针进行DNA注射。

(5) 激光微束介导基因转化　激光是一种很强的相干单色电磁射线。细胞膜系统或细胞内的某些结构由于能够吸收特定波长的激光而招致某种程度的损伤。一定波长的激光束经聚焦后到达细胞膜表面时其直径大约只有0.3～0.5 nm。这种直径很小，但能量很高的激光束可引起膜的可逆性穿孔，但短时间内（小于10 s）又可自动修复，利用激光的这种效应可以对细胞进行遗传操作。

(6) 低能离子束介导基因转化　该方法是由余增亮等建立起来的，其原理是利用低能离子束对生物组织或细胞表面具有刻蚀作用，这种刻蚀作用可导致离子通道的形成，引起细胞膜可逆性的穿孔及受体负电性的下降，从而促进外源基因导入。同时离子注入引起受体细胞DNA损伤、重接和修复，有利于外源DNA整合，从而提高转化效率。外源基因的转化效果与离子种类、能量、剂量等参数有关。

5. 种质系统介导基因转化

(1) 花粉管通道法　这是利用花粉管通道导入外源DNA的技术，是由周光宇等（1983）建立起来的。

花粉管通道法（pollen - tube pathway）的原理是授粉后使外源DNA能沿着花粉管渗入，经过珠心通道进入胚囊，转化尚不具备正常细胞壁的卵、合子或早期胚胎细胞。这一技术可以应用于任何开花植物。

外源DNA导入有三种方法：①柱头涂抹法：未授粉前，用DNA液涂抹柱头，然后人工授粉，迅速套袋。②柱头切除法：受体植物自花授粉一定时间后（2～3 h），切去花柱，将DNA液滴于切口，迅即套袋，1 h后复滴1次。③花粉粒吸入法：提前去雄，套袋隔离，先用DNA导入液处理后，人工授粉，套袋。

(2) 生殖细胞浸泡法介导基因转化（germ cell imbibition transformation）此法是将供试外植体如种子、胚、胚珠、子房、花粉粒、幼穗悬浮细胞培养物等直接浸泡在外源DNA溶液中，利用渗透作用把外源基因导入受体细胞，并稳定地整合、表达与遗传。

三、微生物转基因技术

（一）根瘤农杆菌转化

构建 Ti 质粒方法有二类。第一类是使 Ti 质粒除去毒性部分变成非致瘤的质粒载体。在这类派生载体中，除去的 T－DNA 部分是由 pBR322 序列取代的。第二类是双元载体系统，它是使 T－DNA 区段和 vir 区段分别位于 2 个独立的质粒复制子上。其中 T－DNA 往往是克隆在通用的大肠杆菌 pBR322 质粒或其派生载体上。

三亲株杂交转移法：将分别生长的 3 种有关的细菌菌株混合在一起进行杂交。这 3 种菌株是：①带有接合作用的辅助质粒的大肠杆菌菌株；②带有具外源基因插入的给体载体的大肠杆菌菌株；③具有由 Ti 质粒派生的受体载体的根瘤农杆菌菌株。

（二）构建 Bt 工程菌

在自然状态下，苏云金芽孢杆菌杀虫晶体蛋白（ICP）基因自发转移的频率一般是很低的，因此要实现这些基因的转移与重组，通常要借助于一些特定的技术手段。构建 Bt 工程菌的常用方法主要有如下 5 种。

1. 质粒的接合转移 这是一种有效转移不同性质的 ICP 基因的途径，而且通过该方式构建的接合菌株不携带外源人工拼接的片段。如 Carlton 等（1990），通过该途径将携带编码鞘翅目杀虫活性蛋白的 *cry*3Aa 基因的质粒接合转移至库斯塔克亚种菌株，从而构建了接合菌株 EC2424。另外，采用三亲株杂交的方法也是实现 ICP 基因接合转移的有效方法，如将重组质粒 pSUP5011：Tn5－*cry*Ⅱ转化至含辅助质粒 pRL528 的大肠杆菌中，然后用三亲株杂交的方法，将该质粒转入荧光假单胞菌，从而得到阳性接合子 N－10。

2. 转化 由于电脉冲转化技术的发展，使转化不同苏云金芽孢杆菌菌株的效率大大提高。借助于体外重组技术，向受体菌转化导入不同 ICP 基因，不仅可以扩大杀虫谱，而且还可以增加特定 ICP 基因的表达，甚至产生新的杀虫活性。如 Crickmore 等（1990）报道，当将 *cry*3Aa 基因导入以色列亚种表达时，转化子不仅具有杀鞘翅目和双翅目蚊幼虫的活性，而且还产生了对鳞翅目昆虫大菜粉蝶的杀虫活性。

3. 转导 转导方式借助于噬菌体作媒介来实现 ICP 基因的转移。Lecadet 等（1992）将 *cry*lAa 基因经噬菌体 CP－54Ber 介导转移至具杀鞘翅目活性的苏云金芽孢杆菌 LM3 和 LM79 菌株，结果筛选的转导子具有杀鞘翅目和鳞翅目的双重杀虫活性，但转导频率较低。

4．位点特异性重组　可以分以下三种形式：①将导入的ICP基因转移到宿主菌的内生质粒。②整合到染色体上。③通过解离载体系统实现ICP基因的转移。如通过构建特定的解离载体并将相应ICP基因插入特定位点。

5．原生质体融合　原生质体融合技术是实现Bt不同亚种或菌株间质粒转移的一种有效方法，具有一次实现重组的ICP基因较多的特点。通过原生质体融合技术，可以重组成具不同杀虫活性的苏云金芽孢杆菌新菌株。

（三）酵母菌转化

酵母菌是一类低等单细胞真核生物，它既具有原核生物的生长特性，又具有一般真核生物的分子和细胞生物学特性。酵母细胞是表达真核异源蛋白的理想宿主，它既有原核生物易于进行分子遗传学操作和生长快速的特点，又有真核生物的亚细胞成分，可以进行蛋白质的翻译后修饰。常用作表达宿主的为甲醇酵母（*Pichia pastoris*）。

特点：①表达菌株的表达量与细胞密度成相关性，细胞干重可达100 g/L以上。②具有甲醇诱导的启动子AOX1，它在无甲醇的生长状态下被高度抑制。大部分外源蛋白在高水平表达时对细胞都会产生毒害，维持抑制培养基可使细胞在高起始密度下表达蛋白。③营养要求低，生长快，培养基廉价，便于工业化生产。④可高密度发酵培养，在发酵罐中细胞干重甚至可达120 g/L。⑤表达量高，如破伤风毒素C片段表达量高达12 g/L以上。⑥表达的蛋白既可存在于胞内，也可分泌至胞外。*Pichia*自身分泌的蛋白（背景蛋白）非常少，十分有利于纯化。

四、报告基因和选择标记

（一）报告基因

选择报告基因有以下几条原则：①报告蛋白应不存在于宿主中。②有一个简单、快速、灵敏及经济检测报告蛋白的方法。③报告蛋白的分析结果应具有很宽的线性范围，以便于分析启动子活性的变化。④该基因的表达必须不改变受体细胞或生物的生理活性。

1．半乳糖苷酶基因　原理：大肠杆菌的*lacZ*基因编码β半乳糖苷酶，体内β半乳糖苷酶报告蛋白的水平，用可沉淀性底物X-gal在原核及真核细胞中、在组织切片及完整的胚胎中进行检测。β半乳糖苷酶与X-gal的反应产生一种深蓝色物质，在活体培养的细胞中检测β半乳糖苷酶的活性，可用荧光底物2-β-D-吡喃半乳糖苷（FDG）进行。

2．氯霉素乙酰转移酶基因　原理：氯霉素乙酰转移酶（CAT）催化乙酰辅酶A的乙酰基转移至氯霉素，由于CAT是一种原核生物来源的酶，因而在许多真核生物细胞中都很少有竞争活性，使对报告蛋白的分析方法有很高的信噪比。CAT相当稳定，在哺乳动物细胞中的半衰期为50 h，使它十分适合作为瞬时转染的报告蛋白，但对于稳定表达分析则不太理想。

3. 荧光素酶基因 原理：荧光素酶催化的生物发光反应需要荧光素作底物，还需要ATP、Mg^{2+}及分子氧。将这些试剂与含有荧光素酶的细胞裂解液混合，即会产生一种在1 s内迅速衰减的闪光，这种光信号可用荧光检测仪进行检测，也可用液闪计数仪记录光信号。发光量的总值与样品的荧光素酶活性成正比，因而可对荧光素酶报告基因的转录进行间接估计。荧光素酶易被蛋白酶降解，在转染的哺乳动物细胞中的半衰期约为3 h。荧光素酶的这种迅速更新的性质，使之成为研究可诱导系统的一种理想的候选报告蛋白。

4. β葡萄糖醛酸酶基因 大肠杆菌的β葡萄糖醛酸酶基因（GUS）是用于研究植物基因表达的主要报告基因。在大多数种类的植物中都不含内源性的GUS活性。GUS在植物及哺乳动物细胞中都可以用做报告基因，用GUS转化的高等植物能健康生长、正常发育并可育。用各种β葡萄糖醛酸类物质做底物，发展了几种不同的分光光度分析方法。其中最普遍的是用X-Gluc，这种底物也能用来对表达GUS活性的组织和细胞进行组织化学染色。一种更为灵敏的GUS荧光分析方法用4-MUG作为底物。另外，一种GUS化学发光分析方法也已发展起来，它类似于用来定量β半乳糖苷酶的方法，其底物是1,2-氧杂环丁烷芳香基葡萄糖醛酸。这种分析方法比用4-MUG为底物的荧光分析方法的灵敏度大约高100倍，并且有很宽的动力学线性范围。

5. 绿色荧光蛋白基因 原理：有一种来源于维多利亚水母的绿色荧光蛋白（green fluoresence protein，GFP）在接受了Ca^{2+}激活的水母发光蛋白（aequorin）的能量后，可在体内产生荧光。这个过程的发生不需要底物或辅助因子，而是通过多个蛋白之间的能量直接转移进行的。纯化的GFP与体内表达的该蛋白有相似的质谱特征，可吸收蓝光，激发绿光，后者用荧光显微镜或紫外光即可检测到。

6. 人生长激素基因 人生长激素（hGH）仅由脑垂体前叶的促生长素细胞分泌。hGH表达的限制形式使其成为适于大多数哺乳动物细胞的报告基因。hGH的测定被用来作为内部对照，以校正转染效率。

7. 分泌型碱性磷酸酶基因 分泌型碱性磷酸酶（SEAP）可从被转染的细胞中分泌出来，因而可用少量培养液进行分析。SEAP基因编码人胎盘碱性磷酸酶的一个截短的形式，它缺乏一个重要的膜锚定区域，因此能让蛋白有效地从被转染的细胞中分泌出来。培养液中检测到的SEAP的活性水平与细胞内

SEAP mRNA及其蛋白质的浓度变化直接成正比。SEAP的不寻常的特性是具有极大的热稳定性及对磷酸酶抑制剂同型L-精氨酸有抗性。因此，可用65℃预处理样品及加抑制剂共温育而除去内源性碱性磷酸酶活性。

8. 冠瘿碱基因　广泛用于转化载体作为标记之一是合成冠瘿碱（opine）基因。各种农杆菌菌株在它们的T-DNA基因组中包含有合成植物的细胞中不存在的单一氨基酸衍生物的基因。两种基因（nopaline synthetase）和（octopine synthetase，OCS）已被构建到许多植物转化载体中。这些基因，在植物组织中表达，通常是转化已发生的最好证据。而且冠瘿碱的检测和分析非常快、简单和廉价。

（二）选择标记

1. 氨基糖苷磷酸转移酶　氨基糖苷磷酸转移酶（aminoglycoside phosphotransferase，APH）选择的原理：G418通过干扰核糖体的功能而阻断细胞的蛋白合成，它是一种氨基糖苷，在结构上与新霉素（neomycin）、庆大霉素及卡那霉素相似。因此在细胞中表达细菌的APH基因可解除G418的毒性。

2. 二氢叶酸还原酶　二氢叶酸还原酶（dihydrofolate reductase，DHFR）选择的原理：DHFR对于嘌呤的生物合成是必不可少的，它对于无外源性嘌呤存在时的细胞生长是必需的。透析血清以除去内源性的核苷，并采用无核苷的培养液对于选择是必要的。甲氨喋呤（MTX）是DHFR的竞争性抑制剂，因此增加MTX的浓度可以选择DHFR的高表达。

3. 潮霉素磷酸转移酶　潮霉素磷酸转移酶（hygromycin phosphotransferase，HPT）选择的原理：潮霉素乃是一种氨基环状物（aminocyclitol），通过破坏移位及促进错译而抑制蛋白质的合成。HPT基因从*E. coli*质粒pJR225中分离；通过磷酸化作用而解除潮霉素的毒性。

4. 胸苷激酶　胸苷激酶（thymidine kinase，TK）选择原理：在正常生长条件下，细胞并不需要胸苷激酶，因为合成dTTP的通常途径是通过dCDP。在培养液中加BUdr将杀死TK^+细胞，因为BUdr被TK磷酸化之后掺入DNA中。用HAT培养液选择TK^+细胞主要是由于氨基喋呤的作用能阻断dCDP变成dCTP。这样，细胞就需要胸苷激酶从胸嘧啶核苷来合成dTTP。因为有正向及反向选择条件，胸苷激酶得到了广泛的应用。与ADA（腺苷脱氨酶）及DHFR不同的是，由于无法对不同的TK表达水平的细胞进行选择，因此该基因不能用于基因扩增。与ADA及DHFR相同的是，许多哺乳动物细胞都能表达TK，使得在这些细胞中不能用该标记基因，除非用BUdr选择出TK^-突变株。

5. 黄嘌呤-鸟嘌呤磷酸核糖转移酶　黄嘌呤-鸟嘌呤磷酸核糖转移酶

(XGPRT，gpt）选择的原理：氨基喋呤及霉酚酸都可以阻断GMP合成的途径。XGPRT的表达使细胞能从黄嘌呤合成GMP，因而细胞能在含有黄嘌呤但不含鸟嘌呤的培养液中生长。因此有必要用透析过的牛胎血清及无鸟嘌呤的培养液。XGPRT是在哺乳动物中无同源物的细菌来源的酶，因而可在哺乳动物细胞中用做正性选择标记。用于选择的霉酚酸的用量因细胞而异，能通过有鸟嘌呤存在或无其存在时进行滴定而测定。

6. 腺苷脱氨酶　腺苷脱氨酶（ADA）选择原理：Xyl－A可转化成Xyl－ATP并掺入核酸中，从而导致细胞死亡。Xyl－A被ADA解毒成为其肌苷衍生物。光氧助间型霉素（DCF）是ADA转换态类似物抑制剂，因而可以灭活母代细胞内生性的ADA。内生性ADA的水平因细胞不同而异，因此DCF的合适选择浓度也是不同的。对于内源性ADA水平高的细胞，通过提高光氧助间型霉素（DCF）的水平，ADA也可用于扩增系统。

7. 膦丝菌素乙酰转移酶（phosphinothricin acetyltransferase bar）　膦丝菌素，是一种广泛使用的除草剂，可抑制谷氨酰胺合成酶的活性，从而导致敏感的非转化细胞发生氨的致死性累积。这便是膦丝菌素杀灭野草的分子机理。

除上述的选择标记外，还有许多选择标记基因可利用。最近开始应用博莱霉素（bleomycin）抗性基因、杀稻瘟菌素（blas）、磺胺类药物和利福平等。

（三）选择基因影响

标记基因包括选择基因和报告基因，选择基因现在广泛采用抗生素抗性和除草剂抗性两类。一旦出现基因流动，选择基因传递到其他生物，必然会产生严重的后果，虽然迄今为止尚未发现选择基因流动到其他植物的现象。抗除草剂基因流动，使除草剂失效，杂草漫延；抗生素基因流动，使生物及至人类产生抗性，再用此抗生素医治无效，严重会引起死亡。现在已经证实，由于长期在动物饲料中添加抗生素，使一些病原微生物产生抗药性，结果这些微生物感染人时，已无法医治。鉴此，人类开始使用代谢类选择基因，如天冬氨酸激酶和6－磷酸甘露糖异构酶基因等，它们对生物本身无害。另一方面，人们用分子生物学技术和常规育种技术选择那些既转化了目的基因，又失去了选择标记的转基因生物。目前，大量转基因生物为田间筛选转基因植物的后代，根据遗传规律的分离作用，有少数作物失去了选择基因，仍保留转化的外源基因；或者根据同源重组和染色体内重组的机理，设计目的基因和选择基因在载体上隔离。开始时，染色体上目标基因与外源DNA之间单交换，结果使DNA序列重复，紧接着在染色体内重复序列发生重组，导致选择标记与目标基因丧失，目的基因就留在染色体上了。

小　结

基因克隆和转化技术是基因工程操作的主要组成部分。基因克隆的策略方法包括一般克隆法、功能克隆法、表性克隆法、插入分离法、位置克隆法和分子间相互作用法等。一般克隆法是采用化学合成法和构建文库的方法进行克隆。功能克隆法是指通过对已知蛋白质序列分析和产物的鉴定，分离克隆目的基因。表性克隆法指的是在不能得到有关蛋白质的任何信息情况下，以mRNA为起点分离目的基因的方法。通过对基因在不同个体内表达的差异性来分离克隆目的基因。插入分离法技术多用于植物基因分离，是指用一特定DNA序列插入目的基因导致突变，再用此DNA做探针从突变体DNA文库中筛选突变基因，再用突变基因从野生型DNA文库中克隆到野生目的基因。位置克隆法是利用已知的基因或克隆片段来分离与其连锁的未知基因，是通过表达序列标签及其分析的染色体步行法来克隆目的基因。分子间互相作用法是用于筛选出具有与目的蛋白质有高度亲和力的未知蛋白的编码基因cDNA。

转基因技术因物种和受体材料不同而表现差异。植物、动物细胞和组织均可通过物理法、化学法和生物法予以转化。农杆菌介导法和基因枪法是植物转化最主要的方法。而动物细胞转化多采用显微注射、磷酸钙沉淀和电穿孔法。微生物转化采用接合、转导等方法，化学法和基因枪法也是较为适用的技术。报告基因和选择标记在转化子的筛选中具有重要意义。

复习思考题

1. 已知序列和未知序列克隆基因方法各有哪些技术?
2. 简述PCR技术原理和要点。
3. 比较差异显示技术和代表性差异分析技术的优缺点。
4. 试述基因表达系列分析技术原理和基本方法。
5. 简述选择标记和报告基因异同点，正负选择法的机理。
6. 简述外源基因导入动物细胞的主要方法。
7. 试比较外源基因导入植物细胞的农杆菌方法、基因枪法和花粉管通道法的优缺点。
8. 简述作为病毒转化载体的基本条件。

主要参考文献

[1] 萨姆布鲁克等. 分子克隆实验技术指南. 北京：科学出版社，2002
[2] 吴乃虎. 基因工程原理. 北京：科学出版社，1998

[3] 林万明，杨瑞馥，黄尚志等. PCR技术操作和应用指南. 北京：人民军医出版社，1993
[4] 奥斯伯，布伦特，金斯顿等. 新编分子生物学实验指南. 北京：科学出版社，1998
[5] 王关林，方宏筠. 植物基因工程原理与技术. 北京：科学出版社，1998
[6] 卢圣栋，马清钧，刘培得. 现代分子生物学实验技术. 北京：中国协和医科大学出版社，1999
[7] 黄大昉，林敏等. 农业微生物基因工程. 北京：科学出版社，2001
[8] 冯斌等. 基因工程技术. 北京：化学工业出版社，2000

第七章　转基因生物外源基因表达及其安全性

学习要求　进一步了解外源基因在转基因生物体内常用的表达系统，以及在不同的系统中外源基因表达的特点、条件、调控机制等；认识外源基因的插入对转基因生物遗传的影响和基因表达调控技术；了解反义 RNA、基因敲除和 RNA 干涉技术在基因表达调控和功能研究中的重要作用；了解转基因生物安全性评价原则、标准，我国及美、欧国家的转基因生物安全机构和相关法规等。

外源基因在受体中正确高效的表达是基因工程的关键所在。外源基因对受体生物遗传特性的影响，转基因生物的安全性已引起世界各国的普遍关注。因此，了解影响外源基因表达的因素，认识外源基因对受体生物遗传特性的影响及其安全性概念、评价原则和程序对提高基因工程的有效性和安全性具有重要作用。

第一节　转基因生物外源基因表达

一、外源基因表达系统

转基因生物技术或称基因工程的最终目的就是要在一个合适的系统中，使外源基因高效表达，从而生产有重要价值的产品，基因工程的表达系统有原核表达系统和真核表达系统两大类。

（一）原核生物的外源基因表达系统

外源基因在原核细胞中的表达就是使克隆的外源基因在原核细胞中以发酵的方式快速、高效地合成基因产物。

1. 原核生物基因表达的特点　同所有的生命过程一样，外源基因在原核细胞中的表达包括两个主要过程：即 DNA 转录成 mRNA 和 mRNA 翻译成蛋白质。与真核细胞相比，原核生物的基因表达有下列特点：

①原核生物只有一种 RNA 聚合酶（真核细胞有 3 种）识别原核细胞的启

动子（promoter），催化所有 RNA 的合成。

②原核生物的基因表达是以操纵子（operator）为单位的，即由数个相关的结构基因及其调控区结合构成 1 个基因表达的协同单位。

③由于原核生物无核膜，转录与翻译是偶联的，二者也是连续进行的。原核生物染色体 DNA 是裸露的环形 DNA，转录成 mRNA 后可直接在胞浆中与核糖体结合翻译形成蛋白质。

④原核基因一般不含内含子（intron），在原核细胞中缺乏真核细胞的转录后加工系统。因此，当克隆的含有内含子的真核基因在原核细胞中转录成 mRNA 前体后，其中的内含子部分就不能被切除。

⑤原核基因表达的控制主要是在转录水平，这种控制比对基因产物的直接控制要慢。

⑥在大肠杆菌 mRNA 的核糖体结合位点上有 1 个转译的起始密码子及同 16 S 核糖体 RNA 3′末端碱基互补的序列即 S－D 序列是真核基因所没有的。

2. 外源基因在原核细胞中表达的基本条件　由上述特点可以看出，欲将外源基因在原核细胞中成功表达，与外源基因的性质、表达载体、阅读框架、原核细胞的启动子和 S－D 序列及宿主菌调控系统有关，即必须满足以下基本条件：

①通过表达载体将外源基因导入宿主菌。

②必须利用原核细胞的强启动子和 S－D 序列等调控元件。

③外源基因不能带有间隔序列（内含子）。

④外源基因与载体连接后必须形成正确的开放阅读框架。

⑤利用宿主菌的调控系统。

3. 原核细胞中基因的重要表达调控元件

(1) 启动子　启动子是 DNA 链上能与 RNA 聚合酶结合并能起动 mRNA 合成的核苷酸序列，它是基因表达不可缺少的重要调控序列。没有启动子，基因就不能转录。

原核生物启动子由两段彼此分开而又高度保守的核苷酸序列组成，一段位于转录起始点上游 5～10 bp，一般由 6～8 个碱基组成，富含 A/T，故称为 TATA 框或－10 区。不同来源的启动子的碱基顺序稍有变化。另一段位于转录起始点上游 35 bp 处，一般由 10 bp 组成，故称－35 区。其结构如图 7－1 所示。

由于细菌 RNA 聚合酶不能识别真核基因的启动子，因此，外源基因在原核细胞中表达所应用的启动子必须是原核启动子，将外源基因克隆在下游，原核 RNA 聚合酶识别原核启动子并带动真核基因在原核细胞中转录。原核表达系统中通常使用可调控的强启动子有乳糖（lac）启动子，色氨酸（Trp）启动

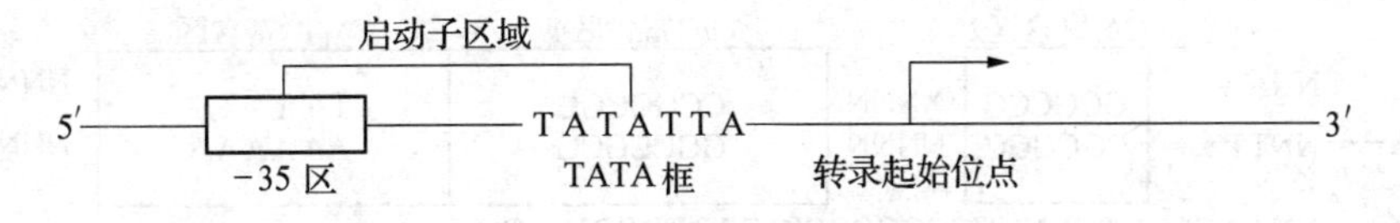

图 7-1 原核启动子示意图

子，λ 噬菌体（λP_L）启动子，乳糖-色氨酸杂合（Tac）启动子等。

S-D序列：mRNA 在原核细胞中的翻译严格依赖于是否有核糖核蛋白体结合位点的存在，mRNA 结合到核糖体上是蛋白质合成的关键。1874 年 Shine 和 Dalgarno 首先发现在 mRNA 上有核糖体的结合位点，它们是起始密码子 AUG 和 1 段位于 AUG 上游 3～10 bp 处由 3～9 bp 组成的序列。这段序列富含嘌呤核苷酸，刚好与 16SrRNA 3′末端的富含嘧啶的序列互补，是核糖体的结合位点。根据发现者的名字，命名为 Shine-Dalgarno 序列，简称 S-D 序列（图 7-2）。

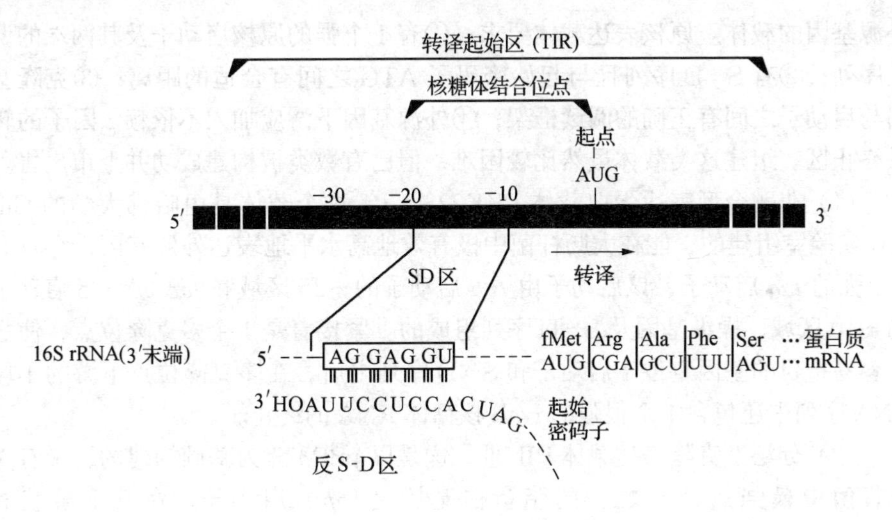

图 7-2 S-D识别序列

（2）终止子 在 1 个基因的 3′末端或是 1 个操纵子的 3′末端往往还有一特定的核苷酸序列，它有终止转录的功能，这一 DNA 序列称为终止子（terminator）。对 RNA 聚合酶起强终止作用的终止子在结构上有一些共同特点，有 1 段富含 A/T 的区域和 1 段富含 G/C 的区域，G/C 富含区域又具有回文对称结构，这段终止子转录后形成的 RNA 具有茎环结构，并且有与 A/T 富含区对应的一串 U（图 7-3）。

4. 原核生物外源基因常用表达载体 表达载体是适合在受体细胞中表达

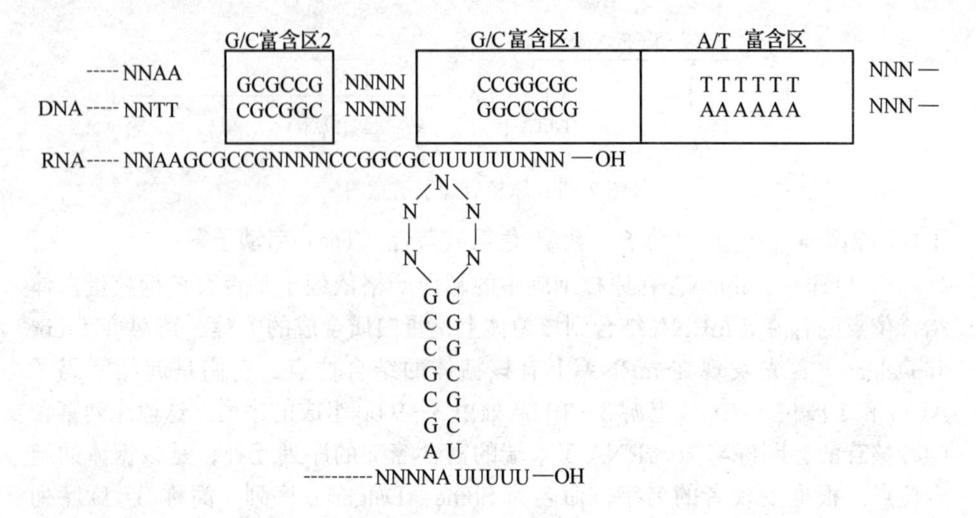

图 7-3 强终止子模式图

外源基因的载体。原核表达载体要求：①有1个强的原核启动子及其两端的调控序列；②有S-D序列且与起始密码子ATG之间有合适的距离；③克隆基因与启动子之间有正确的阅读框架；④外源基因下游应加入不依赖ρ因子的转录终止区。组建这类载体虽然比较困难，但已有数类被构建成功并上市出售。

（1）非融合型表达蛋白载体PKK223-3 这个载体是由哈佛大学的Gilbert实验室组建的，能在大肠杆菌中极有效地高水平地表达外源基因，它具有1个强的*tac*启动子，该启动子由*trp*启动子的-35区域和*lac* UV-5启动子的-10区域、操纵基因及S-D序列组成的。紧接着是1个多克隆位点，使之很容易把目的基因定位于启动子和S-D序列之后，在多克隆位点下游的1段DNA序列中还包含1个很强的rrnB核糖体RNA的终止子。

（2）分泌型克隆表达载体PINⅢ 这是以pBR322为基础构建的，带有大肠杆菌中最强启动子之一的脂蛋白基因（*Ipp*）启动子，在其下游装有*LUV*-5的启动子及其操纵基因，并把*lac*阻遏子基因（*lac*Ⅰ）也克隆在其上，使目的基因的表达变得可以调节，在转录控制序列下游装有人工合成的高效翻译起始序列（S-D顺序及ATG），作为分泌克隆表达载体中关键的编码信号肽的顺序，紧接着的是1段人工合成的多克隆位点片断，其中包含3个单酶切点：*Eco*RⅠ、*Hin*dⅢ和*Bam*HⅠ。

（3）融合蛋白表达载体pGEX 载体的组成成分和其他表达载体基本相似，含有启动子（*tac*）及*lac*操纵基因、*lac*Ⅰ阻遏蛋白基因等，与其他表达载体不同之处是S-D序列下游就是谷胱苷肽巯基转移酶基因，而克隆的外源基因则与谷胱苷肽巯基转移酶基因相连。在基因表达时，表达产物为谷胱苷肽巯基转移酶和目的基因产物的融合体。

（二）真核生物的外源基因表达系统

与原核生物不同，真核生物基因表达具有程序、时间和空间上不同层次的严格、精密的控制，这是由真核基因的复杂性决定的。

1. 真核生物基因及表达的主要特点　真核细胞与原核细胞在基因转录、翻译及DNA的空间结构方面都存在很大的差异，真核生物在基因结构及表达方面有着与原核生物不同的特点。

①基因组DNA的存在形式使基因转录的启动一般不具备快起始的能力，大多数真核DNA都与蛋白质结合成紧密结构，不像原核DNA是裸露的。

②真核生物一条成熟的mRNA链只能翻译出一条多肽链，不存在原核生物中常见的多基因操纵子形式。

③真核基因的转录和翻译在细胞的不同部位，转录在细胞核内进行而翻译在细胞质中进行，两者既有间隔又有联系，不像原核基因在同一部位进行转译。

④原核基因转录的调节区小且位于启动子上游不远处，真核基因的调节区不仅要大得多而且可能远离启动子达数百甚至上千个碱基。

⑤真核基因中间含有不被翻译的内含子，大多数真核基因的初级转录本不具有功能，需在细胞的一定部位进行剪接加工形成各种中间产物，因而可以通过是否加工mRNA前体来调控基因的表达。

⑥真核基因的表达受到多层次的精密调节，比原核基因复杂得多，也涉及更多的蛋白质因子的参与。

⑦真核生物的不同组织和细胞类型对蛋白质合成具有特异性，一个物种的所有细胞含有相同的DNA，但在个体发育中需要何时开启哪些基因、关闭哪些基因，都按照一定计划、顺序，并在严格的调控下进行。

⑧不同的真核细胞在基因表达调控中对信号分子的反应不同，在同样的环境条件下，不同细胞反应不同，可能只有很少一部分细胞的基因表达受环境条件的直接影响，其他细胞的基因表达或是间接受其影响，或是基本上不受影响。

2. 真核基因的重要表达调控元件　真核基因在其表达的转录、转录后加工、翻译、翻译后蛋白的加工、运输及定位等各个环节都取决于一系列重要调控元件的作用，外源基因的表达正是通过这些调控元件来实现的。

(1) 启动子　真核生物的启动子区域有几个保守序列（顺式作用元件），为RNA聚合酶和其他一些特定蛋白（反式作用因子）所识别，依靠它们的相互作用来影响转录的起始频率与效率。+1处为转录起始位点（帽子位点），一般为A，两边通常为嘧啶碱基。

以-25位为中心的区域富含A/T序列，称TATA盒，是启动子主要的功能性成分，TATA盒指导RNA聚合酶结合到启动子上，使其在正确的位置开始转录。TATA盒内1个碱基的改变可以使转录效率大为降低，而其上下游少数碱基发生改变，RNA聚合酶仍可继续从TATA盒下游20～30个核苷酸开始转录。结合于TATA盒及附近核苷酸序列的蛋白因子称为通用转录因子，包括TFⅡA、TFⅡB、TFⅡD和TFⅡE等。

以-75位为中心的区域，其保守序列为GC（C/T）CAATCT，称为CAAT盒，可以增强转录的效率，结合CAAT盒的反式因子主要有CTF-1、CTF-2、CTF-3等。

（2）增强子　增强子（enhancer）是能够增强启动子转录活性的一段顺式调控序列。有功能的增强子都是由两个紧密相连的亚单位（称增强子单元或增强体）组成，每个增强子都是1个转录因子的结合位点，通过结合特定的转录因子或影响DNA构象实现其增强功能。增强子的作用有如下特征：① 其作用的发挥与它和启动子的相对位置和取向无关。② 增强子的生物学效应需要特定蛋白质因子参与。③ 大多数增强子有相对的组织特异性。④ 没有基因专一性。⑤ 许多增强子还受外部信号的调控。有的内含子（intron）和外显子（extron）特别是紧靠启动子的外显子能显著地提高外源基因的转录水平。

（3）终止子　转录终止子不止起停止转录的作用，尽管真核基因转录的终止机制尚未完全弄清楚。最近的研究表明，终止子区域内的一些特定核苷酸序列虽不具备增强子的功能，但很可能促进mRNA的加工和其稳定性，因而不同来源的终止子还可通过影响mRNA的稳定性和翻译效率来调节外源基因的表达。

（4）修饰序列　除了启动子、终止子等从转录水平调控基因表达外，还存在一些修饰序列从转录后水平调控基因表达。如Kozak1989年在脊椎动物中发现的GCC（A/T）$^{-3}$CCAUGG^{+4}保守序列，称为Kozak序列；从mRNA 5′端转录起始位点至翻译起始位点之间的5′UTR序列（或称先导序列）；从mRNA的翻译终止子下游到poly（A）的一段3′端非翻译区序列，称为3′UTR序列；以及mRNA不稳定序列。

3. 真核生物外源基因表达系统

（1）瞬时表达系统　在此系统中外源基因没有稳定地整合到宿主细胞染色体中，而是以染色体外的DNA形式存在，因此外源基因只能得到瞬时表达。

COS细胞瞬时表达系统（COS cell based transient expression system）是应

用最为普遍的多功用的瞬时表达系统。该系统是由 COS 细胞系及带有 SV40 复制起始点（SV40 ori）的表达质粒相匹配而构成的。系统建立的依据源于如下事实：在 SV40 病毒感染猴细胞以后，SV40 病毒的早期基因产物大 T 抗原作为反式作用因子通过与 SV40 DNA 的 SV40 ori 相结合，使宿主细胞的 DNA 聚合酶周而复始地复制病毒 DNA，其结果是在细胞感染后 48h，病毒基因组可扩增 1 000 倍。有鉴于此，人们从病毒基因组 DNA 中分离出由 100bp 组成的 SV40 ori，并以其为基础组建了表达质粒。COS 细胞源于非洲绿猴细胞系（CV-1）。CV-1 细胞经复制起始区缺陷的 SV40 病毒基因组转化后产生能组成性表达 SV40 的大 T 抗原的 COS 细胞株，此细胞株除了能组成性地持续合成野生型 SV40 的大 T 抗原外，还含有启动带有 SV40 ori 的质粒进行复制所必需的所有细胞内因子，从而能高效表达外源基因 DNA。

（2）诱导表达系统　诱导型基因表达系统对于认识基因在生长发育、生理活动及其病理过程中的作用都具有重要的意义。一个理想的诱导表达系统应具备这样的基本特征：①一种调控元件仅由一种外源诱导物来激活，且在诱导物被除去后其表达就应停止。②外源诱导物应当对机体或细胞无毒害作用。③在调控目的基因过程中不影响其他内源基因的正常表达。基于这样一些要求，近来人们已经研究出一些比较成熟的诱导表达系统，如 IFN-Mxl 诱导表达系统（干扰素诱导）、tetO 诱导表达系统（四环素诱导）、E-EcR 诱导表达系统（昆虫蜕皮素诱导）、RU486（孕酮类似物）诱导表达系统。

（3）组成型特异表达系统

①乳腺表达系统：乳腺表达系统又称乳腺生物反应器，是将所需目的基因构建入载体，加上适当的调控序列，转入动物的胚胎细胞，使转基因动物分泌的乳汁中含有所需的药用蛋白。许多蛋白质的生物活性需经过后修饰加工（如糖基化、羟基化、羧基化等）才具有。这些后修饰加工在原核生物表达系统很难进行，导致这些外源基因表达蛋白失活或活性改变。而哺乳动物的乳腺细胞却有相当的能力对异源蛋白进行翻译后修饰，同时哺乳动物的乳细胞有很强的合成蛋白质的能力；表达出的蛋白质极卫生又易控制纯化和回收，是理想的表达系统。目前已应用的有牛、羊、鼠、兔等乳腺生物反应器，分别转入人的基因获得了相应的表达产物凝血酶原激活剂、α_1 抗胰蛋白酶、凝血因子Ⅸ、可溶性的 CD_4 蛋白、乳铁蛋白、尿激酶、CFTR（囊性纤维化病致病基因）、白细胞介素-2 等药用蛋白。

②膀胱生物反应器：膀胱生物反应器和乳腺反应器一样，收集产物蛋白比较容易，不必对动物造成伤害。并且与乳腺反应器相比还具有如下显著优点：不受动物性别限制，含有转基因型的动物无论雌雄都可用；无需等到动物发育

成熟，也不必处于生殖期，可从动物一出生就开始收集表达产物，产物收集时间长，提取产物蛋白的方法也相对简单。不过，尿液中的产物蛋白浓度比乳汁中低得多，尽管收集的尿液量多且时间长，生产单位数量产物的成本却差不多。

膀胱生物反应器多用Uroplakin启动子。Uroplakin基因在多种哺乳动物体内（如鼠、兔、牛、羊和人等）有很高的保守性。用此表达系统已进行了人生长激素（hGH）的成功表达。用一段5.7 kb含有Uroplakin启动子UPⅡ的UPⅡ-hGh融合基因用于显微注射，注射于膀胱上皮细胞中，收集转基因动物的尿液，从中提取重组蛋白。但在这一途径中转基因动物会因hGH的作用逐渐肥胖，并导致雌性动物不育症。

③血液表达系统：血液、肝脏、淋巴等都可表达外源蛋白，而且血液抽取方便，表达出的产物分离纯化较易。Swanson等人制备了血液中含有人血红蛋白的转基因猪，这为从人以外的动物体获取珍贵的人血有效成分提供了一条新途径。用人β珠蛋白基因的调控区域与2个人α_1珠蛋白、1个人β_2珠蛋白基因连接构成载体，在得到的7头原代转基因猪中，有一头的血液里含有54%的人α珠蛋白成分，用该头母猪配种后产下的12头仔猪中有5头（占42.5%的个体）的血液中表达人的α珠蛋白，经检测它与人α珠蛋白的性质完全相同。

二、外源基因对转基因生物遗传的影响

转基因技术使人们能够按照自己的意愿，对生命最基本的遗传物质进行直接操作，把所需要的目的基因导入细胞内，使生物体获得新的性状。外源基因被导入宿主并整合进受体DNA后，一旦遗传表达，将表现出新的遗传性状。由于外源基因进入，与内源基因发生相互作用，可能使转基因生物中的外源基因甚至内源基因的遗传表达受到一定影响。

（一）转基因生物中外源基因的丢失

1. 转基因生物中外源基因丢失的原因　在基因工程的研究和应用过程中，发现有时在第一代转基因生物体内可以检测出外源基因的存在，在第二代、第三代也还可以检测出来，但在后面几代中就检测不到了，即发生了外源基因丢失。

是什么原因造成了外源基因丢失？已有的研究显示可能在于：①转化受体通常是二倍体，外源基因同时整合到同源染色体相同座位的可能性很小，因此第一代转基因生物通常是杂合体，在后代分离过程中，同源染色体配对和对等

交换而使外源基因丢失。②转化受体通常是多细胞结构，获得的第一代转基因生物可能是嵌合体，因此在幼小的转基因生物体内能检测出外源基因；但在分生组织细胞中不存在外源基因，因而在生物体生长和后代分离过程中，外源基因就会丢失。另外，基因组中存在着一些对转基因可遗传稳定整合不利的特定位点。

2．克服外源基因在转基因生物中丢失的对策　一是建立单细胞、单倍体生物的转化体系，易获得纯合的转基因生物；二是建立一套将外源基因定点、定量地整合到受体基因组中的遗传转化技术。

（二）转基因生物中外源基因的次生效应

外源基因的次生效应，是指由于外源基因的插入而对宿主体内某些基因的表达所产生的影响。

目前的技术不能够准确控制外源基因在宿主染色体上的插入位点，所以外源基因可能插入到宿主基因组中的非编码区、结构基因或调控区，从而产生插入突变，预期的结果也就显现不出来。

常见的次生代谢效应有两种情况：一是由于外源基因的插入导致宿主体内某一基因失活；二是由于外源基因的插入将宿主体内某一基因激活。

由于目前的科学技术水平还很难准确预测一个外源基因在新的遗传背景下会发生什么样的相互作用，因此对外源基因的次生效应尚无法进行控制和预测。

（三）转基因生物中的基因沉默

1．基因沉默的形式　外源基因整合后不仅可能引起宿主体内某些基因的失活，外源基因自身也很容易被受体基因组存在的修饰与限制系统所识别并加以修饰和抑制，造成失活和沉默。

外源基因失活的机制很多，就其形式来看包括：顺式失活和反式失活两种。

（1）顺式失活　顺式失活是指首尾连接的顺式重复基因的失活，它是因为多拷贝的转基因串联在一起，发生甲基化作用而使外源基因失活。

（2）反式失活　反式失活是指DNA配对使某一基因的失活状态传递至另一等位或非等位基因。反式失活又可分成两种类型：①双向失活，即共抑制（co－suppression），是两个基因协同抑制，同时失活。双向失活可发生在纯合转基因座之间，也可发生在转基因与内源基因之间。共抑制现象主要是由于外源基因重复，外源基因和内源基因编码区具有同源性或外源基因在强启动作用下，产生过量的同源转录本引起的。②非双向失活，即单向失活，仅一个等位基因失活，产生显性或上位（epistatic）反式失活。它可以看做是顺式失活的复杂形式，顺式失活的转基因作为沉默子影响染色体上等位或非等位的基因甲基化，导致基因失活，而沉默子本身不发生变化。不仅外源基因发生沉默，受其影响有时内源基因也与之发生共沉默或称共抑制现象。

2. 克服基因沉默的策略 外源基因沉默是生物进化中的自我防御机制，但对基因工程而言却导致了严重的后果，使转基因生物失去了应有的应用价值。因此在基因工程中要尽量避免外源基因沉默的现象。主要策略有：①外源DNA序列与受体基因组DNA碱基组成的不同是引发甲基化的主要原因。因此，在基因转化过程中，要尽量使外源DNA碱基的组成与受体DNA碱基组成相一致。同时可采用定点插入方法，将外源基因插入到具有与其相似碱基组成的染色体区域。②重复序列易导致基因异染色质化、DNA甲基化以及DNA畸变等，对外源基因的表达很不利。所以，应尽量避免外源基因以多拷贝重复序列的形式整合到受体染色体上。与其他转化方法相比，农杆菌介导法转化外源基因可以在一定程度上避免这一问题。③使用核基质结合区（matrix attachment region，MAR）序列是一个非常有效的方法。MAR是染色质上的一段DNA序列，又称为核骨架结合区（scaffold attachment region，SAR）序列。MAR的长度一般为300～1 000 bp，可以与核骨架相结合，在两个MAR之间的染色质可形成DNA环，大小为5～200 kb，每个环为一个独立的表达结构。利用这种特性，可以把MAR构建在外源基因的两侧，这样不仅可以避免外源基因表达的位置效应影响，还可以提高外源基因在转化细胞中的稳定性与表达水平。

（四）转基因生物中外源基因的逃逸

转基因生物体内整合的外源基因以某种途径转移到其他生物体内或环境中，这种现象称为外源基因的逃逸。外源基因逃逸可以通过以下几个途径：

①转基因作物花粉的散布，这种途径是转基因植物中外源基因逃逸的主要渠道之一；

②转基因生物分泌物或残骸在环境中的残留；

③食物链的传递。

（五）外源基因在后代中的遗传多样性

外源基因在后代中的遗传多样性通常用转基因个体与非转基因个体杂交或转基因个体自交，结合Southern blotting来分析外源基因在后代中的遗传。一般来说，外源基因的传递遵循孟德尔遗传规律，自交后代表现3:1的分离规律，杂交后代表现1:1的分离规律。但是在某些情况下，作为两个不连锁的显性基因在自交后代中也有表现出15:1的分离现象。另外，有一个特殊现象是自交一代符合3:1分离规律，但自交二代却不符合孟德尔分离规律。

按照一般理论，外源基因在自交一代中发生分离，在自交二代中能得到纯合体。但是由于外源基因的失活、纯合体致死效应等一些未知的原因，在自交二代中也往往得不到纯合体或无法得到纯合体。然而有时在转基因当代也有可能出现纯合体的情况。

此外，在前面所谈到的，外源基因整合到受体基因组后，未必能够得到预期的结果。外源基因的丢失、沉默、突变等现象的是随机发生的，这也是造成了转基因生物在遗传上出现多样性的重要原因之一。

三、影响外源基因表达的主要因素及其调控策略

（一）影响外源基因表达的主要因素

外源基因表达所涉及的受体细胞多种多样，从细菌到高等动物和高等植物细胞，乃至动、植物个体；所涉及的基因也是成千上万，各不相同。这种差别使得对特定基因的表达研究就有其特定的个性，同时任何基因的表达都是由DNA经转录成mRNA再翻译成蛋白质的过程。但任何外源基因的表达都是由基因、载体、受体细胞共同完成的，因此也会受到一些共同因素的影响，这些共同影响因素主要有以下几方面。

1．有效的转录起始　这是外源基因能否在宿主细胞中表达及其效率的关键步骤之一，也可以说起始的速率是基因表达的主要限速步骤，启动子的强弱及相关的调控序列将影响外源基因的表达与否及其表达效率。

2．mRNA的有效延伸和转录终止　外源基因的转录一旦起始，接下来的问题是如何保证mRNA的有效延伸、终止以及稳定的积累（尤其在真核细胞中）。然而，在转录物内的衰减和非特异性终止可诱发转录中的mRNA分子提前终止。

3．mRNA的稳定性　mRNA是翻译出蛋白质的模板，mRNA的稳定性直接关系到翻译产物的多少，即表达的效率。

4．有效的翻译起始　和有效的转录起始一样，有效的翻译起始是外源基因表达的关键，起始密码子、核糖体结合位点及其相关核苷酸序列对翻译起始至关重要。

5．遗传密码应用的偏倚性　不同基因对遗传密码的应用并不是随机的，高表达的基因经常使用偏倚性密码，即使用其常用密码有更高的表达效率。

6．mRNA的二级结构　无论是原核基因还是真核基因的表达，翻译的起始经常受到mRNA不适当的二级结构的影响（如5′端非翻译区的茎环二级结构）。

7. RNA 的转录后加工 如前所述，绝大多数真核基因含有内含子，需在细胞核中被加工去除而产生成熟的 mRNA（内含子并非无意义，人们发现内含子对基因表达有促进作用，虽然其机制尚不十分清楚）。

8. mRNA 序列上终止密码的选择 所有三个终止密码子在它们的终止效率上是不相同的，UAA 在高水平表达中终止效率最好，若采用一串联的终止密码效果更好。

9. 表达载体的拷贝数及稳定性 在多数情况下，目标基因的扩增程度与基因表达效率成正比。表达载体的稳定性是维持基因表达的必要前提条件，而表达载体的稳定性不但与自身特性有关，也与受体细胞特性密切相关。

10. 外源蛋白的稳定性 外源蛋白质表达后是否能在宿主细胞中稳定积累而不被内源蛋白酶水解，这是基因高效表达的一个重要参数。

（二）外源基因表达调控的策略

1. 提高外源基因在原核细胞表达的策略 根据原核生物基因表达的特点，通常可从以下方面着手提高外源基因在原核细胞中的表达水平。

（1）提高翻译水平 可采用选择强的可调控启动子；调整 S-D 序列与起始密码 AUG 之间的距离；用点突变的方法改变起始密码下游某些碱基，以改善翻译起始和 mRNA 的二级结构；在外源基因下游插入重复性基因外回文（REP）顺序或其他具有反转重复顺序的 DNA 片段，起稳定 mRNA，提高表达水平的作用。

（2）减轻细胞的代谢负荷 外源基因在细菌中的高效表达，必然影响宿主的生长和代谢，而细胞代谢的损伤也必然影响外源基因的表达，合理地调节好宿主细胞的代谢负荷与外源基因高效表达的关系，是提高外源基因表达水平不可缺少的一个环节。常用的方法是：①诱导表达使细菌的生长与外源基因的表达分开，一般采用温度诱导或药物诱导，将宿主菌的生长与外源基因的表达分开成为两个阶段，是减轻宿主细胞的代谢负荷最为常用的方法。②减轻宿主细胞代谢的另一个措施是表达载体的诱导复制，在宿主菌迅速生长时，抑制质粒复制，当宿主菌生物量积累到一定水平后，再诱导细胞中质粒 DNA 的复制，增加质粒的拷贝数，从而将宿主菌的生长和质粒的复制分开。

（3）提高表达蛋白的稳定性，防止外源蛋白被降解 克隆一段原核序列，使表达出 N 末端由原核 DNA 编码，C 末端由克隆的真核 DNA 编码的融合蛋白；或采用某种突变菌株，保护表达出的外源蛋白不被降解；表达分泌蛋白，这是防止宿主菌对表达产物降解，减轻宿主细胞代谢负荷及恢复表达产物天然构象的有力措施。

2. 提高外源基因在真核细胞表达的策略 外源基因在真核细胞中的表达

要比在原核细胞复杂得多，是一个多阶段过程。因此，对其表达的调控也是在多阶段不同水平实现的。

(1) 转录前（基因组水平）调控 这是指在基因组水平上通过改变DNA序列和染色质的结构，影响基因表达的过程。这种调控方式较稳定持久，甚至有些是不可逆的。主要包括基因丢失、基因扩增、基因重排、甲基化修饰及染色质结构影响等。

(2) 转录水平调控 转录水平调控即对初级转录产物合成的调控，其调控包括RNA聚合酶的活性、顺式调控元件（包括启动子、增强子、沉默子等)、反式作用因子（包括基本转录因子、转录激活因子、转录抑制因子、多功能转录因子等)。它们介导了激素、生长因子、应激等刺激和分化对基因活性的调节。

(3) 转录后调控 一般认为转录后调控包括对mRNA初级合成产物的加工、成熟及其在胞浆内定位翻译起始前过程的调控。主要是对mRNA前体通过选择性拼接、剪接、编辑、甲基化修饰的加帽加尾的加工修饰等。

(4) 翻译水平调控 翻译水平调控包括5′UTR结构对翻译起始、翻译因子的可逆磷酸化对蛋白质合成、3′UTR结构对翻译过程的调节、反义RNA调控以及mRNA寿命的调节等。

(5) 翻译后水平调控 翻译后水平调控包括水解切割、连接、磷酸化、糖基化、乙酰化等化学修饰。

四、基因表达调控技术

外源基因导入受体细胞有时可引起体内基因沉默，但这种作用是非特异性的。为增加对基因表达的特异性调控，深入研究基因的功能，近年来，已陆续发现和建立了一些新技术，大大地促进了基因表达调控和基因功能的研究。

(一) 反义RNA

1. 概念 反义RNA（antisense RNA）是指与靶RNA（多为mRNA）具有互补序列的RNA分子，它通过与靶RNA进行碱基配对结合的方式参与基因的表达调空。

早在20世纪80年代初，Mizuno等在研究大肠杆菌主要外膜蛋白（*Omp*）基因表达时发现这一现象。后来的研究发现，此种反义RNA调控系统普遍存在于原核生物中，如质粒的复制、Tn10的转座、噬菌体的繁殖。至80年代中期，证实反义RNA也存在于真核生物中。

2. 反义RNA的调控方式 目前认为反义RNA的调控方式有以下几种。

(1) 在核酸复制水平上　反义RNA可作为DNA复制的抑制因子，它可与引物DNA前体互补结合，抑制DNA的复制，从而控制复制的频率。

(2) 在转录水平上　反义RNA可与mRNA5′端互补而阻止RNA的转录。

(3) 在翻译水平上　反义RNA在翻译水平上的调控主要表现在三个方面：一是与mRNA5′端非翻译区包括S-D序列的结合，直接抑制翻译；二是与mRNA5′端编码区，主要是起始密码子AUG结合，抑制翻译起始；三是靶mRNA的非编码区互补结合，间接抑制mRNA的翻译。

3．反义RNA技术的应用　反义RNA作为一种调控特定基因表达的手段已被广泛应用。利用反义RNA分子能与特异mRNA分子互补的特点，直接或间接地通过它来调控细胞中特异mRNA的量。关于反义RNA在调控基因的表达，无论是在病毒上还是在细胞水平上以及植物个体水平上，它的调节作用都已得到证实。

反义RNA在植物学研究中的应用主要包括：①控制果实成熟；②提高植物抗病性；③改变花卉的颜色；④控制植物淀粉的合成；⑤控制油料植物种子中脂肪酸的合成；⑥控制雄性不育。

反义RNA在动物及人类疾病治疗上的应用主要表现在：①对疾病基因的具有调控作用；②在人类疾病治疗中的应用。

总之，反义RNA能够选择性地关闭特定基因，因而它已成为一种极有价值的研究工具，是被科学家们广泛用来同病毒性疾病、恶性肿瘤、寄生虫感染和遗传性疾病等做斗争的最引人注目的新武器，也是科学家们用来调节基因表达和观察基因表达的有效手段和方法。随着天然反义RNA的发现，人工构建反义RNA来调节基因表达的策略应运而生，并已取得较大的进步。

（二）基因敲除

1．概念　基因敲除（gene knock out）是指对一个结构已知但功能未知的基因，从分子水平上设计实验，将该基因去除，或用其他序列相近的基因取代，然后从整体观察实验生物，推测相应基因的功能。基因敲除可中止某一基因的表达外，还包括引入新基因及引入定点突变。既可以是用突变基因或其他基因敲除相应的正常基因，也可以用正常基因敲除相应的突变基因。目前这项技术主要集中在动物研究上。

2．基因敲除技术的应用

①建立人类疾病的转基因动物模型，为医学研究提供材料。基因敲除小鼠是研究疾病的发生机理、分子基础及诊断治疗的重要实验材料。如1989年囊性纤维化病（CF）的致病基因（CFTR）被成功地克隆，并于1992年成功地建立了CFTR基因敲除的CF小鼠模型，为CF基因治疗提供了很好的动物模

型，而且顺利通过了基因治疗的动物实验，于1993年开始临床实验并获得成功。

②改造动物，鉴定新基因或其新功能，研究发育生物学。深入研究基因敲除小鼠在胚胎发育及生命各期的表现，可以得到详细的有关该基因在生长发育中的作用，为研究基因的功能和生物效应提供模式。例如，目前人类基因组研究多由新基因序列的筛选检测入手，进而用基因敲除法在小鼠上观察该基因缺失引起的表型变化。目前已报道了多种学习、记忆以及LTP、LTD（突触传递的长时间抑制LTD和长时间增强LTP是行为依赖性突触可塑性的两种重要形式）有缺陷的基因敲除动物，发现多种基因在学习、记忆的形成过程中是必不可少。

③去除多余基因或修饰改造原有异常基因，以达到治疗的目的。

④改造生物，培育新的生物品种。

细胞的基因工程技术是20世纪分子生物学史上的一个重大突破，而基因敲除技术则可能是遗传工程中的另一重大飞跃。这项新技术在基础理论及实际应用中都将有广阔的应用前景。

（三）RNA干涉

1．概念 RNA干涉（RNA interference）是1998年首次在秀丽线虫中发现并证明属于转录后水平的基因沉默机制。利用双链RNA可以特异性地降解相应序列mRNA，从而特异性阻断相应基因的表达。到目前为止，在真菌、拟南芥、线虫、锥虫、水螅、涡虫、果蝇、斑马鱼、小鼠等真核生物中都发现存在这一基因沉默机制。研究表明，RNA干涉与植物中的共抑制、真菌中的基因抑制可能具有共同的基本分子机制。

2．RNA干涉的特征

①RNA干涉是转录后水平的基因沉默机制。

②RNA干涉具有很高的特异性，能够非常特异地只降解与其序列相应的单个内源基因的mRNA。

③RNA干涉抑制基因表达具有很高的效率，表型可以达到缺失突变体表型的程度。

④RNA干涉抑制基因表达的效应可以穿过细胞界限，在不同细胞间长距离传递和维持。

3．RNA干涉技术的应用 利用RNA干涉可以实现多基因突变，这是传统的制作突变体无法实现的。

①RNA干涉可以利用同一基因家族的多个基因具有一段同源性很高的保守序列这一特征，设计针对这一区段序列的双链RNA分子，注射一种双链

RNA 即可以产生多个基因同时剔除的表型。

②RNA 干涉还可以产生基因降低表达的各种表型。而且抑制基因表达的时间可以随意控制在发育的任何阶段。

RNA 干涉现象存在的广泛程度远远超过了研究人员最初的预期，这个意外的发现以及随后的深入研究很快将真菌、植物和动物中的基因沉默研究统一起来。双链 RNA 在各种基因沉默现象中关键作用的发现，预示着一个新的 RNA 时代的到来。

第二节 转基因生物的安全性及其风险评估

一、转基因生物安全性

（一）生物安全的概念

现代生物技术能够使人类直接操作生物的遗传物质——基因，改变微生物、植物和动物的某些生物学性状、代谢产物甚至生物活动的某些过程。这就意味着人类可以在一定程度上设计并定向改造某种生物。生物技术的实验研究和产品产业化的快速发展，已经并仍将在农业、医药、食品、环保、轻工等部门起到越来越大的作用，甚至取代一些行业的原有技术和工艺，成为 21 世纪的支柱产业之一。这显然在其中蕴藏着巨大的商机，也应该清醒地看到同时可能带来一些潜在的、目前还难以预测的安全问题，已引起人们的广泛关注。

1. 广义生物安全 广义的生物安全，是指在一个特定的时空范围内，由于自然或人类活动引起的外来物种迁入，并由此对当地其他物种和生态系统造成改变和危害；人为造成环境的剧烈变化而对生物多样性产生影响和威胁；在科学研究、开发、生产和应用中造成对人类健康、生存环境和社会生活有害的影响。

2. 狭义生物安全 狭义的生物安全主要是指通过基因工程技术产生的遗传工程体及其产品所带来的上述种种有害影响。本节所述的转基因生物的安全性即属这一范畴。

自 20 世纪 90 年代以来，多种转基因生物和基因工程药物进入大规模商业化应用阶段，这对转基因生物的安全性评价提出了新的要求。毕竟大规模商业应用不同于小范围的田间或室内试验，一些在小范围试验中不显著的问题会在大面积种植和大规模使用中暴露出来，对人类和环境产生直接或间接的影响。随着转基因生物的不断出现和大规模应用，一些新的风险因素也不断被引入，如何监测、管理和防范转基因生物的安全性问题是我们面临的一项重大课题。

(二) 国内外对转基因生物安全性的看法

1. 转基因生物安全性问题的由来　20 世纪 60 年代末，斯坦福大学的生物化学教授 Paul Berg 开始了对猴病毒 SV40 的研究。尝试将来自细菌的一段 DNA 和猴病毒 SV40 的 DNA 连接到一起，获得了世界上第一例重组 DNA (Krimsky)。这标志着人类跨入了一个生物技术的新纪元，人们可以从生物体的最基础的遗传物质——DNA 水平上来改造生物体，进而改造整个自然界。Berg 因此获得了诺贝尔奖。

1971 年，Berg 和他的助手计划将重组的 DNA 转化到真核细胞中，在当年 6 月冷泉港举行的生物学会议上他们介绍了所从事的研究工作，引起了一些生物学家的注意。一位在冷泉港实验室工作的年轻微生物学家 Robert Pollack 给 Berg 打电话，提醒他们正在研究的猴病毒 SV40 是一种小型动物的肿瘤病毒，它能将人的细胞培养转化为类肿瘤细胞，如果研究中的一些材料扩散到自然环境中，并成为人类的致病因素的话，将导致一场灾难。于是 Berg 开始广泛征求同行专家的意见，对将要进行的实验重新进行研讨，Berg 还专门访问了多位有关的生物学家，并与一些专门从事猴病毒 SV40 的科学家进行了讨论，一些科学家建议关于重组 DNA 的工作应该暂时停止，直到对重组 DNA 工作的性质和风险有了进一步了解后再继续进行。出于对基因工程技术安全性的考虑，Berg 于 1971 年秋天暂时终止了实验，没有用得到的重组 DNA 转染细胞。

后来随着各种不同限制性内切酶的陆续发现，生物学家可以方便地对各种生物的遗传物质进行操作，使越来越多的人开始关注重组 DNA 可能带来的潜在危害。

2. 国际社会、科学界和各国政府对转基因生物安全性的认识　1975 年 2 月 24—27 日，首次关于重组 DNA 安全性的国际会议在美国加利福尼亚州的 Asilomar 举行。会议讨论非常热烈，剑桥分子生物学实验室的 Sydney Brenner 教授在会上指出，生物安全的风险不仅仅在于会引起实验人员何种疾病，也不是看看上周做的实验对今天有什么害处。他认为生物安全的风险是一种综合的、长期的效应，它可能对其他生物和环境带来一些潜在的、间接的影响，也可能在近期并不表现出来，而经过一个较长的潜伏期后才表现出危害。他的意见使许多人信服。这是世界上第一次正式关于基因工程技术即转基因生物安全的国际会议，成为人类社会对转基因生物安全性关注的历史性里程碑。由此也引起了全球科学界和各国政府的高度重视。

1975 年 Asilomar 会议后，一些国家就开始着手制定有关生物安全的管理条例和法规。现在已有不少国家发布了一些法规、准则，以指导和监督转基因生物的应用。最早的法规是美国国立卫生院（NIH）1976 年发布的《重组

DNA分子研究准则》；随后，德、法、英、日、澳大利亚等国也相继制定了有关重组DNA技术安全操作指南或准则；欧盟（原欧共体）也颁布了《关于控制使用基因修饰微生物的指令》、《关于基因修饰生物向环境释放的指令》等文件。

在对待转基因生物安全性的态度上，美国公众表现得较宽容，对新生事物如转基因的生物持乐观态度，他们相信权威机构的认可，希望科学的发展能为社会提供更好的生活环境和条件。1999年2月，美国行业组织——国际食品信息委员会对1 000名成年人就生物技术进行了电话调查，结果显示，相对较少的人注意到了生物技术的应用，如果这些技术得到了食品和药物管理局或其他管理机构的认可，人们愿意接受它们。而欧洲公众相对比较保守，他们不愿意具有风险的新生事物给他们的传统带来冲击，对转基因生物采取抵触态度，如抗议转基因作物的田间试验。1998年4月中旬，在奥地利种植欧盟批准的转基因作物的计划就由于公众的反对而流产。这就形成了美国的开放和欧洲小心翼翼的两种态度。在美国，从牛奶、奶酪到水果、蔬菜、玉米、大豆等主要作物及牲畜等，都有转基因生物存在。美国已批准了35种转基因作物进行田间试验；而欧洲只批准了9种转基因作物的田间试验，且全都是在1998年3月之前批准的。

2000年7月11日，中国科学院和英国皇家学会、美国、巴西、印度、墨西哥的科学院以及第三世界科学院就“转基因植物和世界农业”发表联合声明，指出转基因技术在消除第三世界的饥饿和贫穷方面有不可替代的作用。同时认为，应加强转基因生物的安全性研究，以保证转基因生物研究与应用的健康发展以及环境和食品的安全性。

经过几十年对转基因生物的研究和十几年转基因大规模应用商品化生产的实践，不难看出，人类对转基因生物出现可能带来的安全性问题的认识是逐步深入的，从一开始的恐惧和极严格的限制，逐渐认识到可以通过科学的检测、评价和管理，控制转基因生物可能带来的负面影响。与人类历史上任何一种新技术出现一样，现代生物技术既有极大地推动生产力的一面，又有可能由于没有被审慎使用这种技术而对人的健康和环境造成危险的一面。

二、转基因生物安全性评价

（一）生物安全性评价的目的

由于转基因生物在为人类生活和社会进步带来巨大利益的同时，也可能对人类健康和环境安全造成负面影响，因而生物安全的管理已受到世界各国的高度重视，其安全管理的核心和基础是安全性评价。安全性评价是从技术上通过对转基因生物技术研究、产品开发、商品化生产和应用的各个环节进行分析、检测，确定安全等级。评价的目的在于：

①为转基因生物技术的安全管理和科学决策提供科学依据。

②有针对性地采取与之相适应的监测和控制措施，保障人类健康和环境安全。

③回答公众疑问，消除公众由于缺乏全面了解而产生的种种误解，形成对转基因生物安全性的正确认识。

④提高转基因生物产品的国际竞争能力，促进国际贸易，维护国家权益。

⑤促进转基因生物技术作为具有巨大应用前景的产业走上健康有序、可持续发展的道路。

（二）生物安全性评价原则、标准和程序

1．安全性评价的原则　对转基因生物安全性评价应遵守科学、客观、公正、个案评审的原则，针对每项基因工程工作的具体情况确定其安全等级。

2．安全等级的划分标准　目前，世界各国对生物技术的定义有所不同，对生物安全性的理解和要求也存在着明显差异，因此没有国际统一的生物安全分级标准。但一般都按照对人类健康和环境的潜在危险程度由低到高的顺序，将生物技术的安全性分为4个安全等级。我国对生物技术安全管理的重点是基因工程。在国家科委1993年发布的《基因工程安全管理办法》中，按照潜在危险程度，将基因工程工作分为4个安全等级（表7－1）。

表7－1　基因工程工作安全等级的划分标准

安全等级	潜在危险程度
Ⅰ	对人类健康和生态环境尚不存在危险
Ⅱ	对人类健康和生态环境具有低度危险
Ⅲ	对人类健康和生态环境具有中度危险
Ⅳ	对人类健康和生态环境具有高度危险

（引自中国国家科学技术委员会，1993）

3．安全等级的划分程序　基因工程工作安全性评价就是根据受体生物、基因操作、遗传工程体及其产品的生物学特性、预期用途和接受环境等，综合评价基因工程工作对人类健康和生态环境可能造成的潜在危险，确定其安全等级，提出相应的监控措施。目前进行安全性评价的一般程序可分为7个步骤（表7-2）。

表7-2 安全性评价的程序和结果

程 序	目 的	结 果
第一步	确定受体生物的安全等级	安全等级Ⅰ、Ⅱ、Ⅲ或Ⅳ级
第二步	确定基因操作对安全性的影响类型	安全类型Ⅰ、Ⅱ或Ⅲ型
第三步	确定遗传工程体的安全等级	安全等级Ⅰ、Ⅱ、Ⅲ或Ⅳ级
第四步	确定遗传工程产品的安全等级	安全等级Ⅰ、Ⅱ、Ⅲ或Ⅳ级
第五步	确定接受环境对安全性的影响	
第六步	确定监控措施的有效性	
第七步	提出综合评价的结论和建议	

在上述各个步骤中，每一步都要从以下三个方面进行分析：

①有什么危险？是否有任何潜在的危险？

②危险程度，包括发生危险的可能性有多大？会引起哪些可能的不良后果？其不良后果的影响范围、发生频率和严重程度多大？等等。

③监控措施，有哪些措施可以预防和减少可能发生的潜在危险？如何确保或提高监控措施的有效性？等等。

（三）安全性评价的主要内容

生物安全性评价的内容包括对人类健康的影响和对生态环境的影响两个方面，而在每一个方面的具体评价内容则取决于对安全性的理解和要求，同时也与当前生物技术研究与应用的发展认识水平是分不开的，不同国家、不同行业的要求各不相同。我国对农业生物基因工程工作的安全性评价的主要内容有以下几个方面。

1. 受体生物的安全等级 根据受体生物的特性及其安全控制措施的有效性，受体生物分为4个安全等级（表7-3）。主要评价受体生物的分类学地位、原产地或起源中心、进化过程、自然生境、地理分布、在环境中的作用、演化成有害生物的可能性、致病性、毒性、过敏性、生育和繁殖特性、适应性、生存能力、竞争能力、传播能力、遗传交换能力和途径、对非目标生物的影响、监控能力等。

表 7－3　受体生物的安全等级及划分标准

安全等级	受体生物符合的条件
Ⅰ	对人类健康和生态环境未曾发生过不利影响；或演化成有害生物的可能性极小；或仅用于特殊研究，存活期短，实验结束后在自然环境中存活的可能性极小等
Ⅱ	可能对人类健康和生态环境产生低度危险，但通过采取安全措施完全可以避免其危害
Ⅲ	可能对人类健康和生态环境产生中度危险，但通过采取安全措施基本上可以避免其危害
Ⅳ	可能对人类健康和生态环境产生高度危险，而且尚无适当的安全控制措施来避免其在封闭设施之外发生危害。如，可能与其他生物发生高频率遗传物质交换的、或者尚无有效技术防止其本身或其产物逃逸、扩散的有害生物；有害生物逃逸后，尚无有效技术保证在其对人类健康或生态环境产生不利影响之前将其捕获或消灭等

2．基因操作对受体生物安全性的影响　根据基因操作对受体生物安全的影响将基因操作分为 3 种安全类型（表 7－4）。其主要评价目的基因、标记基因等转基因的来源、结构、功能、表达产物和方式、稳定性等；载体的来源、结构、复制、转移特性等；供体生物的种类及其主要生物学特性；转基因方法等。

表 7－4　基因操作的安全类型及划分标准

安全类型	划分标准
1	增加受体生物的安全性，如去除致病性、可育性、适应性基因或抑制这些基因的表达等
2	对受体生物安全性没有影响，如提高营养价值的贮藏蛋白基因，不带有危险性的标记基因等的操作
3	降低受体生物的安全性，如导入有害毒素的基因，引起受体生物的遗传性发生改变，会对人类健康或生态环境产生额外的不利影响；或对基因操作的后果缺乏足够的了解，不能肯定所形成的遗传工程体其危害性是否比受体生物大

3．遗传工程体的安全等级　根据受体生物的安全等级和基因操作对受体生物安全性的影响和影响程度将遗传工程体分为 4 个安全等级(表 7－5)。

分级标准与受体生物的分级标准相同，其安全等级一般通过将遗传工程体的特性与受体生物的特性进行比较来确定，主要评价其对人类和其他生物体的致病性、毒性和过敏性，育性和繁殖特性，适应性和生存、竞争能力，遗传变异能力，转变成有害生物的可能性，对非目标生物和生态环境的影响等。

表 7-5　遗传工程体的安全等级与受体生物安全等级和基因操作安全类型的关系

受体生物安全等级	基因操作的安全类型		
	1	2	3
Ⅰ	Ⅰ	Ⅰ	Ⅰ、Ⅱ、Ⅲ、Ⅳ
Ⅱ	Ⅰ、Ⅱ	Ⅱ	Ⅰ、Ⅱ、Ⅲ
Ⅲ	Ⅰ、Ⅱ、Ⅲ	Ⅲ	Ⅰ、Ⅱ
Ⅳ	Ⅰ、Ⅱ、Ⅲ、Ⅳ	Ⅳ	Ⅰ

4．遗传工程产品的安全等级　由遗传工程体所生产的遗传工程产品的安全性与遗传工程体本身的安全性可能不完全相同，甚至有时会有很大的不同。例如，防治植物、畜禽和人类病害的疫苗等微生物制剂，在分别作为活菌制剂和灭活（死菌）制剂应用时，其安全性显然是不一样的。

遗传工程产品的安全等级一般是根据其与遗传工程体的特性和安全性进行比较来确定的，其分级标准与受体生物的分级标准相同。主要评价与遗传工程体比较，遗传工程产品的安全性有何改变。

5．基因工程工作安全性的评价和建议　在综合考察遗传工程体及其产品的特性、用途、潜在接受环境的特性、监控措施的有效性等相关资料的基础上，确定遗传工程体及其产品的安全等级，形成对基因工程工作安全性的评价意见，提出安全性监控和管理的建议。

（四）国内外生物安全性法规与管理

1．美国生物安全法规及管理　美国是世界上最早制定生物技术安全管理法规的国家，其生物技术安全管理法规体系和管理体制都比较完善。

（1）安全法规　美国的任何遗传工程体的商品化需要符合其国家和联邦法规所确定的标准，除了有《国家种子鉴定法》、《联邦食品、药品与化妆品法》、《联邦杀虫剂、杀真菌剂、杀啮齿动物药物法》、《毒物控制法》、《联邦植物有害生物法》等外，各部门还建立了相应的法规、条例、规则（表 7-6）。

表 7-6　美国生物安全管理法规

法规依据	管理范围	部门
联邦植物有害生物法 GMO及其产品的申请内容与过程的简化 GMO及其产品：受控生物体的报告程序及解除控制的申请	植物有害生物、植物、牲畜	农业部
联邦食品、药品与化妆品法 联邦杀虫剂、杀真菌剂、杀啮齿动物药物法 毒物控制法 微生物杀虫剂：试验许可与报告 生物技术微生物产品：毒品控制法下的最后法规	微生物、植物农药、农药的新用途、新微生物	环境保护局
联邦食品、药品、化妆品法 政策声明：从新植物品种而来的食品	食品、饲料、食品添加剂、兽药、医药及医疗设备	食品与药品管理局

(2) 管理体制　美国政府 1986 年颁布对生物技术协调管理的基本框架，由农业部（USDA)、环境保护局（ERA)、食品与医药管理局（FDA)、职业安全与卫生管理局（OSHA）和国立卫生研究院五个部门协调管理。各部门的管理范围由 GMO（遗传工程体）产品最终用途而定，一个产品可能涉及多个部门的管理（表 7-7)。

表 7-7　遗传工程体及其产品的管理部门（例）

新性状或生物体	管理部门	管理范围
抗病毒的粮食作物	农业部 环境保护局 食品与药品管理局	种植安全 对环境是否安全 食用安全
抗除草剂的粮食作物	农业部 环境保护局 食品与药品管理局	种植安全 相应除草剂的新用途 食用安全
抗除草剂的观赏植物	农业部 环境保护局	种植安全 相应除草剂的新用途
粮食作物含油量的改变	农业部 食品与药品管理局	种植安全 食用安全
观赏植物花色的改变	农业部	种植安全
降解污染物的改性土壤微生物	环境保护局	对环境是否安全

2. 欧盟生物安全法规及管理

(1) 法规体系 欧盟与生物安全相关的主要法规分为两类：一是水平系列的法规；二是与产品相关的法规（表7-8）。

表7-8 欧盟生物安全相关法规

水平系列法规	产品相关法规
遗传修饰或病原生物体的隔离使用（90/219/EEC） 遗传修饰生物体（GMO）的目的释放（90/220/EEC） 从事遗传工程工作人员的劳动保护（90/679/EEC，93/88/EEC）	关于含GMO及其产品进入市场的决定 GMO或病原生物体的运输、饲料添加剂、医药用品以及新食品方面的法规

(2) 管理机构 欧盟负责生物安全水平系列法规管理的机构是第十一总司：环境、核安全以及公民保护（DG-Ⅺ）。产品相关法规的管理机构为工业总司（DG-Ⅲ）、农业总司（DG-Ⅵ）；GMO的运输由运输总司管理；科学、研究与发展总司，欧盟联合生物技术及环境系统、信息、安全联合研究中心负责研究开发工作的管理和服务；消费者政策与消费者健康保护-植物科学委员会（DG-ⅩⅩⅣ）负责用于人类、动物及植物的相关科技问题，以及可能影响人类、动物健康或环境的非食品（包括杀虫剂）的生产过程。

3. 中国的生物技术（转基因生物）安全管理

(1) 相关法规 在生物工程技术飞速发展的形势下，我国充分认识到制定自己的生物技术管理法规，对于促进我国生物技术研究、开发和产业化的健康发展具有十分重要的作用。1989年国家科学技术委员会生物工程开发中心成立了法规起草工作班子，1990年又会同农业部、卫生部和中国科学院等部门一起，成立了我国《重组DNA工作安全管理条例》领导小组。经过几年的工作，广泛征询意见，定稿为《基因工程安全管理办法》呈国务院审批，1993年以中华人民共和国国家科学技术委员会第17号令发布实行。以后农业部、卫生部等又相继颁布了《农业生物基因工程安全管理实施办法》、《新资料食品卫生管理办法》、《人用重组DNA制品质量控制要点》和《兽用新生物制品管理办法》等一系列法规。

(2) 管理体制 根据基因工程体及其产品的研究、开发和应用的领域与范围，相关的管理机构主要是国家科学技术委员会、农业部、卫生部、国家环境保护总局与中国科学院等。

(3) 我国生物安全管理的原则 生物安全管理体现国家意志，展示国家形象，关系国家综合国力的增长，我国生物安全管理实施遵循的根本原则是：研究开发与安全防范并重的原则；贯彻预防为主的原则；有关部门协同合作的原则；公正、科学的原则；公众参与的原则；个案处理和逐步完善的原则。

人类大规模地应用转基因生物已有十几年的历史，迄今为止尚未出现因转基因生物引起的危害事件，但转基因生物体对人类和环境的影响将会是长期的，很多影响可能产生时滞效应，而不像非生物影响那样随时间而减小，随距离而减弱。大量的转基因生物是以特殊的生命形式，以超过自然进化千百万倍的速度介入到自然界中来，在给人类带来巨大利益的同时，也可能蕴涵一定的危险。随着科学技术的进步、发展和完善，人类是可以解决转基因生物可能带来的安全问题的。

小 结

外源基因的表达是转基因成功的标志，生物体内的表达系统有原核细胞和真核细胞两种。在不同的系统中，外源基因的表达具有各自的特点。原核细胞中基因的表达过程强烈地依赖于受体基因上的启动子及其S-D序列。使用的原核表达载体有非融合型表达蛋白载体PKK223-3、分泌型克隆表达载体PINⅢ、融合蛋白表达载体pGEX。

真核细胞表达系统比原核细胞表达系统复杂的多，主要表现在真核细胞内有严密的调控机制。真核细胞的基因表达受到启动子、增强子、终止子和修饰序列等的调控，外源基因插入到真核细胞基因中，其表达受到这些调控因子的影响。目前使用的真核表达载体有瞬时表达系统、诱导表达系统、组成型特异表达系统等。

外源基因转化后可能并不表达出来，主要原因有外源基因的丢失、逃逸、沉默及次生作用等。因此，外源基因的表达具有不确定性，也使转基因生物表现出遗传上的多样性。

外源基因在插入受体基因组后，能否保证被正常表达出来是转基因技术中的难题。转录和翻译过程的顺利进行、表达载体的正确选择和对外源蛋白的有效保护等因素是影响外源基因表达的主要因素。另外，为了使外源基因高表达，还可以采取相应的策略。在原核细胞中，通过提高翻译水平、减轻细胞的代谢负荷、提高表达蛋白的稳定性、防止外源蛋白被降解等方法来提高外源基因的表达率；而在真核细胞中则复杂一些，在不同的水平需要采取不同的方法调节控制，调控可以是在转录前（基因组水平）、转录中、转录后、翻译以及翻译后等不同水平进行。

外源基因导入受体细胞不仅可引起自身沉默，而且可诱发体内基因沉默，但对体内基因的沉默多是非特异性的。为增加对基因表达的特异性调控，需要深入研究基因的功能。近年来，已陆续发现和建立了一些新技术，极大地促进了基因表达调控和基因功能的研究，主要表现在基因敲除、反义 RNA、RNA 干涉。

转基因生物的安全性已引起世界各国的关注，必须正确认识并建立相应的安全性评价标准、程序和管理法规。

复习思考题

1. 要在原核生物中实现外源基因的表达，必须具备哪些基本条件？
2. 原核生物表达对载体有些什么要求？常用原核表达载体有哪几种类型？
3. 真核基因和原核基因各有什么主要特点？
4. 常用的真核基因表达系统有哪些？
5. 影响外源基因表达的因素主要有哪些？可以通过哪些途径进行调控？
6. 你认为转基因生物是否安全，理由何在？
7. 在我国，释放转基因生物必须通过哪些程序？要求满足哪些条件？

主要参考文献

[1] 刘谦，朱鑫泉主编. 生物安全. 北京：科学出版社，2001
[2] 王关林，方宏筠主编. 植物基因工程. 第二版. 北京：科学出版社，2002
[3] 林忠平等编著. 走向 21 世纪的植物分子生物学. 北京：科学出版社，2000
[4] 李艳，李毅，陈章良. 转基因植物内源基因与外源基因共抑制问题研究进展. 生物工程学报. 1999，15（1）：1～4
[5] 王关林，方宏筠，那杰. 外源基因在转基因植物中的遗传特性. 遗传. 1996，18（6）：37～41
[6] 夏兰芹，王远，郭三堆. 外源基因在转基因植物中的表达与稳定性. 生物技术通报. 2000，(3)：8～12
[7] 华志华，黄大年. 转基因植物中外源基因的遗传学行为. 植物学报. 1999，41（1）：1～5
[8] 王得元，殷秋秒，石尧清等. 外源基因在作物基因组的整合特性及遗传分析. 湖北农学院学报. 1999，19（2）：113～115
[9] Vivian Moses and Michael Brannan. One Hundred Percent Safe. Collected Collated for CROPGEN，December 2002

第八章 基因组学与基因组工程

学习要求 了解基因组学及蛋白质组学的概念、人类基因组、植物基因组（主要是水稻基因组、拟南芥基因组）和微生物基因组的研究进展。了解基因组工程的概念、基因组工程与基因工程的异同以及基因组工程的应用前景。了解基因芯片的概念及其在基因组研究等方面的应用。

随着生命科学和生物学技术的发展，基因的概念得到不断发展和深化。基因工程的诞生为不同物种间基因交流提供了可能。然而，研究表明，细胞的生命活动不是一个一个基因表达的简单组合，生物性状大多是受多个基因调控的，基因组中90%以上结构为非编码区，那么这些基因间是如何相互作用的？基因组中大量的冗余DNA有何作用？要阐明这些问题，就必须对基因组的结构和功能深入研究。为此，1990年10月美国政府正式启动了人类基因组计划，从而促进了基因组学、蛋白质组学、生物信息学、基因组工程和生物芯片等新学科、新技术的不断诞生。

第一节 基因组学概况

一、基因组学概念

基因组（genome）是指一个物种的单倍体的染色体数目，又称染色体组。它包含了该物种自身的所有基因。1986年美国科学家Thomas Roderick提出了基因组学（genomics）的概念，它是指对所有基因进行基因组作图（包括遗传图谱、物理图谱、转录图谱）、核苷酸序列分析、基因定位和基因功能分析的一门科学。因此，基因组研究应该包括两方面的内容：以全基因组测序为目标的结构基因组学（structural genomics）和以基因功能鉴定为目标的功能基因组学（functional genomics），后者又称为后基因组（postgenome）研究。结构基因组学代表基因组分析的早期阶段，以建立生物体高分辨率遗传、物理和转录图谱为主。功能基因组学代表基因分析的新阶段，是利用结构基因组学提供的信息进一步研究全基因组的基因功能，它以高通量、大规模实验方法及计算机统计分析为特征。

二、基因组图谱的构建

基因组图谱的构建，是通过基因作图、核苷酸序列分析确定基因组成、基因定位的科学。染色体不能直接用来测序，必须将基因组这一巨大的研究对象进行分解，使之成为较易操作的小的结构区域，这个过程就是基因作图。根据使用的标志和手段不同，作图有三种类型，即构建生物体基因组高分辨率的遗传图谱、物理图谱和转录图谱。

（一）遗传图谱

通过遗传重组所得到的基因线性排列图称为遗传连锁图。它是通过计算连锁的遗传标志之间的重组频率，确定它们的相对距离，一般用厘摩（cM，即每次减数分裂的重组频率为1%）来表示。绘制遗传连锁图的方法有很多，但是在DNA多态性技术未开发时，鉴定的连锁图很少，随着DNA多态性的开发，使得可利用的遗传标志数目迅速扩增。早期使用的多态性标志有RFLP（限制性片段长度多态性）；RAPD（随机扩增多态性DNA）；AFLP（扩增片段长度多态性）；20世纪80年代后出现的有STR（短串联重复序列，又称微卫星）DNA遗传多态性分析和20世纪90年代发展的SNP（单个核苷酸的多态性分析）。

（二）物理图谱

物理图谱是利用限制性内切酶将染色体切成片段，再根据重叠序列把片段连接成染色体，确定遗传标志之间的物理距离［碱基对（bp）或千碱基对（kb）或兆碱基对（Mb）］的图谱。以人类基因组物理图谱为例，它包括二层含义，第一层含义是获得分布于整个基因组的30 000个序列标志位点（STS，其定义是染色体定位明确且可用PCR扩增的单拷贝序列）。将获得的目的基因的cDNA克隆，进行测序；确定两端的cDNA序列，约200 bp，设计合成引物，并分别利用cDNA和基因组DNA作模板扩增；比较并纯化特异带；利用STS制备放射性探针与基因组进行原位杂交，使每个100kb就有一个标志。人类基因组物理图谱的第二层含义是，在获得整个基因组的所有序列标志位点的基础上构建覆盖每条染色体的大片段。首先是对数百kb的YAC（酵母人工染色体）进行作图；得到重叠的YAC连续克隆系，称为低精度物理作图；然后在几十个kb的DNA片段水平上进行，将YAC随机切割后装入黏粒，黏粒的作图称为高精度物理作图。

（三）转录图谱

利用EST（表达序列标签）作为标记所构建的分子遗传图谱被称为转录

图谱。通过从 cDNA 文库中随机条区的克隆进行测序所获得的部分 cDNA 的 5′或 3′端序列称为表达序列标签（EST），一般长 300～500 bp。一般说，mRNA 的 3′端非翻译区（3′UTR）是代表每个基因的比较特异的序列，将对应于 3′UTR 的 EST 序列进行 RH 定位（辐射杂交细胞系定位），即可构成由基因组成的 STS 图。截止到 1998 年 12 月底，在美国国家生物技术信息中心（NCBI）数据库中公布的植物 EST 的数目总和已达几万条（李子银等，2000），所测定的人基因组的 EST 达 180 万条以上（强伯勤等，2000）。这些 EST 不仅为基因组遗传图谱的构建提供了大量的分子标记，而且来自不同组织和器官的 EST 也为基因的功能研究提供了有价值的信息。此外，EST 计划还为基因的鉴定提供了候选基因（candidante）。其不足之处在于通过随机测序有时难以获得那些低丰度表达的基因和那些在特殊环境条件下（如生物胁迫和非生物胁迫）诱导表达的基因。因此为了弥补 EST 计划的不足，必须开展基因组测序。通过分析基因组序列能够获得基因组结构的完整信息，如基因在染色体上的排列顺序、基因间的间隔区结构、启动子的结构以及内含子的分布等。

三、功能基因组学与蛋白质组学

随着 1990 年人类基因组计划（Human Genome Project，HGP）的实施并取得巨大成就，模式生物（model organism）基因组计划也在进行，并先后完成了几个物种的序列分析。人类面临的最大挑战是如何将基因序列资料转变成为真正有用的知识，进而让这些知识服务于人类，使之能够造福于人类的健康。因此，研究重心从开始的揭示生命的所有遗传信息转移到在分子整体水平对功能的研究上。第一个标志是功能基因组学的产生，第二个标志是蛋白质组学（proteome）的兴起。

（一）功能基因组学

功能基因组学是利用结构基因组学提供的信息研究基因及其编码蛋白功能的科学。它以高通量、大规模实验方法及计算机统计分析为特征。就人类基因组而言，目前虽然完成了绝大部分的基因序列分析，但还有约 60% 的人类基因的功能仍然未知。据初步计算，人类大约有 3.2 万个基因，其中 1.5 万左右为已知功能，1.7 万是未知功能；而且这 1.5 万左右已经知道功能的，有相当一部分只是通过计算机分析出的功能，而不是通过实验证明的功能，要通过实验证明各基因的真正功能，工作还非常多。所以，功能基因组学研究的工作量、投入和难度要比结构基因组学大得多。而且，基因功能的了解，需要计算机科学家、生物学家、细胞学家、临床和病理学家、结构生物学家、生理学家、遗传学家等的多学科协作。

功能基因组学的研究主要包括以下几个方面：①基因表达谱的研究；②基因组分析和基因功能研究；③基因组进化与生物进化的研究；④遗传语言的研究。

（二）蛋白质组学

随着基因组计划的迅猛推进，越来越多的人已经开始致力于用新的技术、新的手段来阐明基因的功能，如基因表达系列分析法（serial analysis of gene expression，SAGE）和微阵列分析法（microarray analysis）。虽然利用这些手段能够同时检测到成千上万个基因的表达，但由于基因表达水平与蛋白质水平之间并不完全相关，我们仍然得不到完整的信息。其解决办法之一是直接研究基因的产物——蛋白质。我们将某一物种、个体、器官、组织乃至细胞的全部蛋白质称为蛋白质组。蛋白质组学是指对蛋白质组中的所有蛋白质性质、表达变化、翻译后加工以及相互作用的机制等进行整体研究的科学。与以往蛋白质化学的研究不同，蛋白质组学研究的对象不是单一或少数的蛋白质，它着重的是全面性和整体性，需要获得体系内所有蛋白质组分的物理、化学及生物学参数，如分子量、等电点、表达量等。

蛋白质组学研究目前还主要集中于原核生物及一些简单的真核生物，尤其是一些基因组序列被完全搞清或大部分已知的生物，如支原体、细菌、酵母等。而线虫、果蝇和人类等真核生物的蛋白质组学研究也取得了很大进展。随着基因组计划的不断推进，会给蛋白质组研究提供更多更全的数据库；生物信息学的发展会给蛋白质组计划提供更方便有效的计算机分析软件；国际互联网会使各国各领域科学家有关蛋白质组研究的成果出现新的集成；新的技术会不断涌现，蛋白质组研究方法会像 PCR 技术一样易于操作，并渗透到人类活动的方方面面，对工业、农业、医疗卫生各行各业带来新的革命。

第二节 主要生物基因组研究进展

一、人类基因组

（一）人类基因组计划

人类基因组计划（HGP）是人类生命科学史上最伟大的工程之一，是人类第一次系统、全面地解读和研究人类遗传物质 DNA 的全球性合作计划。人类基因组计划是由美国科学家 Renato Dulbecco 在 1985 年首先提出，由美国国家卫生研究院（NIH）和能源部承担，美国政府 1990 年 10 月正式启动 HGP，耗资30亿美元。NIH为此专门成立了国家人类基因组研究所（National Human Genome Research Institute，NHGRI），从事该计划的实施。美国、德国、日本、英国、法国、中国6个国家的科学家正式加入了这一计划。其最初的目标是，通过国际合作，用15年时间（1990—2005），构建详细的人类基因组遗传图和物理图，确定人类23对染色体上DNA的全部核苷酸序列，即30亿个碱基对的序列，定位所包含的基因，并对其他生物进行类似研究。1993年，又增加了人类基因的鉴定和分离的内容。其终极目标即：阐明人类基因组全部DNA序列；识别基因；建立储存这些信息的数据库；开发数据分析工具；研究HGP实施所带来的伦理、法律和社会问题。

人类基因组计划与曼哈顿原子计划、阿波罗登月计划并称为人类科学史上的三大工程，具有重大科学意义、经济效益和社会效益。该计划的实施将极大地促进生命科学领域一系列基础研究的发展，阐明基因的结构与功能关系、生命的起源和进化，细胞发育、生长、分化的分子机理，疾病发生的机理等，为人类自身疾病的诊断和治疗提供依据，为医药产业带来翻天覆地的变化；促进生命科学与信息科学、材料科学和高新技术产业相结合，刺激相关学科与技术领域的发展，带动一批新兴的高技术产业；基因组研究中发展起来的技术、数据库及生物学资源，还将推动对农业、畜牧业（转基因动、植物）、能源、环境等相关产业的发展，改变人类社会生产、生活和环境的面貌，把人类带入更佳的生存状态。

（二）研究进展

人类基因组计划包括构建遗传连锁图、物理图、测序和基因识别4项工作，前两项已提前完成。经过全球科学家的共同努力，测序工作也取得了重大进展。1999年12月1日，一个由英、美、日等国科学家组成的研究小组，破译了人类第22号染色体中所有与蛋白质合成有关的基因序列，发现了至少545个基因。这是人类首次了解了一条完整的人类染色体的结构。研究显示，第22号染色体与免疫系统、先天性心脏病、精神分裂、智力迟钝和白血病以及多种癌症相关。这一成果是宏大的人类基因组计划的一个里程碑，具有极为重要的研究意义。2000年4月13日，美国科学家又宣布他们已完成第5、第16和第19号染色体的遗传密码草图，在这些染色体上包含10 000到15 000个基因，约占人体遗传物质总量的11%，新的遗传图谱将进一步揭示某些癌症、糖尿病以及其他一些疾病的形成原因。新破解的三对染色体数据材料将无偿提供给公共和个人研究人员使用。

我国先后在1993年和1997年启动了“中华民族基因组中若干位点基因结构的研究”和“重大疾病相关基因的定位、克隆、结构与功能研究”项目，近两年又在上海和北京相继成立了国家人类基因组南、北两个中心。1999年7月，中国科学院遗传研究所人类基因组中心在国际人类基因组HGSI注册，承担了其中1%，即3号染色体上3 000万个碱基的测序任务，使我国成为继美、英、德、日、法之后第六个参与该计划的国家，也是惟一的发展中国家。

到目前为止，人类基因组研究已获得了如下进展：

①2003年4月14日，中、美、英、日、德、法6国科学家宣布人类基因组序列图绘制成功，人类基因组计划的所有目标全部实现。已完成的序列图覆盖人类基因组所含基因区域的99%，精确率达到99.99%，这一进度比原计划提前两年多。

②依现在估计，人类包含有31 780个蛋白编码基因（不是以前认为的8万～10万个），已被确定的约为2 200个。基因在染色体基因组上的平均密度为12个/Mb。

③在人类孟德尔遗传数据库中登记的位点已经有12 534个，其中已被确认的位点有9 165个，在染色体已被定位的有7 104个。

④人们已经发现了不少疾病是由于基因的问题而造成的，已经克隆的疾病基因有108个。

未来3～5年内，国际人类基因组计划的研究内容将集中在：①克隆和测定人类及模式生物（特别是小鼠）的全长cDNA序列；②开发和完善DNA序列整合、分析以及表达基因识别的软件；③开展第三代遗传标记，单碱基多态性（SNP）遗传标记研究，用于人类基因组多样性、药物基因组学研究和识别、定位疾病相关基因等；④继续研究由于基因组计划带来的社会、伦理和法律等问题的内容。

二、植物基因组

（一）水稻基因组

水稻是世界上最重要的粮食作物之一。由于它是基因组最小的单子叶植物，其再生转化系统已建立，且具有高密度的连锁图而成为谷类作物等单子叶植物发育生物学、分子遗传学及基因组研究的模式植物。日本、中国（包括台湾省）、韩国均已制定了水稻基因组研究计划（Rice Genome Research Program，RGP），美国的植物基因组计划中也包含有水稻基因组研究部分。水稻基因组研究主要内容包括：克隆和分析有重要生物学功能及经济价值的基因，用已知基因、RFLP（restriction fragment length polymorphism）标记、RAPD（ramdon amplified polymorphism DNA）、cDNA和YAC（yeast artificial chromosome）

克隆等构建 12 条染色体的物理图谱；cDNA 测序、组织特异性表达及相关基因功能的研究等。

1. cDNA 的克隆和测序（cDNA cloning and sequencing） 水稻中估计约 2～4万个表达基因（expressed gene），日本 RGP 从 1991 年秋季开始 cDNA 分析，到 1996 年 5 月止，日本 RGP 从日本粳稻品种 Nipponbare 的愈伤组织及根、茎等组织中构建了 cDNA 文库，已分离和部分测序的 cDNA 克隆有 28 000 个。目前已得到约 10 000 个单一的 cDNA 克隆，即总表达基因数的 1/3，其中 1/3 为单拷贝序列。分析的 cDNA 序列与其他数据库如 GeneBank，PIR（Protein Identification Resoures）中已知蛋白质的编码序列具有高度同源和相似性的克隆占 25%，还有 75%的克隆编码未知功能蛋白。最近，他们以水稻减数分裂前期、减数分裂期、开花期和成熟期等 4 个发育时期的幼穗为材料构建了 4 个 cDNA 文库，cDNA 插入长度从 0.3 kb 到 3 kb，平均 1.1 kb。从 4 种文库随机挑选的 5 356 个 cDNA 克隆部分测序结果表明：3 941 个 cDNA（74%）经 PIR 数据库同源性检索证明是以前未知的基因。至 1996 年 11 月，日本 RGP 已将 12 347 个独立的 cDNA 顺序，其中包括成熟幼穗 cDNA 文库中的 1 357 个序列通过日本 DNA 数据库（DNA DataBank of Japan）向世界公布。

韩国水稻基因组研究计划（KRGRP）从 1994 年开始启动到 1996 年 1 月，在 1 年多时间里，从未成熟（授粉 3～4 d）种子分离到的 cDNA 克隆中随机分析了 2 000 个 cDNA 克隆。通过同源性检索（BLASTN），其中 320 个（占总克隆数的 15.9%）编码已知蛋白质，其他克隆包含了许多储藏蛋白（如谷氨酸和脯氨酸等）。

2. 遗传图谱 构建一个高密度和高分辨率的分子遗传图谱（genetic map），有利于将具有重要农艺性状、重要经济价值及生物学功能的特异基因定位于遗传图连锁群上的特定区域，这就为图位克隆（map - based cloning）技术克隆某些定位于 RFLP 图谱中的目的基因打下基础。育种工作者还可依据某些经济性状与特定标记紧密连锁作为育种选择的参考指标。自 McCouch 等发表了第 1 张水稻 RFLP 连锁图以来，标记数量和种类不断增加，密度更高的图谱相继产生。日本国立农业资源研究所（NIAR）和 Kyushu 大学的 Saito 等发表连锁图有 359 个标记，其中 347 个为 RFLP 位点，12 个为染色体特异的遗传标记（包括同功酶、形态和生理标记）。1994 年，Cornell 大学 Tanksley 实验室的图谱有 726 个标记，其中 238 个是 1988 年已定位的基因组 DNA、250 个 cDNA、112 个燕麦 cDNA、20 个大麦 cDNA、2 个玉米基因组 DNA、11 个微卫星（microsatellite）DNA、3 个端粒（telomere）标记、11 个同功酶、26 个克隆基因、6 个 RAPD、47 个突变表型。日本水稻基因组计划到 1994 年底定位了 1 374 个 DNA 标记。其中含有 883 个 cDNA、265 个基因组 DNA、147 个 RAPD、88 个其他作物 DNA，覆盖 12 个连锁群上 1 569.3 cM，平均间距 300 kb。至 1996 年 3 月，标记已增至 2 300 个，新增的标记主要是从愈伤组织、根以及茎尖中分离的 cDNA 克隆，因而遗传图中 2/3 为 cDNA。迄今为止，已有 1 800 个 cDNA 根据 RFLP 进行连锁分析在遗传图中定位。

近来，这 3 个研究组努力将 3 个独立的遗传图进行整合（integration），相互交换标记。1992 年，Kishimoto 等将分子图谱和经典遗传图联合在一张图谱上。同年又与 Tankley 合作将形态标记和 RFLP 标记的连锁关系进行比较研究，并合作发表了 2 种分子图谱的整合进展。日本 Iwata 实验室（1992，1993，1994）分别报道了第 1～4 和 6、9～11 及 5、7、8、12 染色体上经典遗传图与 RFLP 分子连锁图的整合情况。因为不同的作图群体重组频率不同，日本九州大学植物育种实验室发展了重组自交系，用于永久作图群体。并与 RGP 合作构建了包含定位于 2 种遗传图中的 375 个标记的框架连锁图。

通过连锁图谱的构建，已将许多重要的基因定位到 RFLP 连锁图谱上，如抗稻瘟病基因 *Pi*－2（t）、生育期基因、白叶枯病抗性基因（如 *Xa*－3、*Xa*－4、*Xa*－5、*Xa*－21）、白背飞虱抗性基因、光敏核雄性不育基因（PGMS）、温敏核雄性不育基因（TGMS）等均已定位。57 个核糖体蛋白基因通过 RFLP 作图也定位于水稻的基因组中。1993 年 IRRI 利用抗褐飞虱基因 *Bph*－3 和抗白叶枯病基因 *Xa*－21 与 RFLP 标记紧密连锁的特点进行育种筛选，已成功地将这 2 种抗性基因整合到 1 个株系中去。

此外，许多数量性状位点（QTL），如长势、产量、根厚度、通气能力、株高、分蘖数、穗数、千粒重、开花所需时间、脱粒性等也用分子标记定位和作图。最近，在遗传图上的一个最大的进展之一是利用次级三体和终级三体（telotrisomic）将经典遗传图和分子遗传图中的着丝粒位置确定了，修正了分子图谱的位置，第一次把 RFLP 标记定位到特定的染色体臂上。

3. 物理图谱 水稻连锁遗传图与物理图（physical map）之间存在着差异，单位遗传距离（cM）对应的物理距离变异也很大（100 kb～1 Mb）。无论在基因组间还是在基因组内，甚至在同一染色体的不同区域也存在遗传图与物理图的差异，重组频率的分布在谷类作物中染色体的长短臂之间存在差异。甚至在水稻染色体的 1 个臂内也存在物理图和遗传图的差异。物理图谱的构建有利于以图位克隆（map－based cloning）技术分离目的基因。因此，基因物理定位研究是水稻基因组研究计划中的一个重要方面。

目前通过菌落杂交，用酵母人工染色体（YAC）构建大片段基因组 DNA 文库，进而利用连锁图上 DNA 标记鉴定和筛选酵母人工染色体克隆，并在染色体遗传图上排序，从而构建 YAC 连接群。最后通过染色体步移（chromosome walking）或染色体跳跃（chromosome jumping）或染色体着陆（chromosome landing）技术完成物理图的构建。Umehara 等报道了 YAC 文库及物理图谱的进展，他们已得到 6 932 个 YAC 克隆，平均包含 350 kb DNA 片段，覆盖了水稻基因组的 5.5 倍。并以滤膜的形式向全世界研究者提供。至今已增至 1 383个 DNA 标记（98 个不能用），用于筛选 YAC 文库。其中 1 199 个 DNA 标记能筛选到阳性克隆（93%），共筛选到 5 701 个 YAC，其中又有 2 648 个单一 YAC 能鉴定，2 117 个占 80%（216 Mb/430 Mb）单一 YAC 分配到 12 条染色体上，跨 216 Mb，因而第一张物理图谱覆盖水稻基因组的 50%。

最近 RGP 开始将 YAC 连接群（contig）分解成柯斯质粒（cosmid）DNA 克隆，构建更精细的物理图谱。目前已得到第 6 染色体上包含有光周期敏感基因紧密连锁 RFLP 标记的 YAC 克隆，从柯斯质粒文库（用光周期敏感表型的株系构建）中筛选到与该 YAC 有关的柯斯质粒克隆，从柯斯质粒的两端进行染色体步移可确定这一区域柯斯质粒克隆的重复顺序，从而有利于图位克隆。

通过 YAC 的亚克隆构建的饱和图谱，运用染色体着陆技术已将水稻稻瘟病抗性基因 *Pi*－b 基因定位于第 2 染色体长臂末端，位于 RFLP 标记 C2782b 和 C379 之间，大约 3.5 cM，被 Y3802 和 Y6 791 两个 YAC 克隆所包含。由于 YAC 克隆不太稳定，插入 DNA 难于分离和转化效率低等原因，最近 Wang G. L. 等利用细菌人工染色体（bacterial artificial chromosome，BAC）构建了水稻 BAC 文库，包含有 11 000 个水稻基因组克隆，平均插入长度 125 kb。Zhang H. －B 等（1996）以重组自交系的亲本 Lemont（粳稻）和 Teqing（籼稻）材料构建了 2 个 BAC 文库，Lemont 的文库含 7 296 个克隆，平均插入长度150 kb，覆盖水稻基因组的 2.6 倍；Teqing 的文库有 14 208 个克隆，平均插入长度 130 kb，其大小为单倍水稻基因组的 4.4 倍。杨代常等，也以 IR64 为材料构建了 BAC 文库，并构建了第 4 染色体的初步物理图。水稻 BAC 克隆的单拷贝末端探针可用于基因间的跳跃或步移以避免重复顺序。

利用原位杂交技术，将遗传图上 RFLP 标记及基因克隆定位到染色体上，构建染色体物理图谱（细胞遗传学图谱）。1984 年，Iwata 等首先将细胞学鉴定的染色体上的连锁群对应起来，1994 年，Nonomura 等把 RFLP 连锁群区域定位到第 1、3、4、9 和 12 粗线期染色体上；Yu 等进一步用初级三体将 RFLP 连锁群分配到染色体上。Gustafson 等开始用染色体原位杂交技术进行 RFLP 标记的物理定位，Gustafson 和 Dillé 及 Song 和 Gustafson 先后将 McCouch et al. 和 Tanksley 的遗传图谱中 12 个连锁群的 RFLP 标记进行了染色体定位。5 S RNA 基因及 45 S rDNA 基因也分别在染色体上定位。Wang Z.

X. 等将第 5 染色体特异的重复序列 G1043 定位到染色体着丝粒区；Wang G. L. 等也把包含 *Xa*－21 基因的 BAC 克隆定位于第 11 染色体上。

此外，以 PCR 为基础发展的一系列技术如 STS、RAPD、AFLP、DNA 指纹-锚定技术以及 Alu－PCR 也可用于物理图的构建。我国水稻基因组研究计划中物理图谱的构建主要采用 DNA 指纹－锚定技术。

4. 比较作图 比较作图（comparative mapping）就是利用共同的分子标记（主要是 cDNA 标记及基因克隆）在相关物种中进行物理或遗传作图，比较这些标记在不同物种基因组中的分布情况，揭示染色体或染色体片段上同线性（synteny）或共线性（collinearity）的存在，从而对不同物种的基因组结构及基因组进化历程进行精细分析。

水稻和玉米分别处于禾本科的两端，它们由共同的祖先分化已有 5 000 万年，二者基因组大小相差 9 倍，染色体数目也不同。Ahn 和 Tankley 以水稻 cDNA 探针在玉米中作图，发现二者在广泛的区域存在同线性，有 32 个保守的连锁片段（5～85 cM）同线性覆盖了水稻基因组的 70%和玉米基因组的 62%，并且在这些区域中基因排列顺序也是保守的。水稻和小麦的比较作图又进一步揭示了禾本科中基因组存在超乎预料的保守性。小麦为异源六倍体，有 21 对染色体（由 3 个染色体组组成）。而水稻为二倍体 12 对染色体，小麦基因组（1.7×1 010 bp）为水稻（4×108 bp）的 35 倍。实验定位了 45 个小麦探针和 56 个水稻探针，发现二者基因组广泛的保守性，其中 8 条水稻染色体与小麦间存在共线性。水稻和大麦基因组比较作图结果表明占水稻基因组 24%（287 cM）和大麦 31%（321 cM）的 17 个区域存在共线性。也就是说水稻和小麦、大麦、玉米等作物在较大染色体片段上存在遗传标记顺序的一致。Dunford 等的研究进一步指出在水稻与大麦等麦属作物存在精细范围（小于 1.6 cM 或 1 Mb）内的 DNA 标记顺序的保守性，说明比较作图在进化研究中有重要意义。

由于水稻和其他单子叶植物的共线性已被发现，我们可以利用定位于水稻染色体上的 YAC 克隆在其他植物相应的很小的区域产生 RFLP 标记，然后用这些标记作为探针筛选包含目的基因的 YAC 克隆或亚克隆，最后通过染色体着陆技术紧跟目的基因的附近。这样可利用具有较小基因组和较少重复顺序的水稻来克隆更多农艺性状、重要的植物基因，最大限度地利用水稻等模式系统的遗传图谱及物理图谱。

5. 基因克隆 到目前为止，已有不少水稻基因被克隆和测序。其中多数为管家基因，在所有组织中表达。例如肌动蛋白 1（actin 1）基因在各种组织中高效表达，因而该基因的启动子对于转基因水稻中外源基因的表达非常有利。

一些组织特异性表达的基因也被分离出来。它们的启动子对特异性表达外源基因将会有重要作用。如GOS9基因为根特异表达，α淀粉酶基因在萌动种子中特异表达。谷蛋白基因在成熟种子中特异表达，*Wax*为胚乳特异，*Osc*4和*Osc*6为花药绒毡层特异，*rMi*p为茎特异，*rbc*S为叶特异等等。水稻蔗糖磷酸合成酶（SPS）基因被克隆和定位到第1染色体上，该基因包含12个外显子和11个内含子，在叶中特异表达。此外，已有几个基因的调节序列也已弄清，如光敏色素基因、肌动蛋白1基因等。

与农艺性状有关的基因如Cystatin基因和淀粉酶抑制剂基因也分离成功了，一旦转化到水稻中，能抗某些昆虫。几丁质酶（chitinase）基因已克隆。最近又分离到1个新的几丁质酶基因*RC*24。新的*RC*24与已知的水稻几丁质酶基因有68%～95%的氨基酸同源，具有根茎组织特异性表达特征，如果它们成功地转化水稻，就能抗真菌，如稻瘟病引起的病害。美国加州大学与中国科学院遗传研究所合作，已成功地克隆到水稻中第1个抗性基因——水稻抗白叶枯病基因*Xa*-21。

利用定位克隆基因技术，已先后克隆了*Xa*-21、*Xa*-1、*Hd*3a（Texas A & M）、*Mil*（UC Davis）等基因。由此可从另一侧面证明基因定位的重要性和图位克隆基因策略的可行性。

除了上述图位克隆或称位置克隆（positional cloning）技术外，还有转座子标签（transposon tag）及转座子、T-DNA等插入突变（insertional mutagenesis）等手段。最近，Cbo等发展了一种克隆和定位DNA的技术，他们能从银染的变性聚丙烯酰胺凝胶上分离选择限制性片段扩增（selective restriction fragment amplification，SRFA）的特异带。

中国的水稻基因组研究计划在约15年内完成整个水稻基因组的作图和测序，在DNA水平上了解整个基因组的复杂遗传机理。第1个5年内将投资2 300万元，由政府拨款。主要内容有：①分离、鉴定和测序在生物学上有重要意义的基因；②鉴定和作图与重要农艺性状相关的基因；③构建一套基因组DNA克隆，用于构建染色体的物理图谱及遗传图谱；④阐明协调和程序化基因表达（coordination and programed gene expression）；⑤建立一个国际间相互联系的计算机中心。

我国在基因组研究领域也取得了很大的进展。据光明日报1997年1月7日报道，洪国藩等利用已完成的水稻12条染色体的BAC文库，采用指纹-锚定（fingerprinting-anchor）策略，成功地构建了高分辨率的水稻基因组物理图谱，有565个分子标记，分辨率为120 kb，其中含有100多个在大麦、小麦、燕麦、玉米、高粱和甘蔗等6种主要作物的基因组中通用的遗传标记，许多标记间的物理距离已测出。此外，曹凯鸣等（1996）以水稻广陆矮4号黄化为材料，用λZAPⅡ为载体，构建了cDNA文库，随机挑选了100个克隆进行部分测序，并与水稻和其他植物中已知的基因结构做同源性比较分析，结果表明13%的cDNA克隆可以确定其功能，12%的cDNA克隆与其他植物中未知功能的基因片段有同源性，其余75%的克隆则表现出极少的相似性或无任何同源性。我国台湾省的水稻基因组研究计划着重于研究水稻种子发育过程中早期胚胎发生的特异基因。从1993年1月1日起开始实施，该计划从cDNA克隆着手用差异筛选（differential screening）和差异显示（differential display）方法分离早期胚胎发生的特异基因。mRNA从幼胚、成熟胚和3周幼苗叶中提取，用幼胚mRNA构建cDNA文库。相关信息的组织特异性和细胞家系（cell lineage）将分别用Northern印迹和in situ（原位）定位方法研究，这些克隆的序列将在数据库中寻找推测氨基酸序列的一致性，然后获得基因组克隆。用BAC文库进行物理作图的工作也将开展。

综上所述，水稻基因组的研究已取得了很大进展，尤其是大量表达基因的cDNA克隆和测序，为进一步基因定位和染色体物理图谱的构建及图位克隆基因打下了基础。从1995年1月和1996年1月在美国加利福尼亚州召开的第三届和第四届国际植物基因组会议及1995年4月和1996年2月在日本Staff举行的第二届和第三届国际水稻基因组会议上获悉，除了连锁图，数量性状位点（QTL）及分子标记辅助选择育种外，比较重视物理图谱，用比较作图和基因标记（gene tagging）结果分析基因和染色体的结构。特别是比较作图和图位克隆技术的应用日益成为热点。研究者先纷纷用DNA标记YAC、BAC和柯斯质粒来构建高密度的物理图谱，进而实施染色体步查，染色体着陆，图位克隆，最终定位和克隆目的基因，成为一大发展趋势。此外，还有一个很大的进展是已建立了水稻基因数据库，如美国的RiceGene、PDB、GeneBank、日本的DDBJ、德国的EMBL等。

然而，在基因组研究中存在一些问题：中国、日本、美国、菲律宾等国家的遗传图和物理图分别用不同的作图群体或克隆载体来完成，相互之间不能完全整合在一起，因而使用起来存在诸多不便，如BAC和YAC各有利弊。尽管不同的分离群体所作的遗传图之间在遗传图距和DNA标记的次序差别不大，不同的遗传图可以相互利用，但是，一个比较理想的作图群体应该是带有多种重要功能和有利的抗性基因。优质高产，具有较好的遗传基础，是遗传图和物理图的共同材料来源。根据遗传图所作的物理图应该回到分离群体中进行验证。

随着所有的水稻DNA序列测定、精细遗传图和物理图谱完成以后，从水稻等禾谷类作物中克隆任何一个感兴趣的具有重要生物学意义或与农艺性状相关的目的基因将不是一件困难的事。基因组的结构和功能及基因表达调控的研究，改善水稻品质、产量、抗性等的基因工程，人为调控基因表达，制造雄性不育系，保持系及恢复系等将是重要的研究领域。

（二）拟南芥基因组

1．拟南芥的特点及研究概况　20年前，随着分子生物学的兴起，植物生物学家开始寻找一种适于用遗传及分子生物学方法做精细分析的模式植物。拟南芥是一种典型的开花植物，广泛分布于欧洲、亚洲和北美。它作为模式植物在基因组分析方面有很多优势：①生长周期短。整个生长周期，从发芽、莲座叶的长成，到主花序的形成、第一粒种子的成熟可在6周内完成。②体形小，占地少。成熟植株一般15～20 cm高，莲座叶长度不超过5 cm。③后代多。每株拟南芥可产生上百个蒴果，多达5 000粒种子。④核基因组小。拟南芥细胞核共包含5对染色体，约120 Mb。这些优点使得拟南芥成为植物科学研究的模式植物。

遗传学家们通过经典的遗传分析，绘制了包含约90个基因座位的拟南芥遗传图谱，随着各种分子标记技术的发展与标记数目的增多，遗传图谱逐渐得到完善，物理图谱得以建立。1996年拟南芥基因组全序列测定这一国际合作项目启动：至2000年底，全序列测定与分析基本完成。拟南芥基因组的测序区段覆盖了全基因组125 Mb中的115.4 Mb，经分析共含有25 498个基因，其编码的蛋白来自11 000个家族。

2．拟南芥基因组分析　与其他生物相比，开花植物有着自己独特的组织及生理特性。植物基因组序列的得到不仅提供了详细研究植物基因功能特征的基础，而且为理解植物与其他真核生物在遗传学基础上的不同提供了方法。

对拟南芥基因组全序列的分析表明，拟南芥的进化过程中包含了一个全基因组的复制，随后又发生了某些基因的缺失及重复复制，而且叶绿体和线粒体中的一部分基因转移至核基因组中也丰富了核基因组的内容。与线虫及果蝇相比，拟南芥基因组编码的11 000个蛋白质家庭中虽然包含了许多新的家族，但也缺少几种常见的蛋白质家族。这一结果表明，在这3种多细胞真核生物中，一系列的普遍蛋白经历了不同的扩增及收缩过程。例如，根据序列分析，拟南芥中13%的基因与转录及信号转导有关，其中只有8%～23%的蛋白质可在其他真核生物基因组中找到相关基因，这反映了许多植物转录因子的独特进化过程。通过与已知功能的基因序列进行比较，可大致确定拟南芥中69%的基因功能。

同时，利用分析基因差异表达鉴定基因功能的研究方法、基因表达连续分析技术和反向遗传学鉴定基因功能的研究方法，使其功能基因组的研究获得了很大进展。

三、微生物基因组

（一）酵母基因组

1996 年 6 月，在国际互联网的公共数据库中公布了酿酒酵母（以下简称酵母）的完整基因组顺序，它被称为遗传学上的里程碑。因为首先，这是人们第一次获得真核生物基因组的完整核苷酸序列；其次，这是人们第一次获得一种易于操作的实验生物系统的完整基因组。

酵母基因组组成：在酿酒酵母测序计划开始之前，人们通过传统的遗传学方法已经确定了酵母中编码 RNA 或蛋白质的大约 2 600 个基因。通过对酿酒酵母的完整基因测序，发现在 12 068 kb 的全基因组序列中有 5 885 个编码专一性蛋白质的开放阅读框。这意味着在酵母基因组中平均每隔 2 kb 就存在一个编码蛋白质的基因，即整个基因组有 72％的核苷酸序列由开放阅读框组成。这说明酵母基因比其他高等真核生物基因排列紧密。如在线虫基因组中，平均每隔 6 kb 存在一个编码蛋白质的基因；在人类基因组中，平均每隔 30 kb 或更多的碱基才能发现一个编码蛋白质的基因。酵母基因组的紧密性是因为基因间隔区较短与基因中内含子稀少。酵母基因组的开放阅读框平均长度为 1 450 bp即 483 个密码子，最长的是位于Ⅻ号染色体上的一个功能未知的开放阅读框（4 910 个密码子）。还有极少数的开放阅读框长度超过 1 500 个密码子。在酵母基因组中，也有编码短蛋白的基因，例如，编码由 40 个氨基酸组成的细胞质膜蛋白脂质的 PMP1 基因。此外，酵母基因组中还包含：约 140 个编码 RNA 的基因，排列在Ⅻ号染色体的长末端；40 个编码 SnRNA 的基因，散布于 16 条染色体；属于 43 个家族的 275 个 tRNA 基因也广泛分布于基因组中。

酵母作为高等真核生物特别是人类基因组研究的模式生物，其最直接的作用体现在生物信息学领域。当人们发现了一个功能未知的人类新基因时，可以迅速地到任何一个酵母基因组数据库中检索与之同源的功能已知的酵母基因，并获得其功能方面的相关信息，从而加快对该人类基因的功能研究。研究发现，有许多涉及遗传性疾病的基因均与酵母基因具有很高的同源性，研究这些基因编码的蛋白质的生理功能以及它们与其他蛋白质之间的相互作用将有助于加深对这些遗传性疾病的了解。此外，人类许多重要的疾病，如早期糖尿病，均是多基因遗传性疾病，揭示涉及这些疾病的所有相关基因是一个困难而漫长的过程，酵母基因与人类多基因遗传性疾病相关基因之间的相似将为提高诊断和治疗水平提供重要的帮助。

酵母作为模式生物的作用不仅是在生物信息学方面的作用，酵母也为高等真核生物提供了一个可以检测的实验。例如，可利用异源基因与酵母基因的功能互补以确证基因的功能。它是一条研究人类基因功能的捷径。通过使用特定的酵母基因突变株，对人类的 cDNA 表达文库进行筛选，从而获得互补的克隆。如 Tagendreich 等利用酵母的细胞分裂突变型（cdc mutant）分离到多个在人类细胞有丝分裂过程中起作用的同源基因。利用此方法，人们还克隆分离到了农作物、家畜和家禽等的多个新基因。

（二）其他微生物基因组

由于微生物基因组具有染色体短和重复序列少等特点，使得微生物基因组的测序工作相对而言工作量小，易于得到结果、产生效益，所以目前一些药厂、生物技术公司从微生物基因组的研究中看到了巨大的商业价值，为其提供了大量的经费，使得微生物基因组的研究得以飞速发展。至 1998 年 10 月，获得了全基因组序列的微生物有 19 种；至 2000 年，已有 50 种微生物的全基因组序列测定完成，大约 130 种以上的微生物全基因组序列正在测定之中。微生物基因组全序列的测定与分析，对基因功能的确定、抗微生物药物的发现与设计提供了重要的理论依据。

第三节 基因组工程

一、基因组工程的概念

现代研究表明，细胞的生命活动不是一个一个基因表达的简单组合，而是按生理活动需要整合的一群基因（少则几十个，多则成千上万）的活动，它们相互协调、制约和促进。同一基因在不同生理活动中所用的顺式遗传指令和功能会有很大差别。基因工程研究还处在对一个或几个基因改造、利用的简单遗传操作阶段，远远不能满足对基因群体进行遗传操作。以一类生理活动为基础的一群相关基因的整合式研究目前还很少涉及，因此，迫切需要发展一种对基因群的遗传操作技术。随着人类及其他模式生物基因组计划的实施以及相关生物技术的发展，以基因组为基础对物种进行大范围修饰和改造已成为可能。在这种形势下，基因组工程（genomic engineering）应运而生。

基因组工程是指利用工程技术原理，以基因组为基础，对一类基因群进行遗传操作，从而实现基因群在受体中的整合、表达的过程。

二、基因组工程及其在方法学上的差异

（一）操作的基因和载体差异

基因组工程和基因工程都是对基因进行工程性的遗传操作，但两者有着本质的不同。基因工程常用的载体是质粒和病毒载体，克隆基因的容量有限，通常包含的基因只有一个或几个，而且长度较短，称为 kb 级（指克隆 DNA 片段长度）工程性遗传操作。而基因组工程采用的载体是人工染色体，容纳的基因可达几十到几百个，甚至几千个，是基因群的克隆和表达，且这种表达是按生理活动过程予以遗传控制的，克隆 DNA 片段长度可达几千 kb，也称为 Mb 级工程性遗传操作。

（二）克隆和扩增宿主的差异

基因工程克隆和扩增的宿主有细菌（如大肠杆菌、枯草杆菌等）、真菌（如酵母等）、动植物细胞（如昆虫细胞、哺乳类动物细胞等），但大多是以大肠杆菌为主。而基因组工程的克隆和扩增的宿主也可以是细菌、真菌、动植物细胞，但主要以酵母和哺乳类动物培养细胞为主。

（三）工程性操作手段差异

重组 DNA 技术是基因工程的基础，它依赖于质粒和病毒载体、限制性内切酶、DNA 连接酶和大肠杆菌宿主等。基因导入的手段通常有转化、转导、转染和显微注射等。基因组工程在重组 DNA 技术应用的基础上，发展人工染色体作为载体，建立遗传同源重组技术，将相互重叠的人工染色体在细胞内拼接成完整的基因或基因群，实现作为 Mb 级的 DNA 大片段切割和整合（包括改造和修饰），完善酵母和培养细胞的转化和融合技术，开拓干细胞和体细胞克隆个体的策略。

（四）产物检测差异

基因和基因群导入宿主后，对宿主需做基因和（或）表达产物检测和分析。在基因工程中，利用限制性内切酶图谱、Southern 印迹、Northern 印迹、PCR、序列分析等手段分析基因表达，对其表达产物可以用蛋白质分析、酶学分析、抗体或底物结合等手段来研究。基因组工程中，操作的基因数量大，产物非常复杂，除了用常规手段（PCR、序列分析等）检测基因表达之外，还需用高通量的研究手段（如生物芯片，包括核酸芯片、蛋白/酶芯片、抗体芯片、底物芯片、配体芯片等）来检测基因群体、表达图谱及产物群。

基因组工程与基因工程研究在内容、形式、技术、方法学、信息分析等方

面的显著差异列于表 8-1。

表 8-1　基因组工程与基因工程的差异

项　目	基　因　工　程	基　因　组　工　程
目标基因	单个或几个	可达几十到几百、几千个
DNA 长度	kb 级	Mb 级
操作手段	限制性内切酶、连接酶等	同源重组
片段检测	物理图谱、序列分析等	DNA 叠连群、DNA 芯片等
克隆载体	质粒、噬菌体、柯斯质粒、病毒	人工染色体
导入方式	转化、转导、转染、注射等	细胞融合、注射、电穿孔
克隆宿主	大肠杆菌为主	大肠杆菌、酵母、哺乳类动物细胞
表达宿主	各种细胞与动植物个体	各种细胞或动植物个体
产物形式	蛋白质	次生代谢产物
检测方式	蛋白质检测或酶作用产物分析	代谢分析、生物芯片
信息水平	单个或几个信息	系统和网络信息

三、基因组工程的主要应用展望

（一）基因组工程是揭示遗传语文方法学的基础

人类的基因组序列无疑像一本有 30 亿个字符的天书，人类基因包括已知的和推测的约有 4 万个左右，每个基因有 2～3 种剪接形式，所以基因的总数在 10 万上下（不包括基因重排、组合等产生的基因数量放大）。编码基因的序列仅占基因组序列的 1%，99%非编码序列的功能还不太清楚，同时基因通常不会单独作业，而是以基因群的形式彼此协调、制约、相互作用来共同完成细胞的生理活动，因此仅仅研究基因的结构和各个基因的功能是远远不够的，利用基因组工程可探索基因群时空表达的语文（遗传、发育、分化的操作指令和程序）程序，从而揭示生命的奥秘。

（二）基因组工程将在细胞生命活动的网络研究中发挥重要作用

生命科学的发展从宏观观察走向微观实验，从整体研究走向微观分析。目前发展趋势从分子水平走向细胞，走向整体、综合水平。这种整合应是生命活动的网络整合：即基因调控网络、代谢网络、信号传递网络、物质和能量转运网络、神经网络、免疫系统网络等，它需要掌握大量的高通量技术平台，而基因组工程可在整合这些高通量技术平台中发挥重要作用。

（三）基因组工程产业将是人类社会 21 世纪主导产业的希望之星

生物技术作为产业对人类的最大诱惑力，在于生物体不仅能在常温常压下高效地生产出几十万种甚至上百万种的产品，而且能量转化效率是目前的社会生产能力与之无法比拟的。今天生物技术对遗传信息的运用，仅处在儿童牙牙学语阶段，只会讲单词，还不会用完整句子来表达他的原意。基因工程只能用一两个基因进行操作来生产一种产品，而不能像细胞那样，根据客观需要同时能合成更多种的产品。但这需要几十个甚至几千个基因同时操作，而这种操作是按遗传语文程序来进行的。21 世纪生命科学发展已进入遗传语文的语法研究，只有掌握遗传语文的语法，才能读懂基因组由字母组成的遗传信息涵义。高通量遗传信息的研究需要基因组工程，而生物技术对生物体进行高通量遗传信息的改造也需要基因组工程。随着基因组技术的不断成熟，其将在解决粮食、能源、环境、医药、人类健康等问题中发挥重要作用，成为人类社会 21 世纪主导产业的希望之星。

第四节　生物芯片

一、概　　述

生物芯片（biochip）是通过在一微小的基片表面固定大量的分子（DNA、蛋白质等）识别探针，或构建微分析单元和系统，实现对化合物、蛋白质、核酸、细胞或其他生物组分准确、快速、大信息量的筛选或检测。生物芯片主要包括基因芯片（gene chip）或称 DNA 芯片（DNA chip）、蛋白质芯片（protein chip）和细胞芯片（cell chip）。基因芯片是最重要的一种生物芯片。

二、基因芯片

（一）基因芯片的概念

基因芯片是指将许多特定的 DNA 寡核苷酸或 DNA 片段（包括 cDNA）固定在芯片的每个预先设置的区域内，将待测样本标记后同芯片进行杂交，通过杂交信息的分析来检测基因的功能和基因组研究的分析系统。由于基因芯片是在介质表面有序地点阵排列 DNA，因此又叫 DNA 微阵列（DNA microarray）。基因芯片是生物基因组复杂性研究的最强有力的工具。它与其他基因检测技术相比，其最大特征在于能同时定量或定性地检测成千上万的基因信息。基因芯片技术具有微型化、自动化和网络化等特点，是典型的多学科高技术交叉的结晶。

(二) 基因芯片的制备方法

基因芯片的制造方法主要包括原位合成法和直接点样法。其中，原位合成法所得的基因芯片大多是寡核苷酸基因芯片；而直接点样法所得的基因芯片包括寡核苷酸基因芯片和 cDNA 芯片。

1. 原位合成法　该法是在固相介质表面特定区域合成已知序列的寡核苷酸探针的一类技术的总称。主要包括光去保护并行合成法、光敏抗蚀层并行合成法、激流体通道合成法、分子印章合成法和喷印合成法。

2. 点样法　首先按常规分子生物学方法制备探针库，然后通过特殊的针头和微喷头，分别把不同的探针溶液，逐点分配在固相基片表面的不同位点上，通过物理和化学方法使之固定于相应位点。这种方式较灵活，探针片段可来自不同的途径，可使用较长的基因片段以及核酸类似物探针（如 PNA 等）。探针制备方法可以用常规 DNA 探针合成方法，或 PCR 扩增的 cDNA、EST 文库等。点样法的优越性在于可以充分利用已有的寡核苷酸合成方法和仪器或探针库，固定方法比较成熟，灵活性大，可以根据需要制备点阵规模适中的基因芯片。目前该法操作主要通过机器点样仪进行。

3. 靶基因样品的制备和杂交检测

(1) 样品制备　靶基因的制备需要运用常规手段从细胞和组织中提取模板分子，进行模板的扩增和标记。对于大多数基因来说，mRNA 表达水平大致与其蛋白质的水平相对应。一般采用 RT - PCR 方法以寡聚 dT 作引物进行扩增。

待测样品的标记主要采用荧光分子。通过在扩增过程中加入含有荧光标记的 dNTP，荧光标记的单核苷酸分子被引入新合成的 DNA 片段。通过变性后，可与基因芯片上的微探针阵列进行分子杂交。也可采用末端标记法直接在引物上标记荧光。

(2) 杂交检测　待检测基因芯片先进行封闭预杂交 30 mim，然后用含有靶基因的杂交液在一定杂交温度下孵育 8～24 h，用清洗液清洗后离心干燥。

在基因芯片的杂交检测中，为了更好地比较不同来源样品的基因表达差异，或者为了提高基因芯片检测的准确性和测量范围，通常使用多色荧光技术。即把不同来源的靶基因用不同激发波长的荧光探针来修饰，并同时使它们与基因芯片杂交。通过比较芯片上不同波长荧光的分布图，可以直接获得不同样品中基因表达的差异。

(三) 基因芯片的应用

基因芯片的基本应用可以分为两个主要方面，即对大量的生物样品进行快速、高效、敏感的定量分析（主要指测序和突变检测）和定性分析（主要指对基因表达的研究)。它在基因组研究、医药、环境、军事、司法和农业等领域具有广阔的应用前景。

1. 用于 DNA 测序 在基因芯片技术产生之前，DNA 测序主要是采取传统的方法，即 Maxam 和 Gilbert 的化学法与 Sanger 的末端链终止法。随着人类基因组计划和后基因组计划的提出与实施，传统的方法已不能满足人们对测序过程的高效而快速的要求，人们越来越迫切希望一种高通量、大规模的新的测序手段的出现。基因芯片技术和杂交测序（sequencing by hybridization，SBH）技术的结合产生了测序芯片，它具有效率高、速度快、易实现自动化等优点。测序芯片的基本原理是在芯片上固定有大量碱基数确定、相互错落而重叠的不同序列的寡核苷酸，它们可以与靶序列的不同部位结合，根据杂交信号产生的位置获知和靶序列杂交互补的寡核苷酸序列，再根据碱基互补配对原则，可以从相应的寡核苷酸序列确定与其互补的靶序列的核酸序列。一般在数秒内即可重构正确的靶序列，一个含有 10^6 个十核苷酸的芯片能确定大约 1 kb 序列。

2. 用于基因转录和表达谱图分析

(1) 用于基因组扫描 Brown 等（1999）对不同细胞周期和外界环境下酵母基因的表达图谱进行了检测。酵母基因组大约包含 6 220 个基因，把其中 2 473个基因点样放置于基因芯片的相应位置，通过杂交技术，获得了处于不同细胞周期状态的细胞，以及在热休克、冷休克以及二硫苏糖醇（DTT）处理后细胞的表达图谱。根据获得的全部 79 张基因芯片表达图谱，以表格方式绘制出了酿酒酵母（*Saccharomyces cerevisiae*）的表达图谱。基因排列的次序是根据遗传组装标记法按照它们在表达图谱中的相似性来决定的。这种根据基因芯片获得的新的表达图谱有别于以前的物理图和功能图，它能够更为直接地揭示基因组中各基因的相互关系，较直观地反映了在不同的状态和条件下基因转录调控水平，从而可以通过基因组转录效率来获得共同表达基因组及其调控信息。

(2) 用于寻找基因功能 DeRisi 等（1996）采用来自恶性肿瘤细胞系 UACC903 中的 1 161 个 cDNA 克隆，制备成 cDNA 基因芯片。通过比较正常细胞和肿瘤细胞的基因表达差异，发现在恶性肿瘤细胞中 P21 基因处于失活或关闭状态，但在逆转的细胞系中则呈现高表达。

3. 基因型及单碱基多态性 单核苷多态性（SNP）是指基因组内特定核苷位置上存在两种不同的碱基，其中最小一种在群体中的频率不小于 1%。SNP 通常只是一种二等位基因的或二态的遗传变异。在人类基因组中碱基的变异频率估计在 0.05%～1%之间。如果假定 0.1%的碱基是多态的话，那么人类 30 亿碱基中应有约 300 万 SNP 位点。

Wang 等（1998）应用凝胶测序法和高密度基因芯片，对 2.3 Mb 人类基因的 SNP 进行筛查。确定了 3 241 SNP 位点，其中 2 227 位点用来构建基因图。在此基础上，发展了一种可以用于同时检测 500 人 SNP 的基因芯片，显示了大规模鉴别人类基因型的可能性。

4．用于基因诊断

（1）突变检测　Yershov 等（1996）采用探针长度 10 mer 的基因芯片，对 β 地中海贫血患者的血细胞进行检测，可清楚地获得在 β 珠蛋白基因中存在的 3 个明确的突变位点。

（2）基因表达谱诊断　在肿瘤相关基因组中基因转录和表达水平将会产生异常。基因芯片可以方便地在整个基因组上扫描，确定肿瘤 DNA 拷贝数的变化。Golub 等（1999）应用 50 个 cDNA 探针组成的基因芯片，通过检测基因表达的差异进行癌症分类和诊断，成功地应用于人类急性白血病的分类。他们应用这种新方法在没有其他辅助诊断结果的情况下，可以区分出急性髓细胞性白血病（AML）和急性淋巴细胞性白血病（ALL）。他们还预期这种方法还能够给出新的白血病种类。这种基于基因表达谱的癌症分类方法简便易行，有可能发展成为一个常规的癌症诊断方法。

5．用于药物研究和疾病耐药性的检测　利用基因芯片可进行新药物筛选，它可通过用药前后表达谱的变化找出靶基因及受靶基因调控基因是否恢复到正常状态，是否影响其他基因的表达而带来副作用。生命演化过程中基因的趋异进化和遗传多态性为药物的临床应用增加了复杂性，因而每个人机体对药物的反应各不相同，可以说没有一种药物可以适用于所有病人。基因芯片可以根据基因型为病人选择特定的药物，这将是药物治疗学上一次质的飞跃。同时利用芯片可检测多耐药基因的表达及病原体耐药性，对临床用药和新药物的合成均具有指导作用。

6．在农林业中的应用　基因芯片可用于筛选基因突变的农作物，寻找高产、抗病、抗虫、经济价值高的作物，进行农药的筛选以及动植物疾病的快速诊断。

（1）基础研究　制备目的植物的 cDNA 芯片，通过平行对比监测基因表达来进行功能分析，从而更好地了解植物生长和发育的根本机理。例如，用芯片监测植物激素对基因表达的影响；比较优质与劣质、高产与低产、抗病与不抗病、抗逆与不抗逆等基因表达谱差异，并利用这些数据从基因组角度与表达形式找出与肥力、种子、产量、对环境耐力和抗病虫害的关系，从而可能免除进行费钱、费力、费时的大田试验。德国的 Gene－Scan GmbH 专门从事农作物基因研究，他们已开发出了大豆、玉米、油菜、番茄、马铃薯等的植物基因芯片。

（2）通过诱导表达谱进行农药、化肥的筛选　用农药、肥料等小分子物质处理植物，通过芯片技术比较诱导前后表达谱的改变，从而了解小分子对基因表达的影响，可加快发现及筛选农药、肥料，并阐明其作用机理。

（3）SNP 分析和转基因植物检测　应用芯片于基因再测序和诊断，将大大加快 DNA 多态性的鉴定，这又将转而促进动植物育种。多态性标记可在农业的其他许多方面找到用途，如预测及诊断动植物传染病等。同时借助芯片可快速鉴定转基因植物。

另外，基因芯片在军事、司法、环保等领域也有较多的应用。

三、蛋白芯片

蛋白芯片制作原理类似于核酸芯片，所不同的是蛋白、多肽芯片所用的样品为提纯的蛋白、多肽或从 cDNA 表达文库中提取的蛋白产物。检测的原理类似于抗原、抗体检测的 ELISA 法（酶联免疫吸附分析法）。如采用双抗体夹心的形式，通过机械点样的方法，可将多种不同的单克隆抗体点样固定在固相介质表面，如聚偏氟乙烯（PVDF）膜上，制备抗体蛋白芯片。与制备的多种抗原样本杂交、结合，芯片上的抗体捕获相应的抗原。然后再与标记的多种不同的第二抗体杂交，由于蛋白抗原具有多价结合表位而结合标记抗体。根据杂交信号的强弱进行定性、定量的分析。

Lueking 等采用此技术，把作为探针的 92 个人 cDNA 克隆片段的蛋白表达产物高密度地固定在聚偏氟乙烯膜上，用单克隆抗体对其进行检测。这为高效筛选基因表达产物及研究受体-配体的相互作用提供了一条新的有效的途径。

总之，生物芯片技术是一快速发展的新技术，它将在人类探索生命奥秘和促进社会经济发展中发挥重要作用。

小　结

基因组学是指对所有基因进行基因组作图（包括遗传图谱、物理图谱、转录图谱）、核苷酸序列分析、基因定位和基因功能分析的一门科学。基因组研究包括以全基因组测序为目标的结构基因组学和以基因功能鉴定为目标的功能基因组学研究。结构基因组学以建立生物体高分辨率遗传图谱、物理图谱和转录图谱为主。功能基因组学是利用结构基因组学提供的信息研究基因及其编码蛋白功能的科学，它以高通量、大规模实验方法及计算机统计分析为特征。遗传图谱是指通过遗传重组所得到的基因线性排列图。物理图谱是利用限制性内切酶将染色体切成片段，再根据重叠序列把片段连接成染色体，确定遗传标志之间物理距离的图谱。转录图谱是利用EST作为标记所构建的分子遗传图谱。我们将某一物种、个体、器官、组织乃至细胞的全部蛋白质称为蛋白质组。蛋白质组学是指对蛋白质组中的所有蛋白质性质、表达变化及翻译后加工等进行整体研究的科学。

人类基因组计划是人类生命科学史上最伟大的工程之一，是人类第一次系统、全面地解读和研究人类遗传物质DNA的全球性合作计划。到目前为止，人类基因组研究已获得了如下进展：①2003年4月14日，中、美、日、德、法、英6国科学家宣布人类基因组序列图绘制成功，人类基因组计划的所有目标全部实现。已完成的序列图覆盖人类基因组所含基因区域的99%，精确率达到99.99%，这一进度比原计划提前两年多。②依现在估计人类包含有31 780个蛋白编码基因，已被确定的约为2 200个。基因在染色体基因组上的平均密度为12个/Mb。③在人类孟德尔遗传数据库中登记的位点已经有12 534个，其中已被确认的位点有9 165个，在染色体上已被定位的有7 104个。④人们已经发现了不少疾病是由于基因的问题而造成的，已经克隆的疾病基因有108个。

水稻基因组的研究已取得了很大进展，尤其是大量表达基因的cDNA克隆和测序，为进一步基因定位和染色体物理图谱的构建及图位克隆基因打下了基础。目前水稻基因组研究除了连锁图、数量性状位点（QTL）及分子标记辅助选择育种外，比较重视物理图谱，用比较作图和基因标记结果分析基因和染色体的结构。特别是比较作图和图位克隆技术的应用日益成为热点。研究者先纷纷用DNA标记、YAC、BAC和柯斯质粒来构建高密度的物理图谱，进而实施染色体步查，染色体着陆，图位克隆，最终定位和克隆目的基因。随着所有的水稻DNA序列测定、精细遗传图和物理图谱完成以后，从水稻等禾谷类作物中克隆任何一个感兴趣的具有重要生物学意义或与农艺性状相关的目的基因将不是一件困难的事。

酿酒酵母全基因组序列测定完成被称为遗传学上的里程碑。是人们第一次获得真核生物基因组的完整核苷酸序列，也是人们第一次获得一种易于操作的实验生物系统的完整基因组。研究表明，酵母基因组平均每隔2 kb就存在一个编码蛋白质的基因，即整个基因组有72%的核苷酸顺序由开放阅读框组成。在人类基因组中，平均每隔30 kb或更多的碱基才能发现一个编码蛋白质的基因。这说明酵母基因比其他高等真核生物基因排列紧密。酵母基因组的紧密性是因为是基因间隔区较短与基因中内含子稀少。酵母作为模式生物在生物信息学和高等真核生物基因功能的检测实验中起着重要作用。

基因组工程是指利用工程技术原理，以基因组为基础，对一类基因群进行遗传操作，从而实现基因群在受体中的整合、表达的过程。基因组工程与基因工程在操作的基因和载体、克隆和扩增宿主、工程性操作手段和产物检测等方面有明显差异。基因组工程采用的载体是人工染色体，它是对基因群的克隆和表达；克隆和扩增的宿主主要以酵母和哺乳类动物培养细胞为主；操作手段是利用遗传同源重组；产物检测除用常规手段（PCR、序列分析等）检测基因表达之外，还需用高通量的研究手段（如生物芯片，包括核酸芯片、蛋白/酶芯片、抗体芯片、底物芯片、配体芯片等）来检测基因群体、表达图谱及产物群。基因组工程将在揭示遗传语文和研究细胞生命活动的网络中发挥重要作用，基因组工程产业将是人类社会21世纪主导产业的希望之星。

生物芯片是通过在一微小的基片表面固定大量的分子（DNA、蛋白质等）识别探针，或构建微分析单元和系统，实现对化合物、蛋白质、核酸、细胞或其他生物组分准确、快速、大信息量的筛选或检测。生物芯片主要包括基因芯片（或称DNA芯片）、蛋白芯片和细胞芯片。基因芯片是最重要的一种生物芯片。基因芯片的制造方法主要包括原位合成法和直接点样法。基因芯片在基因组研究、医药、环境、军事、司法和农业等领域具有广阔的应用前景。

复习思考题

1. 何谓基因组学？它主要包括哪些内容？
2. 何谓蛋白质组学？它与基因组学有何关系？
3. 简述人类基因组计划及主要研究进展。
4. 简述水稻基因组和酵母基因组研究的主要进展。
5. 何谓基因组工程？基因组工程与基因工程的主要差异是什么？
6. 何谓基因芯片？它有哪些主要应用？

主要参考文献

[1] 陆德如，陈永青编著．基因工程．北京：化学工业出版社，2002
[2] 刘强编著．植物基因组研究．北京：科学出版社，2002
[3] 陈竺，强伯勤，方福德主编．基因组学与人类疾病．北京：科学出版社，2001
[4] 陈竺等编著．基因组学．北京：科学出版社，2002
[5] 敖世洲．真核基因组结构与功能调控．生命科学．1994，(03)
[6] 李宏．结构基因组学与蛋白质模型的应用．重庆教育学院学报．2002，15 (3)：64～66
[7] 马立人，蒋中华主编．生物芯片．北京：化学工业出版社，2000
[8] Boucher Y. Microbial Genomes：Dealing with the Diversity．Current Opinion in Microbiology．2001，4：285～289
[9] International Human Genome Sequencing Consortium．Nature．2001，409：860

第九章 生物信息学

学习要求 了解生物信息学的基本概念、分子生物信息的主要数据库及其特点、生物信息数据的查询和搜索方法以及生物信息学在基因组分析、生物芯片、药物设计和农业等方面的主要应用。

20世纪50年代，DNA双螺旋结构的阐明开创了分子生物学的时代。以生物学和医学为主要研究内容的生命科学研究从此进入了前所未有的高速发展的阶段，特别是20世纪80年代末，随着人类基因组计划（Human Genome Project）的启动，生物学相关信息量出现了革命性的爆炸，产生了对海量生物信息进行处理的需求，而计算机技术的革命性发展，形成了处理海量生物信息的能力。于是，在综合计算生物学的研究和生物信息的计算机处理的基础上迅速形成了一门新的交叉学科——生物信息学（bioinformatics）。

第一节 生物信息学的基本概念

生物信息学涉及生物学、数学、计算机科学和工程学，依赖于计算机科学、工程学和应用数学的基础，依赖于生物实验和衍生数据的大量储存。生物信息学不只是一门为了建立、更新生物数据库及获取生物数据而联合使用多项计算机科学技术的应用性学科，也不仅仅是只限于生物信息学这一概念的理论性学科。事实上，它是一门理论概念与实践应用并重的学科。

基因组信息是生物信息中最基本的表达形式，并且基因组信息量在生物信息量中占有极大的比重，但是，生物信息并不仅限于基因组信息，生物信息学也不等于基因组信息学。广义的生物信息，不仅包括基因组信息（如基因的DNA序列、染色体定位），也包括基因产物（蛋白质或RNA）的结构和功能及各生物种间的进化关系等其他信息资源。生物信息学既涉及基因组信息的获取、处理、贮存、传递、分析和解释，又涉及蛋白质组信息学（如蛋白质的序列、结构、功能及定位分类、蛋白质连锁图、蛋白质数据库的建立、相关分析软件的开发和应用等方面），还涉及基因与蛋白质的关系（如蛋白质编码基因的识别及算法研究、蛋白质结构、功能预测等），另外，新药研制、生物进化也是生物信息学研究的热点。

广义地说，生物信息学是从事对生物信息的获取、处理、存储、分配、分析和释读，并综合运用数学、计算机科学和生物学的各种工具，来阐明和理解大量数据所包含的生物学意义的交叉科学。

由于当前生物信息学发展的主要推动力来自分子生物学，生物信息学的研究主要集中于核苷酸和氨基酸序列的存储、分类、检索和分析等方面，所以目前生物信息学也可以狭义地定义为：将计算机科学和数学应用于生物大分子信息的获取、加工、存储、分类、检索与分析，以达到理解这些生物大分子信息的生物学意义的交叉学科。

第二节　分子生物信息数据库及其分析

一、分子生物信息数据库

大量生物学实验的数据积累，形成了当前数以百计的生物信息数据库。它们各自按一定的目标收集和整理生物学实验数据，并提供相关的数据查询、数据处理的服务。随着因特网的普及，这些数据库大多可以通过网络来访问，或者通过网络下载。

分子生物信息数据库归纳起来，大体可以分为四大类：即基因组数据库、核酸和蛋白质一级结构序列数据库、生物大分子（主要是蛋白质）三维空间结构数据库以及以上述三类数据库和文献资料为基础构建的二次数据库。基因组数据库来自基因组作图，序列数据库来自序列测定，结构数据库来自X衍射和核磁共振结构测定。这些数据库是分子生物信息学的基本数据资源，通常称为一次数据库，它的数据库量大，更新速度快，用户面广，需要高性能的计算机硬件、大容量的磁盘空间和专门的数据库管理系统支撑。

二次数据库是在核酸序列数据库、蛋白质序列数据库以及大分子空间结构数据库等基础之上构建的，是不同研究领域的研究人员，对基因组图谱、核酸和蛋白质序列、蛋白质结构以及文献等数据进行分析、整理、归纳、注释，构建出的具有特殊生物学意义和专门用途的二次数据库。

（一）基因组数据库

基因组数据库的主体是模式生物基因组数据库，其中最主要的是由世界各国联合研究的人类基因组研究中心、测序中心构建的各种人类基因组数据库。目前已建成几十种微生物、动物、植物基因组网上数据库，小鼠、河豚鱼、拟南芥、水稻、线虫、果蝇、酵母、大肠杆菌等各种模式生物基因组数据库或基因组信息资源都可以在网上找到。除了模式生物基因组数据库外，基因组信息资源还包括染色体、基因突变、遗传疾病、分类学、比较基因组、基因调控和表达、放射杂交、基因图谱等各种数据库。

1．GDB（Genome DataBase） 基因组数据库（GDB）为人类基因组计划（HGP）保存和处理基因组图谱数据。GDB的目标是构建关于人类基因组的百科全书，除了构建基因组图谱之外，还开发了描述序列水平的基因组内容的方法，包括序列变异和其他对功能和表型的描述。GDB中主要有：人类基因组区域（包括基因、克隆、PCR标记、断点、细胞遗传标记、易碎位点、EST序列、综合区域和重复序列等）、人类基因组图谱（包括细胞遗传图谱、连接图谱、放射性杂交图谱和综合图谱等）和人类基因组内的变异（包括突变和多态性、等位基因频率数据等）。

2．SGD（Saccharomyces Genome Data） 酵母基因组数据库（SGD）是已经完成的第一个真核生物基因组全序列测定的啤酒酵母（又称酿酒酵母）基因组数据库资源，包括啤酒酵母的分子生物学及遗传学等大量信息。SGD数据库提供序列的同源性搜索，对基因序列进行分析，注册酵母基因名称，查看基因组的物理图谱、遗传图谱和序列特性图谱，显示蛋白质分子的三维结构等。

3．AceDB（A C. elegans DataBase） AceDB是线虫（*Caenorhabditis elegans*）基因组数据库。AceDB既是一个数据库，又是一个数据库管理系统。AceDB基于面向对象的程序设计技术，是一个相当灵活和通用的数据库系统，可用于其他基因组计划的数据分析。AceDB最初是基于Unix操作系统的X窗口系统，适用于本地计算机系统。AceDB提供很好的图形界面，用户能够从大到整个基因组小到序列的各个层次观察和分析基因组数据。新开发的WebAce和AceBrowser则是基于网络浏览器的应用软件，Sanger中心已经将其用于线虫和人类基因组数据库的浏览和搜索。库内的资源包括限制性图谱、基因结构信息、质粒图谱、序列数据、参考文献等。

4．GenBank GenBank数据库涵盖了从完整基因组到单个基因序列数据及部分注释信息。这些模式生物基因组数据库为某一特定的模式生物提供一个完整的数据资源，如酵母（*Saccharomyces cerevisiae*）、线虫（*Caenorhabditis elegans*）、果蝇（*Drosophila melanogaster*）、拟南芥（*Arabidopsis thaliana*）、幽门螺杆菌（*Helicobacter pylori*）等。这些数据库从各个不同层次上搜集整理有关信息，以便对某个模式生物全基因组有一个更加完整的了解。

5．TDB 美国基因组研究所的TDB数据库包括DNA及蛋白质序列、基因表达、细胞功能以及蛋白质家族信息等，并收录有人、植物、微生物等的分类信息。该数据库还包括一个模式生物基因组信息库，收录了TIGR世界各地微生物基因组信息，包括致 Lyme 病螺旋体、流感嗜血菌（*Haemophilus influenzae*）、幽门螺杆菌和生殖道支原体（*Mycoplasma genitalium*）等，以及寄生虫数据库，人、鼠、水稻、拟南芥等基因组信息资源。

（二）核酸及蛋白质序列数据库

序列数据库是分子生物信息数据库中最基本的数据库，包括核酸和蛋白质两类，以核苷酸碱基顺序或氨基酸残基顺序为基本内容，并附有注释信息。序列数据库数据的序列数据来自核酸和蛋白质序列测定，由数据录入人员通过查阅文献、杂志搜集，或者由科研人员用磁盘、电子邮件、网上提交等方式向国际生物信息数据库中心递交。数据中心对搜集到的序列数据进行整理、维护，并定期通过互联网、磁盘、磁带和光盘等方式向全世界发布。

1. 主要的核酸序列数据库

（1）GenBank 、EMBL（European Molecular Biology Laboratory）和 DDBJ（DNA DataBank of Japan）数据库　这三个数据库是目前国际上三大主要核酸序列数据库。

GenBank 数据库是由美国国家生物技术信息中心（National Center for Biotechnology Information，NCBI）建立和维护的，包含了所有已知的核酸序列和蛋白质序列，及与其相关的文献著作和生物学注释等方面的内容。它的数据主要是直接来源于测序工作者提交的序列、由测序中心提交的大量 EST（expressed sequence tag）序列和其他测序数据以及与其他数据机构协作交换数据而来。此外，数据库专业人员也从相关的文献中录取序列的数据信息资源。GenBank 每天都会与欧洲分子生物学实验室（EMBL）的数据库、日本的 DNA 数据库（DDBJ）交换数据，使这三个数据库的数据同步。GenBank 的数据可以从 NCBI 的 FTP 服务器上免费下载完整的库，或下载积累的新数据。而且 GenBank 还提供广泛的数据查询 Entrez、序列相似性搜索 BLAST（basic local alignment search tool）、序列提交等其他对核酸或蛋白质序列的信息进行网上实时分析服务。

EMBL 核酸序列数据库由欧洲生物信息学研究所维护的核酸序列数据构成，由于与 GenBank 和 DDBJ 的数据合作交换，也是一个全面的核酸序列数据库，提供与 Genbank 相似的服务。查询检索可以通过因特网上的序列提供系统（SRS）服务完成，提交序列可以通过基于 Web 的 WEBIN 工具，也可以用 Sequin 软件来完成，对核酸序列综合分析的服务也可由提供的网上免费软件来完成。

DDBJ 核酸序列数据库由日本国家遗传研究所负责管理，与 Genbank 和 EMBL 核酸数据库合作交换数据。可以使用其主页上提供的 SRS 工具进行数据检索和序列分析，可以用 Sequin 软件向该数据库提交序列。

(2) dbEST (database for expressed sequence tag) 表达序列标签数据库 (dbEST) 专门收集 EST 数据，该数据库有自己的格式，包括识别符、代码、序列数据以及 dbEST 的注释摘要，也按 DNA 的种类分成了若干子数据库。

(3) UniGene UniGene 通过计算机程序对 GeneBank 中的序列数据进行适当处理，剔除冗余部分，将同一基因的序列，包括 EST 序列片段搜集到一起，以便研究基因的转录图谱。UniGene 除了包括人的基因外，也包括小鼠、大鼠等其他模式生物的基因。该数据库的标题行 (title) 给出基因的名称和简单说明，表达部位行 (express) 指出该基因在什么组织中表达以及在基因图谱中的位置等。

2. 主要的蛋白质序列数据库

(1) PIR (Protein Information Resource) PIR 数据库是蛋白质信息资源数据库，由美国华盛顿国家生物医学研究基金会 (National Biomedical Research Foundation, NBRF)、慕尼黑蛋白质序列信息中心 (Munich Information Center for Protein Sequences, MIPS) 和日本国际蛋白质序列数据库 (Japanese International Protein Information Database, JIPID) 共同维护的国际上最大的公共蛋白质序列数据库。是一个全面的、经过注释的、非冗余的蛋白质序列数据库，序列数据经过整理，按蛋白质家族分类。注释中包括对序列、结构、基因组和文献数据库的交叉索引，及数据库内部条目之间的索引，提供用户在复合物、酶-底物相互作用、活化和调控级联和相关条目之间的检索。

(2) Swiss - Prot Swiss - Prot 是经过注释的蛋白质序列数据库，由欧洲生物信息学研究所 (EBI) 维护。数据库由蛋白质序列条目构成，每个条目包含蛋白质序列、引用文献信息、分类学信息、注释等，注释中包括蛋白质的功能、转录后修饰、特殊位点和区域、二级结构、四级结构、与其他序列的相似性、序列残缺与疾病的关系、序列变异体和冲突等信息。Swiss - Prot 与其他 30 多个数据建立了交叉引用，其中包括核酸序列库、蛋白质序列库和蛋白质结构库等。

(3) PROSITE (DataBase of Protein Families and Domains) PROSITE 为蛋白质家族和结构域数据库，收集了生物学有显著意义的蛋白质位点和序列模式，并能根据这些位点和模式快速和可靠地鉴别一个未知功能的蛋白质序列应该属于哪一个蛋白质家族。有的情况下，某个蛋白质与已知功能蛋白质的整体序列相似性很低，但由于功能的需要保留了与功能密切相关的序列模式，这样就可能通过 PROSITE 的搜索找到隐含的功能 motif (模体)，因此是序列分析的有效工具。PROSITE 中涉及的序列模式包括酶的催化位点、配体结合位点、与金属离子结合的残基、二硫键的半胱氨酸、与小分子或其他蛋白质结合的区域等；除了序列模式之外，PROSITE 还包括由多序列比对构建的 profile（剖面），能更敏感地发现序列与 profile 的相似性。

（三）生物大分子三维空间结构数据库

除了基因组数据库和序列数据库外，生物大分子三维空间结构数据库则是另一类重要的分子生物信息数据库。根据分子生物学中心法则，DNA 序列是遗传信息的携带者，而蛋白质分子则是主要的生物大分子功能单元。蛋白质分子的各种功能，是通过不同的三维空间结构实现的。因此，蛋白质空间结构数据库是生物大分子结构数据库的主要组成部分。蛋白质结构数据库是随 X 射线晶体衍射分子结构测定技术使用而出现的数据库，其基本内容为实验测定的蛋白质分子空间结构原子坐标。20 世纪 90 年代以来，越来越多的蛋白质分子结构被测定，蛋白质结构分类的研究不断深入，出现了蛋白质家族、折叠模式、结构域、回环等数据库。

蛋白质结构分类是蛋白质结构研究的一个重要方向。蛋白质结构分类数据库，是三维结构数据库的重要组成部分。蛋白质结构分类可以包括不同层次，如折叠类型、拓扑结构、家族、超家族、结构域、二级结构、超二级结构等。

1. PDB（Protein DataBank） 蛋白质数据库是国际上惟一的生物大分子结构数据档案库，由美国 Brookhaven 国家实验室建立，也属于一次数据库。PDB 收集的数据来源于 X 射线晶体衍射和核磁共振（NMR）的数据，经过整理和确认后存档而成。PDB 数据库以文本文件的方式存放数据，标注出原子坐标，包括物种来源、化合物名称、结构递交者以及有关文献等基本注释信息。还给出分辨率、结构因子、温度系数、蛋白质主链数目、配体分子式、金属离子、二级结构信息、二硫键位置等和结构有关的数据。

2. SCOP（Structural Classification of Proteins）**与 CATH** 蛋白质结构分类数据库（SCOP）对已知三维结构的蛋白质进行分类，描述它们之间的结构和进化关系。分类基于若干层次：家族，描述相近的进化关系；超家族，描述远缘的进化关系；折叠子（fold），描述空间几何结构的关系；折叠类，所有折叠子被归于全 α、全 β、α/β、α＋β 和多结构域等几个大类。SCOP 提供一个 PDB－ISL 中介序列库，通过与这个库中序列的两两比对，可以找到与未知结构序列远缘的已知结构序列。

CATH 是蛋白质结构分类数据库，其含义为类型（class）、构架（architecture）、拓扑结构（topology）和同源性（homology）。CATH 数据库的分类基础是蛋白质结构域，把蛋白质分为 4 类，即 α 主类、β 主类、α－β 类（α/β 型和 α＋β 型）和低二级结构类。低二级结构类是指 α 主类、β 主类、α－β 类（α/β 型和α+β型）二级结构成分含量很低的蛋白质分子。CATH数据库的第二个分类依据为由α螺旋和β折叠形成的超二级结构排列方式，而不考虑它们之间的连接关系。形象地说，就是蛋白质分子的构架，如同建筑物的立柱、横梁等主要部件，这一层次的分类主要依靠人工方法。第三个层次为拓扑结构，即二级结构的形状和二级结构间的联系。第四个层次为结构的同源性，它是先通过序列比较然后再用结构比较来确定的。CATH数据库的最后一个层次为序列（sequence）层次，在这一层次上，只要结构域中的序列同源性大于35%，就被认为具有高度的结构和功能的相似性。对于较大的结构域，则至少要有60%与小的结构域相同。

（四）二次数据库

基因组数据库、序列数据库和结构数据库是最基本、最常用的分子生物信息数据库。以基因组、序列和结构数据库为基础，结合文献资料，研究开发的专用数据库信息系统即二次数据库，是生物信息学研究的一个重要方面。随着互联网技术的发展和普及，这些数据库多以Web界面为基础，不仅具有文字信息，而且以表格、图形、图表等方式显示数据库内容，并带有超文本链接。从用户角度看，许多二次数据库实际上就是一个专门的数据库信息系统。二次数据库和一次数据库之间，其实并没有明确的界限，上述GDB和AceDB基因组数据库、SCOP和CATH结构分类数据库，无论从内容，还是用户界面，实际上都具有二次数据库的特色。即使是最基本的蛋白质序列数据库Swiss-Prot，也已经增加了许多与其他数据库的交叉索引；蛋白质分析专家系统ExPASy提供的Swiss-Prot浏览网页，同样具有表格、图形等功能。

1．基因组信息二次数据库　前面所述的核酸序列数据库和基因组数据库，实际上它们不仅仅是收录它们的基本序列信息，也对这些序列的信息进行二次开发，所以它们同时也是二次数据库。而不同的研究人员根据不同的研究方向，可以在这些数据库的基础之上，再开发出专业的数据库，这些数据库可对不同的研究人员提供专业的服务。例如，法国巴斯德研究所构建的大肠杆菌基因组数据库，除了具有浏览、检索和数据库搜索（BALST/FastA）功能外，还将大肠杆菌基因组用环形图表示，点击图中某个区域，就会显示该区域基因分布图，也可以用键盘输入起始位置和序列长度检索，使用十分方便。

德国生物工程研究所开发的真核生物基因调控转录因子数据库TransFac是一个比较完善的二次数据库，包括顺式调控位点、基因、转录因子、细胞来源、分类和调控位点核苷酸分布6个子库。

2．蛋白质序列和结构二次数据库　蛋白质序列和结构二次数据库与基因组信息二次数据库一样，也是在序列数据库和生物大分子三维空间结构数据库的基础之上开发出来的，蛋白质序列和结构二次数据库实际上也是蛋白质功能数据库，因为从这些数据库中，可以得到有关蛋白质功能、家族、进化等信息。

PROSITE 数据库收集了生物学有显著意义的蛋白质位点和序列模式，并能根据这些位点和模式快速和可靠地鉴别一个未知功能的蛋白质序列应该属于哪一个蛋白质家族，它是由瑞士生物信息学研究所维护的第一个蛋白质序列二次数据库。PROSITE 数据库是基于对蛋白质家族中同源序列多重序列比对得到的保守性区域，这些区域通常与生物学功能有关，例如酶的活性位点、配体或金属结合位点等。因此，PROSITE 数据库实际上是蛋白质序列功能位点数据库。通过对 PROSITE 数据库的搜索，可判断该序列包含什么样的功能位点，从而推测其可能属于哪一个蛋白质家族。

PROSITE 数据库基于多序列比较得到的单一保守序列片段，或称序列模体。除 PROSITE 外，蛋白质序列二次数据库还有蛋白质序列指纹图谱数据库（PRINTS）、蛋白质序列模块数据库（BLOCKS）、蛋白质序列家族数据库（PFAM）、蛋白质序列谱数据库（PROFILES）、蛋白质序列识别数据库（IDENTIFY）等。这些数据库的共同特点是基于多序列比对，它们的不同之处是处理比对结果的原则和方法，PRINTS 和 BLOCKS 利用了序列中的多重保守片段，PROFILES 着眼于构建序列概貌库，而 PFAM 采用了隐马氏模型，IDENTIFY 则利用模糊规则表达式的概念。应该说，这些方法各有一定的特色。

蛋白质结构数据库 PDB 主要存放原子坐标，本来是属于一次数据库，但在此基础上构建的蛋白质二级结构构象参数数据库（Definition of Secondary Structure of Proteins，DSSP）。DSSP 数据库根据 PDB 中的原子坐标，计算每个氨基酸残基的二级结构构象参数，包括氢键、主链和侧链二面角、二级结构类型等。随着 PDB 数据库数据量的增长，出现了许多蛋白质分类数据库。蛋白质家族数据库（Families of Structurally Similar Proteins，FSSP）就是其中的一个，它把 PDB 数据库中的蛋白质通过序列和结构比对进行分类。与 DSSP 和 FSSP 相关的另一个蛋白质结构数据库是同源蛋白数据库（Homology Derived Secondary Structure of Proteins，HSSP），该数据库不但包括已知三维结构的同源蛋白家族，而且包括未知结构的蛋白质分子，并将它们按同源家族分类。这 3 个蛋白质结构二次数据库为蛋白质分子设计、蛋白质模型构建和蛋白质工程等研究提供了很好的信息资源和工具。

还有其他许多不同种类和层次的蛋白质结构二次数据库，如蛋白质结构域分配数据库、蛋白质回环分类数据库等。

二、数据库的查询与搜索

分子生物学数据库的应用可以分为两个主要方面，即数据库查询（DataBase query）和数据库搜索（DataBase search）。数据库查询和数据库搜索在生物信息学中是两个完全不同的概念，它们所要解决的问题、所采用的方法和得到的结果均不相同。

（一）数据库的查询

数据库查询也称数据库检索，是指对序列、结构以及各种二次数据库中的注释信息进行关键词匹配查找。通过对输入的关键词在相关数据库在进行查询，结果显示出与输入的关键词相关的条目，然后可以根据它们的链接进行分析。

SRS 和 Entrez 是两个著名的数据库查询系统，分别是由欧洲分子生物学实验室和 NCBI 开发。

1. SRS 数据库查询系统 SRS（Sequence Retrieval System）由欧洲分子生物学实验室开发，它是一个开放的数据库查询系统，即不同的 SRS 查询系统可以根据需要安装不同的数据库，最初是为核酸序列数据库 EMBL 和蛋白质序列数据库 Swiss-Prot 的查询开发的。随着分子生物信息数据库应用和开发的需求不断增长，SRS 已经成为欧洲各国主要生物信息中心必备的数据库查询系统。

SRS 系统具有强大的数据库查询功能，具有统一的 Web 用户界面，支持以文本文件形式存放的各种数据库，包括序列数据库、结构数据库、资料数据库、文献数据库等。能快速、高效地对各种数据库进行查询，查询结果通过超文本指针链接实现信息资源的有机联系，将序列分析等常用程序整合到基本查询系统中，可以对查询结果直接进行进一步分析处理。例如，查询所得的序列，可立即进行数据库搜索，找出其同源序列；也可以寻找功能位点或进行多序列比较分析。

2. Entrez 数据库查询系统 Entrez 由美国 NCBI 开发，用于对文献摘要、序列、结构和基因组等数据库进行关键词查询，找出相关的一个或几个数据库条目。该系统目前主要包括核酸序列数据库、蛋白质序列数据库、基因组数据库、蛋白质结构数据库、生物医学文献摘要数据库、系统分类数据库、人类遗传疾病和遗传缺失在线数据库，以及基因信息数据库、种群亲缘关系核酸序列比对数据库、表达序列标签数据库等。

Entrez 是面向生物学家的数据库查询系统，其特点之一是使用十分方便。

Entrez查询系统位于NCBI主页（www. ncbi. nlm. nih）页面上部的数据库检索栏，可以在检索栏中直接输入需要查询的内容。它把序列、结构、文献、基因组、系统分类等不同类型的数据库有机地结合在一起，通过超文本链接，用户可以从一个数据库直接转入另一个数据库。同时它把数据库和应用程序结合在一起，可能对查询的结果做进一步的分析。

（二）数据库搜索

数据库搜索在分子生物信息学中有特定含义，它是指通过特定的序列相似性比对算法，找出核酸或蛋白质序列数据库中与检测序列具有一定程度相似性的序列。在生物信息学中，数据库搜索是专门针对核酸和蛋白质序列数据库而言，其搜索的对象，不是数据库的注释信息，而是序列信息。

FastA和BLAST程序是常用的基于局部相似性的数据库搜索程序，它们都基于查找完全匹配的短小序列片段，并将它们延伸得到较长的相似性匹配。可以在普通的计算机系统上运行，而不必依赖计算机硬件系统而解决运行速度问题。

1. BLAST搜索 BLAST是最常用的数据库搜索程序。生物信息中心都提供基于Web的BLAST服务器。BLAST的运行速度比FastA等其他数据库搜索程序快，改进后的BLAST程序允许空位的插入。

BLAST搜索的算法本身很简单，它的基本要点是序列片段对（segment pair）的概念。序列片段对是指两个给定序列中的一对子序列，它们的长度相等，且可以形成无空位的完全匹配。BLAST算法首先找出待查序列和目标序列间所有匹配程度超过一定阈值的序列片段对，然后对具有一定长度的片段对根据给定的相似性阈值延伸，得到一定长度的相似性片段，称高分值片段对（high - scoring pair，HSP）。这就是无空位的BLAST比对算法的基础，也是BLAST输出结果的特征。

BLAST软件是综合在一起的一组程序，可用于直接对蛋白质序列数据库和核酸序列数据库进行搜索，也可以将检测序列翻译成蛋白质或将数据库翻译成蛋白质后再进行搜索，以提高搜索结果的灵敏度。位置特异性叠代BLAST（position - specific iterated BLAST，PSI - BLAST）则是对蛋白质序列数据库进行搜索的改进。此外，BLAST可用于检测序列对数据库的搜索以及用于两个序列之间的比对。

2. FastA搜索 FastA搜索的基本思路是识别与待查序列相匹配的很短的序列片段，称为ktup。蛋白质序列数据库搜索时，短片段的长度一般是1～2个碱基长；DNA序列数据库搜索时，通常采用稍大点的值，最多为6个碱基。通过比较两个序列中的短片段及其相对位置，可以构成一个动态规划矩阵的对角线方向上的一些匹配片段。FastA 程序采用渐进算法将位于同一对角线上相互接近的短片段连接起来。也就是说，通过不匹配的碱基将这些匹配碱基片段连接起来，以便得到较长的相似性片段。这就意味着，FastA 输出结果中允许出现不匹配碱基。这和 BLAST 程序中的成对片段类似。如果匹配区域很多，FastA 利用动态规划算法在这些匹配区域间插入空位。

由 FastA 搜索产生的典型输出结果的第一行列出程序名称和版本号，以及该程序发表的杂志。接下来列出所提交的序列，然后是所用参数和运行时间，紧跟这些一般信息的是数据库搜索结果。首先列出搜索得到的目标序列简单说明，其数目可由用户定义。所列出的目标序列的信息包括：序列所在数据库名称的缩写，目标序列的标识码、序列号和序列名等部分信息。括号中标明匹配部分的碱基数。紧接着是由程序计算得到的初始化和优化后的分数值。最后一列是期望值即 E 值，用来判断比对结果的置信度。接近于 0 的 E 值表明两序列的匹配不大可能，是由随机因素造成的。

为便于生物信息的查询与搜索现将重要的数据库和网址列于表 9-1。

表 9-1 重要的分子生物信息数据库资源及其因特网网址

GenBank 核酸序列数据库	http: //www. ncbi. nlm. nih. gov/Web/Genbank/
EMBL 核酸序列数据库	http: //www. edi. ac. uk/ebi-docs/embi-db/edi/topembl. html
DDBJ 核酸序列数据库	http: //www. ddbj. nig. ac. jp/
UniGene 核酸序列数据库	http: //www. ncbi. nlm. nih. gov/UniGene/
dbEST（EST 序列数据库）	http: //www/ncbi. nlm. nih. gov/dbEST/
NDB 核酸序列数据库	http: //ndbserver. rutgers. edu/
GSDB 核酸序列数据库	http: //www. ncgr. org/gsdb/
TDB 基因组数据库	http: //www. tigr. org/tdb/tdb. html
AceDB 线虫基因组数据库	http: //www. sanger. ac. uk/Software/Acedb/
SGD 基因组数据库	http: //genome-www. stanford. edu/Saccharomyces/
PIR 蛋白质序列数据库	http: //www. bis. med. jhmi. edu/dan/proteins/pir. html
Swiss-Prot（蛋白质序列数据库）	http: //www. expasy. ch/sprot/sprot-top. html
PDB 结构数据库	http: //www. pdb. bnl. gov/
CATH 结构分类数据库	http: //www. biochem. ucl. ac. uk/bsm/cath
SCOP 结构分类数据库	http: //www. prosci. uci. edu/scop
PROSITE 序列模体数据库	http: //expasy. hcuge. ch/sprot

（续）

BLOCKS 序列模体数据库	http://www.blocks.fhcrc.org/
PRINTS 序列模体数据库	http://www.biochem.ucl.ac.uk/bsm/dbbrowser/PRINTS/
Pfam 序列模体数据库	http://www.sanger.ac.uk/Pfam
ProDom 序列模体数据库	http://protein.toulouse.inra.fr/rpodom.html
TransFac 大分子数据库	http://transfac.gbf-braunschweig.de/TRANSFAC/

第三节 生物信息学的主要应用

一、大规模基因组测序中的信息分析

人类基因组研究的首要目标是获得人的整套遗传密码。人的遗传密码有30亿个碱基，而现在的DNA测序仪每个反应只能读取几百到上千个碱基。也就是说，要得到人的全部遗传密码首先要把人的基因组打碎，测完一个个小段的序列后再把它们重新拼接起来。要做到这一点，就需要把几千万个小片段通过比对再连接起来，这就是常说的基因组序列数据的拼接和组装。

在基因组大规模测序的每一个环节，都与信息分析紧密相关。从测序仪的光密度采样与分析、碱基读出、载体标识与去除、拼接、填补序列间隙，到重复序列标识、读框预测和基因标注，每一步都是紧密依赖生物信息学的软件和数据库的。其中，序列拼接和填补序列间隙是最为关键的首要难题。其困难不仅来自它巨大的海量数据，而且在于它含有高度重复的序列。为此，这一过程特别需要把实验设计和信息分析时刻联系在一起。另一方面，必须按照不同步骤的要求，发展适当的算法及相应的软件，以应对各种复杂的问题。目前采取了两种相互有关但又不同的测序战略：BAC-by-BAC和全基因组鸟枪法。国际上很多著名的基因组研究中心，都有自己的拼接和组装策略，并且这样的工作都是在超级计算机上完成的。

二、新基因和单核苷酸多态性的发现与鉴定

（一）新基因的发现

发现新基因是当前国际上基因组研究的热点，啤酒酵母完整基因组所包含的约6 000多个基因，大约60%是通过信息分析得到的。使用信息学方法预测

新基因是后基因组时代必不可少的方法，基因预测使用的序列数据主要来自EST序列数据和基因组数据库。

EST序列是基因表达的短cDNA序列，它们携带着完整基因的某些片段的信息，现在GenBank中人类EST序列已超过400万条，覆盖了全部人类基因的90%以上。利用EST数据库发现新基因也被称为基因的电脑克隆。用EST数据发现新基因在技术上是可行的，但程序设计复杂，计算量巨大。

从基因组DNA预测新基因，是发现新基因的另一个重要途径，本质上是把基因组上编码蛋白质的区域和非编码蛋白质的区域区分开来。主要方法有从转录子mRNA和EST与已知基因序列进行同源性分析而进行间接预测，或综合剪接位点、密码子使用偏好性、外显子和内含子长度统计数据的基于隐马尔可夫模型的预测。

（二）单核苷酸多态性鉴定

SNP单核苷酸多态性（single nucleic acid polymorphism，SNP），即基因序列间的差异表现为单个碱基上的变异。不同的人群（种）有不同的SNP（单核苷酸多态性）分布特征，这是他们的种族起源、各种遗传疾病易感性、外貌和生理特征等方面的差异在基因组水平上的表现。因此，SNP的研究对人类的健康事业及研究人类的进化有极其重要的意义。SNP将提供一个强有力的工具，用于高危群体的发现、疾病相关基因的鉴定、药物的设计和测试以及生物学的基础研究等。寻找SNP位点，建立相关的数据库是基因组研究走向应用的重要步骤，使人们有机会发现与各种疾病，包括肿瘤相关的基因突变；通过SNP建立重要的分子标记，鉴定并发现疾病相关突变基因，达到预防检测各种疾病的目的。

三、非编码区信息结构分析

近年来，随着各种生物基因组的全序列的测定，研究发现在细菌这样的原核生物中，非编码蛋白质的区域只占整个基因组序列的10%～20%。但随着生物的进化，非编码区越来越多，在高等生物（包括人）的基因组中非编码序列已占到基因组序列的绝大部分。这些非编码序列必定具有重要的生物功能。特别是在基因表达调控等相关途径中具有十分重要的作用。

对人类基因组来说，最新资料说明，DNA上编码蛋白质的区域（基因）所占比例很小，只占DNA序列的3%～5%；而其他的95% DNA序列区为非编码区，这些序列中蕴含的生物信息数量是十分巨大的，因此寻找这些区域的编码特征、信息调节与表达规律是未来相当长时间内的热点课题，是取得重要成果的源泉。要研究非编码区信息，首先要对非编码区组分分类。现有的实验资料表明，非编码区的序列对生命过程是有着重要作用的，它们包含如下类型：启动子、增强子、内含子、卫星DNA、小卫星DNA、微卫星DNA、非均一核DNA、长短散置元、假基因等。此外，寻找新的非三联体的编码方式也具有重要意义。

四、遗传密码的起源和生物进化研究

进化论是研究描述生物进化的历史和探索进化过程的机制。随着基因组序列数据的大量增加，对序列差异和进化关系的争论也越来越激烈。研究发现，同一种群基于不同分子序列所重构出的进化树可能不同。近年来发现了基因的横向迁移现象，即：基因可以在同时存在的种群间迁移，其结果虽可导致序列差异，但这种差异与进化无关。对垂直进化和水平演化之间关系的讨论正逐渐引起人们的重视。对人类基因组的分析发现，有几十个人的基因只与细菌基因相似，而在果蝇、线虫中都不存在。如果以人的这些基因序列来研究进化将会得到荒谬的结论。

在当前的分子进化研究中选择垂直进化的分子作为样本，从分子水平研究是生物进化研究的重要手段，它是依赖于核酸和蛋白质序列信息的理论方法，包括序列相似性比较分析、序列同源性比较分析、构建系统进化树以及系统稳定性检测。

在分子进化分析中，相似性和同源性是两个不同的概念。相似性只反映两者类似，并不包含任何与进化相关的暗示；同源性则是与共同祖先相关的相似性。

五、完整基因组的比较研究

后基因组时代，完整基因组数据越来越多，有了这些资料人们就能对若干重大生物学问题进行分析研究，如生命的起源、生命的进化、遗传密码的起源、估计最小独立生活的生物体至少需要多少基因、这些基因如何作用于生物体等，这些重大的问题只有在基因组水平上才能回答。例如，鼠和人的基因组大小相似，都含有约30亿碱基对，基因的数目也类似，且大部分同源，可是鼠和人差异却非常大。有的科学家估计不同人种间基因组的差别仅为0.1%，人和猿间差别约为1%，但他们表型间的差异十分显著。因此，其表型差异不仅应从基因、DNA序列找原因，也应考虑染色体组织上的差异。总之，由完整基因组研究所导致的比较基因组学必将为后基因组研究开辟新的领域。

科学家们发现：全部基因可以按照功能和系统发生分为若干类，其中包括与复制、转录、翻译、分子伴侣、能量产生、离子转运、各种代谢相关的基因，这一工作也为蛋白质分类提供了新的途径。同时，科学家们通过几个完整基因组的比较，统计出维持生命活动所需要的最少基因的个数为250个左右。同样，当我们比较鼠和人的基因组就会发现，尽管两者基因组大小和基因数目类似，但基因组的组织却差别很大。研究表明，在同一界中，某些核糖体蛋白排列顺序的差异能反映出物种间的亲缘关系，亲缘关系越近，基因排列顺序越接近，这样就可以通过比较基因的排列顺序来研究物种间的系统发育关系。

六、大规模基因功能表达谱的分析

随着人类基因组测序的完成，以及其他大量的生物基因组序列的出现，使得人们对生物体内的基因表达提出了新的问题，例如基因表达产物是何时出现、基因表达产物的量和表达后的修饰过程等。所以要研究它们是如何按照特定的时间、空间进行基因表达的，以及表达量的大小。目前这方面的研究从核酸和蛋白质两个层次上发展了新技术，即DNA芯片技术、蛋白质质谱技术和蛋白质组研究。

DNA芯片是一类生物芯片，它是按特定的方式固定有大量DNA探针的硅片、玻片或金属片。利用DNA芯片测定和研究在不同的细胞和组织体系中的mRNA水平，即转录组的研究。蛋白质组就是基因组的蛋白质产物。现在主要使用二维凝胶电泳和测序质谱相结合的技术在蛋白质水平监测基因表达的功能谱。功能基因组实验技术的深入，海量数据不断出现，数据库成为支持这些技术的必然组成部分，像蛋白质序列数据库、核酸序列数据库、结构域数据库、三维结构数据库、二维凝胶电泳数据库、翻译后修饰数据库、基因组数据库以及代谢数据库等。而无论是基因芯片还是蛋白质组技术的发展都依赖于生物信息学的理论、技术与数据库的发展。

七、蛋白质结构的预测与药物设计

大规模核酸序列的测定，使人们发现了大量的新基因，但是仅仅知道它们的氨基酸序列，而不知道它们的三维结构，无法确切地知道蛋白质的功能。传统的测定蛋白质空间结构的方法（如X射线晶体学技术、多维核磁共振技术、二维电子衍射技术和三维图像重构技术）虽然提供了大量的蛋白质三维结构，但与蛋白质序列信息的增长无法适应。因而进行理论模拟和结构预测是非常重要的手段，它可提供生物大分子的空间结构的信息、生物化学反应中的能量变化、电荷迁移、构象变化等信息。计算机技术的发展，为分子设计提供了一个平台。当前，蛋白质空间结构模拟主要有三类方法：同源模建、序列结构联配和使用分子动力学模拟或 Monte Carlo 技术的从头设计。

传统的药物设计需大量地筛选化学合成物或天然化合物，新药的产生周期长，花费大，而且效率低。人类基因组计划和蛋白质组计划的开展，为生物医药研究提供了丰富的生物学信息，从这些信息中寻找药物作用的靶标是生物信息学的重要目标，以蛋白质结构为基础的计算机辅助小分子药物设计，有别于传统药物设计，它是应用各种理论计算方法、生物信息学知识和分子图形模拟技术，进行计算机辅助药物设计。利用计算机显示出目标蛋白质分子的三维结构，直接在其活性位点上进行计算，快速开发特异而有效的小分子化合物。设计过程主要包括以下几步：鉴定目标蛋白并确定它的结构；根据其三维结构设计抑制剂；进行化学合成和生物学鉴定；定义蛋白抑制剂的化学结构。

八、生物信息学在基因芯片上的应用

基因芯片是由大量 DNA 或寡核苷酸探针密集排列形成的探针阵列，其基本原理是通过杂交检测信息，主要包括芯片方阵的构建、样品的制备、生物反应和信号检测及分析等环节。基因芯片可广泛应用于基因突变检测、疾病诊断、新基因的寻找、基因转录分析、基因表达检测、药物筛选等，具有广泛的用途。

生物信息学是分析处理生物分子信息、揭示生物分子信息内涵的一种技术，它在基因芯片研究与应用中起着重要的作用。从确定基因芯片的检测对象到基因芯片的设计，从芯片检测结果分析到实验数据管理和信息挖掘，都需要生物信息学的支持和帮助。

1. 确定待检测的目标序列 基因芯片首先需要确定所要检测的目标序列，最直接的方法是查询生物分子信息数据库，为基因芯片探针设计参照目标序列。核酸序列数据库搜索及生物信息学公共服务器上的序列分析工具为确定基因芯片的检测目标提供了帮助。

2. 基因芯片的设计 基因芯片的目的是提取大量的生物分子信息，提高信息的可靠性。芯片设计中包括核苷酸探针的设计、探针的布局和芯片的优化，要使最终芯片的检测图像中完全互补杂交信号突出，提高基因芯片检测的可靠性。在芯片设计的不同阶段，都要利用信息学中的优化方法来优化探针、优化布局及优化芯片。

3．检测结果分析及数据处理　基因芯片的检测结果是其杂交的荧光信号，根据设计芯片检测目的不同，结合序列设计及相关数据库，设计不同的算法来分析产生的结果。如对测定已知的样本序列，利用生物信息学中的片段组装算法连接各个片段，形成全长的目标序列。基因芯片实验产生大量的数据，对这些数据进行有效管理是生物信息学的重要课题，引入数据挖掘技术，进行深层次的数据分析，从大量的实验数据中提取隐含的生物学信息。

九、生物信息学在农业育种上的应用

现代农业生物技术的发展，促进了分子育种与常规育种技术的结合，极大地提高了育种效率，创造出优良遗传性状的育种资源，加快了育种进程。在现阶段，建立与动物和植物良种繁育相关的基因组数据库，发展分子标记辅助育种技术，根据不同物种间的进化距离和功能基因的同源性，可以比较容易地找到各种家畜、作物与其经济效益相关的基因，并进一步认识它们在发育、生长和抗逆中的各种途径和机制。在此基础上，利用相关的基因组分子标记，可以加快育种的速度，实现按照人们的愿望对它们加以改造的目的。

利用国际互联网络实现农业生物信息资源的共享，开辟生物信息学为育种攻关服务的新领域，主要包括以下几个方面。

①收集分析基因库数据，建立动物和植物，特别是包括水稻、小麦、玉米、棉花、油菜和甘薯在内的作物优良品种、优良种质的基因库管理系统。

②收集最近出现的新种质、新品种的有关性状数据，建立新品种、新种质性状数据库。

③通过比较基因组学、表达分析和功能基因组分析识别重要基因，为培育转基因作物、改良作物的质量和数量性状奠定基础。

④发现新基因和新的单核苷酸多态性，发现稻米优良性状（如稻米品质、香味、抗性）基因的分子标记，分离克隆有自主知识产权的、有重要经济价值的新基因及重要的基因表达调控元件。

⑤收集有关作物最新的试验设计及分析方法，并建立一个试验分析数据库。

⑥利用数据库转换软件，将BA（生物数据）和CABI（国际农业与生物科学中心文摘）数据库中有关作物育种方面的文献转换、导录，建立分库检索系统，追踪国内外同类工作的研究进展。

⑦利用生物信息学所积累的大量科学数据，为新基因对环境和人类健康的

影响做出正确评价，加强农业转基因生物的安全性评估。

第四节　生物技术发明的保护

生物技术近20年得到了迅速的发展，它的重大突破和应用将有可能最终解决人类所面临的诸如生态、环境、人口以及难以治愈的各种疾病等问题，并且将成为21世纪许多国家的支柱产业之一。以生物技术为基础的产品和工艺的发明创造及其产权将越来越受到保护。生物技术中的发明在形式上可以是产品或工艺。

生物技术产品包括：①自然或人工来源的生命实体，例如动物、植物、微生物，以及细胞系、细胞器、质粒和DNA序列。②直接或间接来源于生命系统的自然产生的物质。

生物技术工艺则包括分离、培养、繁殖、纯化以及生物转化等技术。具体地说，它可以包括：①上述产品的分离和制造技术，例如生产抗生素。②通过对生物技术产品进行生物转化生产某些物质，例如通过对糖的酶学转化生产酒精。③对生物技术产品的使用，例如用单克隆抗体分析和诊断疾病。④使用微生物对病原体进行生物控制。

范围广泛的这些以生物技术为基础的产品和工艺，都是创造性智力劳动的结果，它的成就需要集约化的智力劳动，需要先进的研究条件，也需要巨额的投资，所以必须采取有效的措施来保护这些生物技术产品和工艺，从而确保合法的发明人和工业投资者能得到经济利益上的回报。目前，生物技术领域的发明者可以用不同的形式来保护自己的权益，包括发明专利、商业秘密和植物育种人的权益等形式，其中最主要的是专利保护。

一、专利保护

专利法是以技术内容为其保护对象的（这种干预和控制的程度体现技术的含量），然而在专利制度创立的相当一段时期内，由于人们对生物方法的运用远没有达到像对化学和物理方法那样的运用程度，当人们利用化学和物理方法实施控制和制造产品以达到相当水平的时候，在生物方法的运用方面还极为有限。就动物植物选种有关的繁殖问题而言，有机体的特征是按照遗传规律从一代传给另一代的，特征的不同结合会产生各种可能的结果，具有很大的不确定性，加之人们尚不能用一种可用语言精确描述的方法来控制它，因此生物方法的运用长时间不能和化学、物理领域的发明创造相比拟。正是因为早期人们主要是依靠生物界的自然因素而择其利应用之，多属于经验继承的范畴，所以长时间生物技术被排除在专利保护之外似乎也是可以理解的。

随着生物科学与工程技术的发展，人们在生物领域实施技术控制和进行技术干预已成为可能。例如，通过发酵工程、酶工程、基因工程、细胞工程、蛋白质工程等创造新物种或新的生命物质已成为现实。这样一来，将生物技术纳入专利保护也就成为一种趋势。

此外，长期以来人们认识上的障碍，认为生物技术所涉及的是属于自然范畴的具有生命现象的活的生物，它与其他技术不同。而专利保护的范围只限于人类的创造物，所以生物技术未能纳入保护之列。但是，随着科学技术的发展，人们认识到，自然产品与人工产品的差别，不在于其是否具有生命，而在于人工的干预。通过人工干预取得的成果是人的智慧的结晶，这种产物与自然界中的生命物质有着本质的不同，生物方法的技术性表现在人对生命物质的特征和用途的改变上。人们观念的这一改变，加之生物技术在发展中显示出巨大的经济和产业价值，使得人们将生物技术作为专利保护对象也就成为顺理成章的事了。

专利是由专利机构授权许可的一种合法权利，它以国家立法形式赋予发明创造以产权属性（经济权利和精神权利），并以国家行政和司法力量确保这些权利得以实现。经授予专利后，专利人或持有者就有权在一段限定的时间内排斥所有其他企图在该领域将该专利发明应用于商业目的的行为。作为这种垄断的代价，专利人将向公众详细披露该发明，以便当垄断时间期限过后，公众（即其他竞争者）可以自由地运用该发明。但是，为了在全球范围内获得专利权，专利发明人必须在每一个国家都提出专利申请，但是多处申请可能不仅相当费钱而且成效有限，而且世界上一些地方至今没有立法建立专利系统，因此，已发表的专利可能被利用而专利人却得不到任何经济回报。

在专利申请被审查并被授权后，专利以书面的形式存在，内容包括发明者的姓名，专利人的姓名（如果发明者与专利人不同的话）；对专利的简介以及相关的权利。一般来说，一项可以授予专利的发明必须满足四个条件：①发明必须具有新颖性。②发明必须具有创造性。③发明必须具有应用价值，可以被应用于工业或农业。④在申请专利说明书中对发明做详尽的描述，使在同一领域的其他人能够了解执行。

与其他领域内的技术发明不同，生物技术发明通常与生命材料有关，这给对它们进行法律保护带来一些特殊的困难。问题在于应该如何描述一个与生命物质有关的发明，以及对此项发明该给予多大范围的保护。对此，欧洲专利局强调了对生物技术物质的发现（不能申请专利）和发明之间的区别：发现自然界中天然存在的物质，仅仅是发现，就不能申请专利；然而，若首先从物质所处的环境中将它分离出来或者发展了获取该物质的工艺，则可以申请该工艺的专利。此外，如果该物质有十分独特之处，不管是其化学结构，还是获取该物质的工艺，或者是其他参数，只要就某个绝对意义上而言它是“新”的，那么这个物质可以申请专利。

中国专利局同样规定，发现天然物质不能申请专利，但天然物质若是第一次从物质环境中提取，并且其结构、形式和物理化学参数在此之前是未知的，只要具有其新颖性、创造性和有用性，在中国专利法中是允许申请专利的。

1992 年，美国通用电气公司的一位研究石油清污的科学家 Chakrabarty 向美国专利和商标局提出专利申请，申请专利保护的对象是两种经基因工程改造过的细菌，这是历史上第一次为一种新的重组细菌申请专利。但这个用于清除海上原油污染的专利申请很快即被美国专利和商标局驳回，原因是微生物是自然产物。Chakrabarty 博士和通用电气公司不服裁决，向美国专利上诉委员会和最高法院提请上诉。专利上诉委员会和最高法院中多数人都认为争论的焦点不在于发明的是生物还是非生物，而在于是自然产物还是人为创造的产物，而 Chakrabarty 博士的超级细菌与自然界发现的任何微生物明显不同，具有很好的应用价值，这个发明不是自然界的产物，而是 Chakrabarty 博士创造的成果，因此该细菌有资格被授予专利。该项技术的批准被称为现代生物技术专利发展史上的里程碑。

专利法的一个重要任务就是必须确保那些在生物技术研究和开发上投资巨大的人能得到应有的经济回报，如果做不到这一点的话，生物技术的许多领域将无法向前发展。专利法相当复杂，而且在世界各地有所差异，其中主要的差异在于保护对象的不同。在专利的保护对象方面，美国的全面保护、欧洲专利公约的限制性保护和巴西等国的不保护政策是当今世界上对生物技术三种不同保护水平的典型代表。之所以存在这些差异，一是因为各国在生物技术方面发展不平衡所造成的；二是因为受宗教、伦理和社会道德观念的影响；三是受立法技术和执法难度的影响。应该说，美国的全面保护政策反映了生物技术专利保护发展的趋向，它对其他各国和地区有着很大的影响。比如致癌基因小鼠（哈佛鼠）是一种经过基因改造的老鼠，它比普通老鼠更易诱发癌症。由于欧洲专利公约把“与动植物品种或生产动植物的必要生物过程相关的”发明排斥在专利之外，因此哈佛鼠在欧洲迟迟得不到专利权。但是由于美国早在 1988 年就授予哈佛鼠专利权，在此影响下，欧洲专利局 1992 年 4 月 3 日才对这起专利做出授予欧洲专利的决定。

1985年中国制定第一部专利法，规定获得动物、植物和微生物种类的方法以及利用活生物体的方法可以申请专利。1993年修改后的专利法，将可申请专利的内容扩大到微生物有机体以及通过利用活生物体获得的物质，包括细菌、放线菌、真菌、病毒、动物和植物细胞株、质粒以及藻类；核酸序列也可以申请专利；动物和植物的新品种则不可以申请专利，但获得新的动物或植物品种的方法可以申请专利。

专利系统的优点在于专利持有者在专利保护期内（有些可长达20年）对产品和工艺保持有绝对垄断的地位，而且一经取得专利后对保持专利相当容易管理。但是，专利到期后必须将其内容公之于众。此外，由于各专利法缺乏一致性，从而引发许多问题，其他未被专利覆盖到的商业领域可能允许对专利的滥用。一个发明是否应申请专利必须从商业上来做决策，辅以法律建议，还要有高水平的商业意识。只有极少数的专利在经济上能真正获取高回报。基于专利具有的这些缺点，许多生物公司都宁可运用商业秘密来保护他们的产品和工艺而不申请专利。

二、商业秘密

商业秘密是除了专利之外的另一种保护发明者权益的主要抉择，它并不将发明的信息公之于众，而是将其保护起来。可以保护的信息有多种，例如用于生产单克隆抗体的杂交瘤细胞系、思路、配方、生产细节、实验程序等。又如在柠檬酸工业，生产菌株、培养基的设计和配方细节都是只有少数职员能够知道。

毫无疑问，全世界保持得最成功的商业秘密是可口可乐的配方。该配方藏在美国佐治亚州亚特兰大的一家银行内，据说全世界只有5个人知道，它已保密了100年并使一个庞大的商业帝国得以发展和延续。

商业秘密只有当人们严守秘密时才能得到保护。一个公司需要采用适当的措施在公司内保守秘密；雇佣契约上可以含有保密的条款，雇主也可以限制员工离开公司后不得到竞争对手那里工作，例如威士忌工业长期以来就是这样做的。实行商业秘密的优点在于保密的知识不公开，因而竞争对手无法采用，并且保护的时间可以无限长，这是申请专利无法做到的。但是它也有一个致命的缺点，那就是其他人可能会有同样的思路，并对此进行开发。此外，有些国家不承认对商业秘密的保护；保密的内部程序消耗精力、时间，执行起来可能存在不少问题。

三、植物育种者的权益

对植物新品种的保护是通过给植物育种人所创造并注册的品种一定限度的垄断来执行的。目前在各种国内和国际的法律和协议中，对植物育种者的保护是通过植物专利和植物新品种保护证书这两种形式来进行的。植物专利这种保护形式始创于美国。美国国会于1930年通过了《植物专利法》，据此可对除了块茎繁殖物（如马铃薯等）以外的无性繁殖的新植物品种授予植物专利。1952年，美国又在颁布新的专利法时，把植物专利的保护作为专门条款并入专利法中。实际上，植物专利只不过是普通专利的一个特殊类别。目前，采用植物专利这种形式的国家只有美国、韩国和意大利。植物新品种保护证书形式是依据1961年签订的《保护植物新品种公约》（UPOV）而产生的一种独立的保护形式。该公约规定：成员国应以特别证书、植物品种保护证书或者专利的方式对植物培育者给予保护，并要求所提供的保护应与专利保护水平相当，其保护期限不应少于15年。目前，参加UPOV公约的成员国有24个，它们当中除了个别国家采用专利方式外，绝大多数成员国均采取颁发“植物新品种证书”的方式对植物培育者给予保护。这种保护形式与专利的不同之处在于它只涉及繁殖材料（种系）的生产和销售，而不涉及植物自身的生长和销售。此外，这项工作通常是由农业部门下属的植物品种保护局负责实施的。由于对申请颁发植物新品种证书的植物品种审查工作是复杂的，需要进行显著性、均一性和稳定性的实验，而且常常要进行几代的实验报告，而专利局通常是不具备这些条件的。中国1997年10月1日生效的“新植物品种保护条例”中也规定了对植物育种者权益的保护。

植物育种者权益的保护使得使用种子或植物的人应付给育种人使用费。然而，购买者也可以利用这个品种开发新的品种，对于开发出的新品种，将是该购买者而非原品种育种人拥有权益。随着重组DNA技术的到来，与以往传统的遗传手段相比，大量的创造新品种已变得更快更容易。这不利于保护植物育种人的权益。所以，应该如何更有效地对植物育种人的权益进行保护成为一个激烈争论的话题。

四、对生物技术发明实施保护的紧迫性

生物技术研究和开发的高投入和高风险性，决定了对其进行保护的重要性，专利保护是实现其投资补偿和确保其良性循环的有利武器，许多国家都视

其为生物技术生存发展的关键。以美国为代表的一些发达国家，他们在生物技术专利保护方面，表现出了异乎寻常的超前意识，他们采取抢占基本专利、向专利禁区挑战、先期收购专利和专有技术等基本战略，惟恐丧失良机而受制于人。例如，1990年10月，美国国家卫生研究院（NIH）对其所分离出的347个不同DNA序列报告直接提交专利局，要求申请专利，而未阐明任何功能及应用。随之英国医学研究委员会和其他一些同行也效法美国，在强占基因的基本专利上展开了一场空前的竞赛与较量。此外，美国人向专利禁区挑战方面也表现得非常擅长，尽管在某些生物技术专利保护方面还存在法律和观念上的障碍，但美国所确立的判例法制度却给这些生物技术领域的先驱者们带来了曙光。例如，1980年授权的“超级细菌”专利、1988年授权的其细胞携带癌基因的“哈佛小鼠”专利、1990年授权的“转基因人体细胞”专利以及西斯秦密克斯公司获得的“人体骨髓原始细胞”专利等，都是运用这种战略的成果。又如，1987年加利福尼亚州Amgen生物技术公司，以其发现的能命令细胞制造血液生长因子的基因申请了专利，获权后在1993年便赢得了5.87亿美元的收入，这便使人很容易理解，为什么生物技术专利申请会搞得这样火热。

我国生物技术研究起步较晚，经费少、基础薄弱、条件比较艰难。然而，国外的专利申请却无情地纷至沓来。据1994年初的统计，外国已在我国申请生物工程方法和产品专利共518件，其中200件已经授权；此外，还有一些项目已在我国申请行政保护。在这种情况下，我国某些投入大量资金开发的生物技术项目，在后期实施产业化的过程中，因遇到国外在先专利而造成法律障碍的事情已有发生。当前，我国已经加入WTO，根据与贸易有关（包括侵权商品贸易）的知识产权协议对植物品种保护规定的要求，各成员国要在该协议生效后4年内实现对植物新品种的法律保护。届时，我国生物技术保护的范围将更为广泛，外国来华申请生物技术研究开发和产业化过程全方位引入专利工作势在必行。

世界知识产权组织总干事鲍格胥先生说：“生物技术方面的发明创造，将在整个人类发明创造中占有一定的比重和相当重要的位置，谁不重视这方面的专利工作，谁就将受到不可估量的损失。”当前，生物技术正处在一个飞速发展时期，近10年来大量专利申请的涌现，是形成巨大产业的先兆，这一机遇我们必须抓住，生物技术工作者在研究、开发和应用的过程中，千万不能忽视对生物技术发明的保护。

小　结

生物信息学是从事对生物信息的获取、处理、存储、分配、分析和释读，并综合运用数学、计算机科学和生物学的各种工具，来阐明和理解大量数据所包含的生物学意义的交叉科学。

大量生物学实验的数据积累，形成了当前数以百计的生物信息数据库。它们各自按一定的目标收集和整理生物学实验数据，并提供相关的数据查询和数据处理的服务。分子生物信息数据库主要有四大类：基因组数据库（主要包括GDB、SGB、AceDB、GeneBank、TDB等数据库）、核酸和蛋白质一级结构序列数据库（主要包括GeneBank、EMBL、DDBJ、dbEST、UniGene核酸数据库和PIR、Swiss-Prot、PROSITE蛋白质序列数据库）、生物大分子（主要是蛋白质）三维空间结构数据库（主要包括PDB、SCOP、CATH等数据库）、以上述三类数据库和文献资料为基础构建的二次数据库（主要包括TransFac、PROSITE、PRINTS、BLOCKS、DSSP、FSSP、HSSP等数据库）。我们可以通过因特网利用上述这些数据库开展生物信息的查询、搜索和分析，也可将自己获得的信息提交到数据库。

生物信息学的诞生极大地促进了基因组学、蛋白质组学和生物芯片技术的发展，它在大规模基因组测序中的信息分析、新基因和单核苷酸多态性的发现与鉴定、非编码区信息结构分析、遗传密码的起源和生物进化研究、完整基因组的比较研究、大规模基因功能表达谱的分析、蛋白质结构的预测与药物设计、基因芯片的设计和结果分析以及动植物的分子育种等许多领域都有着广泛的应用。生物信息学在21世纪会获得更大的发展。

目前，生物技术领域的发明者可以用不同形式来保护自己的权益，包括发明专利、商业秘密和植物育种人的权益等形式，其中最主要的是专利保护。

复习思考题

1. 何谓生物信息学？它是如何发展起来的？
2. 分子生物信息数据库主要有哪几类？
3. 基因组数据库主要有哪几种，各有何特点？
4. 核酸和蛋白质序列数据库主要有哪几种？各有何特点？
5. 如何进行生物信息的查询和搜索？
6. 简述生物信息学的主要应用。
7. 生物技术发明保护的主要形式有哪些？各有何优缺点？
8. 谈谈对我国生物技术发明进行保护的紧迫性。

主要参考文献

[1] 郝柏林，张淑誉编著．生物信息学手册．上海：上海科学技术出版社，2000

[2] 赵国屏等编著．生物信息学．北京：科学出版社，2002
[3] 张成岚，贺福初编著．生物信息学：方法与实践．北京：科学出版社，2002
[4] 陈润生．生物信息学．生物物理学报．2000，15 (1)：5～12
[5] 王玲．基于知识发现的生物信息学．生物工程进展，2000，20 (3)：27～29
[6] Andreas D. Baxevanis and Francis Ouellette B F 著．李衍达，孙之荣等译．生物信息学—基因和蛋白质分析的实用指南．北京：清华大学出版社，2000

第十章　生物反应器技术

学习要求　了解微生物细胞、植物细胞和动物细胞在生物反应器培养中的技术，包括营养条件、培养环境及相应生物反应器的结构组成、类型和操作方式等。另外，认识活体生物反应器，即转基因植物和转基因动物的操作原理、培养特点和应用前景。

生物反应器（bioreactor）主要包括微生物反应器、植物细胞培养反应器、动物细胞培养反应器以及新发展起来的有活体生物反应器之称的转基因植物生物反应器、转基因动物生物反应器等。微生物反应器是最早应用的主体生物反应器，广泛应用于实验室研究和发酵工业。随着现代生物技术特别是基因工程技术的发展，转基因动物或转基因植物作为活体生物反应器生产各类医药产品及其他有价值的物质已引起各国的高度重视，它们的兴起和发展有可能成为生产基因工程药物和疫苗等产品的重要体系。生物反应器技术是指以生物反应器培养微生物细胞、植物细胞、动物细胞等获得目的产物的相关技术体系，包括培养条件优化、反应器设计与操作等。

第一节　生物反应器基础

一、质量、热量和动量传递过程

生化反应过程中的传质、传热、动量传递及生化反应动力学统称“三传一反”，是生化反应工程的基础和主要研究内容。“三传”过程影响底物和产物的浓度分布及温度分布，进而影响总反应速率，尤其传质过程特别重要。例如，固定化酶颗粒及菌丝团或菌体絮凝物内及其表面附近的传质、气液界面的氧传递等，对反应速率甚至对代谢途径有很大的影响。从细胞的角度出发，传质过程则包括自由扩散、载体转运和主动运输三个过程。

生化生产过程中，培养基的热灭菌、发酵过程中发酵液的恒温控制、提取液的浓缩、废溶酶的回收等涉及加热、冷却和冷凝的过程，其本质就是热量的传递过程。在自然界和工业生产中，热量都是以三种基本方式进行传递，即热传导、对流传热和热辐射。在生化工程中，传热界面滞留层的薄厚对对流传热起着关键作用。

动量传递与反应器的结构、流体性质及操作条件有关，主要影响搅拌功率及效果，并与鼓泡塔中气泡带动液体流动以及流化床中流态化等现象相关。在化学工程、流变学中，依据雷诺数（*Re*），一般将液体的流动分为层流和湍流两种，然而实际情况下，液体的流态相当复杂。

二、生物反应器培养过程实质

微生物在生物反应器中培养是一个十分复杂的过程，实质上是微生物在生物反应器内发生的分子水平的遗传特性、细胞水平的代谢调节和工程水平的传递特性的综合反应。

（一）分子水平遗传特性调节

微生物的一切代谢活动都是受微生物自身的遗传基因调控的。微生物在生物反应器内培养的分子水平遗传特性调节主要表现在二个方面：①用微生物发酵来生产目的产物如氨基酸、抗生素、酶等，完全取决于生产菌种的遗传特性。②微生物培养过程调节遵循菌种的遗传特性，不论是DNA的转录启动、关闭，还是蛋白质的翻译、加工等。

（二）细胞水平的代谢调节

微生物代谢包括物质代谢、能量代谢和信息代谢。物质代谢主要是指细胞从培养环境吸收营养物质进行分解代谢和合成代谢组成细胞的自身结构和维持细胞的正常功能的过程，如细胞从培养基中吸收氨基酸到细胞内，然后细胞根据自身的需要把吸收的氨基酸合成为蛋白质。能量代谢是指细胞对吸收的物质进行分解后产生的能量供细胞生长、繁殖等功能需要的过程。如微生物吸收葡萄糖后进行糖酵解和三羧酸循环代谢后产生大量的能量（ATP）供细胞生长、抗生素生产等。信息代谢主要是指细胞内的遗传信息（如DNA、RNA等）通过细胞的复制等遗传给下一代的过程。微生物培养的主要代谢物质有糖、蛋白质、脂类、核酸以及无机盐等，在这些物质代谢过程中同时进行着能量代谢和信息代谢。在细胞水平的代谢调节主要表现在代谢途径的分隔控制、膜的选择透性、膜与酶的结合等方面。

（三）工程水平的传递特性调节

微生物在生物反应器内工程水平的传递包括物质传递（如养分供给）、动量传递（如气体的传递）和热量传递（如发酵热交换）。

在微生物培养过程中只要是某一水平的环节上产生瓶颈问题就会产生全局

性问题，因此，微生物培养采用传统的发酵工艺，没有足够的参数检测系统，无法判断培养的正常与否及在哪一个水平存在限制性因素。在现代的发酵工业上，采用计算机多参数在线检测系统，通过分析培养过程中参数的相关变化，尤其是参数的生物相关，及时判断发酵过程受到哪个水平的限制，排除培养障碍；同时结合数学建模、系统辨识、动态优化和神经元网络系统的应用等技术，才能保证发酵工艺的稳定和发酵水平的提高。

第二节　微生物培养反应器技术

一、微生物培养环境与营养

（一）微生物培养环境

环境是微生物赖以生存的外在条件，它主要是提供微生物细胞生活所需的环境因子，以满足细胞的正常生理代谢活动，包括温度、酸碱度、可利用的水活度、渗透压等。

1. 温度　根据微生物的生长速率与环境温度的关系，可分为三种不同类型的微生物：嗜冷菌（0～26℃）、嗜温菌（15～43℃）和嗜热菌（37～65℃）。有些甚至能在0℃以下或93℃以上生长。温度对生长速率的影响可以概括为：①任何微生物的生长温度变化范围都小于30℃；②生长速率随温度的升高而缓慢增加，直到达最高的生长速率；③超过此值时，生长速率随温度的进一步提高而迅速下降（图10-1）。温度对比生长速率与比死亡速率的影响可用阿累尼乌斯(Arrhenius)方程式描述：

微生物细胞生长时　　　$\mu = Ae^{-E_a/RT}$

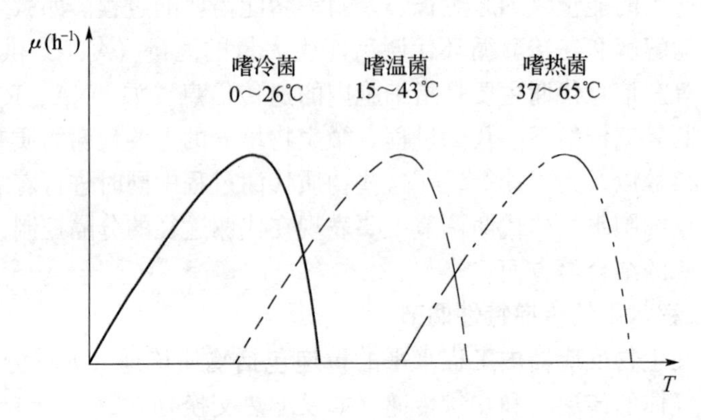

图10-1　温度与微生物比生长速率的关系

微生物细胞死亡时 $\alpha = A' e^{-E'_a/RT}$

式中 μ——细胞比生长速率（h^{-1}）；

α——细胞比死亡速率（h^{-1}）；

A、A'——Arrhenius 常数；

E_a——微生物生长活化能（kJ/mol）；

E'_a——微生物死亡活化能（kJ/mol）；

R——气体常数［1.98 kJ/（mol·K）］；

T——热力学温度（K）。

微生物生长活化能（Ea）一般为 13～20 kJ/mol，当超过生长的最适温度时，总的生长速率开始下降，这是由于微生物的死亡速率增大。微生物死亡的活化能（E'a）一般为 60～90 kJ/mol，通常随着温度的增加，死亡速度的增加比生长速率的增加要大得多，因此总的生长速率迅速下降。温度对微生物细胞生长与死亡的影响主要是通过对微生物细胞内代谢的酶和蛋白质的活性进行影响而发生的。通常温度在一定范围内对微生物细胞的生理活性的影响主要有：①对微生物细胞碳源基质转化率的影响；②对微生物产物合成的影响；③对微生物细胞内生物大分子形成的影响，微生物细胞内的各种代谢过程中生物大分子（蛋白质、DNA、RNA 和脂质等）的含量明显受到温度及生长速率的影响。

2. pH 大多数生物生长的 pH 范围为 3.0～8.5，最大生长速率时的 pH 变化范围为 0.5～1.0（图 10－2）。大多数发酵液的 pH 是由缓冲液或 pH 控制系统控制。

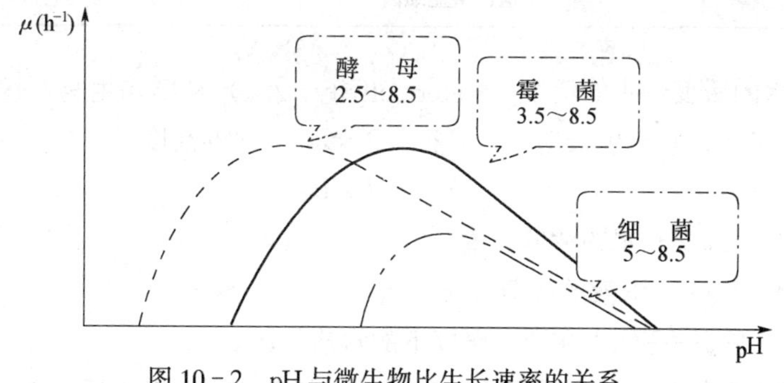

图 10－2 pH 与微生物比生长速率的关系

多数微生物生长有一最适 pH 范围和 pH 变化的上下限。上限在 8.5 左右，超过此上限微生物将无法忍受而自溶。pH 下限以酵母最低，为 2.5 左右，而霉菌为 pH3.5，细菌为 pH5.0。pH 和微生物的最适生长温度之间似乎有这样的规律：生长最适温度高的菌种，其最适生长 pH 也相应高。

3．渗透压　各种细菌对其环境中渗透压的耐受性有很大的差异。有些能在很稀的溶液中生长，有些则能在氯化钠饱和溶液中生长。能在高渗溶液中生长的微生物称为嗜高渗菌。大多数高渗的自然环境含有高浓度的盐类，特别是NaCl。在这种环境下生长的微生物称为嗜盐菌。按耐受盐的浓度，可把细菌分为四大类别：非嗜盐菌、海洋细菌、中等嗜盐菌和极端嗜盐菌。耐渗透性是指微生物能在其内部和外界渗透压差别很大的情况下的生长能力，这是微生物通过调节其内部渗透压，使之总是超过培养基的渗透压而形成的。钾离子在细胞内的积累似乎在这种调节中起主要作用。许多细菌浓缩 K^+ 的量比浓缩 Na^+ 的量更多，因此细菌的耐渗透性能与其 K^+ 含量之间有密切的对应关系，即耐渗透性越强的细菌胞内与胞外 K^+ 浓度之比越大。生物维持细胞内的离子强度的相对稳定具有生理上的重要性，因为酶和其他生物大分子的稳定性与性质受此因素的影响很大。

表10－1　一些细菌对盐浓度的耐受性

生理类别	代表性菌种	能耐受的NaCl浓度（g/100 mL）
非嗜盐菌	大肠杆菌	0.0～1.0
海洋细菌	海洋假单孢菌	0.1～5
中等嗜盐菌	反硝化嗜盐微球菌	2.3～20.5
	嗜盐片球菌	0.0～20
极端嗜盐菌	盐卤嗜盐细菌	12～36（饱和）

4．水的活度　水的活度（water activity，A_W）是影响生物系统热力学效能的重要参数，它对生长动力学有很大的影响。水的活度可用公式表示：

$$A_W = P_S/P_W$$

式中　A_W——水的活度；

P_S——溶液的水蒸气压；

P_W——纯水在同一温度下的水蒸气压。

各种微生物对水活度的反应是不同的，细菌比霉菌对水活度更敏感，水活度低于0.90，细菌不能生长，而低于0.7时，霉菌生长受阻。现已公认 A_W 最能表达微生物生长、酶的活性同水的关系，随着 A_W 的降低，克雷白氏肺炎菌的生长适应期延长，呼吸商（respiratory quotient，RQ）增加，非生长基质消耗的百分比增加；当 A_W 低于0.983时，变化更显著。

表 10-2　生长适应时间、呼吸商、非生长基质消耗与 A_W 的关系

A_W	适应时间（h）	RQ	非生长基质消耗（%）
0.996	<1	0.68	4
0.993	<1	0.66	1
0.989	<1	0.67	5
0.986	<1	0.69	9
0.983	<1	0.70	11
0.980	21	0.72	18
0.977	37	0.75	28
0.970	88	0.78	40

（二）微生物的营养

微生物培养不论是为了获得其初级代谢产物（如菌体细胞、氨基酸和有机酸等），还是为了获得其次级代谢产物（如色素、抗生素等），均需要根据培养的要求，设计一种适合生产菌种生长和/或产物合成所需的培养基。设计的培养基不仅要满足微生物的营养和环境要求，还要考虑经济和技术上的约束，最终建立一种生产成本最低的生产工艺。

1．营养元素　微生物的生长和产物形成过程遵守质量守恒定律，任何一种供微生物生长的培养基，均必须含有合适比例的碳、氮、磷、硫和镁等元素。在微生物细胞中以碳、氢、氧、氮、磷、硫等六种元素为主，约占细胞干重的95%以上。此外钾、镁、钙、铁、锰、钴、钼、锌等元素也是大多数微生物都需要的元素，其中碳、氢、氧、氮、磷、硫、钾、镁、钙、铁是微生物需要量较大的元素，称为大量元素；微生物对锰、钴、钼、锌、镍等元素的需要量极小，称为微量元素，它们一般混合在培养基的大量元素或水中，因此在发酵生产中，除特殊需要外，一般无须另外加入。

如甲醇营养型毕赤酵母（*Pichia patoris*）在以甘油为碳源、氨水为氮源进行细胞生长时，可有以下平衡方程：

$$\underset{\text{甘油}}{C_3H_8O_3} + \underset{\text{氨水}}{0.14NH_3} + 2.57O_2 = \underset{\text{菌体细胞}}{CN_{0.14}H_{1.94}O_{0.89}} + 3.24H_2O + 2CO_2$$

在实际研究中，除氢、氧元素外，其余养分的最低需求量可按化学计量方法计算。

2．营养基质　微生物细胞物质虽然是由各元素组成，但这些元素也是先以一定的物质形式存在，然后进入细胞内，通过代谢转化成细胞的组成物质。根

据微生物培养的营养要求，可将其营养基质分成以下几类。

(1) 碳源　碳是构成细胞干物质的主要元素，约为43%～50%，是细胞内各种代谢产物和细胞碳架结构的重要原料，碳源的分解代谢作用是细胞内提供能量的主要形式。

微生物培养过程中常用的碳源有葡萄糖、乳糖、糖蜜、淀粉、甘油、甲醇等。其中，葡萄糖、甘油等能被细胞直接吸收利用，吸收利用速度快，称为速效碳源。另外一类如淀粉、糊精等多糖，需要微生物细胞形成一些酶将其分解成单糖后才能吸收，利用速度较慢，称为迟效碳源，在微生物的大规模生产过程中，由于迟效碳源来源丰富、价格低廉而常用于发酵生产。

(2) 氮源　氮源在微生物代谢过程中主要是用来形成细胞的蛋白质、核酸、酶及各种代谢产物中的含氮有机物。常用的氮源分为有机氮源和无机氮源。有机氮源有黄豆粉、蛋白胨、酵母粉、玉米浆、鱼粉、蚕蛹粉等。它们在微生物的蛋白酶作用下，水解成氨基酸，被细胞吸收后再进一步分解代谢，因而利用速率较慢，故又称为迟效氮源。无机氮源主要有氨水、铵盐、硝酸盐、尿素等，微生物对它们的吸收一般较快，又称为速效氮源。通常在速效氮源存在时，分解迟效氮源的蛋白酶分泌受阻，从而使迟效氮源的利用极少，甚至不利用；只有在速效氮源不充足或利用完后，迟效氮源才能得到充分利用。因此，在实际培养基优化时，速效氮源和迟效氮源应有一最佳的比例组合。

(3) 生长因子　微生物的生长过程中不可缺少而又需要量极少的一类特殊营养物质，称为生长因子。许多微生物不能合成某种必需的维生素、氨基酸或核苷酸等，这些特殊的养分的需求量常与细胞内该养分的含量有化学计量关系，因而从细胞中该成分的含量可估算出这种特殊养分的最低需求量。如各种细菌中B族维生素的含量（μg/g 细胞）为：硫胺素18±8，核黄素55±11，烟酸230±20，泛酸115±25，吡哆醇6.3±0.6，生物素5.5±1.5，叶酸3.5±5.5，肌醇1 300±400。表10－3为一些微生物细胞中的必需氨基酸的含量及其标准偏差。

表10－3　微生物细胞蛋白质中氨基酸含量

氨基酸	占总必需氨基酸的量（%）	标准偏差
Leu	16.67	0.53
Lys	15.31	1.01
Val	11.85	0.37
Ile	11.34	0.57

（续）

氨基酸	占总必需氨基酸的量（%）	标准偏差
Arg	11.18	0.36
Thr	10.23	0.33
Phe	9.43	0.67
His	7.22	1.05
Met	3.81	0.31

3．营养基质吸收方式　微生物在培养环境条件下，必须从培养基中吸收营养物质，将其进行分解代谢和合成代谢后获得细胞生长和维持所需的能量和合成细胞自身所需的物质，供细胞生长。营养基质从微生物的细胞外透过细胞膜而进入细胞内的方式，经实验证实，主要有以下四种。

（1）简单扩散　如水、甘油和尿素等简单分子靠自身的热运动透过细胞膜的方式，扩散的方向主要取决于膜两侧存在的电化学浓度梯度，由高向低一侧扩散。

（2）促进扩散　与简单扩散相似，由浓度梯度作为推动力，但需一种渗透酶作为载体使溶质分子更迅速地透过膜。

（3）主动运输　与促进扩散相同，只是主动运输需要能量，能够逆浓度梯度驱动溶质分子透过膜。

（4）基团转移　在基质透过膜的同时，基质发生了化学转化，以确保溶质单向流动，如磷酸烯醇式丙酮酸-糖磷酸转移酶系统（PTS）。

二、微生物培养生物反应器

微生物反应器主要是为微生物提供适宜的生长环境，使之快速繁殖并且形成人们有用物质或对某种物质进行转化，以达到提供某种产品或为社会服务的目的。根据微生物培养过程中是否需要通氧气，可分类需氧型和厌氧型两类。目前的微生物发酵产品中，绝大多数是需氧发酵，需氧发酵的生物反应器，除了精密的空气无菌过滤系统外，还应有使培养基混合均匀的搅拌系统等。根据微生物反应器能量输入方式，可将其分为三种：机械搅拌式反应器、鼓泡式反应器和外部循环式反应器。

（一）机械搅拌式微生物反应器

机械搅拌式发酵罐外形为圆柱形，为承受消毒时的蒸汽压力，盖和底封头为椭圆形，中心轴向位置上装有搅拌器，它的几何尺寸已趋于标准化。

微生物反应器基本是由传热系统、通气过滤系统、混合系统以及可靠的传感器和仪表检测控制系统组成。图 10－3 为我国华东理工大学自行研制的具有多传感器、图像处理和远程通讯的高级微生物反应器配置示意图。反应器结构包括筒体、搅拌装置、挡板（通常为 4 块）、消泡装置、电动机与变速装置、空气分散装置和在壳体的适当部位设置的溶氧电极、pH 电极、热电耦、压力表等检测装置以及排气、取样、放料和接种口，还有酸、碱管道接口和人孔、视镜等部件。

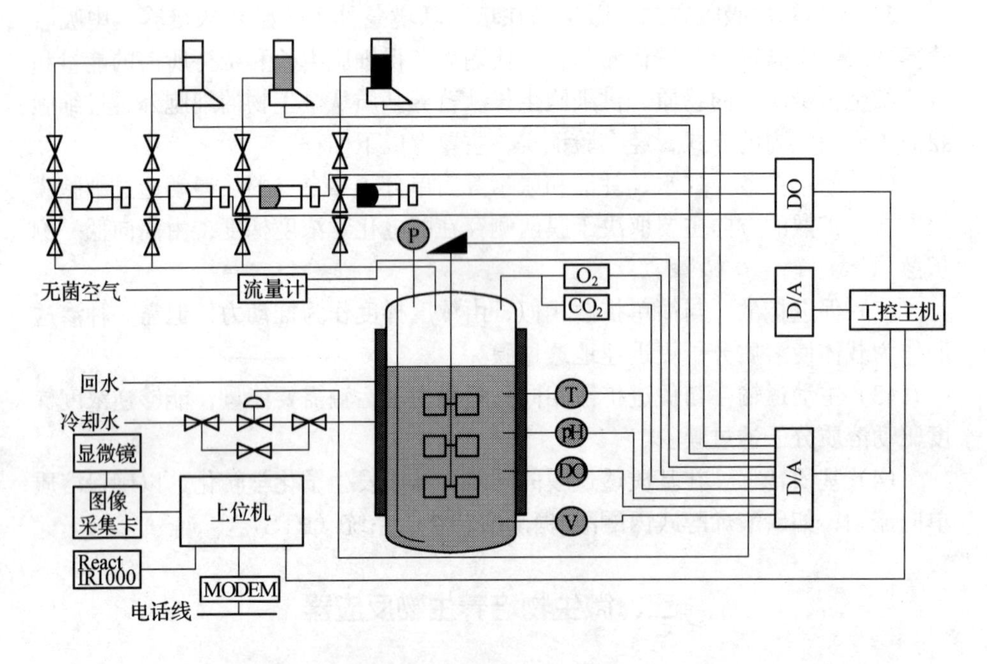

图 10－3 具有 14 个传感器、图像处理和远程通讯的生物反应器配置图

P. 消泡装置 T. 温度控制装置 pH. pH 控制装置

DO. 溶解氧浓度控制装置 V. 搅拌速度控制装置

（二）气升式微生物反应器

气升式微生物反应器是以气体为动力，靠导流装置引导形成气液混合而有序循环。气升式反应器不需搅拌，造价较低，能耗低，易于清洗和维修。

1. 结构 气升生物反应器内有二根导流管，即上升管和下降管，根据导流管的位置不同，可将气升式反应器分为两类。一为内循环式，上升管和下降管均安装在反应器内，即培养基的循环在反应器内进行。多数内循环反应器内置同心轴导流筒，也有内置偏心导流筒或隔板。另一类为外循环式，通常将下降管置于反应器外部，以便加强传热。

气体导入反应器内的方式有鼓泡和喷射两种，鼓泡形式常用气体分布器，气体分布器有单孔、环形和分布板等。喷射式通常是气液混合进入反应器内，根据喷嘴设计型式的不同，气液进入反应器内有轴向流式和径向流式两种型式。

2．循环周期　反应器内的发酵液必须维持一定的环流速率，以不断补充氧，使发酵液保持一定的溶解氧浓度，以适应微生物生理代谢活动的需要。培养液在环流管内循环一次所需的时间称为循环周期。由于微生物耗氧速率的不同，所需循环周期亦不同。如果供氧不足，就会使细胞处于临界氧浓度以下，因而改变生理代谢途径，以至严重影响培养结果。

三、微生物培养应用

应用微生物培养技术来生产人们生活密切相关的产品，历史悠久，涉及的领域有医药、化工、食品、冶金、能源、环境等。目前微生物培养生产的产品主要有以下方面。

1．氨基酸生产　到目前为止，利用发酵培养技术可直接生产18种氨基酸，其中包括八种必需氨基酸。氨基酸发酵已发展到用计算机进行发酵过程控制，实现生产管理自动化，产酸率和转化率均达较高水平。

2．抗生素生产　抗生素的发明使人类寿命平均延长了十年，广泛用于医疗、畜牧业及环保等领域。青霉素、红霉素、链霉素等已可用微生物发酵生产。

3．维生素生产　维生素是人体生命活动必须的生理因子，如维生素B族、维生素D和维生素C，这些均已用微生物发酵来生产。

4．单细胞蛋白生产　单细胞蛋白（single cell protein，SCP）是通过培养微生物获得菌体所获得的蛋白质。微型藻类、酵母菌和细菌等均可利用各种基质（如碳水化合物、碳氢化合物、石油副产物、氢气及有机废水等）在适宜的培养条件下生产单细胞蛋白。

5．组蛋白生产　用基因工程技术构建重组微生物，在适当的培养条件下可表达人们所需的重组蛋白药物。如用大肠杆菌表达干扰素类、用毕赤酵母表达恶性疟原虫抗原蛋白等。

第三节 植物细胞培养生物反应器技术

一、植物细胞培养特征

（一）植物细胞培养特点

植物细胞较细菌及真菌大10～100倍，直径一般为20～40 μm，长度可达100～200 μm。植物细胞的特点有：①年幼细胞内含有多个小液泡，而衰老细胞含有单个大液泡。液泡占据了植物细胞的大部分体积，使得细胞对渗透压及物理压力变化很敏感，同时液泡与二次代谢产物积累及废物排放有密切关系。②植物细胞具有含纤维素的细胞壁，它有较高的拉伸强度，因而与微生物相比，它对剪切力更为敏感。③植物细胞在细胞培养时代谢缓慢，生长速率低，需要长时间的培养过程，而长时间保持无菌状态给培养带来困难。④植物细胞易于黏附成团使搅拌不匀而导致营养物质的传输受到限制。聚集体由2～300个细胞组成，大小不一。聚集体的大小与继代条件、环境条件、反应器构型及培养基组成有关。⑤与微生物相比，植物细胞次级代谢途径非常复杂，并且代谢物生产通常与细胞变形分化有关，从而使不同细胞的生产速率常常不一致。

（二）植物细胞培养环境

1. 溶解氧浓度及气体组成 植物细胞的需氧量较低，最大氧摄入速率（oxygen uptaken rate，OUR）为1～3.5 mmol/(h·L)，而微生物细胞是5～90 mmol/(h·L)。由于植物细胞培养的高密度及高黏度特性，氧的传输会受到阻碍，使得溶解氧浓度很低。溶解氧（dissolved oxygen，DO）浓度通常与搅拌强度、气泡分散程度、培养基的溶氧度及容器内的水压有关。据报道，长春花合成阿吗碱受到溶解氧浓度的限制。当溶解氧浓度从15%提高到85%时，阿吗碱浓度提高了19倍。另外，发现植物细胞能非光合地固定一定浓度的二氧化碳，在高通气速率下混以2%～4%的二氧化碳能消除高通气对长春花细胞生长和代谢的不利影响。因此，植物细胞培养时应选择适当操作条件和反应器型式，使其生长在各种气体成分相协调的环境中。

2. pH 植物细胞培养的pH范围为5.0～6.0，最佳的起始pH为5.5～5.8。在悬浮培养生长时，pH会因糖代谢而下降至5.0以下，然后再回升至pH6.0或以上。

pH是植物细胞培养的一个重要环境因子，对次级代谢物的分泌很重要。研究表明，一些次级长代谢物是与H^+通过对运方式跨膜传递的。由于细胞膜两侧的pH差控制对运的方向，因此，当培养基中pH降低时，即培养基中

H^+ 浓度升高时，则促使次生代谢物向胞外运输，而 H^+ 向胞内运输。

3．培养液流变性能　在植物细胞培养后期，由于聚集体形成、生物量的增大，培养液表现出复杂的流变学特性，流体性能直接影响溶液的混合和物质传输，因而影响细胞生长及次级代谢。研究表明，一些植物细胞培养液表现出黏度较高的假塑性流体特征，而不变形的细胞培养液则表现出牛顿型流体的特征。

（三）植物细胞营养

植物细胞营养成分主要有碳源、氮源、植物生长激素、无机盐和一些复合物质。

1．碳源　葡萄糖和蔗糖是植物细胞培养的主要碳源，果糖相对较差，其他碳水化合物或有机碳水化物不适合作为单一的碳源。

2．氮源　有机氮源主要有蛋白质水解物，如酪蛋白水解物、谷氨酰胺和氨基酸混合液。有机氮源对细胞初级培养早期生长有利。无机氮源主要有铵盐和硝酸盐。试验证明一些植物细胞在以铵盐作为惟一氮源生长时，可以较好地生长，并且耐受钾盐的能力至少提高到 10 mmol/L。当培养基中同时有铵态氮和硝态氮时，一般是优先使用铵态氮。

3．植物生长激素　大多数植物细胞培养基中都需加入一定的天然或合成的植物生长激素。激素分为两类，即生长素和分裂素。生长素促进细胞分裂，有吲哚乙酸、2，4-二氯苯氧乙酸和萘乙酸等。分裂素主要为腺嘌呤衍生物，有 6-苄氨基嘌呤和玉米素。生长素和分裂素通常一起使用，其浓度范围一般为 0.1～10 mg/L。

4．无机盐　植物细胞的不同，培养基对无机盐的种类和浓度的要求也不同。通常，无机盐有金属离子盐（如铜、锌、钾、锰、钴等）、非金属离子盐（如碘、硼、氯等）。据报道，植物细胞代谢过程中产生的氧化酶能阻遏分泌次生代谢产物，如加入重金属离子抑制这些氧化酶的活性，则可得到高水平的次生代谢物。

5．诱导子　诱导子（elicitor）可分为生物诱导子和非生物诱导子。生物诱导子主要是多糖类、多肽类、不饱和脂肪酸和糖蛋白类；而非生物诱导子主要是物理因子，如紫外线、高温、低温、pH、乙烯、重金属盐、高浓度盐等。据报道，促进生物碱合成的诱导子有蜜环菌（*Armillaria meltea*）的发酵液、5%的瓜果腐霉（*Pythium aphanidermatum*）匀浆、0.5%的红酵母（*Rhodotorula rubra*）匀浆；促进酚类化合物合成的生物诱导促进剂有黄萎病菌（*Verticillium dahliae*）提取物；皂苷类合成的生物促进剂有寡糖素、葡枝根霉等；黄酮类生物诱导剂相对发现较少，目前主要有酵母提取物和谷胱苷肽等；萜类生物诱导剂主要是真菌（如蜜环菌）的发酵提取物。

二、植物细胞培养生物反应器

（一）植物细胞悬浮培养反应器

1．机械搅拌式生物反应器 植物细胞培养初期主要是借用于微生物培养的搅拌式生物反应器。1972年Kato利用30 L的机械搅拌式生物反应器半连续培养烟草（*Nicotiana tabacum*）细胞获得尼古丁，随后又成功地在1 500 L反应器上进行5 d连续培养，最后放大到2 000 L。

搅拌式生物反应器应用于植物细胞培养的优点是混合程度高、适应性广，但是由于植物细胞壁对剪切耐受性差，因此搅拌式反应器容易损伤细胞，直接影响细胞的生长和代谢，对次级代谢产物造成的影响更大。为此，应通过研究搅拌式反应器，包括改变搅拌桨形式、叶轮结构和类型、空气分布器等，力求减少剪切力的产生，而又满足供氧与混合的要求。

2．气升式生物反应器 由于植物细胞生长较慢，一般代时（doubling time，T_d）约20～120 h，甚至如紫杉（*Taxus* sp.）的细胞代时达10～20 d，因此植物细胞培养时防止污染极其重要。气升式生物反应器结构简单，没有泄漏点，也不存在死角，较适合于植物细胞的培养。

气升式生物反应器依靠大量通气输入动量和能量，以保证反应器内培养基的良好传热、传质和不出现死角。

（二）光生物反应器

光生物反应器在获取生物量燃料方面发挥重要作用。光生物反应器装置可分为封闭型和开放型，其特点为：①需要光能（包括人工光能）；②有接受光能的生物，主要是光能自养型微生物，也包括一些藻类；③生物可适应各种不同类型反应器或不同设施；④需保证最基本养料（包括水）的供应。生物在这种反应器里进行光合作用，不仅可将获取的大量光能转化为生物能以维持自己的生命活动，而且可产生一系列有价值产品，如蛋白质、多糖以及生物质能等。英国科学家设计了一种光生物反应器培养水藻，在100 M^2透明管式反应器中放入水藻，并通入CO_2，使其光合作用达到最佳程度（供O_2：90%，CO_2：10%），可从释放的气体中回收氢能。按理论计算，每年每万平方米光照面积可获得229 t生物量干料。目前此类光生物反应器每年每万平方米可达最大收率约为50 t。按此计算，每年每万平方米所获藻体生物量相当于10 t煤产生的能量，至少可解决英国每年1/3的用煤量，此生物量可转化为液态或气态燃料。

还可利用开放型反应池大量养殖海藻来生产燃料油，收获的海藻用盐酸和甲醇将藻体中类脂物加工成柴油或汽油，其成本与目前的燃料油相当。充分发挥光反应器的作用不仅为解决能源和节约能源开辟新途径，而且在减轻温室效应气体、利用光合菌的大量培养治理工厂废液等方面有良好的开发前景。

实验室封闭式光生物反应器由罐体、气体提升管、内光源密封管、热交换装置、气体分布器、内外光源等部分组成。罐体、气体提升管和内光源密封管由耐热玻璃制作，可进行蒸汽消毒。通常以日光灯管作为内外光源，提升管底部设有可替换的不锈钢烧结板制成的圆形气体分布器，空气和二氧化碳定量混合后由此进入反应器中，形成均匀、细小的气泡，具有较高的气液传质面积。罐体内设有热交换装置，以维持培养温度。反应器一般还配置溶氧、pH、温度等在线监测系统。王永红等设计的光生物反应器的结构示于图 10－4。

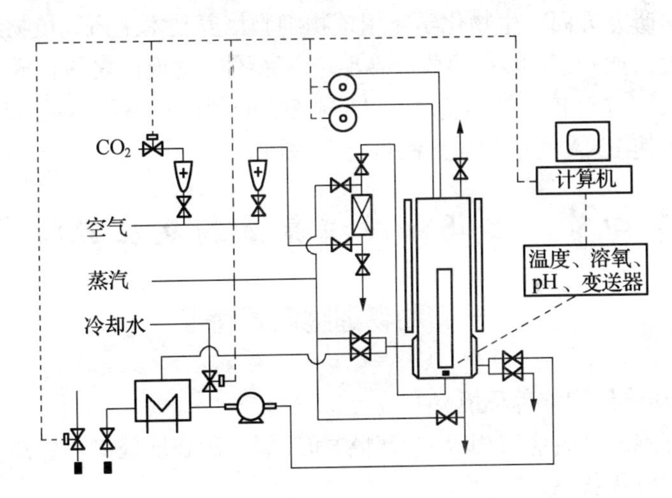

图 10－4　光生物反应器管路及控制示意图

由于光生物反应器在海洋藻类细胞的培养上日趋重要，现已有管式光生物反应器、板式光生物反应器和光导纤维生物反应器，目前在工业化应用主要有管式和板式光生物反应器，但仍不够完善。

三、植物细胞培养的应用

植物的次生代谢产物有 20 000 多种，包括药物、色素和精细化学品等。植物细胞培养的应用主要有以下几方面。

1．生产药物　用植物细胞培养生物药物比大田栽培或自然环境生长更有经济效益，生产的产品质量更稳定，也节省人力。紫草宁是第一个商品化的植物细胞大规模培养的产品，主要作为药物和染料来进行工业化生产。目前最主要的植物细胞培养产物是紫杉醇，它是目前发现抑制肿瘤细胞生长十分有效的药物之一。另外，人参皂苷、黄酮类化合物也是植物细胞培养研究的热门。

2. 生产蛋白质 微藻作为水产动物的活饵料，在水产养殖中一直有着广泛的应用。很多微藻营养价值高，且含有丰富的生物活性物质，既是海洋药物的潜在来源，也是人类优质的保健食品，因此人们希望借助于植物细胞的光反应器培养来获得更多的微藻细胞，这方面的研究正方兴未艾。王永红等还利用转基因微藻来表达外源蛋白质。

3. 其他 由于植物细胞培养的研究开始不久，它的产业化也受到很多技术的限制，目前产业化的应用仍不广泛，除了用植物细胞培养来生产药物外，其他的研究还有用来生产色素，甚至用来生产抗生素等。

在科学研究方面，生物化学家用植物细胞培养技术来研究植物细胞内的生理代谢机理。如Ozeki等在胡萝卜悬浮培养系统中发现色素的合成与细胞的形态分化有关，并对植物激素2，4-D调节下的苯丙氨酸裂合酶和查耳酮合酶及它们的信使RNA的诱导与抑制进行了探讨。

第四节 动物细胞培养生物反应器技术

一、动物细胞培养特征

（一）动物细胞培养环境

动物细胞培养时应有相应的溶解氧和二氧化碳在线检测传感器，以使培养环境维持在较优状态。

1. 温度 动物细胞培养的最佳温度主要取决于两方面：一是细胞所属动物的体温；二是温度的部位变化（如皮肤温度稍低）。对于温血动物细胞的培养温度一般为36.5℃，甚至可以稍低。

2. pH 多数动物细胞系在pH7.4下能较好生长，如成纤维细胞系以pH7.4～7.7生长最好，但转化细胞以pH7.0～7.4更好。一般培养基的pH与所用的缓冲系统有关，目前以碳酸氢钠缓冲系统使用较多，主要是其毒性较小、成本低，采用浓度为10～20 mmol/L。

3. 溶解氧浓度 氧浓度是动物细胞大规模高密度培养的主要限制因素之一。哺乳动物细胞反应器的供氧方式有多种，如直接喷雾法充氧、通过硅管和微型喷雾法充氧等。虽然目前供氧技术基本解决，但氧气转运能力、气泡对细胞造成的剪切力仍是大问题。据报道，在杂交瘤细胞培养中，限制氧的供应，使单位葡萄糖摄取率和乳酸盐产量分别增加了60%和30%，而谷氨酰胺单位摄取量比不限制供氧时几乎高4倍，同时杂交瘤细胞释放乳酸脱氢酶量也提高了3～4倍。可见，溶解氧对动物细胞培养的影响极大。

4．二氧化碳浓度 随着细胞培养规模和培养密度的增大，由于二氧化碳的产生速率比通过换气从培养基中去除二氧化碳快，因而导致二氧化碳的积累，从而对细胞产生毒性作用或改变细胞代谢水平。据报道，中国仓鼠卵巢（Chinese hamster ovary，CHO）细胞大规模培养的生物反应器中，最适二氧化碳水平为4%～10%，当达到14%时便会阻碍细胞生长。在一定的pH条件时，二氧化碳分压升高会使培养基渗透压升高，常规或高渗透压条件下，高二氧化碳分压使重组CHO细胞系的生长和组织型纤溶酶原激活剂产率均受到抑制。因此，在大规模高密度的动物细胞培养中二氧化碳浓度的调控是关键技术之一。

5．中间产物积累

（1）氨 动物细胞培养环境中抑制因素的积累是提高细胞密度的主要限制因素，其中氨累积使细胞内UDP-氨基己糖增加，影响细胞的生长及蛋白的糖基化过程。另外，氨浓度过高也抑制谷氨酰胺代谢途径，从而增加天冬氨酸和谷氨酸的代谢。

（2）乳酸 乳酸是动物细胞糖代谢的产物，高浓度乳酸会抑制乳酸脱氢酶，从而减少乳酸的产生。乳酸脱氢酶受抑制后阻止了NADH向NAD^+的再生及其偶联的丙酮酸/乳酸的转换，从而导致NADH的增加，部分抑制糖酵解。乳酸抑制糖酵解也导致低浓度丙酮酸，从而导致谷氨酰胺消耗减少，由于糖酵解和谷氨酰胺的分解速度降低，能量产生减少，更多的能量用于维持离子浓度梯度，因此高乳酸浓度必将抑制细胞生长。

（二）动物细胞培养基

动物细胞培养基是动物细胞体外培养的最重要因素，通常含有葡萄糖、氨基酸、维生素、无机盐、激素和生长因子。根据培养基的来源及其成分的明确程度划分为三类。

1．天然培养基 天然培养基属于机械模拟细胞的体内生存环境，直接采用某些组织凝块、生物性液体和组织提取液等作为组织细胞的培养基，如血浆凝块、血清、淋巴液、胚胎浸液等。

2．合成培养基 1950年Morgen等在前人的研究基础上研究出199培养基，可以视作合成培基阶段的真正开始。在随后的二三十年间，人们设计出了许多合成培基，其中MEM、DMEM、RPM11640、F12、199、Mc-Coy54和TC100等使用最广泛，然而这类培基在用于绝大多数动物细胞的体外培养时，几乎均需要添加血清等天然性液体。从生产角度来看，无血清培养基乃至无蛋白培养基可避免血清造成的污染，降低培养基成本，有利于重组蛋白的纯化，保证产品的质量一致性。

3. 无血清培养基　早在20世纪50年代，一些细胞生物学家就开始了用不含血清等生物性液体的合成培基培养动物细胞的尝试，但由于当时对血清的成分所知甚少，对血清在细胞培养中的作用也仅局限于供给细胞营养物质。直到20世纪70年代后期人们才逐渐对血清在细胞培养中的作用有了较具体而正确的认识，并推出了适于成纤维细胞培养的MCDB104和MCDB202无血清培基。进入80年代后，新的无血清培基不断问世，动物细胞无血清培基的研究和应用进入了新的时期。无血清/无蛋白培养基不像含血清培基那样适用于广泛的细胞类型，往往是特异性的。每一种细胞系甚至不同实验室的细胞株对培养基成分的需求有明显的不同，但培养基的优化过程中可以从相似或相同的细胞系的研究中得出一些规律。无蛋白培基配方的挑战是寻找非蛋白类替代物执行常规培养基中蛋白的功能，因此无血清培养基配方中常含有胰岛素、转铁蛋白，高浓度的白蛋白，使纯化工艺复杂化，质量控制项目增多，成本增加。目前，无蛋白培养基或成分明确的含低浓度、廉价蛋白的无血清培基成为研究热点。预测新一代无血清培养基将是一种既无血清，无蛋白，又可以高温消毒和适合于多种不同细胞生长的全能型培养基。

二、动物细胞培养生物反应器

根据动物细胞的生长特性，可将其分为两类：一类是非贴壁依赖型细胞，可以悬浮生长，如杂交瘤细胞（hybridorma）；另一类是贴壁依赖细胞，必须固定体表面才能生长，如成纤维细胞、上皮细胞等。因此，不同动物细胞，其培养的生物反应器也不同，目前非贴壁依赖型细胞培养主要采用悬浮培养反应器，而贴壁依赖型细胞培养方法主要采用微载体生物反应器。

（一）动物细胞悬浮培养生物反应器

动物细胞悬浮培养主要是采用气升式生物反应器，其特别适用于生产次级代谢产物的分泌型细胞，如杂交瘤细胞。它主要有两种构型：一是内循环式，另一种是外循环式，动物细胞培养一般采用内循环式。气升式反应器的原理是气体混合物从底部的喷射管进入反应器的中央导流管，中央主体溶液密度低于外部区域，从而形成循环。不仅起混合作用，还能通过混合气体供氧。内循环式生物反应器内部由以下四个部分组成（图10－5）：

（1）升液区　在反应器中央，导流管内部。

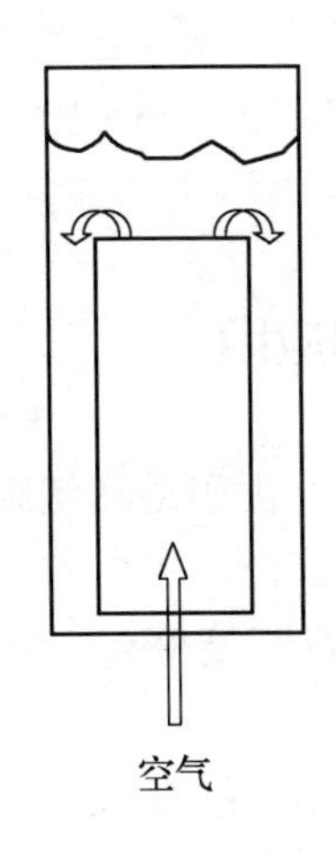

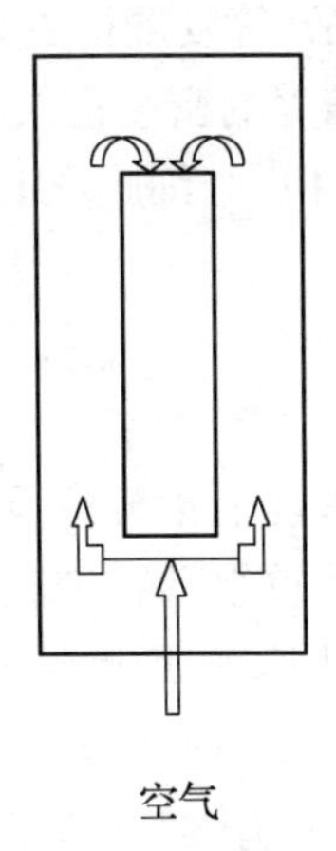

图 10－5　动物细胞气升式内循环生物反应器示意图

(2) 降液区　为导流管与反应器壁之间的环隙，流体沿降液区上升或下降，取决于入射空气的位置。

(3) 底部　升液区与降液区下部相连区，一般来说，对反应器特性影响不大，但设计不好，对液体流速有影响。

(4) 顶部　升液区与降液区上部相连区。可在顶端装置气液分离器，除去排出气体中夹带的液体。

此外，还有环形管气体喷射管，反应器的高径比一般为 3:1～12:1。

Celltech 公司首先采用升式生物反应器培养杂交瘤细胞生产单克隆抗体。气升式反应器结构简单，无需搅拌桨和马达，避免了使用轴承而造成的微生物污染。

(二) 动物细胞培养微载体生物反应器

微载体生物反应器（microcarrier bioreactor）培养技术由于具有最充分利用培养空间、细胞产量高、培养条件易控制、操作标准化和能有效控制污染等优点在生物技术产品规模化生产中显示出巨大潜力，目前，该项技术已成功地运用于脊髓灰质炎、狂犬和乙脑等疫苗的规模化生产，而 Vero 细胞已能高细胞密度工业化生产疫苗。

微载体系统（microcarrier system，MCS）用于动物细胞大规模培养，具有显著的优点：①兼具单层培养和悬浮培养的优势，且是均相培养；②细胞所处环境均一，放大容易；③环境条件（温度、pH、二氧化碳、二氧化硫等）容易在线测量；④具有较高的表面积体积比；⑤培养操作可系统化、自动化，降低了污染发生的机会。经过二十几年的发展，该技术较中空纤维（hollow fiber）、微囊

(microcapsulation)等发展得更为完善和成熟。目前生产规模已达几千升甚至上万升，而且细胞培养的密度也很高（批式培养可达$5\times10^6\sim6\times10^6$个细胞/mL；灌流培养可达$4\times10^7$个细胞/mL）。

三、动物细胞培养的应用

目前，在医药上十分注重人源化蛋白的开发，由于动物细胞具有良好的糖基化特性，因此重组动物细胞培养的应用越来越广泛。主要有以下几方面。

1．疫苗 用动物细胞培养生产的疫苗包括口蹄疫疫苗、狂犬病疫苗、脊髓灰质炎疫苗、牛白血病疫苗、麻疹疫苗等。

2．干扰素 用动物细胞培养生产的干扰素包括 IFN-α、IFN-β、IFN-γ。英国 Celltech 公司采用自动气升式培养系统生产的α干扰素、β干扰素、γ干扰素产品早已行销全世界。

3．单克隆抗体 目前，单克隆抗体（单抗）在美国发展较快，早在 1987 年，美国食品与药物管理局已批准百余种单抗诊断试剂和一种单抗治疗试剂投放市场。

4．基因工程产品 用动物细胞培养生产的基因工程产品包括血纤维蛋白溶酶原激活剂、凝血因子（Ⅷ、Ⅸ）、蛋白质 C、免疫球蛋白（G、A、M）、促红细胞生成素、激肽释放酶、人生长激素、乙型肝炎表面抗原、疟疾和血吸虫抗原、尿激酶原和尿激酶等。

第五节 其他生物反应器

一、转基因植物生物反应器

转基因植物是指通过体外重组 DNA 技术将外源基因转入到植物细胞或组织，从而获得新遗传特性的再生植物。通过转入的外源蛋白，在植物的生长过程中可以表达人们所需的外源蛋白，因此重组植物又称为转基因植物生物反应器。

利用植物生产重组生物药物的转化途径有两种。第一种途径是利用土壤杆菌或农杆菌属（*Agrobacterium*）介导转化法、粒子轰击法或其他物理、化学转化技术，培育稳定转化的转基因植物。广泛采用的模式转化植物是普通烟草（*Nicotiana tabacum*）。但也采用其他植物，如拟南芥、番茄、香蕉、芜菁、黑眼豆、油菜、马铃薯、小麦、玉米等。第二种途径是用重组病毒感染植株，使其在复制时将转移基因表达于宿主。转基因植物的应用也越来越广泛，目前的研究主要用来生产药物蛋白。

（一）生产抗体

转基因植物产生的多种抗体，可用于防治人类和动物的疾病，包括充分组配的完整的免疫球蛋白、免疫球蛋白的抗原结合片段和合成的单链可变性片段基因融合体。表 10－4 为我国利用转基因植物生产的抗体。

表 10－4 我国利用转基因植物生产的抗体

用　　途	植　物	表达蛋白	表达系统
免疫球蛋白			
治疗龋齿的分泌性免疫球蛋白的合成	烟草	变异链球菌抗原Ⅱ特异的杂交 sIgA－G	AMT
全长 IgG1 的合成	烟草	变异链球菌表面蛋白（SAⅠ/Ⅱ）特异的 IgG	AMT
IgG 组配和分泌	烟草	人肌酸激酶特异的 IgG	AMT
植物和动物 IgG1 中糖基化作用的比较	烟草	变异链球菌表面蛋白（SAⅠ/Ⅱ）特异的 IgG	AMT
单链 Fv 片段			
块茎中蛋白的积累和储存	马铃薯	植物光敏色素结合 scFv	AMT
非何杰金淋巴瘤的治疗	烟草	来自小鼠 B 细胞淋巴瘤的 scFv	AMT
肿瘤相关标记抗原的生产	谷物	抗瘤胚抗原的 scFv T84.66	粒子轰击

注：AMT 代表农杆菌介导的转化。

（二）生产疫苗

利用植物来产生疫苗的最大优点是它可以作为食品直接口服。通过各种植物转基因技术将多种疫苗基因转入植物，从而得到表达多种疫苗的转基因植物。

表 10－5 利用转基因植物来生产疫苗

疫　　苗	植　物	表达载体	表达系统
乙型肝炎疫苗	烟草	重组 HbsAg	AMT
	烟草	鼠肝炎抗原决定簇	TMV
龋齿疫苗	烟草	变异链球菌表面蛋白 SpaA	AMT
自体免疫糖尿病疫苗	马铃薯	霍乱弧菌毒素 B 亚单位-人胰岛素融合	AMT
	马铃薯	谷氨酸脱羧酶	AMT
霍乱和大肠杆菌腹泻疫苗	烟草/马铃薯	大肠杆菌不耐热肠毒素 LT－B	AMT

（续）

疫　苗	植　物	表达载体	表达系统
霍乱口服疫苗	马铃薯	霍乱弧菌毒素 CtoxA 和 CtoxB 亚单位	AMT
不需佐剂的黏膜疫苗	豇豆	金黄色葡萄球菌结合纤黏蛋白的 B 蛋白的 D2 肽	GPMV
诺沃克病毒腹泻疫苗	烟草/马铃薯	诺沃克病毒衣壳蛋白	AMT
狂犬病疫苗	烟草/菠菜	狂犬病毒糖蛋白	AMT
艾滋病疫苗	烟草/黑眼豆	艾滋病毒抗原决定簇（gp120）	CPMV/AMT
	豇豆	艾滋病毒抗原决定簇（gp41）	CPMV
鼻病毒疫苗	黑眼豆	人鼻病毒抗原决定簇（HR14）	CPMV
口蹄疫疫苗	黑眼豆	口蹄疫病毒抗原决定簇（VP1）	CPMV
美洲水貂肠炎病毒、猫白细胞泛减病病毒和犬细球病毒疫苗	黑眼豆	美洲水貂肠炎病毒病毒决定簇（VP2）	CPMV
疟疾疫苗	烟草	疟疾 B 细胞抗原决定簇	TMV
流感疫苗	烟草	血细胞凝集素	TMV
癌症疫苗	烟草	c－Myc	TMV

（三）其他

通过转基因技术可以使植物的蛋白质、淀粉等的含量、组成得到改善，获得人们所需的质量食品。通过转基因技术使植物获得抗病虫害的特性，甚至用来生产抗生素和化工原料（如聚羟基丁酸酯，PHB）（表 10－6）。

表 10－6　转基因植物生物反应器的应用

生产、食品领域中的应用			医药领域中的应用		
目标性状	转基因植物	用途或成效	药物类型	转基因植物	用途或成效
增加淀粉含量	马铃薯	增加淀粉含量达 35%	脑啡呔	油菜	安神
合成直链淀粉	马铃薯	此类淀粉适于食品业与制造业	血管紧张肽转化酶	烟草	抗过敏
生产海藻糖	烟草	可作食品添加剂	干扰素	芜菁	抗病毒
提高硬脂酸含量	油菜子	使原含量 2%升高到 40%	促红细胞生成素	烟草	提高红细胞含量
生产月桂酸	拟南芥	制造肥皂与去污剂	血清蛋白	马铃薯	血浆扩张剂

（续）

生产、食品领域中的应用			医药领域中的应用		
目标性状	转基因植物	用途或成效	药物类型	转基因植物	用途或成效
生产聚羟基丁酸脂（PHB）	拟南芥 油菜 棉花 马铃薯	可用于制造医疗用品	乙型肝炎表面抗原 痢疾抗原	烟草 烟草	口服疫苗 口服疫苗
提高含硫氨基酸	烟草	氨基酸含量提高 30%	天花粉蛋白	烟草	抑制 HIV 复制
提高赖氨酸含量	油菜 大豆	赖氨酸含量增加 1～4 倍	抗体	烟草	治疗口腔疾病、免疫

二、转基因动物生物反应器

转基因动物是一种能通过对基因的操作，在 RNA、蛋白质、形态学或生理学等水平直接观察基因在活体内的活动情况，并观察其表达产物所引起的表型效应的四维实验体系，其应用已广泛渗透于分子生物学、发育生物学、免疫学、制药及畜牧育种等各个研究领域中。

转基因动物的操作方法有：核移植法、精子介导的基因转移法和受体介导的基因转移法等，目前最为成熟是核移植法转基因。1997 年，世界第一只体细胞克隆羊多莉（Dolly）在英国罗斯林（Rouslin）研究所诞生，就是采用该方法。随后不久，该研究所又诞生了世界上第一批转基因绵羊波莉（Polly）。

核移植制备转基因动物的步骤是：首先将外源基因导入到体细胞中，再将该细胞进行培养，选择其中带有外源基因的细胞进行扩增，用这种细胞的细胞核进行核移植（把体细胞核植入一个去了核的未受精卵中，融合并激活），将重组胚进行体外培养或者植入同步化的假孕动物的输卵管。体细胞核移植制备转基因动物，虽然胎儿的死亡率高，但其得到转基因动物的总效率高于原核显微注射法。在核移植前，选择后代的性别（因为供核细胞系的性别易于鉴定）；一旦产生转基因后代，其遗传背景及遗传稳定性一致，不需选配，仅一代就可建立转基因群体，节约时间和费用。

转基因动物的研究发展虽然迅速，但仍不成熟，目前在应用上主要是应用转基因动物的乳腺生物反应器来生产一些重要的药物。利用转基因动物—乳腺生物反应器来生产基因工程药物是一种全新的生产模式，是以往制药技术不可比拟的。利用转基因动物乳腺生物反应器已成功生产了溶栓试剂，其基本原理是利用乳汁中本身存在的许多蛋白基因的特异性启动子作调控序列，与外源基因相连，转入动物受精卵，使其整合到动物的染色体中，并特异性地在乳腺上皮细胞中表达，分泌到乳汁。据报道，生产的药物有①溶栓药物，包括单链尿激酶型纤溶酶原激活剂（scu－PA）及其突变体、组织型纤溶酶原激活剂（t－PA)及其突变体、链激酶（staphylokinase）等；②重组蛋白药物，如我国上海医学遗传研究所试验成功的第一头转基因牛则可表达人凝血因子Ⅸ，我国还利用转基因动物（如鼠、猪、羊、鱼等）来表达人抗胰蛋白酶、重组人血清白蛋白、转基因乳猪皮、人瘦蛋白和EPO（促红细胞生成素）等。

由于研究的时间较短，利用转基因动物生物反应器生产重组药物仍存在一些困难：一是转基因动物的成功率较低，一般只有0.1%～1%；二是蛋白表达水平的不稳定性；三是重组蛋白的提取比较困难。但是，随着方法的不断改进和技术的进步，动物乳腺反应器将会越来越显示出在制药业中的重要作用。

小　结

生物反应器技术是指以生物反应器培养微生物细胞、植物细胞、动物细胞等获得目的产物的相关技术体系，生物反应器主要包括微生物反应器、植物细胞培养反应器、动物细胞培养反应器以及新发展起来的有“活体生物反应器”之称的转基因植物生物反应器、转基因动物生物反应器。生物反应器培养过程实质上是微生物在生物反应器内发生的分子水平的遗传特性、细胞水平的代谢调节和工程水平的传递特性的综合反应。微生物反应器主要是为微生物提供适宜的生长环境，使之快速繁殖并且形成人们有用物质或对某种物质进行转化，以达到提供某种产品或为社会服务的目的。根据微生物培养过程中是否需要通氧气，可分类需氧型和厌氧型两类，目前微生物发酵产品中绝大多数是需氧发酵。根据微生物反应器能量输入方式可分为三种：机械搅拌式反应器、鼓泡式反应器和外部循环式反应器。植物细胞培养反应器主要有细胞悬浮培养反应器和光反应器，植物细胞反应器可用来生产药物和蛋白质，同时还能用来生产色素和抗生素等。动物细胞培养反应器有悬浮培养和微载体培养两种，其中悬浮培养主要采用气升式生物反应器，其特别适用于生产次级代谢产物的分泌型细胞；微载体生物反应器培养技术由于具有最充分利用培养空间、细胞产量高、培养条件易控制、操作标准化和能有效控制污染等优点在生物技术产品规模化生产中显示出巨大潜力。生物反应器技术主要应用于生产药物、蛋白、化工原料等。转基因动物反应器和转基因植物反应器在药物（抗体、疫苗、昂贵蛋白)、化工原料等生产上已显示出潜在的优势。

复习思考题

1．生物反应器通常分为哪几类？生物反应器中细胞培养的综合反应实质是什么？

2．微生物培养的营养因子和环境条件是什么？常用的微生物反应器有哪几类？各有何特点？

3．常规生物反应器应由哪几部分组成？

4．植物细胞培养与动物细胞培养各有何特点？

5．何谓转基因动物反应器？为何目前尚未广泛应用？

6．转基因植物反应器有哪些主要作用？

主要参考文献

[1] 陆德如，陈永青．基因工程．北京：化学工业出版社，2002
[2] 莽克强主编．农业生物工程．北京：化学工业出版社，1998
[3] 孙树汉主编．基因工程原理与方法．北京：人民军医出版社，2001
[4] 冉秉利，魏学群主编．生物工程与应用．北京：中国科学技术出版社，1996

思考题

主要参考文献

应用篇

第十一章　生物技术与农业

学习要求　了解现代农业生物技术的原理及方法，认识生物技术在高产优质育种、抗病虫害育种、培养优良生产性能动物新品系、动植物快速繁育、人工种子生产、植物次生代谢产物的生产等方面的应用价值，了解生物技术在微生物肥料、微生物农药、生物固氮等方面的主要应用。

农业是生物技术应用的重要领域之一。人类对农业的依赖以及世界人口的持续增长，要求农业必须不断保持高效增长。要使农业高效增长，解决当前世界所面临的粮食、人口、能源、污染等重大问题，发展以新兴现代生物技术为基础的农业是一条必由之路。正如邓小平同志指出：将来农业问题的出路，最终要由生物工程技术来解决。

第一节　植物生物技术

植物生物技术是生物技术的重要组成部分之一，它是发展现代农业的必备手段，随着社会的发展，它必将对人类的未来生活发挥越来越重要的作用。

一、植物组织培养在农业上的应用

广义而言，植物组织培养是指植物离体的任何部分，不论是细胞、组织还是器官，在人工培养条件下的生长和发育技术。植物组织培养快繁技术是植物生物技术的重要组成部分，近年来发展迅速，在现代农业中得到越来越广泛的应用。

（一）花卉植物的试管快繁

花卉植物种类繁多，类型奇异，是应用试管快繁最多，生产效益最大的植物，在各类植物离体快繁中位居榜首。

通常，花卉植物大多采用传统的种子或无性（分株、扦插）方法繁殖，弊端很多。用种子繁殖，因绝大部分花卉是异花授粉植物，其后代分离严重，不能使群体保持品种原有的优良性状，并且，采收一次种子需要 1～2 年时间，繁殖周期长。用常规无性方法繁殖，虽然能保持品种的原有优良性状，但繁殖速度极慢，且随着繁殖代数的增加，病毒在植株体内积累，使花的品质和产量下降，商品价值大幅度降低。因此，如何提高名优品种的繁殖速度，为市场提供整齐一致、无病虫害的优良种苗是当前花卉生产所面临的重要问题。

近年来，植物组织培养研究取得了巨大发展，这为花卉快速繁殖和无病毒种苗的获得提供了一条有效途径，可使植株的年增殖率达到数千倍甚至数万倍以上。目前，能用试管快繁的花卉已达 100 多种，年产几亿株试管苗，如全世界 80%～85%的兰花都是组培方法繁殖的。这项技术的开发和应用对我国花卉业走上大规模工厂化生产创造了有利条件。

（二）药用植物的组织培养及试管快繁

我国是药用植物资源最丰富的国家之一。现已发现的有药用价值的植物达 5 000 多种，其中主要靠人工栽培的约有 250 多种。

我国也是利用药用植物最早的国家之一。然而，由于长期以来无计划地采挖，再加上自然环境的破坏以及只用不保护等原因，有许多重要的药用植物在自然界已越来越少，供应已十分困难，如天麻（*Gastrodia*）、贝母（*Fritillaria* spp.）等。据不完全统计，奇缺的药用植物已达 100 多种，有些甚至被国家列为濒危、稀有植物。在药用植物资源日趋减少的情况下，人们只好将注意力转向人工栽培药用植物。但是，在人工栽培的药用植物中，有不少名贵药用植物，如人参（*Panax ginseng*）、黄连（*Coptis chinensis*）等，生产周期很长，需要花费很长时间；另有一些药用植物则繁殖系数小，耗种量大，严重影响了发展速度并增加了生产成本。还有一些药用植物则由于病毒为害而退化，严重影响产量和品质。于是，利用组织培养手段快速繁殖药用植物种苗，或者利用组织培养或细胞培养手段直接生产植物有效药用成分的技术便应运而生。实际上，药用植物组织培养的应用目前主要有两个方面，一是利用试管微繁生产大量种苗以满足药用植物人工栽培的需要；二是通过愈伤组织或悬浮细胞的大量培养，直接生产药物有效成分。

（三）农作物离体快繁和脱毒

农作物是人类衣食的来源，生存的基础。植物组织培养技术在农作物生产中主要用于品种培育和良种繁育，其次用于无性繁殖作物的脱毒和快繁以及种质资源的保存。下面以马铃薯为例介绍无性繁殖作物的脱毒试管快繁技术。

马铃薯（*Solanum tuberosum* L.）是无性繁殖留种作物，在种植过程中，易感染病毒，且代代传递，逐代积累，逐年加重，最后导致马铃薯产量急剧下降甚至绝收。集茎尖脱毒、组织培养、快速繁殖以及无土栽培等技术于一体的马铃薯脱毒微型种薯快繁生产技术，是解决马铃薯退化、提高马铃薯产量行之有效的方法。

1. 取材和灭菌　将选用品种块茎播在温室或田间，当苗高 15 cm 左右时，取长约 2～3 cm 的小茎，剥去外部可见大叶，放在烧杯内在自来水下冲洗 1 h 左右，移入无菌室进行消毒，先用 75%酒精快速浸泡一下，再放入 15%“84”消毒液中消毒 15 min，然后用无菌水冲洗 3～5 次，待用。

2. 茎尖剥离和接种　将消过毒的小茎在超净台上的双筒解剖镜下剥去幼叶，最后露出圆滑透亮的生长点，用解剖针仔细切取带有 1～2 个叶原基的生长点，用于接种培养。

3. 茎尖培养　将剥离的茎尖接种在 MS 培养基上，放在日温 25 ℃，夜温 15 ℃，光照 3 000 lx，每天 15 h 的条件下进行培养。两星期后，培养的茎尖生长点便可明显增大变绿，5～6 周后，将其转移到新的无生长调节剂的培养基上继续培养，生长点便可逐渐生长出新的无毒小苗。

4. 无毒苗扩繁　茎尖培养只能得到数量很少的脱毒苗，不能直接用于生产，必须经过快繁达到一定的数量后才能用于生产。常用的扩繁方法是将脱毒试管苗在无菌条件下，切成一芽一节的小段，放在 MS 或其他适宜的培养基上继续培养，3～5 d 后就能长出新根，叶腋处萌生出小的腋芽，25～28 d 就可长成健壮小苗。用这种方法继续扩繁，一株小苗一年可扩繁至 8^{12} 株。

5. 无毒苗扦插生产脱毒微型种薯　将扩繁的脱毒试管苗在温室或网棚内切成二芽一节的小段，扦插在蛭石粉或其他适宜的基质苗床上，浇水保湿，一周后，便可生根长出新叶，以无土栽培方法管理，浇施 MS 或其他适宜的营养液，生长 60～70 d 后，便可结出 2～5 g 重的脱毒微型种薯，再经各级种子田的扩大繁殖，便可生产出大量的脱毒种薯供生产使用。

二、体细胞杂交在植物育种中的应用

植物体细胞杂交也称原生质体融合。通过原生质体融合技术，可以克服植物远缘有性杂交中的生殖障碍，使之按人们的需要更加广泛地组合各种植物的优良遗传性状，培育出理想的植物新品种。因而此项技术越来越受到遗传育种学家的重视。

1972年，美国科学家卡尔森首次把两种不同的烟草原生质体进行了融合，得到了由体细胞杂交产生的杂种。这一成果拉开了通过植物原生质体的融合实现体细胞杂交的序幕。在此成果的鼓舞下，1978年德国科学家以番茄和马铃薯的细胞原生质体为亲本进行了细胞融合杂交，获得了马铃薯番茄（pomato）这种新植物。该植物外形较像番茄，花、叶和果实具有两种植物的特点，可惜地下的根没能像预想的那样长出马铃薯薯块。这一远缘杂种植物的产生为植物体细胞杂交育种展示了美好的前景。

虽然在融合细胞里，不同物种细胞间的不亲和性仍然会影响到两种不同遗传系统的相容性，远缘物种间形成的融合体在细胞增殖分裂的过程中会发生染色体丢失现象，人们还不能在技术上采取针对性的措施来防止不同遗传系统之间的排异现象，但这一技术在未来作物改良中的高效性和简便性以及重要性是肯定的。

首先，用原生质体融合技术克服植物有性杂交不亲和性确实是非常有效的。现在，通过原生质体融合已得到了上百个体细胞杂种植物，这些杂种大多数是用常规有性杂交方法所不能获得的。

其次，种内的原生质体融合体不存在遗传相容性问题。通过将不同优良品种的原生质体进行融合，可以使种内不同优良遗传性状组合到一起，从而创造出更有经济价值的，或有更广泛适应性的作物品种。如把不需在水田里栽培的旱稻品种与高产的水稻品种融合，可能会培养出与水稻一样高产的旱稻，从而可使稻作模式发生重大改变，以解决日益严重的水资源问题。

另外，原生质体融合不仅把不同亲本细胞的核遗传物质组合到了一起，而且也把它们的细胞质组合到了一起。不同植物的光合作用性能是不一样的，植物细胞质里的叶绿体是植物光合作用性能的决定因素，而叶绿体是独立于细胞核之外的遗传系统的细胞器。因此，远缘杂交融合体里虽然可能发生一方的核遗传物质逐渐丢失的现象，但只要叶绿体保留在融合植物里，就有可能得到有更好生产性能的新品种。

随着人类对植物细胞里远缘不亲和性机制的深入了解，以及克服遗传不相容性的技术措施的不断发展，植物体细胞杂交技术必将在植物育种中发挥日益重要的作用，从而培育出满足人类各种需要的植物新品种。

三、植物人工种子的研制

种子不仅是植物传种续代繁衍之本，而且也是人类衣食之源。植物人工种子的研制，是在组织培养基础上发展起来的一项生物技术。所谓人工种子，即人为制造的种子，就是将组织培养产生的体细胞胚或不定芽包裹在能提供养分的胶囊里，再在胶囊外包上一层具有保护功能和防止机械损伤的外膜，造成一种类似于种子的结构。自从 1978 年 Muralshige 提出人工种子的设想与 Reden 制造第一批人工种子以来，已有许多国家的生物技术公司和大学实验室从事这方面的研究。欧共体将其列入“尤里卡”计划，我国也于 1987 年将其列入国家高新技术研究与发展计划（863 计划），并且在胡萝卜、黄连、芹菜、苜蓿等植物中获得大量体细胞胚，人工种子在无菌条件下的萌发率已达 90%以上。

（一）人工种子的优点

人工种子本质上属于无性繁殖，与天然种子相比，具有以下优点：①可对一些在自然条件下不结实的或种子很昂贵的植物进行繁殖。②固定杂种优势，使 F_1 杂交种可多代利用，使优良的单株能快速繁殖成无性系品种，从而大大缩短育种年限。③节约粮食。因为人工种子做播种材料，在一定程度上可取代部分粮食（种子与块茎）。④在人工种子的包裹材料里加入各种生长调节物质、菌肥及农药等，可人为地影响、控制作物生长发育和抗性。⑤可以保存及快速繁殖脱病毒苗，克服某些植物由于长期无性繁殖使病毒积累所造成的退化。⑥与试管苗相比，成本低，运输方便，可直接播种和机械化操作。⑦可以不受环境因素制约，一年四季进行工厂化生产。

（二）人工种子的构成及特点

人工种子一般由人工种皮、人工胚乳和胚状体三部分构成（图 11－1）。

1. 人工种皮 它是包裹在人工种子最外层的胶质化合物薄膜。这层薄膜既能允许内外气体交换畅通，又能防止人工胚乳中水分及各类营养物质的渗漏。另外它还具备一定的机械抗压力。

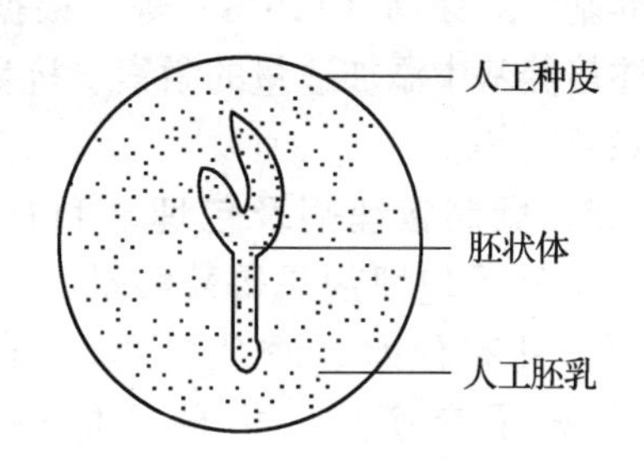

图 11－1 人工种子模式图
（引自桂耀林）

2. 人工胚乳 它是人工配制的保证胚状体生长发育需要的营养物质，一般以生成胚状体的培养基为主要成分，再外加一定量的植物激素、抗生素、农药以及除草剂等物质。

3. 胚状体 这是由组织培养产生的具有胚芽、胚根双极性、类似天然种子胚的胚状结构，具有萌发长成植株的能力。

（三）人工种子的制备程序

1. 胚状体的制备及其同步生长 通过外植体的固体培养、悬浮培养以及花药、花粉的诱导培养均可获得数量可观的胚状体。但这些胚状体往往处于胚胎发育的不同时期，不符合大量制备人工种子的需要。因此，诱导胚状体的同步化生长是制备人工种子的核心问题。采用以下措施可促进胚状体同步生长。

(1) 低温法　在细胞培养的早期对培养物进行适当低温处理若干小时后，再让培养物回复到正常温度中生长，可使细胞同步分裂。

(2) 分离法　在细胞悬浮培养的适当时期，用一定孔径的尼龙网或钢丝筛或密度梯度离心法，收取处于胚胎发育某个阶段的胚性细胞团，转移到无生长素的培养基上培养，使多数胚状体同步正常发育。

(3) 抑制剂法　细胞培养初期加入DNA合成抑制剂，如5-氨基尿嘧啶等，使细胞生长基本上都停顿在G_1期。除去抑制剂后，细胞进入同步分裂阶段。

(4) 通气法　在细胞悬浮培养液中每天通入氮气或乙烯1～2次，每次几秒或更长时间，可显著提高有丝分裂的同步率。

此外要注意，刚收获的胚状体含水量很大，难以贮存。一般应当让其自然干燥4～7 d，使胚状体转为不透明状为宜。

2. 人工胚乳的制备　人工胚乳的营养成分与细胞、组织培养的培养基的营养成分大体相仿，另外再配加一定量的天然大分子碳水化合物（淀粉、糖类）以减少营养成分泄漏。常用的人工胚乳有：MS（或SH、White）培养基+马铃薯淀粉水解物（1.5%）或1/2 SH培养基+麦芽糖（1.5%）等。根据需要，可在上述培养基中添加适量的激素、抗生素、农药以及除草剂等。

3. 配制包埋剂及包埋　目前使用的最好的人工种子包埋剂是褐藻酸钠，它无毒，使用方便，具有保水、透气性能，价格较低。经$CaCl_2$离子交换后，机械性能好。其次是琼脂、白明胶等。包埋时，一般以人工胚乳溶液调配成4%的褐藻酸钠，再按一定比例加入胚状体，混匀后，逐滴入2.0%～2.5% $CaCl_2$溶液中（图11-2）。经过10～15 min的离子交换络合作用，即形成一个个圆形的具一定刚性的人工种子。而后以无菌水漂洗20 min，终止反应。捞起晾干。

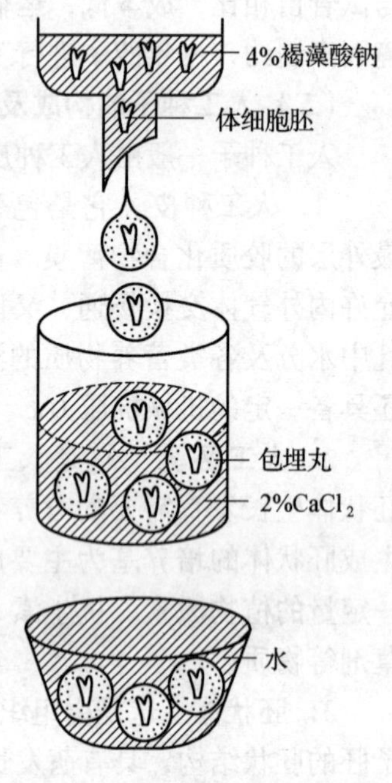

图11-2　人工种子包埋示意图
（引自桂耀林）

以上述方法获得的人工种子，其直径取决于滴管口径的大小；每颗种子内含胚状体的数目主要取决于包埋剂胚状体的密度；人工种皮的厚度则随人工种子在 $CaCl_2$ 溶液中的离子交换时间的长短而变化，一般以 10～15 min 为宜。种皮太厚，不利于胚状体萌发；种皮太薄，则在贮存、运输以及播种过程中都会遇到麻烦。

4. 人工种子的贮存与萌发 人工种子的贮存与萌发，现在仍是一个尚未解决的难题。通常是将人工种子保存在 4～7 ℃的低温和＜67 %相对湿度的干燥条件下。有人将胡萝卜人工种子以上述条件保存，两个月后发芽率仍接近 100%。但这种贮存方式的费用昂贵。在自然条件下人工种子的贮存时间较短，萌发率较低。

尽管人工种子的研制尚处于实验研究阶段，但它的产业化前景正吸引着各国政府投入巨额资金，大批科学家参与这项工作。

四、植物细胞培养及次生代谢产物的生产

植物体中含有数量相当可观的次生代谢物质。目前已发现的植物天然代谢物超过两万种。我们的祖先在与疾病的抗争中积累了丰富的利用植物中的生物活性物质疗病健身的经验。李时珍的《本草纲目》中所记载的近两千种药物绝大多数是植物。现代法定药品的相当一部分仍来自植物。然而，植物天然生长缓慢，自然灾害频繁。即使是大规模人工栽培仍然不能从根本上满足人类对经济植物的需求。因此在 1956 年，Routier 和 Nickell 提出了工业化培养植物细胞以提取其天然产物的大胆设想。自此开始，近 50 年来，采用植物细胞培养技术生产次生代谢产物的研究取得了飞速的发展。已经对 400 多种植物进行过研究，从培养细胞中分离到 600 多种次生代谢产物，其中 60 多种在含量上超过或等于其原植物，20 种以上干重超过 1%。如通过培养植物细胞已经获得其中的哈尔碱、薯蓣皂苷、人参皂角苷和维斯纳精（Visnagin）等次生代谢物质。现在很多国家已集中相当数量的人力、财力开拓这一经济潜力十分巨大的生产领域。目前世界最大批量工业化培养细胞已达两万升。我国在各阶段的科研攻关计划中连续拨款资助工业化培养红豆杉细胞生产抗癌药物紫杉醇的研究，目前已达到 60 mg/L 的世界先进水平。

工业化植物细胞培养系统一般有两大类：悬浮细胞培养系统和固定化细胞培养系统。前者适于大量快速增殖细胞，但它一般不利于次生物质的积累；后者细胞生长缓慢而次生物质含量相对较高。

(一) 悬浮细胞培养系统

图 11－3 是一个植物细胞封闭式悬浮培养系统。该系统由培养罐及四根导管连通辅助设备构成。经过蒸汽灭菌后接入培养液和目的培养物，以无菌压缩空气进行搅拌。当系统内营养耗完，细胞数目不再增加且次生产物达一定含量时，收获细胞，提取产物。该系统结构简单，易于操作。用此系统成功地培养了银杏、冬青、黑麦草和蔷薇等的细胞，但它的生产效率不够理想。对此培养系统进行改进，推出了连续培养方法，即培养若干天后连续收获细胞的同时不断补充培养液的方法，明显地提高了细胞的生产率。但由于收获的是快速生长的细胞，其中的次生代谢物含量仍然很低。后来采用前阶段营养充足，加大通气量，促进细胞大量生长，后阶段营养短缺、溶解氧供应不足的方法，导致细胞代谢途径改变，转而积累较高含量的次生物质。

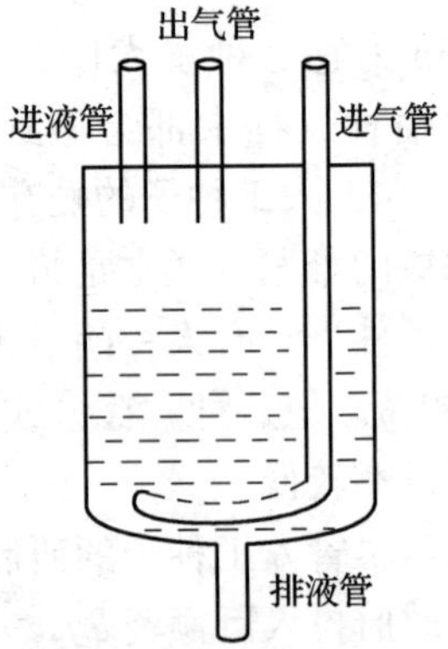

图 11－3 封闭式植物细胞培养系统

(二) 固相细胞培养系统

细胞固相培养就是将细胞包埋在惰性支持物的内部或贴附在它表面进行培养。其前提就是先通过悬浮培养获得足够数量的细胞。细胞分化和次生物质积累之间存在相关性。细胞固定化的密集而缓慢的生长有利于细胞的分化和组织化，从而有利于次生物质的合成。此外，细胞固定化后不仅便于对环境因子的参数进行调控，而且有利于在细胞团间形成各种化学物质和物理因素的梯度，这是调控高产次生物质的关键。这些优点是悬浮培养系统所不具备的。

常见的固相细胞培养系统有平床培养系统和立柱培养系统两大类。

1. 平床培养系统 该系统由培养床、贮液罐和蠕动泵等构成（图11－4）。新鲜的细胞被固定在床底部由聚丙烯等材料编织成的无菌平垫上。无菌贮液罐被紧固在培养床的上方，通过管道向下滴注培养液。培养床上的营养液再通过蠕动泵循环送回贮液罐中。该系统设备简单，比悬浮培养系统能更有效地合成次生物质，不过它占

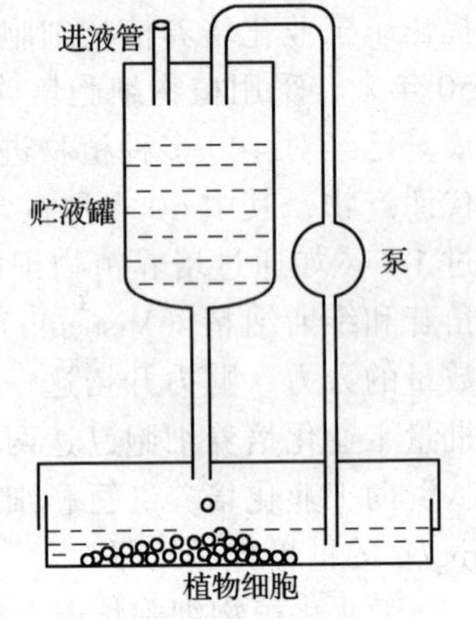

图 11－4 植物细胞平床培养系统
（引自 Lindsey）

地面积大，积累次生代谢物较多的滴液区所占比例不高。

2．立柱培养系统　该方法是将培养细胞与琼脂或褐藻酸钠混合，制成一个个 1～2 cm^3 的细胞团块，并将它们集中于无菌立柱中（图11－5）。这样，贮液罐中下滴的营养液流经大部分细胞，增加了滴液区面积，次生物质的合成随之增强。同时占地面积大为减少。

通过植物细胞培养获得的生物碱、维生素、色素、抗生素以及抗癌药物等已不下 50 个大类，其中不乏临床上广为应用的重要药物。结合现代细胞培养技术，深入发掘我国特有的巨大中草药宝库，大有可为。

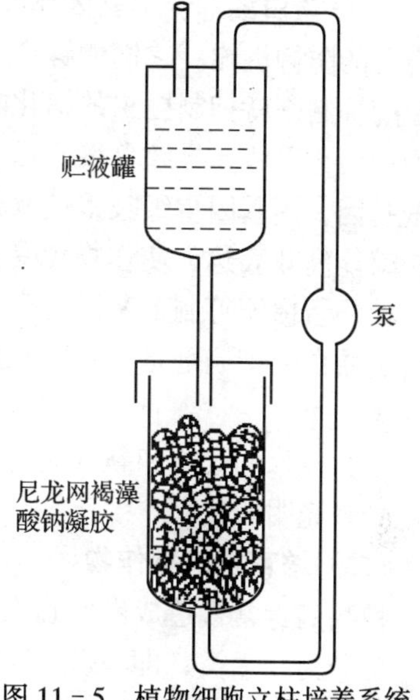

图 11－5　植物细胞立柱培养系统
（引自 Lindsey）

五、植物转基因育种

转基因技术可打破物种界限，克服植物有性杂交的限制，促进基因的交流，可将细菌、病毒、动物、人类、远缘植物甚至人工合成的基因导入植物，为植物新品种的培育开辟了新途径，应用前景十分广阔。

（一）培育抗虫作物

农业上防治害虫的主要措施是化学农药杀虫，这种方法不但危害人畜，而且污染环境。现在植物基因工程技术能将抗虫基因导入作物，使作物自身获得抗虫能力，避免了上述问题。

向作物中转入的基因主要有两类：一类是从苏云金芽孢杆菌中分离出来的具有杀虫活性的原毒素基因，另一类是蛋白酶抑制剂基因。前者的杀虫谱相对较专一，后者则比较广泛。

1．转 Bt 毒素基因作物　苏云金芽孢杆菌（Bt）在孢子形成期产生的伴孢晶体中的蛋白质可以特异性地杀死鳞翅目昆虫，这种蛋白质称为杀虫蛋白或 Bt 毒素蛋白。这种 Bt 毒素蛋白是由苏云金芽孢杆菌中的质粒的基因编码的。当把这种基因分离出来，用基因重组技术构建后，导入到作物细胞中，就能得到能特异性杀死害虫的转基因作物。利用这种技术，人类现在已经得到了抗虫的转基因烟草、转基因马铃薯、转基因棉花、转基因水稻等作物品种。

2. 转蛋白酶抑制剂基因作物 有些植物在其进化过程中已形成了一种对付害虫的防御机能。它们能够产生蛋白酶抑制剂，当昆虫吞食了这些植物后，蛋白酶抑制剂就抑制昆虫的消化酶，使其不能分解植物蛋白，从而影响昆虫对食物的消化吸收，导致食欲不振，直至死亡。因此，分离这些植物的蛋白酶抑制剂基因，用基因重组技术使其处于强启动子的控制之下，再转移到受体作物中，就能高效表达，使作物免受虫害。

植物蛋白酶抑制剂基因种类很多。现在应用较多、抗虫能力较好的主要有马铃薯蛋白酶抑制剂基因、豇豆胰蛋白酶抑制剂基因及水稻巯基蛋白酶抑制剂基因等。

生物技术的技能和新的研究将给微生物杀虫剂和抗虫转基因作物的大规模应用带来光明前途。

(二) 培育抗病毒作物

植物病毒常常造成农作物大幅度减产。植物病毒根据其遗传物质结构的差异，可分为5大类，即单链DNA病毒、双链DNA病毒、正链RNA病毒、负链RNA病毒和双链RNA病毒。病毒危害植物的主要过程包括感染脱壳、病毒蛋白翻译、病毒基因组的复制以及病毒颗粒的包装。在缺乏有效地化学防治方法时，人们可以通过基因工程的方法来控制植物病毒的危害。

1. 利用转病毒外壳蛋白基因的方法使植物获得抗病毒感染的能力 病毒的外壳蛋白对病毒识别宿主植物和进行感染都是非常重要的。通常情况下，当植株被病毒感染并在其细胞内合成了病毒的外壳蛋白后，就可以对细胞外相关病毒甚至非相关病毒的感染产生抗性。利用这一特性，可以将病毒的外壳蛋白基因分离后重组到植物的基因组里，得到的转基因植物对相应的病毒感染就有了一定的抗性。

2. 用反义RNA阻断病毒基因合成蛋白质 从DNA上的基因转录下来的mRNA是正义RNA，而与这种mRNA的碱基序列互补对应的RNA称为反义RNA。反义RNA可与正义RNA形成双链分子，从而可阻断翻译。这样，在知道病毒基因mRNA序列的情况下，人工将反义RNA的相应DNA序列重组到一个启动子的控制之下，导入到受体植物的基因组里，使其合成反义的RNA。当植物被相应的病毒感染时，病毒的mRNA就可能被反义RNA结合而无法反向复制和转录，病毒对植物的危害就会大大减少。

现在已经利用基因工程方法，通过阻止病毒的感染和传播途径、阻断病毒蛋白翻译和病毒颗粒的包装等途径，培育出了抗烟草花叶病毒、抗苜蓿花叶病毒、抗黄瓜花叶病毒和抗烟草环斑病毒等的转基因作物，抗病毒效应非常显著。

（三）培育抗除草剂作物

使用除草剂可以大大减轻人工除草的劳动。但是，尽管全世界每年有100亿美元以上的费用花费在生产上百种不同的除草剂上，可农作物仍因不断出现的杂草而减产约10%。即使不考虑它的巨额花费，它的使用也仍有很大的局限性，如有很多除草剂无法区别庄稼与杂草，常损害农作物。随着除草剂的广泛使用，人们越来越迫切地希望作物具有抗除草剂的能力。应用基因工程制造抗除草剂的转基因作物就能达此目的。

人们对制造抗除草剂的转基因作物的生物学操作有很多设想，如：①抑制植物对除草剂的吸收；②降低对除草剂敏感的靶蛋白与除草剂的亲和力；③赋予植物在新陈代谢过程中使除草剂失活的能力。

在这些精妙设想的指导下，已经培育出了各种抗除草剂的转基因作物，举例如下。

草甘膦（glyphosate）的靶位是植物叶绿体中的内丙酮莽草酸磷酸合成酶(EPSPS)。草甘膦通过抑制EPSPS的活性而阻断芳香族氨基酸的合成，最终导致受试植株的死亡。现在已从细菌中分离到一个突变株，它含有抗草甘膦的EPSPS合成酶的突变基因。把这种抗草甘膦基因引入植物，就可使这种转基因作物获得抗草甘膦的能力。

膦丝菌素（phosphinothricin，PPT）是植物谷氨酸合成酶（GS）的抑制剂。GS在氨的同化作用和氮代谢过程中起关键作用。抑制GS的酶活性将导致植物体内氨的迅速积累，并最终引起死亡。现得到抗bialaphos（含有PPT的三肽）的bar基因，该基因编码的产物称PAT，嵌合的bar基因在CaMV35S启动子的控制下，在转基因作物的细胞内得到了表达，使转基因作物对高剂量的PPT和bialaphos具有忍耐性，这是因为PAT通过对PPT和bialaphos的乙酰化而使其失去抑制GS活性的作用，并最终使转基因作物对除草剂产生抗性。抗草甘膦等除草剂的转基因烟草、转基因番茄、转基因马铃薯、转基因棉花等作物品种已相继问世，而且抗性都能遗传给后代。

（四）培育抗真菌、细菌作物

中国科学家把抗菌肽基因转入烟草和马铃薯，转基因植株对细菌性病害——青枯病产生抗性，抗性比起始品种提高1～3级。将几丁质酶基因转入植物的研究也已起步。最近几年，科学家从植物材料中克隆到越来越多的优良目的基因。如已从植物中分离和克隆了14个抗病基因，包括玉米抗圆斑病、番茄抗叶霉病、水稻抗白叶枯病等抗病基因。其中，水稻抗白叶枯病的基因*Xa*-21已被成功地转入水稻栽培品种中，转基因抗病水稻目前已进入大田试验。总之，抗病基因工程的研究才刚刚开始，在21世纪必定会成为植物基因工程研究的一个热点。

(五) 培育抗非生物胁迫作物

除病虫害因素外，不利的天气和土壤等环境条件也是影响植物生长和发育的重要因素。特别是近年来环境条件不断恶化，如天气骤寒骤热、水资源日益短缺、土壤沙漠化日趋严重，使得地球上的生物体遭受越来越严重的灾难。因此植物抗逆基因工程有着广阔的应用前景。目前这项研究主要集中在抗冻、抗寒、抗热、抗旱、抗盐碱和解毒植物的品种培育。如黄永芬等将美洲拟鲽抗冻蛋白基因 *AFP* 转入番茄，获得的转基因抗寒番茄在低温季节生长，产量达 195 t/hm^2 以上（增产近 1 倍），同时维生素 C 含量提高 15.5%。许德平将抗旱基因 *HVA* 1 的 cDNA 导入水稻品种台北 309，获得了抗旱能力较强的转基因水稻。刘俊君等将编码甘露醇-1-磷酸脱氢酶基因（*Mtl*D）与山梨醇-6-磷酸脱氢酶基因（*Gut*D）双价基因共同转入烟草、美洲黑杨，筛选出了能在 2.0% NaCl 条件下生长的转基因烟草和耐 0.45% NaCl 的转基因美洲黑杨。美国科学家 Bruce 等将来自细菌的 PETN 还原酶基因导入烟草育成了一种可降解炸药残留物的转基因烟草。

(六) 改良作物子粒的品质

目前在水稻谷蛋白、小麦贮存蛋白、巴西坚果种子蛋白以及玉米醇溶蛋白等方面研究的较深入。利用外源基因进行转化，将使受体植物的蛋白质含量得到提高。科学家现已成功地将玉米醇溶蛋白基因导入了向日葵的细胞内，并在转化植物内得到部分表达。

改变淀粉生物合成途径中的关键酶在转基因植物中可改变淀粉含量和直链淀粉与支链淀粉的比例。增加或抑制脂肪酸生物合成途径中关键酶在转基因植物中的表达，可改变脂肪酸链长度或饱和度，从而改变脂肪酸的结构和组成。

(七) 提高药用植物的生物合成能力

莨菪胺的合成速率取决于 H6H 酶。因此，如果先克隆出茄科植物天仙子的 H6H 酶的 cDNA，再构建成在 CaMV35S 启动子下游插入 H6H 的 cDNA 和 Ti 质粒的缬氨酸合成酶基因的重组质粒，然后导入茄科的颠茄，就会提高颠茄合成莨菪胺的能力。通常，颠茄天仙子胺转化为莨菪胺的量很少，导入 H6HcDNA 后几乎 100% 被转化为莨菪胺，可使产量从 0.3% 提高到 1%，该特性并且是可遗传的。

(八) 提高果实的贮藏能力

果实收获后在运输和贮藏过程中的损失是很大的，在一些发达国家，损失率高达 40%～60%。造成损失的原因有病虫害的损害，也有过软水果和蔬菜的破损以及冷热环境中的腐烂变质。而这些损伤变化大多是由果蔬细胞内酶系统活性调节的。这些酶系统的活性是能够控制的，转基因番茄的特性就说明了这一点。果实的成熟过程是由它自身产生的乙烯控制的。如果把反义基因导入番茄植株细胞，就会抑制乙烯合成酶的活性，降低乙烯的合成量，从而延迟果实的变软，延长番茄的贮存期。美国在1994年在世界上首次销售这种转基因番茄（Flavr savr 番茄），其货架期长达152 d，年销售额达3亿～5亿美元。

（九）利用转基因植物生产可降解的生物塑料的原料和药物

聚羟基烷酯（polyhydroxy alkanoate，PHA）可用于制造可降解的生物塑料，以前它是以乙酰 CoA 为前体合成的。目前 PHA 主要是通过细菌发酵方法生产，成本很高。现在人们正在考虑用转基因植物来生产 PHA，以降低成本，从而有利于推广可降解塑料的使用，消除白色污染。聚β羟基丁酯（PHB）是一种具有热塑性质的聚酯。把来源于细菌产碱杆菌的有关基因转入拟南芥后，可以在转基因拟南芥中大量生产 PHB，其产量可达到叶片鲜重的1%。利用转基因植物作为生物反应器生产药物等请参阅本书第十章的有关部分。

此外，转基因技术在提高作物产量、改善花卉观赏品质、创建植物雄性不育材料等方面的研究也都取得了进展。

六、农作物分子标记辅助育种

作物育种工作是根据人的意志，按规定方向发展的一种生物进化，其最终目标是培育出适合人类需要的优良品种。在这一过程中，选择是一个很重要的环节。选择方法分直接选择和间接选择两种。直接选择法直观、简单，但它对数量性状及一些易受环境因素影响的质量性状往往难以奏效，远远不能满足育种的要求。间接选择是通过与目标基因连锁的、易于识别的性状，对目标性状进行相关选择。尽管形态标记和生化标记在作物育种的间接选择中已发挥了很大的作用，但二者能标记的目标性状数量非常有限，大大限制了它们的进一步利用。作为间接选择方法之一的分子标记辅助选择（molecular marker assisted selection，MAS），是通过对与目标基因紧密连锁的分子标记的分析，判断目标基因是否存在，进而鉴定分离群体中含有目标基因的个体。它在作物育种选择工作中具有许多优越性，既不需要考虑作物生长条件和环境条件，又可减少来自同一位点不同等位基因或不同位点的非等位基因间的互作干扰，这将对那些通过传统育种方法很难或无法选择的性状做出准确选择，有利于快速垒集目标基因，加速回交育种进程，克服不利性状连锁，达到既省时、省钱又提高育种效率的目的。另外，分子标记育种目标明确，无需大规模的种植群体，经济简便。

（一）分子标记的类型及原理

常用的分子标记技术大体分三类。一类是以分子杂交为基础的DNA标记技术，主要有限制性片段长度多态性标记（RFLP标记）、可变数目串联重复序列标记（VNTR标记）等；另一类是以聚合酶链式反应（PCR反应）为基础的各种DNA指纹技术（包括RAPD标记、AP－PCR标记、SSR标记、SCAR标记等）；第三类是一些新型的分子标记，如单核苷酸多态性（SNP）、表达序列标签（EST）和反转录反座子等。

1．RFLP标记的原理　特定生物类型的基因组DNA经限制性内切酶消化后，产生很多DNA片段，通过琼脂糖电泳将这些片段按大小顺序分离开来，然后将它们按原来的顺序和位置转移至易于操作的尼龙膜或硝酸纤维素膜上，用经放射性同位素或非放射性物质标记的DNA作为探针，与膜上的DNA进行杂交（Southern杂交），若某一位置上的DNA酶切片段与探针序列相似，或者说同源程度较高，则标记好的探针就结合于这个位置上，后经放射自显影或酶学检测，即可显示出不同材料对该探针的限制性酶切片段多态情况。

2．RAPD标记的原理　RAPD标记是建立于PCR技术基础上的标记技术，它利用一系列不同的随机排列碱基顺序的寡聚核苷酸单链为引物，对所研究的基因组DNA进行PCR扩增。扩增产物通过凝胶电泳分析，经EB染色或放射自显性来检测扩增产物DNA片段的多态性，这些片段的多态性反映了基因组相应区域的DNA多态性。

3．AFLP标记的原理　AFLP即扩增片段长度多态性。基因组DNA经限制性内切酶双酶切后，产生大小不同的DNA片段和双链的人工接头（artificial adaptor）相连接，作为PCR扩增的模板，然后经预扩增和选择性扩增，产物经变性聚丙烯酰胺凝胶电泳分离，用于多态性分析。因此，这种通过引物诱导及DNA扩增后得到的DNA片段多态性可以作为一种分子标记。

4．SSR标记的原理　SSR即简单重复序列，又称微卫星DNA。微卫星DNA分布于整个基因组的不同位置上，但其两端的序列多是相对保守的单拷贝序列。根据微卫星DNA两端的单拷贝序列设计一对特异引物，利用PCR技术，扩增每个位点的微卫星DNA序列，通过电泳分析核心序列的长度多态性。一般地，同一类微卫星DNA可分布于整个基因组的不同位置上，而通过其重复的次数不同以及重复程度的不完全而造成每个座位的多态性。SSR标记的多态性丰富，重复性好，其标记呈共显性，且在基因组中分散分布，因此可作为遗传标记。

5．SCAR标记的原理　SCAR标记是在RAPD技术的基础上发展起来的。1993年，Paran等提出了一种将RAPD标记转化成特异序列扩增区域标记

（SCAR）的新方法，其基本步骤是：目的材料做 RAPD 分析，然后将 RAPD 多态片段克隆，对克隆片段两端测序，根据测序结果设计长为 18～24 bp 的引物，一般引物前 10 个碱基应包括原来的 RAPD 扩增所用的引物。克隆多态性片段之前首先应从凝胶上回收该片段。由于分辨率等原因，回收后的 DNA 片段很可能混有一些杂带。因此，目标特征带被回收后，需要原来任意 10 bp 引物重新进行扩增，用相应的亲本做阳性、阴性标记，以确定目标特征带的位置。将扩增产物电泳，若凝胶上显示扩增产物仅一条带，则回收该带并直接克隆到目标载体上；若扩增产物为多条带，则根据阴性或阳性对照确定目标特征带的位置，然后将其回收用于克隆。由于 Taq 酶可使 PCR 产物 3′末端带上 A 尾巴，人工设计的克隆载体 3′末端有一个突出的 T 碱基，这样可使 PCR 产物高效地克隆到载体上。下一步的工作是将连接产物转化大肠杆菌，涂平板，挑选含目的片段的单克隆，测序分析、设计引物，做 PCR 扩增检测是否还能扩增出原来的多态性。这样转化成功的标记就称为 SCAR 标记。由于 SCAR 标记所用引物长，因此它具有更高的稳定性，且 SCAR 标记是共显性遗传的，它比 RAPD 和其他利用随机引物的标记方法在基因定位和遗传作图中有更好的应用前景。

（二）分子标记在育种中的主要应用

1．遗传多样性分析　利用分子标记技术可直接从 DNA 水平揭示个体的差异及物种的相关性，对研究品种起源、进化及核心种质管理具有重要意义。国际水稻研究所将 RAPD 技术用于该所保存的 75 000 多份亚洲水稻种质材料的分析，结果令人瞩目。将分子标记技术用于蚕豆、可可、桉树等的种质资源分类，确定有分歧的杂合体和鉴定杂种来源，效果亦很好。

2．转基因作物后代的选择　如果用做转化的受体品种农艺性状不好，就需继续进行杂交、回交和自交，并且每代都要对目标性状进行选择跟踪，费时费工。利用分子标记辅助选择可大大缩小育种规模，加速育种进程。例如 Romero Severson 等人（1995）利用分子标记辅助选择法，从玉米抗虫基因 *cry* lA（b)转入某一载体品种中的一代回交植物中就选到 2 株与亲本相同，且带有目标抗虫基因的个体。

3．目标质量性状的选择　利用分子标记技术追踪单基因控制的质量性状在后代中的表现，具有很大的优越性。如在将普通小麦 4D 长臂上的抗盐基因转移到硬粒小麦 4B 染色体上时，利用与该抗盐基因连锁的分子标记进行选择，大大提高了选择效率。又如，在一个有 100 个个体数的回交后代群体中，借助 100 个 RFLP 标记选择，只经 3 代就可使后代群体中 99% 以上的个体恢复到轮回亲本的基因型（而随机选择挑选则需经 7 代才能达到），大大缩短了育种年限。

4．分子标记辅助选择技术用于数量性状点（QTL） 作物的许多农艺性状大多有数量性状基因控制，通过QTL分析，可寻找出与决定数量性状的主效基因紧密连锁的分子标记用于辅助育种选择。目前，已筛选到许多与QTL紧密连锁的DNA标记，如植物耐旱性、植物成熟度、株高、种子大小、子粒硬度、种子油份、蛋白质含量、可溶性固形物含量以及产量性状。Stuber等(1995) 利用分子标记技术将决定玉米高产的主效基因从自交系TX303转移到B73中，从自交系OH43转移到MO17中，育成了新自交系"增强B73"和"增强MO17"，二者配制的杂交种在1993和1994两年的实验中，较对照增产15%，充分显示了通过分子标记技术快速改良像产量一样的数量性状的优越性。

第二节 动物生物技术

生物化学、分子生物学、细胞生物学、发育生物学的发展，大大促进了动物生物技术的不断创新和进步。目前对动物生产和育种具有重要影响的现代生物技术包括动物转基因技术、胚胎生物工程技术、动物克隆技术及受DNA重组技术影响而发展起来的各种分子生物技术等（图11-6）。按照常规育种方法，要改变动物的遗传特性（如增重速度、瘦肉率、饲料利用率、产奶量等），人们往往需要进行多代杂交，选优选配，最后培育出高产、优质、人们期望的品种。多年来，杂交选择一直是改良动物性状的主要途径。目前生产上所用的大多数家畜品种，都是用这种交配与选择相结合的传统育种方法选育出来的，这种方法一是所需时间长，二是一旦品种育成，再想引入新的遗传性状困难较大。随着现代生物技术的发展，现代生物技术显示出越来越强大的生命力，逐渐成为动物生产和育种的趋势和主流。通过各种现代生物技术的综合运用，结合常规育种方法，可以大大加快育种进展。例如利用动物转基因技术和胚胎生物工程技术，科学家们可以把单个有功能的基因或基因簇插入到高等动物的基

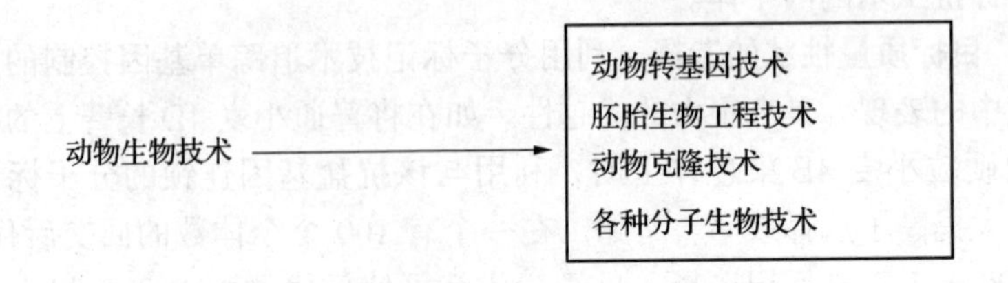

图11-6 动物生产中的现代生物技术

因组中去，并使其表达，再通过有关分子生物技术、DNA试剂盒诊断和检测，加以选择，就可快速地进行动物育种和改良。下面将对这几种技术作以介绍：

一、动物转基因技术

（一）动物转基因工程的概念与方法

动物转基因技术（animal gene transferring）是把外源DNA（包括基因元件、单个功能基因或基因簇）导入动物的基因组中去，并使外源DNA能在动物后代中表达的一种操作技术。这种技术是在DNA重组技术的基础上发展起来的，它是动物基因工程的重要组成部分，是DNA重组技术在动物中的应用。1981年Gordon和Ruddle首次用显微注射法（microinjection）把外源基因导入小鼠受精卵的雄核，并将注射后的受精卵植入假孕母鼠子宫，产生了78只小鼠，其中有2只小鼠的所有细胞中（包括生殖细胞）都含有外源基因，但因缺乏启动子而不能表达，他们把出生后带外源基因的小鼠叫做转基因小鼠(transgenic mice)。自此以后，凡带有外源基因的动物都叫做转基因动物(transgenic animal)。

要使外源基因得到正确表达，必须把目的基因或重组DNA分子引入受体细胞。动物中可选择性细胞、胚胎细胞和培养的体细胞等。外源目的基因向细胞中转移的方法可分为两大类，一类需借助于载体，另一类不需借助于载体。在动物基因转移中，导入外源基因的方法有多种，一般是将体外重组的外源DNA分子先导入精子或胚胎细胞，然后通过交配受精或直接移植入子宫得到转基因动物个体；也可先导入体细胞，再通过核移植得到重组胚生产转基因动物。常用的方法有：①DNA微注射法；②逆转录病毒感染法；③胚胎干细胞(ES)介导法；④精子载体法；⑤染色体片段注入法；⑥电转移法；⑦磷酸钙沉淀法；⑧脂质体介导法；⑨血影细胞（blood shadow cell）介导法等。在动物中，DNA微注射法比较常用。

（二）动物基因工程技术的应用

利用转基因技术，近年来先后成功地在鼠、猪、羊、牛、鸡、兔、鱼等多种动物培育出转基因动物。动物基因工程技术的应用，归结起来主要有以下几个方面。

1．创造新物种　利用动物转基因技术，可进行物种间的基因交流，从而创造出新的物种。目前，在植物转基因中，已有很多的试验和报道，可将人类和动物的基因转移到植物中去。在动物中，虽然目前还尚未报道，但已有人设想，是否可以把植物中特有的基因（如叶绿素基因）转移到动物，从而创造新的生物类型。

2．改良动物品种 转基因动物的重要目的之一是改良动物经济性状和抗性。由于动物许多性状（如育性、生长速度、产奶量等）都受激素调节，所以，很多转基因动物转的是能提高相关激素水平的基因，以提高动物的生长和生产性能。1982年美国的Palmiter和Brinster把大鼠的生长激素基因（rGH）与小鼠的金属硫蛋白基因的启动子（MT）拼接在一起，并将这种融合基因导入小鼠受精卵雄原核内。第一次试验得到了21只小鼠，其中7只带有外源基因，而6只体内生长激素高出正常水平800倍，因而生长非常快，74日龄个体比正常小鼠约大一倍，叫做巨鼠，大约12周龄时趋于稳定。转基因小鼠还能把大鼠生长激素基因通过配子传递给后代。采用金属硫蛋白基因启动子作为调节序列的原因是：①金属硫蛋白基因的顺序比较保守，可能易于整合与表达；②金属硫蛋白启动子基因受重金属和内皮质糖诱导，在绝大多数类型的细胞中都有高水平的表达，在小鼠中能被镉和锌诱导；③金属硫蛋白启动子的5′侧区已经测序，便于以后改变启动子的顺序。

Hammer等（1985）把小鼠金属硫蛋白基因启动子（MT）和人生长激素基因（hGH）拼接，并直接注射到兔、绵羊和猪的受精卵原核，大约注射了5 000个卵，500个成为胎儿或新生儿。其中一部分在血清中检测出人的生长激素，说明MT－hGH基因在兔和猪中得到表达。转基因兔可将基因传给后代，说明外源基因已整合到染色体上。因转基因兔所得到的数目太少，无法估计新基因的作用，转基因猪血清中人生长激素水平增高，比猪的内源生长激素高100倍，但没有使生长速度加快或使个体增大。

美国伊利诺斯大学研究出一种带牛生长激素的转基因猪，这种猪生长快，体大，饲料利用率高，可给养猪业带来丰厚的经济效益。

3．建立动物生物反应器 在动物中，以改变乳蛋白成分和性质的乳腺生物反应器研究的最多。在奶牛和奶羊上，目前转基因的主要用途是改变乳的成分、提高产乳量和生长速度。例如，牛奶中奶酪的产量与牛奶中K酪蛋白的含量直接相关。转入一个超量表达的K酪蛋白基因能够增加酪蛋白的产量，也能够提高产奶量。通过胚胎基因转移技术，导入原有基因的额外拷贝、采用某些奶蛋白高水平表达基因的调节序列以及转移另一物种的奶蛋白基因或修饰基因，可以改变原有奶蛋白的成分和性质，如把人奶蛋白基因引入家畜，这种家畜生产的奶可替代人奶，或增加牛奶中某些蛋白质的浓度，改变牛奶加工处理的性能等。所以，分离出改变奶成分的有关基因，通过胚胎基因转移改变奶成分的前景是广阔的。

利用动物生产药物蛋白的研究也是动物转基因研究的一个重要方面。出于人类医学的需要，在动物基因组中转入人类蛋白基因，生产人类药用蛋白。人们已把人的血红蛋白基因转入猪的基因组中获得成功，所得到的转基因猪在血液中表达了人的血红蛋白。经检测发现，它与天然的人的血红蛋白性质完全相同。由此可见，在不远的将来，人们就可以用转基因动物生产血红蛋白来辅助输血。人的血红蛋白拥有巨大的市场，估计世界范围内年销售额为100亿美元。有人估计，培育10万头这样的转基因猪，可年产值为3亿美元，平均每头猪的年产值为3 000美元。

白蛋白历来是从人的血液中提取，其价格昂贵，每千克2 000～2 500美元。现在已经成功地培育了含人体清蛋白基因的山羊，从每只山羊的乳中每年可提取这种蛋白10 kg，价值达20 000～25 000美元。

还有一种转基因山羊，在乳中可产生具有抗癌作用的复合单克隆抗体，利用这种转基因山羊可极大地降低生产这种复杂分子的成本。

由于艾滋病和肝炎的流行，使一些原来从人血中制备的药物蛋白增加了感染的危险性，于是人们设想，采用胚胎基因转移技术，由家畜奶生产药物蛋白。采用这种方法，虽然创建转基因动物品系的代价昂贵，但增殖与应用却是廉价的，而且从动物奶中生产的药物蛋白不含上述感染物质。

由于β乳球蛋白在反刍动物奶中浓度最高，而且仅在乳腺中表达，于是Clark等（1989）把含有启动子的β乳球蛋白基因与含有终止子的人血凝因子Ⅸ基因拼接，将这种融合基因注射到绵羊受精卵原核内，由此产生的雌性转基因绵羊奶中检测出有活性的人凝血因子Ⅸ，含量为25μg/mL。另外，把与人凝血因子基因序列有相似结构的α_1抗胰蛋白酶（也叫α_1蛋白抑制因子）基因导入绵羊，也得到表达，奶中α_1抗胰蛋白酶的浓度为2～20 μg/mL，虽然这些基因的表达水平很低，但充分说明，乳腺能生产药物蛋白，当然要提高表达水平还需进一步研究，一旦成功，将为畜牧生产开辟新的领域。

4．建立转基因动物模型与生物学研究　动物转基因模型的建立对于功能基因、基因互作、基因表达调控等分子生物学的基础研究非常重要。人们已开始在实验动物及家猪、鸡等小型动物开展实验，以建立动物转基因模型，进行人类后基因组计划的研究。动物转基因模型的建立能够不断探索动物转基因的遗传基础理论，研究发育过程中基因的调节问题，目前许多研究都围绕着启动子或增强子的位置对基因表达的作用。免疫系统是一个复杂的系统，把免疫反应基因导入小鼠卵不仅能了解个别基因的调节，而且还可以了解这个系统的复杂关系。

可以利用转基因动物创建人类遗传病的模型。将人的疾病显性基因导入小鼠卵，使小鼠产生与人类相似的疾病，例如将人类的亨丁顿氏舞蹈病（Hun－

tington’ s chorea)的基因分离出来，导入小鼠卵，使小鼠产生舞蹈病，创建动物模型，以研究疾病的发生，从而研究防治的方法。

利用转基因动物可以探索神经系统奥秘。例如，把与神经系统功能有关的基因导入小鼠卵，检测转基因小鼠的变化。将引起神经系统功能紊乱的基因导入小鼠卵，创建动物模型，供研究使用；将神经系统某一基因调节转换到另一基因上可创建基因表达和中枢神经系统功能的新模型。

目前很少人知道癌基因在动物体内是怎样起作用而产生肿瘤的，转基因动物在研究这个问题时是很有价值的。可以改变癌基因的结构，研究它在癌发生中所起的作用。目前已经建立了癌基因引起癌发生的动物模型，要研究这个问题是完全可能的。

从以上的研究进展可见，转基因动物技术的进步，不仅可提高畜牧业的生产效率，还可拓展动物新的用途，为畜牧业的持续、高效发展，为人类健康、长寿、疾病防治服务。

二、动物克隆技术

体细胞和受精卵一样都含有全部的遗传信息。因此从理论上来讲，从体细胞获得完整的动物个体是完全可行的。但是由于动物细胞高度分化，它是否仍然保持发育的全能性一直是学术界长期争论不休的问题。为了证明分化后的动物体细胞是有全能性的，科学家们进行了大量的实验。最初，科学家们的工作是从胚胎细胞的核移植开始的，在成功地进行了数例胚胎细胞核移植之后，科学家们即着手进行体细胞的核移植实验。世界第一个体细胞克隆羊——多莉的诞生，标志着理论上和技术上的重大突破，从理论上证明了已分化的动物细胞具有全能性。

（一）动物克隆的概念和类型

所谓克隆（cloning）就是无性繁殖，动物克隆就是不经过受精过程而获得动物新个体的方法。克隆动物（cloned animal）就是指不经过生殖细胞而直接由体细胞获得新的动物个体。然而研究人员对克隆的具体定义仍存争议，有些人认为凡是不经过受精过程而获得新个体的方法都叫克隆；而另一些人则认为只有像在植物中那样，从一个具有全能性的体细胞直接再生出新个体才能叫克隆。但在目前的技术水平条件下，所有的高等动物体细胞都必须将其遗传物质转入卵细胞或原核胚后才能再生，也就是说，必须借助于卵细胞或原核胚的细胞质中的某些特殊物质才能进行正常的生长发育，而不能从体细胞直接再生获得新的个体。因此，按照后一种说法现在的所谓”克隆”动物其实都不是真正意义上的克隆。然而，目前人们所接受的克隆动物实际上是前一种比较广义的克隆定义。

哺乳动物克隆技术，实际上是一种哺乳动物核移植技术，是通过显微操作等实验室手段，将发育一定阶段的核供体（胚胎细胞或体细胞）及相应发育阶段的核受体（去核的原核胚或成熟卵母细胞）进行体外重组，通过重组胚的胚胎移植，达到大量生产遗传同质哺乳动物的一种生物工程技术。

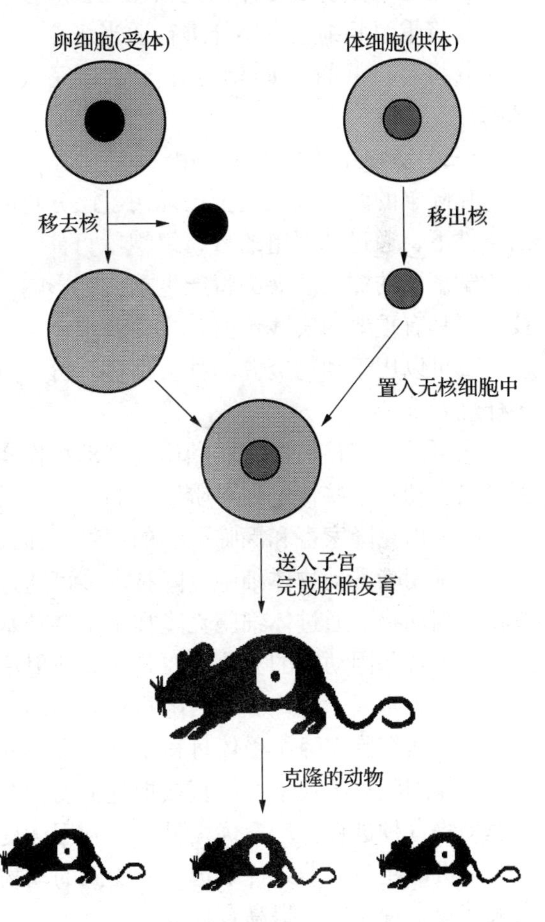

图 11－7　克隆动物操作的一般步骤

从哺乳动物克隆发展现状来看，其主要可分为哺乳动物胚胎细胞克隆和体细胞克隆两大类。哺乳动物胚胎细胞克隆技术研究已进行了20年，先后取得了小鼠（1981）、绵羊（1986）、牛（1987）、兔（1988）、猪（1989）、山羊（1990）等哺乳动物胚胎细胞克隆的成功，目前该技术主要侧重于如何提高成功率并尽快使其产生效益，如克隆转基因动物，扩大珍稀动物的种群等。而哺乳动物体细胞克隆技术的研究较晚（1997），但其研究一开始便得到极大关注。“多莉”的诞生从根本上动摇了原有的传统结论——已分化的哺乳动物体细胞核不具备全能性或分化使核失去全能性，并使哺乳动物克隆技术进入一个划时代的新阶段。

（二）动物克隆的一般操作步骤

动物克隆技术（animal cloning）实际上是采用核移植与胚胎生物工程技术相结合，将一个体体细胞核移植到另一个体卵细胞中去，最终产生一个与供体细胞个体遗传性状一致的动物个体的技术。其操作步骤大体为（图11－7）：

①体细胞的采集和培养。取动物某一组织体细胞在体外培养，经饥饿法或添加其他药品，诱导细胞使基因组重排，使基因的程序性表达重新从头开始，这样就使已失去全能性的体细胞恢复全能性。

②采集卵细胞，并去除卵细胞的细胞核。

③取出体细胞的细胞核。

④用显微注射法将体细胞核注入去除核的卵细胞中去。

⑤将重组胚细胞在体外进行适当培养。

⑥将转核胚置入同期母体子宫，完成发育，所产生的动物幼子为克隆动物。

（三）动物克隆技术的应用

克隆羊的诞生从理论上已证明了已分化的动物细胞是具有全能性的，在适当条件下，通过基因组的重新组织就可能发育成新的个体。这对发育生物学、遗传学理论的深入发展必将产生重大的影响。从实际应用的角度讲，克隆动物技术更具有重要的实践价值，主要表现：

①可以用于动物资源的种质保存，可尽可能多地保存地球生物圈内的生物多样性。

②可以生产移植器官。利用克隆动物作实验动物，造福人类。还可以通过克隆哺乳动物某些特定发育阶段的胎儿，对人类的某些顽症实施“细胞治疗”。

③可以克隆家畜和濒临灭绝的动物，如大熊猫等。

④利用哺乳动物体细胞克隆技术，可通过建立转基因体细胞系的方式，克隆转基因动物。通过体细胞克隆技术生产转基因动物，可望降低生产成本。目前，产生转基因动物的方法主要是显微注射法，这种方法只能使大约5%的动物携带外源基因，且外源基因随机整合到动物基因组上，导致外源基因表达量不高，而体细胞克隆中受体母畜全都携带外源基因。

⑤体细胞克隆技术可以直接把优良动物个体的遗传特性传递下去，有助于加速动物育种进程，培育优良品种。利用优良动物品种的体细胞作核供体克隆动物，可以避免自然条件下选种所受到的动物生殖周期和生育效率限制，从而大大缩短育种年限，提高育种效率。

三、胚胎生物工程技术

胚胎生物工程技术包括鲜胚和冻胚切割、冷冻、胚胎移植、体外受精、胚胎干细胞培养、分离、克隆与分化等技术。除胚胎干细胞的相关技术外，这方面的研究开展得相对较早，目前大部分已获成功，并已进入实用性阶段。在我国，动物胚胎工程的研究起步较晚，但进展十分迅速。至今，几乎所有的省（区）都建立了相应的研究机构，并在家畜（特别在牛和羊）取得了可喜的成果。

（一）人工授精与精液冷冻

人工授精与精液冷冻技术是胚胎生物工程的基础工作。这些方法早在20世纪60～70年代就已建立并已广泛应用于动物生产。精液冷冻技术是利用器械采集公畜的精液，经检查和处理后，迅速冷冻的一种操作。人工授精是将新鲜采集的精液经稀释，或解冻后的冷冻精液用器械输入到发情母畜的生殖道内，以代替公畜与母畜的自然交配而繁殖后代的一种技术。这些技术的意义在于：①提高优良种公畜的配种效能和种用价值，扩大配种母畜的头数；② 加速动物品种改良，提高生产性能；③使用冷冻精液不受地域、时间的限制；④可以大幅度减少种公畜数，降低饲养成本；⑤冷冻精液是动物资源保存的一种方式。

（二）同期发情与超数排卵

同期发情与超数排卵是胚胎生物工程的一部分。同期发情技术主要是借助外源激素刺激卵巢，使处理的母畜卵巢生理机能处于相同阶段，在短时间内统一发情，并能排出正常的卵母细胞，以便达到统一配种、受精、妊娠的目的。它在动物生产中的意义是：①可以更迅速而广泛地应用冷冻精液；②便于合理组织大规模畜牧业生产与饲养管理科学化；③为胚胎移植创造同期受体母畜。

超数排卵是应用外源性促性腺激素诱发卵巢卵泡发育，并能排出多个具有受精能力的卵子的方法，简称超排。超数排卵是进行胚胎移植时必须对优秀供体母畜进行处理的工作，其目的是为了得到较多的胚胎，用于胚胎移植。超数排卵也可诱发单胎动物产双胎。

（三）胚胎移植技术

胚胎移植是胚胎生物工程技术的重要环节。它是将良种公畜与母畜配种后的早期胚胎取出，移植到同种、生理状态相同的母体子宫内，使之继续发育成为新个体的方法，所以也称做借腹怀胎。提供胚胎的个体为供体，接受胚胎的个体为受体。胚胎移植技术的主要程序包括供体的超数排卵、供体和受体的同期发情处理、供体的发情鉴定与配种、胚胎采集、胚胎检查与鉴定、胚胎保存和移植等过程（图11-8）。胚胎移植的意义是：① 能够充分发挥优良母畜的繁殖潜力。如一头供体母牛一次超数排卵，最多获得9头犊牛，比自然繁殖提高数倍，而且一年可进行多次。②缩短世代间隔，快速扩大优秀种畜后代群体。如果将同一品种的供体母畜重复超数排卵，不断移植，那么其后代总数就可大大地增加。在奶牛上已建立的MOET育种技术体系，就是在此基础上而产生的一种新的家畜育种技术，即主要是利用超数排卵，人工授精、胚胎移植等胚胎生物工程技术来加快遗传进展和良种培育速度。③诱发单胎动物产双胎，尤其在肉畜上。在肉牛业和肉羊业中可以向未配种的母畜移植两个胚胎或向已配种的母畜（排卵对侧子宫）再移植一个胚胎，以增加怀双胎的几率。

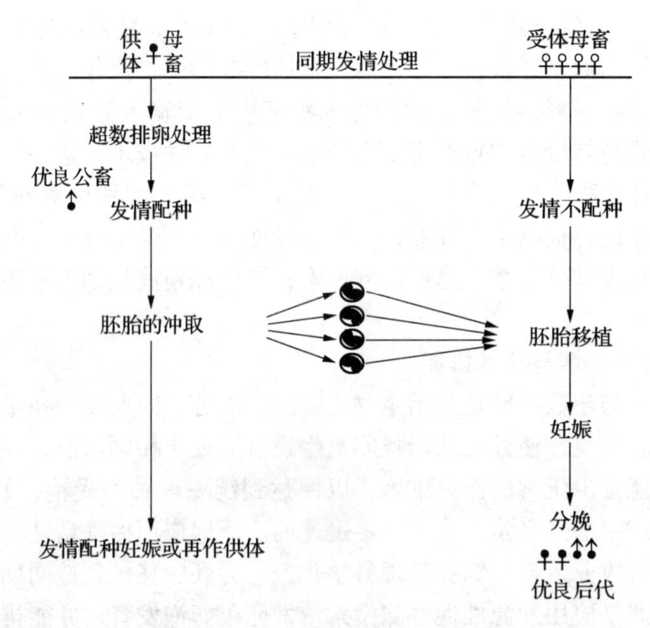

图 11－8 胚胎移植程序示意图

（四）胚胎冷冻、分割与保存技术

胚胎冷冻与分割是胚胎生物工程的重要技术，包括整胚冷冻与分割、半胚冷冻与分割及胚胎保存等。

胚胎冷冻是指鲜胚快速降温冷冻，使其仍然具有发育成个体的能力的方法。胚胎保存分常温保存、低温保存和冷冻保存三种。常温保存是指胚胎在常温（15～25 ℃）下保存，在此温度下，胚胎只存活 10～20 h。低温保存是指胚胎在 0～10 ℃的较低温度下保存，一般可保存数天。胚胎冷冻保存一般是指在干冰（－79 ℃）和液氮（－196 ℃）中保存胚胎。其最大优点是胚胎可以长期保存，而对其活力无影响，当需要时解冻后进行胚胎移植。动物胚胎冷冻技术自建立以来，已进行了改进，方法趋于简单实用。胚胎冷冻保存的意义：①可以代替活种畜的引进。通过胚胎的进口可代替种畜的引进，大大节约购买和运输活畜的费用。②可以使胚胎移植不受时间、地点的限制。③胚胎冷冻保存可作为动物资源保存的一种途径。

胚胎分割、冻胚分割是将一个鲜胚或冻胚进行显微切割，一分为二或一分为四或更多，使其每一部分都可发育成一个个体，是人工制造更多同卵双胎或同卵多胎的方法。Leibo（1987）分割 422 枚牛胚胎，移植 842 个牛胚，结果 441 头妊娠，半胚移植妊娠率达 52.4%，可获得一卵双生或多生，避免牛的异性孪生不育。所以，胚胎切割不但是扩大胚胎来源的一条重要途径，而且可作为家畜育种学和遗传学的实验材料，可以从一卵双生或多生的比较实验结果得到正确的资料。也可通过分割胚的冷冻保存，先移植一半，另一半冷冻保存，待移植的那半胚产仔证实是优秀的个体后，再将冷冻保存的半胚解冻和移植。胚胎分割也为性别鉴定提供了可能性。

早期胚胎的每个细胞都具有独立发育成一个个体的能力，这是胚胎分割得以成功的理论依据。胚胎分割有两种方法，一种是对 2～16 细胞期胚胎，用显微操作仪上的玻璃针或刀片将每个卵裂球或两个卵裂球为一组或 4 个卵裂球为一组进行分割，分别放入一个空透明带内，然后进行移植。另一种方法是用上述相同的方法将桑葚胚或早期囊胚一分为二或一分为四，将每块细胞团移入一个空透明带内，然后进行移植。目前将不移入透明带内的经分割的细胞或细胞块（称裸胚）直接移植，在牛、绵羊、山羊、猪、兔等上获得了成功。通过胚胎分割而产生的同卵双生后代、四分胚后代、冷冻胚胎分割后代在牛、绵羊上也相继成功。

（五）胚胎嵌合技术

胚胎嵌合又称胚胎（受精卵）的融合，是近年来继胚胎分割后又一种新的生物技术。生物学上所说的嵌合体（chimera）系指由不同基因型的细胞和组织混合在同一个体，由 2 个或 2 个以上的受精卵发育而成的复合体，它具有两个以上的亲代。动物胚胎嵌合体不但对品种改良及新品种培育具有重大意义，而且为不同品种间的杂交改良开辟了新的渠道，对分析胚胎的发生机制和基因表现机制以及了解性别分化或免疫机理等均具有极重要价值。

胚胎嵌合体的制造方法主要有分裂球融合法和细胞注入法两种。分裂球融合法就是将 2 个以上胚胎的分裂球相互融合，形成一个胚胎。细胞注入法，就是把其他的细胞团注入到囊胚腔内，使之与原来的内细胞团融合在一起，在畜禽中已培育出山羊-绵羊以及鹌鹑-鸡等嵌合体动物。

（六）性细胞体外成熟和体外受精技术

1. 卵子培养与成熟　卵子培养实际上是卵子在体外成熟的过程。从卵巢上的囊状细胞或成熟卵泡吸取尚处于第一次成熟分裂前期或成熟分裂开始的初级卵母细胞，连同完整健全的卵丘细胞团，在特定的培养液中培养，使之继续发育，进行成熟分裂，达到可以受精的成熟阶段。卵子的体外培养为获得卵子开辟了新途径，可以从即将淘汰的母畜卵巢得到卵泡或卵子，或 在屠宰前做超排处理，以期得到更多发育的卵泡，进行收集并培养。卵母细胞也可以像精子或胚胎那样冷冻保存起来，共同组成种质贮存库。

2．体外受精 体外受精就是精子和卵子体外培养成熟、受精的过程。应用体外受精可获得大量胚胎，使胚胎生产工厂化，为胚胎移植及相应生物工程提供胚胎，在畜牧业中具有广泛的应用前景，在医学上可以治疗不孕症，同时对于丰富受精生物学的基础理论也有重大意义。体外受精方法如图 11－9 所示。迄今为止，已有 20 余种哺乳动物体外受精获得成功，我国也分别于 1987、1989、1990、1991 年在各种动物上相继成功。

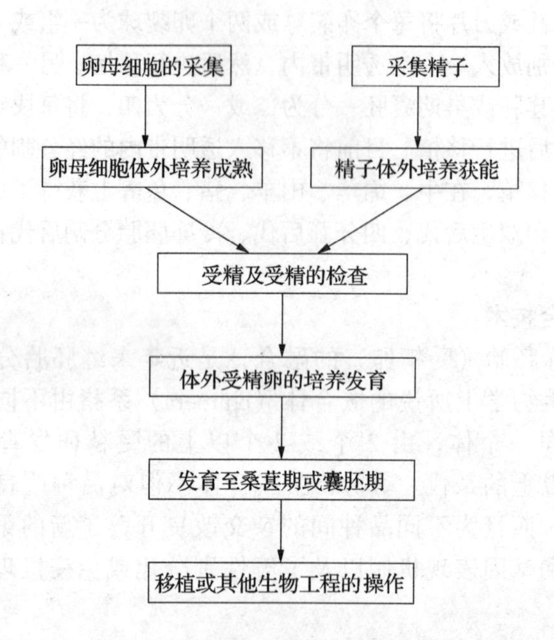

图 11－9　哺乳动物体外受精的操作步骤

（七）胚胎的性别鉴定

由于性别与家畜的经济用途和生产性能密切相关，所以性别控制和鉴定方面的研究一直是人们很感兴趣的课题。对胚胎的性别进行鉴定，选择（淘汰）某一性别的胚胎，仍不失为一种控制后代性别较理想的方法。它对于畜牧生产有重要的意义。

在胚胎工程中，对胚胎及胚胎克隆性别的鉴定进行了不少的探索，人们尝试了多种方法，如细胞遗传学方法（性染色质染色法和染色体组型分析法）、生物化学方法（X染色体连锁酶活性测定法）、免疫学方法（H－Y抗原法）和分子生物学方法（PCR法、Y染色体特异性DNA探针杂交法和原位杂交法）等。分子生物学方法是建立在Y染色体上特异性DNA序列和SRY基因（sex－determining region Y gene）的发现、分离和克隆的基础上。这些研究成果给这一领域的发展带来了新的希望。

在分子生物学方法中，Leonard（1987）首次报道用牛Y染色体特异性探针鉴定牛囊胚性别获得成功，准确率为95%；Herr（1990）首先采用PCR技术扩增Y染色体特异性重复序列鉴定了牛、羊胚胎性别；Peura（1991）用PCR技术对牛的部分胚胎进行了鉴定，准确率达90%～95%。Sinclair等（1990）找到了位于哺乳动物Y染色体短臂上决定雄性的DNA片段，这一特定的DNA片断，定名为SRY。SRY的发现和测定技术的成功，为胚胎性别鉴定提供了准确无误的技术途径，人们可以根据SRY基因的序列，设计特异性扩增引物，用少量的DNA进行扩增，电泳后出现特异性带的为雄性，否则为雌性。由于SRY的核心序列在哺乳动物中是高度保守的，所以，相同引物可以用于多种哺乳动物的性别鉴定。目前，人们利用PCR对牛的早期胚胎性别进行了鉴定，该方法的准确率达94%～100%，且具有省时、灵敏度高、特异性专一等优点，对于胚胎性别鉴定无疑是一个很合适的方法。

（八）胚胎干细胞及其诱导分化技术

胚胎干细胞的培养、分离与克隆技术的成功在胚胎工程中具有重要意义，它能够有效解决胚胎细胞的来源。

1. 胚胎干细胞的概念 胚胎干细胞（embryonic stem cell，ES细胞）是从早期胚胎内细胞团（inner cell mass，ICM）或原始生殖细胞（primordial germ cell，PGC）分离和克隆的具有全能性的细胞。ES细胞是由Evans和Kaufman 1981年首次从延迟小鼠囊胚中分离出来的多能性细胞，当时称之为EK细胞，以后称之为胚胎干细胞。由于胚胎干细胞具有许多特性，目前胚胎干细胞的研究成为胚胎生物工程领域研究的热点之一。

2. 胚胎干细胞的基本特性

（1）全能性和多能性 ES细胞的全能性（totipotency）是指ES细胞在解除分化抑制的条件下能参与包括生殖腺在内各种组织的发育潜力，即ES细胞能发育成完整动物个体的能力。多能性（pluripotency）则是指ES细胞具有发育为多种组织的能力，参与部分组织的形成。ES细胞全能性或多能性的基础是其具有高度分化的潜力。ES细胞分化的实质是胚胎发育过程中特异蛋白质的合成。根据中心法则理论，任何特异性蛋白质都是由它相对应的特异基因决定的。细胞分化终究可归结为在胚胎发育过程中基因组中的特定基因按一定顺序相继活化和表达。所以，细胞全能性的实质是细胞基因组中决定蛋白质编码的所有基因按一定的时空顺序依次表达。细胞核基因在表达过程中受细胞质因子（如细胞质酶、成熟促进因子）等影响。因此，细胞全能性是细胞核基因在不断变化的胞质环境作用下有次序、有系统地表达。具有全能性的细胞除ES细胞之外，还有早期胚胎细胞和内细胞团细胞以及PGC细胞，但由于胚胎细胞和内细胞团细胞数量少，难以用来进行各种细胞操作，ES细胞则是能在体外大量增殖的全能性细胞。因而，ES细胞为细胞的遗传操作和细胞分化研究提供了丰富的实验材料。

(2) 体外增殖与可操作性　ES细胞具有体外培养的可增殖性，在含有分化抑制物的培养基中培养时，ES细胞不但可以增殖，而且可保持不分化特性、全能性和多能性，并可以被用来进行各种操作。利用这种特性，将外源基因导入ES细胞可形成转基因细胞；或者利用同源重组方法插入特定基因（或删去特定基因），使ES细胞基因组发生定点突变，形成突变细胞系。转基因ES细胞或突变ES细胞经细胞核移植后可形成各种转基因胚胎（或突变胚胎），最终进一步发育生产出转基因动物。ES细胞的可操作性是利用ES细胞创造新物种或利用ES细胞进行细胞分化、胚胎发育及基因结构与功能关系等研究的前提。

3. 胚胎干细胞诱导分化技术　胚胎干细胞的诱导分化是干细胞研究的重要方面。根据胚胎干细胞的特性，人们正在进行不断摸索，使用不同的细胞分化诱导剂，以实现细胞的定向分化。这方面的研究我国已处于国际领先，已取得重大进展。由西北农林科技大学窦忠英教授领导的研究小组已获得人类胚胎干细胞定向分化的心脏跳动样细胞团。这方面的研究前景广阔，胚胎干细胞定向分化的研究将成为人造器官的摇篮。

4. 胚胎干细胞的应用　由于胚胎干细胞的特性，在体外分化抑制培养时，可以增殖冷冻、操作和筛选，能保持全能性和多能性，因此，ES细胞的分离、筛选、培养和分化的研究具有重要的理论意义和实用价值。表现在：① 可通过胚胎嵌合和细胞核移植参与各种组织的发育；②ES细胞作为一种新型的实验材料，可广泛应用于动物克隆、转基因动物的生产；③可用于真核细胞基因表达与调控的研究；④可作为人类遗传病动物模型的创建，人类器官移植材料的生产以及细胞分化机制的研究等领域。

四、分子生物技术

20世纪80年代中后期以来，随着分子生物学、分子遗传学的迅速发展，以DNA重组技术为核心的各种分子生物技术和分子标记技术像雨后春笋不断出现。目前常用的分子生物技术大致可以分为三类：①以分子杂交为基础的分子生物技术；②以PCR为基础的分子生物技术；③以DNA测序为核心的分子生物技术。三种分子生物技术所产生的分子遗传标记有十多种，现已广泛应用于人类、动植物和微生物的遗传分析、基因工程、转基因动物、克隆动物的遗传检测，人类遗传病的诊断与治疗等。

分子生物技术在动物学方面的应用，主要表现在以下几方面。

1．建分子遗传图谱，基因定位　目前用DNA分子标记已构建了一些动物的分子遗传图谱，这些图谱将对动物的进一步开发利用提供重要的基础资料。

2．基因的监测、分离和克隆　主要经济性状主基因和一些有害基因的监测、分离和克隆。

3．亲缘关系分析　DNA分子标记所检测到的动物基因组DNA上的差异稳定、真实、客观，可用于品种资源的调查、鉴定与保存，研究动物的起源进化，杂交亲本的选择和杂种优势的预测等。

4．DNA标记辅助选种　利用DNA标记辅助选种是一个很诱人的领域，将给传统的育种研究带来革命性的变化，这也是分子育种的一个重要方面。例如，目前许多研究都集中在各种DNA分子标记与主要经济性状之间的关系上。

5．性别诊断与控制　一些DNA标记与性别有密切关系，有些DNA标记只在一个性别中存在。利用这一特点，可以制备性别探针，进行性别诊断；分离性基因，做转基因之用。

6．证身和父系测验　如DNA指纹有高度多变性和稳定性，人们已用它做证身和父系测验。

7．突变分析　由于大部分DNA分子标记符合孟德尔遗传规律，有关后代的DNA带谱可以追溯到双亲。后代中出现双亲中没出现的带肯定来自于突变。

五、动物生物技术的趋势及展望

各种动物生物技术虽然还存在一些技术上亟待解决的问题，与实用还有一段距离，但随着研究的不断深入，现代生物技术会不断完善和成熟，新的技术还会不断产生和发展，所以，在21世纪以现代生物技术为核心的动物分子育种技术将成为动物育种的总趋势。可以预见，随着生物技术和分子育种的深入开展，必将使动物育种研究出现一个崭新的局面。采用这些现代生物技术育种，一定会使选种的准确性提高，育种的速度加快，经济性状的生产性能进一步提高，家畜的经济用途更加宽广。现代生物技术与传统育种技术、自动化分析技术的结合，DNA试剂盒的应用，能够使原来育成一个品种所需的8～10代缩短到2～3代甚至更短。动物基因组计划主要是研究基因组中有功能的区域，是一种功能基因组研究计划，近10年来，发达国家对动物基因组的研究投入了大量资金。由于此项研究具有巨大的应用前景，目前发达国家的投资力度还在加强。西方国家政府、大型育种公司和著名科学家曾对采用现代生物技术和分子育种改良家畜的潜力做了预测，结果列于表11-1。由于转基因技术能够使动物种间的基因进行交流，生物界将会更加丰富多彩。由于人类医学的需要，各种各样的药用动物会不断出现，生物技术领域和动物育种领域将成为投资的热点。

表11-1　改良动物生产性状的部分预测

生产性状	发达国家水平	预计改良效果	中国目前水平
猪日增重	800 g/d	1 200 g/d	550 g/d
猪瘦肉率	60%	70%	54%
牛年产奶量	8 000 kg	12 000 kg	6 000 kg

第三节　微生物生物技术

一、生物固氮

氮是农作物生长的主要营养元素，又是蛋白质的重要组成成分。空气中含有约80%的氮，然而，对于绝大多数生物来说，这些分子态氮是不能被直接吸收利用的。只有某些微生物能将氮还原成氨，这个生物学过程称为生物固氮作用。

固氮微生物有固氮细菌和固氮蓝细菌（固氮蓝藻）两大类。自从贝叶林克(Beijerinck) 1888年第一次分离出固氮微生物——根瘤菌以来，已经确认的自生固氮细菌有34个属90个种、固氮蓝细菌26个属。随着对固氮生物学研究的深入，运用现代生物技术改进现有固氮微生物的固氮效率、构建新的固氮生物、开发新的固氮体系等方面已取得了可喜进展。

生物固氮在现代化农业中具有提高作物产量、培肥土壤和维持生态系统平衡的重要作用。要增加生物氮的数量，一方面要有效地利用现有的固氮资源，另一方面又要寻找新的固氮资源。通过生物技术来培育新的固氮微生物已在原核生物之间实现。首先是培育抗氨阻遏的固氮微生物。固氮微生物为满足自己营养的需要而合成氨，而氨会阻遏固氮作用。Tubb 和 Streicher (1974) 发现，固氮生物体内的谷氨酰胺合成酶控制固氮基因合成固氮酶，而氨能抑制谷氨酰胺合成酶的活性。Gordon 和 Brill 发现，蛋氨酸亚砜亚胺能改变谷氨酰胺合成酶的上述性质，使氨不阻遏固氮作用。他们利用解阻的方法获得了在氨存在下仍然合成固氮酶，甚至可以向体外分泌氨的突变菌株。由于固氮微生物固氮时需要大量的能量，如能培育出抗氨阻遏的固氮藻类，就可以利用光合作用作为能源，从而利用固氮微生物实现“生物氮肥工厂”的设想。培育具有氢酶的固氮微生物是通过生物技术培育固氮微生物的另一条途径。固氮作用是一个耗能和放氢的过程，氢和氨一样阻遏固氮作用。据 Lim 等报道，从美国 70 个不同地点的大豆根瘤中分离的根瘤菌有 75%以上无氢酶，说明自然界大部分根瘤菌不含有氢酶。利用生物技术手段，使不含氢酶的固氮菌株 Hup^- 转化成能氧化氢分子的 Hup^+ 菌株，使其释放的能量再用于固氮作用，既能提高固氮效率又能增加作物的产量。据 Evans (1977) 报道，具有氢酶的根瘤菌比无氢酶的根瘤菌接种的大豆的固氮量和产量分别增加 31%和 24%。组建新的固氮微生物是生物技术培育固氮微生物的最终目的。大肠杆菌是不能固氮的。Dixon (1972) 以质粒作载体将肺炎克氏菌杆的固氮基因（*nif*）转移到大肠杆菌里，形成的新菌株既能合成固氮酶，又能在无氧条件下固氮。目前，除将固氮基因转入原核生物(如大肠杆菌、产气克氏杆菌、鼠伤寒沙门氏菌等）外，美国和法国的研究者已分别将肺炎克氏菌杆的固氮基因（*nif*）转移到了真核生物——啤酒酵母中，并证明该基因已整合到染色体上，在啤酒酵母中保持了 40 多代。用肺炎克氏杆菌 *nif* 作探针，已将根瘤菌固氮结构基因检测出来，并进行了分子克隆。对大豆根瘤菌、苜蓿根瘤菌的固氮基因已做成基因文库。

应用细胞培养技术，已实现了根瘤菌与豆科植物细胞离体共生固氮。应用细胞工程，已将固氮微生物整体融合到豆科或非豆科植物原生质体中。应用微生物原生质体融合技术已使棕色固氮菌与不固氮的菌根真菌须腹菌（*Rhizopogon* sp.）原生质体融合，最后能在松树上形成菌根固氮。

二、微生物肥料

肥料是指以提供植物养分为其主要功效的物料，其作用不仅是供给作物养分，提高产量和品质，还可以培肥地力，改良土壤。在农业生产中，由于土壤的养分不断被植物吸收，土壤肥力逐渐下降。施肥便是提高农作物产量的重要手段。我国近年来的土壤监测结果表明，肥料对农产品的贡献率为57．8%。随着人口的增加、耕地面积的减少，肥料是可持续发展农业不可缺少的重要生产资料。

微生物肥料是指含有活性微生物的特定制品，应用于农业生产中能够获得特定的肥料效应。在这种效应中，活性微生物起着关键作用。

微生物肥料种类很多，按制品中特定微生物的种类分为细菌类肥料（如根瘤菌肥、固氮菌肥）、放线菌类肥料（如抗生菌肥料）、真菌类肥料（如菌根真菌肥）等；按肥料的作用机理分为根瘤菌肥料、固氮菌肥料、磷细菌肥料、硅酸盐细菌肥料等；按肥料内含微生物种群多少分为单纯微生物肥料、复合微生物肥料等。其中，根瘤菌肥已在生产中得到广泛应用。

随着科学的发展，近年来，出现了一类新型的微生物肥料——有机生物肥料。有机生物肥料是指以有益微生物的代谢产物、或微生物对有机物和无机物进行分解后的产物为农作物提供营养为主体，配以有机质和适量的氮、磷、钾及微量元素所构成的肥料。其核心部分是有益微生物的组合菌群体。除具有高效的固氮、解磷、解钾的微生物菌株外，还包括能分解有机质的纤维素分解菌、能产生抗生素的放线菌、可分泌生长激素的菌株以及能为上述功能的菌株生长繁殖创造优良生态环境的一些特殊菌株。它们按照一定比例进行优化组合，并添加一种微生物生长促进剂，经特殊发酵工艺进行培养而成复合菌剂。该菌剂的突出特点是：有机生物肥料融微生物肥料的特效性、有机肥的缓效性、化肥的速效性和微量元素的针对性于一体，具有生物活性强、营养成分齐全、肥效快速持久的特点。

三、微生物农药

为了防治病虫害，每年都要使用大量的农药，这不仅花费大量人力和物力，而且由于农药对环境和产品的污染，从生产到使用的整个过程都对人类健康造成威胁。同时，随着农药的大量使用，病虫的抗药性不断增强，再加上生态平衡的破坏，常常是一些病虫害刚被控制，另一些病虫害又猖獗。为此，每年又需花费大量人力和物力去研发新农药。因而，生物防治异军突起。作为生物防治重要内容的微生物农药，具有对人、畜及病虫天敌完全没有毒害作用或极少毒害作用的特点，不污染环境，保持农林可持续发展，适应人们对无公害农副产品的需求。

微生物农药是指利用微生物及其基因产生或表达的各种生物活性成分制备

出用于防治植物病虫害、环卫昆虫、杂草、鼠害以及调节植物生长的制剂的总称。能够用于制备微生物农药的微生物包括细菌、真菌、病毒、原生动物、线虫等。按用途，微生物农药包括微生物杀虫剂、微生物杀菌剂、微生物除草剂、微生物生长调节剂、微生物杀鼠剂和微生态制剂等。

澳大利亚科学家在20世纪70年代后期使用一种叫K-84的放射农杆菌制剂防治玫瑰根癌病取得成功，挽救了澳洲的玫瑰种植业。这项成果被誉为植物病虫害生物防治史上的里程碑。继之，在80年代初，美国在根际促生细菌方面取得巨大进展，成功地研制出一种代号为PGPR的细菌用于蔬菜作物，使某些蔬菜品种增产幅度达1倍以上。我国科学家以防病和增产双指标筛选菌株，从抑菌、定殖、促生和诱导抗性等方面进行评价，研究出了像莱丰宁、增产菌等有应用价值的有益细菌制剂。在杀虫细菌方面，我国采用发酵新工艺把苏云金芽孢杆菌含菌量提高到75亿/mL，解决了两个标准产品CS_{3ab}-86和CS_{5ab}-87的质量检验难题，成为我国无公害农业中首推的微生物农药。

在微生物农药中，以杀虫剂、杀菌剂和杀虫素的研制和应用最为成功。在微生物杀虫剂中，以苏云金芽孢杆菌为代表，1938年在法国开始商品化，我国1965年研制成功第一个商品制剂“青虫菌”。随着理论研究的不断深入，苏云金芽孢杆菌的生产和应用不断扩大，现已成为微生物农药的一大支柱，占微生物杀虫剂总量的95%以上，广泛用于防治农业、林业和贮藏害虫以及医学昆虫。自20世纪80年代初克隆第一个杀虫晶体蛋白基因以来，已命名了184个亚类基因。90年代以来，第二代细胞工程杀虫剂和第三代基因工程杀虫剂相继投入市场。在微生物杀菌剂中，以井冈霉素为代表，它是我国上海农药研究所1972年分离筛选的、对水稻纹枯病有良好防治效果的农用抗生素。井冈霉素含有多种组分，它除具有一般微生物农药的优点外，不具备对抗性菌的筛选作用。在杀虫素中，以阿维菌素为代表，它是日本Kitasato研究所与美国Maric公司联合用阿维链霉素菌（*Streptomyces avermitilis*）MA-4680开发的一种大环内酯类杀虫素。由于它对害虫和寄生虫高效、杀虫谱广、效期长，20世纪90年代以来发展迅猛，有发展成为第三大微生物农药品种的势头。

四、高等真菌的开发利用

高等真菌是指生长发育到一定阶段能够形成较大子实体或菌核结构的真菌。全世界约有真菌25万种，中国约有8万～10万种，其中报道的约有

8 000 种。

对高等真菌的利用一是食用，二是药用。中国是世界上利用真菌最早的国家之一。早在距今 6 000～7 000 年前的仰韶文化时期，我们的祖先已大量食用蘑菇了；在距今 1 000 多年前的东汉时期，《神农本草经》就记载了茯苓、猪苓、雷丸等真菌的药用价值。世界食用菌以蘑菇栽培最早、产量最高。全世界从事蘑菇栽培的国家已有 70 多个，其中以美国的蘑菇产量最多。香菇居世界食用菌产量的第二位，日本是香菇的最大生产国。中国生产草菇最多，占世界草菇总产量的 60%以上。随着食用菌生产的发展，对野生菌（如竹荪、短裙竹荪、羊肚菌、牛肝菌、鸡纵等）的引种驯化和人工栽培，在栽培上推广液体菌接种等，进一步开发利用食用真菌。

中国对药用真菌的应用系统研究始于 20 世纪 50 年代，中国医学科学院药物研究所对麦角菌的人工栽培、固体培养、深层发酵的研究。20 世纪 60～70 年代上海、北京等对灵芝、猪苓等药用真菌为研究对象，从中医理论、化学成分、药理学、免疫学及分子生物学水平来研究药用真菌防病、治病的机理，成功地研制出猪苓注射剂、香菇多糖注射液、灵芝片剂、冲剂和口服液等产品。20 世纪 70 年代，中国医学科学院药物研究所开发蜜环菌替代天麻，实现工业化生产。上海研制出猴头菌片，对胃和十二指肠溃疡以及慢性胃炎等有良好疗效。南京中医药大学庄毅发现民间药用真菌槐栓菌（*Trametes robiniophila*）治疗晚期肝癌有效，研制出槐耳冲剂治疗原发性肝癌。自 20 世纪 80 年代初以来，随着高等真菌多糖活性物质研究的深入，对真菌的营养学评价和药用价值引起了人们的高度重视。高等真菌是一种重要的生物资源，是当今乃至今后食品工业、医药工业和保健食品工业研究和开发的重要对象之一。

药用真菌传统以子实体或菌核入药，药源由野生采集发展到人工培育，但常因培育方法不同而致使质量差异，更有些真菌（如槐栓菌等）野生资源稀缺，人工培育困难，就不可能以子实体入药。对这些真菌目前通常采用液体发酵或固体发酵生产工艺，以菌球或菌质来代替子实体。据不完全统计，全国有近 100 多个科研单位在从事药用真菌的研究与开发，有 200 多家工厂在从事菌制剂生产。中成药制药企业应用微生物发酵技术生产灵芝、蜜环菌、冬虫夏草、云芝等品种，并加工成中成药。同时，国内已有 30 多种有药用价值的菌类通过固体培养或采用深层发酵获得有效物质或菌丝体及其发酵产物，为制药工业提供了丰富的原料来源。在菌类营养保健食品方面，全国已有 700 种菌类营养保健食品进入商品化阶段或已投放市场。

五、农产品有害残留物质的微生物降解

近年来，日本的0157大肠杆菌中毒事件（1996年）、英国的疯牛病事件（1996）、比利时的二噁英（dioxin）事件（1999）等震惊了全世界。随着农药、化肥等的大量使用，工业“三废”对环境污染的日趋严重，食品添加剂和食品包装材料的广泛应用，以及现代“文明病”发病率的增加，癌症患者的增多，人们越来越关注食品的安全性问题。

利用生物恢复技术，一方面可以消除环境污染，另一方面可以保证所生产的农副产品的安全性。所谓生物恢复（bioremediation）是指采用生物工程手段，利用微生物将土壤、地下水等中的有毒有害的有机污染物就地降解成二氧化碳和水、或转化成无害物质的方法。自然界有许多微生物能够降解或转化有机污染物。已报道的生物降解或转化各种重要有机物的微生物有许多（表11－2）。其中，也有大量的能够降解农药的微生物。

表11－2　降解或转化各种重要有机物的微生物

污染物类别	微生物属	微生物种
苯酚及酚类化合物	30	66
含卤素有机物	27	40
合成含氮化合物	18	36
合成表面活性剂	18	43
石油烃类	100	200

如果农副产品已经被污染了，可采用相应的措施进行去污处理。一般来说，如果农药仅污染了农作物、果蔬的表面，用水、溶剂漂洗可收到一定的去污效果。如番茄上的马拉松等农药，用水可去除90%以上；用碱性过氧化氢溶液洗涤蔬菜中残留的一六〇五农药也有一定效果，用蒸汽蒸饭或用电饭锅做饭可去除大米中的六六六农药残留50%以上。然而，目前使用的农药大多数是化学性质十分稳定的有机化合物，而且加工成乳剂或油剂，可穿过作物表面渗透到体内，它们在果实、蔬菜、大米等中的残留是用简单的水或溶剂清洗是不能去除的。近年来，国内外学者研究出用微生物去污法。到目前为止，已报道从自然界分离出降解石油、农药等工业污染物和抗重金属离子的质粒4大类30余种，其中降解六六六的BHC质粒是我国科学家于1982年首次发现的。美国科学家借助现代恒化器进行质粒分子育种，培育出除草剂2，4，5－T的

克星——工程菌AC1100，它一周内能降解土壤中95%以上的2，4，5-T。瑞士和德国联合，已使一种降解2，4，5-T的关键酶基因克隆成功。我国在高效菌株选育方面也取得了一些成绩，已分离出一些降解苯酚、五氯酚、丙烯氰、联苯、表面活性剂等的高效菌剂。南京农业大学、上海益普生物工程有限公司、成都绿泉生物工程有限公司已分离到数十株降解剧毒农药的微生物，并制成了相应的微生物解毒制剂，在喷洒农药两天后施用，可有效地降解农作物中的农药残毒。

小 结

现代生物技术的原理及方法已广泛地应用于农业生产，正从根本上改变着制约农业发展的传统技术手段和方法，并已产生了巨大的经济效益。植物生物技术在农业上应用并产生效益，主要表现在植物组织快繁脱毒、人工种子生产、生物技术育种、农业病虫害生物控制等。动物生物技术的主要应用有动物转基因技术、动物克隆技术、动物的胚胎工程技术以及分子生物技术。

广义而言，植物组织培养是指植物离体的任何部分，在人工培养条件下的生长和发育技术。植物体细胞杂交也称原生质体融合，通过原生质体融合技术，可以克服植物远缘有性杂交中的生殖障碍，使之按人们的需要更加广泛地组合各种植物的优良遗传性状，培育出理想的植物新品种。植物人工种子的研制，是在组织培养的基础上发展起来的一项生物技术。所谓人工种子，即人为制造的种子，就是将组织培养产生的体细胞胚或不定芽包裹在能提供养分的胶囊里，再在胶囊外包上一层具有保护功能和防止机械损伤的外膜，造成一种类似于种子的结构。植物体中含有数量相当可观的次生代谢物质。目前已发现的植物天然代谢物超过两万种，采用植物细胞培养技术生产次生代谢产物的研究取得了飞速的发展。转基因技术可打破物种界限，克服植物有性杂交的限制，促进基因的交流，可将从细菌、病毒、动物、人类、远缘植物甚至人工合成的基因导入植物，为植物新品种的培育开辟了新途径，应用前景十分广阔。

作物育种工作是根据人的意愿，按规定方向发展的一种生物进化，其最终目标是培育出适合人类需要的优良品种。作为间接选择方法之一的分子标记辅助选择是通过对与目标基因紧密连锁的分子标记的分析，来判断目标基因是否存在，进而鉴定分离群体中含有目标基因的个体，分子标记育种目标明确，无需大规模的种植群体，经济简便。微生物生物技术在农业上的应用主要表现在生物固氮、微生物肥料、微生物农药、高等真菌的开发利用以及农产品有害残留物质的微生物降解。

复习思考题

1. 植物生物技术主要包括哪些主要内容？
2. 简述人工种子的概念及生产工艺。
3. 简述分子标记的主要类型及其在动植物育种中的应用。
4. 什么是胚胎克隆与体细胞克隆？试述克隆动物的一般步骤。
5. 克隆动物有何理论和实践意义？
6. 胚胎生物工程包括哪些内容？各有何作用？
7. 什么是胚胎干细胞，对它的研究有何意义？
8. 农业微生物生物技术应用主要表现在哪些方面？
9. 现代生物技术对畜牧业将产生什么样的影响？

主要参考文献

[1] 翟礼嘉，顾红雅，胡苹，陈章良．现代生物技术导论．北京：高等教育出版社，施普林格出版社，1999

[2] 陈宏．现代生物技术与动物育种．黄牛杂志．2000，26（4）：1～7

[3] 郭蔼光，范三红，张大鹏编著．基因工程．杨凌：西北农林科技大学印，2001

[4] 马勇江，曹斌云．哺乳动物体细胞克隆研究进展．黄牛杂志．2001，27（2）：39～41

[5] 李维基，陈宏主编．新编遗传学教程．北京：中国农业大学出版社，2001

[6] 陈佩度．作物育种生物技术．北京：中国农业出版社，2001

[7] 胡含，王恒立．植物细胞工程与育种．北京：北京工业大学出版社，1990

[8] 毛盛贤，刘国瑞．遗传工程的应用与展望．北京：北京师范大学出版社，1986

[9] S. H. 曼特尔，H. 史密斯．植物生物工程学．上海：上海科学出版社，1986

[10] J. E. 史密斯．生物技术．北京：科学出版社，1985

第十二章 生物技术与食品

学习要求 认识现代生物技术在发酵食品工业中的应用；学习如何利用现代生物技术筛选优良菌种、改良传统生产工艺、提高生产效率等方面的知识。了解食品检测的主要生物学方法、转基因食品的概念及其安全性评价。

21世纪是生物技术的世纪，生物技术为人类解决人口膨胀、食物短缺、能源匮乏、环境污染等一系列问题带来了希望。在我国的悠久历史中，传统生物技术在食品生产中一直起重要作用。据传，在石器时代后期，我国就善于酿酒；在公元前221年的周代后期，我国就能酿造酱油和醋。随着人们对微生物的不断认识和深入研究，利用微生物生产的食品越来越多，现代生物技术在改善产品质量、提高食品营养价值和安全性以及增加生产效益等方面发挥着越来越大的作用。

第一节 生物技术与食品加工

一、发酵生产食品与饮料

(一) 酒类生产

1. 白酒 白酒（Chinese liquor）是指以谷类、薯类等为原料，经蒸煮(或生料)、糖化发酵、蒸馏、贮存和勾兑等工序制成的一种蒸馏酒，其酒度大于20%（V/V)。我国的白酒生产历史悠久，工艺独特，它与国外的白兰地(brandy)、威士忌（whisky)、伏特加（vodka)、朗姆酒（rum）和杜松子酒(gin）被称为世界六大蒸馏酒。

我国白酒的种类繁多，品种琳琅满目。根据所用糖化发酵剂分类，有大曲酒、小曲酒、麸曲白酒。根据香型分类，有浓香型白酒（以泸州老窖为代表)、酱香型白酒（以茅台酒为代表)、清香型白酒（以汾酒为代表)、米香型白酒(以广西桂林三花酒为代表)，另外还有豉香型、芝麻香型等。

(1) 大曲酒 大曲酒主要以高粱为原料，大曲为糖化发酵剂，经固态发酵，固态蒸馏而制成，其产量约占白酒的20%。我国的名优白酒多数为大曲酒。

大曲是以小麦或大麦和豌豆等为原料，经粉碎、加水搅拌、压成砖块状的曲坯后，在一定的温度、湿度下培养，使自然界的微生物在坯上生长、繁殖、产酶，而后风干制成。为了弥补传统大曲存在菌种杂多、良莠不齐、糖化发酵力低等缺点，在采曲时引入有益微生物，以提高大曲的质量，从而有目的地改造和强化了大曲中的微生物体系。

近年来，现代生物技术在大曲酒生产中得以广泛应用，为名酒的质量稳定和提高奠定了基础。例如，根据浓香型白酒的主体香是已酸乙酯，进一步研究和发展了已酸菌及人工老窖的培养技术，打破了必须是"百年老窖出好酒"的传统观念。已酸菌的分离和应用，增强了浓香型白酒的主体香，使酒质更加完善协调。将汾酒大曲中分离出来的汾Ⅰ和汾Ⅱ产香酵母，用在白酒生产上，对提高清香型白酒质量起了很好的作用。酿酒活性干酵母（active dried yeast，ADY）的使用简化了生产工序，提高了生产效益。生香活性干酵母、固（液）体活性窖泥功能菌的应用，提高了大曲酒的酯香物质，改善了产品质量。糖化酶、纤维素酶、酸性蛋白酶等酶制剂的应用已是提高产量、节约粮食等必不可少的手段。另外，耐高温淀粉酶、耐高温糖化酶、耐高温 ADY 等的使用，为大曲酒生产安全度夏等提供了可靠性。由此可见，是现代生物技术使大曲酒生产走出了耗粮高、效益低的困境。

（2）小曲酒　小曲酒是以大米、高粱、玉米等为原料，小曲为糖化发酵剂，采用固态或半固态发酵，再经蒸馏、勾兑而成。其生产工艺有两种，一是以高粱、玉米等为原料，采用固态培菌糖化、固态发酵、蒸馏工艺。这种生产工艺在云南、贵州、四川等地盛行。另一类是采用固态培菌糖化、半固态发酵、液态蒸馏工艺。半固态发酵又分为先培菌糖化和边糖化边发酵两种传统工艺，前者以广西桂林三花酒为典型代表，后者以广东玉冰烧酒为典型代表。

（3）麸曲白酒　麸曲白酒是以高粱、薯干、玉米等含淀粉的物质为原料，采用麸曲或糖化酶为糖化剂、酒母为发酵剂所生产的一种蒸馏酒。其优点是淀粉利用率和出酒率高，发酵周期短，成本低。但酒香不浓，口味寡淡。为弥补这些不足，生产上多使用多微麸曲酿制麸曲白酒，即参照大曲中各种菌群的微生物比例，拟定多种用曲和酒母量的配方比例，进行酿酒试验，筛选出最佳配方。制备多微麸曲和酒母所使用的菌种有 AS.3.4309、河内白曲、根霉、毛霉、梨头霉、拟内孢霉、红曲霉、拉斯 12 号酵母、异常汉斯酵母、乳酸菌、产气杆菌、芽孢杆菌，已酸菌、丁酸菌等。目前，各种生香活性干酵母的使用已是提高麸曲白酒质量的有效措施。生香活性干酵母在使用前需复水活化，即用 10～15 倍的自来水在 33～35 ℃下活化 30 min，使用量一般为 0.25×10^8～1.1×10^8 个/g（原粮）。为了提高白酒中的香味成分，可使用酸性蛋白酶，用量为 10～20 IU/ g（原粮）。对于浓香型麸曲白酒，若已酸乙酯含量不够，可加己酸菌发酵液。具体操作是当窖内温度升至顶温后，在窖池上面开孔或挖沟，灌入培养好的己酸菌液，添加量为原粮的5%左右。

(4) 液态法白酒　液态法白酒是指经液态发酵、液态蒸馏而酿制的白酒，其生产包括两大步，一是将原料粉碎、预煮、蒸煮、糖化、发酵和蒸馏，以获得纯净的酒基；二是将酒基经调香、串香、勾兑等工艺措施。以获得液法白酒。其生产具有机械化程度高、原料出品率高、发酵周期短、劳动强度低以及卫生条件好等优点。由于是采用纯种发酵，故成品酒口味淡薄。通常使用香醅进行串蒸或浸蒸，以增加液法白酒中的香味物质。香醅的制作方法是将制作香醅的物料常压蒸煮1 h后，冷却至40 ℃，加入糖化酶（120～150 IU/ g原粮），拌匀后，30 ℃加入生香活性干酵母活化液，搅拌均匀，12 h后将香醅用塑料布蒙上，培养24 h后即可。

2. 啤酒　啤酒（beer）是以大麦芽和酒花为主要原料，经糖化、发酵制成的一种含二氧化碳的低酒精度的酿造酒。它是世界上产量最大的一种饮料酒。我国啤酒生产发展很快，到2001年啤酒总产量约为23×10^{6} t，居世界第二位。其酿造生产过程经历制麦芽、制浆、发酵和后处理四个主要步骤。

3. 葡萄酒　葡萄酒（wine）是一种国际性饮料酒，产量列世界饮料酒第二位。由于其酒精含量低，营养价值高，故它是饮料酒的主要发展品种。葡萄酒的基本生产工序为：葡萄→分选→破碎→葡萄汁→接种发酵→换桶→陈酿→澄清→过滤包装→成品。

葡萄酒发酵一般包括酒精发酵和苹果酸-乳酸发酵（malolactic fermentation，MLF），酒精发酵用葡萄酒ADY，它具有良好的耐受二氧化硫性能、发酵速度快、发酵彻底以及有利于酒的澄清等优点。苹果酸-乳酸发酵通常在酒精发酵结束后进行，故又称第二次发酵（secondary fermentation）。在现代葡萄酒工艺中，苹果酸—乳酸发酵是酿造优质红葡萄酒和部分白葡萄酒必须进行的工序。目前，世界上大约有75%的红葡萄酒和40%的白葡萄酒进行苹果酸-乳酸发酵。能够进行苹果酸-乳酸发酵的乳酸菌主要有乳杆菌（*Latobacillus*）、明串珠菌（*Leuconostoc*）、片球菌（*Pedicoccus*）、酒球菌（*Oenococcus*）等属的细菌。启动MLF的方式有2种，一是非接种发酵，即MLF由葡萄酒中自然存在的苹果酸-乳酸菌群完成；二是接种发酵，即MLF由接种经扩大培养的苹果酸-乳酸菌种子液（starter）完成。接种发酵已成为生产上启动MLF最普遍的方法，它克服了非接种发酵生产周期长、对环境条件要求高、发酵不易控制等方面的不足。为了促进MLF快速启动，固定化技术、生物反应器以及苹果酸-乳酸酵母等的研究和应用层出不穷。有人使用海藻酸钙固定*O*. *oeni* ML 34，固定化细胞能够在16 h分解56%的苹果酸；用固定化*Latobacillus* sp. 和*O*. *oeni*细胞进行葡萄酒的生物降酸，结果表明，苹果酸的生物降酸率为82%。也有研究者利用固定化酶技术进行MLF，即把与苹果酸-乳酸转变有关的酶进行固定，然后使用。这一技术目前处于研究阶段。

近年来，分子遗传学手段已应用到葡萄酒微生物育种领域，即把乳酸菌的苹果酸-乳酸酶（MLE）基因通过遗传转化导入酿酒酵母（*S.cerevisiae*）中，使酿酒酵母同时具有酒精发酵和苹果酸-乳酸发酵的能力。例如，Volschenk 等通过对酿酒酵母的 URA3 位点整合一个双表达盒（double expression yeast），这个双表达盒包括苹果酸渗透酶基因（*mael*）和苹果酸酶基因（*mies*），同时还包含一个酵母的启动子和终止子。在转基因酵母的基因组中只插入了完成苹果酸-乳酸转变所必需的 *mael* 和 *mies* DNA，除此之外，没有其他外源 DNA 序列。实验证明，苹果酸-乳酸盒的导入，不影响酿酒酵母固有的酒精发酵性能。在10%葡萄糖、10%果糖和0.8%苹果酸的混合液中，构建的苹果酸-乳酸酵母能在7 d内将苹果酸转变成乳酸。苹果酸-乳酸酵母的育种成功，将导致葡萄酒酿造微生物学和工艺学的一场革命。

（二）淀粉类食品生产

淀粉类食品是指淀粉含量较高或以淀粉含量较高的物质为主要原料加工而成的食品。生物技术在淀粉类食品生产中的应用主要是酶技术的应用。常用的酶有α淀粉酶、β淀粉酶、葡萄糖淀粉酶（糖化酶）、支链淀粉酶、葡萄糖异构酶等。酶法淀粉深加工的产物主要有果糖、环状糊精、饴糖、麦芽糖等。

1. 高果糖浆 利用酶法转化葡萄糖生产果葡糖浆或高果糖浆（HFS）是食品生物技术最成功的范例之一。国外第一代 HFS 只含42%果糖，甜度与蔗糖相同。后来采用诱变和细胞融合技术得到高产菌株，其酶活力提高了200倍，使第二代 HFS 含果糖达65%～90%。

生产高果糖浆的关键，一是要制得高纯度的葡萄糖溶液，制葡萄糖溶液以双酶法最好；二是要制得高活性的固定化异构酶。固定化异构酶的制法基本有两种：一种是以壳聚糖处理和戊二醛交联的方法将含酶细胞制成固定化细胞；另一种是将细胞中异构酶提取后稍加净化，再用多孔氧化铝或阴离子交换树脂吸附制成固定化酶。所用异构酶大多是由节杆菌、链霉菌、凝结芽孢杆菌以及黄杆菌所产生。美国已有八家公司用玉米生产 HFS，称为高果糖玉米糖浆（HFCS），年产量约在 5×10^6 t以上，占世界总产量的70%。我国生产高果糖浆的原料以淀粉为主，也有用大米或低脂玉米粉生产的。其工艺过程基本相同，都必须完成α淀粉酶液化、糖化酶糖化、葡萄糖异构酶转化这三步酶反应。

2. 环状糊精 环状糊精（CD）是由6～12个葡萄糖单位以α-1，4葡萄糖苷键连接而成的一类环状结构化合物，它们能吸附各种小分子物质，起到稳定、缓释、乳化、提高溶解度和分散度等作用，在食品工业中具有广泛的用途。例如，可用于保持食品的香味和色素的稳定，也可用于食品保鲜及除去食品的臭气和苦涩味，还可作为固体果汁和固体饮料的载体。

含6、7和8个葡萄糖单位的CD依次被称为α-CD、β-CD和γ-CD，其中应用最多且能大量生产的是β-CD。目前CD都是以淀粉为原料，先经α淀粉酶液化，再经环状糊精葡萄糖基转移酶（CGT酶）作用而制得的。

能够产生葡萄糖转移酶的微生物主要有软腐芽孢杆菌（*Bacillus macerans*）、环状芽孢杆菌（*B. circulans*）、巨大芽孢杆菌（*B. megaterium*）、嗜热脂肪芽孢杆菌（*B. stearothermophilus*）、嗜碱芽孢杆菌（*B. alkalophilic*）等。β-CD的生产工艺流程如下：

斜面菌种→三角瓶液体培养→50 L发酵罐培养→环糊精葡萄糖基转移酶液

↓

淀粉乳→糊化→冷却（调pH至5～6）→环糊化反应→终止反应（100℃，15 min）→液化→活性炭脱色→过滤→浓缩→冷却结晶→分离→β-CD结晶→干燥（50～60℃，8～10 h）→粉碎（过40目筛）→β-CD产品

（三）蛋白类食品生产

1. 单细胞蛋白 单细胞蛋白（single cell protein，SCP）是指通过工业方法培养单细胞生物而获得的菌体蛋白质。用于生产SCP的单细胞生物包括藻类、非病原细菌、酵母菌、担子菌和霉菌等。它们可利用各种基质，如碳水化合物、碳氢化合物、石油副产物、氢气、有机废水等，在适宜的培养条件下生产单细胞蛋白。一般单细胞蛋白的含量达40%～80%。用于生产SCP的微生物及原料见表12-1。

表12-1 食用和饲用微生物的种类

菌 种	学 名	碳 源
产朊假丝酵母	*Candida utilis*	纸浆废液、木材
产朊假丝酵母的嗜热变种	*Candida utilis* var. *thermopila*	糖蜜
脆壁酵母	*Saccharomyces fragilis*	乳糖
细红酵母	*Rhodotorula gracilis*	糖液
脂肪酵母	*Lipomyces* sp.	糖液
热带假丝酵母	*Candida tropicalis*	碳氢化合物
解脂假丝酵母	*Candida lipitica*	碳氢化合物
野生食蕈	*Agaricas campestris*	糖液
粉粒小球藻	*Chlorella pyrenoidosa*	CO_2、太阳能
普通小球藻	*Chlorella vulgaris*	CO_2、太阳能
螺菌	*Spirillium* sp.	CO_2、太阳能

以酵母为菌种生产 SCP 的工艺流程为：

斜面菌种→小三角瓶（250 mL）培养→大三角瓶（3000 mL）培养→300 L 种母罐→3 000 L种母罐→5 000 L 发酵罐

酵母发酵生产 SCP 工艺可分为间歇发酵和连续发酵两种，面包酵母一般都采用间歇发酵，药用干酵母可采用间歇发酵或连续发酵，食用或饲料酵母都采用连续发酵。所用原料可以是制糖工业、食品加工厂的各种含有淀粉的废渣、废液。例如，采用连续培养工艺利用制糖工业的含糖废液生产酿酒酵母，干酵母菌体产量可达 5．4 $kg/m^3 \cdot h$。除生产酵母类真菌外，还可利用这种含糖废液生产白地霉、镰孢菌等其他种类的真菌。

2．奶制品　从世界范围来看，发酵的奶制品占所有发酵食品的 10%。现在人们已知这些发酵主要是一种叫乳酸杆菌的微生物的作用。乳酸杆菌的作用使牛奶能保藏和运输。在过去，这些发酵主要通过乳酸杆菌的自发作用，后来认识到把一部分先前的发酵物加入奶中，会得到更好的结果。现在人们通常将特定细菌的接种物（促酵物）加入奶中发酵。现代奶制品业的发展与纯的促酵物、好的发酵条件和严格的卫生措施紧密相关。

乳酸杆菌对奶制品有很多好处：①乳酸杆菌对人无害，但对许多不良细菌有抑制作用，因此使奶制品能保存。②可改善奶制品的口味和质地。③更重要的是，它们对肠道微生物生态有着十分有利于健康的影响。

这些细菌在奶中生长时，将乳糖转变为乳酸，还会发生其他反应，使奶制品具有独特的口味和外观，如奶油、酸奶和各种奶酪。这取决于原料的成分、添加物的类型和发酵的方式。

奶酪的生产是奶制品业中最大的一部分。世界奶酪市场每年销售额超过 2.1 亿美元。目前世界上奶酪年产量超过 25×10^4 L。从牛奶生产奶酪，本质上是一种脱水的过程，使牛奶蛋白（酪蛋白）和脂浓缩 6～12 倍。只要适当地控制发酵和正确选择起作用的微生物，人们可以做出各种奶酪，目前已约有 900 种不同的奶酪。多数奶酪蛋白生产的主要过程是：①通过乳酸杆菌将乳糖转化为乳酸；②蛋白水解和酸化联合作用使酪蛋白凝结。

近期乳酪生产的一个重要生物技术革新是运用重组 DNA 技术于乳酪生产上。在 20 世纪 60 年代，由于来自动物的粗制凝乳酶出现短缺，导致出现了几种替代品。目前商业用的粗制凝乳酶有六大来源：三种来自动物（小牛、成年的牛和猪），三种来自真菌。真菌来源的粗制凝乳酶与动物来源的功能一样，以其生产的乳酪产量占全部乳酪产量的近 1/3，特别是在美国和法国。然而他们有时会造成减产和口味下降，而动物来源的不会。

十多年前，人们通过基因工程获得了经遗传修饰的、可生产与动物源凝乳酶一样的凝乳酶，它成分单一，并且作用时间容易把握。在英国已有公司出售这种修饰过的酶生产的乳酪，它并不像一些悲观预言者所预言的那样被排斥，公众已能很好地接受它，甚至素食主义者也能接受。品尝口味的专家也区别不出用小牛凝乳酶生产的乳酪和经遗传修饰的酶生产的乳酪。由此生产出的乳酪在商业上已经成功。基因工程菌生产牛凝乳酶的过程如图 12－1 所示。

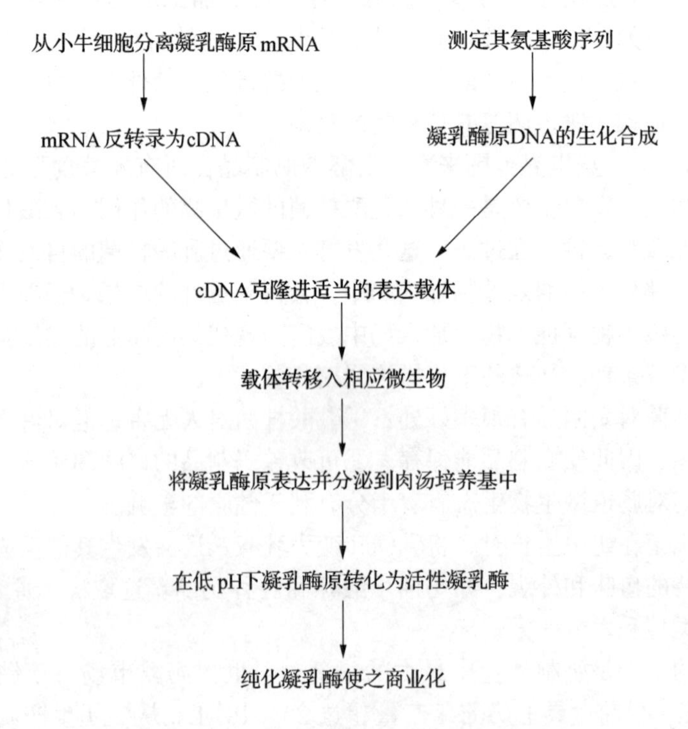

图 12－1　基因工程菌生产牛乳酶示意图

奶制品的第二个主要产品是酸乳酪，它是食品工业中发展最快的产品之一。人们发现活的酸乳酪细菌可以在人的肠中寄生并对消化系统和别的系统有利。酸乳酪的生产过程就是牛奶的整体发酵，这种过程用到两种微生物：*L. bulgaricus* 和 *S. thermophilus*。特定的有味道的化合物是乙醛，是由 *L. bulgaricus* 产生的；而 *S. thermophilus* 将乳糖转化成乳酸，使之有新鲜酸味。两种细菌均产生胞外多聚物，使产物有特定的黏度，温度保持在 30～45 ℃。准备好的酸乳酪接种后放在容器中发酵。冷冻的酸乳酪正像冰淇淋越来越受欢迎。

（四）调味品生产

1. 味精　味精是谷氨酸生产菌以葡萄糖为碳源，经 EMP 途径和 TCA 循环合成谷氨酸，再经中和而制成。其生产工艺过程包括淀粉水解糖制备、接种发酵、产品提取和精制等。主要工艺流程参见本书第四章。

2．食醋 食醋是一种国际性的重要调味品，我国酿醋和食用醋的历史悠久。传统生产醋的工艺为固态发酵法，例如山西老陈醋、镇江香醋等。随着科技的发展和生物技术的应用，食醋的生产工艺发生了很大变化。例如，酶法液化通风回流制醋、液态（深层）发酵制醋、膜过滤生物反应器、固定化醋酸菌制醋等工艺的应用，使食醋生产逐步实现连续化、自动化，并提高了生产效率。其中，液体深层发酵法是食醋生产的发展方向。

3．酱油 酱油酿造是通过微生物的作用对原料发酵的结果。近年来，新菌种、新工艺不断地推广应用，使酱油生产更加合理化、科学化。例如，将原来野生霉菌制曲改为纯培养制曲，创造出简易通风制曲法；将天然日晒夜露发酵改为人工保温发酵，使微生物能在最适的条件下生长、产酶和发酵。

用于酱油生产的微生物有曲霉、酵母菌和乳酸菌。曲霉中有米曲霉（*Aspergillus oryzae*）、黑曲霉（*Aspergillus niger*）、甘薯曲霉（*Aspergillus batatae*）。酵母菌主要有鲁氏酵母（*Saccharomyces rouxii*）、酱醪结合酵母（*Zygosaccharomyces major*）、易变球拟酵母（*Torulopsis versatilis*）、埃契球拟酵母（*T. etchellsii*）等。常用的乳酸菌有嗜盐片球菌（*Pediococcus halophilus*）、酱油片球菌（*P. soyae*）、酱油四联球菌（*Tetracoccus soyae*）和植物乳杆菌（*Lactobacillus pantarum*）等。

二、食品添加剂的生产

食品添加剂是指为改善食品的品质（色、香、味）以及为防腐和加工工艺的需要而加入到食品中的化学合成物或天然物质。随着生物技术的飞速发展，利用生物技术来生产安全且具营养的食品添加剂越来越受到人们的关注。

（一）甜味剂

甜味剂有天然甜味剂和合成甜味剂两大类。天然甜味剂有糖和糖醇。合成甜味剂有糖精（钠）、三氯蔗糖、阿力甜等。合成甜味剂会给人体健康带来不利影响。而糖和糖醇类甜味剂易被人体消化吸收，使人发胖，且易引起龋齿。因此，人们寻找到了非糖甜味剂——阿斯巴特（aspartame），其甜度比蔗糖高200倍，它是由天冬氨酸和苯丙氨酸与甲醇结合构成的二肽甲酯。起初用化学合成法生产，现可利用酶法合成该甜味剂。其关键酶是一种由嗜热细菌（*Bacillus thermophoteolyticus*）产生的含金属的中性蛋白酶 thermolysin，它能专一性地催化L-苯丙氨酸甲酯与天冬氨酸衍生物缩合。该酶具有很好的耐温性和对有机溶剂的稳定性，在应用时无需经过纯化，可向反应液中加入丙酮进行回收。目前，国内外正在研究利用固定化微生物生产合成阿斯巴特所需的两种氨基酸。

（二）酸味剂

食品工业中常用的酸味剂有柠檬酸、苹果酸、乳酸、葡萄糖酸内酯等，这些酸味剂都可以通过微生物发酵法生产。例如，柠檬酸和葡萄糖酸内酯可由黑曲霉生产；苹果酸可由黄曲霉生产。近年来，人工诱变选育出来的优良菌种不断地应用在柠檬酸生产中。例如，宇佐美曲霉 N_{558}（产酸6%～7%）；黑曲霉γ-144（产酸9%）；D353（产酸9%～10%）；No5016（产酸14%～17%）；T419（产酸15%～20%）。

微生物发酵生产柠檬酸的方法有静置浅盘发酵法（表面发酵法）和液体深层通风发酵法。起初，以表面发酵法为主，从20世纪50年代开始，我国开始了大规模的深层通气发酵法生产柠檬酸，工艺流程如图12-2所示。

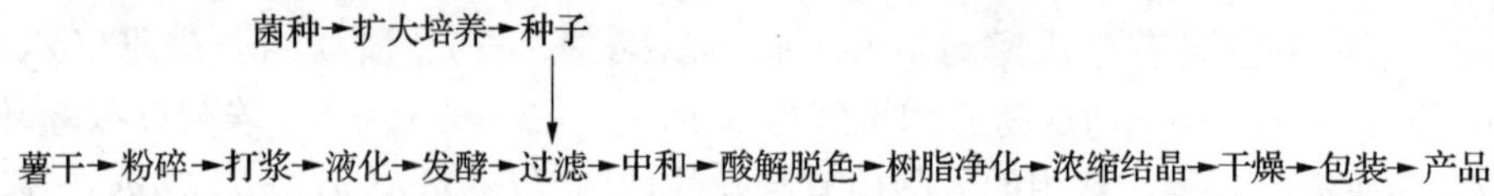

菌种→扩大培养→种子
↓
薯干→粉碎→打浆→液化→发酵→过滤→中和→酸解脱色→树脂净化→浓缩结晶→干燥→包装→产品

图12-2 深层通气发酵法工艺流程示意图

为了便于生产的连续化，柠檬酸生产的发展趋向是采用固定化菌体，即将菌体用海藻酸钠等载体固定成菌体小球，进行连续化生产，柠檬酸最高产量达70 mg/g·h，是未固定菌体的5倍。所使用的菌种主要为黑曲霉，可采用外加酶液化法，以提高转化率，常用的酶有中温α淀粉酶和耐高温α淀粉酶。目前国外正在研究用酵母和细菌生产柠檬酸。

近年来，现代生物技术在其他有机酸生产上的应用越来越多。例如，采用固定化细胞生产乳酸，即用海藻酸钠固定德氏乳杆菌，使其发酵葡萄糖连续生产乳酸，最高产量为97%，且90%以上为L(+)异构体。

（三）鲜味剂

鲜味剂又称风味增强剂（flavou enhancer），是指用于增补或增强食品原有风味的物质。生物法生产的鲜味剂主要有氨基酸和核苷酸。

最早发现的呈味核苷酸是5′肌苷酸（5′IMP），它具有类似鲑鱼肉的鲜味。继而发现了5′鸟苷酸（5′GMP），其鲜味高于5′IMP两倍。这两种呈味核苷酸的出现，打破了谷氨酸钠作为惟一鲜味剂的单调局面。目前，国际市场已出现多种多样的谷氨酸钠与核苷酸配制的特鲜味精、复合味精和强力味精。

世界核苷酸类鲜味剂年产量约4 000 t，其中，45%～50%的产品主要用于食品加工，35%～40%的用做调味品。我国作为助鲜剂生产的核苷酸，年产量约50 t，从产量和效益上都有待于提高。

（四）增稠剂

增稠剂种类很多，有褐藻酸钠、环糊精、果胶、明胶、黄原胶等。其中黄原胶是最有名的微生物来源的增稠剂。黄原胶（kathan gum），又名汉生胶或甘蓝黑腐病黄单菌胶，是一种由微生物产生的高分子酸性杂多糖，具有良好的增稠性，产品为淡黄色粉末，工业生产黄原胶所用的菌种有甘蓝黑腐病黄单胞菌（*Xanthomonas campestris*）、棉花角斑黄单胞菌（*X. malvaclarum*）、胡萝卜黄单胞菌（*X. carotae*）等。所用原料，国外多数以葡萄糖为碳源，国内以玉米淀粉或蔗糖为碳源。碳源的起始浓度可控制在2%～5%。所用氮源一般有鱼粉、豆粉等。氮源的种类和数量直接影响黄原胶的产量。另外，无机盐K_2HPO_4、$MgSO_4$以及Fe^{3+}、Mn^{2+}、Zn^{2+}等元素对黄原胶的生物合成有促进作用。

黄原胶发酵包括分批发酵和连续发酵，分批发酵为多级通气发酵，需高速搅拌。用KOH控制pH 6.5～7.0，发酵温度28～30 ℃，发酵周期为72～96 h。发酵液经杀菌后加入异丙醇或己醇使黄原胶沉淀，并分离提纯即得产品。黄原胶收率取决于所用碳源的种类及发酵条件的控制，一般收率为起始糖量的40%～80%。

（五）食用色素

近年来，随着人们对食品卫生和安全性的重视，对合成色素的争议很大，各国有关使用色素的规定也在不断修正。因此，从动物、植物中提取或利用生物技术生产天然食用色素将是食用色素生产的发展方向。食品中常用的色素以黄色和红色为主，而微生物产生这类色素的潜力很大，下面介绍几种微生物色素的生产方法。

1．红曲色素　红曲是我国古代人民发明的药食兼用型食品添加剂，其生产和应用已有1 000多年的历史。传统红曲是以大米为原料，经过浸米、蒸饭和冷却后，自然接种红曲霉种子，经发酵而成的紫红色大米粒状产品。此法缺点是产量低、色价低、质量不稳定。自20世纪70年代以来，国内外研究用液态深层发酵法生产红曲色素，并取得很大进展。例如，日本采用不同菌株、不同工艺生产出溶解性色调各不相同的多种红曲产品。我国宁夏瑞德天然色素公司以大米为主要原料，将传统工艺与现代新技术相结合，采用红曲霉液体深层发酵工艺和独特的提取技术，生产出粉状天然高稳定性的食用红曲色素。华南理工大学采用自制的1.3 L内循环气升式反应器生产红曲色素，发酵周期为90～100 h，比同等条件下摇瓶发酵缩短时间40%以上，整个发酵过程循环状态良好且稳定，有望大规模生产。目前，适合我国国情的大批量工业化生产红曲的方法是厚层通风法。

2. β胡萝卜素 β胡萝卜素既是一种生理活性物质，又是一种天然色素，在食品、化妆品和医药等工业上已得到广泛的应用。β胡萝卜素是胡萝卜素中最具维生素A原活性的一种。在防癌、抗癌和预防心脑血管疾病等方面有明显作用，作为食品添加剂已被联合国FAO和WHO食品添加剂专家委员会认定为A类营养色素。

胡萝卜素的制法有天然提取法、化学合成法和微生物合成法三种，其中以化学合成法为主。但化学合成法成本高，从植物中提取β胡萝卜素也受含量低、季节、气候和运输等条件的限制而难以大规模生产。利用微生物合成β胡萝卜素则具有含量高、易于大规模培养的优势，其应用前景广阔。图12－3为国外通过霉菌发酵生产β胡萝卜素的工艺流程。所用菌种为三孢布拉霉菌（*Blakeslea trispora*），它具有生长迅速、生物量高的优点，是东欧各国工业化发酵生产胡萝卜素的优良菌种。其成品中，β胡萝卜素占80%～90%。目前，各国正在研究利用酵母、细菌和螺旋藻类等发酵生产胡萝卜素，预计在不远的将来会实现工业化生产。

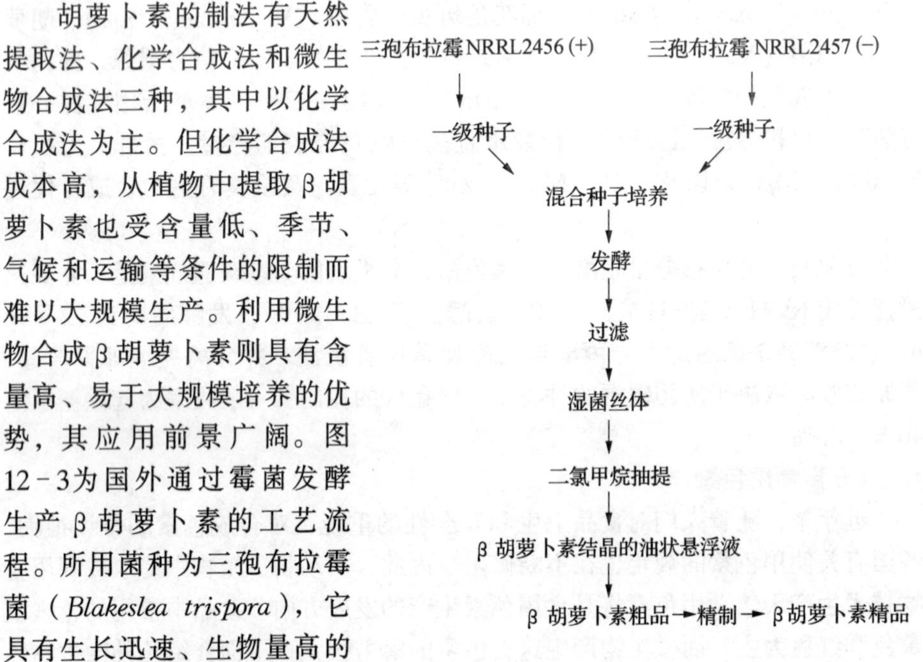

图12－3 β胡萝卜素生产工艺流程

总之，现代生物技术在食品生产中的应用越来越广。现代生物技术使食品发酵工业发生了翻天覆地的变化，食品生产效率不断提高，花色品种越来越多，且食品更加营养、卫生、安全。我们可以说，没有现代生物技术的应用，就没有现代的食品发酵工业。

第二节　生物技术与食品检验

一、免疫学技术的应用

食品质量与安全是世界各国都非常关注的问题。对食品生产、加工过程及其产品的质量与污染物的检测显得尤为重要，传统的检测方法费时费力。随着现代生物技术的发展，免疫学技术已在食品工业生产及科研中得到应用。利用抗体检测系统和DNA及RNA探针技术来取代许多传统的检验，使食品检验更加快速、灵敏、专一和高效，使食品供应的标准有很大改善。

（一）食品营养成分的检测

应用免疫学技术可测定食品成分（蛋白质、淀粉等）在加工前后其分子水平上的变化以及食品中主要营养成分、香味成分或不期望成分。因为食品中所研究的若干大分子或小分子物可以直接或间接成为抗原，而抗原抗体的作用是免疫学的基础，抗原抗体特异性结合的结果，可以通过酶促反应、荧光反应、放射性同位素等来显示，由此建立起一系列敏感而实用的标记技术。

目前，转基因生物以及由其生产的转基因食品大量涌向市场，截止到2000年底，全球转基因植物田间试验超过10 000例，转基因作物达100多个，由转基因作物生产加工的转基因食品和食品成分达4 000余种。尽管多数科学家认为，现代生物技术产生的食品本身的安全性并不比传统食品低，但转基因食品还是引起了人们的不安。因此，世界各国都在努力制定相应的法律和法规，例如，1998年6月欧盟（EU）规定对农作物的种子、食品、饲料必须标识其是否含有遗传工程体（genetically modified organism，GMO）；俄罗斯规定对转基因食品和含有转基因成分的食品进行政府登记制度；我国农业部颁布的《农业转基因生物标识管理办法》规定，从2002年3月20日起，凡是在中国境内销售的大豆、玉米及其制品若属转基因生物，必须进行标识。

转基因食品的检测主要有两种办法，一种以DNA为基础的PCR法，另一种是从蛋白质水平出发的酶联免疫吸附检测法（enzyme - linked immunosorbent assay，ELISA）。ELISA检测是将抗原与抗体反应的特异性与酶对底物的高效催化作用结合起来，当抗原与抗体结合时，根据酶作用于底物后的显色反应，借助于比色或荧光反应鉴定转基因食品。酶对底物反应的颜色与样品中抗原的含量成正比。ELISA检测在对样品进行定性检测的同时又能进行定量分析。使用ELISA方法，通过抗体特异性地与EPSPS（5-烯醇丙酮酰莽草酸-3磷-酸合酶）蛋白结合，检测抗农达大豆（Roundup Read Soybean）。13个欧共体成员国和瑞典共37个实验室研究结果表明，大豆干粉中遗传工程体（GMO）含量达2%时，检测可信度达99%。

（二）食品卫生指标的检测

在食品生产和加工中，定性或定量检测腐败微生物及其成分、酶等引起的质量问题；检测病原微生物或微生物毒素、杀虫剂、抗生素等食品安全问题是十分重要的。目前，新的免疫检测方法不断地应用到食品卫生指标的检测中，使检测工作更加方便、及时、准确。食品免疫测试方法包括直接酶免疫（EIA）、酶联免疫吸附（ELISA）等方法。这些方法可测试许多含量极低的物质，如微量残留物、真菌毒素、抗生素、激素和细菌毒素等。

1. 沙门氏菌的检测 沙门氏菌是肉品污染中一种典型的病原微生物。目前，最新的检测方法是采用特殊材料制成固相载体。例如先用聚酯布（polyester cloth）结合单抗放置在层析柱的底部以富集鼠伤寒沙门氏菌，然后直接做斑点印迹试验。还可将单抗结合到磁性粒子（直径28 nm）上，用来检测卵黄中的肠炎沙门氏菌。英国的BioMerienx公司最新推出了一种全自动ELISA沙门氏菌检测系统，其原理是将捕捉的抗体包被到凹形金属片的内面，吸附被检样品中的沙门氏菌。只要把样品加到测定试剂孔中就行了，其余全部为自动分析，所需时间仅45 min。而用传统的方法则需要5 d。因此，ELISA与传统分析法相比效率大大提高。

2. 真菌及其毒素的检测 食品在贮藏过程中会受到霉菌等微生物的污染，导致感官品质和营养价值的降低，更重要的是某些霉菌能产生毒素，危及人体健康。对霉菌的检测一般采用培养、电导测量、测定耐热物质（几丁质）和显微观察等方法，既繁琐又费时。现在已从青霉、毛霉等霉菌中提取耐热性抗原制成抗体，用ELISA方法可以快速检出加热和未加热的食品中的霉菌。

黄曲霉毒素是由黄曲霉等霉菌产生的致癌、致突变物。对这种真菌毒素的免疫学分析方法有放射免疫分析（RIA）和ELISA等。1990年，国外报道了利用ELISA检测食品中霉菌的进展，其中包括食品样品的制备、抗体的制备、ELISA的评估（包括抗体浓度、最适包被/结合浓度、ELISA专一性、ELISA与霉菌黄曲霉毒素、ELISA与霉菌生物量或计数量的关系）以及免疫学优势组成与霉菌抗血清等。新一代ELISA引入了一系列放大机制，使ELISA敏感性大为提高。例如，底物循环放大机制使碱性磷酸酶不直接催化有色物质生成，而是使NADP脱磷酸生成NAD，NAD进入由醇脱氢酶和黄素酶催化的氧化还原循环，导致有色物质的生成，这种放大机制使碱性磷酸酶的信号比标准ELISA放大了250倍。用专一的竞争ELISA微量试验碟，可检测黄曲霉毒素B_1含量为25 pg的样品。为降低黄曲霉毒素B_1、黄曲霉素B_2之间的交叉反应，用抗黄曲霉毒素 B_2 的单克隆抗体进行间接竞争 ELISA，灵敏度为 50 pg。

目前，免疫学技术在灵敏、快速、特异性强的基础上，向简便、易操作及自动化的方向发展，各种免疫试剂盒、免疫试纸、免疫试剂碟等相继出现。对黄曲霉毒素检测已有专用的 AF 免疫试剂盒，并在世界各地实验室的常规分析中得以使用。

二、分子生物学技术的应用

现代生物学，尤其是分子生物学的飞速发展，为食品检测提供了先进的技术手段，其中的聚合酶链式反应（PCR）技术，在探测食物传染病毒和追踪传染源方面，以及在转基因食品检测中已被广泛应用。PCR 是一种高效的 DNA 扩增技术，它能提高病菌或外源核酸检测的灵敏度。

（一）转基因食品的检测

PCR 法对遗传工程体（GMO）的检测分为定性和定量两种，最初检测食品中 GMO 采用的是定性 PCR 方法，即对特殊序列基因（如启动子、终止子、遗传标记基因）和目的基因（靶基因）进行检测。构建基因表达载体时，常在目的基因的 5′和 3′端分别加上启动子和终止子，以使外源基因在植物中有效地表达，同时不影响其他基因的表达。大约 75%的转基因植物中使用 CaMV35S 启动子，其次是胭脂碱和章鱼碱合成酶的 NOS 启动子和 Ocs 启动子。常用的终止子是胭脂碱合成酶的 NOS 终止子和 Ribisco 小亚基基因的 3′端区域。检测法有 35S－PCR 法和 NOS－PCR 法，食品中若检测到 35S 启动子 DNA，则标签贴“GMO”。国内外许多实验室用 35S－PCR 和 NOS－PCR 检测食品中 GMO，结果表明，当玉米和大豆中含有 2%GMO 时，可以用 35S－PCR 和 NOS－PCR 正确地检测。然而，当样品中含有 0.5%GMO 时，用35S－PCR 检测结果正确，而 NOS－PCR 检测结果中有 3 个呈假阳性，因此，相比而言，35S－PCR 比 NOS－PCR 更灵敏。目前，关于定性检测已有专门的试剂盒出售，例如，上海出入境检验检疫局动植物与食品检验检疫技术中心研制的各种试剂盒，包括检测 35S 启动子、NOS 终止子等。

定量 PCR 可用于确定样品中 GMO 百分比。定量竞争性 PCR（quantitative competitive PCR，QC－PCR）是普遍使用的一种定量 PCR。校准过的 QC－PCR 系统可检测几种商品化食物样品和 3 种面粉混合物中含抗草甘膦大豆（Roundup Read TMSoybean，RRS）成分。另外，还有 real－time PCR（RT－PCR），RT－PCR 可以对 0.01%样品进行精确定量。现已成功地用 RT－PCR 检测各种原材料、混合物成分、玉米糖浆、大豆蛋白、调味剂、饮料、啤酒等。目前，使用PCR检测食品中GMO面临的最大的挑战是精炼糖和油等，因为许多食品在加工过程中破坏了DNA，例如，罐制品在加工过程中导致DNA降解；番茄果汁制造时采用低pH时，DNA发生化学修饰及降解等均降低DNA质量；在延长鲜食品贮存期时，核酸酶可能会降解DNA；另外，食品中含有的阳离子（Ca^{2+}、Fe^{3+}）、微量金属、碳水化合物、酚类、盐等均能抑制PCR反应。因此，为了提高PCR结果的可靠性，要依据食物种类，分析可能存在的抑制剂，调整DNA提取方法，以降低或消除抑制剂的影响。

（二）沙门氏菌的检测

PCR技术具有快速、专一、敏感等优点，其检测包括模板制备和引物设计。PCR检测方法的可靠性部分依赖于目标模板的纯度和足够的目标分子数量，大多数PCR检测方法仍要求富集步骤。常用的富集方法有离心、过滤、离子交换、固定化凝集、免疫磁性分离等。例如，用锆氢氧化物与细胞固定后，样品浓缩50倍，固定化细胞仍保持活力，可用标准培养法记数。用反转PCR（RT－PCR）检测，限值为10～100 cfu/25 mLNFDM（复原无脂干奶粉）（cfu＝colony forming unit，菌落形成单位）。对全脂牛奶、冰激凌检测，限值分别为≥10^2 cfu/mL和≥10^1 cfu/mL。该法的优点是减少样品体积、浓缩活性细菌、去除PCR抑制剂等。另外，也可用FTA过滤来制备模板，FTA过滤器是一种渗透有螯合剂和变性剂的纤维状基质，这些物质可有效地在与微生物接触中与之螯合，使之解离。滤板直接作为模板来分析，从而减少了操作步骤，节省了时间，并可显著减少样品的丢失，防止敏感性下降。通过过滤不仅可有效浓缩目标微生物，而且还可在有高含量固有菌群时，消除PCR的潜在抑制剂。

引物的设计可根据所选沙门氏菌靶序列的不同进行选择，常用的几种序列如下：一是编码沙门氏菌鞭毛蛋白的基因序列。在许多细菌中，鞭毛都是重要的毒力因子。二是编码菌毛的*fim*A基因序列。根据*fim*A基因设计特异引物，用于牛奶等食品中沙门氏菌的PCR检测。三是与沙门氏菌质粒毒力相关的SPV基因序列。四是编码吸附和侵蚀上皮细胞蛋白的*inv*基因序列。五是沙门氏菌侵蚀基因正调节蛋白hilA。六是编码沙门氏菌LpsO抗原的*rfb*基因。七是编码与蛋白结合的*hns*基因。近年来，用PCR技术检测沙门氏菌得到了迅速发展，产生了许多PCR技术，例如常规PCR、套式PCR、多重PCR等。也可将几种方法结合使用。

（三）李斯特菌的检测

李斯特单核增生菌（*Listeria monocytogenes*）是一种集聚性的革兰氏阳性杆菌。在所有的李斯特菌中，李斯特单核增生菌似乎是惟一的人类病原菌，已发生过几次食物传染李斯特单核增生菌症状的中毒现象。该细菌可在许多食品加工场所生存，并导致食品加工后的污染。已从原始食物、快餐食物和土壤中分离出此菌种。PCR 已成为李斯特单核增生菌检测的技术基础。检测的目标基因是李斯特单核增生菌细胞溶素 O（*hly*A）基因，该基因是李斯特单核增生菌呈现毒性所必需的。

病菌种类的区别对于其流行病追踪是很有用的。已发展了一些方法用于区别李斯特单核增生菌品系，如血清型、酶型、相型等鉴定法。但大多数方法不适于系统发育分析，而随机扩增多态 DNA（RAPD）技术可以分辨单血清型或酶型的李斯特单核增生菌。RAPD 分析是一种快速、灵敏、有效的方法，能用于非常相近的细菌品系的鉴定和辨别。当追踪鉴定大量无特征的分离菌时，由于没有充分的信息可利用，按血清型、酶型或相型进行分析基本无效，而用 RAPD 分析却能发挥最大的作用。

（四）腐败菌的检测

使用 PCR 技术可快速检测和鉴定饮料、啤酒等生产过程中的腐败菌。尽管啤酒花中的异 α 酸对大多数革兰氏阳性菌有抑菌作用，但有些乳酸菌（特别是乳杆菌）对异 α 酸有抗性，可以在含酒花的啤酒中生长，造成啤酒的腐败。研究发现，凡是能引起啤酒腐败的乳杆菌均含有似 *hor*A 基因，推知具有似 *hor*A 基因的乳杆菌可能具有使啤酒腐败的特性，从而出现了 *hor*A－PCR 技术。该技术对啤酒中腐败菌的检测大约需要 6 h，比传统的平板培养法快捷得多。目前，用于啤酒腐败菌检测的 PCR 方法有 3 种：使用特异引物的 PCR、RAPD－PCR 和 Nested－PCR。

第三节　转基因食品的安全性

转基因食品（genetically modified Food，GMF）是指利用以生物技术改良的动物、植物和微生物所生产的食品、食品原料及食品添加物等。随着世界可耕地持续减少，人口的不断增加，利用生物工程技术提高食物的产量和质量、增加营养素含量，越来越受到广泛的关注。例如，在美国，从牛奶、奶酪到水果、蔬菜等，到处都存在转基因食品。美国转基因玉米的种植面积由 1998 年占玉米总种植面积的 28%上升到 1999 年的 33%；转基因大豆的种植面积占大豆总种植面积的 55%；转基因的马铃薯也开始种植；转基因甜菜也将问世。我国从 1997—1999 年批准商品化转基因食品植物 5 项，包括耐贮藏番茄、抗黄瓜花叶病甜椒 KP－SP01 和双丰 R、抗黄瓜花叶病番茄 PR－TMB805R 和 8805R。批准中间试验的转基因植物 48 项，涉及食品植物9项。批准环境释放的转基因食品植物7项。随着克隆羊和克隆奶牛等转基因动物的诞生以及转基因动物乳腺反应器的发展，转基因食品将越来越多地进入市场。

新技术在带来社会、经济、环境效应的同时，也带来了新的问题：人们对转基因食品安全的担忧，基本上可归为以下三类：一是转基因食品里加入的新基因在无意中对消费者造成健康威胁；二是转基因作物中的新基因给食物链其他环节造成无意的不良后果；三是人为强化转基因作物的生存竞争性，对自然生物多样性的影响。其中人们最为关注的是转基因食品对人类健康是否安全？转基因食品与市场销售的常规食品相比，有无不安全的成分？这就需要对其主要成分、微量营养成分、抗营养因子的变化、有无毒性物质、有无过敏性蛋白以及转入基因的稳定性和插入突变等进行检测，重点是检测其特定差异。转基因食品、食品成分安全性分析应遵循以下几项原则。

一、遗传工程体特性分析

在评价转基因生物食品时，对遗传工程体（GMO）的特性分析是第一个要考虑的问题。因为分析遗传工程体本身的特性，有助于判断某种新食品与现有食品是否有显著差异。分析的内容主要包括三个方面。

1．供体 包括来源、分类、学名；与其他物种的关系；作为食品食用的历史；含有毒史；过敏性、传染性（微生物）；是否存在抗营养因子和生理活性物质；关键性营养成分。

2．基因修饰及插入DNA 包括介导物或基因构成、DNA成分描述（包括来源、转移方法）、助催化剂活性。

3．受体 包括与供体相比的表型特征、引入基因表现水平和稳定性、新基因拷贝量、引入基因移动的可能性、引入基因的功能、插入片断的特征。

二、转基因食品的安全性评价原则

实质等同性（substantial equivalence）原则是经济合作发展组织（OECD）1993年提出的食品安全性原则。即基因工程食品及成分是否与目前市场上销售的食品具有实质等同性，这是基因工程食品安全性评价的最为实际的途径，它是对新食品与传统食品相对的安全性比较。

1．与现有食品及食品成分具有完全实质等同性 如果某种新食品或食品成分与已经存在的某一食品或食品成分在实质上相同，那么在安全性方面，新食品与传统食品相同。

2．与现有食品及食品成分具有实质等同性，但存在某些特定差异　如果除了新出现的性状，该食品与现有食品具有实质等同性，则应该进一步分析这两种食品确定的差异，包括引入的遗传物质是编码一种蛋白质还是多种蛋白质，是否产生其他物质；是否改变内源成分或产生新的化合物。一般来说，引入DNA和信使RNA本身不会有安全性问题，因为所有生物体的DNA都是有四种碱基组成的。但需要对引入基因的稳定性及发生基因转移的可能性做必要的分析。

3．与现有食品及食品成分无实质等同性的食品　若某一食品或食品成分没有比较的基础，也就是说，没有相应或类似的食品作为比较，那么评价该食品或食品成分就应该根据其自身的成分和特性来进行，即必须考虑这种食品的安全性和营养性。首先应分析受体生物、遗传操作和插入DNA、遗传工程体及其产物特性（如表型、化学和营养成分等），若插入的是功能不很清楚的基因组区段，同时应考虑供体生物的背景资料。

总之，对食品的安全性分析应采取个案处理，依据初步鉴定积累的资料，决定是否需要同时采用体外和特异的体内动物试验。从营养角度考虑，可能需做人体试验，特别是当新食品将取代传统食品作为膳食中的主要食品时。而且这种人体试验是在动物试验证明无毒后才能进行，同时还要考虑人群中有无敏感群以及各国各地区食物的差异。

三、安全性评价的主要内容

1．过敏　食物过敏是一个全世界关注的公共卫生问题。据报道，有近2%的成年人和4%～6%的儿童患有食物过敏。食物过敏是指对食物中存在的抗原分子的不良免疫介导反应，是免疫球蛋白E（IgE）与过敏原的相互作用引起的。在儿童和成人中，90%以上的过敏反应是由八种或八类食物引起的，即蛋、鱼、贝壳、奶、花生、大豆、坚果和小麦。实际上，所有的过敏原都是蛋白质。转基因食品中外源基因编码蛋白是否会产生过敏性是人们对转基因食品的一个担忧。那么，如何评价其安全性呢？一般可通过以下几个方面进行判断。

（1）外源基因是否编码已知的过敏蛋白。

（2）外源基因编码蛋白与已知的过敏蛋白的氨基酸序列是否具有明显的同源性　即将分析结果与已建立的各种数据库（如数据库GenBank、EMBI、Swiss-Prot、PIR）中的198种已知的过敏原进行比较，若发现与某种过敏原有显著的序列相似性（至少有8个连续相同的氨基酸），则可按免疫化学方法用血清进行筛选。若未发现氨基酸序列的相似性，则可进行蛋白质对酶消化及加工过程的稳定性进行评价。若其分子是易消化的或不稳定的，此产品进入市场则没有问题。若该分子在消化和加工过程中是稳定的，则应向有关监督管理机构咨询。

（3）外源基因编码蛋白属某类蛋白成员，而此类蛋白家庭的有些成员是过敏蛋白　目前，已被批准商业化生产的转基因食品中，外源基因编码蛋白的过敏性均已经过相关的审查，未发现明显的同源性。

2. 毒性　许多食品生物本身就能产生大量的毒性物质和抗营养因子（如蛋白酶抑制剂、溶血剂、神经毒素等）以抵抗病原菌和害虫的入侵。蛋白酶抑制剂是自然界中含量最丰富的蛋白种类之一，存在于所有生命体中。蛋白酶抑制剂（proteinase inhibitor，PI）以其广谱抗性的特点，越来越受到人们的重视。目前，已有多种蛋白酶抑制剂基因或cDNA被克隆，最引人注目的是豇豆胰蛋白酶抑制剂（CpTI）基因。

现有食品中许多毒素含量并不一定会引起毒效应，但若食品处理不当，某些食品能引起严重的生理问题，甚至会威胁生命。评价的原则是：转基因食品不应有比其他同类食物更高的毒素含量。对于转基因食品，首先应判断其与现有食品有无实质等同性，对关键营养素、毒素和其他成分进行比较。若受体生物有潜在的毒性，还应检测其毒素成分有无变化，插入基因是否导致了毒素含量的变化或产生了新的毒素。对新食品及产品与现有食品的化学成分进行比较，可更好地对潜在效应进行估计。目前，可考虑使用的检测方法包括mRNA分析、基因毒性分析和细胞毒性分析。我国对转基因食品安全性毒理学评价方法见表12－2。

表12－2　食品安全性毒理学评价程序与方法

第一阶段试验：急性毒性实验
第二阶段试验：
1. 遗传急性毒性试验⑴Ames试验；⑵小鼠骨髓微核率测定或骨髓细胞染色体畸变分析；⑶小鼠精子畸形分析和睾丸染色体畸变分析；⑷V79/HGPRT基因突变试验；⑸显性致死试验；⑹果蝇伴性隐性致死试验；⑺程序外DNA修复试验。
2. 传统致畸试验：330 d短期喂养试验。
第三阶段试验：
1. 190 d喂养试验。2. 繁殖试验。3. 代谢试验。
第四阶段：慢性毒性试验（包括致癌试验）。

3．重组微生物的基因转移和致病性　由于微生物之间可以通过转导、转化或接合进行基因转移，评估胃肠道基因转移的可能性必须基于遗传工程体的性质和基因构建的特点。转移的可能性必须基于转基因的特性和功能来进行评估。如果转入基因能给予受体微生物特定的优势，如抗菌素抗性、毒性、黏附力或细菌抗生素产量等，那么发生基因转移的可能性将会增大。这就有必要对该基因进行安全性评估。对于微生物遗传工程体安全性的考虑应包括：①载体需做修饰，以尽量减少基因转至其他微生物的可能性。②来自重组微生物的食品中应不含活菌，不应该在重组微生物中使用目前在治疗中有效的抗生素抗性标记。

另外，重组微生物的致病性需加考虑：用作食品或在食品加工过程中所用的微生物必须是已知的、或已经过严格的动物试验，证明是无致病性的。同时，需要考虑这些活的重组微生物的生物学特性，如在肠道中的存活、生长和定殖能力，通过转化、转导或接合等交换质粒的能力。

4．转基因动物食品与激素　哺乳动物本身的生长、发育和繁殖能力是安全性评价的重要内容，因为引入的遗传物质产生的不良后果一般会反映在生长、发育和繁殖能力上。原则上，健康的哺乳动物可作为人类食品，但考虑到鱼类和无脊椎动物含有毒性物质，因此并不能保证来自健康动物的食品就一定是安全的。OECD 的报告“现代基因工程食品安全性评估：概念和原则”指出：“一般而言，来自健康哺乳动物和鸟类新品种的食品和它们原品种一样安全，现代生物技术并不增加产品对人类的危害性，因为在技术上可以修饰这些毒性物质的代谢和特性，但这取决于人类对毒性物质的知识和检测方法。”

此外，转基因动物食品的安全性还要考虑的是：用于饲喂动物的药物、饲料的安全性，动物食品的安全可食用性。激素类物质对食品的影响问题是目前有争论的问题。由于激素类物质的作用是长期的，即使是微量的改变也可能给人的生理带来永久的变化，所以含有激素类的食品安全性问题是不能忽视的。天然激素（如雌二酮、孕酮、睾丸激素等）对哺乳动物正常的生理功能和成熟是必需的。但人工合成的激素类（如赤霉烯酮、美仑孕酮乙酸酯等）在体内代谢速度不如天然固醇类激素快，因此，必须进行严格的安全性检查和评价。可用动物毒性试验来决定肉类中此类成分的安全限度。加工后的肉类中激素残留量必须低于安全水平，否则，不允许进入市场销售。

四、安全性评价的数据库利用

对于转基因食品的成分比较和实质等同性的分析，在很大程度上要依赖建立各类与转基因食品相关的数据库，包括食用生物的营养成分、毒性物质过敏原等方面的数据库。此外，为便于有关转基因食品新品种的注册和安全性评估，还必须对现有商用品种的关键营养成分的数据库进行定期的更新。目前已知的有关数据库机构有：国际农业研究磋商小组（CGIAR），该磋商小组设在华盛顿，下设16个中心；国际玉米小麦改良中心（CIMMYT），设在墨西哥；国际水稻研究所（IRRI）等。FAO和世界食品项目则可提供食品成分的其他资料。已有的微生物数据库主要有菌种保藏中心，但其数据并不完全适用于实质等同性分析。

总之，转基因食品的安全问题不仅与人类健康有直接关系，而且关系到全球市场的需求，而这种需求则从根本上决定基因工程未来的发展。因此，我国必须为适应这种经济全球化而尽早做准备，加强基因食品安全性方面的研究，建立完善的法规和管理体系，为推动和促进我国基因工程的产业化奠定基础。当前迫切需要进行的工作主要有以下几个方面。

1. 制定专门的转基因食品安全法规 目前，相关的管理法规《基因工程安全管理办法》、《农业生物工程安全管理实施办法》、《新资源食品卫生管理办法》，对转基因食品的管理等均缺乏可操作性，急需制定专门的法规，并确保法规随技术发展而不断修订。

2. 建立完善的转基因食品的安全管理机构体系。

3. 建立转基因食品的安全性评价的技术体系 转基因食品的安全性评价的原理是实质等同性，而实质等同性需要比较转基因生物的供体和受体的各种参数，包括有关的分类学特征、农艺性状、生理和生化特性、抗生素抗性、毒性、过敏性、抗营养因子、特殊的次生代谢物等。但目前任何一个科研单位都无法独立完成，需要单独设立或授权有关机构承担这一任务。同时应建立我国关于生物安全性评价数据库，并做到定期更新和维护。

4. 大力加强有关转基因食品安全性的基础研究工作 包括规范化的动物模型研究；在确定动物模型的基础上，改进动物实验方法，适应评价转基因食品的需要；加强转基因食品中对外源基因可能编码过敏原的研究；加强对转基因食品来源中含有抗营养因子及激素类影响的研究。

小 结

生物技术在食品方面具有广泛的应用，主要表现在食品加工、食品检验和转基因食品。生物技术与食品加工主要有：发酵生产食品与饮料、食品添加剂的生产。生物技术在淀粉类食品生产中的应用主要是酶技术的应用。常用的酶有α淀粉酶、β淀粉酶、葡萄糖淀粉酶（糖化酶）、支链淀粉酶和葡萄糖异构酶等。酶法淀粉深加工的产物主要有果糖、环状糊精、饴糖、麦芽糖等。从世界范围来看，发酵的奶制品占所有发酵食品的10%。利用生物技术生产调味品主要是人们常食用的味精、食醋、酱油。食用添加剂主要是甜味剂、酸味剂、鲜味剂、增稠剂和食用色素。

食品质量与安全是世界各国都非常关注的问题。用抗体检测系统和DNA及RNA探针技术取代许多传统的检验，使食品检验更加快速、灵敏、专一和高效。现代生物学，尤其是分子生物学的飞速发展，为食品检测提供了先进的技术手段，其中的聚合酶链式反应（PCR）技术，在探测食物传染病毒和追踪传染源方面，以及在转基因食品检测中已被广泛应用。转基因食品是利用以生物技术改良的动物、植物和微生物所生产的食品、食品原料及食品添加物等。随着世界可耕地的持续减少，人口不断的增加，利用生物技术提高食物的产量和质量、增加营养素含量，越来越受到广泛的关注。转基因食品的安全性评价包括评价原则和评价的主要内容、评价的方法以及安全性评价的数据库利用。

复习思考题

1. 现代生物技术主要用于哪些食品的加工？
2. 用于生产单细胞蛋白的微生物有哪些种类？
3. 简述免疫学技术和PCR技术在食品检测中应用的原理和特点。
4. 何谓转基因食品？转基因食品安全评价的原则和内容是什么？

主要参考文献

[1] 叶富根等．基因修饰食品的检测方法．食品与发酵工业．2002，28（3）：56～61
[2] 宋思扬，楼士林主编．生物技术概论．北京：科学出版社，1999
[3] 李艳主编．发酵工业概论．北京：中国轻工业出版社，1999
[4] 王岁楼主编．食品生物技术．北京：海洋出版社，1998
[5] 何国庆主编．食品发酵与酿造工艺学．北京：中国农业出版社，2001
[6] 刘谦，朱鑫泉主编．生物安全．北京：科学出版社，2001
[7] 刘钟栋编著．食品添加剂原理与技术．北京：中国轻工业出版社，2000
[8] 徐茂军．转基因食品安全性评价．食品与发酵工业．2001，27（6）：62～65
[9] 肖冬光等．酿酒活性干酵母的生产与应用技术．呼和浩特：内蒙古人民出版社，1994

第十三章　生物技术与环境

学习要求　认识生物技术在环境污染治理及环境监测中的意义和作用，了解水体污染、固体污染、大气污染、石油污染、有机物污染、重金属污染等的生物治理。

随着全世界人口的不断增长和工农业生产的快速发展，环境问题越来越受到人们关注和重视。人类虽然在改造自然和发展经济方面取得了巨大的成就，但是，由于不合理地开发利用自然资源，造成了环境污染和生态破坏，对人类的生存和发展构成了威胁。保护生态环境，实现可持续发展，已成为全世界紧迫而艰巨的任务。

生物技术在环境领域具有广泛的应用。数个世纪以来人类就依赖复杂的天然微生物区系处理居民垃圾。每一种生物（动物、植物、微生物）都靠吸收营养物而生活，同时产生废弃物。不同的生物需要不同形式的营养，例如某些细菌依赖废弃物中的化合物旺盛生长。因此，人类可利用生物进行污染清除和环境修复。我们利用的微生物通常是从自然界中鉴定和筛选出来的，DNA 重组技术的发展使我们能够对生物进行遗传改造或修饰，从而扩展其功能。同时，核酸探针、PCR 技术和生物传感器等生物技术的发展也极大地促进了环境污染的监测和评价。

第一节　不同类型污染的生物处理技术

一、污水的生物处理

水是地球上一切生物生存和发展不可缺少的。但是人类的生产和生活活动排出的污水，尤其是工业污水、城市污水等大量进入水体造成污染。因此亟须防止、减轻和消除水体污染，改善和保持水环境质量。

污水处理的基本方法可分为物理法、化学法和生物法等。物理法是利用物理作用来分离污水中呈悬浮状态的污染物质。化学法是利用化学作用来处理污水中的溶解性污染物质或胶体物质。生物法主要是利用微生物的作用，使污水中呈溶解和胶体状态的有机污染物转化为无害的物质。根据微生物的类别，目前常用的生物法可分为好氧生物处理和厌氧生物处理。好氧生物处理（aerobic biological treatment）是废水生物处理中应用最为广泛的一大类方法。好氧处理法中又有活性污泥法、生物膜法、生物氧化塘、污水灌溉、土地处理系统等。上述各种方法都有各自的特点和适用条件，在实际应用中往往需要配合使用。

（一）活性污泥法

活性污泥法（activated sludge process）是利用悬浮生长的微生物絮凝体处理有机污水的一类好氧生物处理方法。活性污泥法最早于1914年由英国人Ardern和Lockett创建。经过近百年的改进，在废水处理中取得了巨大的成功，成为目前最成熟而又具有发展潜力的污水处理技术之一。

向生活污水中不断注入空气，维持水中有足够的溶解氧，经过一段时间后，污水中即生成一种絮凝体，这种絮凝体是由大量繁殖的微生物构成，这种微生物絮凝体就是活性污泥，它由好气性微生物（包括细菌、真菌、原生动物和后生动物）及其代谢和吸附的有机物、无机物组成。活性污泥在有利于微生物生长的环境中与污水充分接触、吸附并分解其中的有机物质，而且易于沉淀分离，使污水得到澄清。

活性污泥法有多种运行方式，如普通活性污泥法、阶段曝气法、渐减曝气法、批式活性污泥法、生物吸附氧化法（AB法）等。下面介绍普通活性污泥法的运行过程。

普通活性污泥法污水净化过程主要经历三个阶段（图13-1）。第一阶段是吸附，向曝气池污水中曝气充氧，使各种能以污水中有机物作为营养物质的微生物大量生长繁殖形成菌胶团，逐渐形成表面积很大的絮状体，其表面具有多糖类黏液层，可迅速大量地吸附污水中的悬浮物质和胶体物质。第二阶段是摄取和分解，在持续曝气充氧条件下，细菌将被吸附的污染物摄入细胞内并进行代谢。第三阶段是絮凝体形成与凝聚沉淀，经过一段时间的曝气后，污水中的有机物质大部分被分解或被同化为微生物有机体，然后混合液转入二次沉淀

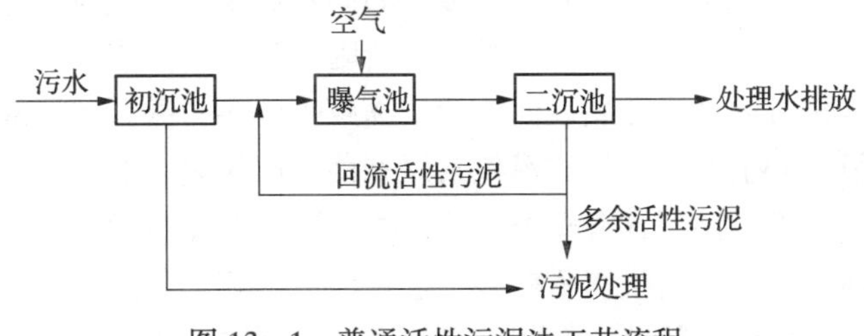

图13-1　普通活性污泥法工艺流程

池，絮状化的活性污泥颗粒由于重力作用沉降至池底部，上清液就是得到净化的水，可排出系统。沉淀的污泥一部分回流到曝气池中，补充活性污泥，再用于净化过程。剩余的污泥则被排出系统，可转入厌氧消化器（生物反应器）处理。

（二）氧化塘法

氧化塘又称为稳定塘或生物塘，是一种类似天然或人工池塘的污水处理系统。污水在塘内经长时间缓慢流动和停留，通过微生物（细菌、真菌、藻类和原生动物）的代谢活动，如分解反应、硝化反应和光合反应等，使有机物降解，污水得到净化。

氧化塘可分为好氧塘、兼性氧化塘、曝气氧化塘和厌氧塘四类。

好氧氧化塘法中微生物所需的溶解氧主要由塘内生长的藻类光合作用和塘表面的大气提供（图 13－2）。

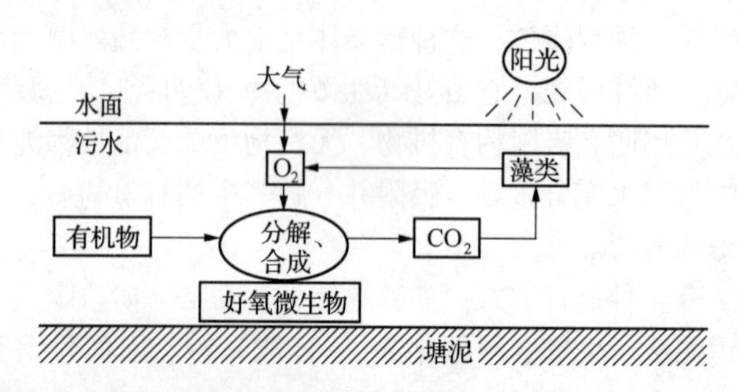

图 13－2　好氧氧化塘的污水净化机理

氧化塘池深度从十几厘米至数米，通常数个结合在一起，用于污水的一、二级处理。污水在氧化塘中的停留时间一般不超过两个月，就能较好地去除有机污染物。氧化塘法的优点是建造容易、操作简单、管理和运行费用低。缺点是占地面积大。

（三）生物膜法

生物膜（biofilm）法是利用附着在固体表面的微生物对污水进行生物处理的技术。在污水中设置一些比表面积很大的固定、半固定或流动介质，污水流动与这些介质表面接触，污水中的微生物会附着到介质的表面。由于污水与介质表面的持续相对运动，介质表面的微生物越来越多，并开始形成一层薄而密实的微生物膜，即生物膜。生物膜包括好氧菌、厌氧菌、兼性菌、真菌、原生动物、后生动物等，甚至含有藻类。这一类方法的净化机理是通过污水与生物膜的相对运动，使废水与生物膜接触，进行固液两相的物质交换，并在膜内进行有机物的生物氧化与降解，使污水得到净化，同时，生物膜内微生物不断地生长和繁殖。

生物膜上的微生物可分为生物膜生物和生物膜面生物。生物膜生物主要是细菌类，以菌胶团的形式存在，形成生物膜的基本结构。在菌类中，丝状菌非常重要，这是因为丝状菌不仅对有机物的去除能力强，而且有强的附着能力，能使生物膜形成立体结构，大大增加表面积，增强生物膜的净化功能。生物膜面生物主要是指那些附着于生物膜上的固定的生物和不固定的浮游生物。固定型纤毛虫有钟虫、枝虫、轮虫等。不固定的浮游型纤毛虫有斜管虫、尖毛虫、循纤虫、豆形虫等，它们附着于生物膜表面，但又不时的离开。这一类型的生物对提高生物膜的净化效率也具有重要的作用。

与活性污泥相比较，生物膜法具有许多明显的优点。应用生物膜既可以处理高浓度的工业有机污水，又可以处理低浓度的有机污水，甚至可以处理有机物浓度非常低的饮用水。

生物膜法主要用于生物滤池、生物转盘、生物接触氧化、生物流化床等污水处理工艺。其中，生物滤池的工艺流程主要包括初沉池及预处理单元、生物滤池和二次沉淀池。基本流程如图 13－3 所示。为了提高水的净化程度，生产上常采用二段生物滤池。

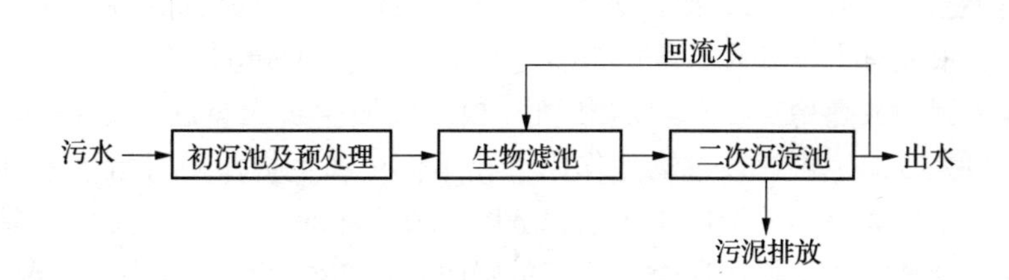

图 13－3　生物滤池污水处理流程

（四）污水土地处理系统

污水土地处理系统（land systems for wastewater treatment）源自传统的污水灌溉，是在 20 世纪 60 年代后期发展起来的。它利用土地以及其中的微生物和植物净化污水，同时利用污水中的水分和养分滋养农作物、牧草或树木的生长。该方法既有污水处理和资源化的效益，又有农田灌溉的效益。

污水土地系统处理污水的原理是利用土地生态系统的自净能力。土地生态系统的净化能力包括土壤的过滤截留、物理和化学吸附、化学分解、生物氧化以及植物和微生物的吸收和摄取等作用。

土壤具有由无机物质、有机物质与微生物组成的土壤团粒结构，污水通过土壤时，土壤将污水中处于悬浮和溶解状态的有机物质截留下来，在土壤颗粒表面着生大量微生物，形成生物膜。生物膜能吸附污水中的有机物，并利用空气中的氧气，将其好氧分解，转化为无机物，如二氧化碳、氨气、硝酸盐和磷酸盐等。

污水中的重金属离子过量进入土壤，会毒害土壤中的微生物和农作物，部分重金属离子随水流下渗，可能对地下水造成污染，同时通过作物秸秆、果实，危害人类与动物。因此处理系统要求对污水进行必要的预处理，对污水中的有害物质加以控制，避免对周围环境造成污染。

土地上生长的植物，经过根系吸收污水中的水分和被细菌矿化了的无机养分，再通过光合作用转化为植物体的组成成分，从而实现有害的污染物转化为有用物质的目的，并使污水得到利用和净化处理。处理系统上种植的植物以有利于污水处理为主，多为牧草和林木等。

污水处理土地系统一般由污水的预处理设施，污水的调节与储存设施，污水的输送、分流及控制系统，处理用地和排出水收集系统等组成。污水处理土地系统具有投资少、能耗低、易管理和净化效果好的特点。

污水处理系统主要分为三种类型，即慢速渗滤系统、快速渗滤系统和地表漫流系统。

（五）人工湿地处理系统

人工湿地处理系统（artificial wetland treatment systems）是一种新型的污水处理工艺，一般用做二级生物处理。人工湿地的主体是深为60～100 cm的填料床，填充有土壤和砾石等的混合基质，床体表面种植植物。

人工湿地成熟稳定后，填料和植物根系表面生长大量的微生物形成生物膜。所以人工湿地可以通过物理作用、化学作用和生物作用对污水进行净化。污水经过预处理后，流经床体的填料缝隙，或床体的表面，固态悬浮物被填料及根系阻挡截留，有机质通过生物膜的吸附及代谢作用而得以去除。湿地床层中因植物根系对氧的传递释放，使其周围的环境依次呈现出好氧、缺氧和厌氧状态，保证了污水中的氮、磷不仅能被植物和微生物作为营养成分直接吸收，还可以通过硝化、反硝化作用及微生物对磷的过量积累作用而从污水中去除。最后，净化水经集水管收集后排出。湿地处理系统的污染物通过湿地基质的定期更换或植物收割来去除。

人工湿地的优点是规模可大可小；较适合于管理水平不高，水处理量及水质变化不大的城郊或乡村；而且可用于矿山酸性废水、纺织工业和石油工业废水处理；具有较强的氮、磷处理能力；运行维护管理方便；投资及运行费用低；出水水质好。

（六）厌氧生物处理法

当污水中有机物浓度较高，BOD_5（微生物5天好氧分解有机物所消耗氧的数量）超过1 500 mg /L时，就不宜用好氧法处理，而应该采用厌氧处理方法。

厌氧生物处理（anaerobic biological treatment）是在厌氧条件下，利用厌氧微生物分解污水中的有机物并产生甲烷和二氧化碳的过程，又称厌氧发酵。厌氧发酵的生化过程可分为三阶段，分别由相应种类的微生物完成。第一阶段称为水解阶段，由水解和发酵性细菌群将附着的复杂有机物分解为脂肪酸、醇类、二氧化碳、氨和氢等。第二阶段为酸化阶段，由产氢和产乙酸细菌群将第一阶段的脂肪酸等产物进一步转化为乙酸和氢。第三阶段是甲烷化阶段，由产甲烷菌利用二氧化碳和氢或一氧化碳和氢合成甲烷；或由产甲烷菌利用甲酸、乙酸、甲醇及甲基胺生成甲烷。

虽然厌氧生化过程可分为以上三个阶段，但是在厌氧反应器中，三个阶段是同时进行的，并保持某种动态平衡，这种平衡受环境的 pH、温度、有机负荷等因素的影响。为保证厌氧发酵过程的正常运行，对投料负荷、温度、pH、物料组成、有毒物质浓度等均需严格地加以控制。厌氧法可以在较高的负荷下，达到有机物的高效去除，而且大部分可被生物分解的碳素有机物经厌氧处理后转化为甲烷，所以剩余污泥少。也不需要充氧设备，处理过程所需的能量少。

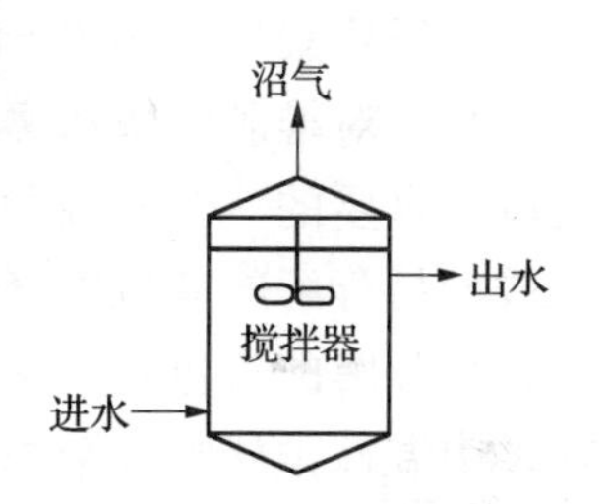

图 13－4　普通厌氧反应器示意图

厌氧生物处理的类型有化粪池、厌氧生物滤池、厌氧接触法、厌氧流化床反应器等。厌氧处理的核心是厌氧反应器，目前已经开发出多种厌氧反应器，用来提高厌氧处理能力。图 13－4 为普通厌氧反应器示意图。

二、固体垃圾的生物处理

人类在开发资源、制造产品和改造环境的过程中都会产生固体废弃物，而且任何产品经过消费也会变成废弃物质，最终排入环境中。随着人类生产的发展和生活水平的提高，固体废弃物的排放量日益增加，特别是近年来，城市垃圾数量猛增，大多未经任何处理，堆积于城郊或倒入江河，污染水体、土壤和大气。固体废弃物主要的处理方法有卫生填埋、堆肥、沼气发酵和纤维素废弃物的糖化、蛋白质化和乙醇化等。

（一）堆肥法

堆肥法是依靠自然界广泛分布的细菌、放线菌、真菌等微生物，有控制地促进可被生物降解的有机物向稳定的腐殖质转化的生物化学过程。堆肥法的产物称为堆肥（compost）。根据处理过程中起作用的微生物对氧气要求的不同，堆肥法可分为好氧堆肥法（高温堆肥）和厌氧堆肥法两种。

1. 好氧堆肥法 好氧堆肥法是在有氧的条件下，通过好氧微生物的作用使有机废弃物转变为有利于作物吸收的有机物的方法。在堆肥过程中，废弃物中的溶解性有机物透过微生物的细胞壁和细胞膜被微生物吸收。固体的和胶体的有机物先附着在微生物体外，由生物所分泌的胞外酶分解为溶解性物质，再渗入细胞。

好氧堆肥法的微生物学过程分为三个阶段：①发热阶段：在堆肥堆制初期，主要由中温好氧的细菌和真菌利用堆肥中容易分解的有机物（如淀粉、糖类等）迅速增殖，释放出热量，使堆肥温度不断升高。②高温阶段：堆肥温度上升到 50 ℃以上，进入了高温阶段。由于温度上升和易分解的物质的减少，好热性的纤维素分解菌逐渐代替了中温微生物，这时堆肥中除残留的或新形成的可溶性有机物继续被分解转化外，一些复杂的有机物（如纤维素、半纤维素等）也开始迅速分解。在此阶段中堆肥内开始了腐殖质的形成。高温对堆肥的快速腐熟有重要作用，同时，高温对于杀死病原性生物也是极其重要的。③降温和腐熟保肥阶段：当高温持续一段时间以后，易于分解或较易分解的有机物（包括纤维素等）已大部分被分解，剩下的是木质素等较难分解的有机物。这时好氧微生物活动减弱，产热量减少，温度逐渐下降，中温性微生物又渐渐成为优势种群，腐殖质继续累积，堆肥进入腐熟阶段。

2. 厌氧堆肥法 此法是在不通气的条件下，将有机废弃物（包括城市垃圾、人畜粪便、植物秸秆、污水处理厂的剩余污泥等）进行厌氧发酵，制成有机肥料，使固体废弃物无害化的过程。厌氧堆肥主要经历两个反应阶段：酸性发酵阶段和产气发酵阶段。在酸性发酵阶段中，产酸细菌分解有机物，产生有机酸、醇、二氧化碳、氨、硫化氢等，使 pH 下降。产气发酵阶段中主要是由产甲烷细菌分解有机酸和醇，产生甲烷和二氧化碳。

厌氧堆肥方式与好氧堆肥法相同，但堆内不设通气系统，堆温低，腐熟及无害化所需时间较长。然而，厌氧堆肥法简便、省工，在不急需用肥或劳力紧张的情况下可以采用。

（二）卫生填埋

卫生填埋法始于 20 世纪 60 年代，它是在传统的堆放基础上，从环境免受二次污染的角度出发而发展起来的一种较好的固体废弃物处理法。其优点是投资少，容量大，见效快，因此被世界各国广泛采用。

卫生填埋主要有厌氧、好氧和半好氧三种方法。厌氧填埋操作简单，施工费用低，同时还可回收甲烷气体，目前应用较多。好氧和半好氧填埋分解速度快，垃圾稳定化时间短，但由于工艺要求较复杂，费用较高，仍处于研究阶段。

卫生填埋是将垃圾在填埋场内分区分层进行填埋，每天运到填埋场的垃圾，在限定的范围内铺散为40～75 cm的薄层，然后压实，一般垃圾层厚度应为2.5～3 m，一次性填埋处理垃圾层最大厚度为9 m，每层垃圾压实后必须覆土20～30 cm。废物层和土壤覆盖层共同构成一个单元，即填埋单元。一般一天的垃圾，当天压实覆土，成为一个填埋单元。具有同样高度的一系列相互衔接的填埋单元构成一个填埋层。完整的卫生填埋场由一个或几个填埋层组成。当填埋到最终的设计高度以后，再在填埋层上盖一层90～120 cm的土壤，压实后就得到一个完整的卫生填埋场。

填埋坑中微生物的活动过程是：①好氧分解阶段，垃圾孔隙中存在的大量空气随着垃圾一起被填埋，因此在开始阶段垃圾进行好氧分解；②厌氧分解不产甲烷阶段；③厌氧分解产甲烷阶段；④稳定产气阶段。

（三）厌氧发酵（消化）

厌氧发酵一般在厌氧发酵罐（池）中进行，固体废弃物厌氧发酵的原理与高浓度有机污水的厌氧处理相同，在水相中进行。作物秸秆、树干、茎叶、人畜粪便、城市垃圾、污水处理厂的污泥都是厌氧发酵的原料。在发酵过程中，废物得到处理，同时获得能源。例如，利用沼气发酵处理各类废弃物制成农家肥，而且获得生物能用来照明或作为燃料；城市污水处理厂的污泥厌氧消化使污泥体积减少，产生的甲烷用来发电，降低处理厂的运行费用。

三、大气污染的生物治理

20世纪中叶以来，进入大气中的污染物的种类和数量不断增多。其中对环境危害严重的主要有硫氧化物、氮氧化物、氟化物、碳氢化合物、碳氧化合物等有害气体以及飘浮在大气中含有多种有害物质的颗粒物和气溶胶等。

用生物法处理空气中的污染物可追溯到20世纪50年代中期，最先是用于处理空气中低浓度的臭味物质。用微生物转化废气中的有害物质的过程在气相中难以进行，所以废气生物净化过程首先要把气态污染物由气相转移到液相或固体表面，然后才在微生物的作用下降解。目前适合于生物处理的气态污染物主要有乙醇、硫醇、酚、甲酚、吲哚、脂肪酸、乙醛、酮、二硫化碳、氨、胺等。

废气微生物处理主要方法可分为生物吸收法、生物洗涤法（悬浮态）和生物过滤法。

1. 生物吸收法 微生物吸收法是利用由微生物、营养物和水组成的混合液吸收处理废气。该法适合于吸收可溶性的气态污染物。吸收了废气的微生物混合液再进行好氧处理，去除液体中吸收的污染物，经处理后的吸收液再重复使用。

微生物吸收法的装置一般由吸收器和废水反应器两部分组成。吸收器可采用各种常用的吸收设备（如喷淋塔、筛板塔、鼓泡塔等）。废水在生物反应器中进行好氧处理，活性污泥法和生物膜法均可采用（图 13－5）。微生物处理后的净化水可以直接进入吸收器重复使用，也可以经过泥水分离后再重复使用。从生物反应器排出的气体仍可能含有少量的污染物，若有必要，再做净化处理，一般是再次送入吸收器。

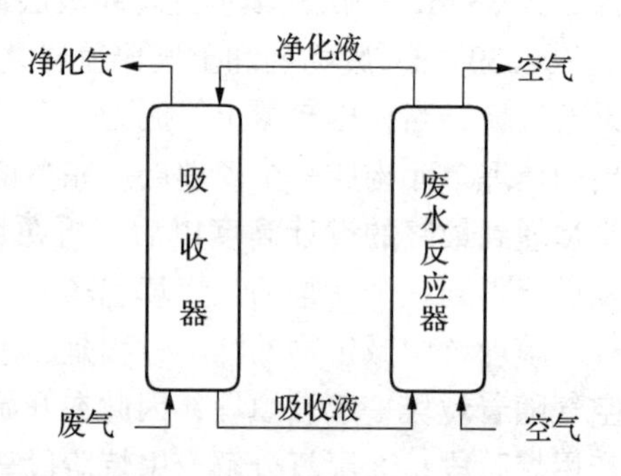

图 13－5 生物吸收装置示意图

2. 生物洗涤法 生物洗涤法（microorganism wash）是利用污水处理厂剩余的活性污泥配制混合液，作为吸收剂处理废气。该法对清除复合型臭气效果很好，脱臭效率可达 99%，而且能脱除很难治理的焦臭。

3. 生物过滤法 此法是用含有微生物的固体颗粒吸收废气中的污染物，然后微生物再将其转化为无害物质。在生物过滤法中，微生物附着生长在固体介质上，废气通过由介质构成的固定床层时被吸收，最终被微生物所降解。其典型的形式是土壤、堆肥等材料构成的生物滤床。

第二节 石油污染与重金属污染的生物处理

一、石油污染物的生物降解

石油中的主要成分是烷烃类物质，但石油污染物十分复杂，许多是石油经过环境转化后的产物，最常见的为苯、甲基苯、乙基苯和二甲基苯等。

自然界中能够降解石油污染物质的微生物种类有数百种，70 多属，主要有细菌、真菌和藻类等三大类型，多存在于土壤环境和水体环境之中。水环境中能较好地降解石油类碳氢化合物的细菌有假单胞菌属、五色杆菌属、节杆菌属、微球菌属、诺卡氏属、不动杆菌属、短杆菌属、棒杆菌属、黄杆菌属等，真菌有假丝酵母菌属、红酵母菌属等。在受污染的水体中除生长有细菌和酵母菌外，还有许多丝状真菌。在土壤环境中，真菌的种属比细菌的种属还要多，共有细菌22属，真菌31属。

石油成分的代谢途径已研究得比较清楚。根据石油组分化学性质的差别，它们可以直接矿化或经共代谢途径分解。

1. 烷烃　一般的烷烃可以通过单一末端氧化、双末端氧化（或称ω氧化、亚末端氧化途径）降解。烷烃（*n*个碳）的分解通常从一个末端的氧化形成醇开始，然后继续氧化形成醛和羧酸，羧酸经过β氧化形成乙酰乙酸辅酶A，羧酸链不断缩短，形成两个碳的乙酸。乙酸从烷烃链上分离，经中心代谢途径分解为CO_2。

没有取代基的环烷烃是原油的主要成分，它对微生物的降解抗性较大，能在环境中滞留较长时间。自然界几乎没有利用环烷烃生长的微生物，但环烷烃的共代谢现象普遍存在。环烷烃被一种微生物代谢形成的中间产物（如烷醇或烷酮），可以作为其他微生物的生长基质。

2. 芳香烃　石油中的芳香烃化合物可能带有烷基或氧、氮、硫等取代基。自然界广泛存在以芳香烃化合物为生长基质的微生物，具有代谢聚合芳香烃及其烷基衍生物等化合物的能力。芳香及聚合芳香化合物在好氧微生物作用下，最初的氧化是在双加氧酶的作用下结合分子氧中的两个原子氧形成顺二羟基醇，之后失去两个氧原子形成邻苯二酚。邻苯二酚在邻位或间位开环，形成的中间代谢产物通过中心代谢途径分解。

二、重金属污染的生物处理

生物具有重金属的富集积累特性。因此，微量、痕量重金属即具有潜在的危险性。人们早已认识重金属的危害，并已开发出多种有效的物理、化学处理法。近年来，重金属的生物处理方法得到了较多关注。

（一）生物吸附

生物吸附是一种利用廉价的失活生物细胞分离有毒重金属的方法，它尤其适用于工业废水的处理。生物吸附剂可采用自然界中丰富的生物资源，如藻类、地衣、真菌和细菌等。生物细胞通过酸洗和（或）碱洗，再经干化而形成颗粒。经过简单的切割、磨碎和干化可获得稳定的生物吸附剂颗粒。某些生物吸附剂必须固定在合成聚合物膜片上或移植到二氧化硅等无机支持物上，这是为了使颗粒具有要求的机械性质。然后将生物吸附剂颗粒填充在吸附柱中，让含有重金属的废液流经吸附柱，重金属被吸附剂所吸附。当吸附剂吸附饱和后可用酸液处理再生。

(二) 生物修复

目前已有的去除重金属的技术都属于场外修复，需要先将土壤进行转移再进行金属离子的去除，不仅花费高，而且过程较复杂，设备及技术要求高，实际应用并不多见。生物修复（bioremediation）是利用生物（特别是微生物）催化降解有机污染物，从而修复被污染环境或消除环境中污染物的一个受控或自发进行的过程。生物修复花费较少，技术及设备要求不高，因而越来越受到人们的关注。

生物修复的主要方法大致分为原位（in situ）生物修复及异位（ex situ）生物修复两类。原位生物处理中污染土壤不需移动，污染地下水不需泵至地面。异位生物处理需要通过某种方法将污染介质转移到污染现场附近或之外，再进行处理。通常污染物搬动费用较大，但处理过程容易控制。对一些难以处理，尤其是一些有毒化合物、挥发性污染物或浓度较高的污染物的处理，异位生物处理是不可替代的选择。

植物修复是利用植物去除环境中污染物的技术。由于其代谢特性，微生物一直是受到特别关注。然而近年来的研究表明，利用植物对环境进行修复是一个更经济、更适于现场操作的去除环境污染物的技术。很多研究表明，利用适当的植物不仅可去除环境的有机污染物，还可去除环境中的重金属和放射性核素。植物修复适用于大面积、低浓度的污染场所。

植物对重金属污染场所的修复的主要方式是植物吸收。金属不同于有机物，它不能被生物所降解，只有通过生物的吸收才得以从环境中去除。植物吸收是目前研究最多并且最有发展前景的一种利用植物去除环境中重金属的方法，它是利用能耐受并能积累金属的植物吸收环境中的金属离子，将它们输送并储存在植物体的地上部分。植物吸收法需要能耐受且能积累重金属的植物，因此研究不同植物对金属离子的吸收特性，筛选出超量积累植物是研究的关键。能用于植物吸收的植物应具有以下几个特性：①在污染物浓度较低时也有较高的积累速率，能在体内积累高浓度的污染物；②能同时积累几种金属；③生长快，生物量大；④具有抗病能力。经过不断的实验室研究及野外试验，人们已经找到了一些能吸收不同金属的植物种类及改善植物吸收性能的方法，并逐步向商业化发展。

三、基因工程菌与污染治理

随着工业发展，大量的合成有机化合物进入环境，其中很大部分难被生物降解或降解缓慢，如多氯联苯、多氯烃类化合物，其水溶性差，生物降解难，在环境中的停留时间可长达数年至数十年。

基因工程能够通过引入编码新酶的基因，或对现有的遗传物质进行改造、重组，从而构建对多种底物具有降解活性的复合代谢途径，提高微生物的降解速率，拓宽底物的专一性范围，改善有机污染物降解过程中的生物催化稳定性等。

1. 降解硝基芳香族化合物的基因工程菌　硝基芳香族化合物，如2，4，6-三硝基甲苯（TNT），由于苯环上有强的吸电子基团，因此难被好氧生物降解。最近的研究报道，一种假单胞菌（*Pseudomonas*）可以利用TNT作为惟一氮源，但形成的代谢产物甲苯、氨基甲苯和硝基甲苯不能被进一步降解。将具有甲苯完整降解途径的TOI质粒pWWO-Km导入该微生物，构建的微生物可以利用TNT为惟一碳源和氮源生长。

2. 降解卤代芳香烃基因工程菌　环境中的卤代有机化合物的绝大部分是氯代有机化合物，常见有氯代甲烷、二氯甲烷、三氯甲烷、四氯化碳、一氯二氟甲烷、一氯二溴甲烷、氯代乙烷、三氯乙烷、三氯乙烯等。卤代有机化合物具有低水溶性、高脂溶性以及抗降解性，能在环境及生物体体内残留的特点，对生物具有致癌、致畸、致突变作用。一些人工合成的卤代有机物的结构特殊，不易被生物降解。卤代芳烃最初的代谢反应大多由多组分氧合酶催化。但是这些酶的底物专一性阻碍了一些卤代有机物有机物的进一步代谢，如多氯联苯的异构体等。对于多氯联苯-联苯降解菌 *Pseudomonas pseudoalcaligenes* 和甲苯-苯降解菌 *Pseudomonas putida* F1，其双氧合酶编码基因的结构、大小是相似的。然而，*Pseudomonas pseudoalcaligenes* 不能氧化甲苯，而 *Pseudomonas putida* F1 不能利用联苯为碳源生长。将两种双氧合酶的编码基因组合在一起，可以构建复合酶体系，拓宽菌株的底物作用谱。

3. 分解尼龙寡聚物基因工程菌　尼龙寡聚物在污水中难以被一般微生物分解。已经发现黄杆菌属（*Flavobacterium*）、棒状杆菌属（*Corynebacterium*）和产碱杆菌属（*Alcaligenes*）具有分解尼龙寡聚物的质粒。但上述三个属的细菌不易在污水中繁殖。而污水中普遍存在的大肠杆菌又无分解尼龙寡聚物的质粒。冈田等人已成功地把分解尼龙寡聚物的质粒pOAD基因移植到受体细胞大肠杆菌内，使后者获得了分解尼龙寡聚物的能力。

4. 分解多糖基因工程菌　利用自然界原有的菌株，发酵废弃物，生产乙醇或生物气，不能满足环境治理的需要。将分解纤维素和木质素的基因，组建到新的酵母菌体中已获得成功。也有人将嗜热单胞酵母的纤维素酶基因，组建到大肠杆菌中或将谷氨酸脱氢酶基因引入到大肠杆菌质粒 pSS 515 群中，再转入到产甲烷的受体菌中，使发酵工艺成功地用于废水处理。

Wynne 等从土壤中分离到一株可降解多种多糖的 *Cellvibrio mixtus* UQM 2294 菌株，将该菌的一个 94.1 kb 的 DNA 片段克隆到 HC 79 质粒上，再转入大肠杆菌中表达，后者立即获得降解羧甲基纤维素、几丁质、果胶、纤维二糖和淀粉等多种多糖的能力。

5. 抗金属基因工程菌　重金属污染环境，对人类的毒害作用众所周知。因此清除环境中的重金属污染现象，也是基因工程的重要任务。生存于污染环境中的某些细菌细胞内存在着抗重金属的基因。这些基因的编码产物，能增强细胞膜的通透性能，将摄取的重金属元素沉积在细胞内或细胞外。已发现抗汞、抗镉、抗铅等多种菌株。但是，这类菌株多数生长繁殖慢。把这种抗金属的基因，转移到生长繁殖迅速的受体菌中，构成繁殖率高，富集金属速度快的新菌株，可用于净化重金属污染的废水。我国中山大学生物系将假单胞杆菌 R4 染色体中的抗镉基因，转移到大肠杆菌 HB 101中，使得大肠杆菌 HB 101 具有抗镉的特征，能在 100 mg/L 的含镉液体中生长。

6. 去除无机磷的基因工程菌　磷是引起水体富营养化的重要因素之一。无机磷可以用化学法沉淀去除，但生物法更为经济。由于受微生物本身的限制，活性污泥法只能去除城市废水中 20%～40% 的无机磷。有些细菌能够以聚磷酸盐的形式过量积累磷。大肠杆菌（*E. coli*）中控制磷积累和聚磷酸形成的磷酸盐专一输运系统和 poly P 激酶由 pst 操纵子编码。通过对编码 poly P 激酶的基因 *ppk* 和编码用于再生 ATP 的乙酸激酶的基因 *ack* A 进行基因扩增，可以有效地提高 *E. coli* 对无机磷的去除能力。

7. 除草剂降解基因工程菌　苯氧酸除草剂，特别是 2，4-二氯苯氧乙酸（2，4-D）在环境中不易降解，对动物和人类具有潜在的危害。科学家们已从细菌质粒中发现降解 2，4-D 除草剂的基因片段，将这段基因组建到载体质粒上，转移到另一种繁殖快的菌体宿主体内。新构建的基因工程菌具有高效降解 2，4-D 除草剂的功能。

8. 农药的生物降解　微生物可将农药分子作为碳源进行分解代谢，这通常发生在农药污染物浓度较高的情况下。有时农药分子经过初级转化后成为微生物代谢的碳源物。环境中的残留农药也可通过微生物的共代谢过程分解。但有些农药污染物质利用天然微生物的降解速率很低。这需要通过基因工程的方法将多种代谢酶的编码基因组合在一起，构建复合酶体系，在这方面已有成功的报道。

第三节　生物技术与环境污染监测

一、指示生物在环境污染检测中的应用

指示生物（indicator organism）是指环境中对某些物质（包括进入环境中的污染物）能产生各种反应或信息而被用来监测和评价环境质量状况和变化的生物。指示生物可用于多种环境污染的监测。

1．大气污染的生物监测　大气污染的生物监测包括动物监测和植物监测。动物监测由于动物对环境的特性和管理困难，目前尚未形成一套完整的监测方法。由于植物具有位置固定、管理方便且对大气污染敏感等特点，已被广泛应用于大气污染的监测。

大气污染指示植物应具备的条件：对污染物反应敏感，受污染后的反应症状明显，且干扰症状少；生长期长，能不断萌发新叶；栽培管理和繁殖容易；具有一定的观赏或经济价值，以起到美化环境与监测环境的双重作用。通常敏感植物对大气污染反应快，容易受害出现污染症状。

常用的大气污染指示植物有：①二氧化硫污染指示植物：地衣、苔藓、紫花苜蓿、荞麦、金荞麦、芝麻、向日葵、大马蓼、土荆芥、藜、曼陀罗、落叶松、美洲五针松、马尾松、枫杨、加拿大白杨、杜仲、水杉、雪松（幼嫩叶）、胡萝卜、葱、菠菜、莴苣、南瓜等。②氟化物污染指示植物：唐菖蒲、郁金香、金荞麦、杏、葡萄、小苍兰、金线草、玉簪、梅、紫荆、雪松（幼嫩叶）、落叶松、美洲五针松、欧洲赤松等。③臭氧污染指示植物：烟草、矮天牛、天牛花、马唐、燕麦、洋葱、萝卜、马铃薯、光叶榉、女贞、银槭、梓树、皂荚、丁香、葡萄、牡丹等。④过氧乙酰硝酸酯污染指示植物：早熟禾、矮牵牛、繁缕、菜豆等。⑤乙烯污染指示植物：芝麻、番茄、香石竹、棉花等。⑥氯气污染指示植物：芝麻、荞麦、向日葵、大马蓼、藜、翠菊、万寿菊、鸡冠花、大白菜、萝卜、桃树、枫杨、雪松、复叶槭、落叶松、油松等。⑦二氧化氮污染指示植物：悬铃木、向日葵、番茄、秋海棠、烟草等。

2．水污染的生物监测　根据对水环境中有机污染或某种特定污染物敏感的或有较高耐受性的生物种类的存在或缺失，来指示其所在水体或河段内有机物或某种特定污染物的多寡或分解程度，即指示生物法，是最经典的生物学评价水质的方法。对指示生物的一般要求是体型较大，肉眼可见，较易采集和鉴定；生命期较长，比较固定生活于某处，这样它们能在较长时期内反映所在环境的变化。一般静水中主要用底栖动物或浮游动物，在流水中主要用底栖生物

或着生生物。鱼类也可作为指示生物。大型无脊椎动物通常是应用较多的指示生物，因为它们中的大多数种运动能力不强，常固定生活于某处，且种类数量多、分布广。它们不仅可以反映水体中水质的状况，也能反映沉积物的状况。

水体严重污染的指示生物有颤蚓类、毛蠓（*Psychoda alternata*）、细长摇蚊幼虫（*Tendipes attenuatus*）、绿色裸藻（*Euglena viridis*）、静裸藻（*E. caudata*）、小颤藻（*Oscillotoria tenuis*）等。指示水体中等污染的生物有居栉水虱（*Asellus commnuris*）、被甲栅藻（*Scenedesmus armatus*）、四角盘星藻（*Pediastram tetras*）、环绿藻（*Ulothrix zonata*）、脆弱刚毛藻（*Cladophora fracta*）、蜂巢席藻（*Phormidium favosum*）、美洲眼子草（*Potamogeton americanus*）等。指示清水水体的生物有纹石蚕（*Hyobopsyche* sp.）、扁蜉（*Heptagenia*）和蜻蜓（*Anax junius*）的稚虫、田螺（*Compeloma decisum*）、时状针杆藻（*Synedra ulna*）、簇生竹枝藻（*Draparnaldia glomerata*）等。

3. 利用发光细菌监测环境中有毒污染物 监测环境中有毒污染物常用的物理和化学测试方法，往往只能测定成分单一的污染物的浓度，而对组分复杂的工业污水及大气污染对环境的综合影响和对生物及人的危害就很难客观地反映出来。常用的生物监测法是有效的，但往往费时较多，操作繁琐，价格较贵，重现性差。

发光细菌是一类非致病的革兰氏阴性兼性厌氧细菌，它们在经适当培养后能发射出肉眼可见的蓝绿色的光。当发光细菌接触到环境中有毒污染物时，新陈代谢受到影响或干扰，从而使细菌的发光强度下降或熄灭，这种发光强度的变化可用光度计定量测定。有毒物质的种类越多，浓度越大，抑制发光的能力也越强。对于气体中可溶性有毒物质，先吸收溶解到液体中，然后进行测定。

4. 用 Ames 法检测环境中致癌物 Ames 等人发现，90％以上的诱变剂是致癌物质，根据这种相关性，他们创建利用鼠伤寒沙门氏菌（*Salmonella typhimurium*）的组氨酸营养缺陷型（his^-）菌株的回复突变来检测被检物质是否具有致突变性及致癌性。菌株 TA98 含有多个突变：①组氨酸基因突变（his^-），根据选择性培养基上出现 his^+ 的回复突变率就可测出被检物的致突变率或致癌率；②脂多糖屏障丢失（rfa），导致细胞壁上失去脂多糖屏障，从而使待测物容易进入细胞内；③紫外线切割修复系统缺失及生物素基因缺失，它们使致癌物引起的遗传损伤的修复降到最低程度；④具抗药质粒 R 因子，使菌抗氨苄青霉素，从而提高了灵敏性，TA98 可以检出能引起移码型突变的诱突物。

二、PCR 技术在环境污染检测中的应用

PCR，即聚合酶链式反应，是一项 DNA 体外酶促合成技术。从理论上讲，PCR 反应产物按指数增长，能将微量的 DNA 大量扩增。PCR 技术在环境微生物检测中的应用主要体现在以下两个方面：一是研究特定污染环境中微生物区系的组成，进而了解污染物对其种群动态的影响；二是检测污染环境中特定种群（如致病菌、工程菌等）的变化动态。

三、生物传感器在环境污染检测中的应用

在我国，工业废水是否达到环境排放标准目前主要是以 COD（化学需氧量）为指标，但是许多工厂的废水在 COD 达到排放标准后，仍然含有有毒物质，尽管是微量的，但对人类健康的潜在危害相当严重。因此，废水达到常规的排放标准后，还应该进行微量有毒物质的监测，以便进行有效控制。

微量有毒物质检测通常是一项繁琐、费时、需要精密仪器的工作。利用生物反应器来检测微量有毒污染物，具有便宜、迅速、便携的特点，能在现场得到测定结果。一些科学家正在研究利用细菌制作生物反应器。例如，有一类细菌可降解酚类有机物。当细菌吸收酚化合物后，酚附着在受体上，形成酚受体复合物，然后与 DNA 结合，激活与降解酚有关的基因。向细菌内导入一个报告基因，它可被酚受体复合物引发，并指导合成一种很容易检测的蛋白质，从而表明酚化合物在环境中的存在。目前研究者正在研发多种用来检测环境污染的生物反应器。

四、生物芯片在环境污染检测中的应用

生物芯片（biochip）分析的实质是在面积不大的基片表面上有序地点阵排列一系列固定于一定位置的可寻址的识别分子。结合或反应在相同条件下进行。反应结果用同位素法、化学荧光法、化学发光法或酶标法显示，然后用精密的扫描仪或 CCD 摄像技术记录。通过计算机软件分析，综合成可读的信息。

最初的生物芯片主要目标是用于 DNA 序列的测定，基因表达谱鉴定和基因突变体的检测分析，后又扩展到免疫反应、受体结合等非核酸领域。在环境科学领域可用来检测多种微量有毒物质以及环境中的微生物变化。一些公司已开发出利用单克隆抗体检测土壤中有害有机污染物的方法。

小 结

污水处理的生物法主要是利用微生物的作用，使污水中呈溶解和胶体状态的有机污染物转化为无害的物质。根据微生物的类别，目前常用的生物法可分为好氧生物处理和厌氧生物处理。好氧生物处理是废水生物处理中应用最为广泛的一大类方法。好氧处理法中又有活性污泥法、生物膜法、生物氧化塘、污水灌溉、土地处理系统等，各有特点和适用条件，在实际应用中往往需要配合使用。固体废弃物主要的处理方法有卫生填埋、堆肥、沼气发酵和纤维素废弃物的糖化、蛋白质化、乙醇化等。用微生物转化废气中的有害物质的过程首先把气态污染物由气相转移到液相或固体表面，然后才在微生物的作用下降解。自然界中能够降解石油污染物质的微生物种类有数百个种，70 多个属，主要有细菌、真菌和藻类等三大类型的生物。生物修复是利用生物催化降解有机污染物或吸收重金属，从而修复被污染环境或消除环境中污染物的一个受控或自发进行的过程。基因工程能够通过引入编码新酶的基因，或对现有的遗传物质进行改造、重组，从而构建对多种底物具有降解活性的复合代谢途径，提高微生物的降解速率，拓宽底物的专一性范围，改善有机污染物降解过程中的生物催化稳定性等。指示生物是指环境中对某些物质（包括进入环境中的污染物）能产生各种反应或信息而被用来监测和评价环境质量状况和变化的生物。指示生物可用于多种环境污染的监测。

复习思考题

1. 比较各种污水生物处理方法的优缺点。
2. 总结固体垃圾生物处理的基本原理。
3. 如何提高有机污染物生物治理效率？
4. 分析生物修复在污染治理中的作用。
5. 基因工程在环境污染的生物治理中有何作用？
6. 生物在污染监测中有何作用？

主要参考文献

[1] 王建龙，文湘华编著．现代环境生物技术．北京：清华大学出版社，2001
[2] 孔繁翔主编．环境生物学．北京：高等教育出版社，2000
[3] 陈坚，任洪强，堵国成，华兆哲编著．环境生物技术应用与发展．北京：中国轻工业出版社，2001

[4] 夏北城编著. 环境污染物生物降解. 北京：化学工业出版社，2002
[5] 徐亚同，史家樑，张明编著. 污染控制微生物工程. 北京：化学工业出版社，2001
[6] 蒋展鹏主编. 环境工程学. 北京：高等教育出版社，1992

第十四章　生物技术与人类

学习要求　了解生物技术在人类疾病诊断、预防和治疗中的应用，生物技术制药的主要方法；认识生物芯片和组织工程的概念及其在医学中的主要应用；了解生物技术中的伦理学问题。

第一节　生物技术与诊断

一、免疫学诊断技术

（一）免疫学基础

1. 免疫器官　按作用不同，免疫器官分为中枢免疫器官和外周免疫器官。前者包括胸腺和骨髓；后者包括脾脏、扁桃体、阑尾、淋巴结及其他淋巴组织。来自骨髓的造血干细胞在中枢免疫器官微环境影响下，发育分化为成熟的淋巴细胞，在胸腺中分化成T淋巴细胞（又称T细胞），在骨髓中分化成B淋巴细胞（又称B细胞）。成熟的T淋巴细胞和B淋巴细胞经血流定居于外周免疫器官的固定部位，并在此接受抗原刺激进行增殖。

2. 免疫细胞　免疫细胞包括淋巴细胞、单核巨噬细胞、粒细胞等。免疫反应过程中起核心作用的是淋巴细胞。淋巴细胞按其来源和功能不同又分为T淋巴细胞和B淋巴细胞。前者负责细胞免疫，后者负责体液免疫。

3. 免疫分子　免疫分子是指参与免疫反应的体液因子。它包括淋巴细胞的产物如抗体（免疫球蛋白）和白介素，单核巨噬细胞的产物如单核因子及补体系统等。

细胞免疫和体液免疫都是特异性淋巴细胞受抗原作用后增殖，分化，成为效应细胞（浆细胞、细胞毒性T细胞等）或产生效应分子（抗体、白介素等），在识别自我的基础上产生免疫反应。

4. 抗原　凡能刺激机体免疫系统发生免疫应答的物质均称为抗原。抗原有两个基本性质：一是有免疫原性，即具有刺激机体的免疫系统产生抗体或致敏淋巴细胞的性能；二是有反应原性，即具有和相应的抗体或致敏淋巴细胞发生特异性反应的性能。一般来说，细菌、病毒等微生物和大多数蛋白质都是良好的抗原。抗原表面有特殊的化学基团（抗原决定簇）决定着抗原的特异性。抗原借此与相应的抗体或致敏淋巴细胞结合，诱导产生免疫反应。通常一种抗原物质的表面有多个抗原决定簇。每个抗原决定簇均可刺激机体产生其相应的抗体或致敏淋巴细胞。

5. 抗体 机体免疫系统受抗原物质刺激后，B细胞被活化、增殖和分化为浆细胞，由浆细胞合成并分泌出一类能与抗原发生特异性结合的活性球蛋白，亦称免疫球蛋白，即抗体。抗体主要存在于血清内，也见于其他体液或外分泌液中，因此将抗体介导的免疫称为体液免疫。通常一种抗原物质可有多种抗原决定簇，所以可刺激多个B细胞系产生多种抗体混合在一起，即为多克隆抗体。而由一种抗原决定簇刺激一个B细胞系所产生的抗体，称为单克隆抗体。

（二）免疫诊断技术

免疫诊断技术主要基于抗原和抗体之间的特异性反应，用抗体检定待测样品中的抗原，或用已知抗原检测待检血清中的抗体，根据结果判断是否存在微生物感染，亦可用它检测瘤特异性相关抗原。免疫学技术包括凝集反应、沉淀反应、有关补体的反应技术。为了提高检测灵敏度，采用了标记技术，通常有免疫荧光技术、酶联免疫吸附分析（enzyme - linked immunosorbent assay, ELISA)、化学发生检测和放射免疫分析（radioimmunoassay, RIA）技术。

1. 免疫荧光技术 免疫荧光技术是用荧光色素结合抗原或抗体，检测相应抗体或抗原。

2. 免疫酶技术 该技术广泛应用的是酶联免疫吸附分析，这种技术敏感度高，方法简便，重复性好，标本可长期保存。免疫酶技术的基本程序是，将酶分子与抗体或抗抗体分子共价结合，此种结合既不改变抗体的免疫反应活性，也不影响酶的生物学活性。此种酶标记抗体可与存在于组织细胞或吸附于固相载体上的抗原（或抗体）发生特异性结合。滴加底物溶液后，底物可在酶作用下水解显色，或使底物溶液中的供氧体由无色的还原型变为有色的氧化型，呈现颜色反应。因而可借底物的颜色反应来判定有无相应的免疫反应。在每种抗原检测之前均需测定出“本底”的光密度，确定统一标准后才能判定结果。

3. 放射免疫分析 此法可以检出$10^{-9}\sim10^{-12}$ g痕量物质。放射免疫分析的基本原理是一种竞争性抑制反应。同一反应系统中，存在非标记抗原、带有放射性元素的相同抗原和定量的特异性抗体，此抗体量不足以与所有标记抗原和非标记抗原分子特异性结合，所以，这两种抗原便对该抗体进行竞争性结合。反应结束后，经离心，测定上清和沉淀中标记抗原放射强度即可计算出待测抗原的含量。

二、核酸诊断技术

核酸诊断技术，又叫基因诊断技术，大致可分为三大类：①酶谱分析法；②探针杂交分析法；③PCR 诊断技术。

(一) 酶谱分析法

1. 直接分析法 酶谱直接分析法用所研究的基因做探针，检测突变处在酶切位点上，或者顺序重排也造成特定酶切片段长度的改变。基因内某一酶切位点突变，或者 DNA 大片段的缺失或插入，虽然并不一定影响到限制性内切酶位点的丢失或获得，但如果缺失或插入发生在两个酶切位点间的片段内，就会使邻近的限制性内切酶位点相对位置发生改变，从而使酶切后的片段大小也发生改变。例如，镰状细胞贫血是血红蛋白 β 链上第 6 个氨基酸密码子 GAG 因点突变而成为 GTG，用限制性内切酶 *Mst* Ⅱ进行酶切检测，因为这一突变使正常存在的 *Mst* Ⅱ切点消失，这就使正常情况下存在的 1.15 kb 及 0.2 kb 条带，变成患者（纯合子）的 1.35 kb 条带。

2. 间接分析法 实际上许多致病基因尚未确定，不能用所研究的基因做探针结合限制性酶切图谱作直接分析。如果能在致病基因附近找到一种或几种与致病基因连锁的遗传标记，那么就可根据这一遗传标记的变化来检测是否携带致病基因。

(二) PCR 诊断技术

1. 等位特异性寡核苷酸 等位特异性寡核苷酸（allele specific oligonucleotide, ASO），是检测点突变的方法。ASO 的检测方法是将待测的样品先经 PCR 扩增，获得大量的待分析的 DNA 片段，然后将这些片段分别点样在固相支持膜或尼龙膜上。另一方面，人工合成包括突变热点在内的 17～30 个核苷酸中正常和突变的寡核苷酸，并分别进行同位素或非放射标记成为寡核苷酸探针。利用这两种探针分别与膜上的 PCR 产物进行杂交。突变了的基因只能与突变的寡核苷酸探针杂交，而正常的基因只能与正常的寡核苷酸探针杂交，通过显像技术便可判断杂交的结果，从而判断基因是否突变。

2. PCR 单链构象多态 PCR 单链构象多态性（PCR single strand conformation polymorphism，PCR－SSCP）检测突变的原理是：DNA 分子在凝胶中的泳动率取决于分子量的大小和空间构象，变性条件下泳动速率仅与分子量有关而与构象无关。在非变性条件下，单链 DNA（single strain DNA，ssDNA）由于分子间的相互作用而形成一定的构象，若其碱基序列出现差异甚至单碱基发生改变，就可导致构象改变，又由于其泳动率不仅与分子量大小有关，而且还与构象有关，因而可以将其泳动带与正常的同样大小的单链 DNA 泳动带型比较，即可判定某一区段内是否发生突变。PCR 扩增目的 DNA，变性并进行非变性聚丙烯酰胺凝胶电泳，区分扩增产物单链构象的多态性，选定变异带型进行序列分析。

3．变性梯度凝胶电泳　变性梯度凝胶电泳（denaturing gradient gel electrophoresis，DGGE）的原理同 PCR－SSCP 相类似。PCR 产物双链 DNA 相差一个碱基可引起 *T*m（解链温度）值的细微变化，在线性梯度变性的聚丙烯酰胺凝胶电泳中的迁移率不同，借此能够分开单个碱基不同的双链 DNA 分子。DGGE 可以检出 1 000 bp DNA 片段中约 50％的所有可能的单碱基突变。

4．免疫 PCR　免疫 PCR（immune PCR）是将 PCR 技术和免疫学技术结合起来的一项检验技术。下面以双引物双标记法为例介绍这种技术的原理。在 PCR 的一对引物中，其中一条引物用生物素标记，另一条引物用地高辛标记。酶标微孔板上，首先分别包被可溶性待测样品和阳性与阴性对照。以后每包被一次均用缓冲液浸洗除去未结合的残余物质。然后用第一抗体反应，再用标记有生物素的第二抗体包被，再其次加入生物素。最后，经亲和素搭桥。PCR 扩增后经纯化去除引物、dNTP、引物二聚体等小分子后，将 PCR 扩增后的纯化片段加入到微孔板中。此时，微孔板上如果有特异性抗原，则和加入的抗体反应，第一抗体和第二抗体相继反应最终将与引物上的生物素结合而捕捉了 PCR 片段，再在微孔板中加入碱性磷酸酯酶或辣根过氧化物酶标记的抗地高辛抗体，该抗体将与另一引物上的地高辛结合从而形成生物素亲和素-生物素-PCR 片段-地高辛-抗地高辛抗体-酶的复合物。加入酶的相应底物进行显色，便可判断样品中有无特异抗原。

5．荧光定量 PCR　荧光定量 PCR 的原理：Taq 酶的 5′→3′外切核酸酶活性，可以在链延伸过程中实现链替换，并将被替换的单链逐渐切除。反应体系中，不仅有两条普通的 PCR 引物，还有一条荧光标记探针，这条探针的 5′端和 3′端分别标记了荧光报告基团（R）和荧光淬灭基团（Q），当这条探针保持完整时，R 基团的荧光信号被 Q 基团所淬灭；一旦探针被切断，淬灭作用消失，R 基团的荧光信号就可以被测定。

（三）探针杂交分析法

1．寡聚核苷酸探针分析法　此法是根据已知正常和疾病基因突变的结构，在体外人工合成一段疾病基因片段，和同样大小的相应正常基因片段的寡聚核苷酸（两个片段中有一个碱基不同）标记作为探针，其长度通常采用 16～19 bp。将两者分别与经适当酶切的受检 DNA 进行杂交，从而直接确定疾病基因是否存在。采用此法进行遗传病诊断，不受突变点是否处在限制性内切酶位点的限制，可用于所有疾病基因突变点已经明确的遗传性疾病的诊断。此方法杂交条件要求严格，应用受到限制。

2．基因芯片 基因芯片（gene chip）又称微阵列（microarray），属于生物芯片的一种。该技术是将数万种寡核苷酸或DNA样品密集排列在玻片、硅片或尼龙膜等固相载体上，通过激光共聚焦荧光显微镜获取信息，电脑系统分析处理获得资料。一次微阵列可对千万种甚至更多基因的表达水平、突变和多态性进行快速、准确的检测。

3．Southern 转印技术 根据毛细管作用的原理，使在电泳凝胶中分离的DNA片段转移并结合在适当的滤膜上，然后同标记的单链DNA或RNA探针杂交，检测被转移的DNA片段。这种方法即是DNA转印技术。

4．Northern 转印技术 转印杂交技术最初局限于DNA转移杂交，后来逐步扩展到包括RNA和蛋白质转移杂交。转印RNA杂交技术称Northern转印技术。基本步骤是将电泳凝胶中的RNA转移到叠氮化的或其他化学修饰的活性膜上，通过共价交联作用而使它们永久地结合在一起。将蛋白质从电泳凝胶中转移并结合到硝酸纤维素膜上，然后同标记的特异抗体进行反应，称为Western转印杂交技术。

5．斑点转印杂交技术 斑点转印杂交（dot blotting）是在Southern转印杂交的基础上发展的一种类似的快速检测特异核酸（DNA或RNA）分子的核酸杂交技术。通过抽真空的方式将加在多孔过滤进样器上的核酸样品，直接转移到适当的杂交膜上，然后再按如同Southern转印杂交一样的方式同核酸探针分子进行杂交。

第二节 生物技术与疫苗

一、概 述

常规的疫苗主要有两类：第一类是经加热或化学方法处理后的病原微生物，即灭活疫苗（inactivated vaccine）；第二类是由减毒的细菌或病毒制成的活疫苗，亦称减毒疫苗（attenuated vaccine）。常规苗不足之处：①常规疫苗病原遗传背景不清楚，因此存在毒力回复的可能性。②其病原体至今难以人工培养，使这类疫苗研制受到限制，如乙型肝炎病毒等。③有些病原体分型复杂，且不断发生变异而产生新的亚型，型别之间的交叉免疫效果极差。所以由某一亚型病原体制备的疫苗只能对这一类型的病原体有效。④多数寄生虫（如疟原虫）生活史复杂，不同生活时期具不同的抗原性，预防寄生虫的疫苗就难以制备。由不同种病原或其代谢产物制成的疫苗称为联苗，同一种病原不同型或不同株抗原所制成的疫苗叫多价苗。根据抗原的选择和抗原提呈方式不同，生物技术疫苗主要可以分为基因工程活疫苗、基因工程亚单位疫苗、表位靶向的合成疫苗、核酸疫苗和抗独特型疫苗五类。

二、基因工程亚单位疫苗

重组DNA技术可以利用表达载体，将诱导保护性免疫应答的抗原基因在体外进行表达，分离纯化后即得到大量的抗原蛋白。亚单位疫苗主要有以下优点：①抗原为病原体表面的某一特定蛋白，甚至抗原的表位片段，免疫保护的针对性强。②不需要培养病原体，制备量大，纯度高。③疫苗无核酸成分，接种后不会在体内复制，比较安全。基因工程亚单位疫苗安全性高。但是，与灭活苗相似，这类疫苗也是以外源蛋白的形式提呈抗原，所以主要刺激机体产生保护性中和抗体，几乎不能诱导有效的细胞免疫；由于重组蛋白往往是高度纯化的小分子蛋白和多肽，因而免疫原性较差，免疫接种时必须辅之以高效的佐剂和适当的载体。

三、基因工程活疫苗

（一）基因缺失活疫苗

研制基因缺失活疫苗（gene deleted live vaccine），首先是寻找病原体的毒力相关基因，然后通过基因敲除（gene knock out）的方法，从病原体基因组中删除此类基因，从而使病原体丧失致病性，仍保留增殖能力和免疫原性。这类疫苗接种后已无致病能力，却仍然可以通过自然途径感染机体并在体内复制，从而激发长期而有效的免疫应答。

（二）基因工程活载体疫苗

基因工程活载体疫苗（gene engineered vectored vaccine）的研制原理，是将病原体的保护性抗原克隆到无毒力的病毒或细菌载体内，载体病毒或细菌感染机体后，克隆的基因在体内表达，以内源性抗原方式提呈抗原，从而激发全面的细胞和体液免疫，增强免疫保护效果。近年来，已经构建了许多重组病毒如痘苗病毒（vaccinia virus）、腺病毒（adenovirus）、脊髓灰质炎病毒（poliovirus）等，重组细菌有减毒沙门氏菌（*Salmonella* sp.）、卡介苗（BCG）、大肠杆菌等。痘苗病毒是最大的DNA病毒，作为疫苗表达载体有以下优点：

①基因组容量大,有大量的非必需片段可以插入外源基因。②能适当修饰表达产物（如糖基化），特别有利于真核生物的基因表达。③有长期的人体使用历史，安全而价廉。

四、合成疫苗

（一）合成肽疫苗

人们把表位用于研制疫苗，将 T 细胞或 B 细胞的抗原表位联在一定的载体上作为疫苗，这类表位疫苗称为合成肽疫苗（synthetic peptide vaccine）。制备合成肽疫苗时要注意以下问题：①合成肽疫苗免疫原性弱，需要较强的佐剂。②不同肽免疫活性存在较大差异。合成肽的抗原性不仅与分子大小有关，而且与空间构型、亲水性、所带电荷有关。必须充分考虑肽的空间结构与天然抗原决定簇的有效差异，综合利用 X 线晶体衍射分析、核磁共振等方法解决此问题。

（二）T 细胞疫苗（T cell vaccine）

清除细胞内感染的细菌和病毒，主要依赖于特异性 CTL 识别、杀伤感染细胞。B 细胞抗原表位是一些构象表位，可以被 B 细胞受体（BCR）直接识别。B 细胞识别的是抗原提呈细胞处理后，同 MHC（主要组织相溶性复合体）抗原一道提呈的抗原多肽，主要是线性表位。MHCⅡ类分子结合外源性抗原，提呈给 CD_4 Th 细胞；MHCⅠ类抗原结合内源性抗原，提呈给 CD_8 T 细胞。由于 MHC 抗原有高度多态性，其结合的抗原多肽比较复杂。大多数已知的 MHC 抗原，具有一些重叠的肽结合特性，能与不同 MHC 抗原结合的短肽称为 HLA（高层体系结构）超基序（HLA super motif)。这些超基序就可以作为疫苗设计的候选 T 细胞表位。同传统的疫苗和其他的基因工程疫苗相比，合成疫苗有独特的优势。在一些慢性感染性疾病和肿瘤中，针对病毒或肿瘤免疫优势表位的 T 细胞大多被灭活或产生耐受，所以仅仅以病毒或肿瘤相关抗原设计的疫苗往往不能激发有效的细胞免疫。人工合成的 T 辅助表位有可能打破耐受，刺激 T 细胞的活化，从而清除感染和肿瘤。

五、核酸疫苗

核酸疫苗（nucleotic acid vaccine）为第三代疫苗。同传统疫苗相比，核酸疫苗主要有以下的优点：①重组质粒转化机体细胞后，在细胞内表达，抗原可作为内源性抗原经 MHCⅠ类分子提呈，激发有效的细胞免疫。②表达经修饰的抗原，具有与天然抗原相同的构象和免疫原性，因而可以诱导产生保护性抗体。③没有减毒苗、灭活苗可能引起的致病性。迄今为止，尚未发现质粒与宿主染色体整合，具有较为可靠的安全性。④编码不同抗原的基因构建在同一个载体上，制备多价疫苗或联苗。⑤疫苗本身是重组质粒，制作简单，价格低廉。⑥核酸疫苗不仅具有预防作用，还可以作为治疗性疫苗。⑦重组质粒可以在细胞中存留较长时间。据研究证实，在肌细胞中可以存在 18 个月，并且持续表达。

核酸疫苗是将编码保护性抗原的基因克隆到表达载体上，然后将重组质粒以一定的方式导入机体，被细胞摄取并表达抗原蛋白，从而激活机体免疫系统，产生免疫保护。核酸疫苗通过肌肉注射或基因枪导入机体后，可被两类细胞摄入：一种可能是被局部的肌肉细胞、上皮细胞内吞；第二种可能是 DNA 直接被组织局部的抗原提呈细胞吞入。核酸疫苗不仅能全面诱导机体体液及细胞免疫反应，而且能够诱发局部的免疫应答和免疫记忆。

六、抗独特型疫苗

免疫球蛋白（immunoglobulin，Ig）分子上，主要以可变区上的抗原表位（epitope）——独特位（idiotope）构成独特型（idiotype，Id）。由于仅 Ig 可变区就有 $10^6 \sim 10^8$ 种，因此在同一个体内可以有数以百万计的 Id。同样，T 细胞克隆上的抗原受体（TCR）也有 Id。当有抗原进入体内时，抗原决定簇选择性地激活 Id 与其相应的 B 细胞克隆，产生相应的 Id 抗体，针对抗原的 Id 抗体称为 Ab_1，机体对 Id 没有免疫耐受性。当 Ab_1 的含量达到一定水平时，即可激发产生抗 Ab_1，称为 Ab_2。如 Ab_2 量达到一定水平，可激发产生 Ab_3。Ab_2 有四种类型，$Ab_2\alpha$ 空间干扰部分地阻断抗原与 Ab_1 结合；$Ab_2\beta$ 能完全阻断抗原结合；不能阻断的称为 $Ab_2\gamma$ 和 $Ab_2\epsilon$。其中，$Ab_2\beta$ 构象与抗原决定簇十分相似，为原始抗原表位的内部影像，可以模拟抗原激发机体产生免疫反应，可用于制成抗 Id 疫苗。故筛选最佳的 $Ab_2\beta$ 是制备抗 Id 疫苗的关键。

抗独特型抗体作为疫苗有下列优点：①对于一些不易获得或者成本较高的抗原，抗独特型抗体可以作为一种替代型抗原。②对于抗原性很弱，量很少的抗原效果也很好，如肿瘤表面抗原。业已证明，抗独特型抗体可结合出现在 B 细胞瘤上的独特型，使这些肿瘤生长抑制或溶解，但不损伤正常组织。③可以作为一些带有感染性的抗原制剂的一种替代型抗原。④在没有佐剂的情况下，使用这种疫苗同样有效。⑤因为重组 DNA 疫苗和合成肽疫苗均为蛋白质，这两项技术不能生产以多糖、脂多糖、类脂为保护性决定簇的疫苗，而抗独特型疫苗则弥补了这一不足。新生儿对多糖抗原呈无反应性，成年人多数对多糖抗原免疫的应答能力差。抗独特型抗体，为对以非蛋白质抗原为保护性抗原的免疫预防开辟了新途径。⑥抗独特型抗体疫苗具有广谱性。可能是因为病毒或寄生虫的不同亚型的特异性抗体，有相似的独特型。⑦抗独特型抗体也能模拟激素或其他半抗原，用于此领域研究和应用。

七、病毒性疾病的疫苗

（一）肝炎病毒疫苗

病毒性肝炎是目前世界上广为流行的传染病之一。已发现的肝炎病毒已达7种，分别命名为甲、乙、丙、丁、戊、己、庚型。据估计，全世界肝炎病毒携带者多达5亿人，每年新患者多达5 000多万人。其中又以乙型肝炎（甲型肝炎简称甲肝，乙型肝炎简称乙肝，余此类推）为多，病毒携带者达2亿人左右。乙肝病毒携带者有可能转变成慢性肝炎、肝硬化，发生肝癌的比例比非携带者高50倍以上。

目前用基因工程生产乙肝疫苗主要有两种方法：一种是将重组DNA导入酵母菌，由酵母菌产生乙肝抗原而制成疫苗；另一种是将重组DNA导入仓鼠细胞，由仓鼠细胞生产疫苗。甲型肝炎经由消化道传染，流行较广。甲肝病毒的抗原基因插入到减毒的牛痘病毒基因组中，构建重组病毒，经它感染可不断分泌甲肝抗原，达到长期免疫的目的。丙型肝炎病毒感染后，大部分病人转为慢性肝炎，其中部分病人可发展为肝硬化甚至肝癌。目前尚无特效治疗药物或预防方法，对人类健康危害很大。1996年Tokushige等用丙肝病毒C区基因构建成重组DNA，免疫15只小鼠并检测到了相应的抗丙肝抗体，还可诱导产生细胞免疫反应。

（二）艾滋病病毒疫苗

艾滋病（AIDS）全称为人类获得性免疫缺陷综合征，是由人类免疫缺陷病毒（HIV）的感染引起的。在艾滋病发现的近20年来，已使1 170万人丧生，每天估计有1.6万人受到感染，我国被感染者估计已达60万人。艾滋病疫苗的研究主要是以病毒外膜蛋白和*gp*160、*gp* 120基因克隆后在不同的表达系统中表达。目前已有约40种的艾滋病疫苗正在研究之中。

（三）其他病毒性疾病疫苗

其他病毒性疾病疫苗有小儿麻痹疫苗、狂犬病疫苗、EB病毒疫苗、流感病毒疫苗、疱疹病毒疫苗、腮腺炎病毒疫苗、流行性出血热病毒疫苗、风疹病毒疫苗、轮状病毒疫苗等数十种。

（四）基因工程多价疫苗

所谓基因工程多价疫苗，是指利用基因工程的方法将多种病原体的相关抗原融合在一起，产生一种带有多种病原体抗原决定簇的融合蛋白，或将多种病原体相关抗原克隆在同一个载体（多价表达载体）上，达到同时对多种相关疾病进行免疫的目的。美国于1986年10月首先研制了一种含有疱疹病毒、肝炎病毒和流感病毒的疫苗。

八、细菌性疾病的疫苗

由于细菌较其他病原体的表面结构复杂并处于动态变化，而且细菌感染在大多数情况下可用抗生素控制，因此目前使用的细菌基因工程疫苗没有病毒疫苗广泛。常用的细菌性疾病的疫苗包括霍乱弧菌疫苗、麻风杆菌疫苗、幽门螺杆菌疫苗、大肠杆菌疫苗、痢疾疫苗、鼠伤寒沙门氏菌疫苗、淋球菌疫苗、脑膜炎双球菌疫苗等数十种。

九、寄生虫病疫苗

（一）疟原虫疫苗

由于疟原虫及其传播媒介蚊子获得抗药性，疫苗研究更显示出重要性。目前疟原虫的基因工程疫苗有抗孢子疫苗（如CSP蛋白质）、抗裂殖子疫苗、抗配子母细胞疫苗等。

（二）血吸虫疫苗

感染人类的血吸虫主要有三种：埃及血吸虫、曼氏血吸虫及日本血吸虫。血吸虫基因工程疫苗主要有两大类：一类是虫体蛋白质，如28 ku蛋白和25 ku蛋白的基因工程疫苗就具有良好的抗原性；另一类是酶性抗原，如谷胱甘肽S巯基转移酶（GST）、3-磷酸甘油醛脱氢酶（GAPDH）、超氧化物歧化酶（SOD）、磷酸葡萄糖同分异构酶（TPI）等候选抗原。

寄生虫的DNA疫苗也是寄生虫疫苗研究的一个主要方向，目前正在研究的有血吸虫、疟原虫、利什曼原虫、小隐孢子虫和弓浆虫等寄生虫DNA疫苗。

十、避孕疫苗

（一）精子避孕疫苗

精子避孕疫苗是利用精子的特异性蛋白质作为抗原，免疫男性或女性，诱发产生特异性抗体，使精子减少产生或阻断受精过程，从而达到避孕目的。目前作为抗原用的精子特异蛋白质主要有：乳酸脱氢酶 C－4、SP－10、顶体蛋白、FA－1、AH－20 和 PH－20 等几种。

（二）激素类避孕疫苗

精子和卵子的产生过程、受精过程以及妊娠过程需要多种激素参与。人们设想以这些激素作为抗原，免疫男性或女性以产生特异性抗体，降低机体内相应的激素水平使得不能产生精子或卵子、不能受精或不能怀孕，同样可以达到避孕的目的。目前进入临床试验的已有人绒毛膜促性腺激素（HCG）、促性腺激素释放激素（GnRH）和绵羊促卵泡激素（OFSH）等。

十一、其他类疫苗

（一）肿瘤疫苗

1．概述 目前的肿瘤疫苗根据组成成分可分为 4 种：①肿瘤细胞疫苗，它以灭活的肿瘤细胞或其初提物作为抗原，加佐剂进行接种，以增强机体免疫系统对肿瘤细胞的识别和杀灭能力。②肿瘤核酸疫苗，即肿瘤 DNA 疫苗。③肿瘤肽疫苗，包括用化学合成法合成肿瘤特异的短肽或基因工程方法制备的短肽，用于体内注射或体外致敏淋巴细胞后再回输，同样达到增加机体免疫功能的目的。④肿瘤基因工程疫苗，是将目的基因导入受体细胞而制成的疫苗，该疫苗发展最快，并已进入临床治疗阶段。肿瘤疫苗用于治疗，用于消除肿瘤手术后的转移、复发及清除术中无法清除的残留病灶。

2．反义技术 在人体细胞内存在的癌基因，是一种没有癌变作用的正常基因，称为原癌基因。这些原癌基因如果在某些因素的激活下由关闭状态转为开放状态，便会促使细胞癌变，这类可促使细胞癌变的基因就称为细胞癌基因。

反义技术是指天然存在的或人工合成的一类 RNA 分子，它不能编码蛋白质，但它的核苷酸序列与某种 mRNA 可互补，所以这种反义 RNA 可与 mRNA 结合成双链 RNA 从而干扰 mRNA 的翻译，促使 mRNA 被降解。这种利用反义 RNA 封闭某个基因的技术称为反义技术。根据癌基因设计的反义 RNA 已有几十种，如 myc、myb、ras、bcr、abl、bcf－2、cde、fos、erb－B_2、bFGF、IGF－IR、PKA、TGF_2 等。

3．基因修饰与抑癌基因 肿瘤产生与抑癌基因有关。抑癌基因在正常细胞中处于表达状态，其产物起着抑制细胞生长的作用。一旦这种基因突变而丧失功能，细胞将迅速生长繁殖。纠正的方法是，用正常有功能基因替代突变的基因，起抑制细胞生长的作用。目前用做基因治疗的抑癌基因有 *P*53 基因、

rb 基因、*WT*－1 基因等。

（二）促生长疫苗

生长激素释放抑制素（somatostatin，SMT）是产生于下丘脑中的肽类激素，由 14 个氨基酸组成。其主要功能是抑制生长激素释放素的功能，从而减少生长激素的合成与释放。SMT 是研制出的第一个基因工程药物。由于成本降低，人们开始试用它做成疫苗。由于机体产生对 SMT 的免疫反应，使体内合成的 SMT 被抑制，生长激素释放素含量增加，最终使生长激素增加。被免疫动物生长加快，缩短饲养时间，瘦肉率提高，节约饲料和管理费用。用此方法制成疫苗，可以促进幼儿身体增高，或许可以成为一种实用的促长高的方法。

（三）类毒素

许多致病性细菌产生毒性物质，统称为细菌毒素（bacterial toxin）。细菌毒素可分为外毒素（exotoxin）和内毒素（endotoxin）两类。外毒素是细菌在生长过程中分泌到菌体外的毒性物质。外毒素属蛋白质，一般容易被热、酸及消化酶灭活。外毒素可用甲醛脱毒，成为类毒素（toxoid）。甲醛的脱毒可能是由于它改变了毒素的酶活性和毒素与细胞结合能力。由于类毒素仍保持毒素的抗原性，能引起产生抗毒素，故可用于人工免疫。

（四）生态制剂

生态制剂（ecological preparation）是指在微生态理论指导下，采用已知有义的微生物，经培养、发酵、干燥等特殊工艺制成的用于动物的生物制剂或活菌制剂。生态制剂又称生态疫苗（ecological vaccine）。动物机体的消化道、呼吸道和泌尿生殖道等处具有正常菌群，如双歧杆菌属（*Bifidobacterium*）、乳酸杆菌属（*Lactobacillus*）及埃希氏菌属（*Escherichia*）等多种细菌以及酵母、霉菌等。它们是机体的保护性屏障，是机体非特异性天然抵抗力的重要因素，它们对一些病原体具有颉颃作用。乳酸杆菌和双歧杆菌可以调整菌群、抑制需氧菌、扶持厌氧菌和控制感染。正常菌群稳定性的破坏，特别是由于服用抗生素可导致潜在性病原体的定植，引起菌群失调症（或称二重感染）。

第三节　生物技术与制药

一、微生物制药

（一）概述

微生物具有代谢速度快、菌体繁殖迅速及代谢类型多、对外界环境易于适应的特点。可用于制药的微生物工程产品种类很多，根据产物的性质可分为微生物菌体、初级代谢物、次级代谢物及生物大分子等。

1. 微生物菌体 有些微生物细胞内酶系具有催化、羟基化、羧基化、加成、缩合、脱氢、氧化还原等反应能力，可用于生产多种药物，如用酵母细胞生产果糖-1，6-二磷酸；用黄色短杆菌或产氨短杆菌转化富马酸生产L苹果酸等。此外尚有许多药用真菌，如灵芝、银耳、假蜜环菌、安络小皮伞、蜜环菌、猴头菌、竹红菌、冬虫夏草及香菇等，均属于高等真菌菌体。

2. 初级代谢产物 微生物代谢过程中所形成的、作为自身生长繁殖所必需的营养物质的产物称为初级代谢产物。其中许多产品都是重要药品，如多种氨基酸、核苷酸、糖类中间代谢物、有机酸、维生素等。

3. 次级代谢产物 微生物代谢过程中所产生的、其自身生长所不需要的物质称为次级代谢产物，可用于生产如多种抗生素类药品、甾体激素类药品、酶抑制剂、毒素等。

4. 生物活性大分子 微生物细胞代谢过程中所产生的生物活性大分子有酶类、活性蛋白、蛋白类激素、核酸、多糖等。由于基因工程及细胞融合技术的诞生，本来由动物细胞生产的许多酶、活性蛋白及多肽激素，也可由微生物细胞来生产。

（二）抗生素

临床上使用的抗生素大多用于治疗细菌感染引起的疾病，如青霉素、头孢菌素、氯霉素、四环素等。还有一些抗生素用于治疗真菌引起的感染，如灰黄霉素；用于肿瘤化疗，如博莱霉素；用于治疗寄生虫感染，如杀滴虫霉素；用于器官移植及自身免疫性疾病的免疫抑制，如环孢菌素A等。目前广泛应用的抗生素主要由放线菌产生，特别是链霉菌属（*Streptomyces*）的放线菌，少数来自于真菌、细菌、动物或植物。

（三）氨基酸类

氨基酸主要用于生产大输液及口服液，有些氨基酸尚有其特殊用途，如精氨酸盐及谷氨酸钠也用于肝性昏迷的临床抢救，解除氨毒。L谷氨酰胺用于治疗消化道溃疡，L组氨酸也为治疗消化道溃疡的辅助药。

（四）核苷酸类

采用微生物技术生产的核苷酸类药物及其中间体有肌苷酸、5′-腺苷一磷酸（AMP）、腺苷三磷酸（ATP）、黄素腺嘌呤二核苷酸（EDA）、辅酶A（CoA）、辅酶Ⅰ（CoⅠ）、胞二磷（CDP）、胆碱等。

（五）维生素类

采用微生物技术生产的维生素类药物及其中间体有维生素B_2（核黄素）、

维生素 B_{12}（氰钴胺素）、2-酮基古龙酸（维生素C原料）、β类胡萝卜素（维生素A前体）、麦角甾醇（维生素 D_2 前体）等。

（六）甾体类激素

可的松、氢化可的松、泼尼松、肤氢松、地塞米松、确炎舒松等的甾体激素化学合成工艺中，有关反应已可用微生物转化来实现，并将有良好发展前景。

（七）治疗酶及酶抑制剂

采用微生物生产的药用酶及酶抑制剂有天冬酰胺酶、脂肪酶、蛋白酶、纤维素酶、链激酶、尿激酶、超氧化物歧化酶、抑肽素等。

二、基因工程制药

（一）细胞因子

1．概述　细胞因子种类很多，生物学活性广泛，有下述许多共性。

(1)多源性　几乎没有一种细胞因子只是由单一类型细胞产生的，而是同一刺激物可诱导同种细胞产生多种细胞因子。

(2)多效性　细胞功能的发挥除需要细胞与细胞的直接接触外，更多的是依靠其释放的细胞因子来实现。例如IL-6，除参与抗体形成、B细胞分化、增殖的调节外，还参与多种炎症反应、造血前体细胞的增殖及定向分化，它还具有较强的抗病毒活性。

(3)高效性　细胞因子的生物学效应具有微量性，有效浓度在 10^{-4} ～ 10^{-10} mol/L之间。它们的半衰期短，一般数分钟至数小时。细胞因子多数是旁分泌效应，有些细胞因子呈自分泌效应。细胞因子作用于有特定受体的靶细胞。

(4) 快速反应性　细胞因子对激发因素的反应迅速，如失血、血容量降低等刺激，可使一系列克隆刺激因子的含量迅速增加，造血前体细胞的定向分化加速，并促进骨髓、肝中的血细胞进入循环。

(5) 理化性质　①细胞因子的化学本质为大分子多肽或蛋白，绝大部分为糖蛋白，但糖基成分对大部分细胞因子的生物学活性影响不大；②多为单链分子，不存在蛋白质合成后组装；③多具有“分泌型激素”的特性，N末端有若干个疏水性氨基酸构成的信号肽，穿越细胞膜时可以水解脱落；④细胞因子的基因多由数个外显子和内含子组成；⑤基因均为单拷贝；⑤相对分子质量均小于 80×10^3，大多数为 20×10^3 ～ 30×10^3，少数如单核/巨噬细胞集落刺激因子的相对分子质量为 70×10^3，IL-8和表皮生长因子仅 8×10^3 ～ 10×10^3。

细胞因子以其多种多样活性参与免疫和炎症反应。细胞因子的相互作用，构成功能性细胞因子的网络，彼此相互制约或协作，对免疫功能起着双重作用，即增强或降低免疫，出现正反不同作用的效应，如抗炎与致炎、抗感染与助长感染、抗癌与致癌、消除病害与诱生疾病。

2．白细胞介素 白细胞介素（interleukin，IL）简称白介素，是一类由白细胞合成，主要作用于白细胞的多肽。已发现的白细胞介素有23种，还必将有新的白细胞介素被陆续发现。白细胞介素作用极强，通常是在10^{-15} mol/L水平起作用。白细胞介素必须与特异性受体结合才能发挥其生物学活性。其受体分布广泛，存在于受其作用的多种细胞，并具有不同的亲和力。白细胞介素在临床上可用于抗癌、治疗结缔组织和自身免疫性疾病、再生障碍性贫血、药物和放射线所致的骨髓形成低下及血板减少等。

3．肿瘤坏死因子 肿瘤坏死因子（tumor necrosis factor，TNF）是一种由巨噬细胞分泌，能产生细胞毒素，使肿瘤细胞溶解的因子。TNF最大的优点是对肿瘤细胞的选择性作用。它与常用的化疗药物相比较，有下列不同点：①在体外TNF对肿瘤细胞效应是非常特异的。它能使肿瘤细胞溶解或者抑制，而对正常细胞则要以高出100～1 000倍的浓度才能发挥抑制作用。②TNF有广泛的生物学活性，它是内毒素休克的主要介质。对于造血细胞的产生和活化、免疫效应细胞的功能和血管凝血系统的激活也有显著的作用。

4．干扰素 干扰素（interferon，IFN）与细胞表面受体结合后，通过快速和短暂的诱导或激活某些细胞基因和抑制另一些细胞基因而起作用。

IFN的主要作用：①使机体的细胞建立抗病毒状态。IFN在10^{-15} mol/L时就很有效。IFN能抑制病毒生活周期中的许多阶段，如吸附和脱壳，早期病毒转录和病毒翻译，蛋白合成和从细胞表面芽生。②免疫调节。IFN是巨噬细胞激活因子，也是一种参与T细胞和B细胞应答的细胞因子。IFN能增强NK细胞和中性粒细胞的细胞毒活性。③细胞生长和分化的调控，IFN是正常细胞和恶性细胞生长的有效抑制剂。

5．集落刺激因子 集落刺激因子（colony stimulating factor，CSF）。CSF为一组糖蛋白，由淋巴细胞和单核细胞产生，有刺激红细胞系以外造血细胞增殖和分化的作用。

集落刺激因子的生物学作用：①促进造血，使外周血白细胞升高，可促使幼稚细胞加快成熟及刺激造血干细胞、祖细胞的增殖与分化。②促进粒细胞溶酶体酶的合成、释放增强，促使过氧化物酶合成增强。据报道，CSF能促进中性粒细胞、嗜酸性粒细胞及巨噬细胞对细菌和原虫的吞噬作用，还具有增强细胞介导的抗体依赖细胞的杀伤作用。在抗肿瘤免疫中，能使效应细胞（中性粒细胞和嗜酸性粒细胞）对靶细胞的杀伤作用明显加强。③可促使白血病细胞分化及抑制白血病细胞生长。

6. 促红细胞生成素 红细胞生成素（erythropoietin，EPO）由肝脏的枯否氏细胞、脾及骨髓的巨噬细胞合成，肾小管及间质细胞是EPO的主要来源。EPO能控制红细胞产生的速率，还可作为生长因子刺激红系前体细胞的线粒体活性，作为一种分化因子可触发红细胞集落形成单位转变成为前原红细胞。EPO的生成分泌受多种因素调节和影响，主要由组织需氧量与供氧量之间的相对关系调节。凡能减少血液供氧或使组织需氧量增加的因素均可使EPO生成增加，反之则减少。前者如高原缺氧条件、先天性心脏病、肺心病、甲亢、溶血性贫血等，后者如垂体功能低下症等。

（二）反义核酸药物

反义RNA（antisense RNA）作用的基本原理是通过碱基配对原则与mRNA结合，形成双链以阻止后者的正常表达。其作用方式有以下几种：①在细胞质内与mRNA形成RNA-RNA二聚体，使后者不能与核糖体结合，阻断翻译过程；②在细胞核内与新生的mRNA结合，使后者不能向胞质输送；③反义RNA与相应的mRNA结合后容易被酶降解。

最近开始应用的RNAi（RNA interference）技术，采用的是一种小片段反义RNA，它的作用优于完整的反义RNA。反义RNA在体内的半衰期通常为8～14 min，浓度越高，抑制越完全。其特异性与长度有关，一般来说，反义RNA分子越长，则特异性越高。因此，足够的长度可以避免由于非特异性结合而引起错误抑制。

（三）激素类药物

激素类药物很多，如胰岛素、促激素和抑激素等。凡是肽类激素均可用基因工程制药。应用DNA重组技术，在大肠杆菌细胞中表达重组的rhGH有两条不同的技术途径：其一是生产胞内型，其二是生产分泌型。

1. 胞内型重组人生长激素的生产 由于大肠杆菌的分泌装置无法识别外源真核蛋白质的信号肽序列，因此克隆的rhGH（重组型人生长激素）基因的5′端是用一段合成的DNA序列取代，这样便能够在大肠杆菌细胞中表达出几乎与天然产物一样的重组人生长激素。

2. 分泌型重组人生长激素的生产 将hGH的编码序列同细菌分泌蛋白质的信号序列连接，并克隆在大肠杆菌的表达载体上。将此种重组的表达载体转化到大肠杆菌，合成分泌时，信号肽被删除掉。结果产生出了与天然hGH一样的、共有191个氨基酸的rhGH。累积在周质中的rhGH，由于细胞外膜的低渗破裂（hypotonic disruption）而被释放到胞外。

（四）生物反应器制药

除了用微生物制药外，还可以用动植物作为生物反应器（bioreactor）制药。1989年美国Scripps研究所将抗黑色素瘤抗体的重链和轻链基因分别克隆并转入烟草中，然后杂交，结果在后代叶子中产生大量抗体，表达水平达叶子总蛋白的1.3%。据计算1公顷烟草，可生产667 g抗体，足够667万患者1年治疗之用，治疗费用降低至原来的一万分之一以下。有人还用植物生产干扰素和杀菌肽等多种人类基因药物，用香蕉等制造食用乙肝疫苗等。1998年初，以克隆绵羊“多莉”而闻名于世的英国Roslin研究所宣布，他们还克隆了另外两只绵羊——“莫莉”和“波莉”。它们身上带有人类的超氧化物歧化酶（SOD）基因，SOD是一种抗氧化剂，可用于治疗过氧化合物所引起的疾病，如早产儿氧中毒症。已经研制出产生人免疫球蛋白IgA、β球蛋白、α_1球蛋白、tpA、血红蛋白、胰岛素、乳铁蛋白等的多种转基因动物。与传统的制药技术相比，利用转基因动植物生产的蛋白质药物，由于已经过动植物体内的天然加工和修饰，其产物的生物活性、生化特性与天然蛋白质完全相同，不需进行基因产物的后加工；直接分泌到乳汁中，或者收集成熟后的植物，因而能够极为方便地收集到所需的药物而丝毫不妨碍转基因生物个体的生存和成长；生产规模大，现在采用的反应器每升反应液只有几毫克产物；成本低，只需简单营养物质，报酬率极高。毫无疑问，利用转基因生物生产药物将会成为未来生物医药学的主要努力方向之一。

三、细胞工程制药

（一）植物细胞工程与制药

植物细胞大规模培养的产物有种苗、细胞、初级代谢产物及次级代谢产物、生物大分子等，其中许多产物在医药领域具有重要应用价值。

1. 植物细胞生产 植物细胞工业规模的培养首先是细胞生物量的增长，细胞即为重要产品之一。例如，人参细胞培养规模已达到2 m^3，收集湿细胞，冻干，得活性人参细胞粉，既是保健食品原料，也可作为药材，其中除含人参皂苷外，尚含有天然人参所不具有的酶类及其他活性成分，其保健作用优于天然人参。紫草细胞培养也达到750 L规模，所得紫草细胞可直接用于制造口服液或外用消炎剂，也可用于提取紫草素。

2. 初级代谢产物及次级代谢产物 来自植物细胞培养的有用物质已有400种左右，包括色素、固醇、生物碱、维生素、激素、多糖、植物杀虫剂、生长激素等数十个类别。植物细胞培养生产的各类初级代谢产物及次级代谢产物均为可再生资源，其生产不受地理环境及气候等自然条件影响，是值得重视和开发的生物量。已实现工业化培养的细胞有烟草、人参、紫草、洋地黄、黄连等多种。有希望实现工业化生产的品种有苦瓜细胞的类胰岛素、喜树细胞的喜树碱、十蕊商陆细胞的植物病毒抑制剂与抗菌素、莨菪细胞的天仙子及L-莨菪碱和红古豆碱、东莨菪细胞的蛋白酶抑制剂及油麻藤细胞的左旋多巴等。

3. 生物转化　利用植物培养细胞为酶原，使某种前体化合物生成相应产物的技术称为生物转化，也称为植物细胞转化。植物细胞内含有催化酯化、氧化、还原、皂化、羧基化、异构化、羟基化、甲基化、环氧化、葡萄糖基化及去甲基化等反应的酶类，可使相应原料生成有用化合物，如毛地黄细胞培养物可使甲基毛地黄毒素转化为β甲基地高辛。

4. 植物细胞工程与中草药　中医临床上应用的中草药材达数千种，其中80%以上来源于植物。初始靠采集野生资源，现在许多名贵药材（如天麻、人参、当归、黄芪、罂粟及大麻等）均靠人工栽培。采用植物细胞大规模培养技术，也可生产各种中草药细胞，其所含有效成分较天然植物组织为高，如培养的烟草细胞 CoQ10（泛醌）含量较天然植株高 16.3 倍，培养的长春花细胞 Ajmalicine（阿吗碱）含量较天然植株高 2.3 倍，雷公藤培养细胞中 Tripolide（雷公藤内酯醇）含量较天然植株高 49 倍，而橙叶鸡血藤细胞培养物中蒽醌含量较天然植株高 8 倍。

5. 组织培养与中草药　我国科学家首先成功地进行了人参组织培养，其药理、药性与新鲜人参相似。紫杉醇是近年来发现的重要的抗癌药物，能有效地治疗卵巢癌、乳腺癌等妇科癌症。由于紫杉醇是从珍稀植物红豆杉提取，从前只能通过大量的砍伐这种珍稀植物来获得紫杉醇，目前科学家们正在开展紫杉醇细胞培养法及组织培养法生产的研究。利用生物技术生产或处于研究阶段的药物还有：强心苷、阿吗碱、莨菪碱、利血平、山萆芥皂苷元、胆固醇、β谷甾醇、豆甾醇、羊毛甾醇、人参二醇、人参三醇、油烷酸、胡萝卜素、维生素 C 等。

（二）动物细胞工程与制药

1. 单克隆抗体　根据单克隆抗体（monoclonal antibody，McAb）技术原理，选 TK 骨髓瘤细胞，与经特异性抗原免疫的裸小鼠脾中的 B 细胞用 PEG 等方法融合，使其在含有次黄嘌呤、氨基嘌呤和胸腺嘧啶的培养基（HAT）中受选择。没有融合的 B 细胞，不能长期存活而死亡；没有融合的骨髓瘤细胞，没有次黄嘌呤鸟嘌呤磷酸核糖转移酶（HGPRT），不能合成核酸也必定死亡。只有融合的杂交瘤细胞，它带有从 B 细胞得来的 HGPRT 和能够长期继代培养的特点，而被筛选出来，它能长期存活、增殖、并分泌特异性抗体。由于细胞克隆产生的后代细胞，全来自同一个融合细胞，所以它们的生物学性质是完全相同的，它们分泌的抗体也是同质的，故称为单克隆抗体（McAb）。McAb有完全相同的特异性，只针对5～7个氨基酸（或相似大小的核酸、多糖等）的特异性抗原决定簇，并且理论上它能永久地被合成。它的特异性，精确且无限地被合成，决定了McAb有大规模生产与广泛应用的前景。

单克隆抗体可应用于鉴别诊断人和动植物的病毒、细菌和真菌等病原，还可用于鉴定原虫、旋毛虫等寄生虫病以及肿瘤疾病、自身免疫和其他有抗原改变的疾病。单克隆抗体还可用于生物大分子的大规模纯化，如干扰素和白介素2等。

2. 动物细胞工厂化生产 动物细胞工厂化生产是指人工条件下高密度大量培养有用动物细胞，生产珍贵药品的技术，是生物工业中大量增殖基因工程、细胞融合或转化所形成的新型有用细胞不可缺少的技术。培养方式有悬浮培养、固定化培养和微载体培养。

3. 动物细胞工程的应用 目前动物细胞工程主要产品是具有特殊功能的蛋白质类物质。已实现商品化的产品有口蹄疫疫苗、α干扰素、β干扰素、纤维蛋白溶酶原激活剂、凝血因子Ⅷ和凝血因子Ⅸ、免疫球蛋白、促红细胞生成素、松弛素、激肽释放酶、尿激酶、生长激素、乙型肝炎病毒疫苗、疱疹病毒Ⅰ型及Ⅱ型疫苗、巨细胞病毒疫苗及HIV病毒疫苗的抗原、疟疾和血吸虫抗原、200余种McAb等。

第四节 生物技术与治疗

一、基因治疗

（一）概述

基因治疗（gene therapy）是指目的基因导入靶细胞以后与宿主细胞内的基因发生重组，成为宿主细胞的一部分，从而可以稳定地遗传下去并达到对疾病进行治疗的目的。近年来采用基因工程技术，将目的基因导入靶细胞，即使目的基因和宿主细胞内的基因不发生重组，目的基因也能得到暂时的表达，这种治疗方法称为基因疗法（gene therapeutics）。

基因治疗根据对宿主病变基因采取的措施不同，可分为基因置换、基因修正、基因修饰和基因失活四种策略。基因置换是指用正常的基因整个地替代突变基因，使突变基因永久地得到更正。基因修正则指将突变基因的突变碱基序列用正常的序列加以纠正，而其余未突变的正常部分予以保留。基因修饰则指将目的基因导入宿主细胞，利用目的基因的表达产物来改变宿主细胞的功能，或使原有功能得到加强。基因失活是指利用反义技术来封闭某些基因的表达，以达到抑制有害基因表达的目的。

（二）基因转移的方法

基因转移是基因治疗的关键和基础，实施基因转移的途径主要有体内活体转移和体外载体转移两类。①体内活体转移，指将外源基因直接注入体内有关的组织器官，使其进入相应的细胞。②体外载体转移，指在体外将外源基因导入细胞，再将这种细胞回输到病人体内。体外转移方法比较经典、安全且效果容易调控，但技术复杂。活体转移方法操作简便，但目前该技术尚未成熟，存在疗效短、有免疫排斥和安全性等问题。

基因转移的方法可分为物理方法、化学方法和生物学方法三大类（详见本书第六章）。

（三）基因治疗的靶细胞

目前研究较多的靶细胞是造血干细胞、皮肤成纤维细胞、成肌细胞、肝细胞以及淋巴细胞。在肿瘤研究中最常用的是肿瘤细胞自身。

1．造血干细胞　骨髓细胞是最主要的造血干细胞，也是研究得最多的基因转移靶细胞。其优点是：①骨髓移植技术已相当成熟，获取骨髓细胞非常方便，易于植回体内。②骨髓造血干细胞具有不断分裂，分化成各种血细胞的潜能。③基因产物在骨髓细胞成熟后可以通过血液循环遍布全身。不足之处是：骨髓造血干细胞在骨髓细胞中所占比例极少，仅为0.1%。

2．成纤维细胞　成纤维细胞具有以下优点：①容易获取，体外培养简便，也容易植回体内。②易转染、并能稳定地表达外源目的基因，合成和分泌的蛋白质可以通过血液供各种类型细胞使用。③植回的成纤维细胞很容易被取出。

3．肝细胞　由逆转录病毒载体介导，将外源基因转移至离体肝细胞，再回输给患者，是肝细胞基因转移中采用较多的方法。CMV和β肌动蛋白基因启动子在肝细胞中有较强的活性。将肝细胞植入含肝生长因子的、供肝细胞生长的多孔支持材料聚四氟乙烯支持物后，异位移植，同样可以收到治疗效果。

4．成肌细胞　成肌细胞是基因治疗的理想靶细胞之一。肌肉组织数量大，易获取；成肌细胞容易分离培养，并易于基因转移；基因转移成肌细胞易移植回肌肉，并易与原位肌纤维融合；丰富的血管可以将基因产物运输到全身。将携带人ADA与*neo*基因的逆转录病毒载体转染培养的兔平滑肌细胞，并将其植回动脉壁，结果人ADA基因在兔血管壁上持续表达半年以上，表达水平与同源ADA水平接近。将DNA直接注入骨骼肌细胞，在注射区域中可检测到向肌细胞注入的基因表达。

5. 淋巴细胞 淋巴细胞主要以T淋巴细胞为主。最受学者们关注的是IL-2激活的肿瘤浸润性淋巴细胞（tumor infiltrration lymphocyte，TIL），这是人类基因治疗所选用的第一种受体细胞。TIL细胞具有显著的抗肿瘤作用，回输体内后可靶向性地聚集至肿瘤部位，对人体未见明显不良反应。淋巴因子激活的杀伤细胞（lymphokine activated killer，LAK），易于制备，局部应用可克服其靶向性差的缺点。

（四）基因治疗的应用

1. 遗传病的基因治疗 目前遗传病基因治疗主要考虑到下列因素：①对造成该遗传病的相关基因有详细了解。②将有功能的基因转入体细胞后，只要能表达少量产物就能矫正疾病。③导入基因过度表达，对病人仍无不良影响。④用合适的靶细胞，治疗特殊细胞的基因缺损遗传病。现在主要基因治疗遗传病包括严重联合免疫缺陷、囊性纤维化、镰状细胞贫血等十多种疾病。

2. 恶性肿瘤的基因治疗 肿瘤的基因治疗主要包括细胞因子导入疗法、"自杀"基因疗法、肿瘤抑制基因疗法、耐药基因疗法等。

（1）细胞因子疗法 细胞因子是免疫活性细胞分泌的蛋白多肽类物质，它们有很多的生物学活性。可分为直接导入法和过继免疫法。直接法即将某些细胞因子基因（如TNF、IL-2、IL-4、GM-CSF、IFN等）直接导入肿瘤细胞，这些具高浓度细胞因子的肿瘤细胞可被诱导成为有很强免疫原性的细胞，回输宿主后，能激发宿主的特异性抗肿瘤免疫反应。过继免疫疗法是将细胞因子导入TIL中，当这些经修饰的TIL回输体内后，可选择性聚集在肿瘤部位表达细胞因子，从而增强肿瘤细胞的免疫原性。

（2）自杀基因疗法 自杀基因所编码的蛋白产物，能够使无毒性的化疗药物前体在细胞内转换为强毒性药物，从而导致肿瘤细胞自杀。这类基因包括单纯疱疹病毒胸苷激酶（HSV-tk）基因、胞嘧啶脱氨酶（CD）基因和脱氧胞苷激酶（dCK）基因等。HSV-tk基因杀伤肿瘤细胞主要是通过催化与核苷类似的药物（如ganciclovir，GCV）磷酸化，这些药物不能在细胞TK基因作用下磷酸化，因而其本身对细胞的毒性很低。在导入HSV-tk基因并能有效表达在肿瘤细胞中，这种药物可被磷酸化而抑制细胞DNA的合成。除此之外，HSV-tk在杀伤肿瘤细胞的同时还具有"旁观者效应"（bystander effect），即将HSV-otk$^+$细胞杀死，HSV-otk$^-$细胞同样被杀死。目前，HSV-tk疗法的旁观者效应是研究的热点。

（3）肿瘤抑制基因疗法 将正常的肿瘤抑制基因导入肿瘤细胞可代替和补偿缺陷的基因，以抑制肿瘤的生长或逆转其表型。目前，已尝试用于基因治疗

的肿瘤抑制基因有 *P*53、*P*16、*R*b、*P*21、*P*27 等。*P*53 基因是人类肿瘤发生过程中最常发生变化的肿瘤抑制基因之一，在 200 多种不同的肿瘤中，约有一半的肿瘤存在 *P*53 基因突变。*P*53 基因有很强的抑制细胞生长及导致细胞凋亡的能力。目前很多研究致力于恢复野生型 *P*53 基因功能，这样使肿瘤细胞重新获得凋亡功能，从而增加对化疗药物和放疗的敏感性。

（4）耐药基因疗法　决定细胞耐药性的基因称为多耐药基因（multi－drug resistance gene，MDR）。人类正常细胞中有 MDR 蛋白表达，并发挥一定功能。在各种肿瘤细胞中，MDR 基因的表达均有不同水平的提高。目前研究涉及的耐药基因除 MDR 基因外还包括二氢叶酸还原酶（DHFR）基因和 O^6－甲基鸟嘌呤-DNA 甲基转移酶（MGMT）基因等。耐药基因用于基因治疗主要从两个方面着手：第一，用反义 RNA 或 DNA 使 MDR－1 基因灭活，从而缓解肿瘤化疗的耐药性，提高化疗的疗效；第二，将 MDR 基因导入造血干细胞，增强造血系统抵抗化疗药物的骨髓抑制作用。

（5）其他疗法　①核酶的应用：核酶（ribozyme）可以通过位点特异性切割活性和催化功能调节基因表达，控制肿瘤细胞过度表达的癌基因或耐药基因进行肿瘤基因治疗。②反义基因疗法：肿瘤的反义基因治疗就是利用反义基因技术，在转录和翻译水平阻断肿瘤细胞中异常基因的表达，从而引起细胞的表型逆转或细胞凋亡。

胰岛素样生长因子（insulin－like growth factor，IGF）在维持肿瘤恶性表型中起重要作用，反义 RNA 可通过形成三股螺旋结构（triple helix）抑制 IGF 表达。抑制血管内皮生长因子（VEGF）和血管生成素（angiogenin）均有抗肿瘤血管生成的作用。

3. 病毒性感染的基因治疗　一些严重危害人类健康的病毒性感染，如病毒性肝炎、获得性免疫缺乏综合征（acquired immunodeficiency syndrome，AIDS），是基因治疗的主要对象，旨在破坏病毒本身表达调控途径，或用特异反义 RNA 封闭病毒结构蛋白的 mRNA，以特异抑制或阻止病毒的复制。现以 AIDS 为例介绍病毒感染治疗的若干策略。①细胞内免疫：通过基因操作，使基因修饰过的细胞产生各种不同的蛋白质，干扰或阻止 HIV 在细胞内复制和细胞间传播。②药敏自杀基因：通过特异的“药物”，杀死 HIV 感染的细胞从而达到治疗疾病的目的。③免疫标记治疗：在细胞中表达 HIV 的病毒蛋白模拟病毒感染，可诱发 CTL 细胞的免疫反应，从而预防和治疗 HIV 的感染。④反义技术：用逆转录病毒载体或腺病毒载体将 HIV 病毒基因的反义 RNA 转移至靶细胞中，以达到治疗的目的。

迄今为止，尚无一种方法能在组织细胞培养中完全阻断 HIV 的表达，因此，联合应用不同的方法，提高机体免疫力，可能会达到满意的效果。

（五）问题与展望

目前的各种治疗方法中还有不少问题有待研究和解决。

1. 安全性 安全性研究主要表现：①感染；②有益基因的丢失；③诱发癌变。

现在应用的病毒载体必须经过重组，去除本身的致病片断，导致感染性降低。虽然转移基因进入细胞的过程中，有益基因丢失的可能性很小，但也应引起充分注意。

2. 稳定性 基因进入靶细胞后，有的基因表达不稳定，甚至不表达。靶细胞在复制时，新基因可能被丢失。可能原因：①基因转录系统不稳定；②形成不正确的mRNA；③基因表达的控制因素复杂；④靶细胞死亡，产生毒素等。

3. 免疫原性 临床治疗有时需要反复多次注射、喷雾或灌注，使机体产生免疫反应，排斥携带基因的病毒或靶细胞。为了减少免疫反应，将一种基因组合到若干不同的腺病毒中，就有可能避免出现免疫反应。

4. 伦理问题 基因治疗的作用显著，仍有一定的局限性和潜在的危险性，技术尚未完全成熟，必须严格控制。一般只限于常规治疗存活少于10年的患者，不准用于胎儿等。

二、免疫治疗

（一）免疫细胞治疗

免疫细胞治疗以过继免疫为主。由于感染疾病、发生肿瘤或放化疗、或遗传和环境因素影响，使机体免疫细胞数量减少和功能低下，引起机体容易继发感染其他疾病。人们采用有特异性免疫能力的细胞转输到患者体内，收到了良好的效果，尤其是LAK细胞和TIL细胞，已经取得很好的疗效。详见造血干细胞（本章第五节）。

（二）生物导弹

单克隆抗体可以直接用于治疗肿瘤。机理是：当单克隆抗体进入机体后，能够定向地识别相应的肿瘤细胞，并与它发生特异结合，通过抗体介导细胞杀伤作用、激活补体等途径使肿瘤细胞破坏死亡。人们又设计将它作为载体，结合各种毒素、放射物质和化学药物，用于肿瘤治疗。由于单克隆抗体能定向地与相应肿瘤细胞结合，因此，这些结合各种毒素等物质的单克隆抗体称为生物导弹。这样，结合物质只能对肿瘤细胞发挥作用，而对正常细胞则无损害。

(三) 细胞因子

细胞因子用于免疫治疗的方法，详见本章第三节。

三、器官移植

(一) 排斥反应

所谓排斥反应，是指宿主体内致敏的免疫效应细胞和抗体对移植物进行攻击，导致移植物被排斥。各类器官移植排斥反应发生的免疫效应机制基本相同。根据组织病理学和临床症状，排斥反应可分为以下三种类型。

1. 超急性排斥反应 超急性排斥反应（hyperacute rejection，HAR）指移植器官与受者的血管接通后数分钟至1～2 d内发生的排斥反应。该反应是由于受者体内预存的抗供者组织的抗体所致。

2. 急性排斥反应 急性排斥反应（acute rejection）是最常见的一种排斥反应，一般在移植后两周左右出现，是细胞免疫和体液免疫共同介导的反应。①急性体液排斥反应（acute humoral rejection），其特征是移植物血管坏死，组织学变化类似血管炎。②急性细胞排斥反应（acute cellular rejection），其特征是实质细胞坏死，伴有淋巴细胞和巨噬细胞浸润。

3. 慢性排斥反应 慢性排斥反应（chronic rejection）可在移植后数周、数月、甚至数年发生。免疫机制可能是抗体介导的内皮损伤，导致多种细胞（如多形核白细胞、单核细胞、血小板等）趋向性附在血管内皮受损部位，这些激活的血细胞和内皮细胞所释放的血小板源生长因子（PDGF）及细胞表面的黏附分子是导致细胞黏附的主要因素。受损的内皮被血小板和纤维蛋白所覆盖，最后导致血管内增生性损伤或纤维化，造成器官组织结构破坏及功能丧失。慢性排斥反应的另一病理特征是血管平滑肌细胞增生，导致移植物血管破坏。可能是由于移植物血管壁同种抗原激活淋巴细胞，诱导巨噬细胞分泌平滑肌细胞生长因子所致。

(二) 异种移植

1. 超急性排斥反应及其防治 种源关系较远的两物种间移植血管化器官时发生超急性排斥反应。

(1) 异种抗体 人体内的抗体只有少数是针对特定的已知抗原，大多数则是自然免疫的结果，异种抗体在人体内终身以一种相对固定的浓度存在，在慢性免疫抑制中其浓度也不降低。异种抗体并不针对MHC抗原，可能是对环境中共同的抗原所产生的交叉反应性抗体。IgM类抗体和抗Gal IgG抗体。抗

Gal IgG 抗体对糖神经鞘酯的一个 α－1,3 非还原末端半乳糖有特异结合力。据分析认为，肠道菌群是使人体保持终身抗 Gal IgG 抗体浓度的一个持续性抗原刺激物。抗 Gal IgG 抗体可与肠道内克雷白杆菌、沙门氏菌和大肠杆菌作用，而在大肠杆菌和志贺氏菌的细胞壁上已发现表达 α 乳糖苷。

(2) 补体　补体在异种移植的超急性排斥反应中有重要作用，不仅依赖有异种抗体参与的经典激活途径，还可以通过替代途径激活。

(3) 超急性排斥反应的防治策略　①阻断异种抗体反应，其关键在于阻断暴露异种抗原。Tearle 等利用基因敲除（knock out）的方法除去小鼠的 α－1,3-乳糖苷转移酶基因，使 Gal α－1,3 Gal 不表达。②抑制补体的激活，Thomas 等使用一种可溶性葡聚糖的衍生物 CMD－BS25（含 73％羧基化物和 15％磺基化酰胺类物质）抑制了体外异种排斥模型中的补体激活。Nagagasu 等在仓鼠至大鼠的肺转移模型中，加入环孢菌素 A（CyA）也有效地抑制了 C3 在靶细胞上的沉积。③补体调节蛋白的应用。补体系统中存在一组限制补体活化的分子，称为补体调节分子，主要有膜辅蛋白（MCP、CD46）、衰减加速因子（DAF、CD55）、反应性溶血膜抑制物（MIRL、CD59）等。Krashus 等建立了一个转染 hCD59 基因的猪模型，这种动物的心脏和肾脏、大血管和毛细血管的内皮细胞上都表达大量的 hCD59，心脏移植到灵长类存活期较对照长 5 倍。共同表达 hCD59 和 hCD55 的转基因猪的器官存活期明显延长。④抑制细胞免疫。由于超急性排斥反应由自然抗体和补体介导发生的，在没有补体作用的情况下，中性粒细胞在超急性排斥反应中发挥重要作用，同时除去补体和中性粒细胞较单独除去补体有更好的抑制超急性排斥反应的效果。另外，淋巴细胞和 NK 细胞也参与了超急性排斥反应。

2. 延迟性异种移植排斥反应　异种移植心脏，在避免 HAR 后常在 4～5 d 出现排斥的现象，称为延迟性异种移植排斥反应（delayed xenograft rejection, DXR）。

(1) DXR 发生的原因　有：血小板、P 选择素及早期化学因子的作用、单核细胞的作用和分子不匹配。

(2) DXR 的预防和治疗措施　DXR 的预防、治疗可从以下几个方面进行考虑：①DXR 是由于单核、巨噬细胞聚集、激活，从而激活了供体 EC，这些细胞的激活，引发了多种依赖细胞因子的相互作用。因此，阻断凝集素与内皮细胞的相互作用，可能会有效地防止 DXR。②应用 PAF 颉颃剂或抗巨噬细胞凝集素单克隆抗体，阻断激活巨噬细胞、NK 细胞和促进凝血的凝集素的功能。应用活化的蛋白 C 可达此双重目的。③通过基因工程，将调控巨噬细胞、NK 细胞反应、局部凝血和内皮细胞激活的基因表达于供体器官，有可能使

DXR 的治疗获得突破。

第五节　生物组织工程

一、胚胎干细胞

（一）概述

干细胞具有经培养不定期地分化并产生专门细胞的能力。精子和卵子受精，产生一个具有形成完整有机体的能力的单细胞，这种受精卵是全能性的（totipotent）。多能性（pluripotent）干细胞是经历一定的特异分化，发展为参与生成具有特殊功能细胞的干细胞，如皮肤干细胞，能产生各种类型的皮肤细胞。干细胞对早期人体的发育特别重要，在儿童和成年人中也发现了大量的多能性干细胞。在我们的整个生命过程中，骨髓中的血干细胞在不断地向人体补充血细胞——红细胞、白细胞和血小板的过程中起着很关键的作用。

（二）特征

全能性细胞有分化成不同组织或者器官的能力，具有维持这种能力和增殖可能性的细胞系，包括胚胎干细胞（embryonic stem cell，ES cell）及胚胎的原始性生殖细胞（embryonic germ cell，EG cell）。ES 细胞是来源于将来形成胎儿的胚囊内细胞团的细胞系，EG 细胞是来源于卵子与精子的原始生殖细胞。这些细胞的特性是：①与细胞质相比，具有较大的核，细胞小型，形成细胞界线不明显的群体。②经长时间继代培养能维持正常核型。③对碱性磷酸酶与阶段性胚胎特异抗原（stage specific embryonic antigen，SSEA）呈阳性反应。④在体内向多种细胞分化，形成内、中、外 3 个胚层细胞，在体外分化成不同种细胞。⑤向受体胚注入上述细胞，可获得注入细胞与受体胚二者的嵌合体。

（三）应用

我们可以应用胚胎干细胞的全能性，通过定向培养，可以分化成各种细胞，甚至各种器官，为疾病治疗和器官移植开辟新途径。用干细胞导入受体胚形成嵌合体，如果这些干细胞分化成生殖细胞，最终可以生成一个新个体。我们通过同源重组技术基因打靶（gene targeting），敲除某个基因，或导入某种基因，可以生产转基因动物或基因缺陷动物作为疾病模型，为研究生理、病理及药物试验提供理想材料。

利用核移植技术，克隆动物亦可认为是一种组织工程。

二、内皮细胞组织工程

（一）概述

内皮细胞组织工程研究的目的是将体外培养的血管内皮细胞种植于人工血管、人工心脏瓣膜及人工心脏的血流接触面，形成一种类似体内心血管腔面的内皮屏障结构，防止移植物移入体内后形成血栓和钙化。

目前内皮细胞工程研究的首要目标是在体外能形成一个抗血栓性能好，抗流动冲击作用强的单层内皮细胞。

（二）研究进展

1．获取内皮细胞 内皮细胞通常取自自体的大隐静脉或颈外静脉。在无菌条件下用器械把静脉内皮细胞刮下来。这种方法的缺点是细胞损伤大，细胞收获数量少。用胰蛋白酶或胶原酶消化分离内皮细胞，可提高内皮细胞的产量和质量。与胰蛋白酶相比，胶原酶对细胞损伤更小。

2．移植物表面的预处理 为了促进血管内皮细胞种植时在移植物表面黏附，在细胞接种前用一些细胞外基质成分处理移植物表面。常用物质有人纤维连接蛋白（fibronectin，FN），它能增加血管内皮细胞在人工血管表面及生物瓣材料表面的黏附率；还有Ⅲ型和Ⅳ型胶原、纤维蛋白凝胶（fibrin glue）和全血等。

3．内皮细胞的生物力学 种植的内皮细胞对流动环境产生适应性反应及反应的能力，在维持人工单层内皮的完整性中的作用尤为重要。

内皮细胞对流动或周期性牵张作用的反应主要包括：①细胞形态和排列；②细胞骨架分布；③细胞增殖；④细胞生物活性物质的合成和释放；⑤细胞内信号转导等。为应对流动产生的切应力，内皮细胞伸长，细胞长轴顺着流动方向，细胞内肌动蛋白微丝束状聚集顺细胞长轴方向排列，伴细胞膜的硬度增加；细胞增长率降低，细胞从 G_0/G_1 期进入S期受阻；细胞产生的生物活性物质增加或减少，流动和牵张影响内皮细胞的基因表达。应用共聚焦激光扫描显微镜观察到内皮细胞受切应力作用后黏附结构集中分布，呈现加强细胞附着、抵抗细胞脱落的分布特征。

4．内皮细胞的基因修饰 应用基因重组技术可以对种植的内皮细胞进行基因修饰，通过改变抗凝和促凝基因的表达水平，增强内皮细胞抗凝物质的合成，减少促凝物质的产生，提高种植的内皮细胞的抗血栓性能。组织型纤溶酶原激活剂（tPA）是有效的溶解血栓物质之一，将tPA基因导入血管内皮细胞，增强内皮细胞的纤溶活性，然后再种植到心血管移植物的表面，比直接种植的内皮细胞抗血栓形成效果好。

三、造血细胞工程

造血细胞工程是利用造血干/祖细胞的高度增殖能力和多向分化潜能，在体外模拟体内造血过程，培养出各类血细胞，用于研究和治疗。

（一）造血干细胞生物学特性

造血干细胞的生物学特性表现在：①高度表达CD34和CDw90抗原。②缺乏CD33、CD71等系相关抗原。③具有人类白细胞抗原CD45RA高分子量形式。④低表达或不表达HLA－DR。⑤罗达明低吸收率（Rho^{dull}）。其中CD34抗原是造血干/祖细胞主要标志，也存在于部分骨髓基质细胞和少量内皮细胞表面。造血干细胞是不均一的细胞群体，在细胞大小、密度、形状、行为特征、表面标志、细胞周期、调控机制等方面均存在较大的差异。

近日研究发现了新的造血干/祖细胞标志（如AC133）以及可能是更早期的、能够重建长期造血和免疫功能的$CD34^-$造血干细胞（$CD34^-$、$c-kit^+-Sca-1^+Lin^-$）。

（二）造血干细胞来源

以前移植的干细胞来源于骨髓。近年来的研究表明，化疗的同时给予细胞因子（G－CSF、GM－CSF等）可使更多的干细胞进入外周血，从而可以采集到足够的造血干/祖细胞。外周血干细胞移植成为重要资源。

脐带血含有丰富的造血干/祖细胞，其细胞的抗原性较弱，CTL祖细胞较少，移植相GvHD的发生相对于骨髓和外周血少而轻，采集容易，对供者无任何伤害，被认为是极具潜力的新造血干细胞来源。

（三）造血干/祖细胞扩增与定向分化

利用造血干/祖细胞的高度增殖能力和多向分化潜能，以及各种造血生长因子和造血基质细胞的调控作用，可使来自于骨髓、外周血和脐带血的$CD34^+$细胞在SCF、IL－I、IL－3、IL－6、GM－CSF、G－CSF、EPO和PIXY321等细胞因子的不同组合刺激下得以大量扩增，经8～14 d即可扩增细胞总数30～1 000余倍，造血祖细胞（包括CFU－GM、BFU－E、CFU－GEMM）也可被扩增41～190倍。扩增造血祖细胞的同时，也明显地加速了其分化，这是造血祖细胞扩增所面临的一个难题，利用造血干/祖细胞具有多向分化的潜能，通过SCF、IL－3、GM－CSF、G－CSF、EPO、TPO、II－2、IL－2、IL－7等细胞因子的不同组合，以及骨髓、胸腺、淋巴结等造血微环境的作用，定向地诱导其分化，产生大量所需的功能细胞（如红细胞、粒细胞、血小板、树突状细胞、NK 细胞、淋巴细胞等)。

(四) 造血细胞治疗与基因治疗

血细胞具有运输氧、修复损伤内皮、控制感染、参与机体免疫等多种复杂的功能。因而，血细胞输入和造血干细胞移植已广泛应用于许多疾病的临床治疗。造血细胞治疗的领域也拓展到恶性血液疾病、遗传性疾病、重症免疫缺陷、AIDS、自身免疫性疾病以及肿瘤放化疗后的造血支持治疗等领域。

除造血细胞治疗外，LAK、CTL、TIL 以及 DC 等细胞介导的免疫治疗也逐渐成为恶性肿瘤等疾病的重要治疗策略。

四、成肌细胞组织工程

成肌细胞（myoblast cell）是指胞浆中含有肌丝的肌组织前体细胞。成熟个体的心肌组织与平滑肌组织都不含成肌细胞，骨骼肌组织中的成肌细胞以骨骼肌卫星细胞的形式存在。哺乳动物的骨骼肌卫星细胞位于肌纤维的肌膜与基底膜之间。一旦骨骼肌组织受到损伤，卫星细胞就会被激活，大量分裂、增殖，相互融合形成再生肌纤维。关于成肌细胞的研究，主要包括四个方面：①成肌细胞在骨骼肌组织再生过程中的重要作用；②成肌细胞在体内、体外的生物学特性；③成肌细胞移植作为基因治疗的研究；④成肌细胞与材料复合的组织工程研究。

(一) 骨骼肌组织再生

正常情况下，骨骼肌卫星细胞具有一定分裂、增殖能力，卫星细胞的数目不会随时间延长而增加。骨骼肌受到损伤，受损肌纤维出现坏死时，在受累区域出现巨噬细胞清除坏死肌纤维，保留其基底膜。卫星细胞被大量激活，在伤后一周内迅速分裂、增殖，数量达到高峰。

受损骨骼肌再生主要取决于三个方面：①基底膜的完整性；②受损肌肉的血液供应重建；③受损肌肉的神经支配。

(二) 成肌细胞生物学特性

成肌细胞培养多采用胰蛋白酶、胶原酶分步消化分离出单个成肌细胞，通过差速贴壁法去除混杂的成纤维细胞，再进行单层细胞培养。经酶消化分离的成肌细胞为球形。贴壁后绝大多数为梭形，少数有突起，为不规则状。成肌细胞在培养条件良好时，能形成有收缩能力的幼稚肌纤维。它能合成骨骼肌特异的磷酸肌酸激酶 CK－MM 亚型，且含有肌动蛋白与肌球蛋白及其前体蛋白等收缩蛋白。

（三）成肌细胞移植

成肌细胞移植较早用于某些遗传性肌病的基因治疗，如杜氏肌营养不良症(Duchenne muscular dystrophy，DMD)。患者肌细胞缺少编码 dystrophin 这种膜下蛋白的基因，细胞膜不稳定，最终导致肌纤维坏死，患者常死于呼吸衰竭。成肌细胞一旦融入肌纤维中就不表达Ⅰ类主要组织相容性抗原（major histocompatibility complex－Ⅰ，MHC－Ⅰ）。提高所移植成肌细胞的融合能力可减少宿主免疫系统对移植细胞的攻击。MHC－Ⅰ阴性成肌细胞移植将是治疗遗传性肌病的有效途径。

目前已经通过基因工程获得能表达人类Ⅸ因子（human factor Ⅸ，hF Ⅸ)、红细胞生成素（erythropoietin，EPO)、及集落刺激因子（colony stimulating factor－Ⅰ，CSF－Ⅰ）等基因产物的成肌细胞株。将这些基因工程化的成肌细胞移植到对应疾病的动物模型后，均能在受者的外周血中测得相应的基因产物。

五、骨细胞工程

骨组织工程应用的成骨细胞和软骨细胞为已接近成熟的细胞，在植入体内前的体外培养阶段增殖力较弱，而且取材不方便，易对供体部位造成损伤。骨髓基质细胞（marrow stromal cell，MSC）分离方便，增殖力强，能形成骨。

（一）骨髓基质细胞及其分化特性

骨髓基质细胞一方面支持骨髓中造血干细胞的生存、生长和分化；另一方面，它们本身具有干细胞特性，有很强的增殖能力和被诱导分化成各种间充质组织能力，包括分化成骨、软骨、脂肪、基质纤维、肌肉、肌腱等。骨发生类似于胚胎早期的软骨性骨发生和膜性骨发生，它们似乎是胚胎发育期的间充质干细胞。

使用各种不同的诱导剂，如地塞米松、TGF－β、FGF、胰岛素等，分别使同样阶段 MSC 向成骨、成软骨、成脂肪、成肌细胞等方向分化。其中所使用诱导剂的种类、浓度、细胞所处阶段以及有无其他因子共同作用等，均对诱导的结果产生影响。

（二）骨形成

MSC 在体外培养能形成钙化的骨样组织，经 X 线衍射分析确定形成的钙化物具有羟基磷灰石结构，证明体外培养的 MSC 具有成骨能力。机体存在两种类型的骨祖细胞：一种不需要外源性诱导物，如糖皮质激素、骨形态发生蛋白（BMP）的作用就能自动分化成骨，也被称为定向性骨祖细胞（determined osteogenic precursor cell，DOPC）；另一种是诱导性骨祖细胞（inducible osteogenic precursor cell，IOPC），它们不能自发形成骨组织，必须在诱导物的作用下才能形成骨组织。

第六节 生物技术与道德伦理

一、人类基因组计划与伦理

2000年6月26日，破解生命奥秘的人类基因组“工作草图”公之于世，使得全世界的人们都因之而无比兴奋，人类迎来了生物技术的新时代。人类基因组的问世，提出了一些迫需回答的道德伦理问题。人类基因组是一把“双刃剑”：一方面“工作草图”的问世，对于回答“人是什么”这个基本问题，探索人的生命奥秘，保证人类健康，推动社会进步，将具有无比重大的意义；另一方面，如果对它不能正确对待和使用，将产生破坏作用，甚至给人类带来灾难。随着基因研究的深入，“基因经济”已经出现，新竞争会更加激烈。因此，伦理、法律、社会方面问题的出现是难免的，关键是如何正确处理。①发达国家为了进行基因研究，曾经到发展中国家去采集基因样本，但是，对基因提供者隐瞒自己的研究目的。这显然违背了伦理学关于知情同意的原则。②随着基因技术的发展，将出现一些需要正确解决的伦理问题，如利用和解释遗传信息时，如何保护隐私和达到公正，避免“基因歧视”？如果违背保护隐私这一伦理原则，一些人的基因缺陷被泄漏，将危及个人，甚至群体、民族。③基因技术应用到临床时，如何贯彻知情同意的伦理原则？病历该不该让病人知道？④在科学研究工作中，对于参与基因研究的人类受试者，又如何贯彻知情同意和保护个人隐私的伦理原则？人们还担心，有人打着改良人种的幌子，滥用基因技术，危害人类等等。另外，有关健康人和病人的界定也出现困难，比如老年痴呆症40岁以后发病，但是病理基因早已存在，那么未发病是否为健康人？有人提出新的概念“中间状态人”，这在法律上如何解决？尤其是已经发现某些基因与侵犯性有关，如果这些基因表达过盛，就有可能促使携带者出现暴力倾向。一旦这个人出现了犯罪行为，基因决定论者认为不应给予其法律制裁。实际上，生物基因并非决定生物的一切，人类某些性状、疾病、智力、性格、甚至行为均与外界环境密切相关，人们的成长、后天学习和发明创造，更是基因无法决定的。我们一定要有一个明确的认识，否则就会像基因本质主义者一样，认为人的本质就是基因，那么他们自己是什么？是动物？是植物？还是什么生物？就会越发模糊了。

二、基因治疗的伦理原则

（一）安全性原则

安全性原则主要是指不产生身体上的伤害，包括疼痛、疾病及死亡，亦包括精神上的伤害和经济损失等。目前基因治疗所走的主要技术路线是基因增补，进行外源基因非定点整合，使其表达正常产物，从而补偿缺陷基因功能。科学家们正致力于发现一种更为安全可靠的基因转入手段来确保基因治疗的安全可靠性，以避免对患者造成可能的伤害。安全性原则不仅指向患者个体，而且更重要的是指向人类。目前由于技术、知识水平的局限，我们并未能确切了解外源基因在进入患者体内后的存在、表达和与其他基因的相互作用等问题。因此，当前禁止生殖细胞基因治疗在临床上的应用已成为国际共识。从理论上讲，生殖细胞的基因治疗是遗传病的根治疗法。应当在理论层面加以研究，等待技术实现了安全性，然后突破现有伦理规范限制，使生殖细胞的基因治疗真正造福人类。

（二）知情同意原则

基因治疗要求必须尊重患者的知情同意权。基因治疗仍处于理论完善与技术改进阶段，目前采用的任何基因治疗技术基本上都是试验性的。技术的不确定性及预后的不可预测性，存在对患者的潜在伤害的可能性，因此必须坚持知情同意原则，让患者认识到将采用的基因治疗方案对他本人有何益处，同时亦可能导致哪些伤害，让患者自主地决定，自愿地接受治疗，并自觉承担治疗所产生的一切后果。但是，坚持知情同意原则并不能保证在基因治疗的临床运用过程中，彻底贯彻尊重患者原则，经济、政治、宗教及情感因素，都可能使患者做出违背其本人真实意愿的决定，患者有可能存在冒险一试的念头，而医务及科技人员亦可能因知识的不充分而误导患者的决定，甚至为了实验而欺骗患者。这就要求社会加强和完善基因治疗在临床应用上的审批和监督，防止在实验初级阶段滥用基因治疗。

（三）保密原则

医学伦理学坚持保密原则，尊重患者的隐私，才能获得患者的信任。基因治疗的前提是必须获得患者的全部遗传信息，运用症状前测试、隐性基因携带者筛查及产前诊断等提供充分的遗传信息，因此在基因治疗过程中保密原则尤为重要。个体间的生物遗传差异记录在他们的基因组里，基于遗传信息的揭示，人们可以确定一个人的智力、身体状况及其他特征，即据此可以阐明个人的表型特征。这些遗传信息对患者、医生、企业和保险公司等提出了重要的伦理问题。就个人而言，把患者的遗传信息泄漏出去可能造成患者的心理波动，从而影响其生活与生存；在社会上，把患者的基因缺陷泄漏给外界，有可能影响患者的升学、就业和保险申请，产生社会歧视等严重社会问题。

（四）公正原则

公正原则主要指分配公正，即社会效益与负担的适当分配。目前应当对致死性遗传病、癌症及艾滋病等作为重点攻克对象。对有可选择替代疗法的疾病，且这种疗法的效果和花费与参用治疗相比更具预见性，那么就应尽可能选择花费疗效较优的可替代疗法。预防胜于治疗，基于医学目的的转变，防止环境污染，纠正不良生活习惯，以免诱发基因突变和染色体畸变是当务之急。

三、克隆技术与伦理

（一）概述

1997 年初，克隆技术伴随着“多莉”的诞生，犹如在人类的科学技术、伦理学和社会学历史上扔下一颗“生物原子弹”。对“多莉”很多人表示欢迎，但另一些人却表现出担心和恐惧，认为克隆技术用来生产“克隆人”时，世界将面临灭顶之灾。

动物克隆（clone），即无性繁殖系或形成无性繁殖系（cloning），通过把动物体细胞核与未受精的去核卵细胞相结合，培育出与细胞核提供者遗传特征完全相同的动物。

根据核武器、细菌武器和生化武器发展过程，人类要想制止“克隆人”的产生似乎也将同样会显得软弱无力。造成这一可能结果的原因有两方面，其一是我们无法阻止人类好奇和名利的驱动力，如果“克隆人”在技术上可行，那么人类探索未知世界的本能将不可避免地驱使人们在这方面进行尝试，因为仍有许多人认为“克隆人”将给人类带来许多好处，例如可以复制伟大天才和绝代佳人，克隆大量特殊职业的劳动力，改良种族，甚至可以给失去生育能力的人“克隆”子女，使一些科学家不可遏制地想进行这一领域的实践。其二是人类沙文主义的影响。在人类的生存实践中，人类一直把自己当做自然的中心，为自己所需而攫取，不同的利益集团、国家为了自身的利益损害别国、其他集团、其他个人的利益似乎是理所当然的。因此才有战争、制裁、恐怖活动等。由此可见，人类也许很难完全制止“克隆人”的产生，那么，与其有朝一日陷于被动，不如将其作为可能发生的事情而研究其将给人类带来什么样的影响。

（二）“克隆人”属性

1. “克隆人”与自然遗传人 人类首先面临的是“克隆人”与自然遗传而生育的人是不是同一类人。是同一类，还是“亚类”？从进化论的角度来看，遗传信息一代一代往下传递，基本上不发生什么变化，而在自然选择中发生的变异个体，只有通过个体繁殖传递的突变才能创造出，即产生生物进化，只有变异才有物种的进化。那么会不会由于“克隆人”只是复制人类原本，而断绝了进化，或者人类在复制过程中加入其他因素而创造变异。这些都是人类对自身发展认识的难题。人类是否能够改变自身进化的进程，这些问题只有历史和实践的发展才能回答。

2.“克隆人”与个体个性差异　从生物学角度看，“克隆人”是对已存在的人进行复制，这种复制出来的人在遗传学上消除了个体差异，因而复制人在人体上是否会出现消除了个性，即消除了人类个性的多样化。就一个人的成长而言，人的社会化理论和实践研究表明：遗传因素对人的社会化有一定影响，人类带有一种由上代为下代提供的有利于人类从事社会活动的特殊遗传素质，为人发展成为一个社会的人提供了可能性。但环境在人的社会化过程中起着决定性的作用，人生早期的社会化的经验对人的个性的形成具有相当重要的影响。因此，人的个性差异主要是在后天的社会化过程中习得的。所以复制人未必会消除个体个性的差异。

3.“克隆人”的发展引起对家庭的冲击　提供体细胞核的被复制个体与孕育胎儿的母体未必来自同一个家庭，因此“克隆人”将打破原有意义上的家庭、父母的界限，如果自我复制的话，则将打破辈分界限，随之而引起的伦理学的调整将不可避免。伦理学上人伦、辈分关系的形成，是人类从群婚制发展到一夫一妻制的长期社会发展中逐渐形成的，是一种纯文化的价值观，其最大的生物学的理论支持是近亲繁殖易发生遗传性疾病和引起人口质量低下。

（三）规范克隆技术

1.制定技术道德规范　人类面对技术发展，在于如何利用现在或将来的技术活动使之为人类幸福服务。如何使克隆技术的发展为人类造福而不是灾难，这也是一个技术发展目标的价值选择和价值判断问题。当然，技术的无限扩展的潜力与基本上固定不变的道德观念明显地不一致，这点在军事技术和生物技术的发展中格外突出。解决这一冲突的办法有两种：一是把技术缩减到现有道德规范允许的水平；二是制定反映技术发展实际的道德规范。从社会发展意义上讲，后一种办法似乎更符合实际。技术发展总是把一些新的制造物摆在人们面前，迫使社会接受它，为它的存在争论，对其改进提出各种意见。人类只有靠适当的技术措施，才能消除技术化的不良后果，即只有以技术为武器才能战胜现代技术本身。

2.制定法律　从对克隆技术发展可能限制的范围看，克隆人已经在舆论的逻辑一致性、自然定律的限制、科学发展水平、技术水平和技术能力、物质资源五个内在方面超出了限制。剩余的限制条件只有经济因素和社会因素，即市场的接受能力和政治及法律的约束条件。从市场接受能力看，愿意按一定的价格购买某种技术产品问题，可以归结于消费者的价值偏爱。从生物技术发展实践看，利用“精子库”的优生技术具有一定的市场，利用“代理母亲”解决不能生育的烦恼也有现实市场。因此可以推论，“克隆人”在不可生育疾病的人群中，在优生学的意义上，在具有一定政治目的人群中会有一定的市场。我们可以通过制定法律条文、道德规范科研工作者的行为，但不可能排除世界上某些人为了某种目的而试图去进行相关的试验。

3. 加强相关研究 要使这把高技术的双刃剑为人类造福，惟一的办法还是研究它，认识它，并用法律、道德等规范科学技术工作者的行为，增加他们的社会责任感。因为制止克隆技术用于罪恶目的、危害人类的惟一有效手段，也许还是相类似的生物技术的发展。人类从同自然界做斗争的历史中创造了各种技术，并逐渐认识到一个道理，人类是与自然界共存的，只有与自然界协调，自然界才能更好地为人类服务。

（四）科学技术的二重性

任何科学技术的社会作用都具有双重性。它既可以造福人类，也可以导致灾难。

①科学技术本身作用的发挥要受社会大系统中其他条件的制约和影响，人类可凭借自己的智慧发挥科学技术的正效应，预防减少其可能带来的负效应。

②克隆技术是一种先进生物技术，克隆人和克隆技术的社会作用或社会后果也存在双重性，这就要求我们辩证地看待克隆人可能产生的积极作用和消极作用。无性繁殖技术除应用于动物和植物物种的改良外，也为医学的进一步发展提供了契机和基础。克隆技术最有医学应用前途的是提供移植的器官，一些无法根治的病症如尿毒症、心脏病等，可望运用器官移植攻克，而且提供的器官不存在异体排斥现象，术后的护理维持较简单，费用较低。

现在，要求禁止克隆人的理由中绝大部分涉及社会伦理、法律问题，认为克隆人超越了现在意义上的“人”、“家庭”等概念；违反了现在的社会法律、道德规范，破坏“人的尊严”，侵犯了人的神圣权利及遗产继承，克隆人的法律地位方面等均难以处理，会增加人类社会的不稳定因素，导致社会趋向无序，并且担忧“克隆人”技术有可能被别有用心的人用于制造人类灾难。

从某种意义上讲，打破核威胁要靠发展核技术，克隆人也存在被人用于克隆威胁的可能，那么打破克隆威胁可能仍然需要依靠发展克隆技术。当前克隆技术尚未完全成熟，伦理道德和法律规范尚未完善，我们应着重发展动植物克隆和组织工程，以利于生产和疾病治疗。

（五）社会人

从科学技术作用发挥的外部制约机制出发，人是社会人，受周围环境的巨大影响，无性繁殖并不能克隆出在生理学和社会学特征上完全一致的人。“社会人”的不同主要是指人的社会属性的差别，其决定因素不是生物遗传因素，而是由社会因素（特别是教育）决定的。人的性格特征的形成、能力的培养与其所处环境有关，即使人的生理特征也会因后天劳动、生活的不同而变化。基因一致的双胞胎，虽然其成长环境大致相同，但成年后有时也差异悬殊。既谨慎从事克隆人的研究、严格控制其应用领域，又重视对克隆人的社会教育，给他们营造一个健康的周围环境，是我们现在和将来应该采取的科学态度。克隆技术和基因技术的发展不但不会减少基因，而且使人类在控制自然界进化的同时，也可能在控制人类在自身发展的努力方面取得突破，促进人类社会和自然界协调发展。就此意义而言，克隆技术将成为未来优生学发展的方法之一。

（六）克隆动物

1．基础研究　克隆动物在基础研究、应用研究和开发研究上有广泛应用前景。①克隆动物为进一步研究人类疾病病理学、疾病的诊断和治疗提供科学依据。②核转移有助于更好地了解老化过程，有利于研究核基因与线粒体基因之间的相互作用。③获得遗传相同生物群体有助于阐明基因因素与非基因因素之间的相互作用。④可用于制备人类疾病模型，以丰富遗传学与病理学知识。

2．应用研究　线粒体病是沿母系遗传、病情逐代加重。可用体细胞核转移治疗，方法是以病畜体细胞核 DNA，与经检查证明线粒体正常的去核未受精的供体卵母细胞融合，在受体子宫内发育，可娩出健康子代。

3．开发研究　已将人的基因引入到动物，以生产移植所需的对应器官或组织。转基因绵羊已被用来生产人的凝血因子和 a－AT 等。克隆动物可推动医用生物制品的发展。最好的应用前景是克隆大量高产优质的家畜，如高产奶牛和优质毛绵羊等。

虽然克隆动物有重大的价值，动物保护组织和一些人，对克隆动物仍然充满忧虑。①首先关于年龄的问题。由于体细胞核取自成年动物，那么经过多次细胞分裂，端粒已经缩短许多，人们提出质疑，克隆的新出生动物年龄是否与其父（或母）相同，如果相同，就意味着其寿命缩短，对于新生动物来说，无疑是很残酷的。②其次是肿瘤发生频率。根据端粒酶学说，当端粒变得很短时，一些细胞耐过后，就达到无限分裂增殖期，使幼年动物易发生肿瘤。有人对端粒-端粒酶学说，尚有不同的看法，只有在实践中予以检验。③再其次就是制造怪物。体细胞来源容易，结合基因修饰技术，很可能制造出奇形动物。人们为了好奇或者是利益驱动，制造出八只脚的牛或是三条腿的青蛙，也并非不可能。为此，必须立法予以限制。

小 结

医学领域是目前生物技术应用得最广泛，成绩最显著，发展最迅速，潜力也是最大的一个领域。它的应用主要包括新的诊断技术的开发、新的高效疫苗的开发、新的治疗药物的开发、新的治疗方法的开发等领域。

新的诊断技术包括免疫诊断技术和核酸诊断技术。生物免疫诊断主要是基于抗原抗体之间的特异性反应，包括凝集反应、沉淀反应和有关补体的反应技术。为了提高检测灵敏度，采用了免疫荧光技术、酶联免疫吸附分析、化学发生检测和放射免疫分析等标记技术。核酸诊断技术可分为酶谱分析法、探针杂交法和 PCR 为基础的诊断技术，其中又以 PCR 技术为主。

灭活疫苗和减毒疫苗是两类常规疫苗。为了弥补常规疫苗的不足，开发的生物技术疫苗根据抗原的选择和提呈方式的不同分为合成苗、亚单位苗、基因工程苗、基因缺失苗、活载体苗、核酸苗和抗独特型苗。

生物技术制药包括微生物制药、基因工程制药和细胞工程制药。现阶段仍以微生物制药为主，但是基因工程和细胞工程药物研究方面则显示了其巨大的应用潜力和十分诱人的前景。

疾病的生物技术治疗主要包括基因治疗、免疫治疗和器官移植。其中基因治疗是指目的基因导入靶细胞后与寄主基因发生重组稳定遗传，或不重组但暂时表达并对疾病进行治疗的方法。免疫治疗又包含以过继免疫为主的免疫细胞治疗和结合各种毒素物质的单克隆抗体——“生物导弹”。

干细胞具有经培养不定期地分化并产生专门细胞的能力。生物组织工程主要包括内皮细胞组织工程、造血细胞工程、成肌细胞组织工程和骨细胞工程等。在人类基因组计划、基因治疗和克隆技术中存在着不可忽视的伦理学问题。

复习思考题

1. 简述荧光定量 PCR 技术的机理。
2. 简述核酸疫苗主要优点。
3. 基因工程药物有哪些种类？
4. 试述自杀基因治疗的机理。
5. 简述异种排斥的防治策略。
6. 简述干细胞克隆的原理和应用。
7. 试述人类基因组计划和克隆技术对伦理的冲击及我们应采取的应对策略。

主要参考文献

[1] 贺林，丁运春，于军等．解码生命．北京：科学出版社，2000
[2] 马立人，蒋中华，许丹科等．生物芯片．北京：化学工业出版社，2000
[3] 腾利荣，梁永涛，白凤学等．现代生物制药技术．长春：吉林科学出版社，1999
[4] 宋思扬，楼士林．生物技术概论．北京：科学出版社，2001
[5] 李景鹏，崔岩等．免疫生物学．哈尔滨：哈尔滨出版社，1996
[6] 刘谦，朱鑫泉，曹鸣庆．生物安全．北京：科学出版社，2001
[7] 梁国栋，陈文，陈泓等．最新分子生物学实验技术．北京：科学出版社，2001
[8] 林万明，杨瑞馥，黄尚志等．PCR 技术操作和应用指南．北京：人民军医出版社，1993
[9] 萨姆布鲁克，拉塞尔等．分子克隆实验技术指南．北京：科学出版社，2002
[10] 吴乃虎．基因工程原理．北京：科学出版社，1998
[11] 冯斌等．基因工程技术．北京：化学工业出版社，2000

第十五章　生物技术与能源

学习要求　学习并掌握人类如何利用微生物发酵工程技术，提高石油的开采量、开发新型能源以及降低其生产成本，减少环境污染等方面的知识。

能源是人类赖于生存的物质基础之一，是地球演化及万物进化的动力，它与社会经济的发展和人类的进步及生存紧密相关。能源分为不可再生能源和可再生能源。不可再生能源是指地球上现有的三大库存的化石原料，即煤、天然气和石油（包括核能）。可再生能源是指太阳能、风能、地热能、生物质能、海洋能和水电能。据有关专家预测，如按现有开采速度和消耗速度，煤、天然气和石油的可使用有效年限分别为 100～120 年、30～50 年和 18～30 年。合理开发新技术以合理利用现有能源并创造更多的能源来代替不可再生的化石燃料，以满足人类生存的需求，将是人类惟一明智的选择。从目前市场能源消耗的品种及速率分析，利用生物技术提高不可再生能源的开采率及创造更多可再生能源将是有效的技术之一。

第一节　生物技术与能源开采

一、微生物与石油开采

常规石油勘探是采取地震法、地球物理法及地球化学法。在石油勘探中，由于地球地层结构的复杂性，因而有时会造成一定比例的钻探或开采失误，结果是既耗能又耗财。为了尽可能地减少损失，人们一直设法开发新的勘探技术，以准确地定出钻井及开采位置。自 20 世纪 60 年代以来，生物工程技术在石油勘探中的研究和应用越来越多，并取得了较好的效果。

（一）微生物勘探石油

微生物勘探法按其分析样品或检测手段的不同分为土壤细菌勘探、水样细菌勘探、岩心细菌勘探、放射自显影勘探和种菌法等。其中土壤细菌勘探和水样细菌勘探法具有经济、简便、易行的优点。20 世纪 60 年代，在美国、前苏联、前捷克斯洛伐克、波兰等国广为研究和采用，其准确率为 50%～

65%。我国主要采用土壤细菌勘探法，并在甘肃、四川、广西、山东、陕西及北京等省（市、区）约20个已知油区和未知油区进行勘探，其结果与钻井资料的吻合率在66%左右。用于勘探石油的微生物有气态烃氧化菌、硫酸盐还原菌、液体石蜡分解菌、反消化细菌、腐生菌等。1966年，有人报道了把能利用气态烃的氧化菌的细胞浆提取液注入动物体内，并提取含抗体的血清，紧接着用抗血清与待测土壤洗涤液作用。如果能得到阳性的结果，则表示土壤中存有可利用烃的微生物，从而进一步判断地下可能存在油气田。目前，国外应用微生物法勘探石油已形成较大的规模。

（二）微生物二次采油

在石油开采过程中，石油通过油层的压力自发地沿着油井的管道向上流出、喷出或被抽出。但这种依靠油层的自身压力采油，其采油量仅仅占油田石油总储存量的1/3左右，其余石油就需要借助其他采油技术。强化注水是二次采油广泛应用的有效增产措施，注水的主要目的是进一步提高油层的压力。用注水法能使采油率由原来的1/3提高到40%～50%。目前，利用微生物采油也是二次采油的重要技术之一。微生物采油是指利用微生物工程技术提高石油开采量，即利用微生物能在油层中发酵并产生大量的酸性物质以及H_2、CO_2、CH_4等气体，从而改善油层的黏度，增加油层压力，提高采油率。例如，磺弧菌属和梭状芽孢杆菌属中的许多种类微生物能在油层上生长繁殖、代谢，并产生一定量的酸、表面活性剂以及H_2、CO_2等气体。酸性物质可溶于原油中，降低原油的黏度；表面活性剂可降低油水的表面张力，把高分子碳氢化合物分解成短链化合物，使之更加容易流动，避免堵住油井输油通道；气压的增加，使油田中剩余的油能继续向上喷。其采油量可提高20%～25%，有时甚至提高30%～34%。例如，美国得克萨斯州一口40年井龄的油井，通过加入蜜糖和微生物混合物，然后封闭，经细菌发酵后，井内压力增加，其出油量提高近5倍。澳大利亚联邦科学研究院和工业研究所组织的地学勘探部也曾利用细菌发酵工艺使油井产量提高近50%，并使增产率保持了一年。英国某公司也曾在英格兰南部的石油开发区中采用细菌发酵技术使产油率提高近20%。

（三）微生物三次采油

尽管利用气压、水流、微生物产酸及释放气体和内热技术等方法均能提高石油开采率，但油层中仍有占原油田总油气量的30%～40%需要设法进一步开采，即三次采油。在三次采油工艺中，主要是用分子生物学技术来构建能产生大量的CO_2和甲烷等气体的基因工程菌株或选育产气量高的活性菌株，把这些菌体连同培养基一起注入到油层中，使这些工程菌在油层中产生气体，增加井压，并分泌高聚物、糖脂等表面活性剂，降低油层表面张力，使原油从岩石中、沙土中松开，黏度减低，从而提高采油量。此外，利用微生物发酵产物作为稠化水可进一步降低石油与水之间的黏度差，减轻由于注入的水不均匀推进所产生的死油块现象，使注入水在渗透率不一致的油层中均匀推进，增加水驱的扫油面积，以提高油田的采油率，并延长油井的寿命。

地层堵塞是降低采油量的一种常见的现象，其原因是在注入油田的水中含有各种各样的微生物，它们能利用石油进行生长、繁殖和代谢，其产物的沉积，使地层渗透率发生变化，并造成地层堵塞，影响产油量。影响地层渗透率的主要菌群有硫酸盐还原菌、腐生菌、铁细菌、硫细菌等，其中影响最大是硫酸盐还原菌。该菌能把硫酸盐还原成 H_2S，H_2S 与亚铁化合生成 FeS 黑色沉淀。此外，该菌还能作用于硫酸盐和含钙的盐类生成白色碳酸钙沉淀。这些沉淀物很容易引起地层堵塞现象，它不仅影响采油量，还可能使整个油井报废。消除微生物所造成地层堵塞的有效方法是采用酸化的方法，即在注入油田的水中加入能产酸并能在地层发酵生长的微生物，通过微生物代谢产酸来消除地层堵塞现象。也可以用产酸菌大量发酵含酸性的代谢产物，例如柠檬酸、硫酸等，然后把这些酸性物质加到注入油田的水中，提高注入水的酸度，从而减轻地层堵塞现象。例如，利用乳酸杆菌属中的一些菌株发酵葡萄糖，生成葡聚糖，或采用肠膜状明串珠菌发酵生产葡聚糖，把葡聚糖加到注入油田的水中，使油、水之间的黏度差降低，从而提高产量。此外，还可利用黄胞杆菌属发酵生产杂多糖。杂多糖加入甲醛改性后，作为增黏剂与水混合注入井中。该混合物具有耐热的特点，能进一步增强油水之间的溶解度，减少产生死油块现象，其产油率比用葡聚糖增黏剂要高。

1981 年，美国利用微生物发酵技术多产油 2 000 万桶，价值 6 亿美元。1989 年，据前苏联《能源》刊物介绍，他们的科学家已经提出了有效开采石油的新技术。即在钻井的同时给油层注入细菌，通过菌体发酵的代谢产物来改善水和油的黏度差，增加水排油的能力，提高原油的流动性，进一步提高石油的开采率。在加拿大，艾伯塔省 1/3 的油井及东海岸 50%的油井的油层中有许多窄孔，油层温度 60 ℃，适合细菌繁殖，均可用细菌采油法开采。据报道，英国科学家已获得一株能在 92 ℃下，含有 H_2、CO_2 的环境下生存的厌氧菌。这种细菌能够在油层深部，温度较高、压力较大的原油中生长，为进一步开采油田深部区域的油提供新的技术。由此可见，微生物发酵技术为提高采油量提供了有效的措施。

二、石油生物脱硫

含硫燃料的燃烧是造成环境污染的原因之一，二氧化硫形成大气中的酸雨，破坏生态平衡；一氧化硫刺激人的呼吸系统，直接危害人体健康。因此，各国对含硫燃料的生产管理日趋严格。我国对油品质量的要求也在不断提高。传统的加氢脱硫技术（HDS）会增加燃料的成本，并降低其辛烷值。随着生物技术的飞速发展，国内外对石油生物催化脱硫（BDS）的研究和应用越来越多，其研究主要集中在筛选专一性脱硫微生物及其代谢机理上。

（一）石油生物催化脱硫作用机理

石油脱硫主要指脱除杂环类分子中的有机硫，例如二苯噻吩（dibenzothiophene，DBT）。人们对DBT降解途径提出两种假说，一种是 C—C 键断裂氧化途径，也称破坏性路线，即DBT的 C—C 键断裂后形成水溶性含硫化合物从油中脱出。这样脱去的不只是硫本身，而是整个含硫杂环，因而降低燃料收率。另一种是 C—S 键断裂氧化的非破坏性路线，称为4S代谢途径或IGTS8途径。后者的特点是DBT中的硫原子被氧化为硫酸盐转入到水相，而其骨架结构则氧化成2-羟基联苯（2-HBP）留在油相，没有碳的损失，更具应用价值。美国能源生物系统公司（ENBC）对脱硫过程的 C—S 键断裂机理进行了深入研究，证明了 C—S 键断裂氧化是由多种酶顺序催化完成的，四个关键酶是DszA、DszB、DszC和DszD。第一个作用的DszC是单氧化酶，它催化DBT氧化为二苯噻吩亚砜，后者在砜单氧化酶DszA催化下，使砜的第一个 C—S 键断裂，形成中间体，再经脱硫酶DszB催化，使第二个 C—C 键断裂，硫被释放出来。DBT脱硫后形成2-HBP，仍然留在油相。DszD是氧化还原酶，它分别为DszA、DszC提供必需的还原态黄素（$FMNH_2$）。近年来， C—S 键断裂氧化过程已经在脱硫微生物中得到证实，目前已知对应基因的脱硫酶有2类、8种，其性质和编码见表15-1。

表15-1 与脱硫有关的酶性质

酶	分子量	结 构	Kcat（L/min）	Gene/bp
DszA	51 000	2聚体	60	1 359
DszB	39 000	单体	2	1 059
DszC	45 000	6聚体	10～12	1 251
DszD	25 000	1～2聚体	未知	577
TdsA	48 000	2聚体	未知	1 362
TdsB	39 000	单体	未知	1 059
TdsC	45 000	4聚体	未知	1 242
TdsD	25 000	2聚体	未知	600

（二）基因工程在 BDS 技术中的应用

已筛选出的能使 C—S 键断裂的专一性菌种，其脱硫能力有限。利用基因操作对目的菌种进行代谢调控或构建工程菌可以提高脱硫率。

1. 脱硫菌株 DNA 文库的建立及其有效菌体的构建 美国 ENBC 的专利描述了分离脱硫基因的方法，即首先使具有脱硫酶活性（Dsz^+ 或 CS^+）菌株 IGTS8 发生突变，成为没有脱硫活性（Dsz^- 或 CS^-）的突变株。而另一没有突变的 IGTS8 菌株则正常培养；然后从正常培养的培养物中提取 DNA，用酶剪切或机械剪切使提取出的 DNA 成为一定大小的片段，构建成含有 IGTS8 全部基因的 DNA 文库；最后以没有脱硫活性（Dsz^- 或 CS^-）的突变株为寄主，pRR－6 质粒为载体分别转化 DNA 文库中不同大小的 DNA 片段，得到不同的转化子，含有脱离活性（Dsz^+ 或 CS^+）的转化子相应的 DNA 片段就是与脱硫有关的基因，把得到的这些有关基因进行克隆与纯化，即可用于其他研究。

2. Dsz 表达载体的构建 将分子生物学新技术用于生物脱硫基因的重组，构建能在特定寄主中高效表达脱硫酶的质粒表达载体。Piddington 等以 pRR－6 为质粒载体，用 IGTS8DNA 文库转化 CS^-（或 Dsz^-）突变株，对转化子进行抗性筛选后，得到一个 pTOXI1 质粒。它是由一个含有 DszA、DszB、DszC 脱硫基因的 6.7 kb 插入序列插入到 pRR－6 质粒中形成的。

3. 外源 Dsz 基因在特定寄主中的表达 研究发现，Dsz 基因的表达产物在大肠杆菌和假单胞菌等寄主中活性稳定，因此可以把质粒表达载体转化到具有相应启动子的寄主细胞中，以达到缓解硫代谢过程中硫酸盐的反馈抑制作用。国外对重组假单胞菌的生物脱硫做了详尽的研究。他们首先以 pSDA 255－32 质粒为基础，构建了 pEOX 系列质粒表达载体 pEOX1、pEOX2、pEOX4，然后把这些质粒载体引入到没有脱硫活性的恶臭假单胞菌（*Pseudomonas putida*）和铜绿假单胞菌（*P. aeruginosa*）寄主中，得到两个含有异源脱硫基因的工程菌 *P. putida* EGSOX 和 *P. aeruginosa* EGSOX。它们比 IGTS8 菌株在脱硫活性方面具有明显优势。随着基因工程的应用，脱硫工程菌将走进市场，使 BDS 技术成为油品精制的有效途径之一。

三、石油生物脱氮

化石燃料中的含氮化合物在燃烧过程中形成的氮氧化物可导致空气污染，形成酸雨，并且在原油提炼过程中导致催化剂中毒而影响产量。因此，利用微生物降解化石燃料中的含氮化合物以解决污染，增加石油产量是十分重要的。原油是各种有机分子的混合物，包括烷烃、芳香烃、含氮和含硫的杂环芳香族化合物。含氮和含硫芳香族化合物的存在会影响和限制原油的应用。原油中含氮量为0.3%，分为2类：一类为非碱性分子，占70%～75%，包括吡咯、吲哚，但它们大多为咔唑的烷基衍生物的混合物；另一类是碱性分子，大部分是吡啶和喹啉的衍生物。

对微生物降解石油中含氮化合物的研究主要集中在降解石油中非碱性化合物，一是因为它们是氮的主要成分，二是碱性化合物可利用萃取方法除去。氮芳香组的微生物转化可以从几个方面减轻对催化剂的破坏作用。咔唑可以完全代谢为CO_2并部分转化为微生物菌体，或转化成邻氨基苯甲酸或其他中间产物。这些化合物对催化剂的破坏作用比氮化合物的破坏作用要小，而且极性中间产物容易萃取除去。能降解咔唑及其烷基衍生物的几种假单胞菌已分离出来。有报道，能使非碱性含氮化合物矿化的微生物有*Bacillus*、*Xanthomonas*、*Beijerickia*、*Mycaobacterium*、*Serratia*等。目前，人们正在研究既能除硫又能降解氮的双效微生物，以使微生物炼油处理技术在更大的领域中得到应用。

四、煤的生物脱硫

（一）脱硫微生物及其特性

煤炭是我国最主要的一种一次性能源，煤中一般含有0.25%～7%的硫。煤中硫分为可燃硫和不可燃硫。不可燃硫主要是硫酸盐，可燃硫又分为无机硫和有机硫。黄铁矿（FeS_2）是煤炭中的主要无机硫，约占60%～70%；有机硫主要是二苯噻吩和硫醇，约占30%～40%。由于可燃硫经燃烧后生成SO_2，并排入大气，是引起酸雨的主要成分。因此，对煤脱硫是十分必要的。目前，可进入工业化的煤脱硫技术多为物理方法和化学方法。但这些方法所需要的设备和运行费用很高，特别是废液二次处理问题突出，只在美国、德国、日本等一些发达国家应用。利用微生物在煤燃烧之前脱硫具有投资少、运转成本低、能耗少、可专一性地除去细微地分布于煤中的硫化物、减少环境污染等优点，对黄铁矿脱硫率可达90%，有机硫脱硫率可达40%。目前，用于脱硫的微生物及其生长特性见表15-2和表15-3。其中能有效脱除煤炭中有机硫的微生物有假单胞菌属的CB1和硫化叶菌属的*Sulfolobus acidocalarius*，对黄铁矿硫最有效的脱硫菌种是氧化亚铁硫杆菌和氧化硫硫杆菌。

表 15-2 煤炭脱硫微生物

菌 种	举 例
硫杆菌属（*Thiobacillus*）	*T. ferrooxidans*
	T. thiooxidans
	T. acidophilus
	T. thimophilic
细小螺旋菌属（*Leptospirillum*）	*L. ferrooxidans*
硫化叶菌属（*Sulfolobus*）	*S. acidocalarius*
	S. brierleyi
假单胞菌属（*Pseudomonas*）	*P. aeroginosa*
	P. beijerinckia
	CB1
贝氏硫细菌属（*Beggiatoa*）	
埃希氏菌属（*Escherichia*）	

表 15-3 几种主要脱硫微生物的生长特性

菌 名	最适温度（℃）	最适 pH	营 养	能 源	脱硫形态
T. ferrooxidans	25～35	2～3	自养	单质硫、硫化物、二价铁	黄铁矿
T. thiooxidans	25～35	2～3	自养	单质硫、硫化物	黄铁矿
S. acidocalarius	60～70	1.5～2.5	自养	单质硫、硫化物	黄铁矿
			兼性	二价铁、有机硫	有机硫
Acidicanus	60～70	1.5～2.5	自养、兼性	单质硫、硫化物	黄铁矿
S. brierleyi				二价铁、有机硫	有机硫
Pseudomonas	25～35	中性	异养	有机物	有机硫
Escherichia	中温	中性	异养	有机物	有机硫

从表 15-3 中可看出，用于脱除煤炭中黄铁矿硫的细菌都属于化能自养型微生物，异养型微生物只能脱除煤炭中的有机硫。兼性自养型微生物，则能脱除煤炭中的无机硫和有机硫。

（二）微生物脱硫机理

煤中无机硫以黄铁矿、有机硫以二苯噻吩（DBT）为模型表征脱硫机理。一般认为微生物对黄铁矿脱硫的机理为直接脱硫机理，即微生物附着在黄铁矿的表面使黄铁矿氧化，把硫氧化成硫酸和二价铁，后者最终被氧化成三价铁。反应式：

$$2FeS_2 + O_2 + H_2O \xrightarrow{\text{微生物}} 2FeSO_4 + 2H_2SO_4$$

$$2FeSO_4 + 1/2O_2 + H_2SO_4 \xrightarrow{\text{微生物}} Fe_2(SO_4)_3 + H_2O$$

另外，利用微生物能自行吸附在固体表面上的性质，将微生物应用于浮选法脱硫技术中。在选煤过程中，破碎的煤粒和黄铁矿都具有疏水性，能附着在空气泡上，产生共浮。当在选煤设备的浮选柱中加入氧化铁硫杆菌后，由于微生物的亲水性和迅速黏附的特性，使黄铁矿表面由疏水性变成亲水性，不能附着在空气泡上，即沉淀于水底，然后从设备底部排出；而煤粒将随空气上浮，从设备顶部排出，从而达到脱硫目的。

有机硫的脱硫机理同前所述，一般认为以 4S 途径直接将有机硫原子以 SO_4^{2-} 的形式从有机硫中除去较好，因为它对碳原子骨架不发生降解，使有机碳含量保持不变，即煤的热值损失较少。

国内外对微生物煤脱硫技术已做了大量工作，以美国最为先进。许多技术正向工业化方向努力。捷克于 1991 年统计了北部波西米亚三个露天煤矿用氧化亚铁硫杆菌脱褐煤中的硫的结果，经微生物脱硫 5 d 后，无机硫含量分别由原来的 0.21%、0.47%和 3.85%下降为 0.02%、0.10%和 1.30%；经微生物脱硫 8 d 后，有机硫含量分别由原来的 0.64%、1.08%和 1.89%下降为 0.55%、0.53%和 1.80%。无机硫脱除率平均为 78.5%，有机硫脱除率平均为 23.4%。由此可见，脱硫效果非常显著。

目前，由于有机硫的脱硫机理尚不十分清楚，得到微生物也较困难，所以对有机硫脱硫机理研究的较多，而对无机硫则侧重于应用研究。

第二节　生物技术与能源生产

人们的生活、生产离不开能源，石油、煤炭、天然气是当前世界最主要的能源，它们的开采量及价格直接影响全球工农业生产及人们的生活。但是，石油和煤炭是不可再生的化石燃料，一旦地球的石油和煤炭储存量被开采及消耗完毕，而现代工业技术一时又不能生产替代它们的新产品时，其后果是不堪设想的。而且，这些燃料在燃烧时会造成严重的空气污染。针对这些问题世界各国都在积极开发先进生物技术，寻找可再生性的、低污染或无污染的新能源，以便能缓解石油、煤炭等的短缺危机和困境。

一、乙醇生产

从目前人类正在开发的许多产能的技术和效益来看，乙醇很可能是未来的石油替代物，乙醇被纳入能源系统是最理想的再生洁净能源。因为乙醇作为燃料具有以下优点：产能效率高；燃烧期间不生成有毒的一氧化碳；可通过微生物大量发酵生产，成本相对较低。今后50～100年里，许多国家的交通运输和发电工业所用的矿物燃料，将有相当一大部分由生物质能（biomass energy）所代替，其中乙醇占有重要地位。

国际上四大发酵酒精生产国是巴西、美国、中国和俄罗斯，其中巴西的乙醇燃料使用量占汽油总量的43%，每年用量达到15×10^6 t，美国每年用量达6×10^6 t。我国已把“大力发展汽油醇”产业列入“十五”计划当中，并批准在东北、中原等粮食基地省建设几个$\times10^5$ t以上的无水乙醇生产基地。

（一）乙醇生产所用原材料

乙醇生产所需的原料非常广泛，所有糖类、淀粉质原料、玉米秆、木屑、城市固体有机垃圾等均为制取乙醇的原料，如表15-4所示。从表15-4中可看出，用于微生物发酵生产乙醇的原材料很多，但多数原料都是用于人及动物使用的粮食和食品。因此，开发能高效地利用纤维素作为生产乙醇的原材料的技术是当务之急。

表15-4 生产乙醇燃料的原材料

淀粉类	纤维素类	糖 类	其 他
禾谷类	木材	蔗糖、转化糖	菜花
玉米	木屑	甜高粱	
高粱	废纸	糖蜜、糖甜菜	葡萄干
小麦	森林残留物	饲料甜菜	香蕉
大麦	农业残留物		
压榨产品	固体废物	乳肉、乳浆	
面粉饲料	产品废物	葡萄糖	
碎玉米饲料		硫化废物	
淀粉			
木薯、土豆			

美国能源部全国再生能源实验室（设于科罗拉多州）经20多年的研究获得一种遗传改性的细菌，它能使木屑等植物木质纤维废料发酵生成乙醇，能有效利用含碳原子的半纤维素在内的所有糖类。英国利用一种具有分解半纤维素能力的工程嗜热脂肪芽孢杆菌，可将30%纤维素类物质转化为乙醇，此工艺适用于各种有机废料生产乙醇。高新技术的应用将更有利于提高乙醇产率，例

如采用固定化技术生产乙醇。有报道采用运动发酵单胞菌（*Zymommonas mobilis*）固定化技术生产乙醇优于酵母，因为该菌不仅能利用葡萄糖，还能利用25%～40%的木糖生物量发酵生产乙醇，有可能使生产成本大大降低。也可将酵母与纤维二糖酶共固定化，以提高纤维二糖基质转化为乙醇的效率。采用混合培养方法也可提高乙醇产量，如利用葡萄糖的菌株与利用木糖（主要指半纤维素类）的菌株混合发酵生产乙醇，产量提高30%～38%。基因工程技术应用于生产乙醇亦取得突破。据我国台湾省报道，将运动发酵单胞菌生产乙醇的关键酶基因 *pde* 和 *adh*B 转入到大肠杆菌中可达到同时进行糖化和乙醇发酵的目的。新建构的工程大肠杆菌以10%葡萄糖为底物于30℃下发酵145h，可产乙醇6.1%（W/V），糖转化率达96%，这种新工艺应用于乙醇发酵生产很有潜力。

（二）利用木质纤维发酵生产乙醇

尽管我国粮食基本实现自给，但仍然没有完全解决粮食的安全问题。我国燃料乙醇的生产必须使用非粮食原料或部分使用非粮食原料，以提高生产效率。木质纤维的年产量巨大，是农业和木材工业常见的废弃物。木质纤维可分为3类，一是初级纤维，包括从植物中收获的纤维素类物质，如棉花、木材和干草等；二是农业废弃物，指农作物经加工后剩余的植物材料，如稻草、其他作物秸秆、水稻壳、甘蔗渣、动物粪便及木材残留物等；三是日常生活的废弃纤维产品，如废纸和废弃的纸制品等。由此可见，木质纤维的贮存量很大，若能将其发酵生产乙醇燃料，那将是“变废为宝”。木质纤维包括木质素、半纤维素和纤维素，其中纤维素是最简单的一种成分，可通过微生物发酵生产乙醇。

1. 筛选分解纤维素的微生物　动物和人类难以利用纤维素作为直接营养物，但许多细菌和真菌能分泌纤维素酶将其水解，以之为营养源。纤维素酶包括葡萄糖内切酶、葡萄糖外切酶、纤维素水解酶和β葡糖苷酶或纤维二糖酶。在纤维素酶的作用下，纤维素可最终被水解为葡萄糖。一般来说，能水解纤维素的野生微生物的酶活性不高，水解速度慢。因此人们试图通过基因工程的方法获得具有更高的纤维素酶活性的重组生物。例如，采用简单有效的分离技术，从原核生物中克隆编码葡萄糖内切酶的基因。即首先构建分解纤维素的原核生物的核基因库，在含有抗体选择性平板上培养宿主菌——大肠杆菌；然后将其在含有羧甲基纤维素（CMC）的平板上37℃培养几个小时，能够产生并分泌葡萄糖内切酶的菌落周围的羧甲基纤维素被部分水解，只能产生该酶而不能将其分泌到胞外的菌落周围的底物不能被水解，因为羧甲基纤维素无法进入到细胞内；最后在平板内加入刚果红观察菌落周围羧甲基纤维素的水解情况。

若细菌能分泌葡萄糖内切酶，则菌落周围呈黄色；否则，呈红色。另外，也可利用差异杂交法分离不同的真核生物纤维素酶基因。

在基因研究方面，主要采用两种技术，一是把能水解纤维素的一个葡聚糖内切酶基因和一个β葡萄糖苷酶基因，克隆在能产生乙醇的菌株中，并研究该菌株利用纤维素为原料的情况。二是把能产生乙醇的基因克隆到能降解纤维素，但不能生产乙醇的菌中。

2. 乙醇的生产 人们已将纤维素酶用于废纸生产乙醇的工业实验。工业上利用微生物由纤维素生产乙醇的方法有直接法、间接法和同时糖化发酵法。直接法是指同一微生物完成纤维素的水解、糖化和乙醇发酵的生产过程，所用的微生物是热纤维梭菌（*Clostridium thermocellum*），这种细菌能分解纤维素，并使纤维二糖、葡萄糖、果糖等发酵，水解和发酵的最适温度为56～64 ℃，最适pH为6.4～7.4。该过程的主要产物除乙醇外，还有醋酸和乳酸。经过诱变改造的重组热纤维梭菌用于发酵，其乙醇产量为9 g/L。

间接法是指先利用一种微生物水解纤维素，收集酶解后的糖液，再利用酵母发酵生产乙醇。通常是利用木霉的纤维素酶来水解纤维素，用纤维素水解后的糖液进行发酵，其乙醇产量可以达97 g/L，但这种方法中纤维素需先用氢氧化钠进行预处理，因而成本较高。

同时糖化发酵法是先利用一种可产生纤维素酶的微生物和酵母在同一容器中连续进行纤维素的糖化和发酵。纤维素水解后的葡萄糖不断地被酵母发酵，因而消除了高浓度葡萄糖对纤维素酶活性的抑制，提高了水解效率。利用这种方法乙醇的收率可达40%。实验表明，利用此法每吨废纸可生产400 L乙醇。

目前，虽然利用微生物由纤维素生产乙醇有着广阔的应用前景，但还有一些问题严重地困扰着大规模工业生产的普及。主要问题是酶的成本及前处理的成本较高。因此，发酵生产乙醇的关键在于：①选择最有效的菌种；②以廉价的有机废弃物为原料；③有效控制发酵生产的各种因素；④发酵工程技术与高新技术有机结合。随着微生物混合发酵及纤维素酶基因克隆与表达的深入研究，在不远的将来，就很有可能直接利用纤维素发酵乙醇，从而摆脱石油缺乏的困境。

二、甲烷生产

（一）生产甲烷的生化机理

甲烷气可产生机械能、电能及热能。目前甲烷已作为一种燃料源，并通过管道输送到世界各地，供给家庭及工业使用或转化成为甲醇作为内燃机的辅助性燃料。甲烷是微生物的代谢产物，厌氧微生物可通过厌氧发酵途径生产甲烷。整个发酵过程分为三个主要步骤。①初步反应：即利用芽孢杆菌属、假单胞菌属及变形杆菌属等微生物把纤维素、脂肪和蛋白质等很粗糙的有机物转化成可溶性的混合组分。②微生物发酵过程：低分子量的可溶性组分通过微生物厌氧发酵作用转化成有机酸。③甲烷形成：通过甲烷菌把这些有机酸转化为甲烷和二氧化碳。其生产工艺过程如图 15－1 所示。

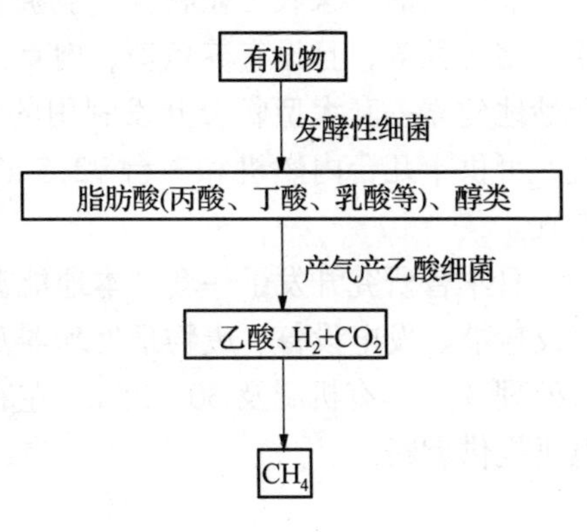

图 15－1　甲烷生产工艺过程

（二）甲烷生产

沼气（甲烷含量＞80%）是一种无污染的能源，可利用各种农业废弃物、酒厂或食品厂的生产废水来培养或驯化甲烷复合菌，以发酵生产沼气。如果按目前国内物价分析，在农村造建一个粪便发酵池来生产沼气供家庭使用的造价，很可能会低于一辆自行车的价格。在我国农村正在使用的厌氧发酵反应器（沼气池）很多。表 15－5 为农村常用发酵生产甲烷的原料及沼气产量。目前，在我国的陕西、山西、甘肃、北京等省（市）的 18 个县（市）已开始应用沼气作为燃料。

表 15－5　农村常用发酵生产甲烷的原料及沼气产量

原料	每吨干物质产沼气量（m^3）	甲烷含量（%）
酒厂废水	500	48
废物污泥	400	50
麦秆	300	60
青草	630	70
猪粪	600	55
牲畜粪便	300	60

在美国加利福尼亚州，采用牛粪生产甲烷能给一个工厂提供 20 000 kW·h 的电能。美国一牧场建立一座反应发酵池，主体是一个宽 30 m、长 213 m 的密封池，利用牧场粪便和其他有机废物等，每天可处理 1 640 t 厩肥，每天可为牧场提供 113 000 m^3 的甲烷，足够一万户居民使用。

菲律宾的一家农工业联合企业拥有近 40×10^4 m^2 的稻田和经济林，喂有牛、猪、鸭等，且设有养鱼塘、肉食品加工厂等，利用工业废水和农业废物，巧妙地建立一套大型联合开发利用的生物工程体系。每天可生产 2 000 m^3 沼气，可供十几台内燃机和一台 72.5 kW 的发电机组用，还可为附近居民提供燃气。

日本曾研究开发了一套“本地能源综合利用机械系统”。该系统由沼气发酵反应器、发电设备、废物预处理器及有机肥料制作设备组成。这个系统每天可处理 3～4 t 有机肥及 30～35 m^3 左右的液肥，可为两台功率为 140 kW 的发电机提供燃料。

三、氢 能

氢能洁净可再生，燃烧后只产生水和巨大能量，有可能成为 21 世纪的重要燃料之一。氢燃料和燃料电池汽车的纷纷推出，标志着氢燃料的到来。生物制氢技术反应条件温和、能耗低，能妥善解决能源与环境的矛盾，促进能源和环境的协调发展。早在 19 世纪，人们就已经认识到细菌和藻类具有产生分子氢的特性。当今世界所面临的能源和环境的双重压力，使生物氢再度兴起。各种现代生物制氢技术在生物产氢领域的应用，大大推进了生物制氢技术的发展。迄今为止，已研究报道的产氢生物类群包括光合生物、非光合生物以及古细菌类群等。

1. 光合生物 光合生物包括厌氧光合细菌、蓝细菌和藻类。藻类有颤藻属、螺藻属、念珠藻属、项圈藻属（*Anabaena*）、小球藻属、珊列藻属、衣藻属等。非藻类放氢微生物有绿硫细菌属、红硫细菌属、红螺菌属等。厌氧光合细菌的放氢过程不产氧，工艺简单，且产氢纯度和产氢效率高，目前对该类菌的研究主要集中在高活性产氢菌株的筛选或选育、优化和控制环境条件以提高产氢量，研究水平和规模还处于实验室阶段。蓝细菌和绿藻均可光裂解水产生氢气，但在光裂解放氢同时，伴随氧的释放，目前需要解决的是放氢酶遇氧失活的问题。办法之一是连续不断地提供氩气以维持较低的氧分压和光照黑暗交替循环。办法之二是通过“剥夺”培养物中的硫以使藻类的 CO_2 固定和放氧过程与碳消耗和产氢过程分离开来，这样细胞在光下就可以进行光呼吸耗氧造成厌氧环境，使氢酶产氢顺利进行，但其产量较低。

2. 非光合生物 非光合产氢微生物可降解大分子有机物产氢，使其在生物转化可再生能源物质（纤维素及其降解产物、淀粉等）生产氢能研究中显示出优越于光合生物的优势。常见的产氢非光合微生物可分为严格厌氧细菌、兼性厌氧细菌和好氧细菌。严格厌氧细菌有巴氏梭菌、产气微球菌、雷氏丁酸杆菌、克氏杆菌等。兼性厌氧细菌有大肠杆菌、嗜水气单胞菌、软化芽孢杆菌、多粘芽孢杆菌等。近十几年来，科学家已经发现30～40种化能异养菌可以发酵糖类、醇类、有机酸等产生氢气。Suzuki等用琼脂固定化严格厌氧细菌（*Clostridium butyricum*）对糖蜜酒精废液进行产氢试验，结果表明，随搅拌速率的提高，产氢速率也由7 mL/min增加到10 mL/min，但固定化颗粒的破坏会导致产氢速率的下降。另外，副产物有机酸的积累也会导致产氢率下降。

3．古细菌　极端嗜热古细菌可利用性质完全不同的有机物例如糖类、肽类、丙酮酸及α酮戊二酸等在100 ℃高温条件下进行异氧生长并产氢。该菌具有性质独特的氢酶，活性中心含有金属Ni，却具有可溶性，电子供体是NADPH。该酶不仅能催化碳水化合物和肽产氢，也能使单质S还原为H_2S。所以该酶是一种双功能酶，又称为硫氢酶。

四、生物燃料电池

所谓燃料电池，是指使气态燃料（如氢）在氧化反应过程中产生的化学能直接转变为电能的电池。生物燃料电池多数由微生物参与，即利用微生物的代谢产物作为物理电极活性物质，引起原物理电极的电极电位偏移，增加电位差，从而获得电能。从20世纪50年代起，人类对生物燃料电池研究的兴趣不断增高，各种各样的生物燃料电池不断地被研究和推出。按生物燃料电池的构造不同可将其分为三类：产物生物燃料电池、去极化生物燃料电池及再生生物燃料电池。

1．产物生物燃料电池　产物生物燃料电池利用微生物体发酵并分泌出具有电极活性的代谢产物（例如：H_2）来构成不同的电极电位，并提供电能。1972年，Allen等利用大肠杆菌能产氢的生理特性，构建了氢氧（空气）型电池。他们把大肠杆菌导入电池的阴极室中，反应温度为37 ℃，结果获得电压0.7 V，电流密度4～7 $\mu A/cm^2$。但这种微生物电池电流装置，受菌体生理生化特性影响较大，在菌体生长处于对数生长期时，菌体内氢化酶活性最大，产氢量也最高，电流值最大，随后电流值随着菌体的产氢量减少而降低。

另外，可把能产生氢的微生物固定在含酒精工厂废水（2 kg）的反应器中，使菌体利用废水的碳源进行发酵并连续产氢，随后把氢输送到氢氧燃料电池中。此时，燃料电池可以连续10 d以上提供0.6～1.0 A的电流，端电压

2.2 V。

2．去极化生物燃料电池　去极化生物燃料电池利用分别固定在电极上的微生物、酶、组织、细胞及抗体等生物组分，参与电化学反应并提供的电压和电能。酶、微生物及其他生物材料固定化技术是构建去极化生物燃料电池的关键之一。如采用固定化技术把微生物固定到电极上，可反复使用微生物的生理功能及利用固定化维持菌体燃料生产达到高水平，这样就能进一步提高燃料电池的效率。把能产氢的大肠杆菌菌体用丙烯酰胺溶液混合并在铂黑电极（5 cm×9 cm）上聚合，作为阳极，碳电极为阴极。这种方式的微生物电池能获得较稳定的电流。据报道，该电池能在两个星期内可连续供 1.0～1.2 mA 的电流。

3．再生生物燃料电池　这种生物燃料电池利用生物组分将原有的电化学活性的化合物再生，这些再生的化合物再与电极发生相互作用并产生一定的电压和电流。

总之，利用微生物所特有的特定功能开发燃料电池是大有希望的，在不远的将来，生物燃料电池一定会给人类带来福音。

五、海　藻

海洋蕴藏着极其丰富的海藻资源，不仅可提供食物、药物，而且可提供大量的能源，藻体生物量储藏着巨大潜能，有“储能库”之称，因为它可通过光合作用从太阳获得能源，充分利用 CO_2 合成有机物而储存待用。一切藻体及加工后的废物都可通过发酵途径制取液态燃料（如甲醇等）和气态（如甲烷等）燃料。因此，世界各国特别是沿海国家十分重视海藻绿色能源的开发。

美国纽约市新能源研究所在海湾或专门建池养殖海藻，为了加快海藻生长，施加氮肥并吹入 CO_2，可提高藻体类脂物含量，从中可提取类脂物并加工成柴油或汽油。若按 500 g/（m^2·d）的藻体平均产量计算，其含类脂物在67%以上，则每年可从藻体中提取燃料油 122 L/m^2，其成本与目前的燃料油价格相当。美国研究人员在海洋中发现一种如同叶型植物的特大束毛藻，还培养出一种巨型海藻马尾藻，这两种海藻可提供庞大的海藻生物量，既可制成干藻直接做燃料又可作能量储存备用。为扩大生产，还建造“海藻农场”，正在开发一种加州棕色巨藻，其特点是生长非常快，每天至少可长 0.6 m；易再生，收获后无需再种植，可重新再生。这样可源源不断地提供海藻生物量，这种“海藻农场”已从海岸边移到约 8 km 外的 50 m 深海区被固植，在海面下20～25 米处收获上层海藻，收获后又可再生。由于它们能把太阳能转化为生物能，且不与陆生植物争地盘，因而显示出巨大生物量的优越性，大有开发的潜力。

英国用一组平放透明管子促成 100 m^2 光生物反应器，管内流动着海藻悬液，供给足够浓度的 CO_2 以提高生产藻体生物量，若采用“新型水箱式装置”培养单胞藻，成本可降低。英格兰西部大学研制培养单胞藻的生物螺旋管装置反应器（透明，高 5 m），藻体在循环中充分利用光合作用，其效率是池塘养殖的 3 倍，大大优于传统养殖海藻的方法。所获藻体生物量可制成干燥燃料储存备用，若把它研磨成粉粒燃烧，与发动机中使用的燃料具有同样的效果；用于发电其成本与常规能源发电的成本相当。

我国福建省微生物研究所建立一种利用海藻发电的模式，即利用海藻（5 月至 10 月生长旺盛）制取沼气，并与风力（8 月至翌年 4 月有效风密度为 758 W/m^2）互补发电取得成功，两者联合供电，实现多功能互补联合利用，为无电地区解决一年四季供电问题找到一条新途径，这一实例深受小岛区居民的普遍欢迎，并产生很好的社会效应。

小　　结

能源危机是人类急需设法摆脱的主要困境之一，现代生物技术在合理利用和有效开发能源、减少污染等方面有重要应用。利用微生物发酵工程技术可提高石油的开采量、降低乙醇燃油和甲烷燃料的生产成本。利用基因工程技术可大大提高石油、煤的生物脱硫效果，减少环境污染。现代生物技术在利用廉价的农作物秸秆等废弃物生产乙醇等燃料方面有广阔的应用前景。

复习思考题

1. 简述用微生物勘探石油及提高采油量的机理和方法。
2. 如何利用基因工程技术进行石油生物脱硫？
3. 降低乙醇生产成本的方法有哪些？
4. 谈谈你对未来能源开发的看法。

主要参考文献

[1] 黄诗笺主编．现代生命科学概论．北京：高等教育出版社，2001
[2] 宋思扬，楼士林主编．生物技术概论．北京：科学出版社，2000
[3] 张树政，王修垣主编．工业微生物学成就．北京：科学出版社，1988
[4] 王瑞明等．燃料酒精清洁生产工艺的初步研究．酿酒．2002（3）：80～81
[5] 黄宇彤等．世界燃料酒精生产形式．酿酒．2001（5）：24～28

[6] 瞿礼嘉等．现代生物技术导论．北京：高等教育出版社，1998
[7] 杨素萍等．生物产氢研究与进展．中国生物工程杂志．2002（2）：44～48
[8] 佟明友等．基因工程技术在石油生物脱硫中的应用．生物工程学报．2001（6）：617～620
[9] 罗明典．现代生物技术及其产业化．上海：复旦大学出版社，2001
[10] 王建龙，文湘华编著．现代环境生物技术．北京：清华大学出版社，2001

附录　现代生物技术常见词英汉对照

A

abenzyme　抗体酶
acquired immunodeficiency syndrome，AIDS　获得性免疫缺乏综合征
actinomycete　放线菌
actin 1　肌动蛋白 1
activating domain，AD　激活结构域
activated sludge process　活性污泥法
active dried yeast，ADY　活性干酵母
acute cellular rejection　急性细胞排斥反应
acute humoral rejection　急性体液排斥反应
acute rejection　急性排斥反应
ADA　腺苷脱氨酶
adenovirus　腺病毒
AE　氨乙基
aequorin　水母发光蛋白
aerobic biological treatment　好氧生物处理
AFLP　扩增片段长度多态性
Agrobacterium rhizogen　发根农杆菌
Agrobacterium tumefaciens　根瘤农杆菌
algae　藻类
allele specific oligonucleotide，ASO　等位特异性寡核苷酸
amino acid　氨基酸
aminocyclitol　氨基酸环状物
aminoglycoside phosphotransferase，APH　氨基糖苷磷酸转移酶
anaerobic biological treatment　厌氧生物处理
anchoring enzyme，AE　锚定酶
angiogenin　血管生成素
annealing　退火
anther culture　花药培养
antisense RNA　反义 RNA
architecture　构架
artificial adaptor　人工接头
ascorbic acid　抗坏血酸
attenuated vaccine　减毒疫苗

B

bacteria　细菌
bacterial artificial chromosome，BAC　细菌人工染色体
bacterial toxin　细菌毒素
basidial germ　担子菌
batch fermentation　分批发酵
Bifidobacterium　双歧杆菌属
binding domain，BD　结合结构域
biochemical engineering　生化工程
biochip　生物芯片
bioengineering　生物工程
bioengineering strain　生物工程菌
biofilm　生物膜
biofilter　普通生物滤池
bioinformatics　生物信息学
biological fermentation　厌氧发酵（消化）
biomass energy　生物质能
bioreactor　生物反应器
bioremediation　生物修复
biosensor　生物传感器
biotechnology　生物技术
bleomycin　博莱霉素
blood shadow cell　血影细胞
blotting　印迹

branching oligosaccharide 分枝低聚糖
BUdR 5-溴脱氧尿嘧啶核苷
bystander effect 旁观者效应

C

Ca^{2+}-EDTA cochleate Ca^{2+}-EDTA 螯合法
candidante 候选基因
CAT 氯霉素乙酰转移酶
caulimovirus, CaMV 花椰菜花叶病毒
cdc mutant 细胞分裂突变型
cell fusion 细胞融合
cell culture 细胞培养
cell cycle 细胞周期
cell differentiation 细胞分化
cell engineering 细胞工程
cell line 细胞系
cell lineage 细胞家系
cell strain 细胞株
cDNA cloning and sequencing
 cDNA 的克隆和测序
CF 囊性纤维化病
CFTR 囊性纤维化病致病基因
chemical modification 化学修饰
chemostat 恒化器
chimera 嵌合体
chimeric viral cvetor 嵌合病毒
Chinese hamster ovary, CHO 中国仓鼠卵巢
chitinase 几丁质酶
chromosome jumping 染色体跳跃
chromosome landing 染色体着陆
chromosome-mediated transfer
 染色体介导转移法
chromosome walking
 染色体步行法，染色体步移
chronic rejection 慢性排斥反应
class 类型
clone 克隆
colony stimulating factor, CSF
 集落刺激因子
collinearity 共线性
comparative mapping 比较作图
complement DNA gene library cDNA 基因文库
compost 堆肥
contig 连接群
continuous fermentation 连续发酵
coordination and programed gene expression
 协调和程序化基因表达
COS cell based transient expression system
 COS 细胞瞬时表达系统
cosmid 柯斯质粒，黏粒
co-suppression 共抑制
co-transformation 共转化技术
cybrid 胞质杂种
co-suppression 共抑制

D

DataBase query 数据库查询
DataBase search 数据库搜索
DDS 生物催化脱硫
DEAE 二乙氨乙基
decline phase 衰亡期
dedifferentiation 脱分化
degeneracy 简并性
delayed xenograft rejection, DXR
 延迟性异种移植排斥反应
denature 变性
denaturing gradient gel electrophoresis, DGGE
 变性梯度凝胶电泳

deoxyribonucleic acid ，DNA 脱氧核糖核酸
denaturation DNA变性
determined osteogenic precursor cell，DOPC 定向性骨祖细胞
dextran 葡聚糖
dibenzothiophene，DBT 二苯噻吩
differential display 差异显示
differential hybridization 差异杂交
differential screening 差异筛选
dihydrofolate reductase，DHFR 二氢叶酸还原酶
dioxin 二噁英
dissolved oxygen，DO 溶解氧
ditag 双标签序列
DMSO 二甲亚砜
DNA chip DNA芯片
DNA fingerprinting，DFP DNA指纹
DNA microarray DNA微阵列
donor 供体
dot blotting 斑点转印杂交
doubling time，Td 代时
double expression yeast 双表达盒
Duchenne muscular dystrophy，DMD 杜氏肌营养不良症

E

ecological preparation 生态制剂
ecological vaccine 生态疫苗
electroporation 电激穿孔
elicitor 诱导子
embryo culture 胚培养
embryogenesis 胚胎发生
embryoid 胚状体
embryonic germ cell，EG cell 原始性生殖细胞
embryonic stem cell，ES cell 胚胎干细胞
endotoxin 内毒素
engineering strain 工程菌
enhancer 增强子
entomopathogen 昆虫病原体
enzymatic reactor 酶反应器
enzyme 酶
Enzyme Commission，EC 国际生物化学联合会酶学委员会
enzyme - linked immunosorbent assay，ELISA 酶联免疫吸附检测法
enzyme engineering 酶工程
epistatic 上位
epitope 表位
erythropoietin，EPO 红细胞生成素
Escherichia 埃希氏菌属
extron 外显子
exotoxin 外毒素
exponential phase 指数生长期
expressed gene 表达基因
expressed sequences tag，EST 表达序列标签
ex situ bioremediation 异位生物修复
extention 延伸
eucaryotic cell 真核细胞

F

FDG 2-β-D吡喃半乳糖苷
fermentation 发酵
fermentation engineering 发酵工程
fermentation medium 发酵培养基

fermentation tank　发酵罐
fibronectin, FN　纤维连接蛋白
fibrin glue　纤维蛋白凝胶
fingerprinting - anchor　指纹-锚标
flavou enhancer　风味增强剂
fructooligosaccharide　低聚果糖
functional genomics　功能基因组学

G

GDB（Genome DataBase）　基因组数据库
gene chip　基因芯片
gene deleted live vaccine　基因缺失活疫苗
gene engineering　基因工程
gene engineered vectored vaccine　基因工程活载体疫苗
gene knock out　基因敲除
gene targeting　基因打靶
gene tagging　基因标记
gene therapy　基因治疗
gene therapeutics　基因疗法
genetic map　遗传图谱
genetically modified food, GMF　转基因食品
genetically modified organism, GMO　遗传工程体
genome　基因组
genomics　基因组学
genomic engineering　基因组工程
genomic library　基因组文库
germ cell imbibition transformation　生殖细胞浸泡法介导基因转化
ghost cell　红细胞血影
glucose oxidase　葡萄糖氧化酶
glutomic acid　谷氨酸
glyphosate　草苷膦
green fluoresence protein , GFP　绿色荧光蛋白
guessmer　猜测体

H

haploid　单倍体
hGH　人生长激素
high - scoring pair, HSP　高分值片段对
HLA super motif　HLA超基序
homologous recombination　同源重组
homology　同源性
human factor Ⅸ hFⅨ　人类Ⅸ因子
human Genome Project, HGP　人类基因组计划
Huntington' s chorea　亨丁顿氏舞蹈病
hybridization　杂交
hybridorma　杂交瘤细胞
hydroxyapatite column　羟基磷灰石柱
hygromycin phosphotransferase, HPT　潮霉素磷酸转移酶
hyperacute rejection　超急性排斥反应
hypotonic disruption　低渗破裂

I

ICP　杀虫晶体蛋白
idiotope　独特位
idiotype, Id　独特型
immune PCR　免疫 PCR

immunoglobulin，Ig　免疫球蛋白
immunoprecipitation test　免疫沉淀检测法
immobilization　固定化
inactivated vaccine　灭活疫苗
indicator organism　指示生物
inducible osteogenic precursor cell，IOPC
　诱导性骨祖细胞
influenza virus　流感病毒
inner cell mass，ICM　内细胞团
inoculums medium　种子培养基
insertional mutagenesis　插入突变
in situ bioremediation　原位生物修复
insulin－like growth factor，IGF
　胰岛素样生长因子
integration　整合
interferon，IFN　干扰素
interleukin，IL　白细胞介素
intron　内含子
inversed PCR　反向 PCR
isomaltooligosaccharide　低聚异麦芽糖

K

keratinase　角蛋白酶

L

Lactobacillus　乳酸杆菌属
land system for wastewater treatment
　污水土地处理系统
light－directed parallel synthesis
　光去保护并行合成法
linker　接头
liposome　脂质体
logarithmic phase　对数生长期
log phase　延滞期
lymphokine activated killer，LAK
　淋巴因子激活的杀伤细胞

M

major histocompatibility complex－I，MHC－I
　I 类主要组织相容性抗原
map－based cloning　图位克隆
malolactic fermentation，MLF
　苹果酸-乳酸发酵
marrow stromal cell，MSC　骨髓基质细胞
matrix attachment region，MAR
　核基质结合区
medium　培养基
microarray　微阵列
microarray analysis　微阵列分析法
microcapsu1ation　微囊
microcarrier bioreactor　微载体生物反应器
microcarrier system，MCS　微载体系统
microcell－mediated transferi
　微细胞介导转移法
microinjection　显微注射
Micromonospora　小单孢菌属
microorganism wash　生物洗涤法
microprojectile bombardment　微弹轰击法
microsatellite　微卫星
model organism　模式生物
mold　霉菌
molecular marker assisted selection
　分子标记辅助选择
monoclonal antibody，McAb　单克隆抗体
movable gene　移动基因
multi－drug resistance gene，MDR

多耐药基因
mycelium 菌丝体
mycoplasma 支原体
myoblast cell 成肌细胞

N

National Human Genome Research Institute, NHGRI
国家人类基因组研究所
NCBI 美国国家生物技术信息中心
N, N-bis (hydroxyethyl) aminopropyl triethoxysilaneN
N-双（羟乙基）氨丙基三乙氧基硅烷
neomycine 新霉素
Nocardia 诺卡氏菌属
novozyme 新酶
nucleotic acid vaccine 核酸疫苗

O

operator 操纵子
opinev 冠瘿碱
organ cluture 器官培养
overlapping gene 重叠基因
oxygen uptaken rate, OUR 氧摄入速率

P

particle gun 基因枪法
particle gun bombardment, microprojectile bombardment
基因枪轰击法
PEG 聚乙二醇
penicillin 青霉菌
phage display 噬菌体显示法
phosphinothricin acetyltransferase bar
膦丝菌素乙酰转移酶
physical map 物理图谱
phytase 植酸酶
phytic acid 植酸
Pichia pastoris 甲醇酵母
plasmid 质粒
pluripotency 多能性
poliovirus 脊髓灰质炎病毒
pollen culture 花粉培养
pollen-tube pathway 花粉管通道法
polyacrylamide gel electrophoresis, PAGE
聚丙烯酰胺凝胶电泳
polymerase chain reaction, PCR
聚合酶链式反应
polyester cloth 聚酯布
polyhydroxy alkanoate 聚羟基烷酯
positional cloning 克隆
postgenome 后基因组
posttive-negative selection 正负选择
preservation 保藏
pricking 穿刺
primer 引物
primordial germ cell, PGC 原始生殖细胞
prokaryotic cell 原核细胞
promoter 启动子
protein chip 蛋白质芯片
proteome 蛋白质组学
proteinase inhibitor, PI 蛋白酶抑制剂
pseudo gene 假基因
pseudomycelium 假菌丝

Q

quantitative competitive PCR，QC－PCR　定量竞争性 PCR

R

radioactive antibody test　放射性抗体检测法
radioimmunoassay，RIA　放射免疫分析
RAPD　随机扩增多态性 DNA
receptor　受体
redifferentiation　再分化
repeated sequence　重复序列
representational difference analysis　代表性差异分析
renaturation　复性
respiratory quotient，RQ　呼吸商
restriction fragment lenth polymorphism，RFLP　限制性片断长度多态性
retrotransposon　反转录转座子
reversed virus，RV　逆转录病毒
reverse transcript，RT　逆转录
reverse－phase evaporation　反相蒸发法
RFLP　限制性片段长度多态性
ribozyme　核酶
Rice Genome Research Program，RGP　水稻基因组研究计划
RNA interference　RNA 干涉
Roundup Read TMSoybean，RRS　抗草甘膦大豆
Roundup Read Soybean　抗农达大豆
RNA interference　RNA 干涉

S

Saccharomyces cerevisiae　酿酒酵母
Saccharomyces Genome Data，SGD　酵母基因组数据库
scaffold attachment region，SAR　核骨架结合区
Saccharifying　糖化
SEAP　分泌型碱性磷酸酶
secondary fermentation　第二次发酵
segment pair　序列片段
selective restriction fragment amplyfication，SRFA　选择限制性片段扩增
semi－continuous fermentation　半连续发酵
sequence tag，ST　序列标签
serial analysis of gene expression，SAGE　基因表达系列分析法
sequencing by hybridization，SBH　杂交测序
short tandem repeat，STR　短串重复
simple sequence length polymorphism，SSCP　简单序列长度多态性
single cell protein，SCP　单细胞蛋白
single nucleic acid polymorphism，SNP　单核苷酸多态性
simple sequence repeat，SSR　简单重复标记
single strand conformation polymorphism，SSCP　单链构象多态性
somatic cell crossbreeding　体细胞杂交
solid fermentation　固体发酵
somaclonal variation　无性变异

somatostatin, SMT 生长激素释放抑制素
Southern blotting Southern 印迹
specific activity 比活力
split gene, interrupted gene 断裂基因
spore medium 孢子培养基
SPS 蔗糖磷酸合成酶
stage specific embryonic antigen, SSEA 阶段性胚胎特异抗原
staphylokinase 链激酶
star activity 星活性
stationary phase 稳定期
STR 短串联重复序列，微卫星
Streptomyces 链霉菌属
structural genomics 结构基因组学
STS 序列标志位点
substantial equivalence 实质等同性
subtractive hybridization 衰减杂交
supplement batch fermentation 补料分批发酵
suppressive subtractive hybridization, SSH 抑制性衰减杂交
suspension culture of cells 细胞悬浮培养
synteny 同线性
synthetic peptide vaccine 合成肽疫苗

T

tagging enzyme, TE 标签酶
targeting 定位
T cell vaccine T 细胞疫苗
T-DNA tagging T-DNA 标签法
telomere 端粒
telotrisomic 终级三体
TEAE 三乙氨乙基
temporally regulated gene 时间调节基因
terminator 终止子
tissue culture 组织培养
thymidine kinase, TK 胸苷激酶
topology 拓扑结构
totipotency 全能性
toxoid 类毒素
transgenetic animal 转基因动物
transposon tagging 转座子标签法
transposon tag 转座子标签
triple helix 三股螺旋结构
true microinjection 真正的显微注射
tumor infiltrration lymphocyte, TIL 肿瘤浸润性淋巴细胞
tumor necrosis factor, TNF 肿瘤坏死因子
turbidostat 恒浊器

U

up-regulated expression 上调表达
upstream activating sequence, UAS 上游激活序列

V

vacciniavirus 痘苗病毒
variable number of tandem repeate, VNTR 可变数目串联重复序列
vector 载体
vitamin 维生素
vitamin C 维生素 C

W

Western blotting　Western 印迹

Y

yeast　酵母菌

yeast artificial chromosome，YAC
　酵母人工染色体

yeast two - hybrid system
　酶母双杂交系统

Z

zymolase　消解酶

图书在版编目（CIP）数据

现代生物技术概论 / 程备久主编．—北京：中国农业出版社，2003.9（2018.6 重印）
面向 21 世纪课程教材
ISBN 978-7-109-08390-5

Ⅰ．现…　Ⅱ．程…　Ⅲ．生物技术—高等学校—教材
Ⅳ．Q81

中国版本图书馆 CIP 数据核字（2007）第 009667 号

中国农业出版社出版
（北京市朝阳区农展馆北路 2 号）
（邮政编码 100125）
责任编辑　李国忠

北京万友印刷有限公司印刷　　新华书店北京发行所发行
2003 年 9 月第 1 版　　2018 年 6 月北京第 7 次印刷

开本：787mm×960mm　1/16　　印张：28.75
字数：507 千字
定价：42.00元